Post-Merger-Integration im Mittelstand

Andreas Kuckertz • Nils Middelberg
(Hrsg.)

Post-Merger-Integration im Mittelstand

Kompendium für Unternehmer

Springer Gabler

Herausgeber
Andreas Kuckertz
Universität Hohenheim
Stuttgart
Deutschland

Nils Middelberg
Universität Hohenheim
Stuttgart
Deutschland

ISBN 978-3-658-12369-7
ISBN 978-3-658-12370-3 (eBook)
DOI 10.1007/978-3-658-12370-3

Die Deutsche Nationalbibliothek verzeichnet diese Publikation in der Deutschen Nationalbibliografie; detaillierte bibliografische Daten sind im Internet über http://dnb.d-nb.de abrufbar.

Springer Gabler

Springer Fachmedien Wiesbaden ist Teil der Fachverlagsgruppe Springer Science+Business Media
(www.springer.com)

Vorwort

„Was nicht wächst, stirbt!"

Jeder Unternehmer muss und will – zumindest in Ansätzen – mit seinem Unternehmen wachsen. Gerade junge Unternehmen wachsen vor allem rund um ihre Idee. Insbesondere bei mittelständischen Unternehmen existieren jedoch zahlreiche Situationen, in denen ein Unternehmen nicht mehr wächst oder wachsen kann. Dies kann in gesättigten Märkten begründet liegen oder aber auch in mangelnder Innovationskraft. Oftmals kann rein internes Wachstum auch schlicht nicht schnell genug vollzogen werden. Daher setzen viele Unternehmen für die Generierung des Unternehmenswachstums auf externe Zukäufe – auch im deutschen Mittelstand.

Ein solcher Prozess beginnt mit der Identifikation möglicher Kandidaten. Wenn die andere Seite bereit für Gespräche ist, können Kaufverhandlungen in Verbindung mit der Durchführung einer umfassenden Due Diligence aufgenommen werden. Werden diese erfolgreich gestaltet, so kommt es zur Unterschrift. Allerdings scheint für viele M&A-Boutiquen der Prozess mit Abschluss des Kaufvertrags beendet, während für die beteiligten Unternehmen erst jetzt die eigentliche Arbeit beginnt: die Integration der beiden Unternehmen. Für den mittelständischen Unternehmer – sei es als Partner unter gleichen, sei es als Übernehmender oder Übernommener – gehört diese Aufgabe mitnichten zum Tagesgeschäft und geht daher mit entsprechenden Herausforderungen einher.

Aus diesem Grund beschäftigt sich das vorliegende Werk „Post-Merger-Integration im Mittelstand – Kompendium für Unternehmer" schwerpunktmäßig mit der so überaus wichtigen Integrationsphase – nicht zuletzt aus der Perspektive des Mittelstands. Der Band richtet sich damit vor allem an Unternehmer und verantwortliche Manager des Mittelstands, die im Rahmen ihrer Strategie auf externes Wachstum setzen. Eine zweite Zielgruppe sind Mitarbeiter im Bereich von Unternehmensentwicklungsabteilungen, die in ihrer täglichen Arbeit für das Gelingen eines Integrationsprojekts verantwortlich sind. Zudem soll mit dem vorliegenden Sammelband aber auch anwendungsorientierten Wissenschaftlern einen Einblick in die konkrete Praxis der Post-Merger-Integration geboten werden.

Der Band ist in vier Hauptteile gegliedert. Ein Grundlagenteil befasst sich mit aktuellen Entwicklungen rund um die M&A-Aktivitäten mittelständischer Unternehmen. Darauf aufbauend gibt der zweite Teil des Buchs Hinweise auf die optimale Gestaltung der Phase vor dem Abschluss einer Transaktion, in der bereits vorausschauend die Integrationsaufgabe mitgedacht werden muss. Der dritte Teil schließlich widmet sich dem zentralen Thema des Buches und beschreibt umfassend die optimale Gestaltung einer Post-Merger-Integration aus einer mittelständischen Perspektive. Im finalen vierten Teil findet der Leser eine Reihe konkreter Erfahrungsberichte mittelständischer Unternehmen, die M&A-Aktivitäten zum Teil ihres Erfolgsrezeptes gemacht haben.

Der erste Teil des Bandes befasst sich mit den Grundlagen und aktuellen Entwicklungen von M&A im deutschen Mittelstand und umfasst drei Beiträge. Hahn stellt in seinem Beitrag „Der Mittelstand als Akquisitionsziel von Konzernen – Eine Betrachtung aus beiden Perspektiven" die Unterschiede zwischen Mittelstand und Konzernen in Bezug auf M&A-Transaktion umfassend dar. Zudem werden Handlungsempfehlungen gegeben, um die Erfolgswahrscheinlichkeit von Transaktionen zu steigern – dabei ist nicht nur auf den Prozess, sondern auch auf emotionale und psychologische Aspekte zu achten. Die beiden darauf aufbauenden Beiträge von Bayer bzw. Sittel und Trusculescu widmen sich dem aktuellen Trend der Internationalisierung. Bayer untersucht in ihrem Beitrag „Chinesisch/ deutsche Transaktionen – Unkalkulierbares Wagnis oder wichtige Chance für den deutschen Mittelstand?" Besonderheiten von Transaktionen zwischen chinesischen und deutschen Partnern. Hierzu zählen vor allem grundlegende Unterschiede in rechtlichen und politischen Gegebenheiten und entsprechende kulturelle Differenzen. Werden diese Faktoren adäquat berücksichtigt, so scheint nach Bayer die Chance größer als das Wagnis. Unter dem Titel „Traum oder Wirklichkeit: Cross-Border-M&A im deutschen Mittelstand" belegen Sittel und Trusculescu mit interessant aufbereiteten Daten, dass internationale Transaktionen definitiv auch im Mittelstand angekommen sind. Selbst wenn die Käufer mittelständischer Unternehmen weiterhin größtenteils aus der DACH-Region stammen, sind mittlerweile mehr als 40 % der Transaktionen nicht deutscher Provenienz. Die Autoren stellen zudem dar, dass Käufer aus Emerging Markets professioneller und erfahrener geworden sind. Dennoch stellen sich die Transaktionsprozesse weiterhin schwierig dar. So gilt es, sprachliche Hürden, kulturelle Unterschiede sowie regulatorische Prozesshemmnisse zu überwinden.

Die Beiträge im zweiten Teil des Bandes beschäftigen sich primär mit der adäquaten Gestaltung der Pre-Merger-Phase als einem entscheidenden Erfolgsfaktor für die anschließende Post-Merger-Integration. Hierbei handelt es sich um alle Schritte bis zur Unterzeichnung des Kaufvertrags. Dieser Prozess beinhaltet beispielsweise die Identifizierung möglicher Targets, die Durchführung einer Due Diligence, die Vertragsverhandlungen und letztlich auch die Unterschrift unter den Kaufvertrag. Die Herausforderung in dieser Phase besteht folglich darin, über den Transaktionsabschluss hinaus zu schauen und bereits in der Vorbereitung, bestenfalls bereits bei der Identifizierung von Transaktionspartnern, die komplette Integration mitzudenken.

Der zweite Teil des Bandes wird eröffnet mit dem Beitrag „Langfristige Vorbereitung für einen erfolgreichen M&A-Prozess aus Sicht des mittelständischen Unternehmers". Fauth geht hierin auf die besondere Herausforderung einer Nachfolgeregelung beim Kauf von inhabergeführten Unternehmen ein. Da die Bedeutung der Inhaberperson so immens ist, sollte die Nachfolgeregelung Teil der im Rahmen des M&A-Prozesses zu bildenden Unternehmensstrategie sein. Weiterhin hat sich erfahrungsgemäß gezeigt, dass M&A-Prozesse mit einem nicht zu unterschätzenden Konfliktpotenzial einhergehen. Aus diesem Grund befasst sich Göthel in seinem Beitrag „M&A und Mediation" mit den verschiedenen Anwendungsmöglichkeiten der Wirtschaftsmediation. Es werden unterschiedliche Konfliktpotenziale vor dem Signing, zwischen Signing und Closing und auch in der Phase der Post-Merger-Integration nach dem Closing aufgezeigt. Göthel liefert dann eine Reihe praktischer Hinweise für den Weg in die Mediation zur Lösung dieser Konflikte. Darauf folgt der Beitrag „Spatz in der Hand oder Taube auf dem Dach? Sofortiger Verkauf oder vorherige Restrukturierung von Unternehmen in Krisensituationen" von Sittel und Weghöft. Die Autoren diskutieren die Vor- und Nachteile beider Möglichkeiten und reflektieren auch die Entscheidungsfindung für einen Unternehmensverkauf aus der Perspektive eines unter Druck geratenen mittelständischen Unternehmens.

Jedem Unternehmenskauf sollte eine detaillierte Due Diligence vorangehen. Den finanziellen Aspekten dieser Prüfung widmen sich Götzen, Müller und Zahn in ihrem Beitrag „Financial Due Diligence in der Pre-Merger Phase." Die Autoren geben darin einen Überblick über die einzelnen Bestandteile des zahlenorientierten Teils der Due Diligence, machen aber auch deutlich, welchen Einfluss diese Prüfung insbesondere für mittelständische Transaktionen auch für die erfolgreiche Post-Merger-Integration haben kann. Ein andere Perspektive auf die Due Diligence nimmt Schackmann ein. In dem Beitrag „Die rechtliche und steuerliche Due Diligence" wird auf die Besonderheit dieser Prüfung eingegangen und deutlich gemacht, dass das Unternehmen für eine Prüfung in andere Einheiten als bei der Commercial und Financial Due Diligence zerlegt werden muss. Abgeschlossen wird der zweite Teil mit dem Beitrag „Wettbewerbsvorteil oder Desaster – Die Erfolgswahrscheinlichkeit von Akquisitionen deutlich erhöhen" von Rathnow. In diesem Beitrag diskutiert der Autor wesentliche Erfolgsfaktoren einer M&A-Transaktion. Neben generellen Timing Aspekten und Grundlegendem zur Dealstruktur befasst er sich vor allem mit der operativen Durchführung von M&A-Transaktionen und macht die Konsequenzen gerade für mittelständische Unternehmen deutlich.

Der dritte Teil adressiert den Schwerpunkt des vorliegenden Werkes und widmet sich einzig Fragen rund um die Post-Merger-Integration. Der erste Artikel dieses Abschnitts ist mit dem Titel „Die ersten 100 Tage im Rahmen einer PMI mittelständischer Unternehmen" überschrieben. Lakotta und Hervé arbeiten darin die Erfolgsfaktoren der ersten 100 Tage einer Post-Merger-Integration heraus. Hierzu zählen die frühzeitige Planung einer Integrationsstrategie und damit korrespondierender Aktivitäten genauso wie ein effektives und zielgerichtetes Change- und Risikomanagement. Der daran anschließende Beitrag von Meynerts-Stiller und Rohloff trägt den Titel „Post-Merger-Management als Metakompetenz". Die Autoren postulieren, dass die professionelle Gestaltung des Zusammenwachsens von Unternehmen einen nicht kopierbaren Wettbewerbsvorteil darstellen wird. Dazu beschreiben sie, wie das Post-Merger-Management als ganzheitliches Merger-Management vier wechselseitig abhängige Kerndisziplinen vereint: Das Projekt-Management, das Change-Management, die Strategie-Kompetenz und ein reifes Leadership-System. Danach folgt der Artikel „Projektmanagement einer Post-Merger-Integration" der Autoren Frohn und Walleyo. Beide stellen in ihrem Beitrag deutlich dar, wie sich die Aufstellung des Projektmanagements zwischen Pre- und Post-Merger-Phase unterscheidet. Während in der Pre-Merger-Phase stärker Transaktionsbeteiligte zu managen sind, sind es während der Integration eher operative Bereiche des Unternehmens und Integrationsberater. Deshalb schildern die Autoren das dazu notwendige, phasenspezifische Projektmanagement.

Darauf folgt der Beitrag „Post-Merger-Risikomanagement – Element einer gelungenen Unternehmenstransaktion" von Zwirner und Boecker. In diesem Beitrag werden das Einrichten eines effektiven Risikomanagements im Zuge einer Post-Merger-Integration und ausgewählte Maßnahmen zur Risikominimierung und -vermeidung dargestellt. Neben handelsrechtlichen, steuerlichen und auf das Controlling bezogenen Faktoren weisen die Autoren ausdrücklich auf die Bedeutsamkeit des Themas Personalpolitik hin. Hieran schließt der nächste Beitrag logisch an. Güttes zeigt in „Der Faktor Mensch – Mit der richtigen HR-Strategie den Erfolg von PMI sicherstellen" welche Bedeutung insbesondere der Kommunikation mit den Mitarbeitern während einer Post-Merger-Integration zukommt. Denn nur wenn Führungskräfte und Mitarbeiter von Sinn und Erfolgsaussicht der Fusion der Unternehmen oder Übernahme des Unternehmens überzeugt sind, wird das Vorhaben gelingen. Der Autor kommt folglich zu dem Schluss, dass der Faktor Mensch wichtiger als die konkreten Integrations-Prozesse ist. Auch Deter unterstreicht in seinem Beitrag „Die Macht strategischer Kommunikation" die Bedeutsamkeit einer professionellen Kommunikation für das Gelingen von M&A-Projekten im Mittelstand. In seinem Beitrag behandelt der Autor wirksame Kommunikationsstrategien zur Beeinflussung der Transaktion im eigenen Interesse. Anhand eines Praxisbeispiels wird weiterhin dargestellt, wie eine gezielte Kommunikationsarbeit einen feindlichen Übernahmeplan zum Scheitern gebracht hat.

Danach folgt Blöchers Beitrag „Kulturelle Integrationsrisiken pragmatisch erfassen". Die Autorin identifiziert die Unternehmenskultur als wichtigen Treiber des Erfolgs jeder Transaktion. In ihrem Beitrag zeigt die Autorin auf, wie die Unternehmenskultur über bestimmte Risikofilter mit gezielten Fragestellungen in der Pre- und Post-Merger-Phase einer Transaktion untersucht werden kann. Dabei macht sie deutlich, dass es nicht zwingend einer breit angelegten Cultural Due Diligence bedarf. Vielmehr können Warnsignale auch über die üblicherweise standardmäßig durchgeführten Due Diligences identifiziert werden. Insofern besteht hier Synergiepotenzial – es bedarf lediglich einer Verschiebung der Perspektive. Der daran anschließende Beitrag von Stoller „Zur Bedeutung des Kunden im Rahmen der Post-Merger-Integration am Beispiel des Logistiksektors" nimmt eine Branchenperspektive ein. Der Autor stellt in seinem Beitrag die Bedeutsamkeit des Kunden bei der Erbringung der Logistikleistung dar. Das Verhältnis zwischen Kunden und

Dienstleister ist zumeist von persönlichen Beziehungen geprägt. Diese persönlichen Beziehungen drohen bei Unternehmenszusammenschlüssen verloren zu gehen und können so für das Scheitern des Vorhabens verantwortlich sein. Der Beitrag ist damit auch über die Logistikbranche hinaus für jede, stark von persönlichen Banden geprägte Branche von Relevanz. Der Beitrag von Schaaf und Kowoll beschäftigt sich mit der „IT-Integration bei Unternehmens-Mergern". Laut den Autoren können bis zu 60 % der Gesamtsynergien eines Mergers durch eine zielführende IT-Integration realisiert werden. Daher geht der Artikel auf die einzelnen Bereiche einer solchen IT-Integration ein und beschreibt, welche Themen und Risiken während der Due Diligence und während der Integrationsplanung und Durchführung besondere Beachtung finden sollten.

Im Beitrag „Internationalisierung per Cross-Border-Transaktionen und deren Besonderheiten im Post-Merger-Integration-Prozess" beschreibt Härle zunächst anhand von Daten und Fakten die aktuelle Situation im Bereich grenzübergreifender Transaktionen. Danach geht der Autor auf die Motive, die Herausforderungen, die Besonderheiten der Due Diligence und schwerpunktmäßig auch der Post-Merger-Integration einer Cross-Border-Transaktion ein und entwickelt eine Reihe konkreter Handlungsempfehlungen. Der anschließende Beitrag „Finanzwirtschaftliche Erfolgsmessung von M&A-Aktivitäten" von Brunner-Kirchmair und Pernsteiner betrachtet M&A und den letztlichen Erfolg der anschließenden Integrationsbemühungen aus einer österreichischen Perspektive. Der österreichische Markt für M&A ist durch einen außerordentlich hohen Anteil an Cross-Border-Transaktionen mit Fokus auf Osteuropa geprägt. Akquiriert werden insbesondere kleine und mittlere Unternehmen. Mit Blick auf jahresabschlussbasierte Performance-Kennzahlen schneiden die M&A-Aktivitäten jedoch eher schlecht ab. Der Beitrag analysiert die Gründe hierfür und gibt damit einen ersten Hinweis auf mögliches Verbesserungspotenzial. Auch der den dritten Teil des Bandes beschließende Artikel von Kesten widmet sich dem Erfolg und ist überschrieben mit „Erfolgskontrolle von M&A-Transaktionen". Mit dem Kauf eines Unternehmens erwartet der Käufer einen Mehrwert. Dieser Mehrwert sollte mit einer Abweichungsanalyse kontrolliert werden, der den geplanten Wert dem zum jeweiligen Zeitpunkt erreichten Mehrwert gegenüberstellt. Hierfür bietet sich die Kapitalwertmethode oder die Discounted-Cash-Flow-Methode an. Die konkrete Umsetzung des Verfahrens macht der Beitrag mit Hilfe eines fiktiven Beispiels nachvollziehbar.

Der vierte Teil schließt den Band ab und präsentiert eine Reihe von Fallstudien aus unternehmerischer Perspektive. Schaber und Muth fassen in ihrem Beitrag „100 Tage DATAGROUP. Ein Leitfaden zur Eingliederung von Akquisitionen" die Erfahrungen aus inzwischen 17 Firmenübernahmen der DATAGROUP zusammen. Der mittelständische IT-Dienstleister achtet dabei insbesondere auf erfolgskritische Handlungsfelder. Hierzu zählen vor allem das Prozessmanagement, eine effektive Führung und letztlich die Kommunikation nach innen und nach außen. Eine weitere Fallstudie liefern Oberschmidt und Strehl mit ihrem Beitrag „Fallbeispiel der USU Software AG: Integration des Lizenzmanagement-Spezialisten Aspera GmbH". Die mittelständische USU-Gruppe setzt auf Unternehmenskäufe als strategisches Wachstumsinstrument. Anhand der Integration von Aspera in die USU-Gruppe erläutern die Autoren die unternehmensbesondere

Autorenverzeichnis

Sonja Bayer Stuttgart, Deutschland

Corinna Boecker Dr. Kleeberg & Partner GmbH WPG StBG, München, Deutschland

Thomas M. Brunner-Kirchmair Johannes Kepler Universität Linz, Linz, Österreich

Annette Blöcher Fakultät für Wirtschafts- und Rechtswissenschaften, Technische Hochschule Köln, Köln, Deutschland

Henryk Deter cometis AG, Wiesbaden, Deutschland

Gunter Fauth Valegra GmbH, Leinfelden-Echterdingen, Deutschland

Fabian Frohn Ernst & Young GmbH, Berlin, Deutschland

Stephan R. Göthel Hamburg, Deutschland

Stefan Götzen Deloitte & Touche GmbH WPG, Düsseldorf, Deutschland

Michael Güttes Mercuri Urval GmbH, Düsseldorf, Deutschland

Joachim Hahn DMG MORI AKTIENGESELLSCHAFT, Bielefeld, Deutschland

Lars Härle IEG Investment Banking Group, Berlin, Deutschland

Christopher Hermann TÜV SÜD AG, München, Deutschland

Olivier Hervé Capgemini Consulting, Berlin, Deutschland

Margarete Kowoll Ernst & Young GmbH Wirtschaftsprüfungsgesellschaft, Düsseldorf, Deutschland

Ralf Kesten NORDAKADEMIE gemeinnützige AG, Elmshorn, Deutschland

Andreas Kuckertz Universität Hohenheim, Stuttgart, Deutschland

Jan Lakotta FOM Hochschule für Oekonomie und Management Berlin, Berlin, Deutschland

Kirsten Meynerts-Stiller frankfurter gruppe Unternehmensentwicklung, Neu-Isenburg, Deutschland

Nils Middelberg Universität Hohenheim, Stuttgart, Deutschland

Stephane Müller Deloitte & Touche GmbH WPG, Düsseldorf, Deutschland

Sabine Muth DATAGROUP AG, Pliezhausen, Deutschland

Bernhard Oberschmidt USU Software AG, Möglingen, Deutschland

Helmut Pernsteiner Johannes Kepler Universität Linz, Linz, Österreich

Peter Rathnow International School of Management, München, Deutschland

Stephan Reiter TÜV SÜD AG, München, Deutschland

Christoph Rohloff frankfurter gruppe Unternehmensentwicklung, Neu-Isenburg, Deutschland

Stefan Schaaf Ernst & Young GmbH Wirtschaftsprüfungsgesellschaft, Düsseldorf, Deutschland

Markus Schackmann Deloitte Legal, Düsseldorf, Deutschland

Max H.-H. Schaber DATAGROUP AG, Pliezhausen, Deutschland

Hatto Schick TÜV SÜD AG, München, Deutschland

Benjamin Strehl USU Software AG, Möglingen, Deutschland

Christopher W. Stoller Duale Hochschule Baden-Württemberg, Lörrach, Deutschland

Thomas C. Sittel goetzpartners, München, Deutschland

Adelin E. Trusculescu goetzpartners, München, Deutschland

Samy Walleyo Ernst & Young GmbH, Berlin, Deutschland

Lennard Weghöft goetzpartners, München, Deutschland

Alexander Zahn Deloitte & Touche GmbH WPG, Düsseldorf, Deutschland

Christian Zwirner Dr. Kleeberg & Partner GmbH WPG StBG, München, Deutschland

Die Herausgeber

Univ.-Prof. Dr. Andreas Kuckertz leitet das Fachgebiet Unternehmensgründungen und Unternehmertum (Entrepreneurship) an der Universität Hohenheim und ist stellvertretender geschäftsführender Direktor des Instituts für Marketing & Management. Er ist Mitglied des Präsidiums des Förderkreis Gründungsforschung e.V. (FGF), der größten wissenschaftlichen Vereinigung im DACH-Raum zu den Themen Entrepreneurship, Innovation und Mittelstand. Weiterhin engagiert er sich als Mitglied der Editorial Boards des International Journal of Entrepreneurial Behaviour and Research, des Journal of Small Business Management, des Journal of Small Business and Entrepreneurship und der Zeitschrift für KMU und Entrepreneurship. Nach dem Studium der Kommunikations- und Medienwissenschaft, der Betriebswirtschaftslehre und der Philosophie an den Universitäten Marburg und Leipzig (2001 Abschluss als M.A.) wurde er 2005 an der Universität Duisburg-Essen mit einer Arbeit über Venture-Capital-Finanzierung summa cum laude promoviert. 2011 habilitierte er sich an der Fakultät für Wirtschaftswissenschaften der Universität Duisburg-Essen im Fach Betriebswirtschaftslehre mit einer kumulativen Arbeit über den Gründungsprozess innovativer Unternehmen. 2012 folgte er einem Ruf an die Universität Hohenheim, nachdem er zuvor den Lehrstuhl für Innovations- und Gründungsmanagement an der TU Dortmund vertrat. Internationale Forschungsaufenthalte führten ihn u.a. an die Queensland University of Technology, die Turku School of Economics, die Universität Vaasa und die Cass Business School. Im European Council for Small Business and Entrepreneurship (ECSB) engagierte er sich von 2009 bis 2015 als Country Vice President Germany. Seine Forschungsarbeiten zu den verschiedensten Aspekten von Entrepreneurship, Strategie und Innovation sind in Zeitschriften wie dem Journal of Business Venturing, dem Journal of Business Research, der Zeitschrift für Betriebswirtschaft, Entrepreneurship & Regional Development, dem Strategic Entrepreneurship Journal oder auch Schmalenbachs Zeitschrift für betriebswirtschaftliche Forschung erschienen. Publikumsmedien wie Handelsblatt, Wirtschaftswoche, Zeit oder FAZ nahmen seine Forschungsergebnisse auf. Drittmittelprojekte wurden bislang mit einem Fördervolumen von rund € 1 Mio. unterstützt.

Dr. Nils Middelberg ist Leiter Strategie & Marketing bei der top itservices AG, einem Unternehmen der ABLE Group (Gummersbach). Seit 2013 ist er ferner Lehrbeauftragter am Fachgebiet Unternehmensgründungen und Unternehmertum (Entrepreneurship) des Instituts für Marketing & Management der Universität Hohenheim. Seine Erkenntnisse in den Bereichen Strategie und Marketing veröffentlicht er regelmäßig in Publikationen und als Vortragsredner. Zuvor arbeitete er als wissenschaftlicher Mitarbeiter an der Universität Duisburg-Essen und betreute alle Tätigkeiten des netSTART-Projekts mit Bezug zu Consulting & Investitionen und absolvierte ein Trainee Programm im Commerzbank Konzern. Dr. Nils Middelberg studierte Betriebswirtschaftslehre an der Universität Duisburg-Essen und an der Griffith University in Brisbane (Australien). 2012 promovierte Nils Middelberg mit einer international durchgeführten, quantitativ-empirischen Studie zum Fundraising von Venture-Capital-Gesellschaften.

Teil I
Grundlagen und aktuelle Entwicklungen

Der Mittelstand als Akquisitionsziel von Konzernen – Eine Betrachtung aus beiden Perspektiven

Joachim Hahn

Zusammenfassung

In der öffentlichen Wahrnehmung nicht so präsent stellen Mergers & Acquisitions (M&A) Transaktionen zwischen Mittelstand und Konzernen einen großen Teil der heutigen Unternehmenstransaktionen dar. Klassische M&A-Tools und Vorgehensweisen versagen bei diesen M&A-Projekten oft. Transaktionen zwischen Mittelstand und Konzernen folgen anderen Gesetzmäßigkeiten und bedürfen einer anderen Herangehensweise der handelnden Akteure auf beiden Seiten. Erfolgreich ist, wer sich von den klassischen Pfaden und Abläufen löst und sich auf sein Gegenüber einlässt und dessen Motive und Beweggründe erkennt und berücksichtigt. Dieser Beitrag gibt allgemeine Hinweise und Empfehlungen zu M&A-relevanten Unterschieden zwischen Mittelstand und Konzernen. Darauf aufbauend werden zu den einzelnen Phasen des M&A-Prozesses sowohl für den Mittelstand als auch für den Konzern konkrete Handlungsempfehlungen gegeben, um die Erfolgswahrscheinlichkeit von M&A Transaktionen zu erhöhen.

1 Einleitung

In der öffentlichen Wahrnehmung von Unternehmensübernahmen (Mergers & Acquisitions) dominieren Milliarden-Transaktionen zwischen großen Konzernen. Die Deutsche Bank hat vor, die Postbank abzustoßen, E.ON verkauft seine Übertragungsnetze, BP will die BG-Gruppe übernehmen und Facebook schluckt Whatsapp. In der täglichen Unternehmenspraxis bilden Transaktionen mit einem Volumen größer 1 Mrd. € jedoch eher

J. Hahn (✉)
DMG MORI AKTIENGESELLSCHAFT, Gildemeisterstrasse 60, 33689 Bielefeld, Deutschland
E-Mail: joachim.hahn@dmgmori.com

A. Kuckertz, N. Middelberg (Hrsg.), *Post-Merger-Integration im Mittelstand,*
DOI 10.1007/978-3-658-12370-3_1

die Ausnahme. Die Mehrzahl der in Deutschland abgeschlossenen Transaktionen weist ein Transaktionsvolumen von kleiner 100 Mio. € auf. In diesem sogenannten Small- und Mid-Cap-Segment sind neben kleineren Konzern-Spin-offs (Verkäufe kleinerer Tochterunternehmen oder Betriebsteile) oft Transaktionen zwischen Konzernen und Mittelstandsunternehmen vertreten. In den meisten Fällen tritt der Konzern dabei als Käufer auf, um beispielsweise sein Kerngeschäft zu stärken, neue Technologie zu erwerben oder seine Marktdurchdringung zu verbessern. Das Mittelstandsunternehmen kann dabei einen Betriebsteil veräußern, einen strategischen Partner zur Unterstützung des weiteren Wachstums beteiligen oder – nicht selten – ein Nachfolgeproblem lösen wollen.

Unabhängig von der Motivation beider Parteien stellen Transaktionen zwischen Mittelstand und Konzernen besondere Herausforderungen für beide Seiten dar. Nicht selten scheitern Unternehmenskäufe aus mangelndem Verständnis der Motivation, des Wertesystems sowie der Entscheidungskriterien und Entscheidungsabläufe der jeweiligen Gegenseite. Im Folgenden soll auf die Besonderheiten von Transaktionen zwischen Mittelstand und Konzernen eingegangen und Handlungsempfehlungen für beide Seiten erarbeitet werden. Dabei wird ausschließlich auf den in der Unternehmenspraxis häufigsten Fall eingegangen, bei dem der Konzern als Käufer auftritt.

2 Transaktionsanlässe

2.1 Vorbemerkungen

Aus Sicht des Konzerns sind Transaktionen mit dem Mittelstand hinsichtlich der Motivation oft relativ ähnlich. Regelmäßige strategische Rationale ist die Verstärkung des Kerngeschäfts durch unterschiedliche Kompetenzen des Mittelstandsunternehmens. In aller Regel strebt der Konzern die komplette Übernahme und Integration an. Für den Mittelstand, oder in dem Zusammenhang besser „den Mittelständler“, können die Beweggründe zu einem Verkauf große Unterschiede aufweisen. Ob ein Mittelständler sein „Lebenswerk“ mangels Nachfolgelösung verkaufen möchte oder ob er nur einen starken Partner zum weiteren Ausbau seines Geschäfts sucht, beeinflusst ganz wesentlich sein Verhalten und seine Entscheidungen im Transaktionsprozess.

2.2 Veräußerung eines Tochterunternehmens

Viele größere Mittelstandsunternehmen agieren wie Großunternehmen und Konzerne. Sie sind mit Tochtergesellschaften gleichzeitig in verschiedensten Bereichen und Branchen tätig und stehen ständig vor Entscheidungen hinsichtlich ihres Portfolios und der damit verbundenen Ressourcenallokation. In dem Zusammenhang werden regelmäßig einzelne Aktivitäten und ganze Tochterunternehmen auf den Prüfstand gestellt und gegebenenfalls auch veräußert. Diese Herangehensweise gleicht der von Konzernen und ist daher nicht Gegenstand der Untersuchung.

2.3 Nachfolgeregelung

Eine klassische Motivation zur Veräußerung vor allem im kleineren Mittelstand ist das Fehlen eines geeigneten Nachfolgers aus dem Familienkreis zur Fortführung des Unternehmens. Die Anforderungen an die Unternehmensführung im globalisierten Markt sind derart gestiegen, dass die Übergabe des Unternehmens an die nächste Generation herausfordernder denn je ist. Nicht selten entscheiden sich Unternehmer daher zur Veräußerung oder zur Aufnahme eines starken, strategischen Partners, um den Bestand und den Wert des Unternehmens langfristig zu sichern. Oft haben in diesen Fällen beide Seiten, der Konzern als auch der Unternehmer, kein Interesse an einer schnellen Zäsur und Unternehmensübergabe. Der Unternehmer möchte häufig das Unternehmen noch eine Weile begleiten, um sicher zu stellen, dass „sein" Unternehmen beim neuen Eigentümer gut aufgehoben ist. Die Gründe können auch ganz persönlicher Art sein: Ein Vollblutunternehmer kann oft nur schwer eine 60-Stundenwoche von heute auf morgen gegen 24 h Freizeit pro Tag eintauschen. Der Konzern möchte den Übergang und die Integration des erworbenen Unternehmens so reibungsarm wie möglich gestalten. Er kann mit einer schrittweisen Akquisition die Chancen erhöhen, das Know-how des Unternehmers zu sichern sowie wichtige Mitarbeiter und Kunden zu halten.

Nachfolgesituationen sind oft die anspruchsvollsten Transaktionen, da vor allem auf Seiten des Mittelständlers viele Emotionen im Spiel sein können und eventuell ganz unterschiedliche Ziele verfolgt werden. So möchte der eine eventuell nur „Kasse machen", dem anderen ist das Wohl seiner Mitarbeiter oder sein Ansehen in seinem Wohnort von großer Bedeutung. Der sehr vorteilhafte Unternehmensverkauf des Bekannten kann oft der größte Hinderungsgrund für eine erfolgreiche Transaktion sein.

2.4 Verstärkung durch einen strategischen Partner

Kleine, mittelständische Unternehmen stoßen nicht selten an natürliche Wachstumsgrenzen, wenn beispielsweise trotz innovativer Produkte und interessanter Technologie zusätzliches Wachstum nur durch eine Internationalisierung oder signifikante Erweiterungen der Produktions- oder Vertriebskapazitäten erzielt werden kann. Eine Möglichkeit, diese Expansionshindernisse zu überwinden, ist die Beteiligung eines strategischen Partners am Unternehmen. Oft kann dies auch die erste Stufe einer schrittweisen Übernahme des Mittelständlers sein. Insofern können die Übergänge zwischen Beteiligung eines strategischen Partners zur Stärkung des Unternehmens und der Komplettübernahme oft fließend sein bzw. aufeinander aufbauen.

Die folgende Untersuchung befasst sich mit Transaktionen, bei denen der Mittelständler wesentliche Teile seines Unternehmens oder sein ganzes Unternehmen veräußert. Transaktionen, bei denen große Mittelständler im Wesentlichen analog zu Konzernen agieren und Randaktivitäten abgeben, unterliegen in Rationale und Durchführung weitgehend der Logik großer Konzerne und sind nicht Gegenstand der folgenden Ausführungen.

3 Besonderheiten bei M&A Transaktionen zwischen Konzernen und Mittelstand

3.1 Vorbemerkungen

Im Folgenden wird auf Besonderheiten bei M&A Transaktionen zwischen Konzernen und Mittelstand losgelöst von dem konkreten Transaktionsprozess eingegangen. Dabei werden auch schon teilweise allgemeine Empfehlungen gegeben, die die Grundlage für die im 4. Abschnitt dargelegten Empfehlungen in den konkreten Phasen des Mergers & Acquisitions Prozesses bilden.

3.2 Zeithorizont

Der Mittelstand denkt langfristig, nicht selten in Generationen und richtet sein Handeln und seine Entscheidungen danach aus. Die Firmenlenker haben die Folgen ihrer Entscheidungen selbst zu tragen und können sie in aller Regel keinem Nachfolger hinterlassen. Man ist nicht von der Börse getrieben oder muss kurzfristige Entscheidungen rechtfertigen und keinen „Return" in kürzester Zeit nachweisen. Entscheidungen im Zusammenhang mit M&A-Transaktionen sind aus Sicht des Mittelstands Entscheidungen in jeglicher Hinsicht von langfristiger Bedeutung, da sie das gesamte Unternehmen betreffen. Auch für den Konzern sind M&A-Entscheidungen von langfristiger Natur mit zwei nicht unwesentlichen Unterschieden: Erstens haben die Entscheidungen im Konzern verglichen mit dem Mittelstand in der Regel nicht die gleiche Bedeutung für das Gesamtunternehmen, zweitens verfügen die involvierten Manager des Konzerns, die sich oft im mittleren Management befinden, persönlich über einen kurzfristigeren Entscheidungshorizont. Ihre Leistung wird jährlich beurteilt und sie nehmen in der Regel nach drei bis fünf Jahren andere Aufgaben im Konzern wahr. Konzernmitarbeiter sind oft nicht gezwungen, die Folgen ihrer Entscheidungen selbst zu tragen.

Für den Mittelständler, der mit einem Konzern über die Übernahme seines Unternehmens oder wesentlicher Teile davon spricht, ist es wichtig zu verstehen, wie sein Gegenüber in der Hierarchie des Konzerns verankert ist und welches seine Berichtslinien sind. Der Mittelständler sollte ein Gefühl dafür entwickeln, wie lange sein Gegenüber schon in der Position ist und wie lange er voraussichtlich noch bleiben wird. Bei persönlichen Zusagen ist Vorsicht geboten, da sich etwaige Stellennachfolger daran nicht gerne messen lassen.

Der verantwortliche Manager im Konzern sollte sich auf den langfristigeren Zeithorizont des Mittelständlers einstellen, in größeren Zeiträumen denken und eine langfristige Perspektive aufzeigen. Dabei ist es wichtig, sich umfangreich über sein Gegenüber zu informieren und dabei auch Fragestellungen bzgl. der nächsten Generation zu beleuchten. Oft ist der Konzern am erfolgreichsten, der ein langfristiges Engagement, seine Nachhaltigkeit und Verlässlichkeit glaubhaft vermitteln kann.

3.3 Organisation und Entscheidungswege

Konzerne unterhalten in aller Regel zentrale M&A-Abteilungen, die sich als Stabsstellen ausschließlich um die professionelle Abwicklung von Unternehmensübernahmen, Desinvestitionen und Kooperationen kümmern. Die M&A-Funktion ist in der Regel direkt am Vorstand oder an der Bereichsleitung angehängt. Für M&A-Projekte werden Teams zusammengestellt, die unter Koordination und Leitung der zentralen M&A-Abteilung aus verschiedenen, relevanten Fachfunktionen zusammengesetzt sind. Im Falle von Akquisitionen nimmt die verantwortliche operative Einheit eine zentrale Rolle im Team ein, da sie mittelständische Akquisitionsziele identifiziert, den Erstkontakt herstellt und das Zielunternehmen am besten kennt und einschätzen kann. Ansprechpartner für den Mittelständler sind in der Regel der Vertreter des operativen Geschäfts und der M&A-Verantwortliche. Entscheidungen werden in der Projektstruktur oft von einem mit Top Managern besetzten Lenkungsausschuss getroffen oder – bei zentralen Entscheidungen – für den Vorstand oder die Geschäftsleitung vorbereitet. Auch wenn die Entscheidungsfindung mehr Zeit in Anspruch nehmen kann, so haben getroffene Entscheidungen Bestand und werden nur in Ausnahmefällen revidiert.

Für den Verantwortlichen im Mittelstand ist es wichtig zu verstehen, welche Position und Rolle sein Gesprächspartner im Konzern und in der jeweiligen Transaktion innehat, was seine Entscheidungsbefugnisse sind und welchem Ablauf die interne Entscheidungsfindung folgt. In mittelständischen Unternehmen werden viele der o. g. Aufgaben von ein und derselben Person wahrgenommen, nämlich dem Firmeninhaber. Kleinere Mittelstandsunternehmen verfügen nur in Ausnahmefällen über Experten für M&A-relevante Spezialthemen. Expertise muss der Mittelstand von außen hinzuziehen. Dabei sollte darauf geachtet werden, dass der Externe die notwendigen Kenntnisse und Erfahrungen im Bereich M&A tatsächlich hat. Der langjährige Steuerberater des Vertrauens ist nicht notwendigerweise mit der steuerlichen Optimierung von Unternehmenstransaktionen vertraut. Tritt bei kleinen mittelständischen Unternehmen der Firmeninhaber gleichzeitig unmittelbar als Ansprechpartner für die Transaktion auf, so fehlt ihm bei Verhandlungen die Möglichkeit einer Eskalation. Konzerne verfügen aufgrund der o. g. Teamstruktur immer über die Möglichkeit einer Eskalation, was verhandlungstaktisch sehr nützlich sein kann. Im Gegensatz zum Konzern werden Entscheidungen im Mittelstand in der Regel schneller getroffen, sind aber nicht unumstößlich und werden unter Umständen auch zurückgenommen.

Der Verhandlungspartner im Konzern sollte sich diesen speziellen Anforderungen und Dynamiken bewusst sein und nicht versuchen, den Mittelständler zu überrumpeln. Überhastete Zustimmungen werden im Zweifelsfall schnell wieder „kassiert". Man sollte sich ein gutes Bild bzgl. der Kenntnisse des Gegenübers sowie seiner Berater und Vertrauenspersonen machen.

3.4 Transaktionsziele

Die Kenntnis der Transaktionsziele des Partners ist vor allem bei Transaktionen mit dem Mittelstand von entscheidender Bedeutung, da gerade bei Mittelständlern die mit einer Transaktion verfolgten Ziele oft sehr unterschiedlich sein können. Im Konzern stehen regelmäßig die Erzielung eines günstigen Kaufpreises, Transaktionssicherheit und Risikominimierung im Vordergrund. Der Mittelständler verfolgt neben der Maximierung des Verkaufspreises mit unterschiedlichen Prioritäten Ziele wie beispielsweise den Erhalt des Lebenswerks oder die Absicherung langjähriger Mitarbeiter. Nicht zu unterschätzen ist die Wahrung der persönlichen Reputation und des Ansehens im sozialen und persönlichen Umfeld. Insbesondere bei Unternehmern aus kleineren Städten oder Gemeinden kann dieser Aspekt sehr hohe Priorität genießen.

Werden diese einzelnen Ziele vom Verhandlungspartner auf Konzernebene nicht erkannt oder vernachlässigt, können das Verhalten und die Argumente des Verhandlungspartners häufig nicht verstanden oder interpretiert werden. Dann scheitern im schlimmsten Fall sogar Verhandlungen, ohne dass die Gegenseite die genaue Ursache dafür nachvollziehen kann.

Daher ist wichtig, schon in den ersten Gesprächen maximale Klarheit über Motivation und Transaktionsziele des mittelständischen Gegenübers zu erlangen. Der Mittelständler sollte mit seinen „weichen“ – nicht unmittelbar den Verkaufspreis betreffenden – Zielen grundsätzlich offen umgehen, um Missverständnisse und Frustrationen zu vermeiden.

3.5 M&A-Know-how

Die M&A-Kenntnisse im kleineren Mittelstand sind oft nicht sehr ausgeprägt. Erwerb und Veräußerung von Unternehmen oder Unternehmensteilen ist selten Tagesgeschäft. Begriffe wie Mergers & Acquisitions, Unternehmensübernahme, Investment Bank sind in der öffentlichen Wahrnehmung oft negativ belegt. Dies kann zu Berührungsängsten und zusätzlicher Verunsicherung führen. Für Konzerne sind M&A-Transaktionen in der Regel Tagesgeschäft. Spezielle Stabsabteilungen tun nichts anderes, als Unternehmenskäufe und -veräußerungen abzuwickeln. Entsprechend entwickelt sich im Konzern ein umfangreiches M&A-Know-how, das in den Köpfen der Mitarbeiter und bei guter Organisation auch in Form von Richtlinien, Formatvorlagen, Checklisten, Ablaufplänen, etc. vorliegt. Dieses Know-how Gefälle zwischen Großunternehmen und Mittelstand stellt für beide Seiten eine große Herausforderung dar. Der Konzern sollte versuchen, den Kenntnisstand des Mittelstandsunternehmens herauszufinden, um sein Vorgehen darauf abzustimmen. Der Unternehmer, der sein selbst aufgebautes Unternehmen veräußern möchte und noch nie mit M&A in Berührung kam, ist anders zu behandeln als der Mittelständler, der selbst schon kleinere Unternehmen erworben hat. Sollten dem M&A-unerfahrenen Unternehmer der Ablauf und die Prozessschritte detailliert erläutert werden, so ist der M&A-erfahrene Mittelständler sicher nicht angetan davon, das kleine „Ein-mal-eins“ des M&A von einem 25-jährigen Konzernmitarbeiter erklärt zu bekommen.

Der Mittelständler sollte in Abhängigkeit der Komplexität und Transaktionsgröße die Notwendigkeit der Mandatierung von externen Beratern erwägen. Neben juristischer Unterstützung empfiehlt sich in der Regel ein Wirtschaftsprüfer/Steuerberater mit M&A-Erfahrung.

3.6 Kulturelle Unterschiede

Die Problematik kultureller Unterschiede wird oft im Zusammenhang mit Cross-Border-Transaktionen thematisiert. Jeder Manager, der schon für verschiedene Unternehmen gearbeitet hat, weiß, dass Unternehmenskulturen auch in ein und demselben Land erhebliche Unterschiede aufweisen können. Dies gilt insbesondere zwischen Konzernen und mittelständischen Unternehmen und lässt sich am besten an dem Begriff ‚Unternehmertum' festmachen. Auch wenn viele Großunternehmen unternehmerisches Denken und Handeln mit hoher Priorität in ihren Wertesystemen verankern, fördern die Konzernstrukturen ein solches Verhalten in den wenigsten Fällen. Es gibt feste Entscheidungsabläufe, abgestufte Entscheidungskompetenzen, viele Stellen ohne unmittelbare Ergebnisverantwortung und andere Dinge, die kontraproduktiv für ein gelebtes Unternehmertum im Konzern sind. Auf der anderen Seite führt diese Organisation dazu, dass Entscheidungen analytisch vorbereitet und in der Regel emotionsfrei getroffen werden. Die Entscheidungsfindung dauert oft länger, eine getroffene Entscheidung hat aber Bestand und wird in aller Regel nicht revidiert. Im Gegensatz dazu steht im Extremfall der Einzelunternehmer, der Entscheidungen selbst trifft, sich oft auf sein Bauchgefühl verlässt und getroffene Entscheidungen auch gelegentlich zurücknimmt.

Neben den Herausforderungen, die dies für die Durchführung der Transaktion birgt, sind die kulturellen Unterschiede vor allem bei der Integration des Mittelständlers in den Konzern zu beachten. Beide Seiten sollten sich recht früh in der Transaktion darüber klar werden, ob der kulturelle „Fit" für eine gemeinsame Unternehmung gegeben ist. Dies ist besonders relevant, wenn der geschäftsführende Gesellschafter nach der Transaktion dem Unternehmen auch unter dem neuen Eigentümer weiter zur Verfügung stehen soll. Der Mittelständler sollte sich im Klaren darüber sein, dass er mit der Unternehmenskultur des Konzerns zurechtkommen muss.

3.7 Verhandlungen

Die oben genannten Besonderheiten haben entsprechende Auswirkungen auf die Verhandlungen zwischen Konzernen und Mittelstand. Mangelnde M&A-Erfahrung kann die Verhandlungen in die Länge ziehen, der Mittelständler kann aus Unkenntnis auf überzogenen, unrealistischen Forderungen bestehen oder falsche Prioritäten bei den Verhandlungsschwerpunkten setzen. Der Konzernmitarbeiter kann Gefahr laufen, seinen Verhandlungspartner zu überfordern und damit seine Verhandlungsziele im Ergebnis ebenfalls gefährden.

Eine wesentliche Konstellation tritt jedoch bei Verhandlungen von Mittelstand und Konzern oft auf, unabhängig von den bereits oben angesprochenen Besonderheiten. Am Verhandlungstisch liegt regelmäßig eine Asymmetrie hinsichtlich der jeweiligen Entscheidungsbefugnis vor. Verhandelt der Mittelständler selbst, so ist er die letzte Instanz und Eskalationsstufe. Für den Konzern verhandeln in der Regel Mitarbeiter, die zwar ein vorgegebenes Verhandlungsmandat besitzen, innerhalb dessen sie entscheiden können, für zentrale Entscheidungen benötigen sie aber die Zustimmung ihres Vorgesetzten. Dieser Umstand, wenngleich auf den ersten Blick nicht bedeutend, hat doch weitreichende Auswirkungen auf die Verhandlungsdynamik und den Verhandlungserfolg. Erfahrene Verhandlungsführer nutzen die Möglichkeit der Eskalation zu ihrem Vorteil. Ein Zugeständnis muss nicht unmittelbar gemacht werden. Man stellt Zustimmung in Aussicht, beruft sich aber auf die notwendige Rücksprache mit dem Vorgesetzten. Die „Schmerzgrenze" der Gegenseite kann getestet werden. Trifft man auf harten Widerspruch, kann man sich von dem Vorgesetzten wieder „zurückpfeifen" lassen. Der Verhandlungsführer des Konzerns verliert sein Gesicht nicht. Ganz anders der Mittelständler, der über keine Eskalationsstufe verfügt. Sein Wort gilt. Eine Revision von getroffenen Entscheidungen ist oft mit Gesichtsverlust verbunden. Damit steht der Mittelständler regelmäßig unter dem Druck, in kurzer Zeit faktisch oft bindende Entscheidungen zu treffen. Es bedarf großer Erfahrung und Souveränität auf Seiten des Mittelständlers, um in dieser Verhandlungskonstellation bestehen zu können.

Wenn es dem Mittelständler nicht möglich ist, eine Eskalationsstufe zu installieren, sollte er darauf achten, dass er wichtige Entscheidungen nicht überstürzt und im Zweifelsfall zurückstellt, um sich Bedenkzeit zu sichern und eventuell Rat von Dritten einzuholen. Aus Sicht des Konzerns ist diese Konstellation grundsätzlich nicht nachteilig und kann in den Verhandlungen wie oben erläutert zum eigenen Vorteil genutzt werden. Es besteht allerdings die Gefahr, dass eine zu erfolgreiche Verhandlungsführung in einem Pyrrhus-Sieg enden kann, wenn das mittelständische Unternehmen sich im Zuge der Verhandlungen derart übervorteilt fühlt, dass es die Verhandlungen schlussendlich abbricht oder scheitern lässt.

4 Empfehlungen für die Transaktionsgestaltung und Durchführung

4.1 Vorbemerkungen

Nach der Darstellung der allgemeinen Besonderheiten von Transaktionen zwischen Mittelstand und Konzernen ist der Rahmen gesteckt, um im Folgenden spezielle Handlungsempfehlungen sowohl für den Mittelstand als auch für Großunternehmen bei gemeinsamen M&A Projekten zu geben. Die Untersuchung erfolgt entlang der einzelnen Prozessphasen Anbahnung, Durchführung und Integration.

4.2 Anbahnungsphase

4.2.1 „Der stete Tropfen höhlt den Stein" – der Aufbau von Vertrauen

Einige verkaufswillige, mittelständische Unternehmen beauftragen Verkaufsvermittler oder je nach Größe auch professionelle M&A-Berater. Je nach Professionalität des Beraters und Attraktivität des Unternehmens laufen diese Verkaufsprozesse relativ strukturiert ab. In diesen Fällen ist die Entscheidung zum Verkauf bereits gefallen. Es geht nun vornehmlich darum, einen geeigneten Käufer zu identifizieren und in aller Regel einen attraktiven Verkaufspreis zu erzielen. Die Anbahnung dieser Transaktionen ist mit der Entscheidung der Einschaltung externer Berater abgeschlossen, die Verkaufsentscheidung ist gefallen. Oft geht dieser Entscheidung eine längere Phase voraus, in der die Verkaufsentscheidung langsam reift und konkretisiert wird.

In dieser Phase eröffnet sich für kaufinteressierte Konzerne die Möglichkeit und Chance, eine spätere M&A-Transaktion anzubahnen und vorzubereiten. Diese Aufgabe obliegt in dieser Phase den operativen Konzernmitarbeitern. Oft bestehen vielfältige Geschäftskontakte zu interessanten Wettbewerbern, Lieferanten oder Kunden auf operativer Ebene. Dadurch erlangt der Konzern einen guten Eindruck von den Kompetenzen, Stärken und Schwächen des Mittelständlers. Im Sinne eines „Target Screening"-Prozesses ist es zu empfehlen, dass konzerninterne Business Development oder M&A-Abteilungen sich regelmäßig mit den operativen Einheiten austauschen, um auf diese Weise interessante Targets zu identifizieren. Ist ein Target identifiziert, sollte neben dem strategischen Fit auch die persönliche Situation der Gesellschafter und die Bereitschaft zu einer Transaktion eruiert werden. Für diese Aufgabe ist in der Regel der operative Gesprächspartner des mittelständischen Unternehmens geeignet, der im Rahmen der Geschäftsbeziehung idealerweise schon eine Vertrauensbasis aufgebaut hat. Zentrale Business Development oder M&A-Abteilungen sollten erst involviert werden, wenn ein hinreichendes Interesse an einer M&A-Transaktion zu erkennen ist. In extremen Fällen kann sich die notwendige Überzeugungsarbeit über mehrere Jahre hinziehen. Trifft das mittelständische Unternehmen dann allerdings die Entscheidung für eine Transaktion, ist man als der langjährige Gesprächspartner oft erste Wahl.

Ein Mittelstandsunternehmen, das sich mit dem Gedanken an eine Veräußerung trägt, sollte sich in jedem Fall über folgende drei Dinge intensive Gedanken machen:

1. Welches sind meine Ziele einer Veräußerung?
2. Wann ist der optimale Zeitpunkt?
3. Wer ist der ideale Käufer?

Von den Zielen der Veräußerung hängt wesentlich ab, zu welchem Zeitpunkt und vor allem an wen man verkaufen sollte. Die Veräußerung an einen direkten Wettbewerber führt sicher zu stärkeren Eingriffen in die Unternehmensstrukturen als die Veräußerung an einen Finanzinvestor, der auf den Verbleib der Schlüsselmitarbeiter und der bestehenden Geschäftsführung häufig angewiesen ist. Der richtige Zeitpunkt hängt wesentlich von der

Konjunktur, der Technologie und den Investitionszyklen des Unternehmens ab. Stehen gerade Investitionen an, die man nicht mehr alleine stemmen möchte? Ist die Technologie konkurrenzfähig bzw. besteht die Gefahr alternativer Technologien, die gerade auf den Markt drängen?

In aller Regel hat ein solides mittelständisches Unternehmen Zeit, sich mit den o. g. Kernthemen auseinander zu setzen, bevor eine Verkaufsentscheidung gefällt werden muss. Diese Zeit sollte der Mittelständler nutzen, um mögliche Erwerber vor dem Hintergrund seiner Transaktionsziele zu analysieren. Kooperationen in Entwicklung, Produktion oder Vertrieb sind eine gute Möglichkeit, die Zusammenarbeit mit einem möglichen Erwerber vorab auszuloten.

4.2.2 Das Transaktionsteam und Beratereinsatz

In der Anbahnungsphase sollte das Transaktionsteam auf Seiten des Konzerns klein gehalten werden. Die ersten Gespräche werden von Seiten des Konzerns in der Regel von dem operativen Gesprächspartner des mittelständischen Unternehmens geführt. Im Hintergrund sollte der Business Development oder M&A-Verantwortliche einbezogen werden, um die Gespräche mit taktischem Rat zu unterstützen. Externe Berater bieten in dieser Phase nur geringen Mehrwert. Sie kommen bei kleinen Transaktionen im Zuge der Due Diligence und der Vertragsverhandlungen in Form eines Finanzberaters („Transaction Services“) und eines Rechtsanwalts ins Spiel. Die restlichen Funktionen können von Konzernen in aller Regel in-house abgedeckt werden.

Auf Seiten des Mittelstands wird das verantwortliche Team naturgemäß klein sein. Grundsätzlich ist davon abzuraten, dass der Gesellschafter sämtliche Gespräche alleine führt. Es ist empfehlenswert, weitere Mitarbeiter oder eventuell schon Berater hinzuzuziehen, um den Erfahrungsvorteil des Konzerns zu kompensieren. Wenn die Gespräche über das erste Abtasten hinausgehen, sollte ein Mitarbeiter oder Geschäftsführer-Kollege offiziell in das Projektteam aufgenommen werden. Idealerweise hat diese Person schon Erfahrungen mit M&A-Prozessen oder verfügt zumindest über eine solides Wissen im Finanzbereich und der Unternehmensplanung. Als Berater empfiehlt sich neben der notwendigen rechtlichen Unterstützung ein Wirtschaftsprüfer/Steuerberater mit Erfahrung in der Abwicklung von M&A Transaktionen. Bei Transaktionen größer 10 Mio. € sollte über die Mandatierung eines reinen M&A-Beraters nachgedacht werden. Bei Transaktionen größer 50 Mio. € ist die Mandatierung eines professionellen M&A-Beraters in jedem Fall zu empfehlen.

Nicht nur der Mittelständler profitiert von der Mandatierung externer Berater, auch der kaufinteressierte Konzern hat Vorteile durch eine größere Professionalität, effizientere Durchführung der Transaktion und eine höhere Berechenbarkeit seines Verhandlungspartners. Nicht zuletzt sorgen externe Berater auf Seiten des Mittestands für realistische Erwartungen und marktkonforme Forderungen, was die Transaktionswahrscheinlichkeit signifikant erhöhen kann.

4.2.3 Vorbereitung und Strukturierung des Prozesses

Die Anbahnungsphase ist positiv abgeschlossen, der Konzern und der Mittelständler haben sich für konkrete Gespräche bzgl. einer Unternehmenstransaktion entschieden. Zu diesem Zeitpunkt geht das Projekt von einem Screening und Business Development Projekt in ein konkretes M&A-Projekt über, das klar strukturiert werden sollte. Hierfür ist es auf Seiten des Konzerns zu empfehlen, die M&A-Abteilung aktiv zu involvieren. Oft verfügen operative Konzernmitarbeiter über eine gewisse M&A-Erfahrung bzw. waren häufig im Rahmen der Due Diligence in M&A-Projekte eingebunden. Die Strukturierung von Transaktionsprozessen fällt aber regelmäßig nicht in den Aufgabenbereich operativer Konzern-Mitarbeiter. Der Konzern sollte in einer Transaktion mit dem Mittelstand versuchen, die Strukturierung des Prozesses zu übernehmen und die einzelnen Prozessschritte vorzugeben. Dabei ist ein gewisses Fingerspitzengefühl notwendig, um den Verhandlungspartner nicht zu überfordern, sondern ihm das Gefühl zu geben, ihm Arbeit abzunehmen und die Prozesseffizienz zu steigern. Der Prozess sollte so strukturiert werden, dass möglichst zügig über die wesentlichen Transaktionsparameter wie beispielsweise Art der Transaktion und Kaufpreiserwartungen Klarheit besteht und mögliche Deal Breaker frühzeitig adressiert sind. Es hilft keiner der beiden Seiten, wenn die kritischen Themen zu Anfang nicht thematisiert werden und eine Transaktion nach 6 Monaten intensiver Arbeit an einer Tatsache scheitert, die zu Anfang der Gespräche eigentlich schon hätte angesprochen werden müssen.

Vor diesem Hintergrund empfiehlt sich ein Prozessablauf, der nach Unterzeichnung einer Vertraulichkeitsvereinbarung den Austausch von zentralen Geschäftsinformationen beinhaltet. Basis dieser Datenzusammenstellung sollte eine Informationsanforderungsliste sein, die der Konzern dem Mittelständler zukommen lässt. Diese Anforderungsliste ist Grundlage einer Phase 1 Due Diligence („Red Flag Due Diligence"), die zum Ziel hat, eine erste Bewertung und Risikoabschätzung vorzunehmen. Neben Finanzinformationen sollten Themen abgefragt werden, die für das entsprechende Geschäft von großer Bedeutung sind. Steht beispielsweise die Technologiekompetenz des Mittelständlers im Mittelpunkt, sollte die Patentsituation in dieser Phase schon untersucht werden. Parallel zu dieser Phase 1 Due Diligence sollten die Parteien beginnen, ein Memorandum of Understanding (auch Letter of Intent oder Termsheet) zu verhandeln. Es bietet sich an, dass der Konzern basierend auf den Vorgesprächen und dem Input des mittelständischen Unternehmens einen ersten Entwurf erstellt. Es ist zu empfehlen, in diesem Dokument alle möglicherweise strittigen Punkte einschließlich einer Wertindikation für den Verkaufspreis zu regeln. Der Begriff „Termsheet" steht für eine Zusammenfassung der wesentlichen Bestimmungen und Regelungen des späteren Vertragsdokuments und trifft vor dem Hintergrund am besten die Intention einer möglichst umfänglichen Dokumentation des Verhandlungsstands. Im Idealfall kann das unterzeichnete Termsheet später von Juristen ohne größeren Aufwand in die finale Vertragsdokumentation umgesetzt werden.

Sehr allgemein gehaltene vage Absichtserklärungen sind in aller Regel nicht zu empfehlen, da sie zwar schnell vereinbart sind, aber im Nachhinein nicht selten zu Missverständnissen führen und die eigentliche, detaillierte inhaltliche Auseinandersetzung mit dem Thema lediglich nach hinten verschieben. Unter gewissen Konstellationen kann es Sinn machen, zügig einen Letter of Intent mit einer Exklusivitätsvereinbarung abzuschließen, um Konkurrenten auszuschließen. Von der Gewährung einer Exklusivität in einer sehr frühen Phase ohne Kenntnis der wesentlichen Transaktionsparameter ist allerdings grundsätzlich abzuraten.

Der Mittelständler profitiert von einer professionellen Prozessstrukturierung. Auch er hat ein Interesse daran, möglichst zügig Klarheit über die wesentlichen Parameter der Transaktion zu bekommen. Insofern kann er sich darauf einlassen, dass der Konzern die Initiative übernimmt. Wichtig ist allerdings, dass ein wenig erfahrenes mittelständisches Unternehmen sicherstellt, dass Inhalt, Sinn und Auswirkungen sämtlicher Prozessschritte verstanden sind. Kann der Konzern Sinn und Notwendigkeit einzelner Prozessschritte nicht plausibel erklären, ist Skepsis geboten. Für die Verhandlung eines Termsheets kann eine rechtliche Unterstützung in Erwägung gezogen werden. Generell ist darauf zu achten, dass das Termsheet in erster Linie ein kaufmännisch formuliertes Dokument ist und nicht über weite Strecken juristische Feinheiten zum Gegenstand hat.

Bei der Datensammlung für die Phase 1 Due Diligence ist aus Sicht den Mittelständlers wichtig, dass noch keine streng vertraulichen Dokumente offengelegt werden, die bei Abbruch der Verhandlungen einen Wettbewerbsnachteil nach sich ziehen könnten. Das Verheimlichen negativer Aspekte kann für den Offenlegenden nachteilig sein, da bei Offenlegung in einer späteren Phase des Prozesses Kaufpreisabzüge in der Regel höher ausfallen.

4.3 Durchführungsphase

4.3.1 Vertraulichkeitsvereinbarung

Mit dem Abschluss der Vertraulichkeitsvereinbarung beginnt die Projektphase, in der über den gewöhnlichen Informationsaustausch unter Geschäftspartnern hinausgegangen wird. Es werden Informationen geteilt, die sonst unter unabhängigen Parteien vertraulich und schützenswert sind. Für den Konzern ist dies ein geeigneter Meilenstein, an dem die verpflichtende Einbeziehung der zentralen M&A-Abteilung festgemacht werden kann.

Aus Sicht des Mittelständlers ist zu beachten, dass eine Vertraulichkeitsvereinbarung zwar die Sicherheit vertraulicher Daten deutlich erhöht, aber in Praxis keinen vollständigen Schutz gewährleisten kann. Vertragsstrafen bei Verstoß gegen die Vertraulichkeitsvereinbarung sind eher unüblich und kleinere Verstöße gegen die Vereinbarung sind nicht unmittelbar erkennbar. Selbst wenn ein Verstoß gegen eine Vertraulichkeitsvereinbarung sicher erscheint, ist die Durchsetzung der Rechte des Mittelständlers gegen einen finanzstarken Konzern oft schwer und vor allem teuer. Vor diesem Hintergrund sollten nach der Unterzeichnung einer Vertraulichkeitsvereinbarung nicht schon sehr sensible Daten weitergereicht werden. Auch in strukturierten Veräußerungsprozessen von Konzernen werden die hochsensiblen Geschäftsinformationen erst ganz am Ende eines Prozesses dem letzten Bieter oft erst unmittelbar vor Abschluss der Transaktion offengelegt. Die wichtigsten Inhalte einer Vertraulichkeitsvereinbarung können der folgenden Liste entnommen werden:

1. Beschreibung der geplanten Transaktion
2. Allgemeine Beschreibung der vertraulichen Informationen
3. Ausnahmen von der Vertraulichkeit (beispielsweise bereits öffentlich verfügbare Informationen)
4. Umgang mit vertraulichen Informationen
5. Regelungen zur Rückgabe und Vernichtung bei Beendigung
6. Laufzeit

Wichtig ist für den Offenlegenden die Einschränkung, dass die Informationen lediglich zur Beurteilung der Transaktion verwendet werden. Oft ist die Weitergabe an operative Vertriebseinheiten ein kritisches Thema, so dass versucht werden kann, die kritischen Unternehmensbereiche vom Zugang zu vertraulichen Informationen auszuschließen.

4.3.2 Termsheet

Wie oben erläutert wird der Abschluss eines ausführlichen Termsheets empfohlen, um frühzeitig kritische Themen zu identifizieren und Klarheit über die wichtigsten Parameter der Transaktion zu erlangen. Auf Basis eines Termsheets ist es für den Mittelständler erfahrungsgemäß einfacher zu verhandeln, da das Dokument noch nicht in streng juristischer Sprache abgefasst ist und im Wesentlichen die kaufmännischen Themen zum Gegenstand hat. Daher kann das mittelständische Unternehmen zu diesem Zeitpunkt in aller Regel auf eine externe juristische Unterstützung verzichten. Es ist zu empfehlen, dass der Konzern in Absprache mit der operativ eingebundenen Konzerneinheit einen ersten Entwurf des Termsheets erstellt. Beispielhaft können folgende Inhalte aufgenommen werden:

1. Vertragsparteien
2. Gegenstand und Beschreibung der geplanten Transaktion
3. Beschreibung des Ablaufs der Transaktion (grober Zeitplan)
4. Indikative Bewertung
5. Transaktionsstruktur
6. Bei Kooperationen oder Gemeinschaftsunternehmen die grobe Beschreibung der Rechte und Pflichten der Vertragsparteien
7. Vertraulichkeit
8. Regelungen zu Pressemitteilungen
9. Exklusivität
10. Laufzeit
11. Bindungswirkung
12. Kostenregelung
13. Gerichtsstand

Bei angedachten Kooperationen oder der Gründung von Gemeinschaftsunternehmen sollten die Grundzüge der Kooperation und der Corporate Governance des Gemeinschaftsunternehmens skizziert und vereinbart werden.

Nicht alle im Termsheet behandelten Themen müssen in jedem Detail verhandelt werden, sondern können mit dem Verweis auf die Vertragsverhandlungen inhaltlich offen gelassen werden. Kritische Themen sind aber zwingend soweit zu regeln, dass eine spätere Einigung im Rahmen der Vertragsverhandlungen wahrscheinlich ist. Das Termsheet ist im Konzern vor Unterzeichnung in aller Regel von übergeordneten Hierarchien zu genehmigen. Dies sollte der Mittelständler wissen und berücksichtigen, da damit eine formale, konzerninterne Bindung an die Inhalte des Termsheets einhergeht.

4.3.3 Due Diligence

Wie oben beschrieben sollte die Due Diligence in zwei Phasen unterteilt werden. In einer ersten sog. Red Flag Due Diligence werden Informationen ausgetauscht, die eine erste Risikoeinschätzung und Bewertung erlauben. Die vollumfängliche Due Diligence erfolgt in einer zweiten Phase, nachdem auf Basis der Red Flag Due Diligence eine indikative Bewertung für das Geschäft abgegeben wurde. Der Mittelständler sollte die vollumfängliche Due Diligence in jedem Fall von der Abgabe eines nicht bindenden Angebots abhängig machen. Dieses Phasenmodell entspricht im Prinzip der Vorgehensweise bei strukturierten Verkaufsprozessen von Großunternehmen, bei denen auf Basis begrenzter Informationen (Informationsmemorandum) ein unverbindliches Angebot verlangt wird und erst Bieter mit attraktiven Angeboten zur vollumfänglichen Due Diligence zugelassen werden und Zugang zu weiteren Informationen erhalten.

Aus Sicht des mittelständischen Unternehmens ist darauf zu achten, dass kritische Themen schon in der Red Flag Due Diligence adressiert werden sollten. Das Zurückhalten von eventuellen Dealbreakern oder signifikanten Risiken wirkt sich in aller Regel im weiteren Verlauf des Prozesses negativ auf den Verkaufspreis aus oder kann sogar zum Scheitern des Verkaufs führen. Der Mittelständler sollte darauf bedacht sein, über den ganzen Prozess hinweg ein konsistentes Zahlenwerk zu präsentieren. Inkonsistenzen oder spätere Anpassungen der Finanzinformationen beschädigen das Vertrauen und führen in aller Regel zu Wertabschlägen. Es empfiehlt sich, ein komplettes Set an Informationen zusammenzustellen und idealerweise in einem Zug zur Verfügung zu stellen. Die Übermittlung einer Vielzahl von Informationspaketen zu verschiedenen Zeitpunkten erschwert die Nachvollziehbarkeit, Konsistenz und Organisation der übermittelten Daten. Falls nicht ohnehin schon vom Konzern zur Verfügung gestellt, sollte das mittelständische Unternehmen eine Informationsanforderungsliste verlangen. Eine Red Flag Informationsanforderungsliste sollte recht kurz gehalten sein und kann beispielsweise folgende Themen abdecken:

Unternehmensinformationen

- Vollständige Liste aller Gesellschafter unter Angabe der Geschäftsanteile
- Organigramm der Gesellschaft

Finanzdaten

- Jahresabschlüsse für die Jahre 20XX bis 20XX (Bilanz und Gewinn- und Verlustrechnung)
- Monatsberichte bzw. die Dezemberberichterstattung für den Zeitraum 20XX bis 20XX sowie das laufende Geschäftsjahr
- Monatliche Auftragseingänge und Auftragsstand für den Zeitraum 20XX bis 20XX sowie das laufende Geschäftsjahr, falls vorhanden auch nach Produktgruppen. Auftragsbestand zu Jahresbeginn 20XX
- Planung und detaillierte Planungsannahmen für 20XX bis 20XX (einschließlich Investitionen)
- Deckungsbeitragsrechnungen nach verfügbaren Kriterien (z. B. für die einzelnen Produktgruppen) für die Jahre 20XX bis 20XX sowie das laufende Geschäftsjahr und für den Planungszeitraum sofern vorhanden
- Rückstellungsspiegel für 20XX bis 20XX
- Aufstellung einmaliger Ereignisse/Normalisierungen für 20XX bis 20XX
- Leasingverpflichtungen und andere laufende Verpflichtungen größer X Euro pro Jahr
- Falls relevant, Erläuterung der Intercompany-Beziehungen, auch mit der Muttergesellschaft, Beziehungen zu anderen Unternehmen oder Aktivitäten der Eigentümer
- Anonymisierte Aufstellung der Top 10 Kunden und Lieferanten für die Jahre 20XX bis 20XX nach Geschäftsvolumen

Aus Sicht des Projektleiters des Konzerns ist es wichtig, den Mittelständler nicht zu überfordern und in der frühen Due Diligence Phase mit seitenlangen Listen und Anforderungen zu überfrachten. In dieser Phase genügen Informationen, die eine erste grobe Bewertung und Risikoeinschätzung ermöglichen.

Nachdem auf Basis der Red Flag Due Diligence eine unverbindliche Bewertung abgegeben und vom Mittelständler akzeptiert ist, wird die eigentliche, vollumfängliche Due Diligence durchgeführt. Der Mittelständler sollte auch hier vom Konzern eine detaillierte Anforderungsliste verlangen, auf deren Basis er die Informationen zusammentragen kann. Dabei ist darauf zu achten, dass die erfragten Informationen zum einen sämtliche Bereiche abdecken, aber zum anderen auch durch zeitliche Eingrenzung und Materialitätsgrenzen eingeschränkt werden. Die Umsatzentwicklung von vor 10 Jahren ist genauso irrelevant für eine Einschätzung des Geschäfts wie Verträge mit einem Gegenwert von kleiner 1000 €. Das mittelständische Unternehmen sollte darauf achten, dass der Due Diligence Prozess zeitlich und inhaltlich klar strukturiert ist. Die Komponenten der Due Diligence wie Datenraumuntersuchung, Managementpräsentation, Betriebsbesichtigungen und Fragen und Antwort Meetings sollten genauso festgelegt werden wie der Zeitpunkt des Abschlusses der Due Diligence. Je nach Umfang und Komplexität ist es ratsam, einen Rechtsanwalt und einen Wirtschaftsprüfer zur Vorbereitung der Due Diligence hinzuzuziehen.

Auf Seiten des Konzerns ist darauf zu achten, dass der Mittelständler nicht durch überbordende Detailanfragen vergrault wird. Nicht selten reichen Konzernspezialisten aus Unkenntnis oder Unsicherheit sehr umfangreiche Due Diligence Fragelisten ein, die von der Projektleitung vor Verwendung gekürzt werden sollten. Vor allem bei einer Transaktion mit dem Mittelstand, für den das Zusammentragen der Informationen eine große zeitliche Belastung darstellt, ist darauf zu achten, möglichst alle „nice to have" Anforderungen zu eliminieren.

4.3.4 Vertragsverhandlungen

Verhandlungen im engeren Sinne beginnen mit der Verhandlung des Termsheets und werden mit den Verhandlungen der finalen Vertragsdokumentation fortgesetzt. Wer allerdings davon ausgeht, dass das Verhandeln erst am Verhandlungstisch beginnt, hat den ersten Fehler in den Verhandlungen schon begangen. Die Kräfteverhältnisse in den Verhandlungen werden schon ab dem ersten Kontakt beeinflusst. Welche Hierarchieebene nimmt an ersten Meetings teil? Wo finden die ersten Treffen statt? Wer gibt in den ersten Gesprächen den Ton an? Wie stark werden schon früh Positionen aufgebaut und Territorien abgesteckt? Diese und viele andere, oft nebensächlich erscheinende Dinge haben in ihrer Summe wesentlichen Einfluss auf die spätere Verhandlungsdynamik und die Verhandlungsmacht der einzelnen Parteien.

Die Verantwortlichen mittelständischer Unternehmen sind im täglichen Geschäft vielfältigen Verhandlungssituationen ausgesetzt. Das darin gesammelte Wissen und die Erfahrung sollte bewusst für M&A-Verhandlungen eingesetzt werden. Ein Mittelständler mit viel Einkaufsmacht bei einem kleineren Lieferanten fährt zur Neuverhandlung der Einkaufskonditionen nicht mit der gesamten Geschäftsführung zum Lieferanten. Er lädt ihn zu sich ein und schickt seinen Einkaufsleiter zu dem Gespräch. Diese Logik lässt sich analog auf M&A-Verhandlungen anwenden.

Eine besondere Herausforderung für den geschäftsführenden Inhaber eines mittelständischen Unternehmens ist oft, sich in den Verhandlungen zurückzunehmen. Der Einzelunternehmer sollte sich nicht dem selbstauferlegten Zwang ergeben, sämtliche Entscheidungen selbst und unmittelbar treffen zu müssen. Auch wenn dies im Geschäftsleben möglicherweise der Schlüssel zum Erfolg war, so kann dieses Verhalten in M&A-Verhandlungen negative Folgen haben, da oft die entsprechende Erfahrung fehlt und die Trageweite mancher zügig gefällter Entscheidungen nicht überblickt wird. Idealerweise kann sich der Inhaber aus den Detailverhandlungen heraushalten und im Hintergrund als Eskalationsstufe die Entscheidungen treffen. Ist dies aufgrund der Unternehmensgröße oder Unternehmenskonstellation nicht möglich, so sollte der Inhaber bei komplexen Fragestellungen den Mut aufbringen, Entscheidungen zu verschieben und sich die Zeit zu nehmen, sich mit seinen Beratern oder Mitarbeitern abzustimmen.

Von zentraler Bedeutung für den Erfolg von Verhandlungen ist eine gründliche Vorbereitung. Üblicherweise erstellt der Verkäufer einen ersten Entwurf des Kaufvertrages. In der Konstellation verkaufender Mittelständler und erwerbendes Großunternehmen, kann dies aufgrund der Ressourcenverfügbarkeit gelegentlich umgedreht werden. Der Mittelständler sollte auf Basis des im vorgelegten Kaufvertragsentwurfs seine Verhandlungsposition detailliert mit seinen Beratern vorbereiten. Dabei bietet sich häufig eine Unterteilung der relevanten Verhandlungspunkte in 1) abzulehnende Positionen, 2) verhandelbare Positionen und 3) „Schenkpositionen" an. Es ist zu empfehlen, die abzulehnenden Positionen von Anfang an klar und unmissverständlich zu benennen. Die verhandelbaren Positionen sollten grob nach Priorität geordnet werden. Idealerweise bereitet man mögliche Kompromissformeln vor. Die Schenkpositionen sind aus Sicht des Mittelständlers unwichtige Dinge, die im Prinzip in den Verhandlungen konzediert werden können. Einer Schenkposition kommt besondere Bedeutung zu, wenn sie – obwohl für den Mittelständler unwichtig – für den Konzern besondere Priorität hat. Dies gibt dem Mittelständler eine günstige „Währung" für den Eintausch gegen eine ihm wichtige Position.

Die Strukturen und Hierarchien auf Seiten des Konzerns sind oft komplex. Daher sollte der Mittelständler genau verstehen, welche Rolle sein Gegenüber in den Verhandlungen wahrnimmt und vor allem wie weit seine Entscheidungsbefugnisse gehen und wie der Entscheidungsprozess im Konzern abläuft. Der Konzern sollte darauf achten, dass der Verhandlungsführer auf Augenhöhe mit dem Verhandlungsführer auf Seiten des Mittelstands agiert. Idealerweise gilt dies nicht nur für die Entscheidungsbefugnis, sondern auch hinsichtlich Seniorität und Lebenserfahrung der verantwortlichen Verhandlungsführer. Verhandlungen werden oft von Emotionen, Sympathien und Antipathien beeinflusst. Vor diesem Hintergrund ist zu empfehlen, dass der Konzern nach Möglichkeit – ungeachtet der fachlichen Eignung – keinen 26-jährigen High Potential zu Verhandlungen mit einem 70-jährigen Firmenpatriarchen entsendet.

4.4 Integration und Motivation

4.4.1 Vorbemerkung

Im Folgenden werden einige spezielle Besonderheiten bei der Integration eines mittelständischen Unternehmens in einen Konzern beleuchtet. Dabei wird nicht detailliert auf die eigentliche Post-Merger-Integration eingegangen, sondern es werden einige Empfehlungen zur Vertragsgestaltung, Transaktionsstruktur und zum Integrationskonzept gegeben.

4.4.2 Integrationsgrad

Der Integrationsgrad kann grob eingeteilt werden in Erhaltung, teilweise und vollständige Integration. Bei der Erhaltung bleibt das mittelständische Unternehmen nach der Transaktion eine weitgehend selbständige Einheit innerhalb des Konzerns. Gleichzeitig erfolgt eine minimale Integration in der Regel vor allem in das Berichtswesen und die IT-Landschaft des Konzerns. Dieses Konzept wird verfolgt, wenn die besondere Stärke des Akquisitionsobjekts in seiner Unabhängigkeit und seinem eigenständigen Marktauftritt lag und eine vollständige Integration diese Stärken nähme. Die Erhaltung kann auch als erste Stufe einer sukzessiven Integration verstanden werden. Für einige kleinere Mittelständler ist die Unabhängigkeit ein wesentlicher Grund für den Verkauf an einen bestimmten Käufer. Vor diesem Hintergrund kann das geplante Integrationskonzept sogar über das Zustandekommen einer Transaktion entscheiden.

Plant der geschäftsführende Gesellschafter des Mittelstandsunternehmens nach der Transaktion einen zumindest zeitweisen Verbleib in dem erworbenen Unternehmen, so ist für ihn die konkrete Ausgestaltung der Integration von Bedeutung. In dem Fall sollte er frühzeitig in Erfahrung bringen, welches Integrationskonzept von dem Konzern verfolgt wird.

Oft bevorzugen Konzerne eine teilweise oder gar vollständige Integration, da nur dann die kompletten Synergien realisiert werden können. Ist die Weiterbeschäftigung des Inhabers wichtig für die Werterhaltung des Unternehmens nach Übernahme, so sollte der Konzern die diesbezüglichen Interessen des Veräußerers genau verstehen und in seinem Integrationskonzept berücksichtigen. Dies trifft regelmäßig zu, wenn der Inhaber selbst über spezielles Know-how oder wichtige persönliche Industrie- und Kundenkontakte verfügt.

4.4.3 Sicherung des Know-hows

Die Sicherung des Know-hows des zu übernehmenden Geschäfts und seiner Mitarbeiter ist vor allem für den Konzern eine entscheidende Fragestellung. Insbesondere bei Targets aus dem Dienstleistungsbereich oder Unternehmen mit einer starken persönlichen Kundenbindung durch das Management und den Inhaber ist die Sicherung des Know-hows und der Kundenbeziehungen essentiell für den Erhalt des Unternehmenswerts. Gerade in kleineren Unternehmen steckt das Wissen in den Köpfen der Mitarbeiter und ist oft nicht hinreichend dokumentiert bzw. überhaupt nicht dokumentationsfähig.

Die Know-how Träger lassen sich grob in drei Kategorien unterteilen. Der Inhaber oder geschäftsführende Gesellschafter, das angestellte Management und die Organisation selbst. Das Know-how der Organisation besteht aus der Summe der Erfahrungen der Mitarbeiter, der Prozesse und Abläufe sowie deren Kodifizierung in Richtlinien, Formularen und sonstigen Dokumentationen. Um dieses Know-how zu bewahren, sollte der Konzern schon in der Due Diligence die Quellen dieses Wissen identifizieren und konkrete Schritte planen. Diese Schritte können ein Retention-Programm für Schlüsselmitarbeiter, die gezielte Besetzung von Schlüsselstellen mit eigenen Mitarbeitern oder die Erstellung einer Dokumentation einzelner erfolgskritischer Wertschöpfungsstufen enthalten. Die Sicherung des Organisationswissens stellt in der Regel die geringste Herausforderung dar. Anders verhält es sich mit dem Eigentümer oder geschäftsführenden Gesellschafter. Dieser erhält mit Vollzug der Transaktion den Kaufpreis und ist daher mit monetären Anreizen nur schwer zu motivieren. Ist der Eigentümer zumindest in einer Übergangsphase wichtig für das Geschäft und soll noch für eine gewisse Zeit weiterbeschäftigt werden, so ist zu empfehlen, den Kaufpreis bei Vollzug nicht in voller Höhe zu leisten, sondern ein Earn-out-Modell anzuwenden. Dabei wird ein Teil des Kaufpreises über einen Zeitraum von 2 bis 3 Jahren in Abhängigkeit des Geschäftserfolgs ausbezahlt.

Beim Management besteht aus Sicht des Konzerns der Vorteil, dass dieses in der Regel keinen Kaufpreisanteil erhält und somit über monetäre Incentives motiviert werden kann. Bei wichtigen Schlüsselmitarbeitern kann ein Retention-Programm abgeschlossen werden. Bei Finanzinvestoren als Käufer ist dies der Regelfall, bei Konzernen eher die Ausnahme, da der Konzern in der Regel über Know-how in dem zu erwerbenden Bereich verfügt.

Unabhängig von der Notwendigkeit, das vorhandene Wissen zu bewahren und für den Konzern nutzbar zu machen, sollte in jedem Fall die Integration darauf ausgerichtet sein, möglichst zügig eigenes Know-how aufzubauen und die Kundenbeziehungen zu übernehmen, um eine andauernde Abhängigkeit von Einzelpersonen zu vermeiden. Hierfür eignet es sich, Schlüsselpositionen in dem übernommenen Unternehmen mit „eigenen" Leuten zu besetzen, die Kundenbeziehungen zu übernehmen und nicht dokumentiertes Wissen in kritischen Wertschöpfungsbereichen zu dokumentieren.

5 Schlussbemerkungen

In Lehrbüchern wird in der Regel der klassische Ablauf von M&A-Prozessen beschrieben. Mehrstufige Auktionen mit mehreren Bietern und den Prozessschritten Vorbereitung, Vermarktung, unverbindliches Angebot, Due Diligence, Verhandlungen und Closing. Es wird dabei regelmäßig umfangreiches M&A-Know-how der Akteure unterstellt. Die Prozessentscheidungen werden von einem „Homo Oeconomicus" getroffen, der streng rational handelt und versucht, sein Kapital zu maximieren.

Bei Transaktionen mit dem Mittelstand gilt grundsätzlich auch die Logik klassischer M&A-Prozesse. Hinzu kommen aber weitere entscheidende Aspekte zwischenmenschlicher und kultureller Art, die weniger kaufmännischer Logik folgen, als vielmehr eher psychologischer Natur sind. Neben den ohnehin schon komplexen M&A-Prozessen stellt dies sowohl den Konzern als auch das mittelständische Unternehmen vor große Herausforderungen.

Für den Erfolg einer Transaktion zwischen Mittelstand und Konzern ist entscheidend, die Beweggründe, Ziele und Zwänge seines Verhandlungspartners zu kennen und zu berücksichtigen. Den Mittelständler stellt dies in der Regel vor besondere Herausforderungen, da die M&A Transaktion für ihn nicht selten ein Projekt mit Einmalcharakter ist. Um die teilweise großen Unterschiede hinsichtlich M&A Know-how, Personalressourcen und Unternehmenskultur zu überwinden, ist es auf Seiten des Konzerns oft erforderlich, gewohnte Abläufe zu verlassen.

Joachim Hahn begann seine berufliche Laufbahn nach dem Studium der Betriebswirtschaftslehre an der Universität des Saarlandes bei der Bayer AG in Leverkusen. Nach einem Traineeprogramm in der Konzernzentrale war er für 3 Jahre als Leiter Regional Business Development und Controlling für den Geschäftsbereich Consumer Care bei der Bayer Singapore Ltd. tätig. Nach seiner Rückkehr übernahm er für 5 Jahre die Stelle als Assistant Vice President M&A im Corporate M&A Bereich des Bayer Konzerns. 2008 wechselte er als Vice President M&A zu E.ON und leitete mehrere Verkaufsprojekte sowie den Einstieg von E.ON in Brasilien. Nach 2 Jahren als Leiter Corporate Projects/M&A bei Bilfinger SE verantwortet er nun den M&A-Bereich des Maschinenbauers DMG MORI AKTIENGESELLSCHAFT.

Chinesisch/deutsche Transaktionen – Unkalkulierbares Wagnis oder wichtige Chance für den deutschen Mittelstand?

Sonja Bayer

Zusammenfassung

Der deutsche Mittelstand ist bereits seit langem in der Volksrepublik China auch über Unternehmenskäufeim Rahmen von Unternehmenskäufen aktiv. In den letzten Jahren sind jedoch vermehrt auchebenso Schlagzeilen zu lesen wie „Chinesen bieten für Bogner?“ (vgl. Landgraf & Weishaupt 2015, S. 23) – immer häufiger erwerben chinesische Unternehmen deutsche Mittelständler.

Die Phase der Post Merger Integration und die richtige Weichenstellung bereits in der Transaktionsphase sind dabei, insbesondere bei internationalen Transaktionen wie den vorstehend genannten, von wesentlicher Bedeutung für den Erfolg eines Unternehmenskaufs. DiesDas haben Beispiele wie etwa die Fusion von Daimler und Chrysler im Jahr 1998 eindrücklich auch einer breiten Öffentlichkeit in Erinnerungins Bewusstsein gerufen. Noch wichtiger als bei den in einem ähnlichen Umfeld stattfindenden US-amerikanisch / deutschen Transaktionen ist siedies bei den zwei sehr unterschiedliche Welten verbindenden chinesisch / deutschen Transaktionen.

Auch wenn chinesisch / deutsche Unternehmenskäufe zwischenzeitlich kein Neuland mehr darstellen, ist doch noch Einiges zu lernen und insbesondere zu beachten. Dies gilt sowohl für Unternehmenskäufe deutscher Unternehmen in China als auch für solche chinesischer Unternehmen in Deutschland und ist besonders wesentlich bei Transaktionen, die nicht (in der Regel ohnehin transaktionserfahrene) Großunternehmen betreffen, sondern deutsche Mittelständler, die hier insgesamt oft über weniger Erfahrung verfügen.

Auf der Seite der *Hard Facts* gilt, dass bereits die wirtschaftlichen Gegebenheiten aber auch die rechtlichen und politischen Bedingungen in China sich grundlegend von denen in Deutschland unterscheiden. Hinzu kommen Gegensätze auf Seiten der *Soft*

S. Bayer (✉)
Augustenstraße 1, 70178 Stuttgart, Deutschland
E-Mail: s.bayer@heuking.de

A. Kuckertz, N. Middelberg (Hrsg.), *Post-Merger-Integration im Mittelstand,*
DOI 10.1007/978-3-658-12370-3_2

Facts – die chinesische Kultur unterscheidet sich wesentlich von westlichen Kulturen. Sofern dies im Rahmen der Transaktion sowie der Unternehmensintegration berücksichtigt wird können chinesisch / deutsche Transaktionen eine wichtige Chance für den deutschen Mittelstand darstellen und kein unkalkulierbares Wagnis.

1 Der deutsche Mittelstand als Akquisiteur und Akquisitionsziel

Während der Schwerpunkt chinesisch/deutscher Transaktionen bislang deutlich auf Investitionen deutscher Unternehmen in China lag, steigt nunmehr nicht nur die Zahl, sondern auch das Volumen des Outbound Direct Investment aus dem Reich der Mitte Jahr für Jahr deutlich an (vgl. o.V. 2015a, S. 6). Dabei stellt Deutschland mit 36 Übernahmen und Beteiligungen im Jahr 2014 das beliebteste Ziel für chinesische Investoren innerhalb Europas dar (vgl. o.V. 2015a, S. 7; vgl. Sun und Kron 2015, S. 4).

Besonders der deutsche Mittelstand mit seinen vielen *Hidden Champions* und seiner Innovationsfähigkeit ist hier in den Mittelpunkt gerückt (vgl. Hofmann 2015a, S. 22). Zu den bekanntesten Beispielen zählen etwa die Übernahme von Teilen der Kion Group mitsamt dem Tochterunternehmen Linde Hydraulics, oder des Betonpumpenherstellers Putzmeister (vgl. Tab. 1).

Tab. 1 Übernahmen deutscher Unternehmen durch chinesische Investoren, Auswahl. (Quellen: Gätzner (2014a, b, c, 2015a, b), M&A Dialogue; Ereth (2015a, b), M&A Dialogue; Hofmann (2015b) Unternehmeredition Sonderausgabe M&A China/Deutschland 1/2015; o.V. (2015b), Märkte und Daten: Deals, Unternehmeredition M&A China/Deutschland 1/2015; Klötzel et al. (2013b) „China Investiert", Studie Munich Innovation Group GmbH und Technische Universität München)

Jahr	Target	Branche	Käufer
2015	METZ-Werke GmbH & Co KG	Unterhaltungselektronik	Skyworth Digital Holdings, *Shenzhen*
	KSL-Kuttler Automation Systems GmbH	Regenerative Energien	Fountain Group, *Suzhou*
	Compo Expert GmbH	Spezialdüngemittel	Xio-Group *(London, Hongkong, Shanghai)*
2014	Russ & Janot GmbH (Vertriebstochter der Daimler AG)	Automobilvertrieb	Lei Shing Hong Ltd., *Hongkong*
	Quin GmbH	Automobilzulieferung	Joyson Holding Group Co. Ltd., *Ningbo*
	Boge Elastmetall GmbH (vormals ZF Lemförder GmbH)	Automobilzulieferung	China South Locomotive & Rolling Stock Corporation Ltd., *Beijing* („CSR", Erwerb über Tochterunternehmen Zhuzhou Times New Material Technology, *Zhuzhou*)
2013/2014	Schumag AG	Automobilzulieferung	Meikai Group (über Meibah Precision Machinery, *Hangzhou)*

Tab. 1 (Fortsetzung)

Jahr	Target	Branche	Käufer
2012	Kion Group/Linde Hydraulics GmbH & Co. KG	Gabelstapler	Weichai Power Co. Ltd., *Weifang*
	Putzmeister Holding GmbH	Betonpumpen	Sany Heavy Industry Co. Ltd., *Changsha*
2011	Medion AG	Elektronikartikel	Lenovo Group, *Beijing*
	Preh GmbH	Automobilzulieferung	Joyson Holding Group Co. Ltd., *Ningbo*
2005	Dürkopp Adler AG	Maschinenbau	SGSB Group Co. Ltd., *Shanghai* (über Shanggong (Europe) Holding Corporation GmbH, *Bielefeld*)

2 Eckpunkte eines chinesisch/deutschen M&A Prozesses

2.1 Allgemeiner Ablauf einer Transaktion

Der allgemeine Ablauf einer Transaktion stellt sich im Wesentlichen wie in Tab. 2 abgebildet dar:

Um die richtige Herangehensweise, d. h. etwa erforderliche Anpassungen und Besonderheiten bei vorstehendem Ablauf im Rahmen chinesisch/deutscher Transaktionen festzulegen, ist es zunächst erforderlich zu verstehen, weshalb sich Chinesen für den deutschen Mittelstand interessieren und weshalb sich Mittelständler für einen Verkauf an Investoren aus China entscheiden sowie umgekehrt, weshalb deutsche mittelständische Unternehmen in China investieren, d. h. welche Chancen hier gesehen werden. Weiterhin ist es wesentlich, sich bewusst zu machen, welche besonderen Herausforderungen bestehen und wie diese gemeistert werden können.

2.2 Motive auf deutscher Seite

Deutsche Unternehmen investieren in China, um Kundennähe und Lieferantennähe herzustellen, durch Auslandsproduktion neue Märkte zu erschließen, sich vor Wechselkursrisiken zu schützen oder schlicht Kosten zu sparen (vgl. Deutscher Industrie- und Handelskammertag e. V. 2014, S. 7, 13 ff., 20). Vielfach ist in Deutschland jedoch eine Investition ***in*** China noch immer mit der Befürchtung verbunden, dass Arbeitsplätze in Deutschland hierdurch nicht gesichert, sondern nach China verlagert werden, und stößt damit v. a. auf Seiten von Arbeitnehmern auf Vorbehalte.

Auch chinesische Investoren in Deutschland gelten und galten bei deutschen Mittelständlern und deren Mitarbeitern häufig als „gelbe Gefahr“. Besonders die Furcht vor „Technologieklau“ und – auch hier – dem Abbau von Arbeitsplätzen in Deutschland spielen dabei eine Rolle (vgl. München 2013, S. 34). Die Angst vor der Verlagerung des Be-

Tab. 2 Ablauf eines Transaktionsprozesses. (Quelle: Bayer, Scharrer, „Acht Erfolgsgeheimnisse beim Erwerb deutscher Unternehmen", Unternehmeredition Sonderausgabe M&A China/Deutschland 01/2014, S. 48 f.)

Vorbereitung	Durchführung	Post Closing
Analyse und Identifikation von – mit der Transaktion verfolgten Zielen, Strategie – wettbewerbern – potentiellen Zielunternehmen – werttreibern potenzieller Zielunternehmen – durch den Erwerb zu erzielenden Kostenersparnissen – abstimmung der potenziellen Finanzierungsstruktur	– kontaktaufnahme Käufer/Verkäufer, erste Überlegungen zu Kaufpreis und Transaktionsstruktur – abschluss von Geheimhaltungsvereinbarungen, ggf. Vereinbarung von Exklusivität – ggf. Unterzeichnung eines Letter of Intent, Term Sheet oder Memorandum of Understanding – due Diligence und Unternehmensbewertung – vorläufige wirtschaftliche Einigung, v. a. zu Kaufpreis und Transaktionsstruktur – ggf. zweite Phase der Due Diligence – evtl. Heilung von in der Due Diligence aufgefundenen Risiken – vertragsverhandlung/–Abschluss, v. a. Festlegung von Garantien unter Berücksichtigung von Kaufpreis und Due Diligence Ergebnissen sowie Transaktionsstruktur – vollzugshandlungen (Closing)	– planung Integrationsprozess – organisatorische, strategische, administrative, operative und kulturelle Integration – ggf. rechtliche Strukturmaß-nahmen – post Merger Audit – controlling der geplanten Ziele

triebs nach China und der Übertragung des Know-hows dorthin ist allerdings meist unbegründet (vgl. München 2013, S. 34) – die Expertise der deutschen Arbeiter ist erforderlich, um die Führungsstellung und das Premiumimage deutscher Marken aufrechtzuerhalten. Demnach bleibt auch das bisherige Management häufig im Amt und das Unternehmen wird als weitgehend eigenständige Einheit weitergeführt (vgl. Otto 2013, S. 20 ff). In der Regel sind chinesische Investoren an langfristigen strategischen Investitionen interessiert. Um das Premiumimage der Marke und die technologische Spitzenstellung nicht zu gefährden, findet zudem eine nur schwache Integration des deutschen Unternehmens statt. Know-how wird dabei nicht einfach nach China übertragen, sondern durchaus zwischen den Unternehmen ausgetauscht. Auch die Arbeitsplätze bleiben erhalten, oft werden sogar neue Stellen geschaffen (vgl. Klötzel et al. 2013a, S. 80 f.).

Die derzeitige Zunahme des Verkaufs deutscher mittelständischer Unternehmen an chinesische Investoren hat von deutscher Seite mehrere Gründe, wie etwa (zu diesem Abschnitt vgl. Klötzel et al. 2013a, S. 80 f.):

a. **Kapitalbedarf**
   Viele Erwerbskandidaten benötigen Kapital für anstehende Restrukturierungsmaßnahmen oder aufgrund drohender Insolvenz. Laut einer Studie vom August 2013 befand sich „mindestens jedes zweite Unternehmen [...] in einer prekären Ausgangslage". Gerade chinesische Investoren sind dabei bereit, einen vergleichsweise hohen Kaufpreis zu bezahlen, da sie häufig mehr Spielraum für Wachstum bei Übernahmekandidaten wahrnehmen als Investoren aus gesättigten Märkten.
b. **Nachfolge**
   Ebenso kann im Zuge einer Nachfolgeplanung, insbesondere bei fehlender Nachfolge im Falle eines Familienunternehmens, ein Verkauf erforderlich sein. Hier kommen auch ausländische Erwerber, etwa chinesische Unternehmen, in Betracht.
c. **Strategische Gründe**
   Ein weiteres mit dem Verkauf an einen chinesischen Investor verfolgtes Ziel kann das Nutzen des Investors als Türöffner für den chinesischen Markt oder zur Absicherung von Wachstum im chinesischen Markt darstellen.
d. **Geplanter Exit**
   Schließlich ist es denkbar, dass etwa ein deutscher Private Equity Investor vor einem planmäßigen Exit steht und einen Käufer für von ihm gehaltene Targets sucht. Auch hier besteht eine Möglichkeit in einem Verkauf an einen chinesischen Investor.

2.3 Motive auf chinesischer Seite

Auf chinesischer Seite sind zunächst strategische Interessen maßgeblich. Während dabei lange Zeit die Förderung ausländischer Investitionen in der VR China im Vordergrund stand, nehmen nunmehr chinesische Investitionen in Deutschland zu und werden von chinesischer Seite etwa durch den Abbau bürokratischer Hürden für Auslandsinvestitionen aktiv gefördert:

Durch den Einkauf in den deutschen Mittelstand können chinesische Investoren den Zugang zu Märkten und Vertriebsstrukturen in Deutschland und Europa absichern. Gleichzeitig werden Rohstoff- und Energieversorgung gesichert und neue Technologien erworben (vgl. Jungbluth 2013, S. 26 ff.). Dabei gilt die deutsche Wirtschaft mit ihren stabilen Rahmenbedingungen als sicheres Umfeld für Investitionen. Der Investor ist nach dem Erwerb eines deutschen Unternehmens nicht darauf angewiesen, sich einen Marktanteil in einem weitestgehend gesättigten Umfeld zu erkämpfen und profitiert gleichzeitig von dem positiven Markenimage „Made in Germany", das auch nach China transportiert werden soll (vgl. Otto 2013, S. 28 ff.). Beispielhaft kann hier die Übernahme des Nähmaschinenherstellers Dürkopp Adler AG 2005 durch die SGSB Group genannt werden (vgl. Klötzel et al. 2013a, S. 80 f.).

Die in Deutschland bestehenden Vorbehalte werden in China durchaus wahrgenommen, als ungerechtfertigt empfunden und zunehmend kritisiert (vgl. Jungbluth 2013, S. 9).

2.4 Herausforderungen bei chinesisch/deutschen Transaktionen

Mögliche Problemfelder bei einer chinesisch-deutschen Transaktion lassen sich in die Bereiche Wirtschaft, Recht und Kultur untergliedern (Abb. 1):

a. **Wirtschaftliche Unterschiede**
Das wirtschaftliche Umfeld beider Länder weist wesentliche Unterschiede auf. Die beiden Märkte werden daher oft als komplementär angesehen:
   - Während sich die Industrienation Deutschland durch größtenteils gesättigte Märkte auszeichnet, gilt China als Entwicklungsland mit einer der am schnellsten wachsenden Volkswirtschaften weltweit. Mit diesen bereits gesättigten Märkten und dem entsprechend deutlich härteren, in höherem Maße von Innovation getriebenen Wettbewerb haben chinesische Unternehmen bislang oft wenig Erfahrung (vgl. Otto 2013, S. 27).
   - Deutsche Unternehmen können hochwertige, technologisch anspruchsvolle Produkte anbieten, allerdings zu einem vergleichsweise hohen Preis; chinesische Unternehmen dagegen bieten häufig günstige, auf das Wesentliche reduzierte Produkte an. Letzteres birgt die Gefahr, das Ansehen der Premiummarke einer deutschen Zielgesellschaft zu schädigen (vgl. Otto 2013, S. 24 f.).
   - Zudem weisen chinesische Unternehmen oft eine deutlich schwächere Vertriebs- und Servicestruktur auf und haben wenig Erfahrung, Produkte eines Technologieführers zu „managen" (vgl. Otto 2013, S. 24 f.).
   - Häufig wird chinesischen Unternehmern weiterhin eine vergleichsweise geringe internationale Managementkompetenz attestiert (vgl. o.V. 2013). Chinesische mittelständische Unternehmer sind oft Gründer, die mit wenig oder gar keiner formellen Ausbildung einen Betrieb von Null aufgebaut und zu einem signifikanten Unternehmen ausgebaut haben; sie stehen dementsprechend nicht nur im internationalen Umfeld, sondern auch im eigenen Haus großen Herausforderungen bei der Professionalisierung ihres Unternehmens gegenüber. Oft arbeiten sie im internationalen Projekt auch zum ersten Mal in ihrem Berufsleben mit externen Beratern zusammen[1].

Diese wirtschaftlichen Unterschiede können ein ernstzunehmendes Integrationshindernis darstellen.

Abb. 1 Chinesisch/deutsche Transaktionen. (Quelle: Eigene Darstellung)

[1] Berners, Lutz (Berners Consulting, Stuttgart), Mitteilung vom 09.09.2015.

b. **Rechtliche und systembedingte Unterschiede**
Trotz Vereinfachung der Regularien für Auslandsakquisitionen in China besteht dort insbesondere bei ausländischer Beteiligung noch immer **eine Vielzahl in Deutschland nicht erforderlichen an Genehmigungsverfahren,** Meldepflichten und Verfahrensregelungen, so dass eine Transaktion dort einen anderen Prozess sowie eine andere Zeitplanung aufweist als dies in Deutschland der Fall ist. Bei chinesischen Investoren in Deutschland kommt hinzu, dass es sich vielfach um Staatskonzerne handelt, die bestimmten, häufig politisch geprägten, internen Abläufen und Prozessen unterliegen.
Zudem bestehen deutliche arbeitsrechtliche Unterschiede zwischen beiden Ländern. So sind in Deutschland etwa die starke Rolle von Gewerkschaften und die Bindung an Tarifverträge, strengere Kündigungsrichtlinien, die Existenz eines Betriebsrats sowie weitreichende Mitspracherechte der Arbeitnehmerseite und Zustimmungsvorbehalte zu beachten. Auch in weiteren Rechtsbereichen, wie etwa im steuerrechtlichen Bereich, sind erhebliche Unterschiede vorhanden.
Noch immer fürchten viele deutsche Unternehmen weiterhin aufgrund entsprechender Erfahrungen in China tätiger deutscher Unternehmen, den Verlust von geistigem Eigentum sowie allgemein Rechtsunsicherheit (vgl. Heinz 2012). Im Rahmen des Erwerbs einer deutschen Gesellschaft durch einen chinesischen Investor äußert sich dies in der Befürchtung, dass bei der Einsichtnahme in Dokumente und Daten einer deutschen Zielgesellschaft durch ein chinesisches Unternehmen während der sog. *Due Diligence* Geschäftsgeheimnisse und Know-how der Zielgesellschaft „ausspioniert" werden.
Bei Transaktionen in China demgegenüber sind die sich zuletzt schnell ändernde Gesetzgebung zu beachten sowie der teils schleppende, teils aber auch vehement vorangetriebene Vollzug von Gesetzen, wie die Kartellstrafen einiger deutscher Automobilfirmen untermauern (vgl. Eckl-Dorna 2014).
Auch ein Vertrag hat in China oft nicht die in Deutschland gewohnte rechtlich und tatsächlich bindende Wirkung. Trotz der grundsätzlichen rechtlichen Wirksamkeit eines Vertrages sehen chinesische Vertragspartner diesen häufig lediglich als „Gerüst" oder „Anhaltspunkt" für die weitere Zusammenarbeit an, der ausgefüllt und je nach Bedarf konkretisiert wird.

c. **Kulturelle Unterschiede**
Die größten Herausforderungen stellen jedoch kulturelle Unterschiede dar. Hier sind beispielhaft zu nennen:
- Führungskultur
  Während in Deutschland häufig Wert auf Mitbestimmung und gemeinsame Entscheidungsprozesse gelegt wird, ist in China vielfach ein autoritärerer Führungsstil vorherrschend. Gelegentlich haben selbst Verhandlungsführer daher keine Entscheidungsbefugnisse, was den Verhandlungsprozess hemmt (vgl. Otto 2013, S. 45, 68).
- Beziehungen, persönliche Interaktion und Verhandlungsweise
  In China wird wesentlich mehr Wert auf persönliche Beziehungen und deren Pflege gelegt als in westlichen Kulturkreisen. Dies durchzieht sämtliche Bereiche: Von der Beziehung zum Kunden bis zur Auswahl der Berater für eine Transaktion. Chinesen

legen zudem mehr Wert auf Autorität, Alter und Erfahrung und vermeiden oft konkrete und direkte Aussagen (vgl. Otto 2013, S. 72 ff.).
Neben einem abweichenden Verständnis von Prozessen und Kompetenzen der Verhandelnden ist eine in China grundsätzlich andere Herangehensweise an Verhandlungen, die von einem in verschiedene Strategeme (智, zhì) eingeteilten Handeln geprägt ist, zu beachten. In Deutschland könnte man dies auch mit dem Wort „List" übersetzen. Diesbezüglich sollten deutsche Verhandlungspartner zumindest sensibilisiert sein und Strategien erkennen wie etwa

- „Einen Backstein hinwerfen, um den Jadestein zu erlangen" (抛砖引玉, pāo zhuān yǐn yù), d. h. das Weggeben von etwas vergleichsweise Wertlosem, um etwas Wertvolles zu erhalten oder
- „Auf das Gras schlagen, um die Schlangen aufzuscheuchen" (打草驚蛇, dá cǎo jīng shé), d. h. „auf den Busch zu klopfen", um sein Gegenüber einzuschüchtern oder eine bestimmte Reaktion zu provozieren (vgl. Langer 2004; vgl. von Senger 2005, S. 59 ff., 96 ff.).

– Sprache
Die unterschiedlichen Sprachen (deutsch/chinesisch) an sich wurden auf beiden Seiten zwischenzeitlich als Hemmnis deutlich reduziert. Die englischen Sprachkenntnisse von Chinesen haben sich verbessert. Gleichzeitig ist Englisch für deutsche, häufig bereits seit längerer Zeit global agierende Mittelständler, eine Selbstverständlichkeit – auch wenn noch immer gerne deutsch gesprochen wird, ist die Kommunikation auf Englisch in der Regel problemlos möglich.
Ein Unterschied und potentielles Hindernis ist allerdings weiterhin die unterschiedliche Sprachfunktion. Deutsch zählt zu den sog. „Direktsprachen", die sehr effizient und funktionell eingesetzt werden und bei denen Gesprächsteilnehmer schnell „zum Punkt" kommen. Im Chinesischen hingegen findet eine eher indirekte Kommunikation statt, bei der häufig lediglich angedeutet wird, was letztlich gemeint ist. Zudem ist längerer Small Talk und das damit verbundene Kennenlernen, Abtasten und Schaffen einer entsprechenden Atmosphäre üblich (zu diesem Abschnitt vgl. Kilian 2015).

2.5 Umgang mit diesen Herausforderungen

Die vorstehend dargestellten Unterschiede spiegeln sich im Transaktionsprozess wider. Sofern einige deutsche und chinesische sowie allgemein gültige Grundsätze beachtet werden, können jedoch auch chinesisch/deutsche Unternehmenskäufe erfolgreich verlaufen, wie einige Beispiele, etwa der Erwerb von Anteilen an Kion durch Weichai Power, sowie zahlreiche Investitionen in China zeigen.

a. **Grundlagen** (zu diesem Abschnitt vgl. Bayer und Scharrer 2014, S. 48 f.)
Für den gesamten Transaktionsprozess, aber auch die Post-Merger-Integration gilt: Da Erfolg Vertrauen auf beiden Seiten voraussetzt, sollten kulturelle Besonderheiten

adäquat Beachtung finden. Dies bedeutet insbesondere, dass wesentliche Unterschiede etwa bei Verhandlungsführung, Business Ethics und Managementstil aber auch Prozess- und Zeitplanung berücksichtigt werden. Hier können Kommunikation, Transparenz und die Schaffung von Verständnis der Schlüssel zum Erfolg sein. Des Weiteren ist darauf zu achten, dass zeitliche Planungen realistisch gestaltet und eingehalten werden. Wesentlich ist zudem eine gute Zusammenarbeit und Kommunikation der die Transaktion begleitenden Projektteams, v. a. in den Bereichen Legal, Tax, Financial und Technical, um sowohl wichtige Details als auch den notwendigen Überblick zu erlangen und beide Unternehmen in dieselbe „richtige" Richtung zu steuern.

b. **Vorbereitung der Transaktion**

Zunächst ist eine passende, individuelle Strategie auf Seiten des Erwerbers, die insbesondere das Zielunternehmen betrifft, aber ggf. auch auf Seiten des Verkäufers/der Zielgesellschaft festzulegen. Diese sowie auch bereits die Umsetzung der Strategie sollten frühzeitig festgelegt und geplant werden. Hierbei können Modelle anderer Unternehmen hilfreich sein, sollten allerdings nicht einfach kopiert werden.

Ein erfolgreiches Engagement in Deutschland beginnt in China und umgekehrt. Wesentlich ist demnach die richtige Vorbereitung des Unternehmenskaufes im jeweiligen Ursprungsland. Dies sind etwa eine Status Quo-Analyse auf Seiten des Erwerbers (Stärken/Schwächen) oder Veränderungen in Unternehmensstrukturen, Prozessen, IT, Controlling, Innovations- und Personalmanagement im Headquarters des Erwerbers (zu den vorstehenden Abschnitten vgl. Bayer und Scharrer 2014, S. 48 f.).

Chinesische Unternehmen haben allerdings nur selten einen detaillierten Umsetzungsplan zur Erreichung ihrer Ziele; oft fehlt auch eine klare Vorstellung davon, wie ein deutsches Zielunternehmen in die Gesamtstrategie passt. Somit ergibt sich oft die gute Chance für den Verkäufer, gemeinsam mit der zukünftigen Muttergesellschaft die Strategie festzulegen.[2]

c. **Due Diligence**

Ein wichtiger Bestandteil jedes Unternehmenskaufes ist die Due Diligence („DD"), d. h. die Prüfung der Zielgesellschaft auf rechtliche, finanzielle, steuerliche und technische Risiken.

Sofern hier auf Seiten einer deutschen Zielgesellschaft die Befürchtung der „Ausspionierung" besteht, kann als Absicherungsmaßnahme etwa vereinbart werden, die DD in mehreren Stufen durchzuführen und sensible Daten erst in einem weiter fortgeschrittenen Stadium der DD, wenn ein Zustandekommen der Übernahme überwiegend wahrscheinlich geworden ist, offenzulegen. Alternativ können sensible Informationen innerhalb eines gesicherten Datenraumes ausschließlich für Berater des Käufers bereitgestellt werden, die zu Verschwiegenheit verpflichtet sind und Informationen lediglich anonymisiert weitergeben dürfen. Ergänzend ist eine Absicherung durch eine – ggf. Vertragsstrafen bewehrte – Geheimhaltungsvereinbarung möglich.

Zusätzlich kommt die Durchführung einer sog. „Cultural DD" in Betracht, wonach die Unternehmenswerte von Käufer- und Zielgesellschaft analysiert werden. Wesentliche

[2] Lutz Berners, Berners Consulting GmbH.

Themen einer Cultural DD sind dabei der generelle Umgang, die Zusammenarbeit, die Zielerreichung und die Weiterentwicklung (vgl. Otto 2013, S. 65). Cultural Due Diligence ist eine gute Möglichkeit, um in den früheren Projektphasen nicht durchgeführte Aktivitäten zum Vertrauensaufbau, zum gegenseitigen Verständnis oder zur Strategieentwicklung durchzuführen.[3]

Auch die jeweiligen rechtlichen Besonderheiten sollten bei der Legal Due Diligence aber auch der Ausgestaltung von Garantien im Rahmen des Unternehmenskaufvertrages sowie der Post-Merger-Integration Beachtung finden, geprüft und entsprechend berücksichtigt werden. Zudem gilt es, branchenspezifische Besonderheiten zu beachten, wie etwa bestimmte branchentypische Vertragsformen, Vertragsklauseln oder Regulierung. Als Beispiel ist hier in Deutschland die Energiebranche mit ihrer speziellen Rechtsmaterie und zunehmenden Regulierung zu nennen (vgl. Bayer und Scharrer 2014, S. 48 f.).

d. **Vertragsverhandlungen**

Auch Vertragsverhandlungen sind von den Unterschieden beider Kulturen geprägt. Neben einem abweichenden Verständnis von Prozessen und Kompetenzen der Verhandelnden sind hier die in China grundsätzlich andere – strategische – Herangehensweise sowie der unterschiedliche Gebrauch der Sprache zu beachten (vgl. Langer 2004).

e. **Integration und Integrationsplanung**

Übliche Schritte einer Integrationsplanung stellen in der Regel unter anderem dar (zu diesem Zeitpunkt vgl. Lucks 2010; vgl. Unger 2007; vgl. Schewe o. J.):

- Festlegung der Integrationsstrategie
- Erstellen eines Integrationsplans
- Besetzung des Integrations-Personals
- Abstimmung der Führungsorganisation und Besetzung der Führungsmannschaft
- Eingewöhnung der unteren Mitarbeiterebenen
- Harmonisierung der operativen Geschäfte der Unternehmen.

Im Falle einer chinesisch/deutschen Transaktion sollten diese Punkte um kulturelles Training und ein Kennenlernen der Mitarbeiter beider Gesellschaften sowie ggf. das Erlangen zusätzlicher für das Land der Zielgesellschaft erforderlicher Wirtschaftskompetenzen ergänzt werden. Weiterhin sollte der Zeitplan entsprechend angepasst werden, da die Integrationsplanung bei derartigen Transaktionen in der Regel mehr Zeit in Anspruch nimmt. Wesentlich ist auch eine gute Kommunikation, insbesondere gegenüber den deutschen Mitarbeitern, um die häufig auf deutscher Seite bestehenden Vorbehalte gegenüber einer vermeintlichen „Gelben Gefahr" zu entkräften und den Mitarbeitern Hintergrund und Zielsetzung der Transaktion zu erläutern.

Zusätzlich zu beachten sind weiterhin die häufig sehr unterschiedlichen Corporate Governance- und Umweltstandards der deutschen Beteiligung und des chinesischen Unternehmens. Diese sollten auf das jeweils höhere Niveau, d. h. in der Regel das in

[3] Lutz Berners, Berners Consulting GmbH.

Deutschland erforderliche Niveau, angeglichen werden. Hierzu gehört etwa im Falle des Compliance Managements:

- ein Corporate Compliance Management Systeme (CMS) richtig zu entwickeln, zu implementieren und zu überprüfen,
- dieses CMS zu Korruptionsprävention, Einhaltung von Umweltstandards und Personalmanagement stets in der Gesamtorganisation zu implementieren sowie
- eine gemeinsame Unternehmenskultur zu schaffen (zu diesem Abschnitt vgl. Bayer und Scharrer 2014, S. 48 f.).

f. **Rolle externer Berater**
Eine gezielte Beratung im Vorfeld der Akquisition kann im Falle internationaler Transaktionen sehr hilfreich, sogar unumgänglich sein. Sinnvoll ist es insbesondere, sofern eigene Erfahrungen in diesem Bereich bislang fehlen, den gesamten Vorgang, ebenso wie die Post-Merger-Integration, von externen Beratern begleiten zu lassen. Im Zuge dessen kann über kulturelle Unterschiede aufgeklärt werden, die im Verlauf der Transaktion Fragen aufwerfen und entstehende Missverständnisse können frühzeitig erkannt und ausgeräumt werden. Gerade auf der Kommunikation der Transaktion, deren Zielsetzung sowie des weiteren Vorgehens an die Mitarbeiter des jeweils anderen Kulturkreises sollte ein besonderer Fokus des Integrationsprozesses liegen.

Abhängig von den jeweiligen Motiven für die Transaktion sind die vorstehenden Grundsätze dabei unterschiedlich zu gewichten. Im Falle eines Verkaufs als Nachfolgeregelung des deutschen Unternehmens, der gleichzeitig einen Kauf als langfristig geplante strategische Beteiligung darstellt, ist für beide Seiten die Bildung einer Vertrauensbasis besonders wichtig. Demgegenüber wird ein veräußernder Private Equity Investor großen Wert auf einen effizienten Prozess und eine z. T. sehr umfangreiche Vertragsgestaltung legen.

3 Zusammenfassung

Akquisitionen deutscher Unternehmen durch chinesische Investoren sowie chinesischer Unternehmen durch deutsche Investoren können eine große Herausforderung darstellen. Sofern die zwischen Deutschland und China bestehenden Unterschiede beachtet und auf diese entsprechend eingegangen wird, können chinesisch/deutsche Transaktionen jedoch eine wichtige Chance für deutsche Mittelständler darstellen und kein unkalkulierbares Wagnis.

Literatur

Bayer, S., & Scharrer, B. (2014). Acht Erfolgsgeheimnisse beim Erwerb deutscher Unternehmen. Unternehmeredition Sonderausgabe M & A China/Deutschland 01/2014: S. 48–49.

Eckl-Dorna, W. (2014). „Europäer kritisieren chinesische Kartellermittlungen", Managermagazin vom 14.08.2014.

Heinz, P. (2012). Merkel fordert Schutz des geistigen Eigentums. Abendblatt vom 23.04.2012. http://www.abendblatt.de/wirtschaft/article107788670/Merkel-fordert-von-China-Schutz-des-geistigen-Eigentums.html. Zugegriffen: 28. Mai 2015.

Hofmann, N. (2015a). Transaktion mit Präzision. Unternehmeredition Sonderausgabe M & A China/Deutschland 1/2015: S. 22–23.

Jungbluth, C. (2013). „Aufbruch nach Westen – Chinesische Direktinvestitionen in Deutschland", Bertelsmann Stiftung. S. 26 ff.

Kilian, S. (2015). Wir Deutschen werden schnell missverstanden. Capital vom 23.04.2015. http://www.capital.de/themen/wir-deutschen-werden-schnell-missverstanden-4279.html. Zugegriffen: 28. Mai 2015.

Klötzel, S., Krämer, S., Sandner, P., & Taing, S. (2013a). China Investiert. Studie Munich Innovation Group GmbH und Technische Universität München. http://www.china-investiert.de/. Zugegriffen: 29. Mai 2015.

Langer, K. (2004). Hinter dem Lächeln den Dolch verbergen. Managermagazin vom 26.08.2004. http://www.manager-magazin.de/unternehmen/karriere/a-314174.html. Zugegriffen: 28. Mai 2015.

Lucks, K. (2010). Wertorientiertes Integrationsmanagement. In W. Hölters (Hrsg.), *Handbuch Unternehmenskauf* (7. Aufl., S. 881–968). Köln: Verlag Dr. Otto Schmidt.

München, T. (2013). Chinesische Firmen sichern deutsche Arbeitsplätze. Unternehmeredition Sonderausgabe M & A China/Deutschland 1/2013 (Verlagsspecial). S. 32–35.

Otto, J.-P. (2013). Erfahrungen deutscher Unternehmen mit chinesischen Investoren. Die Prozesse der Übernahme. Studie PricewaterhouseCoopers AG Wirtschaftsprüfungsgesellschaft. http://www.pwc.de/de_DE/de/internationale-maerkte/assets/erfahrungen-deutscher-unternehmen-mit-chinesischen-investoren-2013.pdf. Zugegriffen: 28. Mai 2015.

o.V. (2013). „Chinesische Firmen sichern deutsche Arbeitsplätze", M & A Review vom 18.09.2013. http://www.ma-review.de/news/meldung/chinesische-firmen-sichern-deutsche-arbeitsplaetze.html. Zugegriffen: 29. Mai 2015.

o.V. (2015a). Märkte und Daten. Unternehmeredition Sonderausgabe M & A China/Deutschland 1/2015: S. 6–9.

Schewe, G. (o. J.).Springer Gabler Verlag (Hrsg.), Gabler Wirtschaftslexikon, Stichwort: Post Merger Integration, online im Internet. http://wirtschaftslexikon.gabler.de/Archiv/14594/post-merger-integration-v6.html. Zugegriffen: 28. Mai 2015.

von Senger, H. (2005). *36 Strategeme für Manager* (4. Aufl.). München: Carl Hanser Verlag.

Sun, Y., & Kron, A. (2015). Chinesische Unternehmenskäufe in Europa. Studie Ernst & Young GmbH Wirtschaftsprüfungsgesellschaft. http://www.ey.com/Publication/vwLUAssets/EY_Studie_-_Chinesische_Unternehmenskaeufe_in_Deutschland/$FILE/EY-Praesentation-MA-China-2015.pdf. Zugegriffen: 28. Mai 2015.

Unger, M. (2007). Post-merger-integration. In B. Polster-Grüll, H. Zöchling, & G. Kranebitter (Hrsg.), *Handbuch Mergers & Acquisitions* (S. 871–897). Wien: Linde Verlag.

Quellen Tabelle 1

Ereth, A. (2015a). Die chinesische Xio-Group kauft Compo Expert. M & A Dialogue. http://www.ma-dialogue.de/maerkte/outbound/die-chinesische-xio-group-kauft-compo-expert/. Zugegriffen: 29. Mai 2015.

Ereth, A. (2015b). Weichai stockt Anteile an Gabelstapler-Hersteller Kion auf. M & A Dialogue. http://www.ma-dialogue.de/maerkte/outbound/weichai-power-stockt-anteile-von-gabelstapler-hersteller-kion-auf/. Zugegriffen: 29. Mai 2015.

Gätzner, S. (2014a). CSR schließt Übernahme von Boge ab. M & A Dialogue. http://www.ma-dialogue.de/unternehmen/transaktionen/csr-schliesst-uebernahme-von-boge-ab/. Zugegriffen: 29. Mai 2015.

Gätzner, S. (2014b). Joyson übernimmt Lenkradhersteller Quin. M & A Dialogue. http://www.ma-dialogue.de/maerkte/outbound/joyson-uebernimmt-lenkradhersteller-quin/. Zugegriffen: 29. Mai 2015.

Gätzner, S. (2014c). ShangGong stockt Beteiligung an Dürkopp Adler auf. M & A Dialogue. http://www.ma-dialogue.de/maerkte/outbound/shanggong-stockt-beteiligung-an-duerkopp-adler-auf/. Zugegriffen: 29. Mai 2015.

Gätzner, S. (2015a). Fountain kauft KSL-Kuttler von Suntech. M & A Dialogue. http://www.ma-dialogue.de/maerkte/outbound/fountain-kauft-ksl-kuttler-von-suntech/. Zugegriffen: 29. Mai 2015.

Gätzner, S. (2015b). Skyworth übernimmt TV-Sparte von Metz. M & A Dialogue. http://www.ma-dialogue.de/maerkte/outbound/skyworth-uebernimmt-tv-sparte-von-metz/. Zugegriffen: 29. Mai 2015.

Hofmann, N. (2015b). Transaktion mit Präzision. Unternehmeredition Sonderausgabe M & A China/Deutschland 1/2015: S. 22.

Klötzel, S., Krämer, S., Sandner, P., & Taing, S. (2013b). China Investiert. Studie Munich Innovation Group GmbH und Technische Universität München. http://www.china-investiert.de/. Zugegriffen: 29. Mai 2015.

o.V. (2015b). Märkte und Daten: Deals. Lei Shing Hong erwirbt Mercedes-Häuser. Unternehmeredition Sonderausgabe M & A China/Deutschland 1/2015: S. 8 f.

Sonja Bayer, M.A. (s.bayer@heuking.de) ist Salaried Partner der Anwaltssozietät Heuking Kühn Lüer Wojtek Partnerschaft mit beschränkter Berufshaftung von Rechtsanwälten und Steuerberatern. Sie studierte in Tübingen, Peking und Regensburg Rechtswissenschaften und Sinologie und verfügt über praktische Asienerfahrung durch Tätigkeiten in einem Anwaltsbüro in Singapur sowie dem Rechtskooperationsbüro der Gesellschaft für internationale Zusammenarbeit in Peking. Zudem arbeitete sie in der Rechtsabteilung eines großen Energieversorgers im Team Corporate/M&A, wo sie Transaktionen von rechtlicher Seite, einschließlich der Schnittstellen zu kapitalmarktrechtlichen Fragestellungen, begleitete.

Vom Stuttgarter Büro aus berät sie Unternehmer und Investoren in den Bereichen Gesellschaftsrecht und M&A. Beratungsschwerpunkte sind hierbei Unternehmenskäufe und -verkäufe, Beteiligungsmodelle und Joint Venture sowie Gesellschafts- und Aktienrecht. Frau Bayer ist Mitglied im deutsch-chinesischen Juristenverein sowie OAV - German Asia-Pacific Business Association. Sie veröffentlicht regelmäßig zu gesellschaftsrechtlichen und transaktionsbezogenen Themen.

Traum oder Wirklichkeit: Cross-Border-M&A im deutschen Mittelstand

Thomas C. Sittel und Adelin E. Trusculescu

Zusammenfassung

Die Zahlen belegen, dass Transaktionen mit internationalen Käufern („Cross-Border M&A") auch im Mittelstand Wirklichkeit sind. Zwar kommen die Käufer von Unternehmen aus der DACH-Region mehrheitlich immer noch aus dem deutschsprachigen Raum, jedoch liegt der Anteil ausländischer Investoren mittlerweile bei über 40 %. Mit einem Anteil von rund 13 % sind die USA mit großem Abstand der nach Transaktionsanzahl häufigste Käufer von Assets aus der DACH-Region. UK und Japan folgen mit einem jeweiligen Anteil von 5 % bzw. 3 %. Demgegenüber kamen die sog. BRIC-Staaten in Summe lediglich auf einen Anteil von rund 4 %, China alleine auf gerade einmal 2,4 %. Auch wenn viele Käufer aus den Emerging Countries mittlerweile deutlich professioneller und erfahrener geworden sind, gestalten sich Investorenprozesse mit dieser Interessentengruppe in der Regel immer noch komplexer und langwieriger. Sprachliche Hürden, kulturelle Unterschiede sowie regulatorische Prozesshemmnisse führen vielfach zu Verzögerungen im Prozess und einer niedrigeren Prozesssicherheit.

T. C. Sittel (✉) · A. E. Trusculescu
goetzpartners, Prinzregentenstr. 56, 80538 München, Deutschland
E-Mail: sittel@goetzpartners.com

A. E. Trusculescu
E-Mail: trusculescu@goetzpartners.com

A. Kuckertz, N. Middelberg (Hrsg.), *Post-Merger-Integration im Mittelstand*,
DOI 10.1007/978-3-658-12370-3_3

1 Einführung

Die Stimmung am M&A-Markt steigt. Tatsächlich zog das Geschäft mit Fusionen und Übernahmen in 2014 in der DACH-Region an wie seit Jahren nicht mehr. Mit knapp 1100 Transaktionen hat das Transaktionsvolumen in die DACH-Region einen historischen Hochpunkt erreicht. Das Volumen ist über die letzten 6 Jahre kontinuierlich gestiegen (Abb. 1). Darüber hinaus hat sich die durchschnittliche Transaktionsgröße in der DACH-Region im Vergleich zum Tiefpunkt in 2011 mehr als verdoppelt. Europa hat in 2014 eine Welle von Megadeals gesehen. Dennoch waren viele immer noch vorsichtig, über die Gesundung des gesamten Marktes für Fusionen und Übernahmen zu sprechen (Raice 2014).

2015 erfüllt die Bedingungen, ein neues historisches Allzeithoch zu markieren. Trotz zurückhaltender Finanzinvestoren, geopolitischer Unsicherheit und der Zuspitzung der Griechenland-Krise, war das erste Quartal ein guter Start ins Jahr 2015 (Allen und Overy LLP 2015). „Für das dritte Quartal 2015 erwartet der New Yorker Anbieter von Cloud- und Kollaborationssoftware Intralinks in Deutschland gegenüber dem Vorjahreszeitraum ein um 26 % höheres Volumen" (Schürmann 2015).

Die Aussichten sind der Umfrage zufolge noch rosiger: Mehr als drei Viertel der befragten Experten rechnen mit einem weiteren Anstieg. Ein wesentlicher Grund hierfür sei ein vermehrtes Interesse von außereuropäischen Käufern. Daher verwundert es wenig, dass die ganz überwiegende Anzahl der Befragten (86 %) gleichzeitig von einer wachsenden Anzahl grenzüberschreitender Transaktionen ausgeht (CMS 2014). Verstärkt treten dabei insbesondere neue Spieler aus dem asiatisch-pazifischen Raum wie China oder Korea, aber auch russische und amerikanische Investoren, auf (wb Frankfurt 2013).

Auch vor diesem Hintergrund lohnt ein genauerer Blick darauf, woher die Käufer deutscher Assets derzeit kommen, wie sich die Anteile der Erwerberländer entwickelt haben, welche Erfahrungen es mit internationalen Interessenten in M&A-Prozessen gibt und ob man die Erfolgsaussichten von Prozessen durch die Berücksichtigung der spezifischen Anforderungen dieser Interessenten noch erhöhen kann.

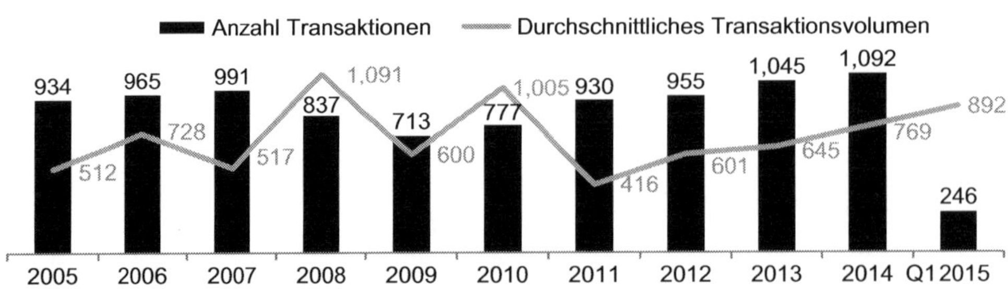

Abb. 1 M&A in DACH. (Quelle: mergermarket, goetzpartners Analyse)

2 Cross-Border-Transaktionen in der DACH-Region

In diesem Abschnitt wird analysiert, welchen Anteil ausländische Investoren an M&A-Prozessen mit Targets aus dem deutschsprachigen Raum haben und ob sich dieser Anteil in den letzten Jahren verschoben hat.

2.1 Überblick

Mit rund 60 % kommt der größte Teil der Käufer im deutschsprachigen Raum auch aus dieser Region. Rund 40 % aller DACH-Zielunternehmen werden aktuell ins Ausland verkauft (Abb. 2). Diese Verteilung hat sich in den letzten drei Jahren trotz Eurokrise kaum verändert. Die Statistik zeigt, dass die Eurokrise in den letzten drei Jahren keinerlei negative Auswirkungen auf die Attraktivität deutscher Unternehmen bei ausländischen Investoren hatte.

Vergleicht man die Werte aus Deutschland jedoch mit anderen europäischen Ländern, so lässt sich eine deutliche Diskrepanz erkennen (CMS 2014). Der Anteil ausländischer Käufer in anderen europäischen Ländern ist in den letzten Jahren deutlich geringer ausgefallen (Reifenberger 2012). Dies lässt sich vor allem mit den Auswirkungen der Finanz- und Eurokrise erklären. Während Deutschland im Ausland als „Insel der Glückseligkeit" galt, war die Attraktivität des restlichen Europas extrem gedämpft. Wenig verwunderlich ist es, dass Auslandsinvestitionen in die Peripheriestaaten Portugal, Spanien, Italien und Griechenland marginal waren. Und selbst bei unserem großen Nachbarn Frankreich war investorenseitig eine erhebliche Zurückhaltung zu spüren (mergermarket 2013).

Mit dem Abklingen der Eurokrise dürften sich die Werte jedoch wieder angleichen. Gerade bei Finanzinvestoren sind die noch vor kurzem verschmähten Länder wie Spanien und Italien wieder voll im Trend. Auch bei strategischen Investoren verspürt man eine allmähliche Normalisierung der Situation (Reifenberger 2012). Doch woher genau kommen die Käufer „deutschsprachiger" Unternehmen?

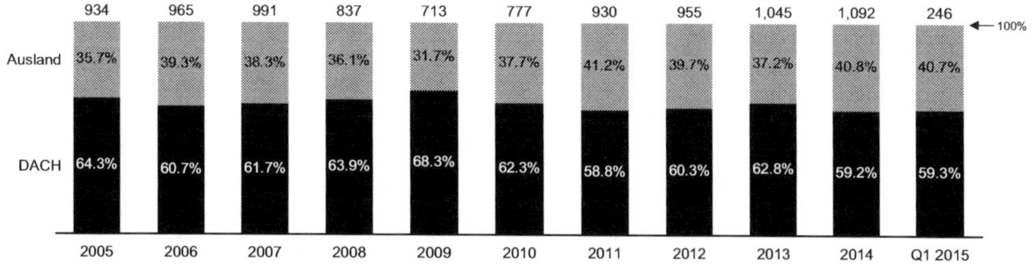

Abb. 2 Anteil internationaler Käufer beim Kauf der Unternehmen in dem deutschsprachigen Raum. (Quelle: mergermarket, goetzpartners Analyse)

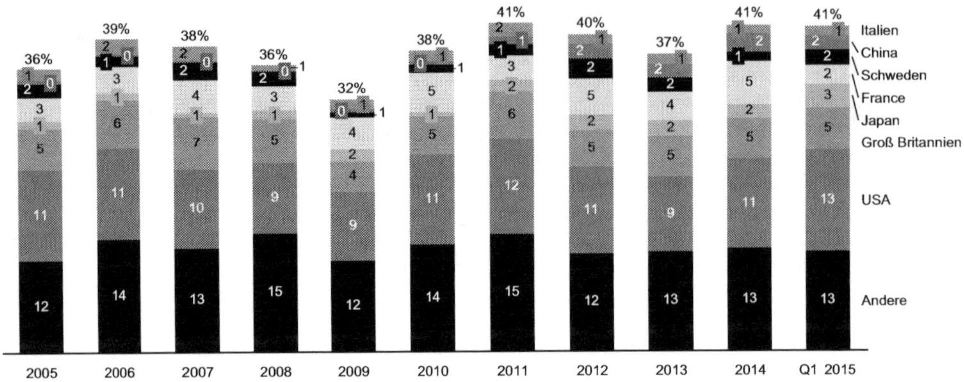

Abb. 3 Transaktionen in DACH mit internationalen Käufern als Prozent von gesamter Anzahl von Transaktionen. (Quelle: mergermarket, goetzpartners Analyse)

1. Industriestaaten („Developed Markets“)

Generell lässt sich feststellen, dass bei den entwickelten Industriestaaten prinzipiell eine hohe Korrelation zwischen ihrem Anteil an der globalen Wirtschaftsleistung und ihrem Anteil als Erwerber deutscher Assets besteht. Die großen Staaten sind regelmäßig auch diejenigen, die die „League-Tables“ als Käufer anführen.

Mit einem Anteil von rund 13 % sind die USA mit großem Abstand der nach Transaktionsanzahl häufigste Käufer von Assets aus der DACH-Region. UK und Japan folgen mit einem jeweiligen Anteil von 5 % bzw. 3 %. Würde man bei den USA und UK die Käufe durch Finanzinvestoren herausrechnen, so würde sich ihr Anteil deutlich reduzieren. Europäische Länder unter Ausschluss der DACH-Region machen in Summe einen Anteil von knapp 20 % aus (Abb. 3).

2. Schwellenländer („Emerging Markets“)

Als Jim O'Neill, der frühere Chairman von Goldman Sachs Asset Management, in 2001 das Akronym „BRIC“ – die mittlerweile gängige Sammelbezeichnung für die Schwellenländer Brasilien, Russland, Indien und China – prägte (Kowitt 2009), war ihm wahrscheinlich nicht klar, welche Lawine er hiermit bei Finanzprodukten aber auch M&A-Prozessen auslösen würde. Fortan standen bei Investorenprozessen Interessenten aus den Schwellenländern ganz oben auf Liste. Mittlerweile wird diese Interessentengruppe zu Recht in fast allen Investorenprozessen berücksichtigt.

Doch vielfach werden die hohen Erwartungen enttäuscht. Es besteht eine erhebliche Diskrepanz zwischen wahrgenommener und tatsächlicher Stärke der sog. Emerging Markets. Betrachtet man die bei Mergermarket gemeldeten Unternehmenstransaktionen mit DACH-Targets, so zeigt sich, dass in 2014 jeweils lediglich rund 4 % der Käufer aus den BRIC-Staaten kamen (Abb. 4). Auch weil die BRIC-Staaten mittlerweile rund 23 % der globalen Wirtschaftsleistung auf sich vereinen (International Monetary Fund n.d.), dürfte ein solch niedriger Anteil die meisten Leser erstaunen.

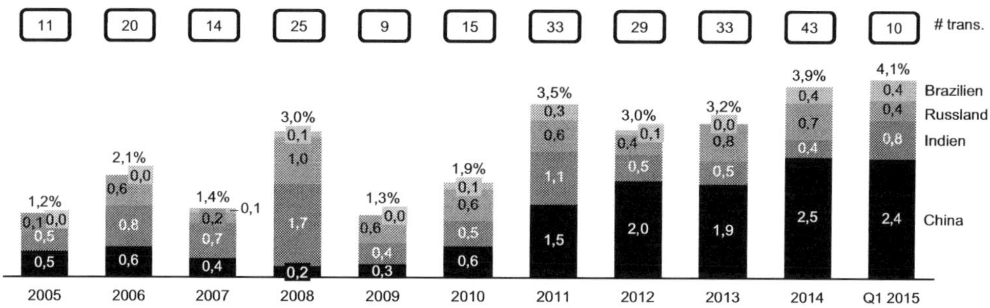

Abb. 4 Anzahl der Transaktionen in DACH mit „BRIC" Käufer als Prozent von gesamter Anzahl von Transaktionen. (Quelle: mergermarket, goetzpartners Analyse)

Geht man eine Stufe tiefer und betrachtet die einzelnen Länder, so ist das Ergebnis nicht weniger überraschend: Gerade einmal 2,4 % der Erwerber kamen aus China und jeweils deutlich unter 1 % aus den verbleibenden BRIC-Ländern. Das Bild wird noch dramatischer, wenn man die Analyse auf Targets aus ganz Europa ausweitet.

Wieso dann ein solcher „Hype" um diese Interessentengruppe? Auf der einen Seite klaffen die mit Interessenten aus den BRIC-Staaten verbundene Hoffnung und die realen Zahlen derzeit noch weit auseinander. Es gibt einige wenige öffentlichkeitswirksame Closings, die bei vielen Verkäufern einen falschen Eindruck von der Relevanz ausländischer Investoren aus den BRIC-Staaten erzeugen. In der Tagespresse wird fälschlicherweise teilweise sogar die Angst vor einem Ausverkauf der deutschen Wirtschaft nach China geschürt.

Darüber hinaus ist festzuhalten, dass nicht nur der Anteil am gesamten M&A-Markt verhältnismäßig gering ausfällt, sondern auch die Transaktionsvolumina sehr klein ausfallen, nämlich nur rund 50 % im Vergleich zu anderen Regionen. Dies deutet darauf hin, dass – abgesehen von wenigen Großtransaktionen – das Interesse der BRIC-Staaten in den letzten 10 Jahren vor allem auf den Mittelstand gerichtet war (vgl. Abb. 5).

Interessant ist auch die Auswertung der Bewertungsniveaus. Wertet man den gezahlten Unternehmenswert im Verhältnis zu Umsatz und Profitabilität (EBITDA) aus, so wird deutlich, dass BRIC-Käufer im Verhältnis zu anderen Regionen geringe Umsatz-Multiples

Target	Sector	Country	Bidder	Country	Eq. Value	Stake	Date
KION Group	Automotive	Germany	Weichai Power	China	2,888.9	3%	18/12/13
Strabag	Construction	Austria	Rasperia Trading	Russia	2,194.5	6%	15/07/14
KION Group	Automotive	Germany	Weichai Power	China	1,863.2	18%	03/06/13
CA Immobilien Anlagen	Real Estate	Austria	O1 Group	Russia	1,805.3	16%	02/10/14
Banca della Svizzera It.	Financial	Switzerland	Banco BTG Pactual	Brazil	1,234.8	100%	14/07/14
Palfinger	Industrial	Austria	Sany Heavy Industry	China	1,080.7	10%	15/01/14
Infront Sports & Media	Media	Switzerland	Dalian Wanda Group	China	1,050.0	100%	10/02/15
Hanwha Q CELLS	Computer	Germany	Hanwha SolarOne	China	976.0	100%	08/12/14
Luxoft Holding	Computer	Switzerland	IBS Group Holding	Russia	900.9	24%	14/07/14
Putzmeister Holding	Industrial	Germany	Sany Heavy Industry	China	421.6	10%	02/07/13

Abb. 5 Größte Akquisitionen mit BRIC-Käufer seit 2013. (Quelle: mergermarket, goetzpartners Analyse)

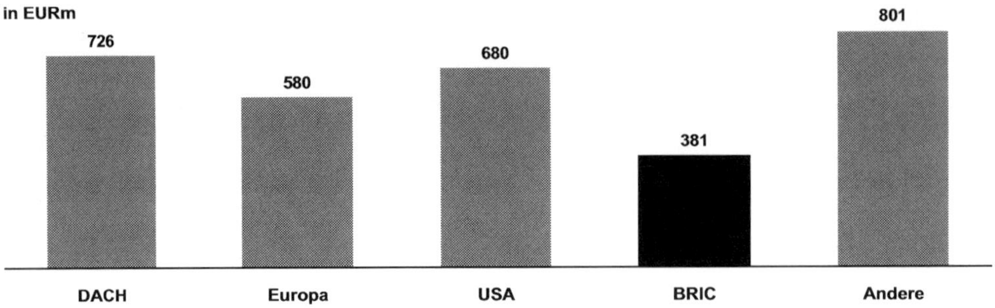

Abb. 6 Durchschnittlicher Transaktionswert nach geographischen Käufer Gruppen seit 2005. (Quelle: mergermarket, goetzpartners Analyse)

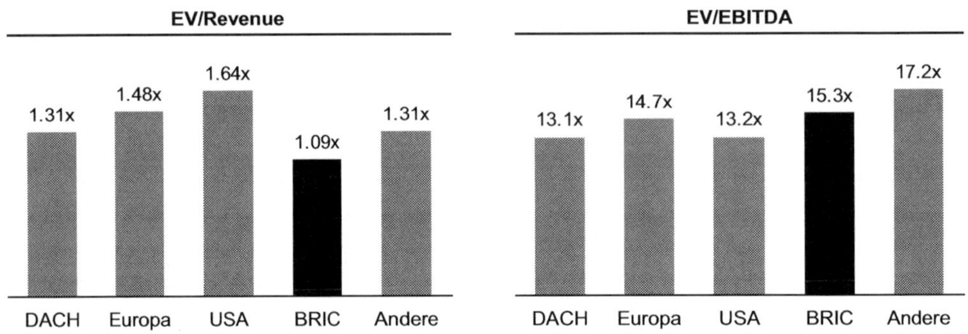

Abb. 7 Durchschnittliche Bewertungen nach geographischen Käufer Gruppen seit 2005. (Quelle: mergermarket, goetzpartners Analyse)

zahlen, jedoch bei profitablen Unternehmen sehr großzügig sind (Abb. 6). Hieraus lässt sich auch ableiten, dass diese Käufer sehr stark auf die Profitabilität von Ziel-Unternehmen schauen. Nach einigen Lehrjahren ist der Käufer aus den BRIC Staaten mittlerweile nicht mehr darauf aus, nur billige Restrukturierungsfälle einzukaufen.

Immer wieder kommt die Frage auf, welche Industrien bei Käufern aus den Emerging Markets auf der Einkaufsliste stehen. Wenig überraschend dürfte sein, dass Industrieunternehmen aus der DACH-Region weiterhin der Dauerbrenner sind (Abb. 7). Ein weiterer Schwerpunkt der letzten Jahre lag im Bereich Computer und Konsum; Automotive hingegen hat nur einen geringen Anteil (Abb. 8).

2.2 Zwischenfazit

Der bei weitem größte Anteil der Transaktionen findet weiterhin innerhalb der DACH-Region statt, jedoch haben Cross-Border-Transaktionen mit rund 40 % ebenfalls einen hohen Anteil. Innerhalb der Gruppe ausländischer Käufer haben die großen Industriestaaten klar

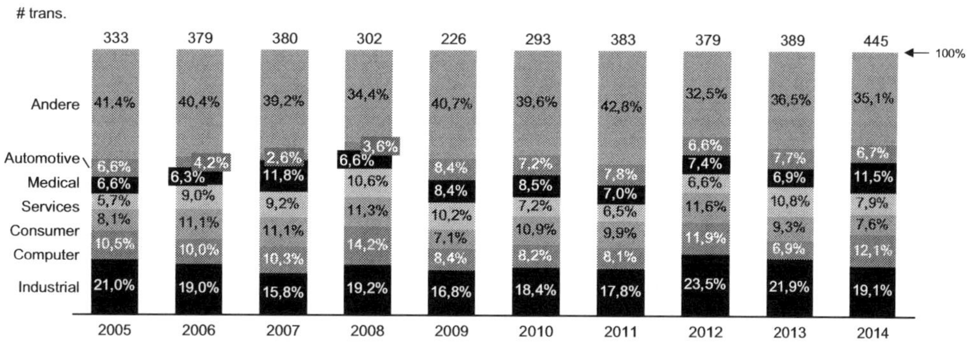

Abb. 8 Transaktionen mit ausländischen Käufern nach Industrie seit 2005. (Quelle: mergermarket, goetzpartners Analyse)

die Nase vorn. Der Anteil an Käufern aus den BRIC-Staaten, insbesondere aus China, steigt zwar signifikant an, befindet sich mit nur rund 2 % jedoch weiterhin auf niedrigem und vor allem deutlich unterhalb des wahrgenommenen Niveaus.

3 Erfahrungen aus Cross-Border-Transaktionen

Es gehört mittlerweile selbst bei kleineren Transaktionen zum Standard, internationale Investoren im Rahmen von M&A-Prozessen so breit wie möglich zu adressieren. Deren Ansprache erfolgt meist direkt über das eigene Kontaktnetzwerk oder über internationale Büros/Kooperationspartner des eingeschalteten M&A-Beraters in den jeweiligen Ländern. Bei M&A-Prozessen, die ohne externe Unterstützung durchgeführt werden, beschränkt sich die Ansprache hingegen meist auf einzelne, bestehende Geschäftskontakte bzw. Joint-Venture-Partner. Doch obwohl internationale Investoren mittlerweile bei fast allen Investorenprozessen – auch im Small- und Mid-Cap-Bereich –angesprochen werden, ist deren „Conversion Rate", wie die obigen Zahlen belegen – gerade bei Investoren aus Schwellenländern – noch immer verhältnismäßig niedrig.

3.1 Interessenten aus Industriestaaten

Mit Blick auf die Industriestaaten lassen sich in Sachen Professionalität im M&A-Prozess kaum relevante Unterschiede feststellen. Finanzinvestoren, gleich aus welchem Land, verfügen ohnehin meist über erhebliche Prozesserfahrung und sind gleichzeitig sehr professionell aufgestellt. Die Professionalität strategischer Interessenten aus ausländischen Industriestaaten ist durchaus heterogen, jedoch lässt sich dieselbe Aussage für inländische Interessenten treffen. Abgesehen von etwaigen sprachlichen Hindernissen – gerade wenn etwa die Buchhaltung des Targets vornehmlich auf Deutsch und nach deutscher Rechnungslegung ist – lassen sich kaum relevante Unterschiede feststellen.

3.2 Interessenten aus den Schwellenländern

Auch wenn viele Käufer aus den Emerging Countries mittlerweile deutlich professioneller und erfahrener geworden sind, gestalten sich Investorenprozesse mit dieser Interessentengruppe in der Regel immer noch komplexer und langwieriger. Die wesentlichen praktischen Erfahrungen mit Interessenten aus den Schwellenländern lassen sich wie folgt zusammenfassen:

Geschwindigkeit
Der wesentliche Grund für die verhältnismäßig niedrige Erfolgsquote von potentiellen Interessenten aus Entwicklungsländern liegt in deren „Execution Speed" und der schwierigen Integrierbarkeit in strukturierte Investorenprozesse. Neben sprachlichen und kulturellen Hürden sind regulatorische Hemmnisse die Hauptgründe für die geringere Geschwindigkeit.

Sprachliche Hürden
Die sprachlichen Barrieren zeigen sich spätestens in der Due Diligence sowie den Vertragsverhandlungen. Da bei den meisten deutschen Unternehmen die gesamte Unternehmenskommunikation auf Deutsch erfolgt, sind sämtliche Unternehmensinformationen einschließlich der Rechnungslegung regelmäßig nur auf Deutsch verfügbar. Dies stellt alle ausländischen Investoren, gleich ob sie aus einem Industriestaat oder Schwellenland kommen, vor dieselben Herausforderungen bei der Due Diligence. Mit eigenen Kräften gelingt eine Analyse der Unterlagen nicht. Es ist bislang nicht üblich, dass sämtliche Daten vor dem Start des Investorenprozesses durch den Verkäufer ins Englische übersetzt werden. Demzufolge benötigt der ausländische Käufer i. d. R. externe Berater, die ihm die Informationen auswerten und in aggregierter Weise in seiner Landessprache aufbereiten[1]. Dies führt zu einem nicht zu unterschätzender Zeitverlust und zudem zu möglichen Missverständnissen.

Kaufvertragsverhandlungen erfolgen heutzutage regelmäßig in englischer Sprache. Gleichzeitig werden die meisten Verträge in englischer Sprache abgefasst. Hier haben angelsächsische Investoren natürlich einen Vorteil. Bei Investoren aus Schwellenländern ist demgegenüber festzustellen, dass hier vor allem die senioren Entscheidungsträger oftmals nur über unzureichende Englischkenntnisse verfügen. Dies führt regelmäßig zu Verzögerungen im Prozess.

Kulturelle Unterschiede
Anders als in M&A-Prozessen in Deutschland, sind etwa in China bilaterale Verhandlungen, die auf Vertrauensbasis geführt werden, die gängige Praxis. Ein streng definierter

[1] Die Prozesserfahrung mit Interessenten aus China zeigt, dass es dort gerade bei strategischen Interessenten derzeit noch unüblich ist, externe Berater einzuschalten. In vielen Prozessen versuchen Chinesen (zunächst) mit eigenen „Bordmitteln" über die Runden zu kommen.

M&A-Prozess mit Meilensteinen und Deadlines ist die absolute Ausnahme. Für Chinesen ist es daher per se schon einmal ungewohnt, sich einer solchen Struktur zu „unterwerfen".

Wer mit Investoren aus Indien oder China verhandelt hat, kennt auch die kulturellen Unterschiede aus der Praxis. Beispielsweise sind die Entscheidungsstrukturen in China immer noch sehr hierarchisch, so dass ein Abschichten von entscheidungsrelevanten Themen kaum möglich ist. Gleichzeitig passiert es immer wieder, dass – jedenfalls aus deutscher Sicht – bereits vereinbarte Verhandlungspunkte, wieder hinterfragt werden. Vor diesem Hintergrund werden Verhandlungen mit chinesischen Bietern aus deutscher Sicht als zäh und langwierig wahrgenommen. Ein chinesisches Sprichwort sagt, „Denke dreimal nach, bevor Du Dich bewegst!"

Regulatorische Prozesshemmnisse

Die erforderlichen Genehmigungen unterscheiden sich selbstverständlich von Land zu Land. Unabhängig von landesspezifischen Regelungen, lassen sich die zu durchlaufenden Genehmigungsverfahren grundsätzlich in drei Cluster unterteilen:

1. Fusionskontrolle
2. Kontrolle über Auslandsinvestitionen
3. Devisenkontrolle

Ohne hier ins Detail gehen zu wollen, lassen sich die Auswirkungen dieser Genehmigungserfordernisse auf den M&A-Prozess am Beispiel von China gut illustrieren (Hiort und Hummitzsch 2015).

Wie Abb. 9 zeigt, werden alle erforderlichen Genehmigungsverfahren erst nach Signing der Transaktion initiiert. Dies führt wiederum dazu, dass der Verkäufer zwischen Signing und Closing erheblichen Unsicherheiten unterliegt. Zwar zeigen die Erfahrungen mit chinesischen Käufern, dass sich das Bieterfeld aus China meist bereits deutlich vor Signing auf eine verbleibende Partei konzentriert, die angeblich über die erforderliche Rückendeckung der Regierung verfügt. Jedoch heißt das noch lange nicht, dass die erforderlichen Genehmigungen auch erteilt werden.[2]

Dies gilt in ähnlicher Weise für Kandidaten aus anderen Schwellenländern, die vergleichbaren Reglementierungen unterliegen. Daher bleiben viele Interessenten aus diesen Ländern bis zur Erteilung der erforderlichen Genehmigungen „Wackelkandidaten". Dies führt wiederum dazu, dass der Verkäufer im Falle einer Auktion auch diesen Sicherheitsaspekt bei der Auswahl des finalen Käufers berücksichtigen muss. Am Markt sind viele Fälle bekannt, in denen ein europäischer Investor den Zuschlag bekommen hat, obwohl ein potentieller Käufer aus einem Schwellenland einen besseren Preis geboten hat.

[2] Als Beispiele seien der gescheiterte Verkauf des amerikanischen Autoherstellers Hummer an Sichuan Tengshong Heavy Industrial Machinery sowie die Veräußerung des deutschen Herstellers von Transformatoren SGB Starkstrom an das chinesische Staatsunternehmen Pinggao Group genannt.

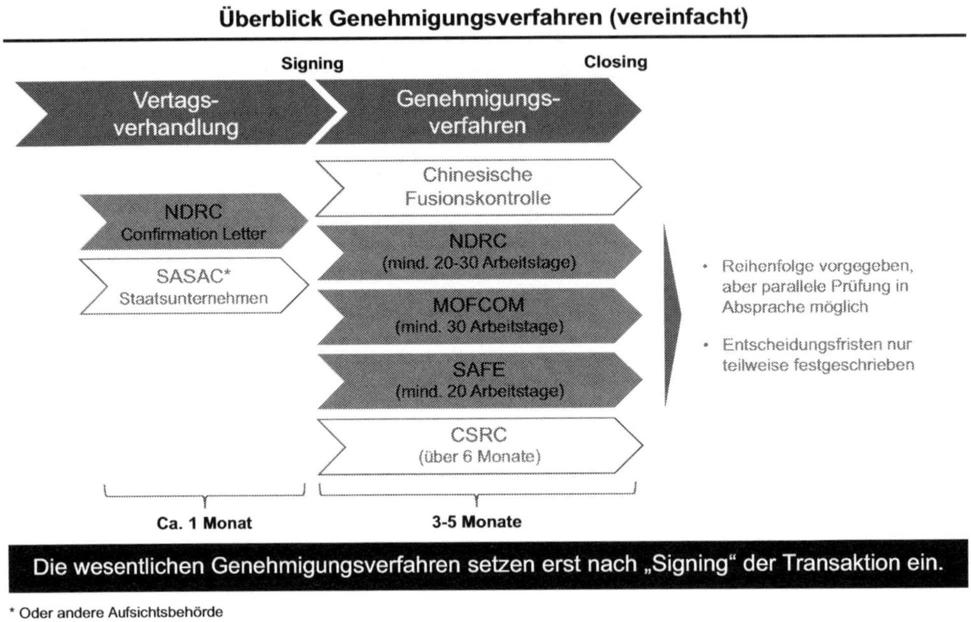

Abb. 9 M&A-Prozess mit chinesischen Bietern. (Quelle: goetzpartners)

Exkurs: Distressed M&A

Mit Blick auf „Distressed M&A" wird vielfach behauptet, dass Investoren aus Schwellenländern aufgrund der kulturellen und regulatorischen Unterschiede generell nicht in der Lage seien, Transaktionen innerhalb weniger Monate oder gar Wochen umzusetzen.

Das überzeugendste Gegenargument mögen die erfolgreichen Verkäufe des Gleisschwellenhersteller Rail.One (2013), des Automobilzulieferers Neumayer Tekfor (2013) oder der Raffinerie Petroplus (2012) sein. Hinzu kommen etwa die Verkäufe der Automobilzulieferer Sellner (2011), Saargummi (2011) oder Scherer und Trier (2015). In all diesen Insolvenz- und Restrukturierungsfällen ist es am Ende gelungen, die Transaktionen mit Erwerbern aus den BRIC-Staaten innerhalb eines für Distressed-Fälle üblichen, verkürzten Zeitrahmens abzuschließen[3].

Auf der anderen Seite gibt es leider auch genug Beispiele, in denen Investoren aus den BRIC-Staaten die zeitlichen Meilensteine des jeweiligen Investorenprozesses trotz vielversprechendem Auftreten am Ende nicht einhalten konnten/wollten oder gar nach erfolgreichem Signing die Transaktion nicht abschließen konnten. So mussten etwa die Meteor Gummiwerke nach gescheitertem Closing mit der indischen Ruia Gruppe Insolvenz beantragen.

[3] Einschränkend ist allenfalls anzumerken, dass es sich teilweise um Erwerber handelt, die bereits aufgrund eines vorhergehenden Prozesses oder einer zuvor bestehenden Beziehung (z. B. Joint Venture) einen inhaltlichen und zeitlichen „Vorsprung" hatten (z. B. Neumayer Tekfor).

Wo ein Wille ist, ist auch ein Weg, könnte man zusammenfassen. Eine Zeitschiene von 3 bis 6 Monaten für den M&A-Prozess stellt jedoch die meisten BRIC-Interessenten vor erhebliche Herausforderungen, die eigene Due Diligence durchzuführen sowie die regulatorischen Genehmigungen und ggf. Freigaben für den Zahlungstransfer durch die jeweiligen Notenbanken einzuholen.

Maßnahmen zur besseren Integration ausländischer Investoren

In der M&A-Branche wird viel darüber diskutiert, wie es gelingt, internationalen Investoren die erfolgreiche Integration in deutsche M&A-Prozesse zu erleichtern. Die sprachliche Diskrepanz gerade im Rahmen einer Due Diligence wird etwa dadurch reduziert, dass eine Vendor Due Diligence durchgeführt oder gar wichtige Unternehmensinformationen durch den Verkäufer – zumindest ins Englische – übersetzt werden. Kulturelle Unterschiede können etwa dadurch adressiert werden, dass die Verkaufsseite gebürtige Chinesen ins eigene Team integriert.

Um langsameren Interessenten einen zeitlichen Vorsprung zu geben, wird schließlich sogar darüber nachgedacht und teilweise praktiziert, den M&A-Prozess mit diesen Interessenten früher einzuleiten. Dies ist jedoch gerade in Auktionen nicht immer zielführend, da es regelmäßig zu heterogenen Milestones und Deadlines für unterschiedliche Interessenten führt, so dass eine Vergleichbarkeit von Angeboten erschwert wird. Zudem besteht etwa bei Chinesen die „Unberechenbarkeit" insbesondere im Hinblick auf die regulatorischen Erfordernisse. Die erforderlichen Genehmigungen erfolgen jedoch – wie oben aufgezeigt – erst nach Signing, so dass die gewünschte Sicherheit auch nicht durch einen „Frühstart" erreicht wird. Zusammenfassend können die genannten Maßnahmen als Paket dazu führen, ausländischen Interessenten die Teilnahme am M&A-Prozess zu erleichtern und sie schneller ans Ziel zu führen.

Strategische Prämie

Die Erfahrung aus einer Vielzahl von Mandaten auf der Verkaufs- bzw. Kaufseite ist an dieser Stelle eindeutig: Strategische Prämie – ja, „Mondpreise" – so gut wie nie. Investoren aus den Schwellenländern haben sich in der ganz überwiegenden Zahl der Fälle als gute Rechner wie auch als erfahrene Kaufleute erwiesen. Dies liegt zum einen daran, dass die Transaktionserfahrung mittlerweile bei vielen Interessenten deutlich zugenommen hat und man immer seltener auf Novizen trifft. Gleichzeitig gibt es auf Seiten des Erwerbers immer öfter Mitarbeiter, die über eine hervorragende internationale Ausbildung sowie Berufserfahrung verfügen. Darüber hinaus ist schließlich auch zu beobachten, dass den Interessenten vielfach erfahrene Berater zur Seite stehen.

Wurden in der Vergangenheit durchaus zu hohe Kaufpreise gezahlt, so ist die Lernkurve sehr hoch. Gerade Chinesen rechnen meist mit sehr spitzem Bleistift. Eine Regel, dass Investoren aus den BRIC-Staaten mehrheitlich zu den Höchstbietenden in Investorenprozessen gehören, gibt es nicht. Auf der anderen Seite sind Investoren aus den Schwellenländern aber durchaus bereit, eine strategische Prämie für ein Asset zu bezahlen, wenn ein besonderes strategisches Interesse vorliegt.

Akquisitionsstrategie chinesischer und indischer Investoren
Der Vorwurf lautet: Gerade bei Chinesen stehe das Interesse im Vordergrund, Technologien zu kopieren. Ein nachhaltiges Interesse am Zielunternehmen bestehe dagegen nicht. Diese These ist überkommen, da ein Blick auf die chinesische Akquisitionstätigkeit einen erheblichen Wandel belegt (Williamson und Raman 2011): Stand in den 1990ern noch der Erwerb einzelner Assets – meist einzelner Maschinen oder Anlagen – im Vordergrund, so erkannte die chinesische Regierung bereits im Jahr 2000, also kurz vor dem Beitritt Chinas zur Welthandelsorganisation, dass chinesische Unternehmen auf der globalen Bühne wettbewerbsfähig sein müssen, um am Markt nachhaltig bestehen zu können. Sie verfasste daher eine Richtlinie, die chinesische Unternehmen erstmals berechtigte, ausländische Firmen zu kaufen.

Dies führte dazu, dass das „outbound" M&A-Volumen sprunghaft anstieg. In der Tat stand in dieser Zeit meist der reine Erwerb von Technologien oder von immateriellen Assets (Marken, Patente etc.) im Vordergrund. Allerdings scheiterten viele dieser ersten Akquisitionen im Ausland nach der Übernahme kläglich. Die Ursachen waren mannigfaltig: Es wurden die falschen Unternehmen identifiziert, die Targets wurden nicht sorgfältig genug geprüft, die Post-Merger-Integration gelang nicht, usw.

Mittlerweile ist der Erkenntnis- und Erfahrungsstand jedoch weiter fortgeschritten. Chinesische Erwerber haben erkannt, dass es meist nicht ausreicht, Technologien zu kopieren, um am globalen Markt langfristig zu bestehen. Man hat realisiert, dass ein reiner Know-how-Transfer meist ein einmaliges Unterfangen ist. Die chinesische Akquisitionsagenda wurde demzufolge erneut nachjustiert.

Es lässt sich sicherlich nicht verneinen, dass bei vielen chinesischen Akquisitionen im Ausland ein wesentliches Ziel darin besteht, einen „roll-out" der Technologie im Heimatmarkt zur Stärkung der lokalen Marktposition durchzuführen. Es ist jedoch ein entscheidender Aspekt hinzugekommen: Ziel einer Akquisition ist regelmäßig der nachhaltige Ausbau eines globalen, nicht mehr nur chinesischen Marktanteils. Chinesische Erwerber haben die Notwendigkeit einer weltweiten Aufstellung erkannt; größtenteils wird sie von den Kunden klar gefordert. Man hat verstanden, dass die erworbenen Kundenbeziehungen einen sehr hohen Wert haben und oftmals nur durch regionale Nähe gepflegt werden können. Darüber hinaus verfolgen chinesische Käufer bei immer mehr Transaktionen nach der Übernahme einen „partnerschaftlichen" Ansatz und belassen das lokale Management im Amt (z. B. Putzmeister).

Wie geschildert haben die negativen Erfahrungen aus gescheiterten Akquisitionen zu einem erheblichen Umdenken bei Investoren aus China geführt. Einer der wohl größten Fehler chinesischer Unternehmen im letzten Jahrzehnt war der Fokus auf „günstige" Deals mit unprofitablen Unternehmen.

Spätestens seit der Finanzkrise ist die chinesische Regierung außerordentlich besorgt über die Schwierigkeiten, die chinesische Unternehmen mit ihren ausländischen Beteiligungen haben. Die Regierung hat daher gegengesteuert und signalisiert, dass sich chinesische Käufer – soweit wie möglich – auf profitable Targets im Ausland ausrichten sollen.

Eine solche Vorgabe ist sicherlich eine weitere Erklärung für den verhältnismäßig geringen Anteil chinesischer Erwerber von Distressed Assets.

Gleichzeitig gibt es – zum Teil aus dem aktuellen 5-Jahres-Plan (Roach 2011; Fung und Peng 2012) abgeleitete – strategische Zielbranchen, in denen Akquisitionen gefördert werden. Dies sind etwa Health Care oder Green Tech, zwei Themen, die in China mittlerweile ganz oben auf der Agenda steht. Ein weiteres Thema, das in diversen Gesprächen in China von strategischen Investoren und Finanzinvestoren benannt wurde, betrifft Hochtechnologie-Branchen, wie z. B. Robotics.

In China gibt es allerdings ebenso klare strategische Vorgaben der Regierung, wonach bestimmte (Sub-) Branchen und Geschäftsmodelle nicht (mehr) die erforderliche Unterstützung bekommen. Während die Klassiker, wie Targets aus den Branchen Automotive und Maschinenbau, immer noch sehr interessant sein können, ist man beim Thema Solar aufgrund eigener Überkapazitäten – die spätestens mit der Insolvenz vom einstigen Weltmarktführer Suntech Power für alle offensichtlich wurden – deutlich kritischer und selektiver geworden.

Auch Investoren aus Indien durchlaufen eine steile Lernkurve. Zwar ist die Akquisitionsstrategie in Indien weniger stark von der Regierung vorgegeben, jedoch sind auch indische Unternehmen bei ihren Akquisitionen deutlich wählerischer geworden.

Investoren aus China und Indien dürfen in ihrem Business Sense nicht unterschätzt werden. Sie sind vielfach erfahrene und professionelle Investoren, die Geschäftsmodelle und deren Aussichten sehr gut einschätzen können. Gleichzeitig sind sie vorsichtiger geworden, weil sehr wohl bekannt ist, dass sie oftmals als „investor of last resort" angesprochen wurden.

4 Fazit und Ausblick

Cross-Border M&A ist auch im Mittelstand Wirklichkeit und der Anteil internationaler Käufer wird weiter steigen. Gleichzeitig wird die Professionalität und Erfahrung internationaler Käufer – vor allem aus den Emerging Countries – weiter zunehmen.

Nach der Finanzkrise ist Europa mittlerweile definitiv zurück auf dem Radar internationaler Investoren. Deutschland wird dabei weiterhin einer der aktivsten und attraktivsten Märkte in Europa bleiben. Gerade indische und chinesische Investoren werden einen noch stärkeren Hunger auf deutsche Assets zeigen. Ihre Wettbewerbsfähigkeit in Investorenprozessen wird weiter zunehmen.

Im Distressed Bereich bietet gerade die Insolvenzrechtsreform („ESUG") eine neue Chance für internationale Investoren. Durch den Ausbau des an das „Chapter 11" angelehnte Insolvenzplanverfahren fühlen sich internationale Investoren von Insolvenzfällen nicht mehr so „abgeschreckt", so dass sich ihr Anteil auch im Insolvenzbereich ausbauen wird.

Literatur

Allen & Overy LLP. (2015). M&A – Deutschland (1. Quartal 2015).
CMS. (September 2014). European M & A outlook.
Fung, E., & Peng, Y. (Februar 2012). Forces driving China's economic growth in 2012. *KPMG*. Asia.
Hiort, M., & Hummitzsch, E. (Mai 2015). Die M&A-Landkarte wird größer – Unternehmensverkäufe an chinesische Unternehmen. *CORPORATE FINANCE law,* 227–228.
International Monetary Fund. (n.d.). IMF data. http://www.imf.org/en/Data.
Kowitt, B. (17. Juni 2009). For Mr. BRIC, nations meeting a milestone. http://archive.fortune.com/2009/06/17/news/economy/goldman_sachs_jim_oneill_interview.fortune/index.htm.
mergermarket. (7. Januar 2013). French M&A roundup 2012.
Raice, S. (1. Oktober 2014). Larger deals fuel growth in European merger activity. *The Wall Street Journal*. http://www.wsj.com/articles/larger-deals-fuel-growth-in-european-merger-activity-1412159128.
Reifenberger, S. (25. September 2012). Krise eröffnet M&A-Chancen im Süden. *Finance Magazin*. http://www.finance-magazin.de/strategie-effizienz/ma/krise-eroeffnet-ma-chancen-im-sueden-1234821/.
Roach, S. (April 2011). China's 12th five-year plan: Strategy vs. tactics. *Morgan Stanley*. Asia.
Schürmann, C. (22. April 2015). Übernahmewelle schwappt über deutsche Unternehmen. Wirtschafts-Woche. http://www.wiwo.de/unternehmen/industrie/fusionen-uebernahmewelle-schwappt-ueber-deutsche-unternehmen/11668720.html.
wb Frankfurt. (29. Oktober 2013). Stimmung am M&A-Markt steigt. *Boersen-Zeitung, 207,* 11.
Williamson, P., & Raman, A. (2011). The globe: How china reset its global acquisition agenda. *Harvard Business Review, 2,* 109–114.

Dr. Thomas C. Sittel ist Partner im Münchner Büro von goetzpartners und verantwortet den Geschäftsbereich Distressed M&A. Herr Dr. Sittel verfügt aufgrund seiner mehr als 15-jährigen Beratungserfahrung über umfangreiche Expertise bei der Strukturierung und Umsetzung von M&A-Transaktionen. Während seiner Laufbahn war er bei einer Vielzahl erfolgreicher Transaktionen beratend tätig, darunter zahlreiche namhafte Unternehmen in Krisen- und Insolvenzsituationen. Darüber hinaus verfügt Thomas Sittel über umfassende Restrukturierungs- und Sanierungserfahrung. Er hat mit multinationalen und mittelständischen Unternehmen, Banken sowie Investoren zusammengearbeitet. Schwerpunktmäßig ist er in den Branchen Automotive, Maschinen- und Anlagenbau sowie Konsumgüter tätig. Thomas Sittel ist Autor mehrerer Publikationen in den Bereichen (Distressed) M&A, übertragende Sanierung und Insolvenzplanverfahren. Darüber hinaus hat er Veröffentlichungen zu relevanten Branchenthemen verfasst. Vor seinem Eintritt bei goetzpartners war er als Partner bei der M&A-Boutique perspektiv spezialisiert auf Corporate Finance. Zuvor war er bei Droege & Comp. im Competence Center Restrukturierung/Sanierung sowie der Deutschen Bank beschäftigt. Dr. Sittel studierte Rechtswissenschaften mit dem Schwerpunkt auf Gesellschafts- sowie Steuerrecht an den Universitäten Freiburg und München. Er promovierte an der TU Dresden.

Adelin E. Trusculescu ist im Münchner Büro von goetzpartners als Associate tätig und fokussiert sich auf Transaktionen in den Bereichen Technology, Media & Telecommunications (TMT) und Consumer Goods. Während seiner mehr als vier Jahre bei goetzpartners hat Herr Trusculescu bei über 10 erfolgreiche Transaktionen namenhafter Unternehmen beraten. Herr Trusculescu verfügt über umfangreiche Erfahrungen nicht nur im multinationalen Umfeld sowie mit Strategen und Private Equity Investoren, sondern auch in Restrukturierungen und anderen Sondersituationen. Adelin Trusculescu ist Autor zweier veröffentlichter Publikationen zu den Themen Bewertungstreiber im Enterprise Resource Planning Software und eCommerce. Adelin Trusculescu studierte an der Questrom School of Business (Boston University) und hat dort einen Bachelor of Science in Business Administration mit den Schwerpunkten Finance, International Management und Volkswirtschaft mit Summa Cum Laude absolviert.

Teil II

Gestaltung der Pre-Merger-Phase als Erfolgsfaktor für die Post-Merger-Integration

Langfristige Vorbereitung für einen erfolgreichen M&A-Prozess aus Sicht des mittelständischen Unternehmers

Gunter Fauth

Zusammenfassung

Die Nachfolgeregelung ist eine einmalige und sehr wichtige Herausforderung für einen Unternehmer. Unternehmensnachfolge bedeutet für einen Unternehmer eine tragfähige Lösung zu finden, welche sein Lebenswerk mit allen daran hängenden Bindungen und Verbindungen in eine neue Zukunft überleitet. Eine erfolgreiche Unternehmensnachfolgeregelung sollte Teil der Unternehmensstrategie sein, langfristig vorbereitet und professionell umgesetzt werden. Sich Zeit nehmen und umfangreiche Gedanken über die zukünftige Entwicklung des Unternehmens zu machen, eine gemeinsam getragene Strategie zu entwickeln, ist die Basis für eine nachhaltige Geschäftsentwicklung. Dies ist auch die Grundlage für eine langfristige Vorbereitung für einen M&A-Prozess.

1 Herausforderungen für mittelständische Unternehmer im Hinblick auf die Unternehmens-nachfolge

Eine Vielzahl von Nachfolgeregelungen im Mittelstand

Nach Angaben des Instituts für Mittelstand – ifm Bonn stehen in den nächsten Jahren bis 2020 ca. 125.000 Familienbetriebe mit insgesamt über 1,4 Mio. Beschäftigten zur Nachfol-

Der Beitrag inklusive aller Inhalte wurde unter größter Sorgfalt erarbeitet. Der Autor übernimmt jedoch keine Gewähr für die Aktualität, Korrektheit, Vollständigkeit und Qualität der bereitgestellten Informationen. Druckfehler und Falschinformationen können nicht vollständig ausgeschlossen werden. Es wird keine juristische Verantwortung sowie Haftung in irgendeiner Form für fehlerhafte Angaben und die daraus entstandenen Folgen vom Autor übernommen.

G. Fauth (✉)
Valegra GmbH, Fasanenweg 11, 70771 Leinfelden-Echterdingen Deutschland
E-Mail: fauth@valegra.de

A. Kuckertz, N. Middelberg (Hrsg.), *Post-Merger-Integration im Mittelstand*,
DOI 10.1007/978-3-658-12370-3_4

ge an. Deshalb ist das rechtzeitige und langfristige Planen der Unternehmensnachfolge eine taktische Kernaufgabe des Unternehmers. Eine ungeklärte Nachfolge kann die Zukunft des Unternehmens und deren Mitarbeiter sowie das Vermögen der Betriebe gefährden.

Dabei wird es für mittelständische Unternehmer in den letzten Jahren immer schwieriger, einen geeigneten Nachfolger zu finden. Auch bei der Unternehmensnachfolge ist der demografische Wandel spürbar. In Unternehmerfamilien gibt es immer weniger Kinder. Viele potentielle Nachfolger aus der Familie entwickeln sehr zum Leidwesen der Gründergeneration andere Interessen.

Glücklich sind die Unternehmer, die innerhalb der Familie einen geeigneten Nachfolger finden und den Generationenwechsel langfristig gestalten können. Viele Unternehmer drücken sich vor der Frage des Generationenwechsels, insbesondere dann wenn kein geeigneter Nachfolger aus der Familie bereit steht.

Neben einer möglichen familieninternen Nachfolgeregelung kommen jedoch familienexterne Nachfolgeregelungen immer stärker in den Fokus für den Mittelstand. Dieser Beitrag fokussiert sich auf die langfristige Vorbereitung für einen erfolgreichen M&A-Prozess im Mittelstand. Ein M&A-Prozess ist für einen mittelständischen Unternehmer oftmals der „Abschluss" seiner unternehmerischen Tätigkeit. Dieser Schritt bedarf einer guten Vorbereitung. In sehr vielen Unternehmen ist der Name der Unternehmerfamilie identisch mit dem Firmennamen. Die Belegschaft eines mittelständischen Unternehmens ist in vielen Fällen eine „große" Familie, deren zukünftiges Wohl dem Unternehmer sehr am Herzen liegt. Es gibt also neben finanziellen, steuerlichen und rechtlichen Aspekten sehr viele emotionale Aspekte, die sehr wichtig sind für eine langfristige Vorbereitung für einen erfolgreichen M&A-Prozess.

1.1 Die zukünftige Entwicklung des Nachfolgegeschehens unterliegt vielfältigen Einflüssen

Das Institut für Mittelstand – ifm Bonn schreibt zu dem Thema (Müller et al. 2011): „Das Übernahmegeschehen ist komplex und unterliegt vielfältigen Einflüssen. Auf die Entwicklung des Nachfolgegeschehens bis 2020 wirkt nicht nur der demografische Wandel ein, sondern z. B. auch die technologische Entwicklung, die allgemeine wirtschaftliche Entwicklung, die Ausgestaltung des Steuer- und Abgabensystems, die Einstellung der Gesellschaft gegenüber dem Unternehmertum, das Verhalten der Konkurrenten oder die Finanzierungsmöglichkeiten auf dem Kapitalmarkt. Eine langfristige Prognose der Entwicklung der meisten dieser Einflussfaktoren ist jedoch kaum möglich. Die vorliegenden Schätzungen der zukünftig anstehenden Unternehmensübergaben und der zukünftig vorhandenen Übernehmer fokussieren sich deshalb vorrangig auf die Einflüsse der demografischen Veränderungen."

Einmalige Herausforderung

Die Regelung der Unternehmensnachfolge ist eine einmalige Herausforderung im Leben eines Unternehmers. Unternehmensnachfolge bedeutet für den Unternehmer eine tragfähige Lösung zu finden, welche sein Lebenswerk mit allen daran hängenden Bindungen und Verbindungen in eine neue Zukunft überleitet. Eine der wichtigsten strategischen Aufgaben einer verantwortungsbewussten Unternehmensführung ist somit die Sicherstellung der Unternehmensnachfolge. Die Umsetzung einer richtigen Nachfolgelösung bedarf eines ausreichenden zeitlichen Vorlaufs. Je früher sich ein Unternehmer mit der Nachfolgeregelung auseinandersetzt, desto mehr Handlungsspielraum steht ihm für die Planung und Umsetzung zur Verfügung.

Einen Fahrplan vereinbaren und konsequent loslassen

Unabhängig davon, ob eine Unternehmensnachfolge im Familienkreis geplant wird oder ein externer Stabwechsel mit einem M&A-Prozess ansteht, ist eine langfristige Planung wichtig. Es empfiehlt sich die Nachfolgeregelung systematisch anzugehen. Eine Unternehmensübergabe erfordert eine neue Geschäftsführung und einen neuen Gesellschafter. Beides kann durchaus getrennt betrachtet werden.

Die Anforderungen an einen geeigneten Geschäftsführer liegen in den klassischen unternehmerischen Qualitäten, wie z. B. Risikobereitschaft und strategisches Denken aber auch in einer ausgeprägten Führungs- und Sozialkompetenz. Selbst wenn ein interner oder externer Nachfolger gefunden ist, kann die Nachfolgeregelung scheitern, da der Eigentümer und Chef oft nicht loslassen möchte.

2 Erfolgreiche Unternehmer stellen frühzeitig die Weichen für ihr Unternehmen

Eine gut geplante Nachfolgestrategie ist eine notwendige Voraussetzung für eine erfolgreiche Gestaltung der Zukunft eines Unternehmens.

Sich Zeit nehmen und umfangreiche Gedanken über die zukünftige Entwicklung des Unternehmens zu machen, eine gemeinsam getragene Strategie zu entwickeln, ist die Basis für eine nachhaltige Geschäftsentwicklung. Dies ist auch die Grundlage für eine langfristige Vorbereitung für einen M&A-Prozess.

Die Gestaltung und Sicherstellung einer integrierten Strategieentwicklung, verbunden mit einer kontinuierlichen Begleitung der Strategieumsetzung, eröffnet für viele Unternehmen bisher nicht genutzte Chancen, die nicht auf die lange Bank geschoben werden sollten. Im Zusammenhang mit einer der wichtigsten Fragen für einen Unternehmer – der Nachfolgeplanung – ist eine gut geplante und wohl überlegte Nachfolgestrategie eine notwendige Voraussetzung für eine erfolgreiche Gestaltung der Zukunft eines Unternehmens.

2.1 Bestandteile der Unternehmensstrategie

Im Zuge einer kontinuierlichen Strategieentwicklung bzw. Strategieanpassung sollten nicht nur die zukünftigen Märkte und Wettbewerber analysiert werden, um daraus Erkenntnisse für die eigene Marktpositionierung und die zukünftige Ausrichtung und Fokussierung des Unternehmens, seiner Produkte und Dienstleistungen, seiner Kundengruppen und letztlich auch seiner Mitarbeiter zu finden. Die Nachfolgeregelung sollte frühzeitig Gegenstand der strategischen Überlegungen sein.

Was wünscht sich ein erfolgreicher (Familien-)Unternehmer mit dem Blick von heute auf die Zukunft seines Unternehmens? Er möchte sein Lebenswerk weitergeführt sehen, ob in Familienhand oder durch eine familienexterne Nachfolgeregelung. Sein Name, der in sehr vielen Fällen dem Unternehmensnamen entspricht, sollte weiterhin für seine bisherigen Unternehmenswerte und Unternehmenskultur stehen. Das zukünftige Geschäft sollte sich möglichst nachhaltig weiterentwickeln und vor allem stehen sichere Arbeitsplätze im Mittelpunkt seines Interesses.

Das rasante Umsatzwachstum seit der letzten Wirtschaftskrise führte in vielen Unternehmen zu einer Anpassung der Organisationsstruktur: Neue Mitarbeiter wurden eingestellt, Strukturen und Prozesse für die Bewältigung des zukünftigen Wachstums angepasst oder neu geschaffen. Management und Belegschaft arbeiten unter Hochdruck, um die Kundenwünsche zu bedienen. Doch gerade in solchen Zeiten ist es wichtig, sich Gedanken über eine nachhaltige Geschäftsentwicklung zu machen.

Der Prozess einer systematischen Strategieentwicklung ist in vielen mittelständischen Unternehmen nicht ausgeprägt. Die Erarbeitung einer langfristigen Strategie bietet viele Chancen für ein Unternehmen im Mittelstand. Der Unternehmer hat die Möglichkeit, sein bisheriges Wirken zu überdenken und neue Impulse für die Zukunft des Unternehmens zu setzen. Oftmals werden Markt- und Wettbewerbsveränderungen der vergangenen Jahre nicht bewusst wahrgenommen. Der Strategieprozess ermöglicht dazu eine Reflektion. Eine gemeinsam erarbeitete Strategie ermöglicht auch die Chance gemeinsam mit dem Führungsteam oder aber auch mit heranwachsenden Familienmitgliedern die zukünftige Ausrichtung des Unternehmens gemeinsam zu planen. Strategie und Transparenz sind auch wichtige Faktoren für Banken im Zuge des Ratings eines Unternehmens.

2.2 Strategieworkshops zur gemeinsamen Ausgestaltung

Um in der Praxis ganz konkret die neue Ausrichtung des Unternehmens zu definieren und voranzutreiben, sind Strategieworkshops, bei denen die Geschäftsführung und Geschäftsleitung des Unternehmens zusammenarbeiten, ein gutes Instrument. Denn erst die gemeinsame Ausgestaltung oder Anpassung der Strategie unter den definierten Rahmenbedingungen ermöglicht es dem gesamten Management eines Unternehmens, auch seine Vorstellungen, Ideen und Erfahrungen einzubringen. Die daraus entwickelte Vision mit klar definierten Unternehmenszielen wird dann vom oberen Führungskreis mit getragen; das führt in der Folge zu einer hohen Akzeptanz innerhalb der Belegschaft.

Zielorientiert: Erfolgreiche Zukunftsgestaltung

Insbesondere in vielen mittelständischen Unternehmen ist es nicht üblich, sich umfangreiche Gedanken über die zukünftige Ausrichtung des Unternehmens zu machen. Ein strukturierter Strategieworkshop, möglichst mit dem gesamten Führungskreis oder aber auch mit heranwachsenden Familienmitgliedern, führt dazu, dass sich die wichtigsten Entscheidungsträger des Unternehmens Zeit nehmen, um sich Gedanken über die Zukunft des Unternehmens zu machen. Ein Strategieworkshop kann vorbereitet werden. Marktdaten über die zukünftige Branchenentwicklung und Branchenveränderungen sollten im Vorfeld eines Workshops recherchiert werden. Hilfreich ist es auch, Informationen über Wettbewerber zu sammeln und strukturiert aufzubereiten. Eine weitere gute Grundlage für eine Strategiediskussion sind Umfragen über die Kunden und Mitarbeiterzufriedenheit, die oftmals in Unternehmen kontinuierlich durchgeführt werden. Manchmal hilft auch eine ad hoc Einschätzung, beispielweise über Marktinformationen oder Marktanteile durch die Führungskräfte. Unterschiedliche Einschätzungen fördern die Diskussion.

Der Workshop sollte in vier Phasen ablaufen (Abb. 1 zeigt einen Überblick über die Inhalte des Strategieworkshops):

1. In Phase 1 wird die Istanalyse erarbeitet. Dabei gilt es, die Informationen zu Markt und Wettbewerb sowie Kunden- und Mitarbeiterzufriedenheit zu analysieren. Die Erarbeitung eines Stärken- und Schwächenprofils des Unternehmens ergänzt die Analyse. Chancen und Risiken werden gemeinsam herausgearbeitet. Wie verändert sich das Marktumfeld zukünftig? Wie wird das Unternehmen aus Sicht der Kunden gesehen? Wie verändern sich die Märkte durch die Globalisierung? Können wir uns in einer gut positionierten Nische zukünftig behaupten? Viele Fragen werden gestellt und diskutiert – auch durchaus kontrovers.
2. Nach der Bestandsaufnahme geht es in Phase 2 daran, die Vision des Unternehmens zu beschreiben. Für was stehen wir? Welche gesellschaftliche Verantwortung haben wir? Wie ist der Umgang mit den Kunden und Mitarbeitern? Sind wir Innovationsführer?

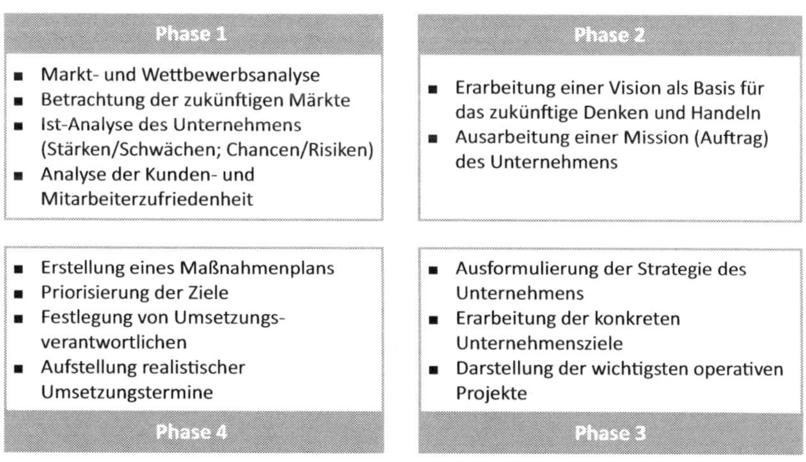

Abb. 1 Vier Phasen des Strategieworkshops

Die Antworten münden in eine Vision ein, die Basis für das zukünftige Denken und Handeln im Unternehmen sein soll.

3. Nun geht es in Phase 3, die Unternehmensziele zu erarbeiten und die Strategie darzustellen: Sie sollte kurz und prägnant formuliert und extern sowie intern kommuniziert werden. Geltungsdauer: mindestens drei Jahre. Unter Umständen können auch konkrete Unternehmensziele beschrieben werden. Das strategische Ziel darf jedoch nicht aus den Augen verloren werden!
4. Eine Priorisierung der Unternehmensziele und die Erstellung eines Maßnahmenplans bilden Phase 4 des Workshops. Jetzt zeigt sich, ob zukunftsgerichtete Strategiemaßnahmen den operativen Zwängen untergeordnet werden müssen. Wenn dem so ist, besteht nun die Herausforderung für eine Umpriorisierung.

Die Maßnahmenpakete werden jeweils einem Verantwortlichen zugeordnet. Dieser kümmert sich um die Umsetzung und erstellt einen realistischen Terminplan. Parallel dazu wird in enger Zusammenarbeit zwischen operativem Management und den Querschnittsbereichen die Governance des Unternehmens mit den wesentlichen Grundsätzen erstellt.

Die Gestaltung und Sicherstellung einer integrierten Strategieentwicklung, verbunden mit einer kontinuierlichen Begleitung der Umsetzung, eröffnet für viele Unternehmen bisher nicht genutzte Chancen, die nicht auf die lange Bank geschoben werden sollten. Dieser Prozess legt die Grundlagen für eine langfristige Entwicklung des Unternehmens und ermöglicht dem Unternehmer einen möglichen M&A-Prozess langfristig zu planen und schrittweise vorzubereiten.

3 Transparenz in der Unternehmenssteuerung

Ein ganzheitliches Unternehmenssteuerungskonzept sorgt für Transparenz im Unternehmen. So kann die Geschäftsführung gemeinsam mit dem Führungskreis die Zukunft des Unternehmens proaktiv gestalten. Der Controller oder kaufmännische Leiter als Businesspartner unterstützt im Zusammenspiel mit der Geschäftsführung und fokussiert sich auf ein effizientes Maßnahmencontrolling.

Die ganzheitliche und transparente Unternehmenssteuerung ist eine Grundvoraussetzung für die erfolgreiche Unternehmensführung. Ein Unternehmenssteuerungskonzept bildet die Grundlage für das strategische und operative Handeln eines Unternehmens. Es zielt auf die erforderliche Transparenz aller wesentlichen Unternehmenskennzahlen ab. Die Strategie eines Unternehmens ist die Basis für eine erfolgreiche Zukunftsausrichtung. Es ist der Blick von heute auf zukünftige Märkte, Entwicklungen und Erfolge. Die Strategie eines Unternehmens sollte kontinuierlich überprüft werden. Strategie bedeutet, die richtigen Weichenstellungen für Ihr Unternehmen zu treffen. Erfolgreiche Unternehmen spüren neue Chancen am Markt auf und finden Wege für eine nachhaltige interne Optimierung.

3.1 Wandel gestalten: Unternehmensteuerungskonzept als Basis des Handelns

Die Ergebnisse der Strategieworkshops bilden eine Grundlage für das Konzept zur zukünftigen Unternehmenssteuerung. Was versteht man unter einem Unternehmenssteuerungskonzept? Die Basis des zukünftigen Handelns wird in einem solchen Konzept beschrieben. Es ist kein Nachschlagewerk der herkömmlichen Art, das der „Finanzer" einmal erstellt hat und nun „im Regal steht". Ganz im Gegenteil. Es handelt sich um ein businessorientiertes Konzept, das Handlungsempfehlungen für das gesamte Unternehmen beinhaltet. Ein solches Konzept wird kontinuierlich weiterentwickelt und bildet das Fundament für die nachhaltige und erfolgreiche Entwicklung des Unternehmens.

Es setzt auf der Strategie des Unternehmens auf. Vision, Mission und Strategie sind Ausgangspunkte. Weitere wichtige Eckpunkte des Konzeptes sind die Beschreibung des Geschäftsmodells und insbesondere die Governance des Unternehmens.

- Wer ist für was im Unternehmen verantwortlich?
- Welche Verantwortung haben die Führungsebenen?
- Wird das Unternehmen beispielsweise divisional oder in einer Matrix geführt?
- Wie erfolgt die Incentivierung der Führungskräfte?

Alle wichtigen und umfassenden Fragen werden in der Governance bzw. den Unternehmensgrundsätzen beschrieben. Nun werden die Steuerungsdimensionen des Unternehmens definiert (Abb. 2).

Transparenz heißt das Schlagwort. Welche Informationen wollen wir zukünftig sehen? Umsätze nach Produkte und Kunden, aber auch nach Märkten/Branchen oder Regionen? Wo weisen wir unsere Deckungsbeiträge aus? Wollen wir unsere Ergebnisrechnung nach allen Steuerungsdimensionen gestalten?

Transparenz für und über das Unternehmen

Damit das Steuerungskonzept in der Folge auch greifen kann, gilt es, nachhaltig an der Einführung im Unternehmen zu arbeiten. So schwingt im Hintergrund, stets von Bedeutung, aber oft in ihrer Wirkung unterschätzt, die Kultur eines Unternehmens mit. Im Rahmen der Einführung einer ganzheitlichen Unternehmenssteuerung werden möglichst alle Unternehmensteile einbezogen. Jeder Bereich soll seinen Beitrag zum nachhaltigen Erfolg des Unternehmens beisteuern. Letztlich führt die erfolgreiche Einführung zu klaren Unternehmenszielen, zu mehr Transparenz bzgl. strategischer und operativer Steuerung und verbessert die Sichtweise auf das Unternehmen. Jenes kann sich nun auf ein zielorientiertes Maßnahmencontrolling fokussieren.

Der wesentliche Vorteil für den Unternehmer in der langfristigen Vorausschau für sein Unternehmen ist, dass die Steuerung des Unternehmens nun auf „mehrere Schultern" verteilt wird. Die Reduzierung der Abhängigkeit des Unternehmens vom geschäftsführenden

Abb. 2 Dimensionen der Unternehmenssteuerung

Gesellschafter kann bei den handelnden Personen zu neuer, ungeahnter Motivation führen und das Unternehmen voranbringen. Dies unterstützt Aussagen über die zukünftige Geschäftsentwicklung und erleichtert auch die Sichtweise von außen auf das Unternehmen. Bei Finanzierungsgesprächen mit Banken beispielsweise. Warum sollte sich dadurch das Rating des Unternehmens nicht auch verbessern können? Gerade bei Banken sorgt die Transparenz für eine einfachere und bessere Einschätzung der Kunden.

Ein rollierender Forecast und ein strukturierter Planungsprozess vervollständigen das Unternehmenssteuerungskonzept. Sie stellen sicher, dass es zu einem kontinuierlichen Prozess der Strategieüberprüfung kommt und ausreichend Transparenz zur operativen Unternehmenssteuerung vorhanden ist. Die klassische Planung ist in einen operativen und strategischen Teil gegliedert. Der Planungshorizont bei der strategischen Planung geht über 3 bis 5 Jahre. Die strategische Planung beinhaltet eine Strategieüberprüfung und unter Umständen einen Strategieanpassungsprozess und bildet dann die Basis für einen jährlich wiederkehrenden Strategieworkshop. Die operative Planung entspricht einer Budgetplanung für das direkt folgende Geschäftsjahr. Zur Feinsteuerung dient der Forecast. Vieles spricht dafür, bei der Einführung eines neuen Unternehmenssteuerungskonzeptes einen rollierenden Forecast aufzubauen. Dieser verbindet die kurzfristige operative Steuerung des Unternehmens mit einem mittelfristigen Blick in die Zukunft. Abbildung 3 zeigt eine Übersicht der Elemente und notwendigen Prozesse für eine ganzheitliche Unternehmenssteuerung.

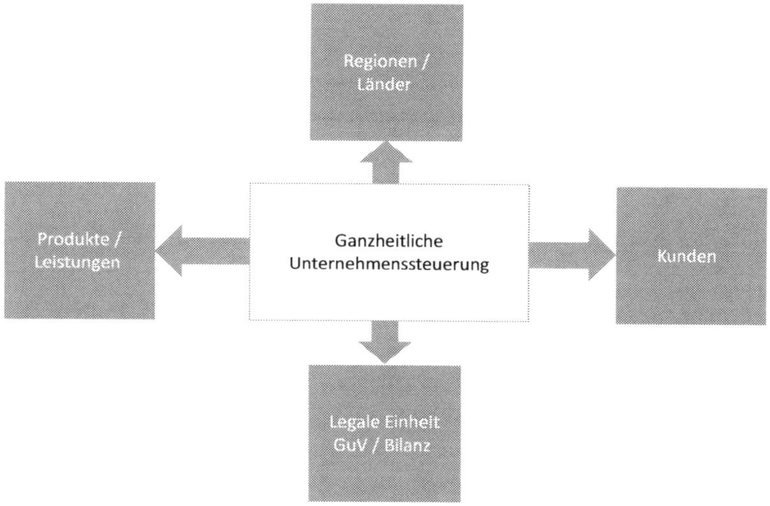

Abb. 3 Übersicht der ganzheitliche Unternehmenssteuerung

Auf Kommunikation mit den Mitarbeitern setzen

Ein neu erstelltes Unternehmenssteuerungskonzept kann Auswirkungen auf das gesamte Unternehmen haben. Die Kommunikation des Veränderungsprozesses an alle Mitarbeiter ist von zentraler Bedeutung für den Umsetzungserfolg. Die Geschäftsführung sollte darauf achten, dass alle Mitarbeiter die Möglichkeit zum Dialog mit den Verantwortlichen haben. Das lässt sich in kleineren Einheiten persönlich bewerkstelligen, in größeren etwa über ein (anonymes) Frageforum im Intranet. Es lohnt sich, den Mut und die Zeit aufzubringen, sich auch mit kritischen Fragen auseinanderzusetzen – innerhalb dieses Dialogs wachsen Vertrauen, Motivation sowie Loyalität und damit die Grundlage für den nachhaltigen zukünftigen Erfolg des Unternehmens.

Der Unternehmer gestaltet die Zukunft seines Unternehmens gemeinsam mit seinen wichtigsten Führungskräften

Frühzeitig die Weichen zu stellen, das ist eine der wichtigsten Aufgaben des Unternehmers im Mittelstand. Der Unternehmer ist Auftraggeber für den Prozess der Strategieentwicklung und für die Erstellung eines Unternehmenssteuerungskonzeptes gemeinsam mit seinen wichtigsten Führungskräften und Vertrauten. In der Geschäftsführung wird das Konzept verabschiedet und der Auftrag zur Umsetzung gegeben.

Ein enges Zusammenspiel von Geschäftsführung und Controlling ist die Basis für ein erfolgreiches Konzept und vor allem für die nachhaltige Umsetzung. Die Herausforderung gerade in mittelständischen, familiengeführten Unternehmen ist es, dass der geschäftsführende Gesellschafter die Notwendigkeit einer gemeinsamen Zukunftsentwicklung seines Unternehmens erkennt und einen solchen Prozess initiiert.

4 Das richtige Führungsteam aufbauen

Der gemeinsame Erfolg basiert nahezu ausschließlich auf einer guten und vertrauensvollen Zusammenarbeit.

Führungsstrukturen schaffen

Die Trennung von Management und Eigentum wird in mittelständischen Unternehmen vielfach als suboptimal empfunden – dennoch ist dies eine wesentliche Voraussetzungen für die Unternehmenszukunft, wenn keine familieninterne Übergabe erfolgt. Der neue Unternehmer macht sich unabhängiger vom mittelständischen Betrieb, kombiniert mit fest etablierten Führungsstrukturen sind somit die Grundlagen für die erfolgreiche Weiterführung des Unternehmens gelegt.

Viele Unternehmensgründer sind mit allen betrieblichen Abläufen vertraut. Mit dieser Fähigkeit ist nicht selten ein Verzicht auf die Besetzung einer Führungsorganisation verbunden. Es kann nicht erwartet werden, dass mögliche Nachfolger das Unternehmen in der bestehenden Form weiterführen. Deshalb sind mittelständische Unternehmer gut beraten, wenn rechtzeitig vor der Nachfolgeregelung eine Führungsorganisation aufbauen. Gerade bei der familienexternen Nachfolgeregelung durch einen Verkauf eines Unternehmens ist der Aufbau einer funktionierenden und eingespielten Führungsorganisation eine sehr wichtige Voraussetzung.

Potenzielle Käufer haben selten Führungskräfte, die bereit und in der Lage sind, Unternehmen so zu führen, wie das sehr viele Unternehmer aus der Gründergeneration tun. Ohne eine funktionsfähige zweite Führungsebene sind Unternehmen häufig nahezu unverkäuflich. In jedem Fall führt dies zu preislichen Abstrichen. Die organisatorischen Voraussetzungen sollten gegeben sein, um ein Unternehmen durch einen M&A-Prozess erfolgreich zu führen und dessen Zukunft zu gewährleisten.

Der Aufbau eines Führungsteam bedarf eines großen zeitlichen Vorlaufs. Idealerweise werden alle wichtigen organisatorischen Funktionen mit Führungskräften besetzt. Ein kleiner, überschaubarer Kreis der Führungskräfte bildet dann den Führungskreis, eine erweiterte Geschäftsleitung oder die Geschäftsführung. Dazu bedarf es neben der Auswahl der richtigen Führungskräfte auch eines umsetzbaren Geschäftsverteilungsplans, in dem die Aufgaben und Kompetenzen der jeweiligen Führungsbereiche beschrieben sind. Damit ein funktionsfähiges Führungsteam entsteht, sind jedoch auch teambildende Aktivitäten notwendig. Diese Aktivitäten sollten vom Unternehmer initiiert werden und bilden die Grundlage für eine erfolgreiches Zusammenspiel von verschiedenen Menschen und Funktionen in einem Unternehmen.

Vertrauen ist dabei ein sehr wichtiges Element. Wo bisher Entscheidungen vom Unternehmer selbst getroffen worden sind, sollen nun Führungskräfte die Entscheidungen treffen. Die Verantwortung wird delegiert, der Unternehmer kann bereits beim Aufbau eines

Führungsteams das „Loslassen üben“. Gerade bei starken Führungspersönlichkeiten ist dieser Prozess der Verantwortungsübergabe nicht einfach. Grundsätzlich gilt es jedoch zu bedenken, dass ein starkes und entscheidungsfähiges Führungsteam langfristig gesehen mehr Vorteile für einen mittelständischen Unternehmer bietet, als ein schwaches Führungsteam, das vom Unternehmer dominiert wird.

Mit einem Beirat hat der Unternehmer einen „Sparringspartner“
Hilfreich kann auch die Einsetzung eines Beirates für die langfristige Unterstützung des Unternehmers sein. Dieser kann bei weitreichenden Entscheidungen zurate gezogen werden oder bei Konflikten als Schiedsstelle fungieren. Der Einsatz eines Firmenbeirates kann darüber hinaus sinnvoll sein, wenn der Unternehmer einen gewissen Einfluss erhalten will, der Geschäftsverlauf beispielsweise nach dem Verkauf oder der Übergabe des Unternehmens noch überwacht werden soll.

Ein Manager aus dem Führungsteam kann auch ein potentieller Nachfolger sein
Eine mögliche Käufergruppe für ein Unternehmen gerade im Mittelstand können auch leitende Führungskräfte bzw. Manager aus dem Unternehmen sein. Dabei handelt sich um einen sogenannten Management-Buy-Out (MBO). Mit einer solchen Lösung kann die Selbstständigkeit des Unternehmens und seiner Belegschaft gesichert sein. Da das Management das Unternehmen genau kennt, können die Verkaufsverhandlungen und der Verkaufsprozess einfacher gestaltet werden. In vielen Praxisbeispielen hat sich jedoch herausgestellt, dass die gezielte Suche nach einem potentiellen Manager im Hinblick auf einen MBO einige Jahre in Anspruch nimmt. Wenn der erste Kandidat vom Unternehmer eingestellt ist und nicht den Erwartungen entspricht, ist oftmals eine weitere Besetzung notwendig. In einem solchen Fall vergehen von der Suche zur Erstbesetzung bis zur Folgebesetzung gut und gerne zwei bis drei Jahre.

Um langfristig ein mittelständisches Unternehmen für die Zukunft vorzubereiten ist eine Trennung von Geschäftsführung und Gesellschafterkreis empfehlenswert. Der Aufbau eines Führungsteams ermöglicht einen qualifizierten Übergang eines Unternehmens im Zuge eines M&A-Prozesses. Die Aufgebe des Führungsteams ist es in erster Linie das operative Geschäft erfolgreich zu steuern. Damit hält die neue Führungsorganisation dem Unternehmer den „Rücken frei“, um sich auf die strategischen Themenstellungen zu konzentrieren, aber auch um einen M&A-Prozess langfristig vorzubereiten. Der Zeitaufwand für einen Verkauf eines Unternehmens sollte nicht unterschätzt werden.

5 Die Unternehmensnachfolge langfristig vorbereiten

Ein kontinuierliches Nachfolgemanagement sollte in jedem mittelständischen Unternehmen im Blickfeld sein und frühzeitig aufgegriffen werden.

Um den passenden strategischen Investor zu finden, muss die Stärke des zum Verkauf stehenden mittelständischen Unternehmens herausgearbeitet werden. Eine Markt- und Wettbewerbsanalyse sowie eine branchenspezifische Einschätzung der Produkte und des Kundenstamms helfen dabei. Mögliche Wettbewerbsvorteile werden aufgezeigt, Cross-Selling-Potenziale werden über die Kundenanalyse sichtbar, Engineering-Know-how kann für andere Branchenzweige genutzt werden, bestimmte Produkte eröffnen Perspektiven für neue Märkte. Eine gute Vorbereitung bietet folglich die beste Chance auf einen erfolgreichen Verkauf an den passenden Investor. Innovative Nachfolgeregelungen können einen Familienbetrieb gut positionieren. Das Unternehmen und dessen Mitarbeiter werden so in eine stabile Zukunft geführt.

Für eine dauerhafte erfolgreiche Unternehmensübergabe sind folgende Voraussetzungen wichtig:

1. Der Betrieb muss wirtschaftlich rentabel und wettbewerbsfähig bleiben. Um seine Existenz langfristig zu sichern, sind auch im Hinblick auf die bevorstehende Übergabe kontinuierliche Investitionen notwendig.
2. Ein hoher Verkaufspreis kann nur dann erzielt werden, wenn das Unternehmen eine hohe Rentabilität hat. Konjunktur- und Marktschwankungen müssen dabei langfristig betrachtet werden.
3. Das Unternehmen sollte gut aufgestellt. Transparenz über das Unternehmen, ein gut eingespieltes Führungsteam, eine langfristige Strategie, eine kompetente Belegschaft mit gutem Fachwissen sind neben innovativen Produkten und einer hervorragenden Marktpositionierung wichtige Voraussetzungen für einen erfolgreichen M&A-Prozess.
4. Die Transaktionsphase und die Übergabephase müssen professionell vorbereitet werden. Dabei sind rechtliche, steuerliche und gesellschaftsrechtliche Schritte erforderlich, die gut vorbereitet werden müssen und i. d. R. von kompetenten Beratern begleitet werden.
5. Die Kommunikation in Zuge der Übergabephase ist ein zentrales Element, das den Erfolg einer erfolgreichen Geschäftsübergabe sicherstellt. Dies gilt sowohl für die Kommunikation an die Belegschaft und Führungskräfte, als auch an die Kommunikation an Kunden und Lieferanten.
6. Die gründliche Einarbeitung des Nachfolgers ist ein wesentlicher Schritt für eine erfolgreiche Fortführung des Unternehmens. Bei Gesprächen zwischen Unternehmer, Nachfolger, Führungskräften und Mitarbeitern können wertvolle Tipps weitergegeben werden.
7. Der gesamte Prozess zur Übergabe eines Unternehmens bedarf einer neutralen und objektiven Beurteilung. Der „unternehmerische Instinkt" ist bei diesem Vorgang nicht immer ausreichend. Darauf sollte sich der Unternehmer nicht alleine verlassen, sondern den gesamten Vorgang professionell gestalten.

5.1 Wesentliche Voraussetzungen für einen erfolgreichen M&A-Prozess

Wesentliche Bestandteile bei der langfristigen Vorbereitung eines M&A-Prozesses im Mittelstand sind wichtige Überlegungen im Hinblick

- auf die steuerliche Auswirkungen und
- auf die rechtlichen Auswirkungen sowie
- auf die Vorbereitung der Unternehmenstransaktion.

Die folgenden Ausführungen zu rechtlichen und steuerlichen Aspekten beim Kauf bzw. Verkauf eines Unternehmens können nur einen Überblick über die komplexen Sachverhalte geben. Sie erheben keinen Anspruch auf Vollständigkeit. Sie sollen das Bewusstsein für ausgewählte rechtliche und steuerliche Gesichtspunkte sensibilisieren. Eine individuelle Beratung über die jeweilige Situation des Unternehmens bzw. des Unternehmens ist deshalb geboten.

5.1.1 Rechtsfragen beim Kauf bzw. Verkauf eines Unternehmens

Das Unternehmen ist die juristische bilanzielle Wirtschaftseinheit und stellt die Gesamtheit von Sachen und Rechten dar. Für das Auftreten im Rechtsverkehr bedarf es eines Unternehmensträgers, beispielsweise eines Einzelunternehmens bzw. einer Personen- oder Kapitalgesellschaft. Der Kauf eines Unternehmens kann durch den Erwerb des Unternehmensträgers oder einzelner zum Unternehmen gehörender Wirtschaftsgüter erfolgen. Insbesondere bei einem Einzelunternehmen, das an einen Nachfolger übertragen werden soll, ist es aus Haftungsgründen notwendig, dass aus dem Einzelunternehmen ein Unternehmensträger wird. Dies kann durch Handelsregistereintrag „Eingetragener Kaufmann" (e. K. oder e. Kfm.) bzw. „Eingetragene Kauffrau" (e. Kfr.) erfolgen mit dem Zusatz und Hinweis auf den neuen Inhaber. Somit wird der Alteigentümer aus der Haftung genommen und das Unternehmen kann übergeben werden.

Share Deal (Anteilskauf)[1]

Durch den Kauf des gesamten Unternehmens oder den Kauf von Geschäftsanteilen (Erwerb aller Anteile oder Anteilskauf) wird der Käufer zum kompletten Eigentümer oder Gesellschafter. Bei einer GmbH wird nicht das Unternehmen, sondern es werden die Geschäftsanteile veräußert; damit ist das Unternehmen entweder komplett oder mehrheitlich übertragen. Der Rechtsträger, beispielsweise eine GmbH, bleibt weiterhin unverändert bestehen. Der Kauf eines Unternehmens wird in einem Kaufvertrag beschlossen. Bei Kapitalgesellschaften, wie der GmbH, ist eine notarielle Beurkundung des Vertrages notwendig. Daneben wird beim Notar der bisherige Geschäftsführer abberufen, der neue Geschäftsführer bestellt und die Handelsregistereintragung veranlasst (IHK Berlin 2013, S. 27).

[1] Weiterführende Informationen entnehmen Sie einer Vielzahl von Veröffentlichungen insbesondere durch die regionalen IHK Organisationen in Deutschland.

Asset Deal (Unternehmenskauf)
Ein Asset Deal bietet sich an, wenn es dem Erwerber nicht zumutbar ist, ein mit Verbindlichkeiten belastetes Unternehmen zu übernehmen. Bei einem Asset Deal erwirbt der Käufer einzelne zum Unternehmen gehörende Wirtschaftsgüter (so genannte Assets). Dies können Sachen und Rechte sein. Diese werden aus dem bisherigen Unternehmen – das weiterhin bestehen bleibt – herausgekauft und in ein neu gegründetes Unternehmen übertragen. Assets sind beispielsweise Maschinen, Warenbestände, Grundstücke und Gebäude oder der Kundenstamm. Die bisherigen Forderungen des Unternehmens kann der frühere Eigentümer geltend machen und gemeinsam mit dem versteuerten Veräußerungsgewinn zur Abwicklung der Altgesellschaft verwenden. Der Übernehmer wiederum kann unbelastet von früheren Verbindlichkeiten des Unternehmens starten (IHK Berlin 2013, S. 27).

Kaufvertrag
Die Gestaltung eines Unternehmenskaufvertrages orientiert sich vor allem an der Rechtsform des Unternehmens sowie an den steuerlichen und rechtlichen Zielen. Vor dem Vertragsabschluss müssen deshalb die wirtschaftlichen und rechtlichen Verhältnisse sorgfältig geklärt werden. Kaufverträge können nach den Bestimmungen des Bürgerlichen Gesetzbuches grundsätzlich formlos abgeschlossen werden. Allerdings sollten derart wichtige Verträge immer schriftlich abgeschlossen werden, um bei möglichen späteren Auseinandersetzungen die Vereinbarungen zwischen Käufer und Verkäufer nachweisen zu können. Wegen der Vielzahl der zu treffenden Regelungen beim Unternehmenskaufvertrag ist die Hilfe eines Rechtsanwalts oder Notars dringend zu empfehlen.

Auf diese Weise können unklare oder rechtlich unwirksame Vereinbarungen vermieden werden. Eine notarielle Beurkundung des Kaufvertrages ist erforderlich, wenn mit dem Betrieb auch Grundstücke übertragen werden; dies gilt auch bei der Übertragung von Anteilen an einer GmbH. Ein Unternehmenskaufvertrag muss ferner notariell beurkundet werden, wenn er pauschal das gesamte gegenwärtige Vermögen eines zu erwerbenden Unternehmens zum Inhalt hat. Sofern der Kaufvertrag auch Grundstücke erfasst, sollte der Käufer vor Vertragsabschluss unbedingt Einblick in das örtliche Grundbuch nehmen oder einen beglaubigten Auszug aus dem Grundbuchregister verlangen. Nur so kann der Käufer rechtssicher überprüfen, ob das Grundstück durch eine Hypothek, Grundschuld, Dienstbarkeit oder ein Nießbrauchrecht belastet ist. Denn mit Übergang des Grundstücks gehen solche Belastungen regelmäßig auf den Erwerber mit über (IHK Berlin 2013, S. 28).

Weitere wichtige rechtliche Aspekte bei einer M&A-Transaktion sind beispielsweise:

- Haftung bei der Betriebsübergabe
- Haftung bei Firmenfortführung
- Haftung für betriebliche Steuerschulden
- Übernahme von bestehenden Kunden- und Lieferantenverträge
- Wettbewerbs- bzw. Konkurrenzverbot
- uvm.

Unser Ziel ist es an dieser Stelle nicht alle rechtlichen Aspekte für eine M&A-Transaktion aufzuzeigen. Dieser Abschnitt soll einen Einblick geben, welche rechtliche Fragestellungen im Vorfeld eines M&A-Prozesses zu klären sind und einer langfristigen Vorbereitung bedürfen.

5.1.2 Steuern beim Kauf bzw. Verkauf eines Unternehmens

Der Gewinn aus der Veräußerung eines Gewerbebetriebs ist nach § 16 Einkommensteuergesetz (EStG) einkommensteuerpflichtig. Dazu gehören Veräußerungen eines ganzen Gewerbebetriebs genauso, wie Veräußerungen von Teilbetrieben, Betriebsvermögen oder Mitunternehmeranteilen. Das deutsche Steuerrecht sieht u. a. steuerliche Begünstigungen für Veräußerungsgewinne vor.

Darüber hinaus spielen oftmals erbschaftsrechtliche Überlegungen eine wichtige Rolle bei einer M&A-Prozess im Mittelstand. Gerade das Urteil des BGH im Dezember 2014 hat zu einer Verunsicherung bei Unternehmern im Zusammenhang mit erbschaftssteuerlichen Regelungen geführt. Die daraus noch resultierenden, weiteren gesetzlichen Regelungen durch den Gesetzgeber haben sicherlich einen Einfluss auf zukünftige Erbschaftsregelungen im Mittelstand.

Wir wollen an dieser Stelle das Thema Steuern nur rudimentär ansprechen. Alle steuerlichen Aspekte bedürfen einer gesonderten Betrachtung und sollten mit einem Steuerberater besprochen werden. Dabei sind die in 2015 zu erwartenden gesetzlichen Änderungen zu berücksichtigen.

5.1.3 Die Vorbereitung einer Unternehmenstransaktion

Der eigentliche M&A-Prozess bedarf auch einer entsprechenden Vorbereitung. Abbildung 4 zeigt einen typischen Ablauf für eine Unternehmenstransaktion.

In vorherigen Kapiteln wurde im Hinblick auf die langfristige Betrachtungsweise eines M&A-Prozesses bereits die Themengebiete Strategieentwicklung, Transparenz über das Unternehmen, Aufbau eines Führungsteam und Unternehmensbewertung beschrieben.

Zur konkreten Vorbereitung der Unternehmenstransaktion wird ein ausführliches Informationsmemorandum mit einem aktuellen, mittelfristigen Geschäftsplan erstellt. Dieses Informationsmemorandum enthält eine ausführliche Beschreibung über das Unternehmen, die Kunden- und Produktstruktur, die Marktstellung und -entwicklung, die Wettbewerbssituation sowie die Zahlen und Fakten. Wesentlicher Bestandteil ist die Strategie des Unternehmens mit einem Geschäftsplan, der die zukünftige Geschäftsentwicklung beschreibt. Dieser Geschäftsplan ist eine wichtige Grundlage für die Verhandlung des Kaufpreises.

Nach einem Research über potentielle Erwerber und Zielunternehmen beginnt die Ansprache der potentiellen Investoren. Das vertrauliche Informationsmemorandum stellt dabei die Grundlage dar. Nach der Kontaktaufnahme mit den potentiellen Investoren erfolgt die Managementpräsentation – Verkäufer und potentieller Käufer lernen sich kennen und sprechen über das mittelständische Unternehmen. Wenn ein grundsätzliches Interesse an einem Kauf des Unternehmens wird in der Regel ein Vorvertrag erstellt und unterzeichnet. Dieser sogenannte LOI ist für beide Parteien als Absichtserklärung zu verstehen.

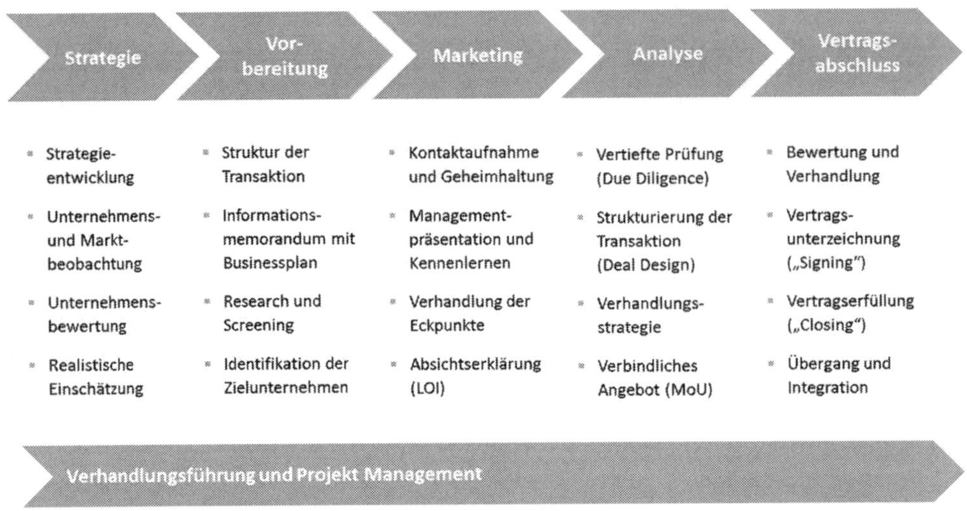

Abb. 4 Ablauf einer Unternehmenstransaktion

Auf Grundlage des unterzeichneten LOI erfolgt die Due Diligence. Die Due Diligence ist eine vertiefte Prüfung aller relavanten Unterlagen des Unternehmens. Die Due Diligence sollte aus Sicht des mittelständischen Unternehmers gut vorbereitet sein. Mit der Due Diligence zeigt er dem potentiellen Investor alle gesellschaftsrechtlichen, steuerlichen und kaufmännischen Unterlagen, ebenso wie alle Produkt- und Kundeninformationen. Nach abgeschlossener Prüfung aller Unterlagen finden die Vertragsverhandlungen statt, die basierend auf einem verbindlichen Angebot in einen Kaufvertrag (das sogenannte „Signing") münden. Nachdem alle vertraglich definierten Voraussetzungen seitens Käufer und Verkäufer erfüllt sind, erfolgt die Vertragserfüllung, das sogenannte „Closing". Daran schließt sich die Übergabephase des Unternehmens und die Post-Merger-Integrationsphase an.

5.2 Vielfältige Formen der Unternehmensübergabe

Es gibt vielfältige Gestaltungsmöglichkeiten für eine Unternehmensübergabe. Wegen der unterschiedlichen Voraussetzungen in jedem mittelständischen Unternehmen ist jeweils eine individuelle Lösung zu suchen. Zur Vollständigkeit sind hier neben familienexternen Nachfolgeformen auch familieninterne Nachfolgeregelungen aufgelistet.

5.2.1 Die Nachfolge innerhalb der Familie (Family-Buy-Out)

Eine Nachfolge innerhalb der Familie – auch Family-Buy-Out genannt – ist die traditionellste Form der Unternehmensübertragung. Dabei wird insbesondere zwischen drei Formen unterschieden:

1. **Unternehmensübertragung als vorweggenommene Erbfolge**

Der Unternehmer übergibt zu Lebzeiten das Unternehmen an einen oder mehrere Erben; dies ist die unternehmens- und familienfreundlichste Variante, da etwaige Probleme rechtzeitig besprochen und vermieden werden können. Unter einer Unternehmensübergabe an Familienmitglieder im Wege der vorweggenommenen Erbfolge wird die Übertragung von Vermögensgegenständen auf den oder die voraussichtlichen Erben bereits zu Lebzeiten des Übergebers verstanden. Sind mehrere Erben vorhanden und soll der Betrieb nur an einen Erben übertragen werden, ist ein Erbausgleich erforderlich. Wichtig dabei ist, dass die weichenden Erben den Pflichtteilsverzicht erklären und vom Übergeber entsprechende Gegenleistungen erhalten. So kann das Unternehmen für die Zukunft vor Pflichtteilsansprüchen oder vor einer Erbengemeinschaft gesichert werden (IHK Berlin 2013, S. 14)

2. **Die Übertragung des Unternehmens gegen Renten, Raten oder wiederkehrende Leistungen**

Bei der Übertragung eines Unternehmens an ein Familienmitglied entsteht häufig das Problem, wie die Altersversorgung für den Übergeber und seine Familie sichergestellt werden kann. In solchen Fällen kann eine Kaufpreiszahlung im Rahmen einer wiederkehrenden Leistung vereinbart werden. Wiederkehrende Leistungen im Zusammenhang mit einer Unternehmensübertragung können Versorgungs- und Unterhaltsleistungen oder Leistungen im Austausch mit einer Gegenleistung sein. Versorgungsleistungen und Renten sind regelmäßig nur wiederkehrende Leistungen auf Lebenszeit des Empfängers. Dauernde Leistungen sind wiederkehrende Aufwendungen, die ein Steuerpflichtiger in Geld- und Sachwert für längere Zeit anderen gegenüber auf Grund einer rechtlichen Verpflichtung zu erbringen hat. Gerade diese Leistungen werden von Kreditinstituten oftmals kritisch gesehen wie auch dahingehend Vereinbarungen, die den Kaufpreis an die Person des Übernehmers oder an den wirtschaftlichen Erfolg des Unternehmens knüpfen (IHK Berlin 2013, S. 14).

3. **Kauf des Unternehmens**

Die Tochter oder der Sohn kaufen das elterliche Unternehmen. Der Käufer hilft dabei, die Verbindlichkeiten, die auf dem Unternehmen noch liegen, abzudecken. Voraussetzung für dieses Konzept sind ein angemessener Kaufpreis und eine solide Gründungsfinanzierung (IHK Berlin 2013, S. 15).

5.2.2 Management-Buy-Out (MBO)

Bei einem Management-Buy-Out handelt es sich um die Übernahme eines Unternehmens durch das aktive Management. Die Übernahme durch Führungskräfte lässt sich als Gütezeichen für das Unternehmen und für die Umsicht des Unternehmers bewerten (IHK Berlin 2013, S. 15). In der Praxis erfolgt ein Management-Buy-Out oft unter Einschaltung von Finanzinvestoren und Banken, da diese dem Käufer eine Finanzierung des Unternehmens ermöglichen.

5.2.3 Management-Buy-In (MBI)

Ein Management-Buy-In ist die typische Unternehmensnachfolgeform, wenn weder ein Familienmitglied noch ein Mitarbeiter aus dem Unternehmen die Nachfolge antreten können. Hier erwirbt ein qualifizierter, firmenexterner Übernehmer das Unternehmen. Der Kaufvertrag wird durch die rechtlichen Verhältnisse des Unternehmens und die steuerlichen Erfordernisse bestimmt und muss in notarieller Form erfolgen. Die notwendigen Einzelheiten müssen mit einem Rechtsanwalt und/oder einem Steuerberater verhandelt werden (IHK Berlin 2013, S. 16).

5.2.4 Buy-In-Management-Buy-Out

Bei dem so genannten Buy-In-Management-Buy-Out übernehmen eine betriebsinterne und eine betriebsexterne Person das Unternehmen. Hier wird eine Kombination gefunden zwischen einem Firmenkenner und einer Person, die ergänzendes Spezialwissen mitbringt, z. B. im fachlichen oder kaufmännischen Bereich (IHK Berlin 2013, S. 16).

5.2.5 Sonderformen der Unternehmensnachfolge

Owner-Buy-Out (OBO)

Beim Owner-Buy-Out verkauft der Unternehmer seinen Betrieb und kauft wiederum einen Teil der Gesellschaftsanteile vom neuen Inhaber zurück. Er bleibt somit Minderheitsgesellschafter an dem Unternehmen, welches er beispielsweise an einen bisherigen Mitarbeiter oder einen externen Übernehmer veräußert hat. Diese Form des Unternehmenserwerbs kann eine Kompromisslösung sein, wenn der Nachfolger den Kaufpreis nicht sofort finanzieren kann (IHK Berlin 2013, S. 17). Bei einem Verkauf an einen Finanzinvestor (IBO) ist die Rückbeteiligung auch eine durchaus übliche Form den Unternehmer noch einige Jahre an sein Unternehmen zu binden, um den Unternehmenswert langfristig zu erhöhen.

Plant-Buy-Out (PBO)

Das Unternehmen wird beim Plant-Buy-Out an einen bisherigen Konkurrenten veräußert. Der Wettbewerber kann sich durch diese strategische Investition vergrößern, seine eigene Marktstärke stabilisieren und Synergieeffekte realisieren. Diese Nachfolgeform hat in den letzten Jahren an Bedeutung zugenommen (IHK Berlin 2013, S. 17).

Institutional-Buy-Out (IBO)

Beim Institutional-Buy-Out wird das Unternehmen von einem Finanzinvestor übernommen. Dieser investiert zumeist Kapital und ermöglicht dadurch Investitionen zur Weiterentwicklung des Unternehmens. Beim Einstieg eines Finanzinvestors sollte darauf geachtet werden, dass die Belegschaft erhalten bleibt, da diese das Unternehmen detailliert kennt. Mitunter wird den Führungskräften auch eine Beteiligung am Unternehmen angeboten (IHK Berlin 2013, S. 17).

Grundsätzlich ist auch eine schrittweise Übertragung der unternehmerischen Verantwortung umsetzbar. Der Unternehmenskäufer erwirbt dabei in einem ersten Schritt Minderheits- oder Mehrheitsanteile an dem Unternehmen, die zu einem späteren Zeitpunkt dann zu einer vollständigen Übernahme durch den Käufer führen.

5.2.6 Stiftungslösungen

Diese Übertragungsform kann sinnvoll sein, wenn sich ein Unternehmer ganz aus seinem Unternehmen zurückziehen und sich allein auf die Sicherung der Einkunftsquelle und damit den Fortbestand des Unternehmens konzentrieren möchte. Der Hauptvorteil einer Stiftung besteht darin, dass nur die Unternehmenserträge ausgeschüttet werden und damit die Substanz der Stiftung erhalten bleibt (IHK Berlin 2013, S. 18).

Grundsätzliche unterscheidet man zwischen drei wesentlichen Stiftungsarten:

Gemeinnützige Stiftung

Eine gemeinnützige Stiftung kann errichtet werden, wenn der Stiftungszweck im steuerlichen Sinne gemeinnützige, mildtätige oder kirchliche Zwecke beinhaltet. Dies belohnt der Staat mit umfangreichen Steuerbefreiungen: Befreiung von Körperschafts- und Gewerbesteuer, keine Erbschaft- bzw. Schenkungsteuer, Privilegierung bei der Umsatz- und Grunderwerbsteuer. Zuwendungen an den Vermögensstock gemeinnütziger Stiftungen können im Jahr der Zuwendung und in den folgenden neun Jahren auf Antrag bis zu einem Betrag von insgesamt eine Millionen Euro als Sonderausgaben abgezogen werden. Allerdings muss sich der Unternehmensinhaber bewusst sein, dass er sein Vermögen mit Gründung einer Stiftung dauerhaft aus der Hand gibt (IHK Berlin 2013, S. 18).

Familienstiftung

Eine Familienstiftung liegt vor, wenn mehr als ein Drittel der Stiftungserträge an Familienmitglieder fließen. In diesem Fall werden keine Steuervergünstigungen gewährt. Nachteilig ist die Familienstiftung auch in erbschaftsteuerlicher Hinsicht. Sie wird in Analogie zum Fall einer natürlichen Person als Erbe zusätzlich der Erbschaftsteuer unterworfen (IHK Berlin 2013, S. 18).

Stiftung & Co. KG

Steuer- und gesellschaftsrechtlich ist diese Stiftungsform eine echte Kommanditgesellschaft. Anders als bei der GmbH & Co. KG ist der persönlich haftende Gesellschafter jedoch keine GmbH, sondern eine Stiftung. Eine Durchgriffshaftung ist bei einer Komplementär-Stiftung als rechtsfähigem Sondervermögen ohne Gesellschafter ausgeschlossen (IHK Berlin 2013, S. 18).

5.3 Den Wert des Unternehmens ermitteln

Die Ermittlung eines Unternehmenswertes kann einerseits auf unterschiedlichen Bewertungsmethoden basieren, andererseits jedoch auch subjektive Wertvorstellungen beinhalten. Den Wert eines Unternehmens zu ermitteln ist deshalb nicht einfach, da es keinen objektiven Firmenwert gibt. Bei der Kaufpreisermittlung spielen somit nicht nur der Unternehmenswert, sondern betriebliche Faktoren wie der Ruf des Unternehmens, der Kundenstamm, die Serviceleistungen, die Qualifikation der Mitarbeiter, die Standortqualität sowie das Alter und die finanzielle Lage des Verkäufers eine wesentliche Rolle. Bei der Kaufpreisermittlung sollte berücksichtigt werden, ob das Unternehmen an ein Familienmitglied, einen Mitarbeiter, einen externen Übernehmer oder an einen Investor verkauft wird. Treten ein Wettbewerber oder Investor an das Unternehmen heran, können zumeist höhere Verkaufspreise erzielt werden.

Um ein Unternehmen langfristig für einen M&A-Prozess vorzubereiten, können zu unterschiedlichen Zeitpunkten Unternehmensbewertungen vorgenommen werden bzw. durchgeführte Bewertungen fortgeschrieben werden. Anhand der gängigen Bewertungsverfahren können dabei die wertbestimmenden Faktoren analysiert und im Zuge einer langfristigen Strategie gezielt gesteuert werden.

Zur Unternehmensbewertung gibt es kein allgemein gültiges Bewertungsverfahren, mit dessen Hilfe sich der Wert eines Unternehmens eindeutig bestimmen lässt. Vielmehr bestehen verschiedene Berechnungsverfahren. Diese Verfahren ermöglichen die Ermittlung von Annäherungswerten und können – je nach Branche – modifiziert werden. Unterschieden wird insbesondere in vergangenheits- und zukunftsbezogene Verfahren (IHK Berlin 2013, S. 22).

Ertragswertverfahren

Beim Ertragswertverfahren wird der Unternehmenswert auf Grundlage der zukünftigen Einnahmenüberschüsse ermittelt. Entscheidend dabei ist, welche Ertragskraft das Unternehmen zu leisten fähig ist, um den investierten Kaufpreis mittelfristig zusätzlich abzudecken. Die Ertragskraft und damit die Kapitaldienstfähigkeit ist bei einer Unternehmensnachfolge von wesentlicher Bedeutung, da der Nachfolger aus den Erträgen nicht nur die im Unternehmen erforderlichen Investitionen, sondern auch die Zins- und Tilgungszahlungen aus der Kaufpreisfinanzierung leisten muss. Zur Berechnung des Unternehmenswertes nach der Ertragswertmethode steht das Verfahren auf Basis einer ewigen Rente oder das Staffelverfahren zur Verfügung. Beim Ertragswertverfahren auf Basis einer ewigen Rente wird unterstellt, dass die Jahresüberschüsse in der Zukunft unbefristet zu erwarten sind. Der Barwert dieser unbefristeten Gewinne stellt den Unternehmenswert bzw. den Kaufpreis dar. Bei der Ertragswertmethode nach dem Staffelverfahren werden die in der Zukunft zu erwartenden Gewinne zeitlich befristet und mit unterschiedlichen Kapitalisierungszinssätzen abgezinst (IHK Berlin 2013, S. 23).

Discounted-cash-Flow-Methode

Das Bewertungsprinzip der Discounted-Cash-Flow-Methode (DCF-Methode) ist grundsätzlich gleich zum Ertragswertverfahren. Eine Überschussgröße wird auf den Gegenwartswert diskontiert. Die DCF-Methode wird dabei aber in verschiedenen Ausprägungen angewandt. Im Unterschied zum Ertragswertverfahren wird bei der DCF-Methode der zukünftige Cash-Flow als Basis herangezogen. Der Cash-Flow (Gewinn zuzüglich nicht ausgabewirksamer Kosten wie Abschreibungen, kalkulatorische Miete oder kalkulatorischer Zins) zeigt an, welcher eigenerwirtschaftete Betrag im Unternehmen für Investitionen, Kredittilgung, Steuern, Ausgleich von drohenden Liquiditätsengpässen usw. zur Verfügung steht. Er hat dadurch einen höheren Aussagewert über die Finanzkraft eines Unternehmens als der Ertragswert. Dieser ermittelte Cash-Flow, hochgerechnet für drei Planungsjahre, wird auf den heutigen Kapitalwert abgezinst und stellt damit einen Unternehmenswert dar. Für Zwecke der Bewertung von kleinen und mittleren Unternehmen erscheint die DCF-Methode wegen der Schwierigkeiten mit den gewogenen Kapitalkosten ungeeignet (IHK Berlin 2013, S. 23 f.).

Substanzwertverfahren

Bei Unternehmen mit hohem Anlagevermögen wird der betriebliche Erfolg zu einem erheblichen Teil durch die bestehende Substanz bestimmt. Der Substanzwert geht vom Verkehrswert aus, der gegenwärtig erzielt werden kann, wenn die Maschinen oder Waren veräußert werden würden. Liegt dieser Verkehrswert über dem Buchwert, entsteht mit der Differenz ein Firmenwert. Um den Substanzwert möglichst exakt zu ermitteln, ist eine Inventur der Warenbestände sinnvoll. Für Maschinen, Einrichtungen und Fahrzeuge sollten Gutachten von Sachverständigen erstellt werden. Immobilien werden oftmals nach der Jahresmiete bewertet, die sich an Mietpreisspiegeln orientiert (IHK Berlin 2013, S. 24).

Mittelwertverfahren

Das Mittelwertverfahren berücksichtigt sowohl den Ertragswert als auch den Substanzwert des Unternehmens. Das Verfahren basiert auf der Überlegung, dass der Ertragswert zwar den eigentlichen Unternehmenswert darstellt, dessen Ermittlung aber auch mit Unsicherheiten behaftet sein kann. Deshalb wird die vorhandene Unternehmenssubstanz in die Bewertung einbezogen. Bei dieser Methode werden gleichermaßen die Ertragskraft und die technische Ausstattung eines Unternehmens bewertet (IHK Berlin 2013, S. 24).

Stuttgarter Verfahren

Das Stuttgarter Verfahren wird insbesondere bei Kapitalgesellschaften angewendet. Bei dieser kombinierten Bewertungsmethode stehen der Substanzwert und die Ertragsaussichten in unterschiedlicher Gewichtung gegenüber. Zur Vereinfachung der ansonsten komplizierten Unternehmensbewertung wurde das Stuttgarter Verfahren von Wirtschaftsprüfern entwickelt und als alternative Methode empfohlen, vor allem dann, wenn sich die Parteien auf keine andere Methode einigen konnten (IHK Berlin 2013, S. 25).

Multiplikatorverfahren

Das Bewertungsverfahren mit Multiplikatoren, bezogen auf Ertragskraft (EBIT) oder Umsatz, ist ein weiteres, weit verbreitetes Bewertungsverfahren. Multiplikatoren, sogenannte Multiples, werden mittlerweile monatlich im Internet für unterschiedliche Unternehmensgrößen und unterschiedliche Branchen veröffentlicht. Da jedes Unternehmen individuelle

Voraussetzungen und Eigenheiten aufweist, sind Multiples jedoch nicht allgemeingültig im Rahmen einer Unternehmensbewertung anzusetzen.

Bei Multiplikatoren gibt es in der Regel einen unteren Wert, der zumeist dem Branchendurchschnitt entspricht, und einen oberen Wert, der als Orientierung bei „erfolgreichen Unternehmen" dient. Diese Multiplikatoren dienen als Bandbreite für die Bewertung, die Eigenheiten eines relevanten Teilmarktes bzw. des spezifischen Unternehmens werden jedoch nicht immer berücksichtigt. Die Multiplikatorwerte reichen häufig nicht zur Orientierung bei der Unternehmensbewertung aus, da die Bandbreite zwischen den oberen und den unteren Werten oft zu groß ist (IHK Berlin 2013, S. 25). Bei mittelständischen Unternehmen, die oftmals keine langfristige Bilanz- und Cash Flow Planung vorliegen haben, bietet sich eine Unternehmensbewertung mit Multiplikatoren an. Dabei wird der Multiplikator auf den vorliegenden Jahresabschluss bezogen. Auf Basis der testierten Bilanz kann vom Bruttowert (EBIT x Multiple) der Nettounternehmenswert durch Abzug der Nettofinanzverbindlichkeiten ermittelt werden.

Die Unternehmensbewertung ist eine komplexe und schwierige Aufgabe im Rahmen der Unternehmensnachfolge. Käufer und Verkäufer haben naturgemäß unterschiedliche Vorstellungen vom Wert eines Unternehmens. Der Wert eines Unternehmens ist auch vom Kaufpreis eines Unternehmens zu unterscheiden. Beim Kaufpreis handelt es sich einen gemeinsam verhandelten Wert eines Unternehmens, den beide Verhandlungsparteien für sinnvoll erachten, um einen Kaufvertrag zu unterzeichnen. Die Unternehmensbewertung kann dabei neben den subjektiven Einschätzungen zum Unternehmen als eine Grundlage für eine Objektivierung des Kaufpreises dienen.

6 Die Übergabe eines Unternehmens ist die letzte große strategische Herausforderung im Lebenswerk eines Unternehmers

Langfristig Danken und Handeln

Neben der Fortführung des Unternehmens ist der Zeitpunkt des Übergangs des Unternehmens auf die Nachfolger entscheidend. Bei einer familieninternen Nachfolgregelung spielen das Alter der Kinder und die Integration ins Unternehmen eine wichtige Rolle. Die unternehmerische Verantwortung sollte schrittweise übergeben werden. Steuerliche Aspekte sind bei der Übergabe für den Unternehmer im Fokus. Bei einer familienexternen Nachfolgeregelung stehen ein Verkauf des Unternehmens und die Erzielung eines guten Kaufpreises im Vordergrund. Vielleicht gibt es auch Führungskräfte im Unternehmen, die mit einem Management Buy out (MBO), Unternehmensteile oder sogar das gesamte Unternehmen übernehmen. Eine Nachfolgeregelung ist komplex und vielfältig, wenn sie von langer Hand geplant wird, dann ist die Chance auf eine erfolgreiche Umsetzung für alle Beteiligten sehr groß. Unternehmensnachfolge und Strategie sind große unternehmerische Herausforderungen.

6.1 Tipps zur langfristigen Vorbereitung des Generationenwechsels im Mittelstand

Die folgende Auflistung zeigt eine Reihe von Tipps für die Vorbereitung eines langfristigen M&A-Prozesses im Zuge eines Generationenwechsels im Mittelstand auf:

- Eine Nachfolgeregelung dauert 3–5 Jahre. Deshalb ist es wichtig, dass Sie frühzeitig mit der Planung beginnen und Ihr Unternehmen „fit" für eine Nachfolge machen. Eine Nachfolgeregelung ist eine der wichtigsten strategischen Entscheidungen eines Unternehmers.
- Bereiten Sie Ihr Unternehmen vor. Machen Sie sich möglichst überflüssig. Bauen Sie frühzeitig eine Führungs- und Organisationsstruktur mit klaren Verantwortlichkeiten auf. Es empfiehlt sich einen Führungskreis zu etablieren und die unternehmerische Verantwortung zu delegieren.
- Stärken Sie die Finanz- und Ertragskraft für Ihr Unternehmen. Ein Unternehmen wird für einen Nachfolger dann interessant, wenn es eine gute Ertragskraft hat, jedoch die erforderlichen Investitionen nicht vernachlässigt werden. Eine durchgängige Unternehmensplanung mit Umsatz-, Produkt-, Ertrags- und Finanzplanung legt die Grundlage für gemeinsame Ziele.
- Suchen Sie selbst einen geeigneten Nachfolger: Der erste Ansprechpartner für eine Nachfolgeregelung ist i. d. R. immer die Familie. Ein guter Mitarbeiter oder ein externer Manager sollte jedoch auch in Betracht gezogen werden für eine Nachfolge. Denken Sie in Alternativen.
- Bei der Nachfolge muss die „Chemie" stimmen. Nehmen Sie sich Zeit für ausführliche Gespräche mit einem potentiellen Nachfolger. Ihr Gesprächspartner und Sie sollten wissen, auf was Sie sich einlassen, dann halten sich die Überraschungen auf beiden Seiten in Grenzen.
- Bereiten Sie eine M&A-Prozess zum Verkauf ihres Unternehmens langfristig vor. Beim Verkauf des Unternehmens handelt es sich um eine strategische Herausforderung für den Unternehmer. Steuerliche, rechtliche, finanzielle und emotionale Aspekte spielen eine wichtige Rolle, die Sie im Vorfeld langfristig planen können.
- Ein fairer Preis des Unternehmens ist die Grundlage für einen erfolgreichen Verkauf. Oft scheitert ein Verkauf an zu hohen Vorstellungen des Gesellschafters. Eine objektive Unternehmensbewertung beinhaltet auch Aussagen zu den Chancen und Risiken des Verkaufs eines Unternehmens sowie eine qualifizierte Markteinschätzung.
- Eine schrittweise Übergabe der Unternehmensanteile macht es für die Nachfolge einfacher die Finanzierung zu stemmen.
- Ihre zukünftige Rolle. Spätestens mit der Übergabe der Unternehmensanteile sollten Sie sich aus der operativen Verantwortung zurückziehen. Sie haben ein gut organisiertes Unternehmen mit einem funktionierenden Führungskreis in die Hände eines Nachfolgers gelegt, den Sie sorgsam ausgesucht haben. Jetzt ist es Zeit sich auf eine beratende Rolle zurück zu ziehen oder den wohl verdienten Ruhestand zu genießen.

Eine langfristige Vorbereitung ist die Grundlage für einen erfolgreichen M&A-Prozess für einen mittelständischen Unternehmer. Wenn er sein Unternehmen so aufstellt, dass es auch „ohne Chef läuft", dann hat er bereits erste, wichtige Meilensteine für eine systematische Nachfolgeregelung gefunden und ist für einen M&A-Prozess langfristig vorbereitet.

6.2 Altbewährtes ändert sich – die zukünftige Lebensplanung

Mit der Übergabe eines Unternehmens ist die unternehmerische Meinung und Erfahrung oft nicht mehr gefragt. Sichtbarer Ausdruck für diesen emotionalen Konflikt ist, dass der ehemalige Chef immer wieder mal reinschaut, um nach dem Rechten zu sehen. Viele Unternehmer können sich ein Leben ohne ihr Unternehmen kaum vorstellen. Deswegen ist es hilfreich, sich schon frühzeitig zu überlegen, wie Sie die Zeit nach vollzogener Übergabe gestalten wollen (BMWi 2014, S. 28).

Der Senior hat dem mittelständischen Betrieb „seinen Stempel aufgedrückt" und ist mit seiner Art der Unternehmensführung erfolgreich gewesen. Aber nicht nur der Senior: In vielen mittelständischen Betrieben hat die Ehefrau eine klar definierte Position, informell ist sie oft auch zuständig für das Beziehungs-Management im Unternehmen. Diese Beziehungsarbeit fließt meist unbemerkt in den Arbeitsprozess mit ein. Der Nachfolger wird sicherlich seine eigenen Vorstellungen von Unternehmensführung in den Betrieb einbringen wollen. Dies kann nur schwer gelingen, wenn er im Schatten seines Vorgängers steht (BMWi 2014, S. 28).

Ein weiteres nicht zu vernachlässigende Element, um einen M&A-Prozess im Mittelstand erfolgreich zu gestalten, sind deshalb frühzeitige Überlegungen zur Lebensplanung des Unternehmers und seiner Familie.

7 Zusammenfassung

In den nächsten Jahren stehen in den nächsten Jahren stehen eine Vielzahl von mittelständischen Unternehmen mit insgesamt über 1,4 Mio. Beschäftigten zur Nachfolge an. Die Regelung der Unternehmensnachfolge ist eine einmalige Herausforderung im Leben eines Unternehmers. Unternehmensnachfolge bedeutet für den Unternehmer eine tragfähige Lösung zu finden, welche sein Lebenswerk mit allen daran hängenden Bindungen und Verbindungen in eine neue Zukunft überleitet. Eine der wichtigsten strategischen Aufgaben einer verantwortungsbewussten Unternehmensführung ist somit die Sicherstellung der Unternehmensnachfolge.

Die Gestaltung und Sicherstellung einer integrierten Strategieentwicklung, verbunden mit einer kontinuierlichen Begleitung der Strategieumsetzung, eröffnet für viele Unternehmen bisher nicht genutzte Chancen. Im Zusammenhang mit einer der wichtigsten Fragen für einen Unternehmer – der Nachfolgeplanung – ist eine gut geplante und wohl überlegte Nachfolgestrategie eine notwendige Voraussetzung für eine erfolgreiche Gestaltung der Zukunft eines Unternehmens.

Ein ganzheitliches Unternehmenssteuerungskonzept sorgt für Transparenz im Unternehmen. Die ganzheitliche und transparente Unternehmenssteuerung ist eine Grundvoraussetzung für die erfolgreiche Unternehmensführung. So kann der mittelständische Unternehmer gemeinsam mit dem Führungskreis die Zukunft des Unternehmens proaktiv gestalten.

Die Trennung von Management und Eigentum wird in mittelständischen Unternehmen vielfach als suboptimal empfunden – dennoch ist dies eine wesentliche Voraussetzungen für die Unternehmenszukunft, wenn eine familienexterne Übergabe erfolgt. Wenn der mittelständische Unternehmer frühzeitig ein Führungsteam aufbaut, macht er sich unabhängiger vom mittelständischen Betrieb, kombiniert mit fest etablierten Führungsstrukturen sind somit die Grundlagen für die erfolgreiche Weiterführung des Unternehmens gelegt.

Die richtige, langfristige Strategie, ausreichend Transparenz über das Unternehmen und das richtige Führungsteam sind nicht nur für die langfristige Vorbereitung für eines erfolgreichen M&A-Prozesses wichtig. Es sind auch elementare Grundlagen, um ein Unternehmen erfolgreich zu steuern. Damit „punktet" man beispielsweise auch bei Banken in Ratinggesprächen.

Eine Unternehmenstransaktion ist eine komplexe Angelegenheit. Es müssen viele rechtliche und steuerliche Schritte beachtet werden. Eine Unternehmensbewertung gibt eine Indikation über den Wert des Unternehmens. Mit Unterstützung von Fachexperten kann auch eine Unternehmenstransaktion langfristig vorbereitet und erfolgreich gestaltet werden.

Wenn der mittelständische Unternehmer sein Unternehmen so aufstellt, dass es auch „ohne Chef läuft", dann hat er bereits eine wichtigen Meilenstein für eine systematische Nachfolgeregelung gefunden und ist für einen M&A-Prozess langfristig vorbereitet. Wenn dabei die zukünftige Lebensplanung von ihm und seiner Familie berücksichtigt wurde, dann ist der Unternehmer auf dem richtigen Weg.

Literatur

Bundesministerium für Wirtschaft und Energie (BMWi). (April 2014). Unternehmensnachfolge: Die optimale Planung.

IHK Berlin. (Februar 2013). *Herausforderung Unternehmensnachfolge: Informationen für Unternehmensübergeber und Nachfolger*. Berlin: IHK Berlin

Müller, K., Kay, R., Felden, B., Moog, P., Lehmann, S., Suprinovič, O., Meyer, S., Mirabella, D., Boerger, S., Welge, B., & Coritnaia, I. (2011). *Der Generationswechsel im Mittelstand im demografischen Wandel*. Duderstadt: Mecke Druck.

Gunter Fauth (Dipl.-Kfm.) ist Geschäftsführender Gesellschafter der Valegra GmbH, Stuttgart. Gunter Fauth war nach dem Studium der Betriebswirtschaftslehre an der Universität Stuttgart über 20 Jahre in kaufmännischen Leitungsfunktionen u. a. als kfm. Geschäftsführer in DAX Konzernen und in mittelständischen Familienunternehmen beschäftigt. Seit über 5 Jahren ist er als geschäftsführender Gesellschafter der Valegra GmbH erfolgreich im Beratungsgeschäft tätig. Er konnte bei einer Vielzahl von Unternehmenstransaktionen und Outsourcings Deals langjährige operative Erfahrungen sammeln. Darüber hinaus hat er langjährige Erfahrung in der Einführung und erfolgreichen Umsetzung von Konzepten zur Unternehmenssteuerung und zur nachhaltigen Unternehmensoptimierung. Gunter Fauth ist u. a. Lehrbeauftragter und begleitet Unternehmen in Beiräten und Aufsichtsräten. Seit 2015 ist er zertifizierter ESUG Berater.

M&A und Mediation

Stephan R. Göthel

Zusammenfassung

Verhandlungen bilden den zentralen Baustein jeder M&A-Transaktion. Gleichzeitig sind sie die entscheidende Schnittstelle zur Mediation, weil Mediation im Kern Verhandeln ist. Über diese Schnittstelle kann die Mediation in allen Phasen einer M&A-Transaktion eine wichtige Rolle einnehmen, namentlich vom Beginn der ersten Verhandlungen bis zur Integration des Zielunternehmens in das Unternehmen des Käufers. Dies gilt nicht nur dann, wenn ein Konflikt auftritt, sondern auch verhandlungsbegleitend, um Konflikte von vornherein zu vermeiden und für alle Parteien ein besseres Verhandlungsergebnis zu erreichen. Die verschiedenen Möglichkeiten der Wirtschaftsmediation aufzuzeigen und mittelständische Unternehmen zu ermutigen, Mediation als gewinnbringende Chance zu begreifen, ist Gegenstand des vorliegenden Beitrags. Hierzu werden nach einer kurzen allgemeinen Einführung die verschiedenen Anwendungsmöglichkeiten der Wirtschaftsmediation für den M&A-Bereich aufgezeigt. Anschließend werden praktische Hinweise für den Weg in die Mediation gegeben.

Dieser Beitrag basiert auf meinem Artikel „Mediation und M&A-Transaktionen – Zeit zur Teambildung!", M&A REVIEW 2014, 404.

S. R. Göthel (✉)
Pier 11, Schauenburgerstraße 10, 20095 Hamburg, Deutschland
E-Mail: stephan.goethel@pier11.de

A. Kuckertz, N. Middelberg (Hrsg.), *Post-Merger-Integration im Mittelstand*,
DOI 10.1007/978-3-658-12370-3_5

1 Einleitung

Elementarer Bestandteil jeder M&A-Transaktion sind die Verhandlungen. Sie beginnen mit der ersten Kontaktaufnahme zwischen den Parteien und enden regelmäßig mit dem Abschluss des Unternehmenskaufvertrags (Signing) oder dem dinglichen Vollzug der Transaktion (Closing). Entsteht anschließend Streit (beispielsweise über der Kaufpreisberechnung), verhandeln die Parteien erneut. Und schließlich können bei der möglicherweise nach dem Closing folgenden Integration des Zielunternehmens in das Unternehmen des Käufers Konflikte auftreten, die ebenfalls zum Verhandeln zwingen.

Das Verhandeln ist die Schnittstelle zur Mediation. Denn Mediation ist im Kern Verhandeln. Allerdings mit zwei Besonderheiten: Die Verhandlungen werden zum einen von einem besonders geschulten allparteilichen Dritten begleitet. Und zum anderen folgen sie einem besonderen Verfahren, das der Dritte verantwortet, ohne jedoch am Ende eine Entscheidung in der Sache zu treffen. Die Parteien bleiben Herren des Verfahrens.

Für die Mediation bestehen damit zahlreiche Einsatzmöglichkeiten bei M&A-Transaktionen im deutschen Mittelstand. Diese aufzuzeigen und mittelständische Unternehmen zu ermuntern, Mediation als Chance zu begreifen, ist Gegenstand des vorliegenden Beitrags. Hierzu werden nach einer kurzen allgemeinen Einführung in die Wirtschaftsmediation ihre verschiedenen Anwendungsmöglichkeiten für den M&A-Bereich aufgezeigt. Anschließend werden praktische Hinweise für den Weg in die Mediation gegeben.

2 Wirtschaftsmediation

2.1 Anwendungsgebiete

Rechtliche Grundlage der Mediation ist das Mediationsgesetz (MediationsG), das am 26. Juli 2012 in Kraft getreten und damit noch recht jung ist (Mediationsgesetz vom 21. Juli 2012, BGBl. I S. 1577). Ein wesentlicher Unterschied der Wirtschaftsmediation zu einem Schieds- oder Gerichtsverfahren besteht darin, dass der Mediator anders als ein Richter den Streit nicht entscheidet. Er befindet auch nicht über Rechtsfragen. Vielmehr will er die Parteien zu einer freiwilligen Vereinbarung führen. Hierzu arbeitet er mit ihnen ergebnisoffen ihre hinter den Positionen stehenden Interessen heraus – ein entscheidender Unterschied zu Gerichts- und Schiedsverfahren – und entwickelt mit ihnen Lösungen. Der Mediator vermittelt lediglich, die Parteien verhandeln. Daher legt auch § 1 Abs. 2 MediationsG fest: „Ein Mediator ist eine unabhängige und neutrale Person ohne Entscheidungsbefugnis, die die Parteien durch die Mediation führt." (Kracht 2009, § 12).

Bekannt ist die Mediation als Verfahren zur *Konfliktlösung*. So können sich Parteien eines Unternehmenskaufvertrags beispielsweise darüber streiten, ob eine Verkäufergarantie verletzt und der Käufer zum Schadensersatz berechtigt ist. Können sich die Parteien dann nicht einigen, steht ihnen abhängig von der Vertragsgestaltung der Weg zu einem Schieds- oder staatlichen Gericht offen. Die Mediation bietet sich als Alternative an, die sich einem Schieds- oder Gerichtsverfahren vorschalten lässt. In der Praxis wird dieser Weg allerdings selten beschritten. Bezeichnenderweise widmet sich eine neuere Studie zu Post-M&A-Streitigkeiten auch nur den Schieds- und Gerichtsverfahren (Alvarez & Marsal und Baker & McKenzie 2013/2014). Aussagen zur Mediation fehlen.

Weniger bekannt ist die Möglichkeit, einen Mediator bereits *bei Vertragsverhandlungen* einzusetzen und damit zu einem Zeitpunkt, zu dem es zwischen den Parteien (noch) keinen Konflikt gibt (sog. Deal Mediation oder präventive Mediation). Damit sollen die Vertragsverhandlungen effizienter gestaltet sowie mögliche Streitthemen früh erkannt und gelöst werden.

2.2 Vorteile

Die Mediation zur Konfliktlösung vereint viele Vorteile gegenüber einem Schieds- oder Gerichtsverfahren (dazu insgesamt Duve et al. 2011, S. 64 f.; Risse 2000, S. 1614, 1618; Schmidt et al. 2012, Rn. 132 ff.). Ebenso wie ein Schiedsverfahren ist die Mediation anders als ein Gerichtsverfahren vertraulich. Damit lassen sich mögliche negative Folgen einer öffentlichen Verhandlung und Entscheidung vermeiden, wie etwa ein Reputationsverlust im Markt.

Darüber hinaus lässt sich eine Mediation wesentlich zügiger durchführen als ein Gerichtsverfahren, und auch zügiger als ein Schiedsverfahren. Im Durchschnitt dauert eine Wirtschaftsmediation einen Tag. Und selbst Mediationen die mehrere Wochen oder wenige Monate dauern, haben den zeitlichen Vorteil auf ihrer Seite. Damit einher geht ein wesentlich geringerer Aufwand für die Parteien. Im Gegensatz zu Gerichts- und Schiedsverfahren gibt es keine Sachverhaltsermittlungen mit Beweiserhebungen. Auch Schriftsätze und Sachverständigengutachten entfallen. Gerade sie tragen erheblich zur Länge von Schieds- und Gerichtsverfahren bei. Damit entstehen bei der Mediation auch wesentlich geringere Kosten (für einen Kostenvergleich siehe Schmidt et al. 2012, Rn. 142 ff.).

Anders als bei Gerichtsverfahren können sich die Parteien eines Mediationsverfahren den hinzukommenden Dritten (hier den Mediator, beim Gerichtsverfahren den Richter) frei aussuchen. Sie können damit eine Person mit besonderen, für den Fall erforderlichen Fähigkeiten auswählen (etwa Fremdsprachenkenntnisse oder Marktkenntnis). Ebenso wie bei der Auswahl eines Schiedsrichters kann es sich bei der Auswahl eines Mediators für ein Verfahren im M&A-Bereich anbieten, besonderen Wert auf Erfahrung mit M&A-Transaktionen zu legen. Denn solche Transaktionen sind regelmäßig komplex und mit Besonderheiten behaftet, deren vertiefte Kenntnis für einen Mediator (insbesondere einen Deal Mediator) hilfreich ist.

Des Weiteren behalten die Parteien anders als bei einem Schieds- oder Gerichtsverfahren die Kontrolle über den Verhandlungsprozess und dessen Ergebnis (Duve et al. 2011, S. 64). Im Gegensatz zu den genannten Verfahren kann die Mediation zudem helfen, die Beziehung der Parteien zueinander zu erhalten oder wiederherzustellen. Denn eine Mediation verlassen die Parteien nicht als Sieger und Verlierer. Kein Richter entscheidet anstelle der Parteien darüber, wer Recht hat. Stets sind es die Parteien, die bei erfolgreicher Mediation das Verhandlungsergebnis finden und freiwillig verbindlich vereinbaren. Die folgende plastische Beschreibung im Vorwort eines Handbuchs zu M&A-Rechtstreitigkeiten will ein Mediationsverfahren gerade vermeiden:

> Der M&A-Vertrag wird zum Schlachtfeld eines geistigen Kampfes. Gesetzesrecht und Rechtsprechung werden bemüht, um Stücke aus ihm herauszubrechen. Es weht ein anderer Wind. Die Fragen stellen sich theoretischer, „dogmatischer" und schärfer. Die richterlichen Streitbeobachter kommen ins Spiel und die Parteien müssen sich auf ihr Niveau an Komplexitätsbereitschaft und -beherrschung einstellen. Fehler, Irrtümer und Unaufmerksamkeiten werden zum Faktor. (Wächter 2012, S. V)

Nicht zuletzt sind die guten Erfolgsaussichten von Mediationsverfahren zu nennen. Die Erfolgsquote liegt nach verschiedenen Studien bei etwa 70 bis 90 % (näher dazu und zu den Studien Duve et al. 2011, S. 64 f.)

2.3 Fehlende Eignung

Neben den vielen Vorteilen einer Mediation gibt es Situationen, für die ein solches Verfahren ungeeignet ist (Risse und Wagner 2009, § 23 Rn. 47 ff.). So lassen sich keine Sach- und Rechtsfragen klären. Denn die Mediation zielt darauf, die hinter den Positionen stehenden Interessen der Parteien herauszuarbeiten und hieraus Ideen zur Lösung des Konflikts zu entwickeln. Hierzu werden keine Sach- und Rechtsfragen gelöst. Das Ergebnis liegt vielmehr außerhalb von Recht oder Unrecht, Schuld oder Unschuld. Die Mediation ist daher auch kein Verfahren, um eine immer wiederkehrende Rechtsfrage für zukünftige Fälle zu klären (wie etwa ein Musterverfahren nach dem deutschen Kapitalanleger-Musterverfahrensgesetz). Und einen Beitrag zur Rechtsfortbildung kann die Mediation damit ebenso wenig leisten. Schließlich lässt sich die Mediation auch nicht einsetzen, wenn Maßnahmen des einstweiligen Rechtsschutzes erforderlich sind.

2.4 Verfahrensablauf

Das Verfahren einer Wirtschaftsmediation folgt keinem allgemein festgelegten oder anerkannten Ablauf. Dieses zu bestimmen, ist Sache des Mediators. Es gibt aber eine grundsätzliche Struktur (Duve et al. 2011, S. 77 ff.; Risse und Wagner 2009, § 23 Rn. 75 ff.; Kessen und Troja 2009, § 13), die in starkem Maße auf der Verhandlungstechnik des sogenannten Harvard-Konzepts (Fisher et al. 2013) fußt.

Danach werden zu Beginn die Themen der Mediation festgelegt, und es wird jeder Partei ermöglicht, ihre Sicht der Dinge darzustellen. Anschließend werden die Interessen der Parteien herausgearbeitet. Häufig beschränken sich Parteien darauf, ihre Positionen auszutauschen: „Ich fordere EUR 200.000." „Ich bin nur bereit, EUR 75.000 zu zahlen." Doch hinter diesen Positionen gibt es Interessen. Und deren Kenntnis kann helfen, den Konflikt zu lösen. Dies zeigt sich gut an folgendem bekannten Lehrbuchbeispiel:

> Zwei Kinder streiten um eine Orange. Die Mutter könnte als schnelle und vermeintlich gerechte Lösung wählen, jedem Kind eine Hälfte der Orange zu geben. Doch sie geht einen anderen Weg und versucht herauszufinden, wieso jedes der Kinder die Orange haben möchte. Dabei zeigt sich, dass das eine Kind die Orange essen, das andere Kind die Schale zum Basteln haben möchte. Sind diese Interessen bekannt, liegt die Lösung des Streits auf der Hand und schafft für beide Kinder ein optimales Ergebnis.

Sind die Interessen der Parteien herausgearbeitet, geht es darum, Lösungsmöglichkeiten zu sammeln. Dies geschieht im Wege des Brainstorming und damit des Sammelns von Lösungsmöglichkeiten. Erst anschließend werden diese verschiedenen Möglichkeiten bewertet und eine Gesamtlösung entwickelt (Kessen und Troja 2009, § 13 Rn. 46 ff.). Das Mediationsverfahren schließt dann mit dem Abschluss einer rechtsverbindlichen Vereinbarung (Kessen und Troja 2009, § 13 Rn. 75 ff.).

2.5 Teilnehmer

Vor Beginn der Mediation hat der Mediator nicht nur den Ablauf, sondern auch die Teilnehmer der Mediation zu bestimmen. Sind Unternehmen am Mediationsverfahren beteiligt, ist wichtig, dass Personen teilnehmen, die für diese Unternehmen vertretungs- und entscheidungsbefugt sind, also beispielsweise bei einer Aktiengesellschaft die Mitglieder des Vorstands und bei einer Gesellschaft mit beschränkter Haftung die Mitglieder der Geschäftsführung, jeweils mindestens in vertretungsberechtigter Zahl. Nur so ist es möglich, das Mediationsverfahren mit einer unmittelbar rechtsverbindlichen Vereinbarung zu beenden. Etwaige Zustimmungserfordernisse anderer Gremien, zum Beispiel eines Aufsichtsrats, eines Beirats oder einer Gesellschafterversammlung sollten im Vorfeld erfüllt werden. Darüber hinaus muss der Mediator die geeignete Teilnehmerzahl festlegen. Diese hängt vom Einzelfall ab. Grundsätzlich gilt, dass alle am Konflikt Beteiligten teilnehmen sollten, aber die Personenzahl so klein wie möglich zu wählen ist, um eine möglichst effiziente Mediation zu ermöglichen.

3 Anwendungsbereiche bei M&A-Transaktionen

Die Mediation lässt sich bei M&A-Transaktionen in verschiedener Weise einsetzen. Zum ersten kann zwischen den Parteien der M&A-Transaktion Streit entstehen, und zwar entweder bereits vor dem Closing oder erst danach. Zum zweiten kann ein Mediator die Vertragsverhandlungen unterstützen, ohne dass die Parteien miteinander streiten (Deal Mediation). Und zum dritten kann bei der nach dem Closing erfolgenden Integration des Zielunternehmens in das Unternehmen des Käufers die Mediation zur Konfliktlösung dienen. Diese verschiedenen Anwendungsbereiche werden im Folgenden näher erläutert.

3.1 Konflikte bis zum Signing

Die Phase bis zum Signing wird häufig eingeleitet durch den Abschluss einer Vertraulichkeitsvereinbarung und einer Absichtserklärung (Letter of Intent, Memorandum of Understanding) (Göthel 2015, § 2 Rn. 17 ff., 22 ff.). Während Vertraulichkeitsvereinbarungen stets rechtsverbindlich sind, ist ein Letter of Intent regelmäßig überwiegend unverbindlich mit einigen bindenden Verpflichtungen, wie etwa die Einräumung einer Exklusivitätsphase, eine Vertraulichkeitsabrede, das Verbot von Abwerbeversuchen und gegebenenfalls die Vereinbarung einer Schadenspauschale oder Vertragsstrafe für den Fall des Scheiterns der Verhandlungen (Break-up Fee).

Zu all diesen Punkten kann Streit entstehen. So kann der Verkäufer dem Kaufinteressenten vorwerfen, einen Mitarbeiter abgeworben zu haben. Oder der Kaufinteressent kann der Ansicht sein, der Verkäufer halte sich nicht an die Exklusivitätsverpflichtung. Streit in diesem frühen Stadium der Transaktion ist schädlich für das Vertrauen der Parteien zueinander, das gerade in dieser Phase häufig erst aufgebaut wird. Wenn beispielsweise beide Parteien die Transaktion gerade mit der jeweils anderen Partei durchführen wollen, ist für den Erfolg der Transaktion Vertrauen entscheidend. Dieses wird nicht gefördert, wenn die Parteien in ein Schieds- oder Gerichtsverfahren gehen. Und wenn sie stattdessen darauf verzichten, den Konflikt zu lösen und die Verhandlungen abbrechen, wird das ursprüngliche Ziel einer erfolgreichen Transaktion vereitelt.

Die Mediation kann hier helfen, denn sie ist darauf ausgerichtet, die persönlichen und geschäftlichen Beziehungen der Parteien zueinander zu erhalten oder wiederherzustellen. Das Herausarbeiten der Interessen der Parteien schafft Raum dafür, dass jede Partei die andere besser versteht. Die Parteien kommunizieren direkt miteinander und nicht über ihre Anwälte. Und nur sie allein bestimmen, ob und wie die Mediation durchgeführt und mit welchem inhaltlichen Ergebnis abgeschlossen wird. Diese Erfahrung fördert Vertrauen in einer Weise, wie es kein Schieds- oder Gerichtsverfahren leisten kann. Es wird die Grundlage geschaffen, um den Transaktionsprozess vertrauensvoll fortzuführen.

3.2 Konflikte zwischen Signing und Closing

Die Phase zwischen Signing und Closing ist regelmäßig dadurch gekennzeichnet, dass verschiedene Bedingungen eintreten und Handlungen vorgenommen werden müssen, damit die Voraussetzungen vorliegen, um das Closing durchzuführen. Hierzu können etwa gehören die Freigabe der Transaktion durch die zuständigen Kartellbehörden, das Vorliegen von Zustimmungen von Organen der Parteien und Vertragspartnern der Zielgesellschaft, die Durchführung von internen Umstrukturierungsmaßnahmen, die Vorlage eines Finanzierungsnachweises durch den Käufer und der Nichteintritt einer wesentlich nachteiligen Änderung (material adverse change, MAC) bei der Zielgesellschaft (Göthel 2015, § 2 Rn. 120 ff.).

Kommt es in dieser Phase zu Streit zwischen den Parteien über die Erfüllung einer Bedingung oder über die treuwidrige Verhinderung der Erfüllung, ist ein Abbruch der Transaktion für die Beteiligten mit weitreichenderen Folgen verbunden als in einem frühen Stadium der Transaktion. Denn bis zu diesem späten Zeitpunkt haben sie bereits viel Zeit und Kosten investiert; gegebenenfalls ist die Transaktion bereits veröffentlicht und damit im Markt bekannt. Das Interesse ist daher regelmäßig darauf gerichtet, die Transaktion nicht scheitern zu lassen und damit Streitpunkte einvernehmlich zu lösen. Zudem ist das Ziel, zu einer schnellen Lösung zu kommen, um den Schwebezustand dieser Phase möglichst zügig zu beenden. Ein Schieds- oder Gerichtsverfahren hilft also nicht weiter, selbst wenn es das Verfahren ist, das im Kaufvertrag vorgesehen ist. Eine Mediation kann dann der richtige, weil zügigere Weg sein.

Und die persönlichen und geschäftlichen Beziehungen der Parteien zueinander zu erhalten oder wiederherzustellen, kann ein weiteres Argument für eine Mediation sein. Dies gilt etwa insbesondere dann, wenn die Parteien das Zielunternehmen wegen eines bloßen Teilverkaufs als gemeinsames Joint Venture fortführen wollen. In diesem Fall ist es besonders wichtig, dass Themen, die im Vorfeld der Zusammenarbeit zwischen den Parteien entstanden sind, zu beidseitiger Zufriedenheit gelöst worden sind und nicht noch im Verborgenen schlummern. Denn solche Themen kommen beim nächsten Konflikt häufig wieder hoch und verschlimmern diesen, sei es auch „nur“ um eine emotionale Komponente, die aber einer naheliegenden Lösung des aktuellen Konflikts im Wege steht.

3.3 Konflikte nach Closing

Streitigkeiten nach dem Closing haben in den letzten Jahren zugenommen. Einer Studie zufolge geht dies auf dem deutschen Markt insbesondere auf den Eintritt von Private Equity-Investoren als Käufer in den M&A-Markt Mitte der 90er Jahre zurück (Alvarez & Marsal und Baker & McKenzie (2013/2014), S. 7). Sie brachen mit dem „vom Konsensklima der alten Deutschland AG geprägten M&A-Markt der 80er und frühen 90er Jahre“ und machten potentielle Ansprüche gegen ihre Verkäufer geltend.

Hauptthemen für Nachverhandlungen oder Streitigkeiten waren der Studie zufolge der Kaufpreis oder sonstige Bewertungsfragen (38 % der Befragten gaben hier „oft/sehr häufig an“), vertragliche Gewährleistungen (ebenfalls 38 %) und Steuerthemen (15 %). Die Zusammenarbeit der Parteien nach dem Closing sowie die Verletzung vorvertraglicher Pflichten oder arglistige Täuschung nannten jeweils 7 % der Befragten (Alvarez & Marsal und Baker & McKenzie 2013/2014, S. 8). Nennenswert sind zudem zwei weitere Ergebnisse: Zum einen sind Unternehmen organisatorisch häufig nicht darauf vorbereitet, Post-M&A-Streitigkeiten zu betreuen. Es fehlt an Mitarbeitern und Budget. So budgetieren über 60 % der Unternehmen keine Mittel für solche Streitigkeiten (Alvarez & Marsal und Baker & McKenzie 2013/2014, S. 13). Diese Zahl dürfte bei mittelständischen Unternehmen sogar wesentlich höher liegen. Zum anderen werden über 90 % aller Post-M&A-Streitigkeiten vor einer förmlichen Entscheidung verglichen, sei es in Schiedsgutachter-, Schieds- oder Gerichtsverfahren (Alvarez & Marsal und Baker & McKenzie 2013/2014, S. 19).

Dieser Befund macht die Mediation für Post-M&A-Streitigkeiten im Mittelstand besonders interessant. Dies liegt zunächst an den Themen, die Gegenstand solcher Konflikte sind. So sind Themen wie der Kaufpreis (etwa bei Vereinbarung einer Kaufpreisanpassung oder einer Besserungsabrede (Earn-out-Regelung)) und sonstige Bewertungsfragen stark von Auslegungsfragen geprägt und damit auch ein Einfallstor für zahlreiche Gutachten (zu weiteren möglichen Streitthemen Wächter 2014; Behme 2014, S. 882 ff.). Der Ausgang ist ungewiss, und so werden sich die Parteien häufig auf einen Mittelwert einigen. Die Chance einer besseren Lösung, die beiden Parteien gegebenenfalls Vorteile verschafft und in einer Mediation durch das Herausarbeiten der Interessen erreicht werden kann, wird so vertan.

Des Weiteren spricht die fehlende Organisation bei mittelständischen Unternehmen (Mitarbeiter und Budget) für ein Mediationsverfahren. Hierzu sei auf die bereits genannte Zeitersparnis, den geringeren Aufwand sowie die niedrigeren Kosten der Mediation hingewiesen. Schließlich zeigt die hohe Vergleichsquote bei den Schiedsgutachter-, Schieds- und Gerichtsverfahren, dass die Parteien vermutlich schon mit einer hohen Einigungsbereitschaft in diese aufwendigen Verfahren gehen. Wenn diese positive Einstellung besteht, kann es sinnvoll sein, zunächst eine Lösung in der Mediation zu suchen. Denn diese lässt sich schnell einleiten und durchführen. Verläuft sie ergebnislos, ist wenig Zeitverlust entstanden und der Weg in ein Schiedsgutachter-, Schieds- oder Gerichtsverfahren immer noch möglich.

3.4 Deal Mediation

Eine besondere Form der Mediation ist die sog. Deal Mediation (Peppet 2003, S. 81, 2004, S. 283; Shonewille und Fox 2011, S. 81). Besonders deshalb, weil sie nicht darauf ausgerichtet ist, Konflikte zu lösen, sondern darauf, solche vorn herein zu vermeiden und den Verhandlungsprozess zu strukturieren. Das Ziel ist, den Parteien zu einem besseren Transaktionsergebnis zu verhelfen, indem sie durch aktiven Informationsaustausch ihre Interessen offenlegen. Vielfach scheuen sich mittelständische Unternehmen, ihre Interessen mitzuteilen, weil sie fürchten, dadurch ihre Verhandlungsposition zu verschlechtern. Das Gegenteil ist jedoch der Fall: Der Verhandlungspartner kann die Interessen nur dann verstehen und berücksichtigen, wenn sie ihm bekannt sind. Dies gilt umgekehrt genauso. Und auf dieser Grundlage ist es dann möglich, unerkannte Optionen und Vorteile zu entdecken, um ein für alle bestmögliches Ergebnis zu erzielen.

Die Deal Mediation ist bislang sowohl in der nationalen als auch in der internationalen Transaktionspraxis wenig verbreitet. Hierfür kann es verschiedene Gründe geben, wie etwa die Sorge vor weiteren Kosten, vor dem Verlust der Vertraulichkeit oder vor einem Abnehmen der Verhandlungsgeschwindigkeit. Auch mögen die Parteien für den Fall eines Scheiterns der Transaktion andere Optionen sehen (etwa wenn der Verkäufer mehrere Kaufinteressenten hat); die Parteien sind dann anders als bei einem Konflikt nicht zwingend auf eine gemeinsame Lösung angewiesen. Schließlich mögen die Parteien und ihre Berater meinen, selbst ausreichend Verhandlungspraxis zu besitzen und daher nicht die Hilfe eines Dritten zu benötigen.

Denkbar ist natürlich, dass die Parteien allein mit Hilfe ihrer Berater ein zufriedenstellendes Verhandlungsergebnis erreichen. Und es bedarf auch sicher nicht bei allen Verhandlungen eines Deal Mediators, um bessere Ergebnisse zu erzielen. Aber die neutrale Funktion des Deal Mediators kann beispielsweise hilfreich sein, um den Parteien über psychologische Hürden hinweg zu helfen. Denn Vorschläge einer neutralen Person sind eher der für Parteien häufig wichtigen Kategorie „gerecht" zugänglich als Vorschläge der Gegenpartei. Sie können zudem nicht allein deshalb abgewertet werden, weil sie von der Gegenpartei kommen („Was der vorschlägt, kann nur seinen Interessen dienen"). Und außerdem bewerten Parteien häufig den Wert eigener Vermögensgegenstände über, wie zum Beispiel der Verkäufer eines mittelständischen Unternehmens den Wert desselben. Ein neutraler Dritter kann helfen, diese Überbewertung zu erkennen und zu überwinden (Peppet 2004, S. 283, 330 ff.).

3.5 Post-Merger-Integration

Schließlich ist ein geeignetes Feld für eine Mediation die Integration des Zielunternehmens in das Unternehmen des Käufers, wie etwa die strukturelle oder kulturelle Integration (Rigall und Tarlatt 2010, S. 308, 316 ff.; Stüdlein 2000, S. 137). Hier besteht großes Konfliktpotential, gerade bei mittelständischen Unternehmen, weil diese häufig sehr individuell aufgestellt und geprägt sind. Die Integration verunsichert Mitarbeiter, weil sich ihr Arbeitsumfeld verändert, etwa indem Arbeitsabläufe angepasst werden, Ansprechpartner und das Führungspersonal wechseln, Abteilungen neu strukturiert und Verantwortlichkeiten verlagert werden. All dies mag einhergehen mit fehlender Mitarbeiterinformation und –beteiligung (Bönning 2010, S. 346). Viele Unternehmenszusammenschlüsse scheitern daher an misslungener Integration.

Im Konfliktfall drängt sich eine Mediation geradezu auf; ebenso kann sie vom Beginn der Integration an prozessbegleitend erfolgen. Gerade bei Unternehmensintegrationen spielen Emotionen eine große Rolle und stehen häufig hinter den Konflikten. Und gerade sie werden bei einer Mediation herausgearbeitet, um sie der jeweils anderen Partei verständlich zu machen. Ist dies erfolgreich geschehen und der Konflikt gelöst, ist eine wesentliche Voraussetzung für eine gelungene Integration erreicht, nämlich die persönlichen und beruflichen Beziehungen der Parteien als Grundstein einer erfolgreichen Zusammenarbeit herzustellen oder zu verbessern.

4 Der Weg in die Mediation

Die Parteien können den Weg in die Mediation jederzeit beschließen. So können sie eine Mediation nach Ausbruch eines Konflikts ad hoc vereinbaren. Häufig wird dann aber die eine Partei die andere dafür nicht mehr gewinnen können. Daher empfiehlt es sich, für Vertragsstreitigkeiten bereits im Vertrag selbst – sei es im Unternehmenskaufvertrag oder bereits in einer Vorvereinbarung – ergänzend zu einer Schieds- oder Gerichtsklausel ein vorgelagertes Mediationsverfahren vorzusehen (Göthel 2015, § 2 Rn. 228 ff.).

Es gibt verschiedene institutionelle Anbieter, die helfen, Mediationsverfahren durchzuführen, wie beispielsweise die Deutsche Institution für Schiedsgerichtsbarkeit (DIS) sowie die deutschen Industrie- und Handelskammern. Verfahrensgrundlage ist in diesen Fällen die jeweilige Mediationsordnung. Einigen sich die Parteien auf einen solchen institutionellen Anbieter, kann man die von diesem vorgeschlagene Mediationsklausel verwenden. So lautet beispielsweise die von der DIS empfohlene Standardklausel:

> Hinsichtlich aller Streitigkeiten, die sich aus oder in Zusammenhang mit dem Vertrag (… Bezeichnung des Vertrags …) ergeben, wird ein Mediationsverfahren gemäß der Mediationsordnung der Deutschen Institution für Schiedsgerichtsbarkeit e. V. (DIS) durchgeführt. (DIS-Mediationsordnung 10)

Und die IHK Düsseldorf schlägt zum Beispiel folgende Mediationsklausel vor

> 1. Sollte es zwischen den Parteien bei der Durchführung dieses Vertrages zu Meinungsverschiedenheiten kommen, verpflichten sich die Vertragsparteien zur Beilegung dieser Meinungsverschiedenheiten zunächst ein Mediationsverfahren auf der Grundlage der Mediationsordnung für Wirtschaftskonflikte der Industrie- und Handelskammer zu Düsseldorf durchzuführen.
> 2. Sollten die Parteien dabei nicht zu einer Einigung kommen, so kann jede Partei nach Beendigung des Mediationsverfahrens unter Ausschluss der ordentlichen Gerichtsbarkeit die Durchführung eines Schiedsgerichtsverfahrens auf der Grundlage der Schiedsgerichtsordnung der Industrie- und Handelskammer zu Düsseldorf verlangen. [Oder alternativ zu dieser Ziffer 2: Sollten die Parteien dabei nicht zu einer Einigung kommen, so kann jede Partei nach Beendigung des Mediationsverfahrens Klage vor dem ordentlichen Gericht erheben.] (IHK Düsseldorf)

Unabhängig davon, für welchen Anbieter und welche Mediationsordnung sich die Parteien entscheiden, ist im Vorfeld stets zu prüfen, ob die vorgeschlagene Mediationsklausel auf den konkreten Fall passt und welche Änderungen erforderlich oder empfehlenswert sind.

5 Zusammenfassung

Die Mediation kann in allen Phasen einer M&A-Transaktion eine wichtige Rolle einnehmen und damit vom Beginn der Verhandlungen bis zur Integration des Zielunternehmens in das Unternehmen des Käufers. Dies gilt nicht nur dann, wenn ein Konflikt auftritt, sondern auch verhandlungsbegleitend, um Konflikte von vornherein zu vermeiden und für alle Parteien ein besseres Verhandlungsergebnis zu erreichen (Deal Mediation).

Die Mediation bietet sich häufig als Alternative zu einem Schieds- oder Gerichtsverfahren an, da sie schneller, günstiger, vertraulich und weniger aufwendig ist sowie eine hohe Erfolgsquote aufweist. Zudem bleiben die Parteien Herren des Verfahrens und des

Ergebnisses. Schließlich führt die Konzentration darauf, die hinter den Positionen liegenden Interessen der Parteien herauszuarbeiten, zu einer Lösung des Konflikts, die für die Parteien regelmäßig zufriedenstellender ist.

Die Parteien können eine Mediation ad hoc oder bereits im Vorfeld, wie etwa im Unternehmenskaufvertrag, vereinbaren. Letzteres ist empfehlenswert, um im Streitfall nicht auch diesen Punkt behandeln zu müssen.

Literatur

Alvares & Marsal, & Baker & McKenzie. (2013/2014). Post M&A dispute study 2013/2014.

Behme, C. (2014). Die Eignung der Mediation zur Konfliktlösung bei M&A-Streitigkeiten. *Der Betrieb,* 881 ff.

Bönning, U. (2010). Übernahmen und Fusionen. Psychologie ist nicht alles – aber ohne Psychologie ist alles nichts. In G. Müller-Stewens, S. Kunisch, & A. Binder (Hrsg.), *Mergers & Acquisitions* (S. 346). Schäffer-Poeschel Verlag.

Deutsche Institution für Schiedsgerichtbarkeit (DIS). (2016). DIS-Mediationsordnung 10. http://www.dis-arb.de.

Duve, C., Eidenmüller, H., & Hacke, A. (2011). *Mediation in der Wirtschaft* (2. Aufl.) Köln: Schmidt, Otto.

Fisher, R., Ury, W., & Patton, B. (2013). *Das Harvard-Konzept* (24. Aufl.). Frankfurt a. M.: Campus Verlag.

Göthel, S. R. (2015). Verfahren und Vertragspraxis. In S. R. Göthel (Hrsg.), *Grenzüberschreitende M&A-Transaktionen* (4. Aufl.). Köln: RWS Verlag.

Industrie- und Handelskammer (IHK). (2016). Düsseldorf. http://www.duesseldorf.ihk.de.

Troja, K. (2009). Die Phasen und Schritte der Mediation als Kommunikationsprozess. In F. Haft & K. Schlieffen (Hrsg.) *Handbuch Mediation* (2. Aufl., § 13). München: C.H. Beck.

Kracht, S. (2009). Rolle und Aufgabe des Mediators – Prinzipien der Mediation. In F. Haft & K. Schlieffen (Hrsg.), *Handbuch Mediation* (2. Aufl., § 12). München: C.H. Beck.

Peppet, S. R. (2003). Transactional mediation: Using mediators in deals. *Colorado Lawyer, 32*(10), 81.

Peppet, S. R. (2004). Contract formation in imperfect markets: Should we use mediators in deals. *Ohio State Journal on Dispute Resolution, 19,* 283.

Tarlatt, R. (2010). Strukturelle Integration als Herausforderung des Managements von Post Merger Integrationen. In G. Müller-Stewens, S. Kunisch, & A. Binder (Hrsg.), *Mergers & Acquisitions* (S. 308, 316 ff.). Stuttgart: Schäffer-Poeschel Verlag.

Risse, J. (2000). Wirtschaftsmediation. *Neue Juristische Wochenschrift, 22,* 1614.

Risse, J., & Wagner, C. (2009). Mediation im Wirtschaftsrecht. In F. Haft & K. Schlieffen (Hrsg.), *Handbuch Mediation* (2. Aufl., § 23, Rn. 47 ff.). München: C.H. Beck.

Schmidt, F. H., Lapp, T., & Monßen, H. (2012). *Mediation in der Praxis des Anwalts* (1. Aufl., Rn. 132 ff). München: C.H. Beck.

Shonewille, M. A., & Fox, K. H. (2011). Moving beyond „Just" a deal, a bad deal or no deal. In J. C. Goldsmith, A. Ingen-Housz, & G. H. Pointon (Hrsg.), *ADR in business: Practice and issues across countries and cultures* (Bd. 2, S. 81). Alphen aan den Rijn: Kluwer Law International.

Stüdlein, Y. (2000). Interkulturelle Post-Merger-Integration: Die Kunst, zu einem erfolgreichen Ganzen zusammenzuwachsen. *M&A Review, 4,* 137.

Wächter, G. H. (2012). *M&A Litigation* (1. Aufl.). Köln: RWS Verlag.

Wächter, G. H. (2014). *M&A Litigation* (2. Aufl.). Köln: RWS Verlag.

Prof. Dr. Stephan R. Göthel LL. M. (Cornell), ist Rechtsanwalt, Wirtschaftsmediator und Gründungspartner der Anwaltssozietät Pier 11 in Hamburg. Er ist zudem Professor für Unternehmensrecht an der BSP Business School Berlin. Seine Beratungsschwerpunkte liegen in den Bereichen M&A-Transaktionen (Unternehmenskäufe, Venture Capital, Joint Ventures, Umstrukturierungen und Umwandlungen, einschließlich der Gründung von Europäischen Gesellschaften (SE)) sowie sämtlichen Fragestellungen des deutschen und internationalen Gesellschaftsrechts, einschließlich der gesellschaftsrechtlichen Beratung von Personen- und Kapitalgesellschaften sowie deren Geschäftsleitungen. Prof. Dr. Stephan R. Göthel studierte an den Universitäten Münster (Dr. jur.), Lausanne, Straßburg, der University of Michigan Law School und der Cornell Law School (LL.M.). Seit 2003 ist er als Rechtsanwalt zugelassen und war von 2003 bis 2007 Rechtsanwalt bei Freshfields Bruckhaus Deringer in Hamburg. Zwischen 2008 und 2015 war er als Rechtsanwalt im Hamburger Büro von Taylor Wessing tätig, ab 2009 als Partner. Er ist Autor zahlreicher Fachveröffentlichungen, unter anderem Herausgeber und Autor des Standardwerks Grenzüberschreitende M&A-Transaktionen, 4. Auflage (2015).

Spatz in der Hand oder Taube auf dem Dach? Sofortiger Verkauf oder vorherige Restrukturierung von Unternehmen in Krisensituationen

Thomas C. Sittel und Lennard Weghöft

Zusammenfassung

Unternehmensmanagement und Gesellschafter von krisengeschüttelten Unternehmen stehen immer wieder vor der Frage, ob sie das Unternehmen oder einzelne Geschäftsbereiche sofort verkaufen oder vor einem geplanten Verkauf zunächst noch selber restrukturieren sollten. Auch wenn eine Restrukturierung einen höheren Verkaufserlös verspricht, sollten Unternehmensmanagement und Gesellschafter diesen Schritt sorgsam prüfen. Restrukturierungen sind nicht ohne Risiko, denn sie verlaufen in vielen Fällen weder „on budget" noch „on time". Und ein untauglicher Restrukturierungsversuch führt regelmäßig zu einem weiteren, beschleunigten Abgleiten des Unternehmens. Demgegenüber kann ein zügiger Verkauf ein schnelles Abwenden von unprofitablen Geschäftsfeldern und eine Refokussierung auf das Kerngeschäft ermöglichen. Vor diesem Hintergrund ist es unerlässlich, dass eine dezidierte Sensitivitätsanalyse möglicher Szenarien durchgeführt wird. Der Investitionsrechnung ist ein „gewichteter" Case zugrunde zu legen. Nur durch realistisches Abwägen von Erfolgswahrscheinlichkeiten ist es für Unternehmen möglich, eine profunde Entscheidung zu treffen.

T. C. Sittel (✉) · L. Weghöft
goetzpartners, Prinzregentenstr. 56, 80538 München, Deutschland
E-Mail: sittel@goetzpartners.com

L. Weghöft
E-Mail: weghoeft@goetzpartners.com

A. Kuckertz, N. Middelberg (Hrsg.), *Post-Merger-Integration im Mittelstand,*
DOI 10.1007/978-3-658-12370-3_6

1 Einleitung

Strategische Neuorientierung, Stärkung der Wettbewerbsposition im Markt, steigender Kapitalbedarf und fehlende wirtschaftliche Tragfähigkeit, um nur einige Gründe zu nennen, stellen Gesellschafter und Management von Unternehmen in Sondersituationen vor die Entscheidung, das Unternehmen als Ganzes oder einzelne Teilbereiche zu verkaufen. Dabei stellt sich die Frage, welche Herangehensweise sinnvoller ist, der sofortige Verkauf des Unternehmens bzw. des Teilbereiches oder eine vorherige Restrukturierung mit anschließendem Verkauf. Einerseits kann eine erfolgreiche Restrukturierung vor dem Verkauf zu einem besseren Kaufpreis führen, andererseits ist jede Restrukturierung mit nicht unerheblichen Kosten und vor allem Risiken behaftet.

Auch wenn die Entscheidung zwischen einem sofortigen Verkauf und der vorherigen Restrukturierung immer einzelfallspezifisch beantwortet werden muss, so gibt es doch wesentliche Faktoren, die berücksichtigt werden sollten:

- ***Restrukturierungen erfordern ein klares Commitment*** – Steht das Management des Krisenunternehmens hinter der Restrukturierung und wird sie auch von Gesellschaftern und anderen relevanten Stakeholdern mitgetragen?
- ***Restrukturierungen erfordern einen hohen Einsatz*** – Hat das Unternehmen die notwendigen operativen Kapazitäten, um eine umfangreiche und ggf. langwierige Restrukturierung zu bewältigen?
- ***Restrukturierungen erfordern Kapital*** – Hat das Unternehmen ausreichend Zugriff auf die für die Umsetzung der Restrukturierung notwendigen finanziellen Mittel?
- ***Höhere Kaufpreise erfordern eine höhere Profitabilität*** – Verschafft eine Restrukturierung dem Krisenunternehmen genügend Wertzuwachs, sodass durch einen signifikant höheren Verkaufspreis die Kosten und Risiken der Restrukturierung überkompensiert werden?
- ***Höhere Kaufpreise erfordern ein gutes „Timing" der Transaktion*** – Besteht genügend Nachfrage und Liquidität im M&A-Markt, um das krisengeschüttelte zu verkaufen und eine angemessene Preisfindung zu gewährleisten? Wo stehen die aktuellen „Multiples", die für das Unternehmen gezahlt werden?

Sofern einer oder mehrere dieser Faktoren nicht gewährleistet werden können, steigt das Risiko, dass eben dieser Restrukturierungsprozess maßgeblich gestört oder unterbunden wird. In diesem Falle kann ein sofortiger Verkauf des Krisenunternehmens die bessere Alternative darstellen.

1. Restrukturierungen erfordern ein klares Commitment

Nur durch eine klare Entscheidung aller Stakeholder, eine Restrukturierung durchzuführen, lässt sich ein nachhaltiger Erfolg gewährleisten. Wenn Management und/oder Gesellschafter eine Restrukturierung anstreben, sind eine geschlossene Bereitschaft des

Managements, der Hauptgesellschafter und gegebenenfalls der Kreditoren sowie ein wohl durchdachtes Stakeholder Management wesentliche Grundvoraussetzungen für einen nachhaltigen Restrukturierungserfolg.

Restrukturierungen sind meist mit unpopulären Maßnahmen verbunden, wie unter anderem Mitarbeiterabbau, Budgetkürzungen aber auch internen Machtverlagerungen. Zusammen mit einer Grundnervosität, die in vielen Fällen vorherrscht, führen solche Maßnahmen regelmäßig zu starken Interessenkonflikten und Meinungsverschiedenheiten zwischen Management, Gesellschaftern, Belegschaft, Gewerkschaften, Banken und anderen relevanten Stakeholder. Durch diese Reibungspunkte können schnell Grabenkämpfe entstehen, die die Durchführung notwendiger Restrukturierungsmaßnahmen erheblich behindern und verlangsamen. Zusammen mit einer anhaltenden wirtschaftlichen Fehlentwicklung kann so eine negative Dynamik entstehen, die ein Unternehmen in einer Restrukturierung noch tiefer in die Krise abrutschen lässt.

Gerade im Management entstehen oftmals Vorbehalte gegenüber Restrukturierungen. Eine Möglichkeit, zumindest starke Reibungspunkte mit der Belegschaft zu verringern, ist das Einsetzen von Interims-Managern. Insbesondere das Konzept eines CRO (Chief Restructuring Officers) erfreut sich in diesem Zusammenhang steigender Beliebtheit. Durch die begrenzte Verweildauer kann ein CRO in vielen Fällen unpopuläre Maßnahmen schneller durchführen. Darüber hinaus weisen Spezialisten in diesem Gebiet Restrukturierungserfahrung auf, die die Chancen einer erfolgreichen Restrukturierung steigern können.

2. Restrukturierungen erfordern hohen Einsatz

Eine Restrukturierung ist meist ein langwieriger Prozess, der trotz tiefer Eingriffe in die Organisation und in operativen Prozesse einen sehr hohen Einsatz der Beteiligten verlangt.

Erforderlich sind zunächst eine zügige Analyse der Krisensituation des Unternehmens sowie die Identifikation geeigneter Gegenmaßnahmen und deren klare Verankerung in Bilanz, Gewinn- und Verlustrechnung sowie im Cash Flow des Unternehmens, um einen anhaltenden Restrukturierungserfolg sicherzustellen. Darüber hinaus können Restrukturierungen schnell einen hohen Grad an Komplexität in den Verhandlungen mit unterschiedlichen Interessengruppen wie zum Beispiel Banken, Gewerkschaften, Betriebsräten und anderen Gesellschaftern auf nationaler aber auch multinationaler Ebene mit sich bringen.

All dies kann jedoch kaum ohne eine weitreichende Einbindung vieler unterschiedlicher Unternehmensfunktionen und deren Mitarbeitern gelingen. Insbesondere der Finanzorganisation eines Unternehmens fällt in einer Restrukturierung eine tragende Rolle bei der Überwachung der Zielerreichung sowie dem Nachhalten finanzieller Restrukturierungsergebnissen durch ein straffes Controlling zu. Gleichzeitig muss die Finanzorganisation eine funktionierende Cash-Planung betreiben, um Transparenz über die finanzielle Lage während einer Restrukturierung zu schaffen und rechtzeitig auf potentielle Finanzierungslücken hinzuweisen und damit die Möglichkeit zum Gegensteuern zu gewährleisten.

Ein weiterer starker Partner sollte auch das Personalwesen des Unternehmens sein. Insbesondere bei einem notwendigen Mitarbeiterabbau kommt dieser Unternehmensfunktion eine wichtige Rolle zu. Die Koordination eines geordneten Mitarbeiterabbaus in Zusammenarbeit mit betroffenen Unternehmensfunktionen sowie Wissen zu (landes-)üblichen Abfindungen, Austrittsregelungen und Transfergesellschaften sind insbesondere in multinational operierenden Unternehmen klare Erfolgsfaktoren für das Gelingen einer Restrukturierung.

Vor einer Restrukturierung muss sich Management und Gesellschafter daher zwingend fragen, ob die erforderliche starke Einbindung aller relevanten Unternehmensfunktionen in den Restrukturierungsprozess überhaupt möglich ist oder ob dadurch ein erhebliches Risiko für die Abwicklung des operativen Tagesgeschäfts geschaffen wird.

3. Restrukturierungen erfordern Kapital

Restrukturierungen können schnell sehr teuer werden und noch vorhandene Cash-Polster eines ohnehin schon wirtschaftlich angeschlagenen Unternehmens überschreiten. Der Grund hierfür ist, dass viele Restrukturierungsmaßnahmen von hohen Einmalaufwendungen begleitet werden. Darunter fallen zum Beispiel Abfindungskosten, die mit einem signifikanten Mitarbeiterabbau, insbesondere in Ländern mit starken Arbeitnehmerrechten, verbunden sind, aber auch die Schließung und Verlagerung von Unternehmensstandorten, Produktionsstätten und Zentren zur Forschung und Entwicklung. Darüber hinaus werden in vielen Fällen Beratungsleistungen durch spezialisierte Unternehmensberater und Anwälte benötigt, durch die weitere Kosten entstehen.

Abgesehen von diesen Einmalaufwendungen müssen Unternehmen in Krisensituation in vielen Fällen Zwischenfinanzierungen sicherstellen, um Verluste aus dem operativen Tagesgeschäft zu kompensieren und ihre Liquidität aufrecht zu erhalten. Bevor Restrukturierungsmaßnahmen durchgeführt werden können, muss daher eine geeignete Finanzierung gewährleistet werden. Die Verfügbarkeit zusätzlicher Finanzmittel kann daher darüber entscheiden, ob eine Restrukturierung überhaupt durchführbar ist.

Selbst wenn vor der Restrukturierung eine geeignete Finanzierung der Maßnahmen sichergestellt wurde, sollten sich Gesellschafter und Management auch mit aufkommenden Opportunitätskosten auseinandersetzen. Im Fall eines beabsichtigten Carve-outs beispielsweise sollte berücksichtigt werden, ob die finanziellen Mittel für eine Restrukturierung nicht wirtschaftlich sinnvoller für eine Stärkung anderer, gesunder Geschäftsbereiche oder zur Erschließung neuer profitabler Geschäftsfelder eingesetzt werden sollten. Die Evaluierung der geplanten Wirtschaftlichkeit des Krisenunternehmens nach Abschluss der Restrukturierungsmaßnahmen sollte daher immer der Prüfung alternativer Investitionsmöglichkeiten gegenübergestellt werden. Erst dadurch lässt sich die Tragfähigkeit der Restrukturierung als potenzielle Investition ermitteln.

4. Höhere Kaufpreise erfordern eine höhere Profitabilität

Aus Sicht von Eigen- und Fremdkapitalinvestoren ist die Entscheidung, ob ein Krisenunternehmen sofort verkauft oder vorher restrukturiert werden sollte, eine klassische

Investitionsrechnung. Dabei gilt prinzipiell, dass der Unternehmenswert im Falle einer erfolgreichen Restrukturierung signifikant steigt, weil die Profitabilität entsprechend gesteigert werden konnte. Aus einer ex ante Sicht schwierig zu beurteilen ist jedoch die Wahrscheinlichkeit des Restrukturierungserfolges. Wie häufig sich Planersteller hier irren, zeigt eine Auswertung von Sanierungsgutachten für Banken, die laut Aussage der Work-out Banker fast zu 100% positiv ausfallen. Die Realität sieht jedoch in deren Erfahrung ganz anders aus.

Die Komplexität von Restrukturierungen und damit deren Erfolgswahrscheinlichkeit hängt entscheidend von den Krisenursachen ab. Strategische Ursachen, wie beispielweise eine falsche Marktpositionierung, eine Veränderung gesetzlicher Rahmenbedingungen oder Veränderungen im Kundenportfolio, sind deutlich schwerer beherrschbar als operative Themen, wie beispielsweise die Optimierung von Prozessen oder Steuerungsinstrumenten. Es verwundert nicht, dass die Nichterreichung von Umsatzzielen der Hauptgrund für das Scheitern von Businessplänen ist. Insbesondere bei Restrukturierungsfällen ist die Rückgewinnung von Marktanteilen meist deutlich schwieriger als geplant.

Aber auch kostenseitig lauern in vielen Restrukturierungen Risiken, selbst wenn eine Prognose meist leichter fällt als umsatzseitig. Denn in vielen Restrukturierungen kommen längst nicht alle Einspareffekte in der Gewinn- und Verlustrechnung sowie im Cash Flow des Krisenunternehmens an. Meist stecken hier zwei Faktoren dahinter:

Erstens wird oftmals nicht rigoros nachgehalten, ob und wenn ja wo sich Einsparungen in Cash Flow, GuV und Bilanz genau niederschlagen. Klassische Beispiele sind Maßnahmen, die zwar die „Vermeidung“ von Kosten gegenüber zukünftigen Budgets beinhalten, im Vergleich mit dem Status Quo des Krisenunternehmens aber zu keiner finanziellen Entlastung in Cash Flow und GuV führen. Es fehlt damit an geeigneten Steuerungsinstrumenten, um nachzuverfolgen, ob sich Einsparungen wirklich ergeben oder nicht. Genau diese Instrumente sind jedoch bei der Nachhaltung unpopulärer Maßnahmen wichtig, um die gesetzten Einsparziele zu erreichen, statt Zeit und Ressourcen in nicht cash-wirksame Maßnahmen zu investieren.

Zweitens kommt es insbesondere bei größeren Unternehmen gerne einmal zu „Ausweichhandlungen“, wenn Kostensenkungsmaßnahmen durchgeführt werden. Solch ein Ausweichmanöver kann zum Beispiel eine erhöhte Einstellung externer Mitarbeiter oder Dienstleister bei gleichzeitigem internem Mitarbeiterabbau sein. Als Resultat kommen die Einsparungen des Mitarbeiterabbaus zwar im Cash Flow und der GuV des Unternehmens an, werden aber sofort von höheren Ausgaben teilweise oder komplett kompensiert.

5. Höhere Kaufpreis erfordern ein gutes „Timing“ der Transaktion

Im Rahmen der Entscheidung sollte schließlich auch der M&A-Markt analysiert werden. Denn die zeitliche Terminierung eines Unternehmensverkaufs kann, beispielsweise aufgrund der Volatilität von Unternehmensmultiples, entscheidenden Einfluss auf den Verkaufserlös haben.

Hierbei sind insbesondere folgende Aspekte zu betrachten:

- M&A-Markt: Der M&A-Markt bewegt sich ähnlich den Kapitalmärkten in Zyklen. So springt typischerweise auch der M&A-Markt in konjunkturellen Hochphasen sowohl im Volumen wie auch bei der für den Mittelstand wichtigeren Anzahl der Transaktionen an. Daher gibt es wiederkehrende „windows of opportunity", die einen Verkauf deutlich erleichtern.
- Preisniveau: Die Preise, die für Unternehmen gezahlt werden, sind ebenso wie Börsenkurse volatil und zyklisch. Üblicherweise werden Unternehmenspreise u. a. durch die Multiplikation des Unternehmensergebnisses (EBIT oder EBITDA) mit einem branchenspezifischen Multiplikator ermittelt. Diese Multiplikatoren ändern sich im Zeitverlauf signifikant, bewegen sich jedoch historisch immer wieder in Richtung des langjährigen Durchschnitts.
- Käuferuniversum: Entscheidenden Einfluss auf den Kaufpreis hat darüber hinaus die Wettbewerbsdynamik eines M&A-Prozesses. Neben der operativen Prozesssteuerung ist hierfür vor allem die Anzahl potentieller Interessenten von erheblicher Bedeutung. Der Verkäufer muss entscheiden, ob neben strategischen Investoren auch Finanzinvestoren, insbesondere auch spezialisierte „Distressed Investoren" in Betracht kommen. Auch im Mittelstand wird heutzutage üblicherweise global nach Investoren gesucht, was die Dynamik noch einmal zusätzlich befeuern kann.
- Prozesslaufzeit: Wichtig ist darüber hinaus auch die zur Verfügung stehende Zeit für den Verkauf. Ein Notverkauf innerhalb weniger Wochen hat regelmäßig erhebliche Preisabschläge zur Folge, da Investoren den Verkaufsdruck erkennen und ungeklärte Risiken einpreisen müssen. Ein Zeitraum von mindestens 5–6 Monaten ist jedoch ausreichend, um entsprechende Effekte weitestgehend zu vermeiden.

Diese kurze Übersicht soll zeigen, dass neben der Beurteilung der möglichen Restrukturierung selbstverständlich auch der Verkauf des Unternehmens genau analysiert werden muss.

2 Fazit

Zusammenfassend lässt sich festhalten, dass Restrukturierungen in vielen Fällen weder „on budget" noch „on time" verlaufen. Vor diesem Hintergrund ist es unerlässlich, dass eine dezidierte Sensitivitätsanalyse möglicher Szenarien durchgeführt wird. Selbst wenn einige Sanierungsgutachten mehrere Cases rechnen und darstellen (z. B. Downside, Base, Upside Case), erfolgt in den seltensten Fällen eine Gewichtung nach Erfolgswahrscheinlichkeit. Der Investitionsrechnung ist jedoch genau ein solch „gewichteter" Case zugrunde zu legen. Nur durch realistisches Abwägen von Erfolgswahrscheinlichkeiten ist es für Unternehmen möglich, eine profunde Entscheidung zu treffen. Am Ende kann es heißen, lieber ein Ende mit Schrecken als Schrecken ohne Ende.

Dr. Thomas C. Sittel ist Partner im Münchner Büro von goetzpartners und verantwortet den Geschäftsbereich Distressed M&A. Herr Dr. Sittel verfügt aufgrund seiner mehr als 15-jährigen Beratungserfahrung über umfangreiche Expertise bei der Strukturierung und Umsetzung von M&A-Transaktionen. Während seiner Laufbahn war er bei einer Vielzahl erfolgreicher Transaktionen beratend tätig, darunter zahlreiche namhafte Unternehmen in Krisen- und Insolvenzsituationen. Darüber hinaus verfügt Thomas Sittel über umfassende Restrukturierungs- und Sanierungserfahrung. Er hat mit multinationalen und mittelständischen Unternehmen, Banken sowie Investoren zusammengearbeitet. Schwerpunktmäßig ist er in den Branchen Automotive, Maschinen- und Anlagenbau sowie Konsumgüter tätig. Thomas Sittel ist Autor mehrerer Publikationen in den Bereichen (Distressed) M&A, übertragende Sanierung und Insolvenzplanverfahren. Darüber hinaus hat er Veröffentlichungen zu relevanten Branchenthemen verfasst. Vor seinem Eintritt bei goetzpartners war er als Partner bei der M&A-Boutique perspektiv spezialisiert auf Corporate Finance. Zuvor war er bei Dröge & Comp. im Competence Center Restrukturierung/Sanierung sowie der Deutschen Bank beschäftigt. Dr. Sittel studierte Rechtswissenschaften mit dem Schwerpunkt auf Gesellschafts- sowie Steuerrecht an den Universitäten Freiburg und München. Er promovierte an der TU Dresden.

Lennard Weghöft ist Senior Consultant im Düsseldorfer Büro von goetzpartners und ist Mitglied der Practice Group „Restructuring & Post-Merger-Integration". Während seiner 4-Jährigen Laufbahn bei goetzpartners war er bei mehreren umfassenden Restrukturierungs- und Transformationsprojekte n von mittelständischen Unternehmen und multinationalen Konzernen beratend tätig. Schwerpunktmäßig arbeitete er mit Kunden in der Telekommunikations-, High-Tech und Energieindustrie zusammen und konnte sich hier eine breite Expertise aufbauen. Vor seinem Eintritt bei goetzpartners studierte Lennard Weghöft Betriebswirtschaftslehre mit dem Schwerpunkt Finance und Accounting an der London School of Economics und der Rotterdam School of Management.

Financial Due Diligence in der Pre-Merger Phase

Stefan Götzen, Stephane Müller und Alexander Zahn

Zusammenfassung

Grundsätzliche Bestandteile einer Financial Due Diligence (FDD) sind die Analysen der historischen Ertrags-, Finanz-, sowie der Vermögenslage. Typischerweise werden drei bis fünf abgeschlossene Geschäftsjahre sowie das laufende Geschäftsjahr betrachtet. Im Fokus der Analysen stehen sowohl die Nachhaltigkeit der Ertrags- und Ergebnissituation, die Werthaltigkeit der Bilanzpositionen und die Höhe und der Zeitpunkt der Zahlungsströme. Auf Basis historischer Zahlen und dokumentierter Annahmen gilt es, die zukünftige Geschäftsplanung des Zielunternehmens (üblicherweise zwei bis drei Geschäftsjahre) zu plausibilisieren. Das Zahlenwerk der Financial Due Diligence bildet in aller Regel die Grundlage für die Post-Merger-Planung. Da trotz des verbreiteten FDD-Einsatzes noch immer zwischen ca. 60–90 % der Transaktionen nicht den angestrebten Wertbeitrag erzielen, sollte der klassische FDD-Zugang zum Zielunternehnmen um Post-Merger-Integration (PMI)-Aspekte ergänzt werden. Findet der FDD-Prozess in enger Verzahnung mit der Post-Merger-Planung statt, können unrealistische Erwartungen zum zu erwartenden Wertbeitrag vermieden und der PMI-Prozess ohne die üblichen Reibungsverluste beim Übergang vom Pre- zum Post-M&A-Prozess vorangetrieben werden.

S. Götzen (✉) · S. Müller · A. Zahn
Deloitte & Touche GmbH WPG, Schwannstrasse 6, 40476 Düsseldorf, Deutschland
E-Mail: sgoetzen@deloitte.de

S. Müller
E-Mail: stepmueller@deloitte.de

A. Zahn
E-Mail: azahn@deloitte.de

A. Kuckertz, N. Middelberg (Hrsg.), *Post-Merger-Integration im Mittelstand,*
DOI 10.1007/978-3-658-12370-3_7

1 Einleitung

Die Financial Due Diligence bezeichnet eine mit gebotener Sorgfalt durchgeführte Prüfung der finanziellen Chancen und Risiken eines Zielunternehmens. Dies kann sowohl durch das zu verkaufende Unternehmen selbst („Sell-Side") oder durch potenzielle Kaufinteressenten („Buy-Side") beauftragt werden, wobei die letztere Fallgestaltung sicherlich die häufigere ist. Die Notwendigkeit bzw. Sinnhaftigkeit einer Financial Due Diligence basiert grundsätzlich auf der Principal-Agent-Theorie. Diese besagt, dass Agency Probleme im Wesentlichen auf unvollständigen Informationen oder sogenannten Informationsasymmetrien und dem individuellen Bestreben nach Nutzenmaximierung beruhen. Die Due Diligence dient also unter anderem dazu, verborgene Eigenschaften und verborgene Leistungen des Zielunternehmens und verborgene Absichten des Verkäufers offen zu legen. Durch die Due Diligence findet sozusagen im Vorfeld der eigentlichen Transaktion ein Informations- und Interessensausgleich der involvierten Parteien statt. Durch diesen wird es ermöglicht, Chancen und Risiken bei einer M&A-Transaktion offenzulegen, den Kaufpreis für das Transaktionsobjekt abzuleiten und/oder zu verifizieren und die Entscheidungsqualität für die der Transaktion nachgelagerten Verschmelzung der Unternehmen (Post-Merger-Integration oder „PMI") zu erhöhen. Die Notwendigkeit einer Financial Due Diligence ergibt sich allein schon aus der Erfordernis einer rechtlichen Absicherung der an der Transaktion beteiligten Parteien. In einem vor dem Oberlandesgericht Oldenburg verhandelten Fall hatte das Gericht einen Geschäftsführer zu Schadensersatzzahlungen in Höhe von etwa 3 Mio. € verurteilt, weil er Chancen und Risiken im Zusammenhang mit einem Unternehmenskauf nicht ausreichend geprüft hatte, obwohl er dazu verpflichtet gewesen wäre (Urteil vom 22.06.2006, Aktenzeichen: 1 U 34/03).

2 Bedeutung der Qualität und des Umfangs der Finanzinformationen

Die **Qualität** und der **Umfang** der im Rahmen einer Financial Due Diligence zur Verfügung stehenden Finanzinformationen stellen gerade bei Mittelstands-Transaktionen in Teilen eine Herausforderung dar, sind aber nichtsdestotrotz ein entscheidendes Kriterium für das Gelingen einer M&A-Transaktion sowohl in zeitlicher als auch in inhaltlicher Sicht.

Potentielle Problemfelder bei Transaktionen im Mittelstand (Beispiele):

- Der Jahresabschluss ist nicht geprüft, weil z. B. die Größenkriterien gemäß HGB § 267 dies nicht vorschreiben, und es liegt möglicherweise nur ein Erstellungsbericht des Steuerberaters evtl. vor. Dies bedeutet zum Beispiel, dass die Inventur oder sonstige Gestaltungsspielräume, wie bei der Wertberichtigung von Forderungen oder der Bildung von Rückstellungen, nicht durch einen externen Gutachter (Abschlussprüfer) verifiziert wurden;

- Das Zielunternehmen hat kein monatliches Reporting inklusive Abweichungsanalyse (d. h. Erläuterungen aktuelle Geschäftsentwicklung versus Plan) wie bei Großunternehmen sonst üblich;
- Soweit Monatsabschlüsse vorliegen, enthalten diese oftmals keine Abschluss- bzw. Abgrenzungsbuchungen, was die Aussagekraft monatlicher Analysen nicht unerheblich einschränken kann;
- Oft liegen wichtige Analysen nur als „Nebenrechnung" vor, diese sind somit nicht abstimmbar bzw. in das Finanz- und Rechnungswesen des Zielunternehmens integriert. Ohne Anbindung und Abstimmung hängen die Auswertungen quasi in der Luft und man fragt sich, ob diese Quellinformationen überhaupt zuverlässig sind;
- Es gibt keine (integrierte) Planungsrechnung inklusive Bilanz, Gewinn- und Verlustrechnung und Cash-Flow, die man üblicherweise aber für eine zukunftsorientierte Unternehmensbewertung benötigt.

Diese wenigen Beispiele verdeutlichen, dass es eine Vielzahl von potentiellen Problemfeldern gibt. Generell gilt, dass die Aussagekraft (der Output) einer Due Diligence maßgeblich von der Qualität der zur Verfügung gestellten Informationen (dem Input) abhängt.

Ein weiteres Unterscheidungsmerkmal betreffend der Qualität bzw. des Umfangs der Finanzinformationen ist die Art und Weise, wie Informationen zur Verfügung gestellt werden. Während noch vor einigen Jahren physische Datenräume die Regel waren, so ist heutzutage der elektronische oder virtuelle Datenraum (sog. „virtual dataroom" oder „VDR") vorherrschend. Mit Hilfe eines elektronischen Datenraums können grundsätzlich beliebig viele Dokumente aller Formate hochgeladen werden und dann auch von einer großen Anzahl von Personen, gleichzeitig angeschaut bzw. „runtergeladen" oder abgespeichert werden. Wenn umfangreiche Finanzinformation z. B. in einem Excel-Format zur Verfügung gestellt werden können, stellt dies eine erhebliche Arbeitserleichterung dar, die dem M&A-Prozess insgesamt zu Gute kommen kann.

Da das ein oder andere Management Reporting, eine Nebenrechnung oder einfach eine Zahlenkolonne nicht immer selbsterklärend sind, ist in den meisten Fällen eine Mitwirkung des Managements extrem hilfreich und wichtig. Gerade die virtuellen Datenräume bieten hier oft ein praktisches Fragen-Antworten Tool (sog. „Question- and Answer oder Q&A Log") und wenn dies nicht ausreicht, kann ein persönliches Treffen (sog. „Expert-Meetings") zwischen Verkäufer, Käufer, Management und den Beratern eine gute Grundlage bieten, offene Punkte und Fragen im Dialog zu klären.

Alternativ bzw. der Vollständigkeit halber sei auch noch erwähnt, dass die Aussagekraft oder die Qualität, sprich die Richtigkeit des Zahlenwerks, auch durch ein selbstständiges Garantieversprechen der Verkäufer im Rahmen des Unternehmenskaufvertrags, zum Beispiel durch eine sog. „Bilanzgarantie", gewährleistet werden kann. Hierbei besteht jedoch das Problem, dass man in diesem Fall das Unternehmen quasi schon „gekauft" hat und etwaige Schäden nur durch eine Rückabwicklung des Vertrages oder einen Schadensersatz geltend gemacht werden können, wohingegen bei einer sorgfältigen Due Diligence Risiken und Problembereich im Vorfeld identifiziert und adressiert werden können.

3 Bestandteile der Financial Due Diligence

Die Financial Due Diligence hat grundsätzlich die historische Analyse der Ertrags-, Finanz- und Vermögenslage zur Aufgabe. Dabei betrachtet man üblicherweise einen Zeitraum von drei bis fünf abgeschlossenen Geschäftsjahren sowie das laufende Geschäftsjahr. Soweit vorhanden, was bei mittelständischen Unternehmen nicht immer vorausgesetzt werden kann, schließt sich daran eine kritische Durchsicht der Planung. Somit ergeben sich konkret die folgenden Schwerpunkte:

I. Bei der Analyse der historischen Geschäftsjahre steht die Identifikation von potentiellen, zukünftigen, finanziellen Chancen und Risiken sowie der wesentlichen Werttreiber des betrachteten Unternehmens im Mittelpunkt. Im Rahmen der Untersuchung der Gewinn- und Verlustrechnung werden relevante Veränderungen der Ertragslage beleuchtet. Hierzu werden unter anderem die Entwicklung von Umsatz, Rohertragsmarge, EBITDA, „Key-Performance-Indikatoren", sowie wesentliche Kostenarten betrachtet. Außerdem wird in der Regel ein um einmalige, nicht wiederkehrende Sachverhalte normalisiertes EBITDA ermittelt, welches die Grundlage zur Kaufpreisfindung darstellt.
II. Die Bilanzanalyse kann in die Analyse des Anlagevermögens, des Nettoumlaufvermögens sowie der Nettofinanzverbindlichkeiten und sonstiger finanzieller Verpflichtungen unterteilt werden.
III. Ein weiterer essentieller Bestandteil der Financial Due Diligence ist die Analyse des Cash Flows. Die Signifikanz ist unter anderem dadurch begründet, dass der Cash Flow ein untrügliches Merkmal der Solidität darstellt und unabhängig von angewandten Bilanzierungsregeln ist.
IV. Soweit vorhanden, erfolgt ausgehend von der Vergangenheitsanalyse eine kritische Durchsicht der Planung (sog. „Business-Plan"). Dabei steht die Verifizierung der Planungsgrundlagen und –annahmen im Vordergrund.

3.1 Analyse der Gewinn- und Verlustrechnung („GuV")

Die Analyse der Gewinn- und Verlustrechnung im Rahmen der Financial Due Diligence hat unter anderem die folgenden Themengebiete im Fokus:

- Allgemeine Analyse und Verständnis über des Geschäftsmodell,
- Identifikation von Werttreibern (sog. „Key-Performance-Indikatoren" oder „KPI"),
- Entwicklung von wichtigen GuV Positionen inklusive eines detaillierten Aufrisses der Kostenarten über den Betrachtungszeitraum.

Die oben genannten Punkte sind für eine sorgfältige und individuelle Prüfung des Transaktionsobjektes notwendig, da sich aus dem vorhandenen Geschäftsmodell und den hiermit in Verbindung stehenden Umsätzen, Kosten und Ergebnissen mögliche Risiken der aktuellen und zukünftigen Entwicklung des Unternehmens ableiten lassen.

3.1.1 Analyse der Werttreiber

Die Grundlage bzw. der Ausgangspunkt der GuV-Analyse stellt in der Regel die „top-line" Analyse, also eine Analyse der Umsatzentwicklung dar. Hierbei ist es von besonderer Bedeutung, die verschiedenen Umsatzströme eines Unternehmens zu trennen und deren Entwicklung separat zu betrachten, um die Treiber und die Bedeutung der verschiedenen Umsatzquellen erkennen zu können. Um ein möglichst detailliertes Bild des Unternehmens und der Saisonalität des Geschäftes zu erlangen, sollte diese Analyse am besten monatlich erfolgen. Dies gilt insbesondere für Unternehmen, die sowohl unregelmäßige Erträge als auch regelmäßige Umsätze generieren: zum Beispiel ist diese Vorgehensweise bei der Analyse eines Immobilienunternehmens üblich, da dieses regelmäßig sowohl Umsätze aus dem Verkauf von Immobilien als auch Umsätze aus der Vermietung erzielt. Da die finanzierenden Banken bei einem Unternehmenskauf besonderen Wert auf die zu erwartenden stabilen Einnahmen aus dem Vermietungsgeschäft legen, wird eine deutliche Trennung der beiden Geschäftsbereiche im Rahmen der Due Diligence notwendig.

Je nach Datenlage ist es auch möglich, die Profitabilität der einzelnen Profit-Center (Umsatzquellen) zu analysieren und wesentliche Kostenarten zu identifizieren. Diese Vorgehensweise ist insbesondere bei einem Carve-out-Szenario (Abspaltung und Verkauf eines Teils des Unternehmens) von Bedeutung.

Neben der Analyse der einzelnen GuV Positionen und Margen werden im Rahmen der Due Diligence auch wesentliche „Key-Performance-Indikatoren" (KPIs) betrachtet. Diese können, um bei dem Beispiel der Immobilienfonds zu bleiben, die Mieteinnahmen pro vermieteten Quadratmeter, der Verkaufspreis pro Quadratmeter geteilt durch die Mieteinnahmen pro Quadratmeter oder die nicht umlegbaren Nebenkosten in Prozent der Mieteinnahmen sein. All diese „Key-Performance-Indikatoren" machen es möglich, die Leistung des Unternehmens unabhängig vom Unternehmenswachstum zu beurteilen und branchengleiche Unternehmen miteinander zu vergleichen.

3.1.2 Analyse der nachhaltigen Ertragsströme

Wichtige Bestandteile einer Due Diligence leiten sich unter anderem auch aus den gängigen Methoden der Unternehmensbewertung ab. Da der Preis, den ein möglicher Käufer für ein Unternehmen bereit ist zu bezahlen, von den in den Methoden und Modellen zur Kaufpreisermittlung verwendeten Parametern abhängig ist, sind es nämlich genau diese Paramater, die während des Due Diligence Prozesses besonders beleuchtet werden.

Die am häufigsten im Mittelstand verwendete Bewertungsmethode ist die Bewertung anhand von Multiples; bei der Bewertung mit Hilfe von Multiples wird der Unternehmenskaufpreis auf folgende Weise ermittelt: Betriebsergebnis × Multiple = Enterprise Value (Gesamtunternehmenswert inklusive Schulden). Der Enterprise Value wird dann entsprechend angepasst, um den Equity Value (Wert des Eigenkapitals) bzw. den Unternehmenskaufpreis zu erhalten: Enterprise Value −/+ Nettoverschuldung −/+ Abweichungen vom normalen Nettoumlaufvermögen = Equity Value (Abb. 1):

Abb. 1 Beispiel – Kaufpreisberechnung bei Unternehmensübernahmen. (Quelle: Deloitte)

Beispiel: Kaufpreisberechnung

EBITDA x Multiple oder Discounted Free Cash Flow
= Enterprise Value
-/+ Nettoverschuldung (Net debt)
-/+ Abweichungen vom normalen Nettoumlaufvermögen
= Equity Value

Zur Quantifizierung des Betriebsergebnisses wird in den meisten Fällen das EBITDA verwendet. EBITDA ist eine Abkürzung für den englischen Begriff: „earnings before interests, taxes, depreciation and amortization" (= Gewinn vor Zinsen, Steuern, Abschreibungen auf Sachanlagen und immaterielle Vermögensstände). Für die Unternehmensbewertung ist es in jedem Fall von besonderer Bedeutung, dass die verwendeten Parameter (in diesem Fall das EBITDA) um außerordentliche Geschäftsvorfälle bereinigt, also nachhaltig sind.

Aus der Ableitung vom Enterprise- zum Equity Value ergeben sich unmittelbar auch zwei weitere Schwerpunkte einer Financial Due Diligence: 1) die Nettoverschuldung und 2) das normale Nettoumlaufvermögen des potentiellen Transaktionsobjekts.

Durch die oben beschriebenen Punkte liegt ein Schwerpunkt der Financial Due Diligence in der Ermittlung eines normalen bzw. nachhaltigen EBITDA. Das EBITDA ist die für Unternehmensbewertungen und generell die in der globalen Finanzwelt am häufigsten verwendete Kennzahl, da dieses die Unternehmensperformance unabhängig von Rechnungslegungsvorschriften, Finanzierungsarten oder Steuersystemen darstellt. Das EBITDA wird auch als Proxy oder Ausgangspunkt für den Free Cash Flow vor Steuern verwendet, da das Betriebsergebnis – bereinigt um nicht-zahlungswirksame Aufwendungen wie Abschreibungen – eine „Cash-nahe" Größe darstellt.

Im Rahmen einer Financial Due Diligence wird das in den vergangenen Geschäftsjahren erwirtschaftete festgestellte EBITDA nun im ersten Schritt um den EBITDA-Effekt von außergewöhnlichen Geschäftsvorfällen, die in dieser Zeit angefallen sind, bereinigt. Die Normalisierung des EBITDA wird vorgenommen, um den nachhaltigen historischen Ergebnistrend zu identifizieren, welcher wiederum als Basis für die Prognose und Plausibilisierung zukünftiger Planergebnisse dient. Sowohl das normalisierte historische EBITDA, als auch das auf Basis des normalisierten historischen EBITDA prognostizierte EBITDA kann als Aufsatzpunkt für eine Multiple-Bewertung verwendet werden. Aus diesem Grund ist eine Normalisierung des EBITDA essenziell.

Zu normalisierende Sachverhalte sind nicht explizit definiert, auch wenn sich Anhaltspunkte für die Identifikation von Normalisierungen aus den verschiedenen Verlautbarungen (u. a. IDW, Arbeitskreis DVFA, US-GAAP) ergeben. Als Konsequenz hieraus hängen die Normalisierungen signifikant von den Einschätzungen des Due Diligence Teams, des Managements und den zur Verfügung gestellten Informationen ab. Unter anderem ist hier zu beachten, dass Normalisierungen unternehmensspezifisch durchgeführt werden, das heißt sie erfordern tiefgehendes Verständnis des Geschäftsmodells, der Rechnungslegung und der angewandten Bilanzierungs- und Bewertungsmethoden. Außerdem können Normalisierungen oft nur in Zusammenarbeit mit dem Management zusammen erarbeitet werden, dementsprechend ist es in der Regel von großem Vorteil, wenn die Due Diligence in enger Kommunikation mit dem Target-Management erfolgt. Für bestimmte Analysen (z. B. LTM, Run rate) müssen Normalisierungen auf monatlicher/ vierteljährlicher Ebene vorgenommen werden. Hierzu sind oftmals Annahmen zu treffen.

Je nach Projektanforderungen umfasst die Analyse des EBITDA nicht nur die Normalisierung von Einmaleffekten, sondern auch andere notwendige oder hypothetische Anpassungen. Zu diesen anderen Anpassungen zählen pro forma Anpassungen, like-for-like Anpassungen und Wechselkursanpassungen.

Durch die pro forma Normalisierungen wird das historische Ergebnis um transaktionsrelevante Sachverhalte angepasst. Das heißt, dass Effekte, die das Ergebnis eigentlich erst nach einer erfolgreichen Transaktion beeinflussen würden, bereits in die Vergangenheit eingerechnet werden. In einem Carve-out Szenario fallen beispielsweise in der Regel die Managementkosten im Anschluss an die Transaktion weg. Um in der Due Diligence nun das hypothetisch zu erwartende EBITDA darstellen zu können, wird die Kostenersparnis pro forma auf die historischen Ergebnisse übertragen. Außerdem betreffen pro forma Normalisierungen häufig auch typische Accounting Sachverhalte, z. B. a) Accounting von Leasing, b) Accounting von Pensionen sowie c) unterschiedliche Abschreibungszeiträume bei Target und Käufer. Diese Sachverhalte werden häufig entsprechend der Accounting Regelungen des Käufers pro forma dargestellt.

„Like-for-like" Normalisierungen erfüllen einen ähnlichen Zweck wie pro forma Normalisierungen, da auch sie die Historie an die Planung anpassen, jedoch werden hier auch Sachverhalte berücksichtigt, die nicht direkt mit der Transaktion in Zusammenhang stehen. Wird zum Beispiel geplant, in der Zukunft einen defizitären Standort zu schließen, wird der in der Vergangenheit erzielte negative EBITDA-Effekt herausgerechnet, um die Vergangenheit entsprechend der Planung darzustellen.

Wechselkursanpassungen werden durchgeführt, um mit dem EBITDA das reine operative Ergebnis darstellen zu können (Abb. 2).

Eine typische Ermittlung des nachhaltigen Betriebsergebnisses wird in Abb. 3 dargestellt:

Mit Hilfe des normalisierten EBITDAs lässt sich nun eine Multiple (Enterprise Value) Bewertung durchführen. Durch die verschiedenen Anpassungen, die im Rahmen der EBITDA-Analyse vorgenommen wurden, ist es einem potentiellen Käufer möglich, Enterprise-Value-Spannen zu ermitteln. In dem dargestellten Fall nehmen wir zum Beispiel an, dass das 8-fache des EBITDA ein marktüblicher Multiple für das Marktsegment des dargestellten Unternehmens ist. Wenn wir Bezug nehmen auf die oben stehende Tabelle, können wir den EBITDA-Multiple jeweils auf das durchschnittliche berichtete EBITDA, normalisierte, pro forma normalisierte oder pro forma like-for-like EBITDA rechnen. Demnach ergeben sich 3 verschiedene Enterprise Values (Abb. 4):

Die sich ergebende Spanne des Enterprise Values reicht also von TEUR 6480 bis TEUR 7280. Während die Enterprise Values, die auf dem berichteten EBITDA und dem normalisierten EBITDA beruhen, auch vom aktuellen Management erreicht werden könnten, ist dies bei dem pro forma normalisierten EBITDA nicht möglich. Dieses wird erst durch

Aus welchem Grund sind Ergebnisnormalisierungen von Bedeutung?

- Identifizierung des nachhaltigen historischen Ergebnistrends
- Nachhaltiger Trend dient als Basis für die Prognose und Plausibilisierung zukünftiger Planergebnisse
- Aufsatzpunkt für Multiple-Bewertungen im Rahmen der Kaufpreisfindung

Begriffsabgrenzung

Normalisierungen	• Eliminierung von Einmaleffekten zur Ermittlung des nachhaltigen Ergebnisses
Adjustments	• Darstellung des Ergebnisses unter Berücksichtigung hypothetischer Annahmen:
Pro-forma	• Bspw. Darstellung des Ergebnisses unter einem Carve-out Szenario
Like-for-Like	• Anpassung der Historie an die Planung (bspw. Umhängung eines Geschäftsfeldes in einen anderen Geschäftsbereich der Planung => Eliminierung der historischen Ergebnisse)
Fx	• Bereinigung der Ergebnisse um Wechselkurseffekte (Constant-Currency), soweit das Geschäft stark durch Fx-Schwankungen beeinflusst wird
Reclassifications	• Umgliederungen von Aufwands- und Ertragspositionen mit/ohne EBITDA Auswirkung (bspw. von Positionen mit Finanzcharakter unterhalb EBITDA; SoPo-Auflösung als Korrektur zur Abschreibung)

Abb. 2 Normalisierungen – Bedeutung und Abgrenzung. (Quelle: Deloitte)

Beispiel GmbH - Quality of earnings

€000	FY11	FY12	FY13	LTM	Durchschnitt
Berichtetes EBITDA	**800**	**820**	**810**	**840**	**818**
EBITDA Normalisierungen					
(Gewinn)/ Verlust aus Anlagenabgängen	(20)	-	50	-	
Entstandener Hagelschaden	-	100	-	-	
Versicherungsentschädigung	-	(80)	-	-	
Schadensfall Unwetter	-	20	-	-	
Aufwendungen für Rechtsstreitigkeiten	-	-	50	20	
[ ]	[ ]	[ ]	[ ]	[ ]	
Normalisiertes EBITDA	**780**	**840**	**910**	**860**	**848**
Pro forma Normalisierungen					
Kosten Aufbau neue Fabrikhalle	40	80	80	80	
Schließung defizitärer Standort	30	45	45	45	
Effekt Einführung Mindestlohn	(40)	(40)	(40)	(40)	
Pro forma Normalisierungen	**30**	**85**	**85**	**85**	
Pro forma normalisiertes EBITDA	**810**	**925**	**995**	**945**	**919**
Berichtete EBITDA-Marge	*22.9%*	*22.8%*	*23.8%*	*24.0%*	
Normalisierte EBITDA-Marge	*22.3%*	*23.3%*	*26.8%*	*24.6%*	
Pro forma normalisierte EBITDA-Marge	*23.1%*	*25.7%*	*29.3%*	*27.0%*	

Abb. 3 Beispiel – Ermittlung des nachhaltigen Betriebsergebnisses. (Quelle: Deloitte)

Beispiel GmbH - Enterprise Value Bewertung

€000	ber. EBITDA	norm. EBITDA	Pf. norm. EBITDA	Pf. lfl EBITDA
EBITDA	818	848	919	
Multiple	8x	8x	8x	
Enterprise Value	**6,540**	**6,780**	**7,350**	**-**

Abb. 4 Beispiel – Ermittlung des Enterprise Values. (Quelle: Deloitte)

den Zusammenschluss mit dem Käufer der Firma und den damit verbundenen Synergien möglich. Dementsprechend stellt der Enterprise Value, der auf Basis des pro forma normalisierten EBITDAs berechnet wurde, den Wert des Unternehmens für den Käufer dar und sollte dementsprechend der Preis sein, den der Käufer maximal bereit ist zu bezahlen. In der Praxis liegen die Kaufpreise üblicherweise in der hier gezeigten Kaufpreisspanne.

3.2 Bilanzanalyse

Bei der Analyse der Bilanz stehen grundsätzlich a) die Qualität und die Höhe der Vermögenswerte inkl. des Nettoumlaufvermögens sowie b) Art, Umfang und Vollständigkeit der Nettofinanzverbindlichkeiten im Vordergrund. Hierbei geht es sowohl um die Identifikation von Bewertungsreserven, die im Nachgang einer Transaktion zur Mittelfreisetzung bzw. Refinanzierung genutzt werden können, als auch um Zahlungsnotwendigkeiten die im Nachgang einer Transaktion zu einem Mittelabfluss bzw. Finanzierungsbedarf führen.

3.2.1 Analyse des Anlagevermögens

Beim Anlagevermögen (d. h. immaterielle Firmenwerte, Sachanlagen, Finanzanlagen und Beteiligungen), erfolgt in der Regel eine Einschätzung über die Angemessenheit, die Liquidierbarkeit und die Bewertung. Aus der Angemessenheit und Fungibilität ergeben sich unter Umständen Hinweise auf versteckte Reserven, da beim Übernahmeobjekt Anlagegüter vorhanden sein könnten, die für die Erreichung des Geschäftsplans nicht notwendig sind und zur sofortigen Liquiditätsbeschaffung genutzt werden können. So sind z. B. nach dem Verkauf von Mannesmann an Vodafone etwa 2000 Kunstobjekte versteigert worden, um die Akquisition zu refinanzieren. Umgekehrt können sich aber bei der Untersuchung der Angemessenheit auch Hinweise auf künftige Zahlungsverpflichtungen bzw. stille Lasten ergeben. Sind Anlagegüter in der Menge und Beschaffenheit nicht ausreichend, um den Geschäftsplan zu erreichen, werden Investitionen notwendig sein, die bei der Darstellung der Nettoverschuldung zu berücksichtigen sind.

Die Analyse der Bewertung der Anlagegüter deckt möglicherweise auch Korrektur- bzw. Anpassungsbedarf auf, die zukünftig dann die Erfolgsrechnung belastend berühren. Hierbei stehen der Bilanzansatz und ein möglicher Abschreibungsbedarf (sog. „Impairment") inklusive der steuerlichen Effekte im Mittelpunkt des Interesses.

3.2.2 Analyse des Nettoumlaufvermögens

Die wichtige Überlegung bei der Betrachtung des Umlaufvermögens in der Bilanz ist, wie und wann dies in Geld konvertiert und wie dies den Zahlungsfluss des Unternehmens berührt. Generell ist die Analyse des Nettoumlaufvermögens aus folgenden Gründen für die Due Diligence relevant:

- Verständnis des historischen und aktuellen Geschäftsverlaufs (monatliche Entwicklung, letzte drei Geschäftsjahre und aktuelle Entwicklung) mit Hilfe von Kennzahlen sowie absoluten und prozentualen Vergleichen

- Identifizierung eines normalen Nettoumlaufvermögens zum Zeitpunkt des Closings als Grundlage für Kaufpreisanpassungsklauseln
- Beurteilung und Plausibilität des geplanten Nettoumlaufvermögens (durchschnittliches, höchstes und niedrigstes) und des damit zusammenhängenden zukünftigen Finanzierungsbedarfs der Unternehmung (Working Capital Facility oder sog. Revolver)

Eine allgemeingültige Definition des Nettoumlaufvermögens bzw. der einzuschießenden Komponenten existiert nicht. Diese ist bspw. abhängig von der Branchenzugehörigkeit, dem Geschäftsmodell oder einfach der Auslegung der an der Transaktion beteiligten Parteien.

Generell wird beim Nettoumlaufvermögen zwischen einem engen und weiten Begriff des Nettoumlaufvermögens differenziert. Bei der engen Fassung des Nettoumlaufvermögens wird die Differenz zwischen dem kurzfristigen operativen Umlaufvermögen (Forderungen aus Lieferungen und Leistungen und Vorräte) und den operativen Verbindlichkeiten (Verbindlichkeiten aus Lieferungen und Leistungen) berücksichtigt, welche als „Trade Working Capital" bezeichnet wird.

Die klassischen Definitionen des Nettoumlaufvermögens im weiteren Sinne berücksichtigen die Differenz der kurzfristigen (innerhalb eines Jahres liquidierbaren) Aktiva und der kurzfristigen Passiva eines Unternehmens und schließen somit auch andere Positionen wie kurzfristige sonstige Forderungen und Verbindlichkeiten, sowie kurzfristige Rechnungsabgrenzungsposten mit ein. Eine Analyse der Bilanzpositionen ist notwendig, um Bestandteile der einzelnen Bilanzpositionen zuordnen zu können.

Im Rahmen einer Unternehmenstransaktion wird das Nettoumlaufvermögen in der Regel eng gefasst und die sonstigen kurzfristigen Forderungen und Verbindlichkeiten in der Darstellung der Nettoverschuldung berücksichtigt, wenn nicht davon ausgegangen wird, dass diese dem Unternehmen dauerhaft zur Verfügung stehen.

Die Analyse des Nettoumlaufvermögens beinhaltet in der Regel folgende Aspekte:

I. Werthaltigkeit des Nettoumlaufvermögens: Bei der Frage der Werthaltigkeit wird untersucht, inwieweit die Bewertung der Vorräte, Forderungen und Verbindlichkeiten den realisierbaren Zahlungsflüssen entspricht. Dazu werden beispielsweise die Entwicklung der Wertberichtigungen und die Reichweite von Vorräten untersucht. Bei Forderungen und Verbindlichkeiten sind Altersstrukturanlysen und die Analyse der Lieferanten und Kundenstruktur gängig, um beispielsweise uneinbringlichen Forderungen oder überfällige Verbindlichkeiten zu identifizieren und gegeben falls zu eliminieren.
II. Saisonalität des Nettoumlaufvermögens: Die Saisonalität im Geschäftsverlauf von Unternehmen findet ihren Niederschlag in der Regel im Nettoumlaufvermögen. Konzentriert sich die Geschäftstätigkeit auf wenige Monate (z. B. Sommer bei Campingplätzen), steigt das Nettoumlaufvermögen entsprechend an, um nach der Saison wieder abzufallen. Wird ein solches Geschäft außerhalb der Saison übernommen, sind teils erhebliche Mittel zur Finanzierung des Nettoumlaufvermögens in der Saison bereitzustellen.

III. Nachhaltigkeit des Nettoumlaufvermögen: Das historische Nettoumlaufvermögen kann aufgrund außergewöhnlicher Geschäftsvorfälle nicht seinem nachhaltigen Wert entsprechen. Dies kann zum Teil gewollt geschehen (z. B. Streckung von Zahlungszielen zur kurzfristigen Liquiditätssicherung) oder ungewollt aufgrund der Geschäftsentwicklung erfolgen (z. B. Abbau Vorratsvermögen bei Ausfall einer Maschine). Ebenso wie in der Ertragsrechnung sind die Verläufe im Nettoumlaufvermögen um diese außergewöhnlichen Geschäftsvorfälle zu bereinigen, um einen normalen Wert zu erhalten.

IV. Veränderungen im Geschäftsverlauf/ in der Geschäftstätigkeit (Trends): Durch längerfristige Betrachtungen des Nettoumlaufvermögens, bei der zufällige und saisonale Schwankungen ausgeblendet sind, lassen sich Änderungen im Geschäftsverlauf bzw. in der Geschäftstätigkeit identifizieren. So können längere Zahlungszeiträume auf eine sinkende Qualität der Kundenbonität und höhere Zahlungsausfälle schließen lassen.

Beispielhaft ist in Abb. 5 eine Analyse des Nettoumlaufvermögens gezeigt:

Die in der Analyse des Nettoumlaufvermögens gewonnenen Erkenntnisse sind im Rahmen der Due Diligence zu hinterfragen bzw. mit der Geschäftsleitung zu erörtern, um daraus eine Aussage über das normale Nettoumlaufvermögen ableiten zu können. Dadurch sind auch\Aussagen über das (zukünftige) benötigte, kurzfristige Finanzierungsvolumen möglich.

3.2.3 Analyse der Nettoverschuldung

Die Ermittlung der Nettoverschuldung ist im Rahmen der Due Diligence von großer Bedeutung. Dabei stehen im Rahmen einer Transaktion folgende Aspekte im Vordergrund.

- Kaufpreisermittlung: Die Nettoverschuldung ist klassischerweise eine Abzugsposition bei der Kaufpreisbestimmung. Das Kaufpreisangebot wird dabei in aller Regel auf einer Basis frei von Schulden und (nicht betriebsnotwendiger) Barmitteln ermittelt (Cash and Debt Free Basis). Diese vom Verkaufsobjekt zu tragende Nettoverschuldung wird bei Übergabe vom Kaufpreisangebot in Abzug gebracht, d. h. der Saldo aus Kaufpreisangebot abzüglich der Nettoverschuldung wird dem Verkäufer ausgezahlt. Zu beachten ist, dass Positionen, die bereits im Rahmen der Ermittlung des Enterprise Value berücksichtigt wurden (z. B. EBITDA oder Discounted Cash-Flow („DCF")), nicht nochmals bei der Nettoverschuldung zum Abzug gebracht werden.
- Ermittlung des Liquiditätsbedarfs: Die Ermittlung der Nettoverschuldung schafft ein Verständnis der finanziellen Verpflichtungen, die ein Investor übernimmt. Dieser muss den Zeitpunkt und die Größe von zukünftigen Rückzahlungen an Fremdkapitalgeber kennen, um eine solide Finanzierung für die Akquisition sicher zu stellen. Dabei sind eventuell auch bisher vom Verkäufer gestellte Sicherheiten zu ersetzen, was Auswirkungen auf die Verschuldungskapazität des Käufers hat. Zum Teil erzwingen auch sogenannte „Change of Control" Klauseln bei bestehenden Finanzierungsverträgen den Käufer zur Bereitstellung alternativer Finanzierungsquellen.

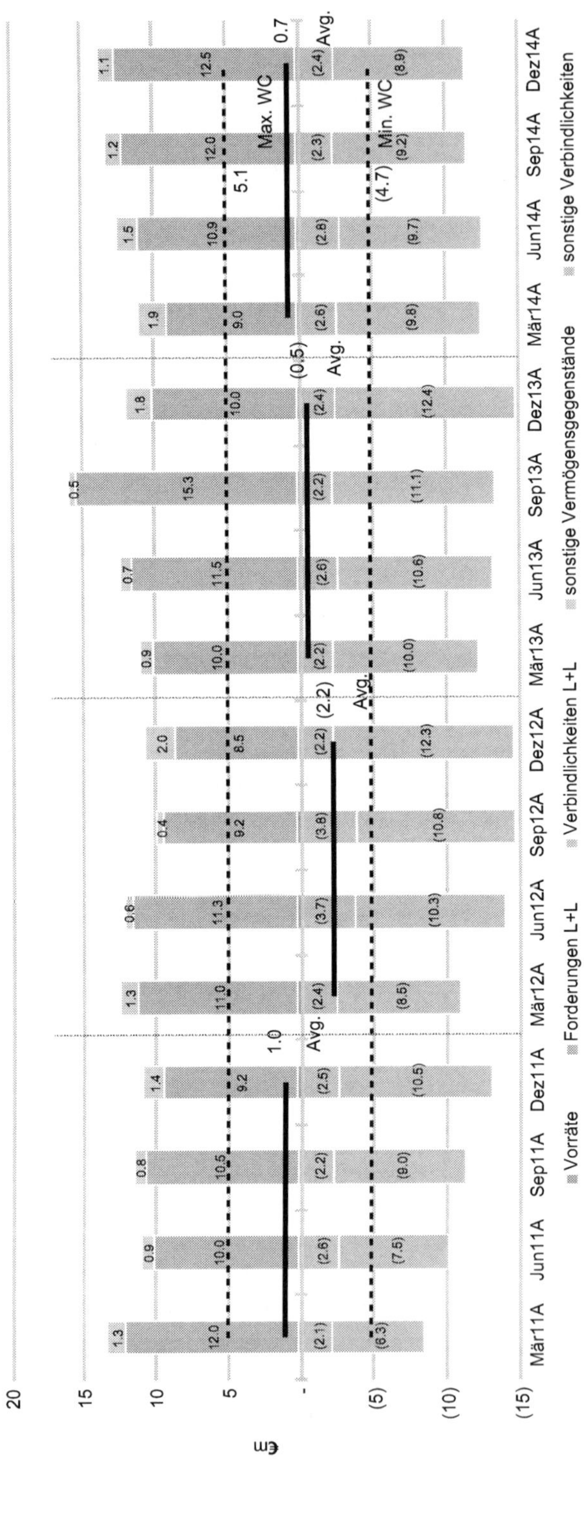

Abb. 5 Beispiel – Vierteljährliches Netto Working Capital. (Quelle: Deloitte)

Abb. 6 Beispiele für Nettoverschuldungspositionen. (Quelle: Deloitte)

Die Nettoverschuldung (sog. „Net debt“) ist ein nicht feststehender Begriff, der in der Praxis und im Transaktionsumfeld unterschiedlich definiert wird (Abb. 6).

Während der Verkäufer in der Regel ein Interesse hat, möglichst niedrige Nettoverbindlichkeiten auszuweisen, möchte der Käufer möglichst hohe bzw. insbesondere vollständige Nettoverbindlichkeiten in seiner Rechnung anführen, da diese entsprechend den zu zahlenden Kaufpreis erhöhen oder reduzieren. Es ist oft strittig, ob eine Position von ihrer Natur aus eine Zahlungsverpflichtung beinhaltet. Häufig wird die Darstellung der Nettoverschuldung als Ausgangspunkt für nachfolgende Verhandlungen verwendet. Da jede dieser Positionen potenziell der Preisanpassung dient, werden diese zunächst möglichst breit definiert. Wird dann festgestellt, ob und wann diese Position zu einem Zahlungsmittelabfluss führt, bleibt zu klären, durch wen diese Zahlung zu erfolgen hat. So ist es durchaus nicht unüblich, dass Verkäufer eine Garantie bzw. eine Freistellung für Prozessrisiken übernehmen (sog. „Indemnity“), wenn sie die Wahrscheinlichkeit einer Zahlung für so gering halten, dass sie nicht wollen, dass der entsprechende Betrag voll oder teilweise vom Käufer in Abzug gebracht wird.

I. Barmittel: Als Barmittel (Cash) werden üblicherweise neben dem Bargeld, flüssige Mittel wie Bankguthaben, Schecks, (konzerninterne) Cash-Pooling Forderungen und andere Liquiditätsreserven bezeichnet, die kurz- bis mittelfristig in flüssige Mittel umgewandelt werden können (z. B. Darlehensforderungen, Körperschaftsteuerguthaben, Kapitalwerte von Rückdeckungsversicherungen). Dies kann auch Positionen des Anlagevermögens betreffen, wenn diese nicht betriebsnotwendig und mit einem überschaubaren Zeithorizont veräußert werden können.
II. Finanzverbindlichkeiten: Als Verschuldung werden all jene zinstragenden Positionen bezeichnet, die einen Zahlungsmittelabfluss („Cash-Outflow“) zur Folge haben, der

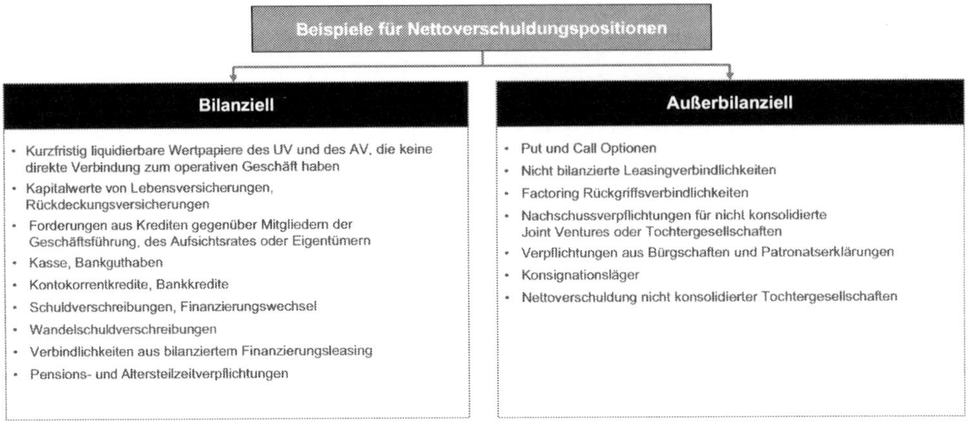

Abb. 7 Beispiele für Nettoverschuldungspositionen – Bilanziell vs. Außerbilanziell. (Quelle: Deloitte)

nicht über die Gewinn- und Verlustrechnung bereits abgebildet ist. Typischerweise wird zwischen der Finanzverschuldung und anderen Verschuldungstiteln unterschieden. Als finanzielle Nettoverschuldung gelten in der Regel Darlehen und anderen Soll-Salden einschließlich aufgelaufener Zinsen, Finanzierungsleasing und andere ‚offensichtlichen' Schuldposten gegenüber Kreditgebern. Bei den anderen Verschuldungstiteln (z. B. Mezzanine Darlehen) sind die Definition und Identifizierung möglicherweise nicht so klar und insofern ist gerade im Rahmen der Financial Due Diligence eine besondere Sorgfalt gefordert.

III. Andere bilanzielle Verbindlichkeiten: Andere in der Bilanz erfassten Verbindlichkeiten, die nicht gegenüber Kreditgebern bestehen, sind typischerweise Pensions- und Altersteilzeitverpflichtungen sowie Rückstellungen, aus denen absehbar eine Zahlungsverpflichtung entstehen wird (z. B. Prozessrückstellungen).

IV. Andere außerbilanzielle Verbindlichkeiten: Hierzu zählen zum Beispiel: Put und Call Optionen und deren negative, noch nicht realisierte Verluste, nicht bilanzierte Leasingverbindlichkeiten, Factoring, Garantien, Nachschussverpflichtungen für nicht konsolidierte Joint Ventures oder Tochtergesellschaften, Verpflichtungen aus Bürgschaften und Patronatserklärungen etc. Sie sind in der Regel besonders strittig, da sie sich in ihrer Höhe nicht eindeutig bestimmen lassen. Wurden in der Vergangenheit zum Beispiel Kapitalinvestitionen unterlassen und besteht nach der Transaktion eine Notwendigkeit, diesen Investitionsrückstau aufzuheben, so haben die an der Transaktion beteiligten Parteien häufig unterschiedliche Vorstellungen über die Höhe der notwendigen Investitionen (Abb. 7).

3.3 Analyse des Cash-Flows

„Cash ist King“ oder „Cash lügt nicht“ sind Faustformeln aus der M&A-Welt und wenngleich man sagen könnte, dass sich der Cash Flow doch unmittelbar aus der bereits dargelegten GuV- und Bilanz-Analyse ableitet, ist die Untersuchung der historischen und prognostizierten Cash-Flows der dritte und überaus wichtige Baustein im Rahmen der Financial Due Diligence.

Vereinfacht ausgedrückt bedeutet der Cash-Flow die Veränderung der liquiden Mittel/Bankguthaben bzw. -verbindlichkeiten innerhalb einer Periode. Bezogen auf die oben genannten Aussagen muss man konstatieren, dass der aktuelle und prognostizierte Kasse Bankbestand ein untrügliches Zeichen der Solidität und der Zukunftsfähigkeit eines zu untersuchenden Zielunternehmens darstellt, was z. B. auch nicht durch divergierende Bilanzierungs- und Bewertungsregeln beeinflusst werden kann; im Klartext, der Kassen-/Bankbestand bleibt der gleiche, egal evtl. welche Bilanzierungsregeln wie z. B. IFRS oder US-GAAP angewendet werden.

3.3.1 Operational Cash-Flow

Ermittelt wird der Cash Flow auf direkte beziehungsweise indirekte Weise. Bei der direkten Ermittlung bildet man die Differenz zwischen Einnahmen und Ausgaben. Bei der indirekten Ermittlung werden weitere Faktoren wie Abschreibungen und Rückstellungen hinzugezogen:

1. Direkte Methode: Ableitung von Einzahlungen und Auszahlungen aus Aufwendungen und Erträgen laut GuV
2. Indirekte Methode: Ableitung der Zahlungsflüsse im Wesentlichen aus der Veränderungs-/Bewegungsbilanz zwischen zwei Stichtagen

Für beide Verfahren gibt es Vor- und Nachteile. Ein Hauptkriterium für die Wahl des einen oder anderen Verfahrens ist sicherlich der Problematik geschuldet, welche der relevanten Finanzinformationen in einem Due Diligence Prozess überhaupt verfügbar sind, wie die beiden folgenden Beispiele zeigen:

- Gibt es nicht zahlungswirksame Erträge und Aufwendungen in der GuV, z. B. Personalaufwand/Rückstellungsbildung für nicht genommen Urlaub, der erst im folgenden Jahr zum Tragen kommt?
- Gibt es Abgrenzungen über den Stichtag hinaus, z. B. Einzahlungen oder Auszahlungen im Geschäftsjahr, die über aktive oder passive Rechnungsabgrenzungsposten ihren Niederschlag in der Bilanz, nicht aber in der GuV gefunden haben?

In der Regel sind die oben genannten Finanzinformationen in einem M&A-Prozess nicht verfügbar oder nur mit großem Aufwand zu beschaffen, was im Allgemeinen schon wegen des engen Zeitfensters ein Ausschluss-Kriterium darstellt. Insofern hat sich aus

Beispiel GmbH - Klassischer Cash Flow vs. Free Cash Flow

€000		GJ 13
GuV	Jahresergebnis	XX
GuV	+ Abschreibungen auf das AV	XX
GuV	+ Zunahme/ - Abnahme der langfristigen Rückstellungen	XX
GuV	+/- zahlungswirksame Aufwendungen/ Erträge aus Sondereinflüssen	XX
GuV	- Erträge aus der Auflösung von Sonderposten	(XX)
Calc.	**= Cash Earnings**	**XX**
B/S	+ Cash Flow aus laufender Geschäftstätigkeit	XX
B/S; GuV	+ Cash Flow aus Investitionstätigkeit	XX
B/S	+ Cash Flow aus Finanzierungstätigeit	XX
Calc.	**= Zahlungswirksame Veränderung der liquiden Mittel**	**XX**
B/S	+ Liquide Mittel am Anfang der Periode	XX
B/S	= Liquide Mittel am Ende der Periode	XX
GuVEBITDA		XX
B/S	+ Veränderung Nettoumlaufvermögen	XX
B/S; GuV	+ Capex	XX
Calc.	**= Free Cash Flow**	**XX**
B/S; GuV	Steuern	XX
B/S	Veränderungen langfristige Rückstellungen	XX
B/S	Veränderungen Nettobankverbindlichkeiten	XX
GuV	Finanzergebnis	XX
B/S	Veränderungen im Eigenkapital	XX
Calc.	**= Zahlungswirksame Veränderung der liquiden Mittel**	**XX**
B/S	+ Liquide Mittel am Anfang der Periode	XX
B/S	= Liquide Mittel am Ende der Periode	XX

Abb. 8 Beispiel – Klassischer Cash Flow vs. Free Cash Flow. (Quelle: Deloitte)

Praktikabilitätsgründen in der Praxis die indirekte Methode bewährt, die in der weiteren Sektion (wo?) im Detail vorgestellt werden soll.

Der Vollständigkeit halber soll zuvor aber nochmals die klassische Cash-Flow Rechnung kurz vorgestellt werden, die vom Beginn bis zum Ende der Betrachtungsperiode die liquiden Mittel überleitet und erläutert, wo und wie der Cash im Unternehmen generiert wurde (Abb. 8):

3.3.2 Free Cash-Flow

Die Free Cash-Flow Analyse ist eine vereinfachte Rechnung, die in Kürze einen Überblick darüber verschafft, wie hoch das frei verfügbare operative Cash ist, welches dann noch für die Stakeholder in Form von a) Dividenden, b) Zins und Tilgung und/oder c) Steuern zur Verfügung steht (Abb. 9):

Ausgangspunkt der Free Cash-Flow Analyse ist dabei das nachhaltige Betriebsergebnis *vor* Zinsen, Steuern und Abschreibungen (= EBITDA).

Beispiel GmbH - Historical Free Cash Flow

€000	FY11	FY12	FY13
EBITDA	**12,926**	**16,377**	**17,052**
Change in inventories	(995)	(3,898)	(825)
Change in trade receivables	81	(7,420)	(460)
Change in trade payables	456	7,367	(3,632)
Change in trade working capital	(459)	(3,951)	(4,918)
Change in other receivables	(6,902)	(713)	(5,552)
Change in other liabilities	(822)	1,284	1,207
Change in prepaid expenses	(1,258)	719	(16)
Change in other provisions	3,573	1,154	2,047
Change in other working capital	(5,408)	2,444	(2,315)
Change in working capital	**(5,867)**	**(1,508)**	**(7,232)**
Capex	(1,797)	(3,279)	(2,987)
Free cash flow before taxes	**5,262**	**11,590**	**6,833**
Taxes	(1,875)	(4,156)	(2,306)
Free cash flow after taxes	**3,387**	**7,434**	**4,526**
Cash conversion (before taxes)	*75.2%*	*71.3%*	*73.2%*

Source: Management Information

Abb. 9 Beispiel – Historische Free Cash Flow. (Quelle: Deloitte)

Das nachhaltige Betriebsergebnis, insbesondere bereinigt um die nicht-zahlungswirksamen Abschreibungen und Wertberichtigungen, ist eine Art Proxy-Größe für die Stärke des Unternehmens, operativen Cash-Flows zu generieren. Die weiteren Komponenten in der Free Cash-Flow Rechnung betreffen die Änderungen beim Working Capital bzw. die Investitionen („Capital Expenditure" oder kurz „Capex").

Aus dem Anschauungsbild wird klar, dass ein positives EBITDA für sich alleine nicht genug ist, sondern der absolute Wert so groß sein muss, um z. B. auch ein Wachstum beim Working Capital bzw. die notwendigen Investitionen „zu verdienen"; erst der übersteigende Betrag bringt somit einen Wertbeitrag für das Unternehmen bzw. ultimativ für die Gesellschafter.

In diesem Zusammenhang sprechen wir hier auch von der sog. „Cash Conversion Ratio". Wie viel EURO bleiben von 1 € Betriebsergebnis (EBITDA) am Ende des Tages in der Kasse und stehen für die Stakeholder zur freien Verfügung?

Weitere Besonderheiten bei der Cash Flow Analyse betreffen u. a. die folgenden Sachverhalte:

- Cash-Flow nach Segmenten – insoweit möglich und sinnvoll kann der Cash Flow nach verschiedenen Geschäftseinheiten getrennt analysiert werden, um unterschiedliche Profile darzustellen;
- Maintenance vs. Expansion – betrachtet man die Investitionen ins Anlagevermögen im Detail (sog. „Capital Expenditure" oder kurz „Capex"), kann man unterscheiden nach reiner Wartung bzw. Werterhalt und Expansion;

- Darstellung/Ausweis GuV vs. Bilanz – möglicherweise gekoppelt an einer steuerlich orientierten Bilanzpolitik mag es Auslegungsunterschiede geben, ob Ausgaben in/für das Anlagevermögen (z. B. Großreparaturen) im Anlagevermögen kapitalisiert oder in der GuV ausgewiesen werden;
- Saisonalität – wie bereits beim Nettoumlaufvermögen dargestellt, ist der Cash Flow möglicherweise starken monatlichen Schwankungen unterworfen und insofern bietet sich eine zumindest monatliche Analyse an; (Cash-Flow Normalisierungen) – analog zur Ergebnis-Normalisierung kann man versuchen, den Cash Flow um außergewöhnliche und einmalige Sachverhalte zu normalisieren (z. B. selbsterstellte immaterielle und materielle Vermögensgegenstände, erhaltene Zuschüsse).

Zusammenfassend lässt sich festhalten, dass man aus der Entwicklung des Cash Flows in der Vergangenheit neben der Veränderung der liquiden Mittel von Periode zu Periode auch die Potenziale eines Unternehmens für eine zukünftige Weiterentwicklung ablesen kann. Für Investoren wie Anleger bedeutet dies, dass sie mithilfe des Cash Flow ausrechnen können, ob ein Unternehmen z. B. Innovationen tätigen kann oder Dividenden ausschütten wird.

Der Cash Flow gilt daher nicht nur als allgemeine Messgröße für die Bewertung von Unternehmen. Er ist auch ein wichtiger Indikator für Investitionen, Schuldentilgungen und Gewinnausschüttungen bzw. vielmehr ganz allgemein: Für die Innovationsfähigkeit.

Gleichzeitig kann ein negativer Cash Flow, bei dem Mittel aus dem Unternehmen abfließen (sog. „Cash-Burn Rate"), anzeigen, ob das Unternehmen nicht mehr in der Lage ist, seine Investitionen am Markt zu verdienen und vielleicht sogar die Gefahr einer Überschuldung bzw. Insolvenz besteht; und dies ist insbesondere dann der Fall, wenn sich die Finanzmittel im Unternehmen sehr schnell verringern.

3.4 Analyse der Geschäftsplanung

Die Financial Due Diligence schließt in der Regel auch eine kritische Durchsicht der Planung für die zukünftige Geschäftsentwicklung (sog. „Business Plan" oder „BP") mit ein. Idealerweise liegt hierfür ein integriertes Planungsmodell bestehend aus GuV, Bilanz und Cash Flow Rechnung über einen Zeitraum von 3–5 Jahren vor; alternativ können auch Budgets oder Prognosen vom Management zur Verfügung gestellt werden, die dann in den meisten Fällen jedoch nicht den Detaillierungsgrad einer vollständigen Planungsrechnung haben.

Bei der Financial Due Diligence wird der Business Plan insbesondere auf die beiden folgenden Schwerpunkte hin untersucht:

1. Korrekter Ausgangs-bzw. Aufsetzpunkt – d. h. sind die Zahlen laut Business Plan zu den historischen Zahlen überleitbar?
2. Plausibilisierung der Annahmen – d. h. sind die dem BP zugrundliegenden Annahmen oder sog. Prämissen plausibel und nachvollziehbar anhand der historischen Entwicklung oder anhand erwarteter Entwicklungen und Trends?

Gerade der zweite Punkt erfordert eine hohe Sachkenntnis und Industrieexpertise des Geschäftsmodells, was dafür spricht, diesen Teil mit einer Commercial Due Diligence zu vernetzen.

Darüber hinaus bietet es sich an, die Annahmen vom Management des Zielobjekts mit den eigenen Erwartungen zu spiegeln und zu kommentieren. Am Ende des Tages, liegen die Annahmen sowie die Prognosen in der alleinigen Verantwortung des alten (oder neuen) Managements des Zielobjekts. In der Praxis hat es sich deshalb auch bewährt, dass man die Ergebnisse des BP Reviews – zumindest in Teilen – mit dem Management des Targets bespricht und sich gegebenenfalls auch bestätigen lässt.

In jedem Fall sollte man beachten, dass sich Prognosen auf die Zukunft beziehen und dass es daher grundsätzlich zu -nicht unerheblichen- Abweichungen zwischen den prognostizierten und den tatsächlichen Ereignissen kommen kann, da Ereignisse und Umstände häufig nicht wie erwartet eintreten.

4 Verzahnung der Financial Due Diligence mit der Post-Merger-Integration

Die Post-Merger-Integration, d. h. die der Transaktion nachgelagerten Prozesse der Verzahnung von Abläufen und Strukturen, bilden im Grunde genommen keinen klassischen Inhalt der Due Diligence. Dies gilt bei einem Sell-Side Mandat noch mehr als bei einer Buy-Side-Due Diligence, da die Abläufe und Strukturen des akquirierenden Unternehmens nicht bekannt sind und sich die Intentionen eines Käufers schwer antizipieren lassen. Bei der Buy-Side-Due Diligence ist es noch immer üblich, den Untersuchungsgegenstand als Stand-Alone-Case zu definieren. Das heißt, die mit der Due Diligence beauftragten Mitarbeiter oder externe Dienstleister untersuchen das zu akquirierende Unternehmen unabhängig von den Gegebenheiten bzw. der Intention des zu akquirierenden Unternehmens. Es spielt dann für die Due Diligence auch kaum eine Rolle, ob das Unternehmen als reine Finanzanlage oder als strategische Investition akquiriert wird. Es werden lediglich im Auftragsumfang leicht voneinander abweichende Akzente gesetzt (Konzentration auf Cash, Verschuldungsgrad und Terminal Value bei Finanzanlagen, Konzentration auf GuV und operative Kennzahlen bei strategischen Investitionen). In der Regel ist die Due Diligence trotz der leicht abweichenden Fokussierung für Finanz- und strategische Investoren gleichermaßen verwertbar.

Die Post-Merger-Aspekte kommen nach dem klassischen M&A-Ablauf erst im Rahmen der Bewertung zum Tragen, wo neben dem Stand-Alone-Case ein sogenannter Combined Case zugrunde gelegt wird, der die Kaufpreisobergrenze definiert. Erst in diesem Combined Case wird der Stand-Alone-Case möglicherweise mit den Finanzkennzahlen des zu akquirierenden Unternehmens verschmolzen und eine gemeinsame GuV, Bilanz und Cash Flow Rechnung der Bewertung zugrunde gelegt. Durch den Vergleich der kombinierten historischen und geplanten Ertrags- und Vermögenszahlen beider Unternehmen mit dem ursprünglichen Finanzzahlen des zu akquirierenden Unternehmens, kann der tatsächlich erwartete Wertbeitrag der Akquisition ermittelt werden. Dieser weicht zwischen verschiedenen Investoren in aller Regel stark voneinander ab und führt dazu, dass die Betrachtung eines Combined Cases im hohen Maße auftraggeberspezifisch und nicht übertragbar ist.

Die beschriebene zeitliche Abfolge von Due Diligence und PMI Betrachtung ist durchaus kritisch. Neben dem zeitlichen Verzug, der in dieser sequentiellen Bearbeitungsweise entsteht, stellt sich das Problem der der Datenaktualität und des Informationsverlustes, der entsteht, wenn sich z. B. Verantwortlichkeiten im Laufe des Projektes ändern. Noch schwerer wiegt jedoch das Argument, dass eine Due Diligence ohne Berücksichtigung der PMI Aspekte nur unvollständig sein kann und die Frage nach der Einhaltung der gebotenen Sorgfalt früher oder später unweigerlich zutage tritt. Die Tatsache, dass trotz eines weitverbreiteten Due Diligence Einsatzes noch immer zwischen geschätzten 60–90 % der Transaktionen nicht den gewünschten Wertbeitrag liefern oder sogar Wert vernichten, kann als Indiz dafür gesehen werden, dass PMI Aspekte gerade nicht mit der gebotenen Sorgfalt Berücksichtigung finden. Es ist daher naheliegend, den klassischen FDD Ansatz um PMI Aspekte zu ergänzen und den Combined Case in den Mittelpunkt der Betrachtung zu rücken.

Wie auch beim Stand-Alone-Case sind auch im Combined Case Trennungen nach funktionalen Themengebieten üblich und manchmal unvermeidbar. Für die Financial Due Diligence bedeutet dies einen nicht unerheblichen Abstimmungsaufwand mit anderen Funktionsbereichen, in denen Analysen vorgenommen werden, die für die Darstellung der Ertrags- und Vermögenslage bedeutend sind. Im Hinblick auf die PMI sind dies in erster Linie die Operational und Commercial Due Diligence.[1] Wichtige Parameter sind dabei

I. Synergien
II. Integrationskosten
III. Pro-Forma Darstellungen

Für eine möglichst akkurate und vollumfängliche Darstellung des Combined Cases im Rahmen der Financial Due Diligence ist es erforderlich, dass die PMI-Planung weitgehend vorangeschritten ist. Diese umfasst die Verabschiedung einer gemeinsamen Vision sowie den sogenannten Blueprint, in dem die Eckpfeiler der neuen Struktur nach dem Zusammenschluss definiert sind. Diese umfasst in der Regel die weiterzuführenden Geschäftsbereiche, die wesentlichen Aktivitäten und die organisatorische und rechtliche Aufstellung der neuen Einheit (z. B. Anzahl der Divisionen, Legal Entities etc). Je detaillierter die PMI-Planung vorangeschritten ist (Zeitplanung, Meilensteine, Verantwortlichkeiten), desto höher ist der Gütegrad der Financial Due Diligence auf den Combined Case.

[1] Angemerkt sei hierbei, dass die Notwendigkeit des Informationsaustausches durchaus wechselseitig ist, da die Zugrundelegung eines einheitlichen und belastbaren Zahlenwerkes, wie es üblicherweise in der Financial Due Diligence entsteht, Voraussetzung für eine entscheidungsrelevante Operational und Commercial Due Diligence ist. Bleiben Normalisierungstatbestände bei der Ermittlung der Umsatzsynergien oder des Sollwertes des Nettoumlaufvermögens unberücksichtigt, liefert die Operational und Commercial Due Diligence mitunter falsche Aussagen.

I. Synergien: Die Erzielung von Kosten- und/oder Ertragssynergien setzen in aller Regel die Post-Merger-Maßnahmen voraus. Erst durch die Einbindung und Verknüpfung von Abläufen und Strukturen können diese mit höherer Effizienz und Effektivität durchlaufen werden. Dies gilt für nahezu alle Abläufe der Wertschöpfungskette in der durch a) „Economies of Scale" und b) „Economies of Scope" Umsätze gesteigert, Kosten gesenkt oder die Anlagenauslastung gesteigert werden kann. Für die Financial Due Diligence stellen sich bei der Betrachtung der Synergien in erster Linie zwei Fragestellungen. Wann ist mit den Synergieeffekten zu rechnen (Timing) und wie sicher ist die Realisierung der Synergien (sog. „Comfort Degree")? Beide Aspekte werden häufig nur nachlässig behandelt. Zum Datum finden sich häufig nur vage Aussagen, da die PMI Integration nur in groben Zügen geplant ist. Teils liegt dies an Unsicherheiten im Prozess (z. B. ausstehende Freigabe der Kartellbehörden), teils aber auch an Unsicherheit und Mangel an Erfahrung der handelnden Personen. Auch beim Comfort Degree bleiben die Aussagen in aller Regel vage. Synergien werden 1:1 in die Betrachtung einbezogen, unabhängig davon, ob es sich um absehbare und mit Sicherheit realisierbare Kostensenkungen handelt (z. B. Einsparungen beim Einkauf) oder um beabsichtigte und nicht realisierbare Umsatzsteigerungen (z. B. durch Cross-Selling). Hier hat sich der Ansatz von Diskontierungsfaktoren entsprechend dem Comfort Degree inzwischen als Best Practice etabliert. Das Timing und der Comfort Degree sollten in der Due Diligence einer profunden, objektiven und nachvollziehbaren Prüfung unterzogen werden. In diesem Zusammenhang wäre ebenfalls zu prüfen, ob auch etwaige Dissynergien berücksichtigt wurden. Diese können beispielsweise dann eintreten, wenn zwei Wettbewerber sich zusammenschliessen und ehemalige Kunden beider Unternehmen Aufträge neu ausschreiben, um die Abhängigkeit von einem Lieferanten zu minimieren.

II. Integrationskosten: Die Integrationskosten entstehen in aller Regel im Zusammenhang mit der Transaktion und dem Zusammenschluss (sog. Einmal- oder „One-Off" Kosten) können aber auch unter Umständen wiederkehrend sein. Dies könnte beispielsweise dann der Fall sein, wenn die Unternehmen nach dem Zusammenschluss Publizitätspflichten Folge leisten müssen. Integrationskosten werden oftmals als Kehrseite der Synergien gesehen. Tatsächlich entstehen sie oftmals für Maßnahmen, die keine Ertragssteigerungen zur Folge haben, sondern lediglich Konformität mit gesetzlichen, extern vereinbarten oder intern vorgegebener Richtlinien sicherstellen (sog. Compliance Maßnahmen). So sind bei der Übernahme ausländischer Gesellschaften unter Umständen inländische Gesetzesregelungen in Bezug auf Geldwäsche, Antikorruption oder Exportkontrolle zu beachten. Extern vereinbarte oder intern vorgegebene Richtlinien sind häufig ethischer Natur (z. B. Einhaltung besonderer Umwelt- oder Arbeitnehmerschutzrichtlinien), können aber auch Anforderungen in Bezug auf Unternehmenskommunikation und -transparenz betreffen (Einhaltung eines bestimmten Corporate Designs, Adaption des Geschäftsjahres, des Berichtwesens oder der Bilanzierung).

Integrationskosten sind in aller Regel besser zu quantifizieren und vorherzusehen als Synergien. Allerdings stellt sich auch dort die Frage nach dem Timing und Comfort

Degree. Darüber hinaus wird bei der Analyse der Integrationskosten häufig übersehen, welche Kosten eine GuV bzw. eine Cash Flow Auswirkung haben. Kapitalinvestitionen, wie eine gemeinsame IT Infrastruktur binden Mittel, haben aber über Abschreibungen nur mittelbar Auswirkungen auf die GuV. Umgekehrt können Sonderabschreibungen auf eine vorhandene aber nicht mehr nutzbare Software, die zuvor aktiviert worden war, die GuV belasten ohne einen Cash Impact mit sich zu bringen. Neben der Prüfung des Timings und des Comfort Degrees sollten Cash und GuV Effekte in der Financial Due Diligence sauber separiert werden.

III. Pro-Forma Darstellung: Da der Combined Case ein künstliches Gebilde ist, basiert seine Darstellung auf vielen Annahmen. Diese finden ihren Niederschlag in der sogenannten Pro-Forma-Darstellung in der die GuV, die Bilanz oder im Einzelfall auch die Cash-Flow Rechnung so dargestellt werden, als seien das akquirierende und das zu akquirierende Unternehmen bereits zusammengeschlossen. Die Pro-Forma Darstellung hängt von der gewünschten Zielstruktur beider Unternehmen ab, d. h. es werden einheitlich die später maßgeblichen Rechnungslegungsvorschriften und Bilanzierungsrichtlinien zugrunde gelegt. Der Combined Case wird oftmals auf die GuV beschränkt. Dieser Umstand greift jedoch zu kurz, da einzelne Synergien sich nicht unmittelbar im Ertrag niederschlagen. Durch eine effektivere Lagerhaltung oder Distribution können sich beispielsweise Verbesserungen im Umlaufvermögen und Kapitalumschlag ergeben, die erst mittelbar (durch den Zinsaufwand) auf die GuV einwirken. Es empfiehlt sich daher den Combined Case um Planbilanzen zu ergänzen. Pro-Forma Darstellungen sind insbesondere für börsennotierte Investoren wichtig, da sie es ermöglichen, den Einfluss der Transaktion für Investoren anhand relevanter Kennzahlen darzustellen. So können sie neben den üblichen Ertragskennzahlen (z. B. Earnings per Share) auch Bilanz- und/oder Liquiditätskennzahlen beinhalten. Von hoher Bedeutung sind Pro-Forma-Darstellungen aber auch für Unternehmen, die fremdkapitalfinanziert sind. Dabei gilt es festzuhalten, wie sich die den Fremdkapitalgeber betreffenden, relevanten Kennzahlen entwickeln und ob den Mindestanforderungen der Fremdkapitalgeber (sog. Covenants) in erforderlichem Maße Rechnung getragen wird. Derlei Kennzahlen können beispielsweise der Verschuldungsgrad oder das Verhältnis von EBITDA und Zinszahlungen sein.

Die Pro-Forma-Darstellungen umfassen, wie der Stand-Alone-Case, in der Regel mehrere historische Perioden, die laufende und mehrere Planperioden. Durch einen ausgedehnten Zeitraum soll eine Stabilität in der Analysebasis erreicht werden, da Geschäftsjahre, die aus dem Rahmen fallen (z. B. nach der Globalen Finanzkrise), durch die höhere Zahl der beobachteten Jahre relativiert werden. Wie auch im Stand-Alone-Case sind bei der Pro-forma-Darstellung Financial Due Diligence Handlungen vorzunehmen. So sind bei etwaigen einzigartigen oder für das Geschäft untypischen Geschäftsvorfällen die gleichen Maßstäbe für Normalisierungen heranzuziehen, wie im Stand-Alone-Case. Dazu ist es notwendig, dass diese Kriterien durch die gesamte Financial Due Diligence sauber definiert und dokumentiert werden.

5 Resumee

Die Financial Due Diligence ist ein wesentlicher Baustein des M&A-Prozesses zur Analyse der Chancen und Risiken einer Transaktion und der Ermittlung bzw. Verifikation des Kaufpreises des Transaktionsobjektes. Darüber hinaus ist sie ein wichtiges Instrument für die Post-Merger-Integration, da sie wesentliche Informationen für die Integrationsplanung bereitstellt. Aus den vorgenannten Gründen greift aber die klassische Financial Due Diligence, die sich auf den Stand-Alone-Case eines zu akquirierenden Unternehmens stützt, zu kurz. Werden mit der Akquisition strategische Ziele verfolgt, d. h. dient die Akquisition nicht nur der reinen Finanzanlage, bei der Cash-Flow-Profile und Portfolioüberlegungen im Vordergrund stehen, ist unweigerlich ein Combined Case zu erstellen, der den tatsächlichen Wertbeitrag einer Akquisition offenlegt. Für diesen Combined Case sind wesentliche PMI-Aspekte in die Betrachtung einzubeziehen. Welche Synergien sollen zu welchem Zeitpunkt nach dem Zusammenschluss realisiert werden? Welche Kosten fallen wann für die Integration an und wie belastbar sind diese Berechnungen und Schätzungen? Die Pro-Forma Darstellung stellt das zu erwartende Zahlenwerk nach der Integration dar (retrograd und prospektiv). Hier zeigt sich, wie sich das neue Unternehmen auf Basis einer einheitlichen Rechnungslegung nach dem Zusammenschluss darstellt. Der Vergleich mit dem ursprünglichen Zahlenwerk des akquirierenden Unternehmens weist die tatsächlichen inkrementellen Zahlungs- und Ertragsströme auf.

Stefan Götzen ist Partner im Transaction Services Team in Düsseldorf und verfügt über mehr als 16jährige Erfahrungen bei nationalen und internationalen M&A-Projekten. Darüber hinaus ist er in seiner Funktion Hauptansprechpartner für mittelstandsorientierte Themen und Fragestellungen.

Stefan Götzen hat nach einer Lehre zum Gross- und Außenhandelskaufmann im Stahlhandel und seinem internationalen Studium im Jahre 1992 bei Deloitte angefangen. Für einige Jahre arbeitete Stefan Götzen auch bei einer Beteiligungsgesellschaft, wo er Geschäftsführer und Projektverantwortlicher unter anderem für Unternehmen der Biotech- und Automobilzulieferindustrie war.

Stefan Götzen hat einen MBA der Universität Leichester und hat in Deutschland und England Wirtschaftswissenschaften studiert. Er ist deutscher Wirtschaftsprüfer und Steuerberater sowie amerikanischer CPA (Certified Public Accountant), den er während eines Auslandsaufenthaltes bei Deloitte & Touche LLP, New Jersey/USA in den Jahren 1995–1996 erworben hat.

Dr. Stephane Müller ist Senior Manager im Transaction Services Bereich in München. Er arbeitet seit über 11 Jahren im M&A-Geschäft und hat über 100 Transaktionen begleitet, wo er alle Aspekte des M&A-Prozesses abdeckte. Bevor er zu Deloitte kam, hat Herr Müller für Gemini Consulting/Capgemini und für die Transaction Services Strategy Group von PricewaterhouseCoopers (PwC) in Frankfurt gearbeitet. Herr Müller war sowohl in Kauf- als auch in Verkaufsprozessen von großen und mittelständischen Unternehmen in unterschiedlichen Industrien involviert. Er deckte dort in erster Linie die finanziellen und marktseitigen Aspekte der Due Diligence sowie die Post-Merger-Integration-Vorbereitung ab. Herr Müller hat zahlreiche Erfahrungen in grenzüberschreitenden Transaktionen in Europa, Nord Amerika und dem Asiatisch-Pazifischen Raum sammeln können und war 2 Jahre für Deloitte in Australien tätig. Herr Müller ist Diplom-Kaufmann und hat am Marketing Lehrstuhl in Gießen promoviert. Darüber hinaus hat er einen Masters in Finance an der London Business School erworben und ist amerikanischer Wirtschaftsprüfer (CPA).

Alexander Zahn ist Senior im Transaction Services Team in Düsseldorf. In seiner Funktion konnte er weitreichende Erfahrungen bei diversen M&A-Transaktionen, insbesondere in den Branchen Real Estate, IT-Services, Engineering and Procurement, als auch Start-up/Venture Unternehmen, sammeln. Außerhalb seines Kernaufgabengebietes, bestehend aus buy-side und sell-side Due Diligence Projekten, hat Alexander auch Erfahrung im Feld der Wirtschaftsprüfung und Unternehmensbewertung erlangen können. Nach seinem Bachelorstudium in Köln hat Alexander angefangen bei der HSBC Trinkaus & Burkhardt AG im Bereich Risk Management zu arbeiten. Anschließend absolvierte er sein Masterstudium mit dem Schwerpunkt Finance an der Universität Maastricht, bevor er in das Transacttion Services Team bei Deloitte einstieg. Neben seiner Arbeit nimmt Alexander am CFA (Chartered Financial Analyst) Programm teil (Level 3 Kandidat).

Die rechtliche und steuerliche Due Diligence

Markus Schackmann

Zusammenfassung

Die Durchführung einer Due Diligence dient regelmäßig dem Zweck, die vorhandene Asymmetrie bezüglich der verfügbaren Informationen zwischen dem Käufer und dem Verkäufer zu reduzieren und potentielle Risiken, die sich aus dem Geschäftsbetrieb oder der Transaktionsstruktur ergeben können, zu identifizieren. In diesem Zusammenhang bilden die rechtliche und steuerliche Due Diligence ein Kernstück des Due Diligence-Prozesses, da nahezu sämtliche Lebenssachverhalte in einen rechtlichen oder steuerlichen Rahmen eingebettet sind. Deshalb wird in der Praxis die rechtliche und steuerliche Due Diligence auch zunehmend als integrierter Bestandteil des gesamten Due Diligence-Prozesses gesehen, und zwar fachbereichsübergreifend, womit die isolierte Betrachtung der verschiedenen Prüfungsbereiche zunehmend zurückgedrängt und aufgegeben wird. Der nachfolgende Beitrag beschreibt die Prüfungsschwerpunkte der rechtlichen und steuerlichen Due Diligence. Darüber hinaus wird die Einordnung der rechtlichen und steuerlichen Due Diligence in den Gesamtprozess dargestellt. Zahlreiche praktische Hinweise auf damit verbundene Themenstellungen eröffnen die Möglichkeit, die Aufgabenstellung der rechtlichen und steuerlichen Berater ergebnisorientiert zu definieren und zu optimieren.

M. Schackmann (✉)
Deloitte Legal, Schwannstraße 6, 40476 Düsseldorf, Deutschland
E-Mail: mschackmann@deloitte.de

A. Kuckertz, N. Middelberg (Hrsg.), *Post-Merger-Integration im Mittelstand*,
DOI 10.1007/978-3-658-12370-3_8

1 Einleitung

Die rechtliche und steuerliche Due Diligence unterscheidet unter verschiedenen Aspekten von anderen Formen der Due Diligence, insbesondere von der Commercial und Financial Due Diligence. Während die Financial oder Commercial Due Diligence in der Regel auf die operative Einheit, d. h. die Business Unit, abstellt, zerlegt die steuerliche und rechtliche Due Diligence diese Business Unit in ihre rechtlichen Einheiten. Während eine Business Unit, die Produkte produziert und vertreibt, als wirtschaftliche Einheit zu sehen ist, kann sie unter rechtlichen und steuerlichen Aspekten aus verschiedenen Teilbereichen, etwa einer Produktionsgesellschaft, einer Vertriebsgesellschaft und einer Immobilienbesitzgesellschaft, bestehen. Die rechtliche und steuerliche Due Diligence knüpft dabei an die einzelnen Rechtsträger an, da diese, und nicht die Business Unit, Teilnehmer im Rechtsverkehr und damit Berechtigte oder Verpflichtete sein kann. Diese Unterscheidung erfordert im Vorfeld der Due Diligence eine genaue Klärung, aus welchen Rechtsträgern die zum Verkauf bzw. zum Erwerb anstehende Business Unit besteht. Dabei handelt es sich nicht nur um eine akademische Frage, sondern hat mitunter ganz erhebliche praktische Auswirkungen, insbesondere wenn Teilbereiche einer Business Unit in Rechtsträgern organisiert sind, die zugleich Dienstleistungen für andere Business Units, die nicht Transaktionsgegenstand sind, erbringen, typischerweise sog. Shared Service Center. Auch ist es für die Beurteilung des Umfangs, die Strukturierung der Transaktion unter steuerlichen und rechtlichen Aspekten sowie unter Haftungsgesichtspunkten erforderlich, diese Zerlegung der Business Units in ihre rechtlichen Einheiten vorzunehmen.

Eine andere Vorfrage, die bei der Organisation der Due Diligence von Bedeutung ist, betrifft die geplante Transaktionsstruktur. In der Regel werden Transaktionen entweder als sog. Asset Deals oder als Share Deals bzw. in einer Kombination dieser beiden Erscheinungsformen durchgeführt. Während bei einem Share Deal rechtlich Geschäftsanteile an einer GmbH, Aktien an einer Aktiengesellschaft oder Kommanditanteile an einer Kommanditgesellschaft verkauft und abgetreten werden, umfasst der Asset Deal den Verkauf und die Abtretung der einzelnen Vermögensgegenstände. Wenn mit dem Erwerb der Geschäftsanteile, der Aktien oder der Kommanditanteile eine rechtliche Einheit mit all ihren Rechten und Verpflichtungen erworben wird, erwirbt der Käufer bei einem Asset Deal die einzelnen Vermögensgegenstände, allerdings nur die Rechte und Pflichten, die mit den einzelnen Vermögensgegenständen verbunden sind. Diese Differenzierung ist unter rechtlichen Aspekten dann von Interesse, wenn der Rechtsträger, der zum Erwerb ansteht, mit erheblichen Risiken belastet ist, die der Käufer nicht übernehmen möchte. Hier bieten sich der Asset Deal an, da die Risiken in der Regel dann bei dem Rechtsträger verbleiben, der von dem Verkäufer als weitgehend leere Hülle abgewickelt werden muss; damit behält der Verkäufer mittelbar die immanenten Risiken, die der Käufer nicht erwerben möchte. Ein anderer Aspekt ist die unterschiedliche steuerliche Behandlung bei einem Asset und bei einem Share Deal. Während bei einem Share Deal der Verkäufer einen Kaufpreis erhält, ohne dass stille Reserven in dem Rechtsträger aufgedeckt werden, werden beim Asset Deal einzelne Vermögensgegenstände erworben, der Kaufpreis diesen Vermögensgegenständen im Rahmen einer Purchase Price Allocation zugeordnet, stille Reserven aufgedeckt und dem Erwerber die Möglichkeit gegeben, steueroptimierte Abschreibungsmöglichkeiten auf die erworbenen Vermögensgegenstände zu nutzen. Im Hinblick auf die Frage der Übernahme von Risiken im Rahmen eines Asset Deals ist der Grundsatz, dass sämtliche Risiken, die nicht mit einem Vermögensgegenstand verbunden sind oder ausdrücklich vom Käufer übernommen werden, bei dem Rechtsträger, d. h. mittelbar beim Verkäufer, verbleiben. Zwei wesentliche Ausnahmen hiervon sind allerdings auch beim Asset Deal zu berücksichtigen: Zum einen schreibt § 25 Abs. 1 HGB eine Nachhaftung des Erwerbers vor, wenn er die Firmierung fortführt. Diese gesetzlich angeordnete Nachhaftung kann gemäß § 25 Abs. 2 HGB ausgeschlossen werden. Auch ist es in der Praxis unüblich, die Firmierung fortzuführen. Ein anderer steuerlicher Haftungstatbestand, der in diesem Zusammenhang zu berücksichtigen ist, ergibt sich aus § 71 Abgabenordnung, wonach der Erwerber für bestimmte Steuerarten in einem zeitlich begrenzten Umfang einzustehen hat. Schließlich ergeben sich Besonderheiten im Arbeitsrecht, die aus dem berühmten § 613a BGB folgen, wenn Transaktionsgegenstand ein (oder mehrere) Betrieb(e) ist, da § 613a BGB bestimmte Verpflichtungen aus dem Arbeitsverhältnis bei einem Betriebsübergang auf den Erwerber verlagert.

Ein weiterer Aspekt, in dem sich die rechtliche und steuerliche Due Diligence von der Financial oder Commercial Due Diligence unterscheidet, folgt aus der Tatsache, dass die Beraterteams in der Regel nur zu der Rechtsordnung beraten und eine Due Diligence durchführen können, zu der sie ausgebildet wurden bzw. eine Zulassung haben. Damit ist es bei grenzüberschreitenden Transaktionen erforderlich, nationale Teams für die Prüfung der rechtlichen und steuerlichen Verhältnisse zu organisieren. In der Praxis relativiert sich das organisatorische Problem in der Regel, wenn die Berater einem internationalen Netzwerk angeschlossen werden, da in diesen Fällen das nationale Team, dem die Führung der Due Diligence obliegt, auch die ausländischen Berater organisiert und deren Ergebnisse verarbeitet. Allerdings zeigt die Praxis, und diese Praxis kann folgenschwere Probleme nach sich ziehen, dass aus Zeit- und Kostengründen der Erwerber häufig davon absieht, kleinere Auslandsgesellschaften auf ihre rechtlichen und steuerlichen Verhältnisse im Rahmen einer Due Diligence prüfen zu lassen, sondern es als ausreichend empfindet, wenn die (grenzüberschreitende) Business Unit aus finanzieller und/oder kommerzieller Sicht begutachtet wird. In diesen Fällen neigt der Erwerber dazu, das deutsche Verständnis von steuerlichen oder rechtlichen Sachverhalten auf die Auslandsgesellschaften zu übertragen, was allerdings in der Regel nicht möglich ist. Exemplarisch darstellen lässt sich diese Thematik im Arbeitsrecht. Die arbeitsrechtlichen Verhältnisse in Deutschland und Frankreich unterscheiden sich in einem Maße, das eine Projizierung der deutschen Verhältnisse auf die französischen Verhältnisse nicht zulässt. Deshalb sollte an dieser Stelle der Rotstift nicht angelegt werden, zumindest sollten die Bereiche, die Werttreiber für die Business Unit bilden, nach den jeweiligen nationalen Rechtsvorschriften steuerlich und rechtlich geprüft werden.

2 Vorbereitung der Due Diligence

Vor Beauftragung der Due Diligence, wobei es insoweit unerheblich ist, welcher Fachbereich betroffen ist, ist die Frage zu klären, welchem Zweck die Durchführung der Due Diligence dient. Sinn und Zweck der rechtlichen und steuerlichen Due Diligence ist die Erlangung eines Verständnisses der rechtlichen und steuerlichen Verhältnisse des Transaktionsgegenstandes sowie die Identifikation möglicher Risiken. Ferner ist die rechtliche und steuerliche Due Diligence hilfreich, mitunter sogar zwingende Voraussetzung, um eine sinnvolle Erwerbs- bzw. Transaktionsstruktur zu erarbeiten. Damit sind die geborenen Adressaten der rechtlichen und steuerlichen Due Diligence die Leitungsorgane und Fachabteilungen des Erwerbers sowie eventuelle Aufsichtsgremien des Erwerbers, die über die Risiken informiert sein müssen, da die Ergebnisse – je nach Bewertungsmodel – auch unmittelbar die Bewertungsparameter und -ergebnisse beeinflussen können. Damit determinieren die subjektiven Vorstellungen dieser Adressaten häufig den Umfang der Due Diligence. Was dabei gerne unterlassen wird, ist die Beantwortung der Frage, ob es weitere Adressaten der rechtlichen und steuerlichen Due Diligence, insbesondere außerhalb des Erwerbers, gibt. An erster Stelle stehen hier Banken, die entweder mittels einer Akquisitionsfinanzierung oder mittelbar über eine Unternehmensfinanzierung später die Präsentation der Due Diligence-Ergebnisse erwarten. Damit entzieht sich bei der Beantwortung der Frage, wie der Umfang der rechtlichen und steuerlichen Due Diligence ausgestaltet sein soll, die Antwort dem subjektiven Empfinden und Erfahrungshorizont des Erwerbers und wird um eine objektive Dimension, nämlich dem Empfängerhorizont der Banken, erweitert. Um es aus praktischer Sicht plastisch auszudrücken: Der Umfang der rechtlichen und steuerlichen Due Diligence kann sich erheblich erweitern, wenn die Due Diligence Reports und -Ergebnisse zu Finanzierungszwecken Banken oder anderen Finanzinstituten vorgelegt werden müssen, da diese in der Regel nicht über den identischen Kenntnisstand der Industrie oder des Geschäftsmodells verfügen, wie ein strategischer Erwerber. Entsprechendes gilt, und dies ist für einen strategischen Verkäufer von Interesse, wenn er an einen Finanzinvestor verkaufen möchte. Hier sieht er sich der Problematik ausgesetzt, dass sämtliche steuerlichen und rechtlichen Themen, die teilweise auch nur abstrakter Natur sind, abgefragt und untersucht werden. Dies führt zu einem beachtlichen Aufwand und mitunter erschließen sich für den Verkäufer nicht die Hintergründe, warum er mit langen Fragenkatalogen und Anforderungslisten „bombardiert" wird. Allerdings macht es aus praktischer Sicht keinen Sinn, über die Notwendigkeit umfangreicher Fragen- oder Anforderungslisten zu diskutieren, wenn dies der Erwerber verlangt und der Käufer ernsthaft in Betracht zieht, an diesen Erwerber zu verkaufen. Da es auf Erwerberseite mitunter wenig Verhandlungsspielraum gibt, mögen bestimmte Vorgehensweisen für den Verkäufer durchaus ärgerlich sein, in der Sache wird er aber in dieser Situation wenig ändern können und sollte – auch im eigenen Interesse – den Anforderungen positiv gegenüber stehen.

In der Vorbereitungsphase sollte sich ein Verkäufer darüber Gedanken machen, ob und inwieweit der Offenlegung von Informationen im Rahmen einer steuerlichen und rechtlichen Due Diligence Restriktionen gezogen sind. Typische Sachverhalte, aus denen sich

Restriktionen ergeben, sind satzungsmäßige oder gesellschaftsvertragliche Zustimmungsvorbehalte von Minderheitsgesellschaftern, datenschutzrechtliche Bestimmungen oder das Unternehmensinteresse. Unter dem Stichwort Unternehmensinteresse muss sich der Verkäufer fragen, wie er den Konflikt zwischen dem umfangreichen Informationsinteresse des Erwerbers und dem Interesse an der Geheimhaltung besonders sensitiver Informationen über das Zielunternehmen ausbalancieren möchte und kann. Das Beispiel, in dem der größte Wettbewerber am Erwerb des Zielunternehmens äußert, macht deutlich, dass bestimmte Bereiche in einer ersten Phase der rechtlichen Due Diligence dem Erwerber nicht offen gelegt werden können oder dürfen. Dies sind – mitunter auch aus kartellrechtlichen Gründen – kunden- und marktbezogene Daten oder Informationen zum Personal. In diesen Fällen behilft sich die Praxis damit, sog. Clean Teams einzusetzen. Hierbei handelt es sich in der Regel um Beraterteams des Erwerbers, die aber berufsrechtlich zur Verschwiegenheit verpflichtet sind, und sich gegenüber dem Verkäufer ausdrücklich verpflichten, die ihnen zur Verfügung gestellten Informationen nur in einer bestimmten Form an den potentiellen Erwerber nach der Prüfung weiterzugeben. Wenn also der Verkäufer im Rahmen der Due Diligence eine Aussage zu Umsätzen aus Verträgen mit den zehn besten Kunden trifft, erhält das Clean Team die Möglichkeit, die Kundenverträge durchzusehen und auch die Umsatzzahlen zu prüfen; an den Erwerber wird am Ende allerdings nur die Bestätigung gegeben, dass die Aussage des Verkäufers zu diesen Themenbereichen zutreffend ist. Details der Prüfung der Kundenverträge, um im Beispiel zu bleiben, werden von dem Clean Team nicht an ihren Auftraggeber, dem Erwerber, weitergegeben. Steuerlich kann dieser Aspekt des Drittvergleichs auch im Rahmen der Prüfung der konzerninternen Verrechnungspreise des Zielunternehmens von großem Interesse sein, da entsprechende Unterlagen eine Vermutung für die Richtigkeit und Angemessenheit der konzerninternen Verrechnungspreise dokumentieren.

Gerne wird in der Praxis bei der Veräußerung eines Unternehmens durch mehrere Verkäufer übersehen, dass der Offenlegung von Informationen im Rahmen einer rechtlichen und steuerlichen Due Diligence gesellschaftsvertragliche oder satzungsmäßige Restriktionen entgegenstehen. Steht z. B. eine GmbH, an der mehrere Gesellschafter beteiligt sind, zum Verkauf an und knüpft die Satzung die Veräußerung von Geschäftsanteilen an die Zustimmung aller Gesellschafter an (sog. Vinkulierung), dann kann die Mehrheit der Gesellschafter nicht ohne vorherige Zustimmung der Minderheitsgesellschafter Informationen im Rahmen einer Due Diligence nicht ohne weiteres offenlegen, da die spätere Veräußerung der Geschäftsanteile der Mehrheitsgesellschafter der Zustimmung der Minderheitsgesellschafter bedarf. Die Rechtsprechung leitet hieraus teilweise den – nachvollziehbaren – Gedanken ab, dass im Unternehmensinteresse keine Informationen an Dritte offen gelegt werden dürfen, wenn es fraglich ist, ob die beabsichtigte Transaktion, deren Vorbereitung und Durchführung der Offenlegung der Informationen dient, überhaupt unter gesellschaftsrechtlichen Aspekten erfolgen wird. Darüber hinaus sind Restriktionen z. B. bei kapitalmarktorientierten Aktiengesellschaft zu berücksichtigen, die jeweils im Einzelfall vor Beginn der Due Diligence zwischen dem Verkäufer und seinen Beratern geklärt sein sollten, da sie erheblichen Einfluss auf das „Ob“ und „Wie“ der Durchführung der Due Diligence haben werden.

3 Prüfungsfelder der rechtlichen und steuerlichen Due Diligence

Die rechtliche Due Diligence umfasst inhaltlich in der Regel die Bereiche Gesellschaftsrecht, die arbeitsrechtlichen Verhältnisse, Immobilien, die wesentlichen Vertragsverhältnisse sowie die Rechtsstreitigkeiten. Darüber hinaus gibt es noch Schnittstellen zu anderen Bereichen, die mitunter einer besonderen Herangehensweise bedürfen, namentlich der Bereich der öffentlich-rechtlichen Genehmigungen und des Versicherungsschutzes.

Im Gesellschaftsrecht ist regelmäßig Prüfungsgegenstand, ob die Regeln zur Kapitalaufbringung und -erhaltung eingehalten wurden, da die mitunter sehr komplexe Rechtsprechung zahlreiche Haftungsrisiken begründen kann, wenn gegen die anzuwendenden Grundsätze verstoßen wurde. Damit in engem Zusammenhang steht auch die Frage nach der sog. „Kette der Anteilsübertragungen", d. h. der Frage, ob der Verkäufer dokumentieren kann, wie die Anteile, die er bei einem Share Deal zu veräußern beabsichtigt, von ihrer Entstehung bei der Gründung der Gesellschaft bis in sein Eigentum gelangt sind. Diese Kette der Anteilsübertragungen lässt sich mitunter nicht oder nur mit unverhältnismäßigem Aufwand nachvollziehen. Dies lässt sich an dem Beispiel verdeutlichen, dass Gesellschaften, die vor den Wirren des Weltkrieges gegründet wurden, nicht immer über die gesamte Dokumentation verfügen, und zwar ebenso wenig wie ihre seinerzeitigen Gesellschafter. Damit stellt sich im Einzelfall die Frage nach einer Risikoeinschätzung, wobei dieser Themenbereich zunehmend an Relevanz verliert, nachdem der Gesetzgeber für GmbH-Geschäftsanteile die Möglichkeit des gutgläubigen Erwerbs in das GmbH-Gesetz eingeführt hat.

Im Arbeitsrecht wird in der Regel zwischen dem Individualarbeitsrecht und dem Kollektivarbeitsrecht unterschieden. Die Prüfungstiefe im Individualarbeitsrecht hängt von den Verhältnissen im Einzelfall ab. Regelmäßig sind Prüfungsgegenstand die Verträge mit dem Management und den leitenden Angestellten. Auch empfiehlt es sich, Standard-Arbeitsverträge durchzusehen, da auf diese das Recht der allgemeinen Geschäftsbedingungen Anwendung findet. Die Rechtsprechung hat auf dieser Basis bereits zahlreiche Klauselwerke in Arbeitsverträgen beanstandet.

Im Kollektivarbeitsrecht stehen Tarifverträge und Betriebsvereinbarungen im Vordergrund. Hier ist es mitunter schwierig, eine Vorentscheidung zu treffen, da die schlagwortartige Umschreibung von Betriebsvereinbarungen nicht immer erkennen lässt, wie weitgehend die Auswirkungen ihres materiellen Regelungsgehalts sind. Deshalb bietet es sich an, die Betriebsvereinbarungen insgesamt einer prüferischen Durchsicht zu unterziehen. Einen Sonderfall bildet der Bereich der Pensionen, da hier die Prüfungsbereiche Finanzen, Steuern und Recht eng ineinandergreifen. Häufig wird das Thema der Pensionen der rechtlichen Due Diligence zugeordnet. Richtigerweise, und in diese Richtung geht der aktuelle Trend, werden die Pensionen als gesonderter Prüfungsbestandteil einer Due Diligence ausgewiesen und geprüft, die dann auch die ggfs. bestehenden steuerlichen Besonderheiten bzgl. der Pensionen berücksichtigt.

Was zu den wesentlichen Verträgen der Zielgesellschaften zählt, liegt in der Regel der Verkäufer vorab fest, weshalb dem Käufer im Rahmen der Due Diligence regelmäßig nur die Möglichkeit bleibt, auf die zutreffende Vorauswahl durch den Verkäufer zu vertrauen.

Die verbleibenden Risiken, wesentliche Verträge im Rahmen der Due Diligence nicht offen gelegt erhalten zu haben, werden in der Regel im Rahmen des Kaufvertrages berücksichtigt. Neben den Prüfungsfragen nach der Wirksamkeit des Vertragsschlusses, der Vertragsinhalt, der Vertragslaufzeit und dem anwendbaren Recht liegt ein Aspekt auf den Sonderkündigungsrechten infolge der Veränderung der Gesellschafterstruktur, sog. Change of Control-Klauseln, und kartellrechtlichen Fragestellungen. Die kartellrechtlichen Fragestellungen können insbesondere im Bereich der Vertriebsverträge, d. h. auf der Absatzseite, eine Rolle spielen. Diese Problematik wird gerne unterschätzt.

Dass die Offenlegung der Erfassung von Rechtsstreitigkeiten ein zentraler Prüfungspunkt bei der rechtlichen Due Diligence ist, ist keine überraschende Erkenntnis. Interessant ist die Frage, wie mit diesem Themenkomplex in der Transaktionsdokumentation umzugehen ist. Insoweit gilt im Grundsatz folgende Differenzierung:

Eine vertragliche Garantie deckt in der Regel das Risiko ab, dass über die offen gelegten und bekannten Rechtsstreitigkeiten hinaus keine weiteren Rechtsstreitigkeiten bestehen, da der sog. Garantiekatalog in der Regel Aussagen zum Zustand der Gesellschaft absichert. Wenn Risiken, wie z. B. ein Rechtsstreit, offen gelegt werden, geht eine solche Garantie ins Leere, da nach dem Grundkonzept des deutschen Zivilrechts eine Garantiehaftung des Verkäufers bei Kenntnis der tatsächlichen Gegebenheiten ausgeschlossen sein kann. Diesem Konzept dient letztlich auch die Offenlegung im Rahmen der Due Diligence. Damit bleibt regelmäßig technisch für solche Fälle nur eine sog. Freistellung. Der Verkäufer verpflichtet sich den Käufer oder die Zielgesellschaft von Risiken, die im Zusammenhang mit dem – hier – offen gelegten Rechtsstreit bestehen, freizustellen, d. h. die Gesellschaft oder den Verkäufer so zu stellen, als wenn der Rechtsstreit nicht existieren würde. Den exakten Inhalt und Umfang einer Freistellung müssen die Parteien im Zusammenhang mit den Parteien im Rahmen der Verhandlung des Unternehmenskaufvertrages definieren. Weigert sich der Verkäufer eine solche Freistellung zu geben, was durchaus denkbar ist, liegt es an dem Käufer, das potentielle Risiko einzupreisen und bei der Ermittlung des Kaufpreises in geeigneter Form zu berücksichtigen.

Schwierigkeiten bereitet in der Regel die Frage, wie mit der Prüfung der öffentlichrechtlichen Genehmigungen umzugehen ist. Hier finden wir eine Schnittstelle zwischen technischen Anforderungen und rechtlichen Vorgaben, die im Rahmen der rechtlichen Due Diligence nicht wirklich abgedeckt werden kann. In einer idealen Konstellation, die aber sehr selten anzutreffen ist, ist es den Beratern des Käufers tatsächlich möglich, die Notwendigkeit öffentlich-rechtlicher Genehmigungen festzulegen und darauf basierend zu prüfen, ob die notwendigen Genehmigungen vorliegen. Deshalb ist der Regelfall, dass schon der erste Schritt, nämlich die Frage nach dem Vorliegen sämtlicher öffentlich-rechtlicher Genehmigungen, in der Regel nur mit einem Fragezeichen beantwortet werden kann. Vielmehr geht die Prüfung dahin, ob die wesentlichen Genehmigungen, insbesondere nach dem Bundesemissionsschutzgesetz, vorliegen. Die zweite Frage, ob die Anlagen genehmigungskonform betrieben werden, ist schließlich technischer Natur und sollte als solche auch kommuniziert werden. Daher weißt der erfahrene Berater bereits bei der Festlegung des Umfangs der rechtlichen Due Diligence darauf hin, dass die Frage, ob alle Genehmigungen vorliegen, vermutlich nur mit einem Fragezeichen beantwortet werden kann, die Frage, ob die Anlagen genehmigungskonform betrieben werden, einer Beantwortung im Rahmen der rechtlichen Due Diligence nicht zugänglich ist.

Vergleichbar verhält es sich im Bereich der Versicherungen. Natürlich ist es den rechtlichen Beratern möglich, sämtliche Versicherungsverträge aufzunehmen und den Inhalt des Versicherungsschutzes abstrakt auf Basis der Versicherungsverträge zu dokumentieren. Damit ist aber in der Regel dem Käufer nicht geholfen, da die Frage, ob der Versicherungsschutz für das spezielle Geschäft ausreichend ist, und wie der Versicherungsschutz künftig ausgestaltet bzw. gewährleistet werden soll, unbeantwortet bleibt. Unter Aspekten der Praktikabilität bietet es sich daher an, die Prüfung der Versicherungsverträge in enger Abstimmung mit den Versicherungsexperten des Käufers, etwa einem Versicherungsmakler, zu organisieren, da auf diesem Wege viele abstrakte Rechtsprobleme in der Praxis unbürokratisch gelöst und ein ausreichender Versicherungsschutz für die Zukunft gewährleistet werden kann. Hinzu kommt, dass bei dem Erwerb von Gesellschaften oder Aktivitäten aus einem Konzern die bisherigen Aktivitäten in der Regel über eine Konzernpolice versichert wurden, die regelmäßig endet, wenn das Unternehmen oder der Unternehmensteil den Konzern verlässt. Spätestens in diesen Fällen wird deutlich, dass eine Ist-Betrachtung nur einen eingeschränkten Mehrwert bringt; vielmehr ist der Soll-Zustand zu definieren und vor Abschluss der Transaktion mit den künftigen Versicherern zu organisieren. Dabei finden sich regelmäßig auch Lösungen, um einen reibungslosen Transfer aus dem einen Versicherungsregime in ein neues zu gewährleisten.

Der Umfang der steuerlichen Due Diligence orientiert sich im Wesentlichen an folgenden Themenkomplexen: Steuerliche Risiken des Zielunternehmens in der Vergangenheit, steuerliche Attribute des Zielunternehmens, die Auswirkungen auf die zukünftige Steuerbelastung haben können, Transaktionssteuern sowie steuerliche Aspekte der Erwerbsstruktur.

Die Ausprägung des Umfangs der steuerlichen Due Diligence in den oben genannten Themenkomplexen ist im Wesentlichen durch die steuerlichen Gegebenheiten des Zielunternehmens geprägt, aber auch durch die bereits oben angesprochenen Rahmenbedingungen (zeitlicher Umfang für die Due Diligence, Restriktionen im Zugang zu Informationen des Zielunternehmens etc.). Darüber hinaus sind einzelne steuerlich relevante Bereiche nicht eindeutig nur einem der oben genannten Themenkomplexe zuzuordnen; beispielhaft seien nur die konzerninternen Verrechnungspreise genannt, die sowohl vergangenheitsbezogene Aspekte als auch zukunftsbezogene Themenkomplexe ansprechen. Letzteres insbesondere bei der Eingliederung des Zielunternehmens in die Geschäftsabläufe des Erwerbsunternehmens.

Hinsichtlich der *steuerlichen Risiken des Zielunternehmens in der Vergangenheit* ist neben der Steuerart die materielle Bestandskraft der jeweiligen Steuer von Bedeutung. In diesem Punkt unterscheidet sich die steuerliche Due Diligence erheblich von der rechtlichen Due Diligence, da abgeschlossene – und geprüfte – Zeiträume betroffen sind. Sofern das Zielunternehmen in unterschiedlichen Jurisdiktionen tätig ist, ist zwar keine einheitliche materielle Bestandskraft gegeben, gleiches aber auch oftmals sofern unterschiedliche Gesellschaften in einer Jurisdiktion vorliegen. Hier muss im Rahmen der steuerlichen Due

Diligence zielorientiert abgewogen werden, welche Jahre der Vergangenheit zu untersuchen sind und dann ggfs. im Rahmen von Einzelfallprüfungen ausgedehnt werden. Grundsätzlich werden zu mindestens immer die letzten drei offenen Jahre der steuerlichen Due Diligence unterworfen. Die steuerliche Due Diligence fokussiert sich hierbei in der Regel auf die Ertragssteuern inkl. Kapitalertragsteuern sowie Verkehrssteuern wie z. B. Grunderwerbsteuer und Kapitalverkehrssteuern. Diese Steuerarten werden grds. allumfassend untersucht, soweit dies aufgrund der Informationen möglich ist. Hierbei werden auch steuerliche Compliance Themen berücksichtigt.

Anders verhält es sich bzgl. der Umsatzsteuer als Verkehrssteuer, Zöllen, Lohnsteuer und Sozialabgaben. Hintergrund hierfür ist, dass aufgrund der Einbindung der Steuerermittlung bzgl. dieser Steuerarten in und durch das ERP System und der Vielzahl von Transaktionen, die die Steuern auslösen, keine umfassende steuerliche Due Diligence möglich ist, da dieses auch einen Einstieg in die jeweiligen Systeme der Gesellschaft bedeuten würde, was vor dem Erwerb eines Unternehmens ausgeschlossen ist. Hier basiert die steuerliche Due Diligence im Wesentlichen auf der Auswertung von Informationen vergangener Untersuchungen (z. B. Betriebsprüfungen und Sonderprüfungen) sowie entsprechender Interviews mit dem Zielunternehmen. Im Rahmen der Interviews (auch Q&A Sessions genannt), soll versucht werden die entsprechenden Prozesse zu ermitteln, die der „Einbettung" der jeweiligen Steuer in die Unternehmensflüsse unterliegen und stichprobenartig Kenntnisse über die steuerliche Behandlung zu erlangen, um ggfs. Einzelfallprüfungen im Rahmen der steuerlichen Due Diligence anzufragen. Typische Bereiche der Einzelfallprüfung bzgl. dieser Steuern sind z. B. die Existenz umsatzsteuerlicher Organschaften, der Vorsteuerabzug bei Holdinggesellschaften und im Rahmen von Erwerbs-/Verkaufstransaktionen, die lohnsteuerliche Behandlung von Management Equity Plänen, etc.

Der Bereich der operativen konzerninternen Verrechnungspreise wird grds. immer nur einer überschlägigen Prüfung zugänglich sein, da entsprechende Detailinterviews mit den operativen Einheiten im Rahmen der Due Diligence nicht mgl. sein werden und somit die notwendigen Informationen für eine Funktions- und Risikoanalyse nicht vorliegen. Sofern jedoch separierbare konzerninterne Verrechnungspreis Transaktionen vorliegen, wie z. B. im Bereich der Darlehensgewährung, so sind auch hier konkretere Prüfungen möglich.

Von den zuvor beschriebenen vergangenheitsbezogenen steuerlichen Risiken sind die *zukünftigen steuerlichen Risiken* zu unterscheiden, da diese tendenziell im Rahmen der kaufvertraglichen Regelungen dem Verkäufer nicht aufgebürdet werden können. Das Risiko kann lediglich teilweise durch entsprechende Bestandsgarantien beim Verkäufer verbleiben. Der Bereich der möglichen zukünftigen steuerlichen Risiken ist vielschichtig. Diese Risiken können in Jahren begründet sein, die bereits der Bestandskraft unterliegen. Aus deutscher steuerlicher Sicht handelt es sich hierbei u. a. um den generellen Bereich der sogenannten „Nachbehaltefristen" aufgrund von Umstrukturierungen im Konzern. Diese umfassen grds. einen Zeitraum von maximal 7 Jahren, so dass die steuerliche Due Diligence auch die Konzernstruktur der vergangenen 7 Jahre umfassen sollte. Hintergrund all dieser Regelungen ist in der Regel, dass innerhalb des angesprochenen „Nachbehaltenszeitraums" gewisse Transaktionen nicht erfolgen dürfen, um die seinerzeit beanspruchten steuerlichen Vergünstigungen nicht im Nachhinein zu gefährden. Ähnliche Regelungen sind ebenfalls in anderen Jurisdiktionen bekannt, so dass auch hier entsprechende Untersuchungen erfolgen sollten. Dieser Bereich zeigt bereits auf, dass eine enge Zusammenarbeit & Abstimmung zwischen der rechtlichen und steuerliche Due Diligencen für alle Parteien empfehlenswert ist. Daneben sind Regelungen zu beachten, die dazu führen, dass in der Vergangenheit steuerwirksamer Aufwand geltend gemacht werden konnte, der in Zukunft zu steuerpflichtigem Ertrag führt. Dieser Bereich ist deshalb von besonderer Bedeutung, da in der Regel in diesen Bereichen lediglich steuerpflichtige Erträge ohne entsprechende Erträge im Konzern vorliegen werden, so dass es unmittelbar zu negativen Auswirkungen auf die Steuerquote kommt. Beispielhaft sind wertaufzuholende steuerwirksame Teilwertabschreibungen, hier insbesondere auch auf Beteiligungen, steuerliche Rücklagen, die in der Zukunft aufgelöst werden müssen oder bzgl. derer Reinvestitionen erfolgen müssen um eine Auflösung zu vermeiden, anderweitige steuerliche Einkommensstreckungen bzw. nachverlagerte Einkommensbesteuerungen genannt.

Auch alleine das Bestehen von steuerlichen Verlustvorträgen kann ein zukunftsrelevantes Risiko darstellen, insbesondere dann, wenn diese im Rahmen der Kaufpreisermittlung mit berücksichtigt wurden. Darüber hinaus sind die im Zielunternehmen vorhandenen liquiden Mittel steuerlich zu bewerten, dieses insbesondere dahingehend inwieweit sie ohne weitere steuerliche Belastungen zugänglich sind. Sofern liquide Mittel des Zielunternehmens in Ländern vorhanden sind, bei denen der „Transfer" der liquiden Mittel mit Quellensteuern belegt ist, sollte im Rahmen der Bewertung des Zielunternehmens ein entsprechender Abschlag für die liquiden Mittel vorgesehen werden (sogenanntes „trapped cash").

Ebenso von Bedeutung sind die konzerninternen Verrechnungspreise, da bestehende Risiken der Vergangenheit sich automatisch auch in die Zukunft projizieren – sofern sich keine Änderungen ergeben –.

Zukünftige Änderungen der steuerlichen Rahmenbedingungen können ebenfalls Zukunftsrisiken darstellen. Dieses zeigt sich z. B. an den heutigen BEPS („Base Erosion and Profit Shifting") Diskussionen und den zu erwartenden Steuerrechtsänderungen. So können heute noch steuerlich akzeptierte Strukturen in der Zukunft geänderten Regelungen unterliegen, die zu erheblichem steuerlichen Mehraufwand gegenüber der Ist-Struktur führen. Im Rahmen der steuerlichen Due Diligence sollte auf Strukturen die mit hoher Wahrscheinlichkeit Änderungen unterliegen könnten aufmerksam gemacht werden.

Der Bereich der *Transaktionssteuern* im Rahmen der der steuerlichen Due Diligence fokussiert sich im Wesentlichen auf die Ermittlung der Höhe der im Rahmen des Erwerbs ausgelösten Transaktionssteuern, der Vermeidung der mehrfachen Auslösung der selbigen, insbesondere auch im Hinblick auf angedachte nachgelagerte Umstrukturierungen und natürlich auch auf durch die Transaktion selber ausgelöste Untersagungen von Befreiungen von Transaktionssteuern in der Vergangenheit. Die deutsche Grunderwerbsteuer nimmt hierbei einen besonderen Stellenwert ein, dieses insbesondere für ausländische Investoren, da die Regelungen diesbzgl. sehr formaljuristisch angelegt sind.

Im Hinblick auf die *steuerlichen Aspekte im Zusammenhang mit der Erwerbsstruktur* ergeben sich logischerweise Überschneidungen zu dem Themenkomplex der zukünftigen steuerlichen Risiken und den Transaktionssteuern. Gedanklich handelt es sich hierbei jedoch um steuerliche Themenkomplexe die durch den reinen Erwerb ausgelöst bzw. begründet werden. Hierbei sind erwerbspezifische Aspekte wie z. B. die Finanzierungsstruktur im Rahmen der steuerlichen Due Diligence zu beachten. Genauso steuerliche Aspekte, die alleine in der Person des Erwerbers liegen, so z. B. die Regelungen des AStG, die nur für der deutschen Steuerpflicht unterliegende Erwerber maßgeblich sind und somit insbesondere bei dem Erwerb von einem ausländischen Veräußerer erstmals zu überprüfen sind oder Veränderungen im Rahmen der Anwendungen von Doppelbesteuerungsabkommen bzw. Europäischen Richtlinien. Darüber hinaus sind erwerberspezifische Attribute und die Einbindung des Zielunternehmens zu untersuchen (z. B. Nutzung von Verlustvorträgen einer Konzerngesellschaft des Erwerbers mit Gewinnen von Gesellschaften des Zielunternehmens).

4 Organisation des Verkaufsprozesses aus Verkäufersicht

Neben den vorgenannten Themenbereichen, die im Prozess sowohl für den Käufer als auch für den Verkäufer von Interesse sind, stellen sich für den Verkäufer vor Beginn der Due Diligence verschiedene Fragen, die mitunter gerne übersehen werden.

Der Verkäufer hat ein großes Interesse daran, dass die Informationen, die im Rahmen des Veräußerungsprozesses den potentiellen Erwerbern offenlegt werden, geheim bleiben. Hierfür werden regelmäßig Geheimhaltungsvereinbarungen abgeschlossen. Deren Einhaltung kann, wenn eine Vertragsstrafe darin nicht vorgesehen ist – und dies ist der Regelfall -, zweifelhaft sein. Allerdings kann den Sorgen des Verkäufers entgegengehalten werden, dass professionelle Berater diese Geheimhaltungsverpflichtung beachten, da ein Verstoß einen Reputationsschaden nach sich zieht, der den kurzfristigen und einmaligen Verstoß nicht rechtfertigt.

Mitunter muss der unerfahrene Verkäufer zu seiner Verwunderung erkennen, dass bei interessanten Verkaufsobjekten mehrere Bieter mit identischen Beratungsgesellschaften, die die Due Diligence durchführen möchten, auftreten. In der Praxis wird dem Geheimhaltungsinteresse des Verkäufers, insbesondere an der Vermeidung von preisschädlichen Absprachen zwischen Bietern, Rechnung getragen, indem sich die Berater verpflichten, sog. Chinese Walls einzurichten. Dies ist nicht nur eine Selbstverpflichtung, sondern in vielen Fällen eine berufsrechtliche Anforderung, um überhaupt für verschiedene Mandanten in einem Projekt tätig werden zu dürfen.

Eine andere Frage, die sich der Verkäufer zu beantworten hat, betrifft den Grad der Vorbereitung der Due Diligence. Die Vorbereitung der Due Diligence kann vom Einstellen von Dokumenten in einen Datenraum bis hin zu einer sog. Vendor Due Diligence reichen. In der Reihenfolge der Informationsdichte differenziert die Praxis insoweit zwischen dem Teaser, dem Information Memorandum, dem Seller Information Dokument oder Fact Book und dem Vendor Due Diligence Report. Diese Dokumente geben in unterschiedlicher Tiefe einen Einblick in die wirtschaftlichen und rechtlichen Verhältnisse der Gesellschaft und sollen damit das Interesse der Bieter erhöhen und deren Aufwand für die

Due Diligence-Arbeiten reduzieren. Letztlich wird das Ziel der Reduzierung der Due Diligence-Arbeiten aber nur bei der Erstellung eines Vendor Due Diligence Reports erzielt, da in allen anderen Fällen der Käufer regelmäßig sein Informationsinteresse nur dann sinnvoll befriedigen kann, wenn er die Prüfung durch eigene Berater durchführt. Die Besonderheit der Vendor Due Diligence, die sich regelmäßig für den Bereich der Financials antreffen lässt, liegt darin, dass ein unabhängiger (!) Berater auf Basis der von ihm abgefragten und vorhandenen Informationen eine Due Diligence durchführt. Dieser Due Diligence-Bericht, den zwar der Verkäufer bezahlt, auf dessen Inhalt er aber keinen Einfluss nehmen darf, stellt der Verkäufer den potentiellen Bietern zur Verfügung. Der Ersteller des Vendor Due Diligence Reports verpflichtet sich, dem letztlich erfolgreichen Bieter gegenüber die Erklärung abzugeben, dass er für die Vollständigkeit und Richtigkeit des Reports haftet. Damit hat der Bieter nicht nur die Möglichkeit, auf die unabhängige Meinung eines externen Dritten zu vertrauen, sondern ggf. auch einen Haftungsschuldner. Dieses Vorgehen bedeutet eine erhebliche Zeiteinsparung im Verkaufsprozess, einen hohen Grad an verlässlichen Informationen im Prüfungsstadium für den Käufer und führt in der Praxis zu besseren Angeboten der Bieter, was umgekehrt die Investition des Verkäufers in eine solche Vendor Due Diligence rechtfertigt. In der Regel finden sich derartige Vendor Due Diligence Reports, wie bereits kurz angedeutet, nur für den Bereich der finanziellen Verhältnisse, da die steuerlichen und rechtlichen Berater nicht immer die Unabhängigkeit gewährleisten können. Der rechtliche Berater, der den Verkäufer später auch im Verkaufsprozess unterstützt, kann nicht mehr als unabhängiger Experte Verfasser eines rechtlichen Vendor Due Diligence Reports sein. Deshalb wird häufig versucht, für den Bereich der steuerlichen und rechtlichen Verhältnisse lediglich ein sog. Fact Book zu erstellen, in dem die steuerlichen und rechtlichen Verhältnisse dargestellt werden, der Verkäufer und seine Berater aber keine Haftung übernehmen.

Ein weiterer Aspekt, dessen Reichweite häufig unterschätzt wird, ist die Frage nach internen Zustimmungen, die vor Beginn des Due Diligence Prozesses eingeholt werden sollen. Regelmäßig unproblematisch ist die Befassung des Vorstands oder der Geschäftsführung sowie der Aufsichtsgremien auf der Verkäuferseite. Mitunter werden auch noch wesentliche Gesellschafter(gruppen) über die beabsichtigte Transaktion und deren Ablauf informiert. Sollten allerdings Gesellschaftsvertrag oder Satzung die Veräußerung des Unternehmens die Zustimmung weiterer Gruppen, insbesondere bei der Vinkulierung von Geschäftsanteilen der Minderheitsgesellschafter, voraussetzen, dann ist es nach der Rechtsprechung einiger Oberlandesgerichte erforderlich, zunächst auch diese Gruppen zu informieren und deren Zustimmung einzuholen, bevor der Due Diligence-Prozess begonnen wird. Hintergrund ist die Überlegung, dass eine Transaktion, deren Vollzug in Ermangelung der Zustimmung sämtlicher Gesellschafter fraglich ist, im Interesse des Unternehmens keine Unternehmensinformationen an Dritte offen legen darf, solange der damit beabsichtigte Zweck, nämlich die Veräußerung der Gesellschaft, nicht gesichert ist. Diese Argumentation erscheint auf den ersten Blick als überzeugend, birgt aber erhebliche Schwierigkeiten in der praktischen Handhabung und ein gewisses Risikopotential für den Transaktionsverlauf.

Dr. Markus Schackmann ist seit Oktober 2013 Partner bei Deloitte Legal. Er ist Leiter der Service Line Mergers & Acquisitions. Dr. Markus Schackmann berät ausschließlich im Bereich von nationalen und internationalen Unternehmenskäufen und Joint Venture. Damit verbunden ist die Beratung im gesamten Transaktionsprozess von der Strukturierung der Transaktion bis zur Vertragsverhandlung und der Unterstützung der Finanzierung. Er berät sowohl strategische als auch institutionelle Investoren. Dr. Markus Schackmann studierte Rechtswissenschaften mit dem Schwerpunkt Wirtschaft & Steuern an der Ruhr-Universität Bochum. Nach der Zulassung zum Rechtsanwalt in Düsseldorf trat er 1994 bei Andersen Legal ein. In den Jahren 1996 bis 2000 arbeitete Dr. Markus Schackmann als Syndikus bei der ThyssenKrupp AG. Vor seinem Wechsel zu Deloitte Legal war Dr. Markus Schackmann Leiter des Bereichs Mergers & Acquisitions sowie des Londoner Büros einer deutschen Großkanzlei.

„Wettbewerbsvorteil oder Desaster". Die Erfolgswahrscheinlichkeit von Akquisitionen deutlich erhöhen

Peter Rathnow

Zusammenfassung

M&A-Transaktionen können einerseits beeindruckende Wettbewerbsvorteile schaffen, andererseits in erheblichem Umfang Unternehmenswert vernichten – mitunter sogar die Unternehmensexistenz. Angesichts der Komplexität solcher Transaktionen gibt es keine Patentrezepte, die den Erfolg sichern. Auf Basis umfangreicher empirischer Untersuchungen jedoch können drei Erfolgsfaktoren abgeleitet werden, deren Berücksichtigung die Erfolgschancen deutlich erhöht. Der vorgestellte Ansatz betrachtet den M&A-Prozess ganzheitlich: Er umfasst generelle Timing-Aspekte, Grundlegendes zur Dealstruktur sowie wesentliche Aspekte bei der operativen Durchführung. Es werden die jeweiligen Einzelkomponenten dargestellt und anhand von Unternehmensbeispielen erläutert. Darüber hinaus werden Hinweise zur praktischen Durchführung gegeben und auf Spezifika von Mittelstandsunternehmen eingegangen.

Um Wettbewerbsvorteile auszubauen oder zumindest zu erhalten sind M&A-Transaktionen in der Regel unverzichtbar. Große Wachstumserfolge, wie z. B. British Petroleum, das sich in wenig mehr als einer Dekade von einem mittelgroßen Staatsunternehmen zu einem Ölgiganten entwickelt hat, lassen sich ohne Akquisitionen nicht erreichen. Weiter ermöglichen Akquisitionen Economies of scale, schaffen überlegene Produktpaletten, steigern Kundennutzen und vieles mehr.

Betrachtet man allerdings die Unternehmensrealität so kann man geradezu ein Erfolgsparadoxon erkennen: Neben potentieller Wertschaffung sind Akquisitionen nicht selten

P. Rathnow (✉)
International School of Management, München, Deutschland
E-Mail: info@rathnow.de

A. Kuckertz, N. Middelberg (Hrsg.), *Post-Merger-Integration im Mittelstand,*
DOI 10.1007/978-3-658-12370-3_9

mit großer Wertvernichtung verbunden. Eine Vielzahl von Akquisitionen erfüllt nicht die mit ihnen verbundenen Erwartungen. Je nach verwendetem Erfolgsmaßstab, betrachteter Branche und betrachtetem Land liegt die Misserfolgsrate in einer Größenordnung zwischen 50 und über 80 %.Spektakuläre Misserfolge, wie AOL/Time Warner, Worldcom/MCI oder Daimler/Chrysler sind dabei nur die Spitze eines Eisbergs (Abb. 1). Im Mittelstand sind die absoluten Werte zwar kleiner, die relative Wertvernichtung jedoch nicht minder schmerzhaft. Hinzukommt, dass im Mittelstand naturgemäß deutlich geringere Möglichkeiten bestehen, missglückte Akquisitionen durch andere, besonders erfolgreiche, auszugleichen.

Was ist nun zu tun, damit M&A Teil einer Erfolgsgeschichte wird und nicht eine große, u. U. den Unternehmensbestand gefährdende, Wertvernichtung? Angesichts der Komplexität von M&A-Transaktionen sind Patentrezepte wenig zielführend bzw. schlicht nicht vorhanden. Aus verschiedenen Untersuchungen, darunter die Auswertung von über 300.000 M&A-Transaktionen durch Mohr (2013), lassen sich wichtige Erkenntnisse ziehen. Zusammengefasst lässt sich sagen, dass sich die Erfolgschancen von M&A-Transaktionen deutlich erhöhen, wenn die folgenden drei grundlegenden Regeln berücksichtigt werden:

Erfolgsfaktor 1: Das Wellenphänomen verstehen und nutzen!

Historisch betrachtet vollzieht sich die M&A-Aktivität in Wellen, deren Intensität tendenziell zunimmt. So können z. B. für den US-amerikanischen Markt sechs große Wellen

Mit Akquisitionen ist teilweise eine gravierende Vernichtung von Unternehmenswert verbunden

Jahr	Käufer	Target	Write-Downs/Wertvernichtung in Mrd. US $
1998	WorldCom	MCI	94
1998	Daimler	Chrysler	36
1999	Exxon	Mobil	8
1999	SBC	Ameritech	68
2000	Vodafone	Mannesmann	299
2000	Pfizer	Warner-Lambert	78
2000	Glaxo	SmithKline	40
2000	Chase	J.P. Morgan	26
2001	AOL	Time Warner	148
2005	Sprint	Nextel	30
2005	eBay	Skype	1,4
2006	Lucent	Alcatel	>10
2007	Rio Tinto	Alcan	8,9
2008	Bank Of America	Countrywide	40
2011	Hewlett-Packard	Autonomy	8,8
2012	Glencore	Xstrata	8,5

Abb. 1 „List of shame“. (Quelle: Rathnow (2014), Internationales Management)

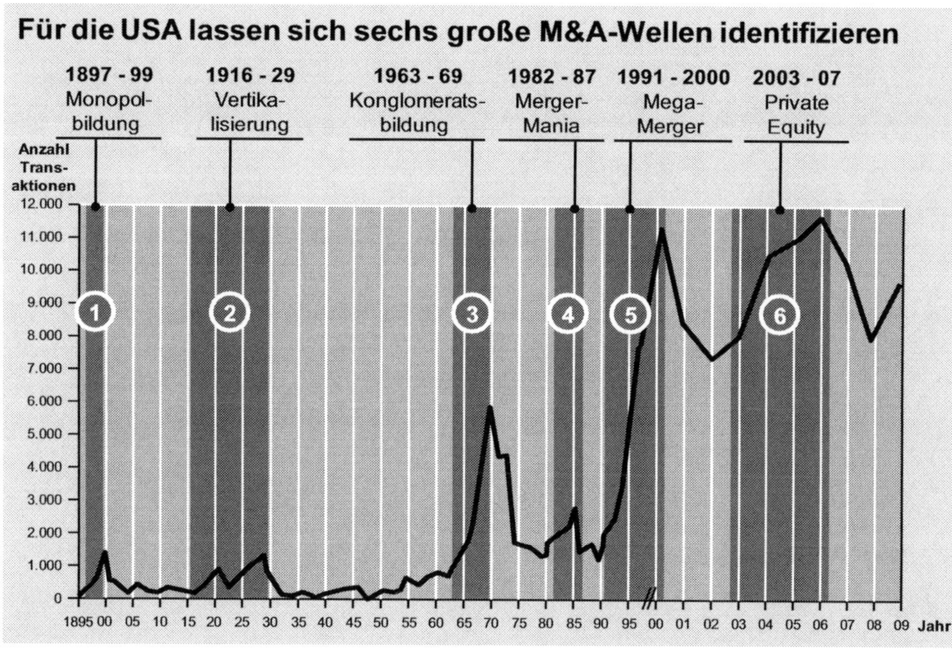

Abb. 2 Merger-Wellen in den USA. (Quelle: Müller/Stewens u. a., modifiziert)

identifiziert werden (Abb. 2). Die jeweils dominante Wertsteigerungslogik ist dabei höchst unterschiedlich: In den frühen Phasen waren es die Vorteile aus der Marktbeherrschung bzw. die Beherrschung der Wertkette. In den mittleren Phasen die Vorteile aus Diversifizierung und Risikostreuung bzw. das Ausnutzen einer Unterbewertung. In der jüngeren Zeit sollten globale Skaleneffekte oder Vorteile aus Finanzoptimierungen genutzt werden. Der deutsche M&A-Markt weist zwar nur eine deutlich kürzere Historie auf. Relevante Aktivität ist hier erst ab Beginn der 90er zu verzeichnen. In jüngerer Zeit gleicht sich die Entwicklung auch hierzulande immer mehr der globalen Entwicklung an. (Abb. 3). Das gilt nicht nur für Großereignisse wie dem Platzen der Internetblase oder der Finanzkrise von 2007. Für Österreich und die Schweiz gilt ähnliches.

Für die Erfolgswahrscheinlichkeit einer Transaktion ist das Timing innerhalb der Welle von großer Bedeutung – beeinflusst es doch erheblich das zu zahlende Premium. Analysen der letzten vier M&A-Wellen zeigen, dass die entrichteten Prämien am Peak einer Welle im Vergleich zu den vorangehenden „kalten“ Zyklusphasen um rund 20 % steigen. Der allein auf Hypothesen basierende Aufschlag für das antizipierte Wertschaffungs- bzw. Synergiepotenzial beläuft sich dann auf weit mehr als 50 % des aktuellen Marktwerts des Unternehmens. Wie gravierend unglückliches Timing wirken kann, lässt sich etwa am Doppeldeal SiemensVDO-Continental-Schaeffler sehen. Continental verlor dabei seine Selbstständigkeit und das traditionsreiche Familienunternehmen Schaeffler wäre um Haaresbreite untergegangen.

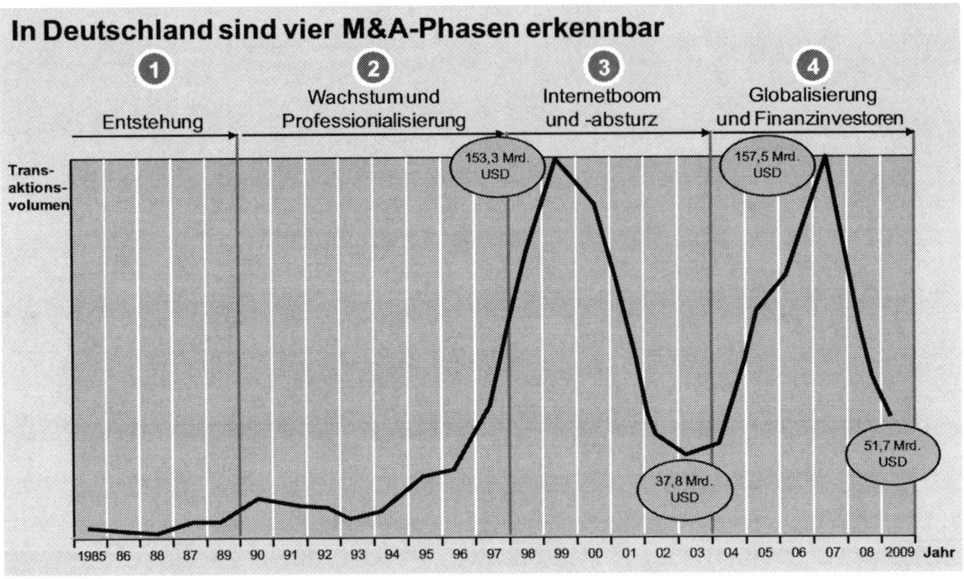

Abb. 3 M&A-Zyklen in Deutschland. (Quelle: Müller-Stewens u. a., modifiziert)

Damit ist unmittelbar ersichtlich, dass das Verständnis der Wellen von großer Bedeutung für die eigenen M&A-Entscheidungen ist. Idealtypisch sollte sich antizyklisch verhalten werden, d. h. dass auf dem Höhepunkt einer Welle verkauft und auf dem absoluten Tiefpunkt gekauft werden sollte. Nun ist dieser Anspruch zunächst sehr theoretisch. Jedoch können aus der Anatomie der Wellen und gewissen Indikatoren durchaus grobe Einschätzungen abgeleitet werden:

- Unterer Wendepunkt: Am Ende einer Überhitzung kommt es in der Regel zu einer rezessiven Entwicklung mit erheblicher Wertvernichtung. Damit einhergehend kommt es zu Verschlankungen und Restrukturierungen. Sind hier Fortschritte erkennbar, beginnt sich ein gewisser Optimismus einzustellen. Zudem warten Cash Flows aus den Verbesserungsmaßnahmen auf Anlage. In dieser Phase dürfte es noch eine größere Anzahl günstig bewerteter Unternehmen geben.
- Aufschwung: Breitet sich der Optimismus aus und kommen technologische oder geostrategische Veränderungen hinzu, ist dies ein klares Signal für den Aufschwung. Dieser wird deutlich verstärkt, wenn sich eine neue Wertsteigerungslogik etabliert. Da die Zukunftserwartungen der Unternehmen in der Regel deutlich unterschiedlich sind, werden dies auch die Preisspannen für M&A-Transaktionen sein. Entsprechend bestehen in einer frühen Phase des Aufschwungs noch günstige Einstiegschancen.
- Oberer Wendepunkt: Beim oberen Wendepunkt zeigt die historische Erfahrung, dass hier in der Regel binnen sehr kurzer Zeit ein außerordentlich steiler Abstieg folgt. Da M&A-Transaktionen einen nennenswerten Zeitbedarf haben, ist seine frühzeitige

Antizipation besonders kritisch. Zwar ist es naturgemäß nahezu unmöglich, diesen genau zu prognostizieren, jedoch gibt es eine Reihe von Indikatoren, die als Zeichen einer Überhitzung genutzt werden können:

- Multiples lassen sich immer weniger durch reale Fakten erklären, sondern nur durch die Hoffnung auf weiter steigende Kurse.
- Die Gewinnerwartungen der Unternehmen sind rückläufig.
- Die Anzahl der öffentlichen Ankündigungen von Transaktionen, die kurzfristig verschoben oder zurückgezogen werden, steigt spürbar.
- Die Refinanzierung von Deals wird teurer und schwieriger.
- Der Verschuldungsgrad der Unternehmen nimmt deutlich zu. Es gibt Warnungen vor sinkender Kreditqualität durch die Rating-Agenturen.
- Es wird immer mehr in Aktien bezahlt, d. h. die Marktteilnehmer sind der Meinung, dass diese überbewertet sind.

Das Verständnis des Wellenphänomens ist nicht nur für das optimale Timing wichtig, sondern auch für die bestmögliche Gestaltung des M&A-Gesamtkonzepts. Hier sollte unbedingt der ganze Zyklus antizipiert werden, um wesentliche Transaktionsparameter (z. B. Finanzierung, Integrationskonzept) optimal zu gestalten.

Erfolgsfaktor 2: Günstige Dealstrukturen anstreben!
Eine Reihe von Untersuchungen zeigt, dass die Erfolgswahrscheinlichkeit von Transaktionen in Abhängigkeit von der Ausprägung bestimmter Dealcharakteristika deutlich variiert. Nun ist jeder Deal einzigartig. Jedoch kann man davon ausgehen, dass bei bestimmten Konstellationen besondere Vorsicht geboten ist. Dies bedeutet nicht, dass von solchen Deals zwangsläufig Abstand zu nehmen ist. Vielmehr kommt in solchen Situationen einem professionellen Transaktionsmanagement noch höhere Bedeutung zu. Gemäß der breiten Untersuchung von *Mohr*, in der 48 Studien zu beinahe 300.000 Akquisitionen ausgewertet wurden, sollten dabei vor allem folgende Dealcharakteristika, mit denen empirisch ein spürbar erhöhtes Risiko für eine unbefriedigende Wertschaffung bzw. eine Wertvernichtung einhergeht, berücksichtigt werden:

Listing-Effekt Ein ganz erheblicher Risikofaktor ist die Tatsache, dass das Target börsennotiert ist. Hier zeigen die Analysen eine klar schlechtere Performance im Falle von börsennotierten Targets im Vergleich zu privaten bzw. „subsidiary“ Targets. So kann die Entscheidung gegen ein gelistetes Unternehmen, unabhängig von anderen Transaktions-, Markt-, oder Unternehmenscharakteristika, die Wahrscheinlichkeit einer erfolgreichen Transaktion um bis zu 14 % erhöhen. Wesentliche Gründe hierfür bestehen tendenziell im „liquidity discount“ (Kaufpreisabschlag aufgrund der Illiquidität des Marktes) bzw. dem „liquidity service“ (Bereitstellung der durch das Target benötigten Finanzmittel), die einen vergleichsweise günstigeren Erwerb privater Zielunternehmen möglich machen.

Cross-Border-Deal Betrachtet man die geographische Ausrichtung einer M&A-Transaktion, ist festzustellen, dass grenzüberschreitende im Vergleich zu inländischen Deals eine deutlich geringere Belohnung durch den Kapitalmarkt erfahren. So ist bei Cross-Border-Deals mit einer im Mittel um 6 % schlechteren Performance und einer rund 14 % geringeren Erfolgswahrscheinlichkeit zu rechnen, als bei den inländischen Äquivalenten. Ein wichtiger Grund kann hier die deutlich erhöhte Komplexität bei der Integration ausgehend von kulturellen, rechtlichen, steuerlichen oder gar die Transaktion direkt betreffenden Risiken im Zielland sein, die z. B. das Erschließen von Synergien (zumindest) erschweren. Empirische Ergebnisse belegen, dass sich der Erfolg grenzüberschreitender Transaktionen durch eine zielgerichtete Berücksichtigung landesspezifischer Faktoren, wie der (Corporate-) Country-Governance-Struktur oder des Regulierungsgrads, im Rahmen der Targetselektion und Integrationsstrategie verbessern lässt.

Starke Wettbewerbssituation Die Wettbewerbssituation kann den (Miss-)Erfolg einer M&A-Transaktion grundlegend in zweierlei Hinsicht beeinflussen.

So wird die intuitive Annahme, dass sich ein Bieterwettstreit zwischen mehreren Kaufinteressenten im Vorfeld einer Akquisition für den Erwerber deutlich wertvernichtend auswirkt, durch die empirischen Daten klar bestätigt. Die negative Wirkung des Deals auf den Unternehmenswert resultiert hierbei vornehmlich aus höheren Prämienzahlungen. Induziert durch die starke Wettbewerbssituation werden, verglichen mit „single-bidder"-Transaktionen, rund 8 % höhere Aufschläge entrichtet. (Entsprechend ist es auch nicht überraschend, dass der Kapitalmarkt die kaufende Partei mit zusätzlichen Wertverlusten von durchschnittlich 10 % abstraft.)

Neben der Überzahlung durch Bieterkontests kann auch die marktspezifische Wettbewerbssituation, unabhängig vom eingangs dargestellten Wellenphänomen, über den Erfolg eines Unternehmenserwerbs entscheiden. Bieterunternehmen, die einen Unternehmenserwerb in einem Markt hoher Wettbewerbsintensität, wie z. B. in den USA, Kanada oder Großbritannien, planen, müssen bereits vorab mit Performanceeinbußen von rund 3 % verglichen mit den Transaktionen in anderen Ländern rechnen.

Late Mover Ebenfalls bestätigt wird, dass ein Erwerb spät in einer M&A-Welle eine deutlich geringere Erfolgswahrscheinlichkeit aufweist, als im Falle eines Early Movers. Eine Erkenntnis, die angesichts der Überlegungen zum Zyklus nicht überrascht.

Während die Verteilung zwischen Transaktionserfolg und -misserfolg sich bei normaler Marktlage ungefähr die Waage hält, zeigt die Erfahrung, dass Transaktionen in Zeiten von Hochkonjunktur am M&A-Markt in nur ca. 40 % der Fälle zum Erfolg führen. Mit weiterem Fortschritt einer Mergerwelle bis hin zu ihrem Höhepunkt nimmt die Misserfolgswahrscheinlichkeit nochmal um mehr als 6 % zu. Mit Zunahme des Wettbewerbs steigt nicht nur die Bereitschaft, sondern auch die Notwendigkeit, höhere Preise für das gewünschte Zielunternehmen zu entrichten. Die vorangehende Beobachtung, dass die Prämienzahlungen in „heißen" Märkten wesentlich höher sind, als in „kalten" Märkten, scheint vor diesem Hintergrund nicht überraschend. Mehr Wertvernichtung als am Peak der Euphorie am M&A-Markt können spät entschlossene Käufer durch ihre Transaktionen nur noch erzeugen, wenn die Akquisition erst in der Rezession direkt nach einer Welle abgeschlossen wird.

Großes Käuferunternehmen Die absolute Größe des Akquisiteurs stellt empirisch einen wichtigen Treiber für den Misserfolg von Transaktionen dar. Die Untersuchungen zeigen, dass große Unternehmen dazu tendieren, zu viel für ihre Targets zu bezahlen. Deutlich wird dieses Phänomen nicht erst in der Bewertung bzw. Abstrafung durch den Kapitalmarkt. Vielmehr zeigt bereits der Unterschied von rund 9 % zwischen den von kleinen und großen Käuferunternehmen gezahlten Prämien, dass die entrichteten Aufschläge auf irrationalen Annahmen bzgl. des realisierbaren Synergiepotenzials fußen. Ein wichtiger Grund hierfür mag sein, dass nicht-finanzielle Gründe, wie Hybris, Selbstüberschätzung der eigenen Fähigkeiten, Empire Building oder Machtmotive, dort ungleich stärker zum Tragen kommen. Auch wenn der Mittelstand im Mittel hier einen strukturellen Vorteil hat, ist er von diesen Risiken keineswegs gefeit.

Weit entwickelte und gut funktionierende Corporate-Governance-Systeme, die Verankerung pekuniärer Vorteile für erfolgreiche Transaktionen im Vergütungssystem sowie eine kontinuierliche Professionalisierung des Akquisitionsmanagements stellen die größten Hebel dar, um Unternehmen Schutz vor derartigen, wertvernichtenden Absichten zu bieten.

Auf Basis der angeführten vier Dimensionen lassen sich Dealcharakteristika mit maximaler bzw. minimaler Erfolgswahrscheinlichkeit identifizieren (Abb. 4). Trotz gewisser statistischer Unschärfen kann man davon ausgehen, dass die günstigste Konstellation eine mehr als doppelt so hohe Erfolgswahrscheinlichkeit aufweist als die Ungünstigste. Nun

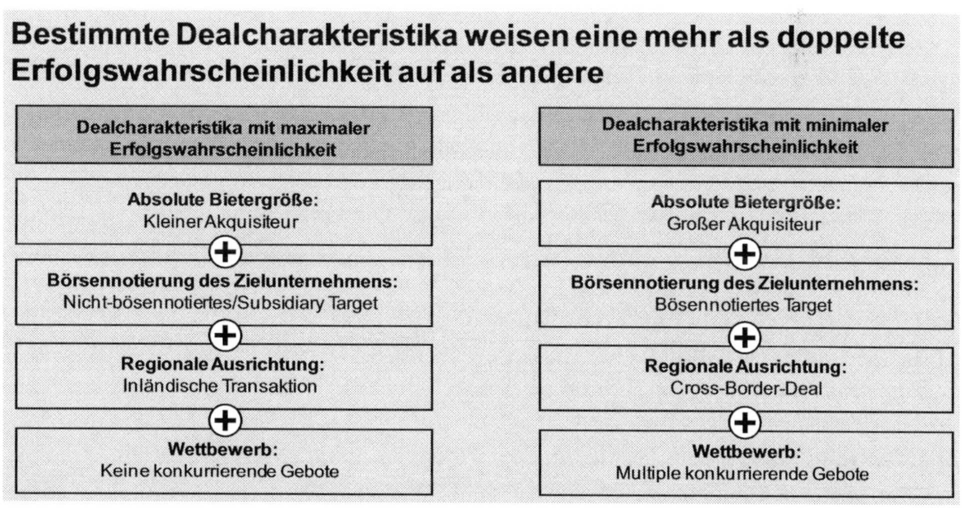

Abb. 4 Dealcharakteristika mit maximaler/minimaler Erfolgswahrscheinlichkeit. (Quelle: Rathnow (2014), Internationales Management)

sind Dealcharakteristika in der Realität nicht beliebig gestaltbar. Allerdings sollten die signifikanten Unterschiede bei der Erfolgswahrscheinlichkeit zur Vorsicht mahnen und – wo möglich – zum Vorsehen kompensierender Maßnahmen Anlass geben.

Erfolgsfaktor 3: Professionelles Management der Transaktion
Sind die Erfolgsfaktoren 1 und 2 erfüllt, d. h. ist das Timing richtig und die Dealstruktur erfolgversprechend, dann gilt es, die Transaktion professionell durchzuführen. Grundsätzlich ist hierbei eine Vielzahl von Dingen zu beachten. Es lassen sich jedoch vier Problemfelder identifizieren, deren Beherrschung einen Erfolgsfaktor darstellt:

1. **Unzutreffende Bewertung**: Der Geschäftsplan vieler Akquisitionen ist tendenziell zu optimistisch. Nicht selten werden Synergien deutlich überschätzt, während der Integrationsaufwand erheblich unterschätzt wird. Entsprechend ist es wichtig, zentrale Annahmen des Kalküls zu identifizieren und kritisch zu hinterfragen.
   Eine derartige Fehleinschätzung in Bezug auf das Synergiepotenzial aus ihrem „Merger of Equals" in 2005 holte nachträglich auch die beiden US-amerikanischen Mobilfunkbetreiber *Nextel* und *Sprint* ein. Die prognostizierten Synergieeffekte in Höhe von 12 Mrd. USD haben sich nie materialisiert, was eine massive Kapitalvernichtung für die Shareholder des Gemeinschaftsunternehmens bedeutete.
2. **Keine konsequente Verhandlungsstrategie**: Ein häufiges Problem ist, dass es keine zwingenden Walk Away Conditions gibt. Die menschliche Neigung, den Deal zu finalisieren (Deal Fever), führt häufig zu unüberlegten „Last-minute"-Zugeständnissen beim Preis oder bei wesentlichen Vertragsbedingungen, die die Wirtschaftlichkeit des Vorhabens später massiv beeinträchtigen. Entsprechend ist vor der Verhandlung der Entwicklung einer Verhandlungsstrategie genügend Aufmerksamkeit zu schenken und diese auch während der Verhandlungen konsequent zu verfolgen. Das muss zudem den Mut beinhalten, ggf. von einer Transaktion Abstand zu nehmen.
   Sobald Transaktionsverhandlungen eine Eigendynamik entwickeln und dadurch mehr Raum für das Wunschdenken oder möglicherweise auch die Irrationalität der beteiligten Parteien schaffen, verschwindet häufig das Bewusstsein für negative Aspekte sowie die Erinnerung an eine vorab definierte Strategie. Diese Erfahrung mussten z. B. *Hewlett-Packard Co.* und *Rio Tinto* machen, deren Euphorie in der Verhandlungsphase sich nur wenige Jahre später in enorme Wertberichtigungen ihrer Einkäufe *Autonomy Corp.* und *Alcan Inc.* verwandelte.
3. **Unzureichende Due Diligence**: Due Diligence Prüfungen sind sehr komplex und umfangreich. Eine gründliche Inspektion des Unternehmens ist Schlüsselvoraussetzung für eine geeignete Vertragsgestaltung. *Ignorantia iuris nocet* – Unwissenheit schützt (oft) vor Schaden nicht. Auch nutzen die besten Garantien nichts, wenn nicht im Rahmen Post Acquisition Due Diligence geprüft wird, ob sie geltend gemacht werden können.
   Für Beispiele einer unzureichenden Due Diligence muss man gar nicht außerhalb der deutschen Landesgrenzen suchen. Einen markanten Fall stellt die Akquisition von

Rolls Royce Motor Cars Ltd. durch die *Volkwagen AG* dar, bei der die unzureichende Prüfung der Vertragsinhalte dazu führte, dass Volkswagen zwar die Produktionsstätten, das Automobildesign und das Anlagevermögen, nicht aber die Marke „Rolls Royce" selbst erwarb. Ähnlich verhielt es sich vermutlich bei der Übernahme der *Hypo-* durch die *Vereinsbank*, bei der die Due Diligence Immobilienaltlasten in Milliardenhöhe nicht offenbaren konnte.

Um der Gefahr einer unzureichenden Due Diligence zu begegnen, sollten diese Prüfungen prozessübergreifend geplant und ressourcenseitig entsprechend ausgestattet werden. Es gilt der Gefahr zu widerstehen, an der Ressourcenausstattung und bei der Hinzuziehung externer Know-how-Träger zu sparen. Vor allem die unzureichende Hinzuziehung von externem Know How ist besonders gefährlich bei mittelständischen Unternehmen – verfügen sie doch im Normalfall über deutlich weniger internes Know How in der Durchführung von Due Diligence Prüfungen als Großunternehmen.

4. **Unzureichende Integration:** Die Erreichung der gesetzten Ziele setzt die strategische, strukturelle und personelle Integration voraus. Dies ist aufgrund kultureller Unterschiede sowie verschiedenartiger Strukturen und Prozesse meist schwierig. Nicht realisierte Synergien oder Verluste von Schlüsselpersonal sind häufig die Folge. Entsprechend sollte der Integration auch seitens des Topmanagements hohe Aufmerksamkeit geschenkt werden. Weiter sollte das Integrationskonzept frühzeitig und umfassend geplant und mit entsprechenden Ressourcen ausgestattet werden.

   Die Empirie zeigt, dass eine missglückte Integration oft die Ursache für das Scheitern ursprünglich verheißungsvoller Unternehmenszusammenschlüsse darstellt. Prominente und verlustträchtige Beispiele lassen sich schnell ausmachen. Wurde die sogenannte „Hochzeit im Himmel" zwischen *Daimler Benz* und *Chrysler* anfänglich noch als eine optimale Verbindung zweier Automobilhersteller mit gewaltigem Synergiepotenzial gewürdigt, entwickelte sich der Zusammenschluss nachträglich zu einem öffentlichen Trauerspiel. Die fehlende Berücksichtigung massiver kultureller Unterschiede im Post-Merger-Integrationsprozess verwandelte jegliche Erwartung an finanzielle oder strukturelle Nutzen durch die transatlantische Transaktion in eine der größten Wertvernichtungen der letzten Jahrzehnte.

   Ein weiteres – aber nicht weniger ausgeprägtes – Beispiel mangelnder Planung und Vorbereitung der Integrationsphase nach einem Merger, repräsentiert die Akquisition der Investmentbank *Merill Lynch* durch die *Bank of America* im Jahr 2009. Unzulänglichkeiten und Defizite bei der internen Kommunikation rund um die Struktur nach der Konsolidierung der beiden Investmentbanken führten zu einer rasanten Abwanderung bedeutender Broker und dadurch einer weitgehenden, wenn nicht vollständigen, Aufhebung jeglicher Synergieeffekte.

M&A-Transaktionen sind in hohem Maße risikobehaftet. Mit den genannten Maßnahmen lässt sich dieses Risiko natürlich nicht völlig eliminieren. Allerdings kann die Erfolgswahrscheinlich deutlich gesteigert werden, wenn die genannten drei Regeln angemessen berücksichtigt werden (Abb. 5). Ein Erfolgsfaktor eigener Art sollte dabei stets

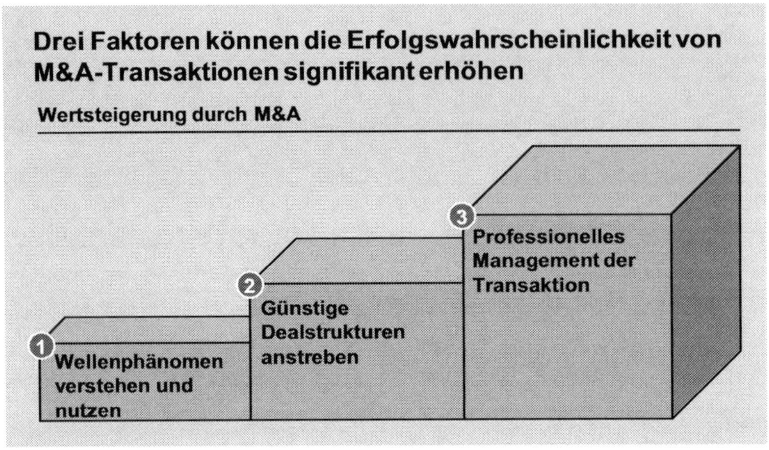

Abb. 5 Erfolgsfaktoren für Akquisitionen im Überblick. (Quelle: eigene Darstellung)

hinzukommen: Das permanente Bewusstsein für das hohe Risiko und der entsprechende Respekt bei Planung und Durchführung von M&A-Maßnahmen. Werden die genannten Regeln beachtet, so bestehen sehr gute Chancen, das enorme Potential von Akquisitionen auch tatsächlich zu nutzen …

Literatur

Mohr, A. (2013). *Erfolg und Misserfolg von M&A-Transaktionen*. München: Master Thesis, International School of Management.

Rathnow, P. (2014). *Internationales Management, Praxiserprobte Instrumente für den General Manager*. München: DeGruyter.

Prof. Peter Rathnow lehrt strategisches und internationales Management an der International School of Management und an der Technischen Universität München. Als Unternehmensberater ist er für Mittel- und Großunternehmen tätig. Er war über 20 Jahre lang in leitender Funktion für die Siemens AG und McKinsey & Company im In- und Ausland tätig. Für McKinsey bediente er eine Vielzahl von Klienten in unterschiedlichsten Branchen. Er deckte dabei das volle Spektrum des Topmanagement-Consulting von der Unternehmens- und Geschäftsstrategie bis hin zu operativen Verbesserungsprogrammen ab. Bei Siemens war er für verschiedene große Produkt- und Dienstleistungsgeschäfte weltweit verantwortlich. Für die Geschäftserfolge wurde er u. a. mit dem Profit & Growth Award des Konzerns ausgezeichnet. Außerdem war er Leiter der Planungs- und Controllingabteilung für den Gesamtkonzern. Er ist Autor einer Reihe von Veröffentlichungen zu übergreifenden Managementthemen (Schwerpunkte: Turnaround-Management, Komplexitätsmanagement, M&A sowie diverse Controlling-Themen).

Teil III
Post-Merger-Integration im Mittelstand

Die ersten 100 Tage im Rahmen einer Post-Merger-Integration mittelständischer Unternehmen

Jan Lakotta und Olivier Hervé

Zusammenfassung

Die ersten 100 Tage sind maßgeblich für den Erfolg einer Post-Merger-Integration. Im Kontext mittelständischer Unternehmen wird dieser Aspekt aufgrund einer erhöhten Ressourcenknappheit verglichen mit Konzernen verschärft. Demnach ergeben sich für mittelständische Unternehmen ganz spezifische Erfolgsfaktoren für die ersten 100 Tage einer Post-Merger-Integration. Ziel dieses Beitrages ist es, diese Spezifika herauszuarbeiten. Hierbei postulieren wir, dass Mittelständler ihr Augenmerk insbesondere auf die frühzeitige Entwicklung einer Integrationsstrategie, auf die detaillierte Planung der Integrationsaktivitäten, sowie auf ein effektives Risikomanagement und Change Management richten sollten.

1 Einleitung

Der Markt für Fusionen und Akquisitionen erlebt eine Zeit erhöhter Aktivität (The Economist 2014a, 2014b). Erstaunlicherweise wird die Erfolgsrate der meisten Fusionen und Akquisitionen jedoch regelmäßig als niedrig eingeschätzt (Christensen et al. 2011). Betrachtet man den „Lebenszyklus" einer Fusion bzw. Akquisition (siehe Abb. 1), wird deutlich,

J. Lakotta (✉)
FOM Hochschule für Oekonomie und Management Berlin, Propststrasse 8,
10178 Berlin, Deutschland
E-Mail: janlakotta@gmail.com

O. Hervé
Capgemini Consulting, Berlin, Deutschland
E-Mail: olivier.herve@capgemini.com

A. Kuckertz, N. Middelberg (Hrsg.), *Post-Merger-Integration im Mittelstand,*
DOI 10.1007/978-3-658-12370-3_10

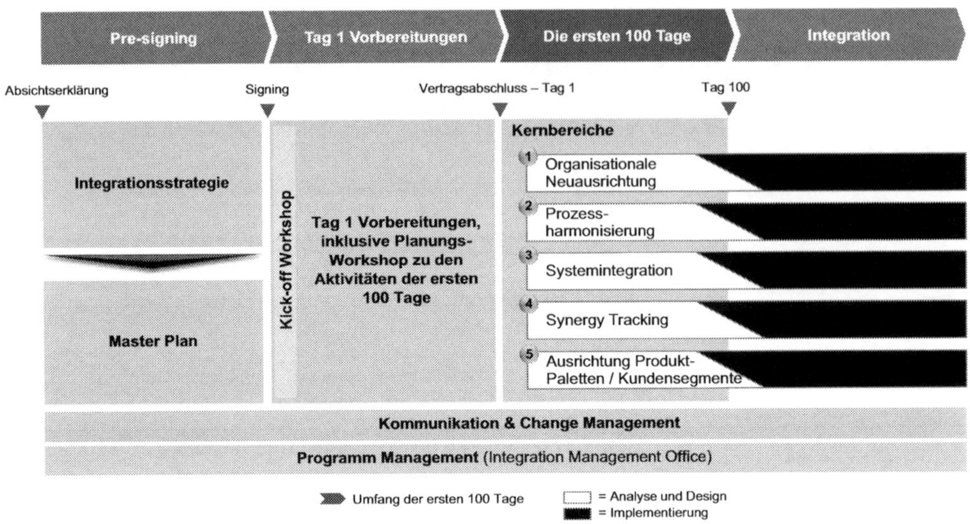

Abb. 1 Kernbereiche der Integration

dass Ursachen des Misserfolges sowohl in der Pre-Signing-Phase (z. B. mangelnde Integrationsstrategie), der Signing-Phase (z. B. zu hohes Premium) als auch der Integrationsphase (Nicht-Heben geplanter Synergien) liegen können. Dieser Beitrag legt den Fokus auf die Integrationsphase, bzw. genauer gesagt auf die ersten 100 Tage dieser Phase. Nicht als wissenschaftliches Konzept, jedoch als Heuristik in der Unternehmenspraxis, werden die ersten 100 Tage einer Post-Merger-Integration für besonders kritisch erachtet. Wesentliche Weichenstellungen, die nicht hier vorgenommen werden, können zu einem späteren Zeitpunkt nur mit erheblichen Mehraufwand nachgeholt werden.

Das Konzept der ersten 100 Tage einer Post-Merger-Integration ist praktisch unerforscht. Lakotta et al. (2014) unternahmen zum ersten Mal den Versuch, diese Phase systematisch zu konzeptionieren. Auch aus einer zweiten Perspektive betrachtet – der Frage nämlich, ob eine Post-Merger-Integration bei mittelständischen Unternehmen anders verlaufen sollte als bei großen Konzernen – wurde bisher nicht adressiert. Dieser Beitrag soll einen Schritt weiter gehen, und die generischen Aussagen von Lakotta et al. (2014) für den Mittelstand konkretisieren.

Das Forschungsfeld Post-Merger-Integration ist aber nicht nur aus einer theoretischen Perspektive betrachtend interessant, sondern auch aus einer ganz pragmatischen: Das Risiko des Scheiterns einer Post-Merger-Integration ist zwar für Mittelständler nicht unbedingt größer, aber der daraus resultierende Impact durchaus. Mittelständische Unternehmen verfügen per Definition nicht über diejenigen Ressourcen großer Konzerne.[1] Unterlaufene Fehler während einer Post-Merger-Integration können demnach nicht ohne weiteres „nachgeholt“ werden, ohne die Geschäftsfortführung maßgeblich negativ zu beeinflussen.

[1] Die Autoren folgen der Empfehlung der Europäischen Kommission zur Definition kleiner und mittlerer Unternehmen, die eine Grenze von 250 Mitarbeitern bzw. 50 Mio. € Jahresumsatz nicht überschreiten.

Das Papier gliedert sich wie folgt: Zunächst wird das Konzept der „ersten 100 Tage“ definiert und wesentliche Aktivitäten je Phase beschrieben (Abschn. 2). Anschließend wird der typische Ablauf dieser Phase erläutert (Abschn. 3). In einem nächsten Schritt werden kritische Erfolgsfaktoren herausgearbeitet, die eine besondere Relevanz für mittelständische Unternehmen aufweisen (Abschn. 4). Der Beitrag schließt mit einem Fazit (Abschn. 5).

2 Definition der ersten 100 Tage

Bevor wir auf die Erfolgsfaktoren der ersten 100 Tage einer Post-Merger-Integration eingehen können, muss definitorische Vorarbeit geleistet werden.

Der Integrationsprozess zwischen zwei Unternehmen kann in vier chronologisch aufeinander folgende Phasen dargestellt werden (siehe Abb. 1): dem „Pre-Signing“, den „Tag 1 Vorbereitungen“, den „ersten 100 Tagen“ und der „Integration“. Die grafische Darstellung suggeriert eine zeitlich identische Länge der vier Phasen. Tatsächlich kann man davon ausgehen, dass die Pre-Signing Phase und vor allem die Integrationsphase bedeutend länger als die Phase der „Tag 1 Vorbereitungen“ und der „ersten 100 Tage“ sind.

Der Start der Pre-Signing Phase ist durch die Abgabe einer Absichtserklärung definiert. In dieser Phase einigen sich die Parteien der Transaktion über die Integrationsstrategie und einem operativen Masterplanes. Diese Phase endet mit dem Unterzeichnen eines entsprechenden Vertrages („Signing“).

Darauffolgend wird der erste Tage der neuen Entität vorbereitet. Genauer gesagt, werden in dieser sogenannten „Tag 1 Vorbereitungen“ Phase die Aktivitäten der darauffolgenden „ersten 100 Tage“ Phase definiert und vorbereitet.

Mit dem Tag 1 der neuen Entität starten die „ersten 100 Tage“ der Integration – welche auch der Fokus dieses Beitrages sind. Die Beteiligten der Integration sollten in dieser Phase Integrationsaktivitäten entlang von fünf Integrationskernbereichen konzeptionell entwickeln, sodass diese in der darauffolgenden „Integrationsphase“ operativ umgesetzt werden können. Die fünf Kernbereiche untergliedern sich in:

1. Organisationale Neuausrichtung,
2. Prozessintegration,
3. Systemintegration,
4. Synergy Tracking, und
5. Ausrichtung der Produktpaletten beziehungsweise Kundensegmente.

Sind die Aktivitäten in den fünf Kernbereichen während der ersten 100 Tage vor allem analytischer Natur, erfolgt in der darauffolgenden Integrationsphase deren Umsetzung. Daraus erklärt sich auch der deutlich längere zeitliche Horizont der Integrationsphase. Die in der „Integrationsphase“ durchgeführten Aktivitäten entlang der Integrationsbereiche sollten von einem dedizierten Projekt- sowie Change Management flankiert sein.

3 Die klassischen „ersten 100 Tage"

Nachdem wir ein definitorisches Verständnis des Lebenszyklus einer Post-Merger-Integration erarbeitet haben, widmen wir uns den Besonderheiten dieser im Mittelstand. Um diese Spezifika herauszuarbeiten, ist es zunächst notwendig den „klassischen" Ablauf einer Post-Merger-Integration in den ersten 100 Tagen zu verstehen. Wir unternehmen diese Übung entlang von zwei Perspektiven. Zum einen spezifizieren wir die oben genannten fünf Kernbereiche der Integration. Zum anderen erläutern wir besonders relevante Aktivitäten innerhalb dieser Kernbereiche.

3.1 Typische Kernbereiche der Integration

Um eine plastische Darstellung der Kernbereiche der Integration zu erreichen, beschreiben wir im Folgenden die Zielstellung für jeden Kernbereich sowie Schlüsselaktivitäten, um diese zu erreichen (siehe Abb. 2).

Im Bereich der organisationalen Neuausrichtung muss am Ende der ersten 100 Tage eine neue Zielstruktur über alle funktionalen Bereiche des neuen Unternehmens konzeptioniert worden sein. Hierbei ist entscheidend ob wir von einem symmetrischen oder asymmetrischen Zusammenschluss ausgehen. Im letzteren Fall wird in der Regel die vorhandene Aufbauorganisation der dominanten Unternehmenseinheit beibehalten bzw. für das neue Unternehmen übernommen. Neben dem Konzept einer neuen Organisationsstruktur, muss auch die Migration dieser am Ende der ersten 100 Tage durchdacht sein, um die Umsetzung anschließend zügig starten zu können.

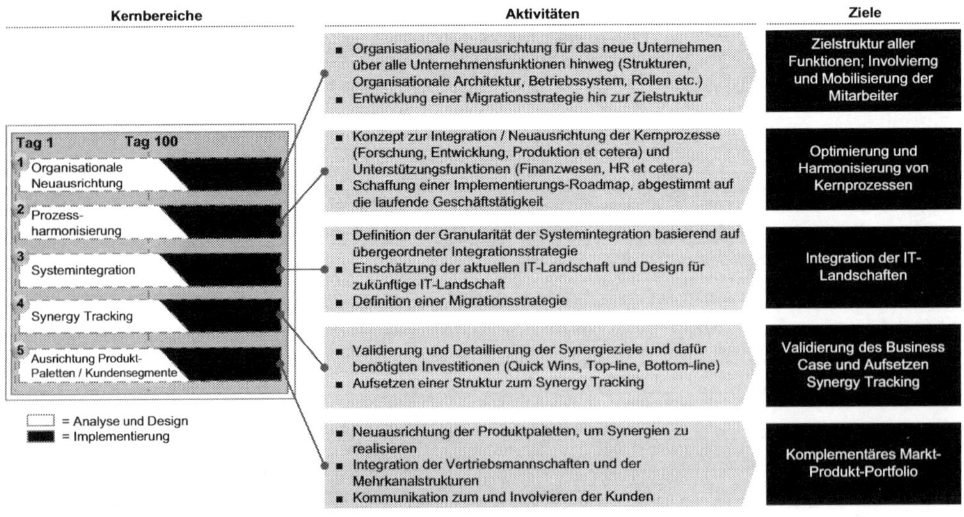

Abb. 2 Ziele und Aktivitäten je Kernbereich

Neben der Aufbauorganisation wird auch die Ablauforganisation beider Unternehmen harmonisiert. Dies betrifft in erster Linie kritische Prozesse, sollte aber sowohl Primärfunktionen (Marketing und Vertrieb, Produktion und Logistik, Forschung und Entwicklung) als auch Unterstützungsfunktionen (Finanzwesen, Personalwesen, IT, Rechtswesen) beinhalten. Auch hier schließen die ersten 100 Tage mit der (Neu)Konzeptionierung kritischer Prozesse inklusive einer Implementierungs-Roadmap ab, deren Umsetzung Teil der nachfolgenden Integrationsphase ist.

Ein häufiges Hindernis, insbesondere im Rahmen der Prozessharmonisierung besteht in nicht abgestimmten IT-Systemen. Auch hier ist es das Ziel, zunächst die vorhandenen IT-Landschaften beider Unternehmen zu analysieren, um im Anschluss ein Zielbild für die zukünftige IT-Landschaft beider Unternehmenseinheiten samt Migrationsstrategie zu konzeptionieren.

Von Beginn der Integration an, muss der Business Case zur Fusion bzw. Akquisition validiert werden. Hierfür ist ein sogenanntes „Synergy Tracking" von nöten. Mithilfe eines entsprechenden Monitoringtools werden die im Business Case identifizierten Synergieziel und –hebel gemessen.

Um die Geschäftsfortführung nicht zu gefährden und Synergien zu realisieren, sollte schon während der ersten 100 Tage die Ausrichtung der Produktpaletten und Kundensegmente beider Unternehmenseinheiten durchdacht werden. Ziel ist ein konsistentes Produkt-Markt-Portfolio des neuen Unternehmens. Erfolgskritische Aktivitäten betreffen hierbei die Integration der Vertriebsmannschaften, die Harmonisierung der Mehrkanalstruktur und eine rechtzeitige versichernde Kommunikation hin zum Kunden.

3.2 Chronologie der Integrationsaktivitäten während der ersten 100 Tage

Die oben beschriebenen Kernbereiche der Integration erstrecken sich sowohl über alle Primärfunktionen, als auch alle unterstützenden Funktionen der Wertschöpfung der zusammengehenden Unternehmen. Die Komplexität des Unterfangens der „ersten 100 Tage" wird nun ersichtlich. Um diese zu beherrschen ist ein rigoroses Projektmanagement notwendig. Nachfolgend zeigen wir die wichtigsten Meilensteine der „ersten 100 Tage" chronologisch auf (siehe Abb. 3).

Innerhalb der ersten 30 Tage der Post-Merger-Integration muss volle Transparenz über alle kritischen Aspekte einer jeden Unternehmensfunktion erlangt worden sein. Das heißt, im Bereich Marketing und Vertrieb muss ein Verständnis der Marktbearbeitung in beiden Unternehmen erreicht sein. Im Bereich der Produktion und Logistik muss basierend auf dem Verständnis der aktuellen Betriebsmodelle ein neues gemeinsames Ziel-Betriebsmodell definiert worden sein. Für die Forschung und Entwicklung muss Transparenz über das aktuelle Produktportfolio beziehungsweise über die Entwicklungspipeline hergestellt sein. Auch innerhalb der unterstützenden Funktionen der Wertschöpfung müssen Risiken sichtbar gemacht werden. Dies betrifft insbesondere die Absicherung der Liquidität

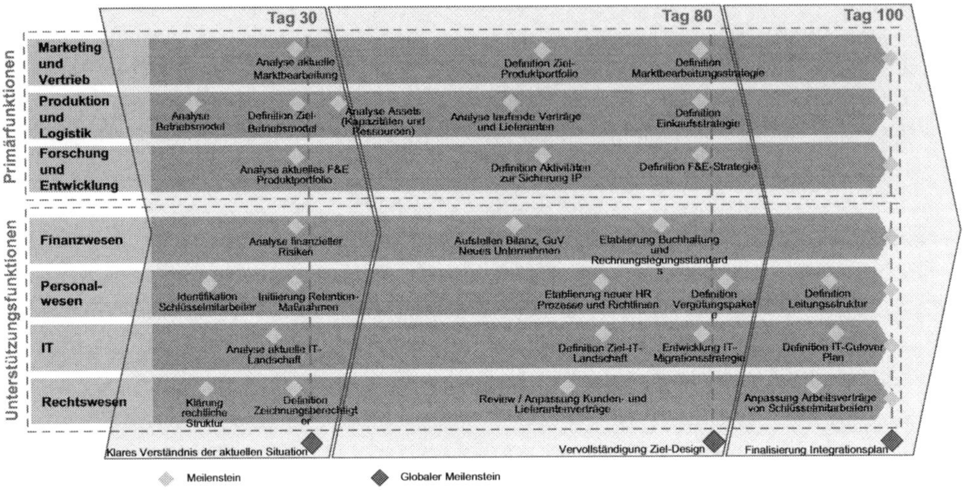

Abb. 3 Generische Roadmap der ersten 100 Tage

(Finanzwesen), die Initiierung von Retention-Maßnahmen für Schlüsselmitarbeiter (Personalwesen), die Analyse der aktuellen IT-Landschaft (IT) und die Klärung der rechtlichen Struktur der zusammengehenden Unternehmenseinheiten (Rechtswesen).

In den nächsten 50 Tagen (also bis zum Tag 80 der Post-Merger-Integration) müssen je Unternehmensfunktion Zielbilder erstellt sein. Konkret bedeutet das, dass die neue gemeinsame Marktbearbeitungsstrategie (Bereich Marketing und Vertrieb), die Einkaufsstrategie (Bereich Produktion und Logistik) und die Forschungs- und Entwicklungsstrategie definiert sein müssen. Auch die unterstützenden Funktionen sollten voll operativ tätig sein (Finanz- und Personalwesen). Neben der Ziel-IT-Landschaft sollte für die IT-Funktion auch eine Migrationsstrategie definiert sein. Vornehmliches Ziel des Rechtswesens muss es sein, die Geschäftsfortführung optimal zu unterstützen, indem Kunden- und Lieferantenverträge begutachtet und gegebenenfalls angepasst werden.

Die letzten 20 Tage (und damit die ersten 100 Tage vollendend) bereiten die anstehende operative Integration vor, indem die Leitungsstruktur (Personalwesen) und der Cut-Over Plan (das heißt Migrationsplanung) für die IT definiert wird. Schließlich nimmt das Rechtswesen Anpassungen der Arbeitsverträge von Schlüsselmitarbeitern vor, um den Verbleib dieser im neuen Unternehmen sicherzustellen.

4 Sicherstellung einer optimalen „ersten 100 Tage" einer Post-Merger-Integration im Mittelstand

Nachdem wir die wesentlichen generischen Integrationsaktivitäten umrissen haben, wollen wir die Frage beantworten, was nun die Spezifika bei der Durchführung der „ersten 100 Tage" einer Post-Merger-Integration für ein mittelständisches Unternehmen sein sollen? Im folgenden wollen wir mutig Schlaglichter auf diejenigen Integrationsbereiche

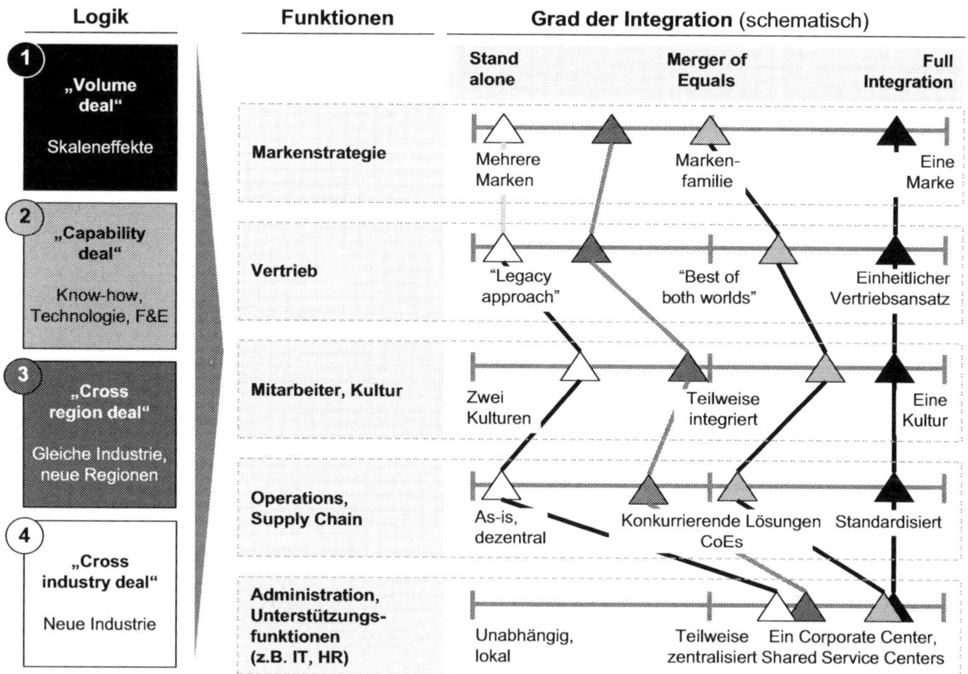

Abb. 4 Generische Integrationsgrade nach Logik des Zusammenschlusses

werfen, die gemeinhin delikate Schwachstellen einer Integration bei kleineren und mittleren Unternehmen darstellen. Wir verfolgen je Schlaglicht dabei einen logischen Dreiklang aus a) Beschreibung der typischen Ausgangssituation eines mittelständischen Unternehmens im Zuge einer Fusion bzw. Akquisition, b) einer Schlussfolgerung sich daraus ergebender potentieller Probleme für die Post-Merger-Integration und c) der Vorstellung einer Methode bzw. eines konkreten Tools zur Adressierung dieser. Die nachfolgenden Erörterungen sind generischer Natur, missachten also Fallspezifika, wie z. B. der Unterscheidung zwischen symmetrischen und asymmetrischen Fusionen bzw. Übernahmen, oder dem intendierten Grad der Standardisierung verschiedener Wertschöpfungsstufen beider Unternehmen (siehe Abb. 4).

4.1 Vor den „ersten 100 Tagen" – Definition der Integrationsstrategie um Zielerreichung messbar zu machen

Gerade in mittelständischen Unternehmen herrscht nicht selten ein Mangel an Erfahrungen zu Fusionen und Akquisitionen. Dies kann sowohl in der Phase der „ersten 100 Tage" als auch der darauffolgenden Integration problematisch zum Tragen kommen. Der Mangel an Logik und Transparenz der zu erreichenden Ziele entsteht jedoch nicht erst während der „ersten 100 Tage". Ein häufiger Grund erfolgloser Fusionen und Akquisitionen ist das

Fehlen einer klar definierten Integrationsstrategie. Idealerweise sollte die Definition der Integrationsstrategie in der Phase nach der Unterzeichnung des „Letter of Intent“ und vor der eigentlichen Vertragsunterzeichnung („Signing“) stattfinden.

Inhalte der Integrationsstrategie sind a) die Formulierung der Vision des Zusammenschlusses, b) die Definition des Grades der Integration und c) die Darlegung eines Master Planes. Die Vision des Zusammenschlusses definiert die strategische Logik der Fusion bzw. Akquisition. Davon ausgehend, werden strategische Ziele und Richtlinien des weiteren Vorgehens festgelegt. Letztere bestimmen damit den Grad der Integration und adressieren die Frage, welche Integrationsbereiche (z. B. Marketing und Vertrieb, Produktion, Logistik, administrative Funktionen, Unternehmenskultur etc.) in welchem Ausmaß vereinheitlicht werden sollen und wo welche Synergien realisiert werden sollen. Die eben dargelegten Punkte zur Strategie und Logik des Zusammenschlusses werden schließlich in einem Dokument („Master Plan“) verschriftlicht. Hierbei werden 1) praktisch umsetzbare, erste grobe Meilensteine der Integration, 2) die neue Managementstruktur und 3) das neue Geschäftsmodell, welches das neue Unternehmen beschreibt, festgelegt. Schließlich gibt der Master Plan auch ein 4) grobes Kommunikationskonzept an die Stakeholder vor. Bei der Formulierung der Integrationsstrategie sollte darauf geachtet werden, dass diese zu einem späteren Zeitpunkt auch offen an alle Stakeholder der betroffenen Unternehmen kommuniziert werden kann.

Welchen Anforderungen sollte die Integrationsstrategie genügen? Auch hier lohnt sich eine differenzierte Betrachtung entlang der Vision, des Integrationsgrades und des Masterplanes. Die Vision sollte in wenigen Sätzen den Zweck und die Prioritäten des Zusammenschlusses der Unternehmen definieren. Daraus können sich strategische Ziele ergeben. Letztere sollten so konkret (und damit messbar) wie möglich definiert sein. Gleichermaßen muss darauf geachtet werden, dass das Top Management der zusammengehenden Firmen diese strategischen Ziele unterschreibt und geschlossen vor ihren Mannschaften kommunizieren.

In einem nächsten Schritt beinhaltet die Integrationsstrategie auch die Festlegung des Grades der Integration entlang der Integrationsbereiche. Die Logik des Zusammenschlusses bestimmt hierbei den Grad der Integration (siehe Abb. 4). Generisch wird unterschieden zwischen „Volume Deal“ (dominantes Ziel ist die Vertiefung von Skaleneffekten), „Capability Deal“ (dominantes Ziel ist die Erlangung von Intellectual Property), „Cross Region Deal“ (dominantes Ziel ist die Erweiterung des Zugriffs auf regionale Märkte) und „Cross Industry Deal“ (dominantes Ziel ist die Neudefinition des Geschäftsmodells durch den Eintritt in neue Industrien).

Es wird ersichtlich, dass beispielsweise „Volume Deals“ in der Regel ein hohes Maß an Integration bedingen, um tatsächlich Skaleneffekte realisieren zu können. Hingegen ist bei einem „Capability Deal“ denkbar, dass bestimmte Unternehmensbereiche weiterhin selbstständig bestehen bleiben, ohne in einen gemeinsamen Unternehmensstandard aufzugehen.

4.2 Risikomanagement zur reibungslosen Geschäftsfortführung während der Integration

Aufgrund der kleinen Unternehmensgröße mittelständischer Unternehmen, verglichen mit (internationalen) Konzernen, ergibt sich in der Regel ein Mangel an dedizierten Ressourcen für den Integrationsprozess. Im Gegensatz dazu verfügen große multinationale Unternehmen häufig über eigene M&A Abteilungen, welche in der Lage sind, den Post Merger Prozess zu begleiten. In mittelständischen Betrieben ist jedoch davon auszugehen, dass die Verantwortlichen für die Umsetzung der Post-Merger-Integration gleichzeitig ihr operatives Tagesgeschäft zu betreuen haben. Die Herausforderungen, die sich aus dieser hybriden Rolle der Integrationsverantwortlichen ergibt, gilt es zu adressieren. Die Ressourcenknappheit bedingt außerdem hohe Ansprüche an die Fachkenntnisse etwaiger externer Berater, welche den Integrationsprozess unterstützend begleiten; Für das „Anlernen" externer Berater besteht demnach schlicht nicht die Zeit.

Was sind typische Risiken, die während einer Post-Merger-Integration auftreten können, sodass sie den Ablauf des operativen Geschäftes nachhaltig gefährden können? Hierzu zählen beispielsweise juristische Risiken (z. B. Bestehen für alle Ländermärkte Lizenzen? Wird nationales Arbeitsrecht angewendet?), finanzielle Risiken (Funktioniert das Forderungs- bzw. Cash-Management?), IT Risiken (Hat das neue Unternehmen Zugriff auf alle relevanten Daten? Besteht ausreichende Cybersecurity?), HR Risiken (Kann die Produktivität der Belegschaft in der Anlaufphase der Integration aufrecht erhalten werden? Kann das Abwandern von Schlüsselangestellten verhindert werden?), Produktionsrisiken (Läuft die Produktion geschmeidig bzw. werden Liefertermine eingehalten? Können kritische Lieferantenbeziehungen aufrecht erhalten werden? Verläuft die Konsolidierung der Nachfrageplanung reibungslos?) und schließlich Reputationsrisiken (Inwieweit wird im Eintritt einer der oben beschriebenen Risiken die Kundenbeziehung negativ berührt? Wenn ja, wie kann sichergestellt werden, dass alle kritischen Kunden pro-aktiv informiert werden?).

Der Schlüssel zur Adressierung obiger Fragen ist ein adäquates Risikomanagement. Im Rahmen der Planung der Integration sollten Risiken idealerweise vor dem Start der eigentlichen Integrationsaktivitäten (siehe Abb. 5) identifiziert und gemäß ihres potentiellen Einflusses klassifiziert werden. Nur so ist die Vorbereitung und Durchführung von Gegenmaßnahmen möglich, für den Fall eines Risikoeintrittes. Des Weiteren müssen auch Verantwortliche zur Kontrolle der Risiken und zur Einleitung von Gegenmaßnahmen bestimmt werden. Letzterer Punkt impliziert, dass die Geschäftsführung über ein Tool zum Risiko-Monitoring verfügt.

Wie kann dieses Tool aussehen? Einfach gedacht, bedarf es einer Liste potentieller Risiken, die im Rahmen der Post-Merger-Integration auftreten können. Die Kunst bei der Erstellung der Liste besteht darin, a) die Sammlung an Risiken vollständig umfassend jedoch gleichzeitig prägnant und relevant zu halten, b) den Impact und die Wahrscheinlichkeit eines jeden Risikos zutreffend einzuschätzen und c) adäquate reaktive bzw. proaktive Gegenmaßnahmen zu konzipieren, die schnelle Linderung des Risikos zeitigen. Des Weiteren muss pro Gegenmaßnahme d) eine Umsetzungsplanung erstellt werden, welche e) von Erfolg-messenden Metriken unterlegt ist.

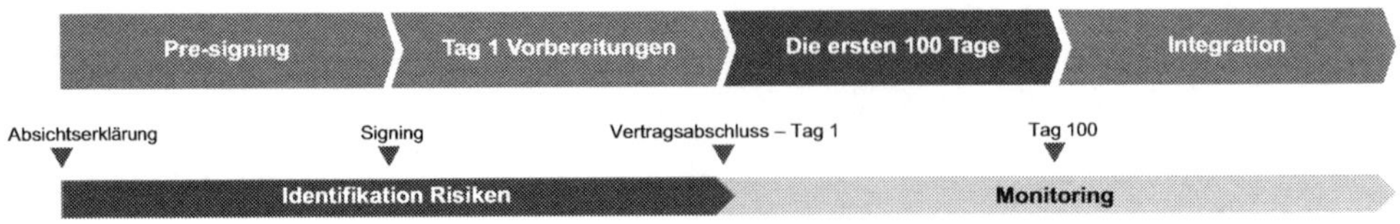

Abb. 5 Planung der Geschäftsfortführung

4.3 Durchdachtes Change Management um die gesamte Belegschaft mitzunehmen

Schließlich besteht eine besondere Herausforderung in der Tatsache, dass in kleinen und mittleren Unternehmen, Integrationsaktivitäten von einer breiten Masse aller Mitarbeiter unmittelbar erlebt wird. Damit besteht nicht nur eine „Betroffenheit" auf höherem und mittleren Management Level, sondern auch auf den unteren Hierarchiestufen der zusammengehenden Unternehmen. Das Ausmaß der Betroffenheit ist im Mittelstand in der Regel deutlich höher einzuschätzen als in Konzernen.

Des Weiteren ist die Wahrscheinlichkeit hoch, dass mittelständische Unternehmen einen geringeren Grad an Standardisierung in den Prozessen des täglichen Geschäftes nutzen. Das heißt, Prozesse sind häufig nicht strikt über alle Unternehmensbereiche hinweg definiert bzw. werden nicht homogen gelebt. Dies kann einerseits eine schnelle flexible Durchführung der Integrationsaktivitäten ermöglichen. Andererseits kann ein Mangel an Standardisierung ein Hindernis bei der Umsetzung von komplexen Integrationsaktivitäten darstellen. Die daraus resultierende notwendige Einführung von Standards, steigert die wahrgenommene Komplexität der Integration für die Belegschaft enorm. Diese Wahrnehmung kann zu einer Trägheit in der Umsetzung der Integrationsaktivitäten führen.

Diese beiden Problemfelder wirken verstärkend auf ein grundlegendes Risiko einer jeder Fusion bzw. Akquisition: dem Abwandern von Mitarbeitern, die für die erfolgreiche Geschäftsfortführung und Integration entscheidend sind. Ein Aderlass kritischer Angestellte ist für ein mittelständisches Unternehmen kurz- und mittelfristig ungleich schwerer zu kompensieren, als für einen Konzern.

Aus diesen Gründen stellt ein durchdachtes Change Management einen wesentlichen Erfolgsfaktor bei der Post-Merger-Integration mittelständischer Unternehmen dar. Abgesehen von den oben genannte Gründen, argumentieren Verfechter für eine rechtzeitige Installation von Change Management, aufgrund der überragenden Bedeutung des erfolgreichen Zusammenführens der unterschiedlichen Unternehmenskulturen im Rahmen einer Post-Merger-Integration (Kavanagh und Ashkanasy 2006).

Die Change Management Aktivitäten starten mit der Phase der „ersten 100 Tage" (siehe Abb. 6). Ihr vornehmliches Ziel ist es, die Motivation der Betroffenen der Post-Merger-Integration nachhaltig hoch zu halten, um sicherzustellen, dass die Kraftanstrengung der durchzuführenden Integrationsaktivitäten bewältigt werden kann.

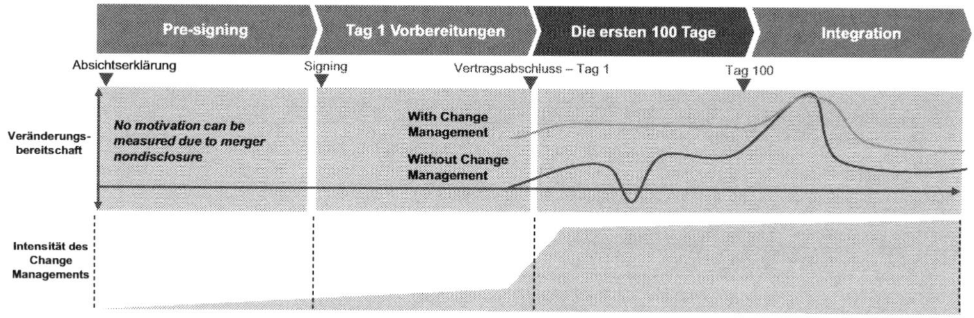

Abb. 6 Zeitlicher Ablauf der Change Management Aktivitäten

Welche Change Management Aktivitäten spielen nun innerhalb der ersten 100 Tage eine herausragende Rolle? Der Beitrag fokussiert hierbei auf die folgenden drei Change Management Hebel:

1. Das Formen einer neuen gemeinsamen Unternehmensvision und des Weges dorthin
2. Das Einschwören der Führungsmannschaft auf diese Vision und
3. Die Mobilisierung aller Stakeholder

Neben diesen Hebeln werden jenseits der ersten 100 Tage auch weitere Hebel aktiviert, wie zum Beispiel die Ausrichtung der Organisation (Anpassung der Rollen und Verantwortlichkeiten), das Management der Produktivität der Belegschaft für die Integrationsaktivitäten und das Schaffen einer neuen gemeinsamen Unternehmenskultur. Letztere Hebel kommen aber vor allem in der eigentlichen operativen Integration nach den ersten 100 Tagen zum Tragen.

Um eine neue gemeinsame Unternehmensvision zu entwickeln, muss zunächst Klarheit über die Einstellungen der verschiedenen betroffenen Stakeholdergruppen gegenüber der Post-Merger-Integration bestehen. Durch die Anwendung von sogenannten Stakeholder Analysen können Schlüsselpersonen entlang bestimmter Eigenschaften gruppiert werden. Je Gruppe können dann angepasste Maßnahmen entwickelt werden, um diese Gruppe von der neuen Unternehmensvision zu überzeugen. Der Vorteil angepasster Maßnahmen je Gruppe besteht darin, dass sie wesentlich effektiver Wirken als nur ein über alle Stakeholder Gruppen homogen angewendetes Change Management. Mögliche Dimensionen zur Gruppierung der Stakeholdergruppen sind a) der Grad der Unterstützung für die Post-Merger-Integration und b) das Commitment, welches ein Stakeholder bereit ist, einzugehen. Eine Stakeholderanalyse wird auf individueller Ebene durchgeführt und nimmt die subjektiv wahrgenommene Einstellung des Stakeholders auf. Anschließend werden die gesammelten individuellen Profile zu Gruppen konsolidiert.

In einem nächsten Schritt muss die Führungsmannschaft auf die neu gewonnene Vision eingeschworen werden. Hierfür sind verschiedene Wege denkbar. Häufig wird auf ein Workshopformat zurückgegriffen, an welchem das gesamte höhere und mittlere Management teilnimmt. Im Rahmen des Workshops sollte zum einen a) die Ist-Situation gemeinsam analysiert werden, b) das Vision bzw. Mission Statement weiterentwickelt werden und c) die Übersetzung dieser auf die verschiedenen Unternehmensbereiche durchgeführt werden. Im Rahmen der Ist-Analyse sollte die Logik der Fusion bzw. Akquisition bestätigt werden (basierend auf den strategischen Ambitionen des Top Managements, der Analyse des Wettbewerbes und des Business Cases). Die anschließende Weiterentwicklung des Vision bzw. Mission Statements sollte basierend auf Input des Top Managements stattfinden. In der letzten Phase sollten grobkörnige Umsetzungspläne für die verschiedenen Geschäftsbereiche erstellt werden, begleitet von einer Impact Analyse der Veränderungen. Nach Beendigung dieser „strategischen Übung", kann man davon ausgehen das nicht nur das Top Management, sondern auch das mittlere Management stark in die anstehende Post-Merger-Integration involviert sein wird.

In der Phase der ersten 100 Tage sollte seitens der Change Management Aktivitäten jedoch auch alle anderen betroffenen Stakeholder mobilisiert werden. Aufgrund der Menge an Stakeholdern ist es in der Regel nicht möglich, Workshop Formate durchgängig durchzuführen. Vielmehr bedarf es hier einer Auswahl verschiedener, sich ergänzender Tools, um schnell und effektiv die breite Masse der Belegschaft zu erreichen. Ein einfaches Mittel kann die Durchführung einer flächendeckenden Umfrage zur Fusion bzw. Akquisition und zum Integrationsprozess sein. Hierbei wird die Zufriedenheit mit und das Commitment der Belegschaft zum Integrationsprozess befragt. So kann das „Abdriften" relevanter Stakeholdergruppen in eine passive, gar der Integration feindlich gesinnten Haltung erkannt werden und in der Integrationsphase nach den ersten 100 Tagen adressiert werden. Ein zweiter Effekt besteht in der positiven Wirkung, die eine solche Umfrage auf einer Meta-Ebene für die teilnehmenden Stakeholder haben kann: es wird indirekt kommuniziert, ‚Deine Meinung ist wichtig für den Erfolg der Post-Merger-Integration.'

Abgesehen von einer Umfrage, können auch schon innerhalb der ersten 100 Tage erste „leicht zu startende" Maßnahmen zur Stakeholdermobilisierung unternommen werden, wie zum Beispiel das Einsetzen von „Town Hall Meetings", in welchen Führungskräfte die Strategie hinter der Integration der Belegschaft erläutern bzw. für deren Fragen zur Verfügung stehen.

5 Fazit

Die grundsätzliche Logik und Mechanismen einer Post-Merger-Integration greifen in mittelständischen Unternehmen genauso wie in großen Konzernen. Dennoch muss die Post-Merger-Integration für den Mittelstand einen anderen Fokus setzen, als dies in großen Unternehmen der Fall ist:

Um den Mangel an praktischer Erfahrung mit Fusionen und Akquisition wett zu machen, sollten kleinere Unternehmen bereits in der Pre-Signing Phase ein klares Bild ihrer Integrationsstrategie entwickeln und dieses in einem aussagekräftigen Masterplan festhalten. Des Weiteren müssen mittelständische Unternehmen „smarter" als große Konzerne agieren; Da sie mit weniger Ressourcen ihre Post- Merger-Integration stemmen müssen, brauchen sie von Tag 1 an eine detaillierte Planung ihrer Integrationsaktivitäten und in diesem Zusammenhang ein effektives Risikomanagement. Schließlich und entgegen weitverbreiteter Meinung, ist für mittelständische Unternehmen Change Management kein „nice to have", sondern ein „must have"; Ohne ein effektives Change Management kann der tiefgreifende Veränderungsprozess, der das gesamte Unternehmen im Rahmen der Post-Merger-Integration erfasst, nicht bewältigt werden.

Literatur

Christensen, C. M., Altron, R., Rising, C., & Waldeck, A. (2011). *The big idea: The new M&A playbook*. Boston: Harvard Business Review.

Kavanagh, M. H., & Ashkanasy, N. M. (2006). The impact of leadership and change management strategy on organizational culture and individual acceptance of change during a merger. *British Journal of Management, 17*(1), 81–103.

Lakotta, J., Hervé, O., & Asal, C. (2014). ‚Was du heute kannst besorgen…' – Eine systematische Analyse erfolgskritischer Faktoren der ersten 100 Tage einer PMI. *M&A Review St. Gallen, 25*(6), 222–228.

The Economist. (2014a). The new rules of attraction.

The Economist. (2014b). Return of the big deal.

Dr. Jan Lakotta war über 4 Jahre Berater in der Strategie Practice von Capgemini Consulting. Er war beratend im Umfeld von M&A Aktivitäten u. a. in den Bereichen Automotive, Chemie, Manufacturing, und Telekommunikation tätig. Er ist seit 8 Jahren Dozent an der FOM Hochschule für Ökonomie und Management Berlin sowie Gastdozent an der ESCP Europe.

Olivier Hervé ist Wirtschaftsingenieur und arbeitet seit 2005 bei Capgemini Consulting in der Strategie Practice für die Region DACH. Er ist beratend bei zahlreichen Post-Merger-Integration-Projekten tätig u. a. in den Bereichen Automotive, Energy & Utilities und Luftfahrt.

Post-Merger-Management als Metakompetenz

Kirsten Meynerts-Stiller und Christoph Rohloff

Zusammenfassung

Der nachfolgende Beitrag setzt sich mit der Herausforderung auseinander, Post Merger Management als eine eigenständige Managementdisziplin zu etablieren, die für die erfolgreiche Realisierung der mit einem Merger intendierten Zielsetzungen unabdingbare Voraussetzung ist. Ähnlich wie das Change-Management seit den 90ziger Jahren einen entscheidenden Beitrag für die Anpassungsfähigkeit von Unternehmen an sich wandelnde Umwelten geleistet hat, wird die Fähigkeit, Prozesse des Zusammenwachsens professionell zu gestalten, einen entscheidenden und nicht kopierbaren Wettbewerbsvorteil auf dem Weg des anorganischen Wachstums darstellen. Post Merger Management im Sinne eines ganzheitlichen Merger Managements vereint dabei den souveränen Umgang mit vier sich wechselseitig beeinflussenden Kerndisziplinen des Managements – nicht nur auf der Ebenen einzelner Personen – sondern profunde verankert als organisationale Kompetenz: Projekt-Management, Change-Management, Strategie-Kompetenz und ein reifes Leadership-System.

K. Meynerts-Stiller (✉) · C. Rohloff
frankfurter gruppe Unternehmensentwicklung, Neu-Isenburg, Deutschland
E-Mail: kms@frankfurter-gruppe.de

C. Rohloff
E-Mail: christoph.rohloff@frankfurter-gruppe.de

A. Kuckertz, N. Middelberg (Hrsg.), *Post-Merger-Integration im Mittelstand,*
DOI 10.1007/978-3-658-12370-3_11

1 Einleitung

Merger & Akquisition sind auch in Deutschland für viele Unternehmen ein seit langen Jahren etabliertes strategisches Instrument für Wachstum und Entwicklung. Die Globalisierung und die damit verbundene Ausweitung des Wettbewerberraums fordern auch vom Mittelstand schnellere Anpassungsprozesse als in der Vergangenheit. Häufig sind diese Anpassungsprozesse – tatsächlich oder vermeintlich – mit organischem Wachstum allein nicht zu bewältigen.

Internationale Konzerne haben schon seit Beginn der 1980er Jahre in größerem Umfang Erfahrungen im Bereich der Merger Realisierung gesammelt – nicht immer glückliche (Müller-Stewens et al. 2010). Die erfolgreiche Umsetzung eines Mergers stellt Unternehmen offenbar vor besondere Herausforderungen und verlangt ihnen eine spezifische Merger-Kompetenz ab, die scheinbar erst mühsam erworben werden muss. Sicherlich gehört auch das Scheitern zu einem Lernprozess, aber in wenigen Management-Disziplinen wird so häufig gescheitert bis ein systematischer Lernprozess beginnt, wie beim Post Merger Management.

Zu Recht kann beim Post Merger Management von einer vollkommen neuen unternehmerischen Kernkompetenz gesprochen werden, der zukünftig erhebliche Bedeutung zukommen wird (Picot 2008). Möglicherweise wird dies nicht nur eine zukünftige unternehmerische Kernkompetenz, sondern durchaus die Königsdisziplin im Management, da wenige andere Fragestellungen im Führungsalltag eine so hohe Komplexität aufweisen wie eine Merger-Integration.

Die Gestaltung der Integrationsphase eines Mergers kann nur gelingen, wenn die dazu notwendige Kompetenz zumindest im Käuferunternehmen vorhanden ist. Was aber ist genau unter Merger-Kompetenz zu verstehen? Und was scheint es so schwierig zu machen, sie rechtzeitig, bevor das Abenteuer Merger beginnt, im Unternehmen zu etablieren?

2 Bestandteile der Merger-Metakompetenz

Merger-Kompetenz ist eine Metakompetenz, die sich im Wesentlichen aus vier Teilaspekten zusammensetzt.

Abbildung 1 zeigt, welche Teilkompetenzen sowohl als personale als auch als organisationale Kompetenzen stabil hinterlegt sein sollten, um den Anforderungen einer Merger-Integration erfolgreich begegnen zu können.

Beim Blick auf die personale Merger-Kompetenz sind mehrheitlich die jeweiligen Integrationsverantwortlichen im Fokus, deren persönliches Können allerdings erst in der Verbindung mit der organisationalen Kompetenz des Unternehmens wirksam wird. Die Reichweite der Betroffenheit in der Integrationsphase lässt sich im Gegensatz zur Transaktionsphase nicht mehr auf einzelne Spezialisten begrenzen. Tangiert und involviert ist meist die gesamte Organisation oder zumindest der Teil der Organisation, mit dem das Target eng zusammenwachsen soll. In diesem Zusammenhang wäre ein Integrationsverantwortlicher auch dann zum Scheitern verurteilt, wenn er oder sie persönlich mit diesen

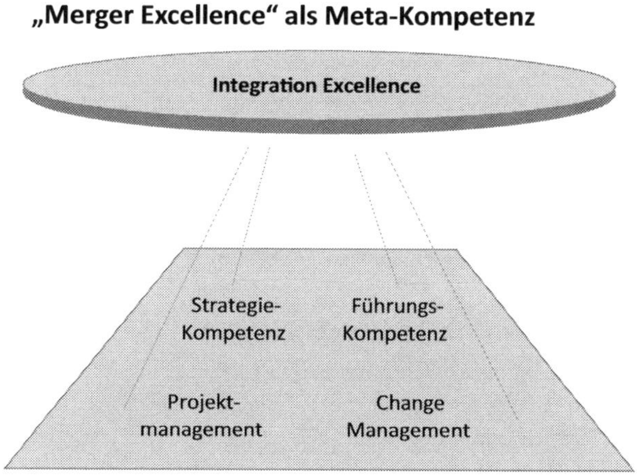

Abb. 1 Zusammensetzung der Merger-Kompetenz als Meta-Kompetenz. (Quelle: eigene Darstellung)

Teilkompetenzen hervorragend ausgestattet wäre, die Gesamtorganisation aber nicht auf der entsprechenden Klaviatur spielen kann. Die Lernkurve, organisationale Kompetenz für das Haus unter der Belastung einer laufenden Merger-Integration erst aufzubauen, ist nicht zu leisten, wie im dritten Teil des Beitrages deutlich wird.

Die nachfolgende Reihenfolge der Beschreibungen stellt kein Ranking dar und gewichtet keine der Einzelkompetenzen stärker oder schwächer.

2.1 Projektmanagement

Häufig ist die Formulierung in Unternehmen anzutreffen: „Die Merger-Integration macht bei uns die Linie", was in vielen Fällen ein starker Indikator dafür ist, dass es kein formales Integrationsprojekt geben soll und somit nicht mit den Tools und Abläufen, aber auch nicht mit den Klärungs- und Aushandlungsroutinen eines professionellen Projektmanagements gearbeitet werden soll.

Gerade Unternehmen, bei denen bei der Bewältigung des Tagesgeschäfts ständig von Projekten (Kundenprojekten, Entwicklungsprojekten) gesprochen wird, also jeder Auftrag ein Projekt darstellt, gehen von der Annahme aus, sehr kompetent mit der Bearbeitung von Projekten umzugehen, ohne in Wahrheit wirklich trittfest in Bezug auf ein ausgereiftes Projektmanagement zu sein. In Wahrheit handelt es sich bei dieser Art von Projekten um Einzelaufträge, die meist einem faktisch definierten Prozess folgen und mit dem Begriff Projekt belegt werden. Hier wird selten das ständige Steuern in unbekanntem Terrain benötigt, die zu klärenden Fragen sind nicht existentiell für das Unternehmen, und es geht ebenfalls selten um Macht und Ohnmacht.

Merger-Integrationen sind jedoch komplexe Organisationsprojekte und können nicht ohne ein professionelles Projekt-Management bewältigt werden. Dazu gehören ein klares Contracting mit der Unternehmensleitung über die wesentlichen Ziele und den Scope des Integrationsprojektes, ein weitestgehend abgestimmtes Vorgehensmodell, also eine umfassende Projektplanung, genauso wie die Klarheit über notwendige personelle Ressourcen für die Integration.

Projektaufwand und -ressourcen

Der Aufwand für Merger-Integrationen wird fast immer unterschätzt. Das lässt sich oft schon vorab an den zu niedrig veranschlagten Integrationskosten feststellen, insbesondere wenn nur externe Kosten berücksichtigt wurden. Der interne Aufwand wird vereinfacht als „eh da"- Kosten gewertet, der dann auch nicht auf Projektkostenstellen erfasst wird. Hinter der explizit sichtbaren Aussage bezüglich der Kosten für die Integration liegt implizit die Annahme eines überschaubaren Aufwands für die Integration, der dann schon „irgendwie" von der Organisation „mitbewältigt" wird.

Als Grund dafür spielt mangelnde Erfahrung sicher eine wichtige Rolle, der umso dringlicher zu Beginn der Integrationsüberlegungen durch eine sorgfältige Planung der Integration statt ihrer Vermeidung begegnet werden muss.

Ein weiterer Vermeidungsgrund für eine realistische Aufwandskalkulation kann darin liegen, dass aus Sicht der Unternehmensleitung die Konkretisierung der notwendigen personellen Ressourcen ein unbeliebter Vorgang ist. Es zwingt den Vorstand oder die Geschäftsführung, im Folgeschritt die Diskussion mit den Linienführungskräften darüber zu führen, welche Mitarbeiter mit welchen Auswirkungen auf das „daily business" zur Verfügung stehen. Ebenso kann der Wunsch nach einer „optimierten" Rentabilitätsbeurteilung zu einer reduzierten Aufwandseinschätzung führen.

Aus Sicht der Integrationsverantwortlichen erfordert die Bezifferung der notwendigen personellen Ressourcen ein umfassend antizipierendes Durchdenken des Integrationsprojektes, was auf Grund der Größe, der Einflussfaktoren und vieler vorab fehlender Informationen aus dem Taget ein aufwändiger, sich in Schleifen wiederholender Prozess ist, welcher trotz aller Bemühungen während einer langen Anfangsphase lückenhaft bleiben wird. Trotzdem bleibt es unverzichtbar, diese Planung zu durchlaufen. Erst die sichtbaren Planungslücken schaffen häufig Transparenz über die noch zu klärenden Fragen.

Für beide Seiten gibt es also „verlockende Angebote", auf ein substanzielles Projektmanagement zu verzichten. Organisationen, die nicht schon im Vorfeld stabile Erfahrungen mit dem Nutzen und den Vorteilen guter Projektarbeit gemacht haben, greifen aus eigenem Antrieb zu Beginn eines Integrationsprozesses eher auf bewährte informelle Muster zurück.

Die frühe Planung der Integrationsphase ist nicht nur die Voraussetzung für die Einschätzung des Gesamtaufwandes und die nachfolgenden Klärungen im Unternehmen bezüglich der Zurverfügungstellung der entsprechenden Ressource. Gleichermaßen wesentlich ist die Ablaufplanung als Diskussions- und Klärungshintergrund für die Frage, wie viel Integration beabsichtigt ist und was genau getan werden muss, damit die Merger Ziele erreicht werden können. Die Auseinandersetzung der Führung mit der Fragestellung, was genau getan werden und wie das Zusammenwachsen ausgestaltet sein soll, damit die Integration gelingen kann, lässt gemeinsame Sichten auf notwendige Umsetzungsschritte und damit auch gemeinsame Verantwortlichkeiten entstehen.

Klarheit der Rollen

Ein ganz anderer Aspekt von Projektmanagement im Merger-Kontext liegt in der notwendigen Klarheit der Rollen und der damit verbundenen A-K-V (Aufgaben, Kompetenzen,

Verantwortung) der jeweiligen Instanzen. Die Verantwortung für das Treffen projektrelevanter Entscheidungen und die operative Steuerung des Projektes bleiben somit rollengerecht getrennt und schaffen dadurch die Räume für notwendige Aushandlungs- und Klärungsprozesse zwischen den Projektinstanzen.

Der konstruktiv-kritische Diskurs zwischen der Entscheider-Ebene mit ihren Zielsetzungen und den detaillierten Umsetzungs- und Machbarkeitsüberlegungen der Umsetzungsverantwortlichen ist in der Linienhierarchie nicht abbildbar. Es ist integraler Bestandteil des Projektmanagements, durch seine dezidierten Abstimmungsschritte und -schleifen diese Klärungen im Projektkontext zu ermöglichen.

Aushandlungsprozesse finden nicht nur zwischen Entscheider- und Umsetzungsebene statt. Auch die unterschiedlichen Funktionen oder Abteilungen eines Unternehmens haben in der Integrationsphase erheblichen Klärungsaufwand zu betreiben. Die strukturelle und prozessuale Ausgestaltung der Projektorganisation kann dies sicherstellen, vorausgesetzt es werden entsprechende Formate und reflexive Klärungsschleifen eingeplant.

Projekt-Scope

Der Fokus des Integrations-Projekts liegt auf dem Gelingen des Zusammenwachens der Herkunftsunternehmen. Damit fallen in den Scope des Projektes

- alle Themen des technischen und des kulturellen Mergers für die neue Organisation,
- alle Fragen des Change Managements im Rahmen eines Organisationsprojektes genauso wie
- die enge Anbindung der Linienorganisation an die Steuerung des Projektes zur Absicherung der Business Continuity. Diese ist neben der Merger Umsetzung zu leisten und benötigt immer wieder ein Rejustieren des Projektes im Rahmen des Machbaren.

Trotz des breiten Ansatzes im Projekt-Scope muss vermieden werden, im Rahmen der Merger Integration alle schon zuvor offenen Reorganisations- oder Optimierungsthemen gleich auch noch mit zu bearbeiten. Projektverantwortliche begegnen diesem Ansinnen stabiler und gelassener auf Basis eines sorgfältig geklärten Integrationsdesigns.

Risiken durch die Merger Integration

Das Unterschätzen der notwendigen Gesamtkapazität einer Merger-Integration kann gerade auch für mittelständische Unternehmen ein riskanter Drahtseilakt werden (Gerds und Schewe 2009). Gerade wenn die Ressourcen zu Beginn nicht zugestanden werden, so werden sie im Laufe des Projektes doch den beiden Häusern unter dann schlechteren Bedingungen abverlangt werden und können dann schnell im Tagesgeschäfts fehlen. Die entstehende Fragilität eines Unternehmens wird von außen aufmerksam beobachtet. Merger-Zeiten sind Hochzeiten für Mitbewerber und Headhunter, die sowohl die Kunden als auch die besten Mitarbeiter abwerben möchten.

Das Risiko einer knappen Personaldecke kann auch in der Qualifikation der Mitarbeiter stecken. Gerade im Mittelstand kommt es vor, dass für die anspruchsvolle Mitarbeit im Integrationsprojekt nur die mittlere Führungsebene in Frage kommt, da sich die entsprechenden Kompetenzen nicht auf Mitarbeiterebene finden lassen. Dann droht die Regelorganisation über längere Phasen untersteuert zu sein und Führungskräfte werden übermäßig ihrer originären Aufgabe entzogen, mit wiederum schwierigen Folgen für das Tagesgeschäft.

2.2 Change Management

Merger Integrationen sind Organisationsprojekte unter erschwerten Bedingungen. Organisationprojekte, die Mitarbeitern in größerem Umfang Veränderungen ihres Handeln, ggf. ihres Verhaltens, zumindest aber ihres bekannten und vertrauten Handlungsrahmens zumuten, erfordern ein angemessenes Change Management, das diese Irritationen und ihre Folgen für Leistungsfähigkeit und Leistungsbereitschaft adressiert.

Merger-Integrationen potenzieren die Herausforderungen eines „normalen" Veränderungsprozesses. Durch einen Merger sind Menschen gefordert, zukünftig gut und konstruktiv zusammen zu arbeiten, die häufig aus völlig unterschiedlichen kulturellen Prägungen kommen, deren implizites Wissen über das Funktionieren eines Unternehmens weit differiert und die jahrelang darauf konditioniert wurden, dass ihre Art die Unternehmenswirklichkeit zu sehen, die Richtige sei. Darüber hinaus ist ein Merger *per se* für Menschen schon ein hoch emotionaler Akt, mit dem von Beginn an sorgfältig umgegangen werden muss.

Der schiere Umfang eines Integrationsprojektes ist alleine schon geeignet, bei den Betroffenen unterschiedlichste stressinduzierte Reaktionen auszulösen. Ist man dieser Situation letztlich auf unbekanntem Terrain ausgesetzt – also in Verbindung mit einer Vielzahl fehlender Informationen und mit Kollegen, deren Unternehmens-Sprache man nicht versteht und mit denen man noch wenig vertraute Gemeinsamkeiten hat – steigt der Druck und der subjektive Fokus verengt sich.

Change Management kann hier helfen und unterstützen. Es verbindet als Oberbegriff eine Vielzahl von Interventionen, Erkenntnissen und Sichtweisen auf Organisationen, die geeignet sind, Akzeptanzbildungsprozesse bei Menschen zu unterstützen, die den bevorstehenden Wandel als ärgerlich, beschwerlich oder gar als schmerzhaft erleben. „Wirtschaftliches" Ziel des Change Managements ist die Verkürzung der Zeitdauer von der Feststellung des Veränderungsbedarfs bis zur Akzeptanz der neuen Vorgaben (Oltmanns und Nemeyer 2010).

Wenn auch der Begriff Change Management zwei eher diametrale Sichten verbindet, nämlich die Machbarkeitsphantasien des „Management"-Begriffes und die kausale Nicht-Beinflussbarkeit von Veränderungsprozessen, so hat er sich doch als „terminus technicus" in den vergangenen zehn Jahren durchgesetzt (Kotter 1996, Kotter und Cohen 2012).

Unter „nicht kausaler Beeinflussbarkeit“ ist dabei die Erkenntnis zu verstehen, dass soziale Systeme alle Impulse, die von außen an sie herangetragen werden, eigenen inneren Verrechnungsprozessen unterziehen, die im Wesentlichen von den jeweiligen eigenen Erfahrungen und Mustern geprägt sind. Für Integrationsverantwortliche bedeutet dies auf der Handlungsebene, alle notwendigen Formate und Interventionen für ein gelungenes Change Management im Projekt zu berücksichtigen und Verantwortung zu übernehmen für ein akzeptanzförderndes Vorgehen im Projekt.

Üblicherweise wird dem Thema Change Management in Integrationsprojekten ein eigener Workstream zugewiesen, um die Vielzahl der Aufgaben bewältigen zu können. Die Herausforderungen für ein gelungenes Change Management gehen allerdings weit über das Einrichten eines eigenen Arbeitspaketes hinaus.

Letztlich muss gerade der Integrationsverantwortliche selbst mental mit diesem Thema verwachsen sein und sich mit Befindlichkeiten und möglichen Reaktionen in Organisationen sowie mit den Möglichkeiten von „Change-Interventionen“ auskennen. Das gesamte Integrationsprojekt sollte als erstes durch die Brille der Veränderungsdynamiken betrachtet und gesteuert werden. Die notwendigen Impulse und Interventionen zur Unterstützung der Organisation, um Orientierung und Stabilität zurück zu gewinnen, werden durch die jeweilige Positionierung der Projektleitung gestärkt oder geschwächt. Ein „kalt angeflanschter“ Workstream Change Management bleibt ohne Wirkung, insbesondere wenn sich alle anderen Arbeitspakete, Entscheidungen oder Vorgehensmodelle einer mechanistischen Logik bedienen (Boos und Heitger 2004).

Der technische und der kulturelle Merger (s. Abb. 2) folgen zwei unterschiedlichen zeitlichen Verläufen, inneren Logiken und Bearbeitungsebenen, sind aber durch ihre gegenseitigen Wechselwirkungen untrennbar miteinander verbunden.

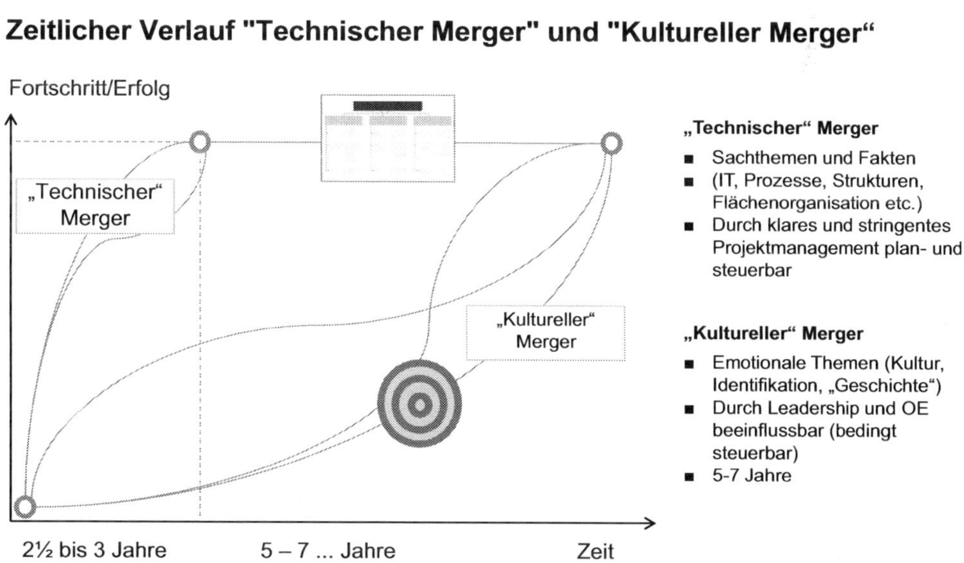

Abb. 2 Verlauf Technischer Merger und Kultureller Merger. (Quelle: Große et al. 2012)

Die Wirksamkeit eines Integrationsverantwortlichen stößt an ihre Grenzen, wenn im Unternehmen selbst keine Erfahrung und keine Akzeptanz für den oft als „unnötig" empfundenen Aufwand des Change-Managements vorliegt und Organisationspsychologie keine Resonanz findet. Sensibilität für die emotionalen Aspekte eines Veränderungsprozesses und die entsprechenden Reaktionsweisen der Mitarbeiter, sind Voraussetzung für das Gelingen einer Merger-Integration.

2.3 Strategie Kompetenz

Die Forderung nach einer ausgeprägten strategischen Kompetenz als personale Kompetenz bei den Integrationsverantwortlichen und als systemische Kompetenz in der Gesamtorganisation, mag auf den ersten Blick erstaunen. Stellt der Merger an sich doch die strategische *Antwort* auf die Marktbedingungen dar und wäre doch in diesem Sinne die strategische Absicht mit der Transaktionsphase realisiert. Warum also ist das strategische Vermögen auch als ein wesentlicher Bestandteil der Merger Kompetenz gerade in der Integrationsphase zu sehen? Die Antwort ist zweigeteilt.

Entwicklung einer Gesamtstrategie für den Business Case

Der Zusammenschluss zweier Unternehmen oder die Übernahme eines Unternehmens basiert auf einer strategischen Einschätzung in der Pre-Merger Phase und der unternehmerischen Entscheidung, genau dieses Unternehmen mit Abschluss der Transaktionsphase zu kaufen. Die Richtigkeit dieser Basisüberlegungen erweist sich erst im späteren gemeinsamen Agieren am Markt, wofür in der Integrationsphase die wesentlichen Voraussetzungen geschaffen werden. Dabei ist die Belastbarkeit der eingangs getroffenen strategischen Annahmen nicht immer gegeben. Sei es, dass die strategische Basiseinschätzung grundsätzlich unzutreffend war, sei es dass die Potentiale, die in dem Merger stecken, nicht gehoben werden können oder dass gar die Potentiale durch die fehlende Qualität der Integrationsphase zerstört werden. Die finale Entscheidung für diesen konkreten Merger beruht bei noch so umfassender Due Diligence von beiden Seiten auf schmalen Informationen, erst nach dem Closing besteht Zugang zu sämtlichen Informationen; achtzig Prozent der relevanten Informationen bleiben bis dahin verborgen.

Im Modell der SWOT-Analyse gesprochen, fokussieren die strategischen Annahmen zu Beginn des Merger Prozesses die *Chancen* und optimalerweise auch die *Risiken* dieses Zusammenschlusses. Beteiligt an der Gestaltung dieses Szenarios ist die Hierarchie aus dem Käuferunternehmen, gegebenenfalls auch aus dem Target und einige wenige Experten aus der Transaktionsphase. Zur Vervollständigung des Bildes ist die umfassende Kenntnis beider beteiligter Organisationen über ihre *Stärken* und *Schwächen* erforderlich. Der wesentliche Teil dieser Informationen steckt in den Menschen des Unternehmens und ist jahrelang von ihnen verinnerlicht worden, ist also – bezogen auf das Target – explizit nirgends verschriftlicht oder abrufbar. Das relevante Umsetzungswissen, also die Kenntnis darüber, was in und mit dieser neuen, größeren Organisation machbar ist, liegt hierarchisch gesehen tiefer in der Organisation und wurde bisher wenig berücksichtigt. Die Machbarkeitsfrage dieser neuen Sollkonzeption „gemeinsames Unternehmen" kann in der Transaktionsphase nur wenig ausgelotet werden, da der Zugang zu den wahren Stärken und Schwächen wechselseitig bisher nicht vorlag.

Die strategische Annahme, dieser Merger könne die richtige Antwort auf die gegebenen Marktbedingungen sein, muss also erst in eine neue belastbare, konsistente und für alle Unternehmensteile und -funktionen stimmige Gesamtstrategie überführt werden.

Strategische Umsetzungskompetenz

Strategische Kompetenz wird nicht nur benötigt, um die dem Merger zugrunde liegenden strategischen Annahmen in eine stimmige Gesamtstrategie zu überführen und mit der Integrationsarbeit die dafür notwendigen Rahmenbedingungen zu realisieren.

Strategische Exzellenz eines Unternehmens entsteht erst, wenn die erarbeitete Unternehmensstrategie tief in der gesamten Organisation verstanden und verinnerlicht wurde und selbstverständlicher Handlungsrahmen aller Beteiligter geworden ist. Dieser Zustand ist nach Abschluss der Transaktion längst nicht erreicht. Die neue Unternehmensspitze verfügt möglicherweise nach einer gewissen Zeit über ein gemeinsames Verständnis bezüglich der zukünftigen Unternehmensstrategie. Der Folgeschritt ist die Befähigung der Organisation, die Unternehmensstrategie in ihr tägliches Handeln zu integrieren und in eine gemeinsame, irritationsfreie Bewegung zu gelangen.

Ist der Anspruch, eine durch und durch strategisch agierende Unternehmung zu schaffen, schon unter „normalen" Bedingungen ambitioniert, so potenziert ein Merger erst recht eine solche Herausforderung. Im Gegensatz zu organischem Wachstum kann diese Entwicklung nicht in überschaubaren und „geordneten Schritten" vorangetrieben werden. Er muss mit Menschen gestaltet werden, die nicht die gleiche Sprache sprechen, häufig auf keine gemeinsamen Modelle von Strategieentwicklung und -umsetzung zurückgreifen können, die zu unterschiedlichen Bewertungen kommen bei der Frage was relevant ist und was nicht, und die – ganz grundsätzlich – mergerbedingt unter hohem Stress stehen.

Die Ausgangsbedingungen für eine tiefe Verankerung von Strategie auf der Handlungsebene für jeden Einzelnen im Unternehmen werden bei einem Merger durch das Schaffen einer zutiefst instabilen Gesamtsituation zum Zeitpunkt des Closing erst einmal erschwert.

Auch unter diesem Gesichtspunkt ist keine andere strategische Option mit einem derart hohen Risiko behaftet wie ein Merger.

Vorgehen im Strategieprozess

Es gilt also, gleich zu Beginn in der Integrationsphase, einen Strategieprozess zu starten, der sich über alle Ebenen der neuen Organisation erstreckt und eine neue Orientierung und gegebenenfalls auch Aufbruchsstimmung im neuen Unternehmen erzielt. Die stärkende Kraft einer gemeinsamen Vision ist gleichzeitig elementarer Bestandteil eines kraftvollen Change Managements.

Für Verantwortliche der Integrationsphase ist diese Anforderung anspruchsvoll. Realistischer Weise wird der Strategieprozess nicht sequenziell zum Integrationsprozess angelegt sein können, sondern verläuft gleichzeitig und mit ständigen Interdependenzen und Rückkopplungen zu diesem. Dies führt zu häufigen Anpassungen in der Integrationsarbeit, an vielen Stellen zum Arbeiten mit Szenarien, die dann verworfen werden und zu der Herausforderung, Unklarheit und Ambiguität gelassen ertragen zu müssen. Um dies leisten zu können, müssen Integrationsverantwortliche selbst über eben diese strategischen Kompetenzen verfügen, die es ihnen erlauben, strategische Volten nicht als Störung, sondern als normale Entwicklungsphase auf dem Weg zu einer gemeinsamen Unternehmensstrategie zu akzeptieren.

Gleichzeitig ist ein Strategieprozess allein aus dem Integrationsprojekt heraus nicht initiier- und steuerbar. Das Unternehmen selbst muss über signifikante Erfahrungen im Bereich der Strategiearbeit und der Gestaltung von Strategieprozessen verfügen und diese relativ rasch miteinander vergemeinschaften. Integration und Strategie sind integrale Bestandteile des gemeinsamen Handelns.

2.4 Führungskompetenz

Merger-Integrationen können zu stürmischen und sehr emotionalen Angelegenheiten werden. Die Verunsicherung ist groß bei den Betroffenen und die Gestaltungsmacht zumindest anfangs gering. Im Gegensatz zur Transaktionsphase sind nicht nur einige Menschen in den Merger eingebunden, sondern nahezu die gesamte Organisation ist in einem großen Umfang betroffen. Der zusätzliche Aufwand ist wesentlich größer als anfangs eingeplant, das obere und mittlere Management überwiegend mit Integrationsfragen befasst und für das Tagesgeschäft nur schlecht erreichbar.

In solchen dynamischen Veränderungszeiten ist „Führung im Wandel" gefragt, was sich deutlich von Führung im Tagesgeschäft unterscheidet. Führung im Wandel heißt, eine enorme Stresstoleranz aufzubringen, einen guten Umgang mit Ambiguität, also mit uneindeutigen und ergebnisoffenen Situationen zu beherrschen und mit den aus Sicht der Führungskraft möglicherweise irrationalen und emotionalen Reaktionen von Mitarbeitern, aber auch Kollegen, umgehen zu können und damit Stabilität und Orientierung anzubieten, und das auch noch, wenn man zum x-ten Mal die gleiche Auskunft gegeben hat.

Dazu kommt die Vorbildfunktion im Umgang mit Kulturunterschieden und Unterschieden im Können und Wissen von Mitarbeitern aus dem Target- und Käuferunternehmen (Cameron und Quinn 2006). Auf nichts kann sich die Führungskraft in einer solchen Situation stabil verlassen, es gibt wenige Routinen. Diese müssen erst wieder geschaffen werden. Die Organisation stabil halten und die Integration mit aller Kraft selbst zu unterstützen, ohne in eine bequeme Abwertungshaltung zu geraten oder der Verlockung zu erliegen, mit den Unkenrufern zu fraternisieren, ist eine ganz besondere Leistung.

Gerade beim Thema Führungskompetenz handelt es sich um einen Aspekt der Metakompetenz, der einen ganz starken organisationalen Charakter hat. Sicher ist auch der Integrationsverantwortliche gefordert, besonders kompetent sein Integrationsteam zu führen, allgegenwärtige Konflikte gelassen zu lenken und im intensiven Kontakt mit den neuen Kollegen aufmerksam und sensibel den richtigen Ton zu setzten. Aber es sind die Linienführungskräfte, die es mit ihrem Beitrag ermöglichen, die Organisation erfolgreich durch eine anspruchsvolle Zeit zu geleiten.

In diesem Zusammenspiel zwischen Integrationsprojekt und Linienorganisation zeigt sich die wechselseitige Notwendigkeit, Merger-Kompetenz in all ihren Teilfaktoren sowohl bei handelnden Personen als personale Kompetenz hinterlegt, als auch als organisationale Kompetenz verinnerlicht zu haben.

3 Herausforderungen bei der Entwicklung von Merger-Kompetenz

Betrachtet man die vier genannten Komponenten der Merger Kompetenz, so scheint die Herausforderung, diese im Unternehmen zu etablieren und bei Bedarf darauf zugreifen zu können, bewältigbar. Sie gehören jede für sich zum Reigen der Management-Tools und -kompetenzen, die eher unscheinbar daher kommen und leicht erwerbbar zu sein scheinen.

Der Unterschied in der qualitativen Verfügbarkeit und souveränen Beherrschung dieser Kompetenzen zwischen Unternehmen orientiert sich an den Herausforderungen des Tagesgeschäftes und dabei im Wesentlichen an den Bedingungen der Leistungs- und Austauschprozesse, mit denen Unternehmen in unterschiedlichem Maße die Anforderungen ihres relevanten Marktes bedienen. An diese passen sich Unternehmen in ihren Lernprozessen an. Nur mit Blick auf diese täglichen Anforderungen entsteht Management-Exzellenz in Unternehmen. Bei der Frage, was Manager und Führungskräfte für sich und ihr Unternehmen als relevant erachten, fokussieren sie daher auf den Markt und die Bewältigung dieser täglichen Herausforderungen.

3.1 Kompetenzerwerb im Unternehmensalltag als evolutionärer Prozess

Notwendige Führungs- und Management-Skills erlangen Führungskräfte auf unterschiedlichsten Wegen: Innerbetriebliche Management-Ausbildungen, externe Business-Schools, vielleicht ein paar Jahre Berufstätigkeit in einer Management-Beratung, Erfahrungslernen on the job oder der Wechsel zwischen mehreren Unternehmen mit unterschiedlichen Management-Aufgaben.

All diese Zugangswege zu Führungs- und Management-Skills sind auf den „Normalbetrieb" in Unternehmen ausgerichtet und werden dann im Laufe der Jahre weiterentwickelt, vertieft und verbessert. Jedes Unternehmen findet seinen Rhythmus, wie es über die Jahre hinweg den genau richtigen Umfang an Management Kompetenz an Bord holt und Stück für Stück diese Fähigkeiten dann auch vertieft in der Organisation verankert, so dass man nach einer gewissen Zeit durchaus auch von einer „etablierten organisationalen Kompetenz" sprechen kann.

Das gilt vor allem für die Expertisen in zentralen Management-Feldern wie Prozesskompetenz, Projektmanagement, Supply Chain Management, Strategiefähigkeit und vieles mehr, was Unternehmen lernen und verinnerlichen.

Die zeitliche Dauer dieser organisationalen Lernvorgänge sind unterschiedlich in Unternehmen, je nachdem wie erfahren das Haus mit der Einführung neuer Managementmethoden ist und wie erfolgreich solche Entwicklungs-Prozesse in der Vergangenheit von Führungskräften und Mitarbeitern erlebt wurden. In der Regel lassen sich solche Einführungsprozesse an die Aufnahmefähigkeit einer Organisation anpassen. Voraussetzung ist, dass neben dem Managementtool selbst auch die Gestaltung von organisationalen Lernprozessen von den Verantwortlichen beherrscht wird.

Schaut man hier auf den Unterschied zwischen Konzernen und Mittelstand, so könnte man als Unterscheidung feststellen, dass in der Regel die fachliche Führung bei der mittleren Führungsebene im Mittelstand nach wie vor stärker ausgeprägt ist als in Konzernen. Die Konsequenz der stärkeren fachlichen Führung bedeutet: weniger Selbstverantwortung auf Mitarbeiterseite, und auf der Führungsseite, weniger Anforderungen, Entwicklungs- und Steuerungsimpulse zu setzen. Infolgedessen ist gleichermaßen die Verfügbarkeit von Management-Ressourcen eingeschränkt, da die Management-Kapazität mit eben diesen Entwicklungs- und Steuerungsaufgaben und der Anzahl von Hierarchiestufen korreliert (Furtner 2006). Die Übergänge sind fließend, und diese Unterscheidung lässt sich auch nicht ausschließlich mit der Größe des Unternehmens begründen.

3.2 Anders beim Merger

Bei einem Merger ist alles anders. Hier gibt es keine Anlauf- oder Lernzeit, der gesamte Umsetzungs-Prozess lässt sich nicht beliebig verlangsamen, um sich an die Machbarkeit durch die Organisation anzupassen. Die Uhr tickt bei einem Merger von Anfang an, spätestens aber nach Abschluss der Transaktionsphase. Spricht man mit erfahrenen Führungskräften, die selbst schon einen Merger zu verantworten hatten oder mitgemacht haben, wird diese Situation nicht selten als die größte Herausforderung in ihrer Führungslaufbahn beschrieben. Dabei wird dann meist von der „Fusion" gesprochen, unabhängig von der formalen Richtigkeit dieses Begriffes. Mit dem Begriff der Fusion wird offensichtlich mehr der Blick auf diesen herausfordernden Part des Gesamtprozesses gelenkt: das Zusammenwachsen der Organisationen und die Gestaltung der Integrationsaufgabe.

Als Dilemma kann man hier die Tatsache betrachten, dass der Umsetzungsphase eines Mergers schon zwei anspruchsvolle Phasen mit der strategischen Entscheidung in der Pre-Merger-Phase und der analyse- und verhandlungsintensiven Transaktionsphase vorausgegangen sind. Insbesondere die Transaktionsphase zwingt dazu, viel neues Spezialwissen im Unternehmen zu verankern. Kompetenzaufbau wie oben beschrieben, hat aus Sicht vieler also stattgefunden, das Unternehmen fühlt sich gut gerüstet für den „wirklich" wichtigen Abschnitt des Mergers. Sprachlich findet diese Einschätzung seine Entsprechung in der Bezeichnung der dritten Merger Phase als Post-Merger-Integration.

Der Begriff „Post"-Merger-Integration ist leider wenig geeignet, hilfreiche Bilder zu erzeugen. Post-Merger wird verstanden als nachgelagert und zwar nicht nur zeitlich, sondern auch in der Bedeutung. Der Begriff des Closing als Abschluss der Transaktionsphase setzt einen Punkt und weckt Assoziationen von: fertig und erledigt. Ein erschöpftes Ausatmen geht durch die Organisation, eine wirklich anspruchsvolle Transaktionsphase geht zu Ende.

Nichts wäre jedoch falscher und gefährlicher. Der Aufwand fängt jetzt erst an. Nicht einige wenige Personen sind in den Deal involviert wie in der Transaktionsphase, sondern plötzlich das gesamte Unternehmen und zwar targetseitig genauso wie käuferseitig. Besser müsste hier der Begriff des „Opening" gewählt werden (Meynerts-Stiller und Rohloff 2015), was auch atmosphärisch zu einer neuen Orientierung führen würde.

Zwischen Transaktion und Integration bleibt in der Regel keine Zeit. Die notwendige Merger-Kompetenz zur Gestaltung der Umsetzungsphase muss vor Beginn eines Mergers im Unternehmen verankert sein. Alle vier Teilkomponenten der Merger-Kompetenz sollten auf hohem Niveau etabliert und selbstverständliches Rüstzeug für die Beteiligten sein. Organisationale Schwächen in einer der vier Teilkomponenten werden in der Integrationsphase „unbarmherzig" aufgedeckt.

4 Beobachtungen zur Entwicklung von Merger Kompetenz

Die Herausforderungen, die eine Merger Integration an Unternehmen stellt, können nicht heroisch von Einzelnen bewältigt werden, sondern fordern die gesamte Organisation. Die notwendigen organisationalen Lernprozesse – auch bezogen auf Merger Integrationen – verbreitern sich entsprechend der vorhandenen Lernmuster einer Organisation über Kompetenzkerne im Unternehmen.

Beobachtbare Indikatoren, die einen Hinweis geben auf die Organisation dieser Lernprozesse und die *Merger Readiness* eines Unternehmens können die nachfolgenden vier Punkte liefern:

- Verfügt das Unternehmen über eigene Ressourcen für die Deal- und die Integrationsphase?
- Wie ist die Kopplung dieser beiden Aspekte prozessual gesichert?
- Gibt es eine eigenständige Methodologie für das Vorgehen bei Mergern und ist diese in einem Playbook gesichert?
- Wie werden die Erfahrungen und Erkenntnisse vorangegangener Merger systematisch über Lessons Learned wieder in das bestehende Regelwerk eingepflegt und wie wird aus implizitem Können bei den Erfahrungsträgern lebendiges Wissen bei den zukünftig Verantwortlichen?

Diese vier Aspekte sind in der Regel erst nach mehrfachen Durchläufen von Merger-Integrationen vorhanden, und gleichzeitig lohnt der systematische Aufbau dieser strukturellen

Voraussetzungen für Unternehmen nur, wenn Unternehmensakquisitionen wiederholt auch in der Zukunft vorkommen sollen. Trotzdem steht die paradoxe Erwartung im Raum, gleich zu Beginn des ersten Mergers über diese Kompetenz-Palette verfügen zu sollen.

4.1 Ressourcen

Zunehmend verfügen Unternehmen auch im Mittelstand über M&A Abteilungen oder zumindest über M&A Spezialisten, die dann entweder als Vorstandsstab oder als Mitglieder der Unternehmensentwicklung organisatorisch verankert sind. Der Fokus liegt hier auf der Deal- oder Transaktionsphase, und je nach Größe des Teams und seiner Spezialisierungen unterscheiden sich Rollenverständnis und Aufgabenwahrnehmung. Das Rollenverständnis reicht von eigenständiger Durchführung der Screening-Phase und der Due Diligence unter punktueller Beiziehung von externen Experten in großen Teams bis hin zur Beschränkung auf die Steuerung der externen Experten in sehr kleinen Teams. Besonders spezialisiertes Know how im Bereich des Vertragsrechts, der steuerlichen Ausgestaltung, aber auch der Unternehmensbewertung, können mittlerweile gut am Markt eingekauft werden. Auch die sonstigen Prozesse der Transaktion haben in den letzten fünfzehn bis zwanzig Jahren eine hohe Standardisierung erfahren. Ganze Anwaltskanzleien, Investmentbanken und Managementberatungen sind darauf spezialisiert.

Es bleibt die Frage, wie viel eigenes Know how muss ein Unternehmen selbst an Bord haben, zumindest um die Tragweite von Entscheidungen einschätzen zu können und wie weit kann fast ausschließlich auf externe Unterstützung sowohl in Bezug auf die notwendige Kapazität als auch mit Blick auf Kompetenz zurückgegriffen werden?

Mit Blick auf die Integrationsphase wird es schon wesentlich schwieriger, definierte Ressourcen im Unternehmen zu finden (Carleton und Lineberry 2004). Meist wird die Verantwortung für die Integrationsphase an den Bereich delegiert, mit dem das Target auch zusammenwachsen, soll oder es wird auf Unternehmensebene ein verantwortlicher Integrationsleiter gesucht, dem man dieses Vorhaben anvertrauen möchte. Im Mittelstand findet man selten Berufsbiografien, bei denen Menschen für vier, fünf oder mehr Integrationen verantwortlich gezeichnet haben und so über die Häufigkeit der durchgeführten Projekte relevante Lernkurven aufbauen konnten.

Da Karrieren nach wie vor „vertikal" angelegt sind und Konzepte für attraktive Fachlaufbahnen wenig etabliert sind, ist die Wahrscheinlichkeit nicht übermäßig groß, dass gerade kompetente Mitarbeiter länger in diesen Positionen verbleiben, ohne über eine attraktive Langfristperspektive zu verfügen.

Eine mögliche Variante beim M&A-Kompetenzaufbau ist, Beratungs-Kapazitäten in einer internen Abteilung Organisationsentwicklung im Unternehmen zu beheimaten. Diese Generalisten können dann sowohl bei Reorganisationsprozessen als auch bei allen Arten von Veränderungsprozessen oder Merger-Integrationen kompetent unterstützen. Die Herausforderung, im eigenen Unternehmen wirksam werden zu können, liegt hier in einer guten Balance zwischen Nähe und Distanz zur Macht und einem vertrauensvollen, aber nicht vertraulichen Verhältnis zu den für die Integration relevanten Führungskräften.

4.2 Kopplung von Transaktion und Integration

Eine reife Merger-Kompetenz impliziert immer eine enge Kopplung der beiden Prozessphasen Transaktion und Integration, was sich auch in der Einbindung der jeweiligen Teams erkennen lässt. Zum einen ist es unerlässlich für das Integrationsteam oder den Integrationsverantwortlichen, zur Erlangung umfassender Informationen sehr früh und schon weit vor Abschluss der Transaktionsphase in das Geschehen eingebunden zu sein. Zum anderen ist eine frühe Einbindung von integrationserfahrenen Kollegen erforderlich, um zu einer deutlich besseren Folgenabschätzung aller in der Transaktionsphase zu treffenden Entscheidungen zu gelangen, die dann später in der Integration zu bewältigen sind.

Die Notwendigkeit der frühen Einbindung der Integrationsverantwortlichen resultiert aus der Anforderung zum Zeitpunkt des Closing – auf den ja unmittelbar Day1 folgt – in hohem Maße Sprachfähigkeit für die Unternehmensleitung und Handlungsfähigkeit für die betroffenen Organisationseinheiten herstellen zu können. Dies erfordert eine bereits weit fortgeschrittene Integrationsplanung, ein gutes Bild von den gemeinsamen Unternehmenszielen und die Fähigkeit, Absehbarkeit und Orientierung über weitere Schritte für die neue Organisation herstellen zu können.

Der Nutzen einer frühen Einbindung der Integrationsverantwortlichen für die Transaktions-Spezialisten wird in der Tat nur mit reifer Merger-Kompetenz erkannt. Häufig wird eine sehr frühe Einbindung als störend empfunden. Die Hinweise auf Integrationsrisiken, Umsetzungsschwierigkeiten oder kulturelle Brüche werden als hinderlich und zeitfressend erlebt, der Abschluss könnte gefährdet werden. Deal-Teams fühlen sich in einem anderen Modus; nicht umsonst wird in diesem Zusammenhang auch von Jagdfieber gesprochen und alle Protagonisten werden in der Regel mit dem Closing abschließend incentiviert. Das gilt für interne Spezialisten und ganz besonders für externe Spezialisten, wie Anwaltskanzleien, Steuerberater, Banken oder M&A-Berater. Ihr Fokus ist der Abschluss des Kaufvertrages.

In der Gesamtschau hat eine frühe Einbindung der Integrationsverantwortlichen in den M&A-Prozess überwiegend Vorteile. Der Nutzen, sehr früh im Prozess die gesamte Umsetzung, die ja überhaupt die Merger-Ziele erst erreichbar macht, mitzudenken, hat unschätzbare Vorteile für die Qualität des Gesamtprozesses. Manchmal ist diese zusätzliche Investition in Ressource auch gerade dann von Vorteil, wenn der Deal nicht zum Abschluss kommt.

Es ist nachvollziehbar, dass bei ständig wechselnden Verantwortlichen für unterschiedliche Integrationen dieses Wechselspiel des gegenseitigen Profitierens nicht zustande kommen kann. Weder kann der Integrationsverantwortliche mangels Erfahrung zum Nutzen der Transaktionsphase beitragen, noch wird dieser sich rechtzeitig um Einbindung bemühen, um so den Integrations-Herausforderungen besser begegnen zu können.

Wenn es also relevant ist, einen Lernprozess zu etablieren, in dem aus der Durchführung von Transaktion und Integration zunehmend mehr integriertes unternehmensinternes Wissen und Können entstehen soll, ist die Frage der organisatorischen Verankerung und Verbindung der entsprechenden Ressource im Unternehmen ein wichtiger Indikator.

4.3 Playbook als Handlungsrahmen

Jeder Merger ist anders und sein Verlauf unique. Unternehmen neigen jedoch im Rahmen einer größeren strategischen Periode dazu, recht ähnliche Unternehmenskäufe zu tätigen, die dadurch eine gewisse Redundanz in ihrem Ablauf zeigen. Zur Reduktion der Vielschichtigkeit und Komplexität bei der Abwicklung eines Mergers ist es äußerst hilfreich, das erworbene Wissen in sogenannten Playbooks zu hinterlegen. Dabei muss der Gefahr begegnet werden, einer starren Standardisierung zu erliegen und damit die notwendige Flexibilität zu verlieren, situativ angemessen mit den vielschichtigen Herausforderungen umzugehen. Gleichwohl ist es nützlich und stressreduzierend für ca. achtzig Prozent aller Abläufe auf hinterlegtes Wissen zugreifen zu können und dafür die verbleibenden zwanzig Prozent aller Fragestellungen mit der notwendigen Sorgfalt und dem entsprechenden Zeitaufwand diskutieren und klären zu können.

4.4 Lessons Learned

Es hat sich gezeigt, dass die mehrfache Durchführung von Mergern und das wiederholte Durchlaufen der PMI-Phase zwar eine wichtige Hilfestellung für den Erwerb von Merger-Kompetenz darstellt, die Wiederholung alleine aber nicht zur Exzellenz führt (Kübel und Dier 2013). Erst die systematische Auswertung von Erfahrungen, die Reflexion von Fehlern und Erfolgen in kontinuierlichen prozessbegleitenden und finalen Lessons Learned stellt sicher, dass aus individuellem Wissen kollektives Können entstehen kann.

Der Aufbau von systematisch erarbeitetem und vergemeinschaftetem Erfahrungswissen lässt eine für Merger Integrationen wesentliche Fähigkeit entstehen: die Kunst zukünftige Entwicklungen sehr früh zu antizipieren und auf Basis möglicher Szenarien zu geeigneten Antworten zu gelangen.

5 Fazit

Das Paradoxon beim Kompetenzaufbau für ein gelungenes Post Merger Management wird sichtbar: Bei einem so riskanten Unterfangen wie es Merger für Unternehmen darstellen, sollte mit der Transaktionsphase nicht begonnen werden, bevor nicht auch die Bedingungen für eine erfolgreiche Merger Integration erfüllt sind.

Gleichzeitig beginnen Unternehmen über den Aufbau von Integrationskompetenz erst nachzudenken, wenn die Option eines Mergers vor der Tür steht und damit die Transaktionsphase dominant in den Vordergrund tritt. Die Integrationsphase scheint dabei noch weit entfernt. Die Sorge, Optionen und Chancen, die sich zu bieten scheinen, nicht zu ergreifen, erzeugt einen signifikanten Entscheidungsdruck. Die eigene Organisation wird von der Hierarchie als ausreichend handlungsfähig und kompetent erlebt, da Managen und Führen zum Unternehmensalltag gehören.

Über die Erfahrung, im Verlaufe eines Mergers nicht ausreichend performed zu haben, entsteht in vielen Unternehmen vertiefter Handlungsdruck Handlungsdruck, die Kompetenzen der Organisation für die Bewältigung eines Mergers weiter auszubauen. Dieser Entwicklungsschritt beginnt anfangs mit Blick auf die frühen Prozessphasen, also beim Aufbau von Kompetenzträgern für die Transaktion und im weiteren Verlauf dann bei der Suche nach *personale*r Kompetenz für die Durchführung der Integrationsphase. Häufig fokussiert erst der sich dann anschließende weitere Entwicklungsschritt wieder die Organisation im Ganzen mit all ihren Prozessen und Strukturen und den Fähigkeiten, Merger gesamthaft über den gesamten Prozess erfolgreich zu bewältigen und führt dann zur Erweiterung *organisationaler* Kompetenz in allen vier Teilaspekten.

Merger Integrationen können daher auch als einmalige Chance begriffen werden, wenn sie konstruktiv-lernend als beeindruckender Entwicklungsschub für das ganze Unternehmen begriffen werden. In einem solchen Sinne Sinne mit der großen Komplexität einer Merger Integration umzugehen und sie für Entwicklung bewusst zu nutzen, rechtfertig die Bezeichnung der Merger Kompetenz als die Königsdisziplin des Managements.

Literatur

Boos, F., & Heitger, B. (Hrsg.). (2004). *Veränderung-Systemisch. Management des Wandels. Praxis, Konzepte und Zukunft.* Stuttgart: Klett-Cotta.

Cameron, K. S., & Quinn, R. M. (2006). *Diagnosing and changing organizational culture.* Wiley: San Francisco.

Carleton, R. J., & Lineberry, C. (2004). *Achieving post-merger success. A Stakeholder's guide to cultural due diligence, assessment, and integration.* San Francisco, Calif.: Jossey-Bass.

Furtner, S. (2006). *Management von Unternehmensakquisitionen im Mittelstand. Erfolgsfaktor Post-Merger-Intergration.* Wien: Linde Verlag.

Gerds, J., & Schewe, G. (2009). *Post Merger Integration. Unternehmenserfolg durch Integration Excellence.* Berlin: Springer-Verlag.

Große Peclum, K.-H., Krebber, M., & Lips, R. (Hrsg.). (2012). *Erfolgreiches Change Management in der Post Merger Integration. Fallstudie Commerzbank AG.* Wiesbaden: Gabler Verlag.

Kotter, J. P. (1996). *Leading change.* Boston: Harvard Business School Press.

Kotter, J. P., & Cohen, D. S. (2012). *The heart of change: Real-life stories of how people change their organizations.* Boston: Harvard Business Review Press.

Kübel, M., & Dier, M. (2013). M&A-Kompetenz von strategischen Investoren – empirische Untersuchung der Stärken und Schwächen. In K. Lucks (Hrsg.), *M&A-Projekte erfolgreich führen: Instrumente und Best Practices* (S. 51–62). Stuttgart: Schäffer-Poeschel Verlag.

Meynerts-Stiller, K., & Rohloff, C. (2015). *Post Merger Management.* Stuttgart: Schäffer-Poeschel Verlag.

Müller-Stewens, G., Kunisch, S., & Binder, A. (Hrsg.). (2010). *Mergers & Acquisitions. Analysen, Trends und Best Practices.* Stuttgart: Schäffer-Poeschel Verlag.

Oltmanns, T., & Nemeyer, D. (2010). *Machtfrage Change, Warum Veränderungsprojekte meist auf Führungsebene scheitern und wie Sie es besser machen.* Frankfurt a. M.: Campus Verlag.

Picot, G. (Hrsg.) (2008). *Handbuch Mergers & Acquisitions. Planung, Durchführung, Integration* (4. Aufl.). Stuttgart: Schäffer-Poeschel Verlag.

Kirsten Meynerts-Stiller ist Gründerin und geschäftsführende Gesellschafterin der frankfurter gruppe Unternehmensentwicklung. Sie berät und unterstützt Unternehmen seit mehr als zwanzig Jahren in anspruchsvollen Veränderungsprozessen, sowohl auf der Ebene Strategie, Struktur & Prozesse als auch im Umgang mit Changedynamiken und Leadership-Fragen. Dabei arbeitet sie auf Basis eines ganzheitlichen, systemischen Unternehmensverständnisses in Verbindung mit einem professionellen Management-Hintergrund. Diese Kompetenzen verbindet sie erfolgreich seit mehr als zehn Jahren auch in Post-Merger Integrationen, die insbesondere gekennzeichnet sind durch die Gleichzeitigkeit hoher Komplexität und hoher Belastung für die Unternehmen und die betroffenen Menschen in ihnen. frankfurter gruppe Unternehmensentwicklung ist seit langen Jahren damit befasst, Merger-Integration-Management als eine eigenständige Managementkompetenz in Unternehmen zu verankern, und führt dazu sowohl Inhouse als auch offenen Zertifikatsprogramme durch. Vor der Gründung der frankfurter gruppe war sie langjährig innerhalb eines internationalen Elektro-Konzerns für die strategische Weiterentwicklung der nordamerikanischen Töchter, Einführung Projektmanagement weltweit und Steuerung von Restrukturierungsprojekten verantwortlich. Sie ist von Beruf Dipl.Wirt.Ing und hat Energietechnik und Betriebswirtschaft studiert.

Dr. Christoph Rohloff Seit mehr als zehn Jahren berät Dr. Christoph Rohloff als Partner der frankfurter gruppe Unternehmensentwicklung Unternehmen in anspruchsvollen Veränderungsprozessen. Sein Schwerpunkt liegt in der Gestaltung ganzheitlicher Change-Prozesse u. a. in Merger Integrations- und komplexen Reorganisationsprojekten sowie in der Konzeption und Durchführung von Führungs- und Entwicklungsprogrammen. Vor seiner Beratertätigkeit war er internationaler System- und Konfliktforscher an verschiedenen Universitäten und wechselte danach als Vorstandsassistent, Business Developer und Managing Director in die Industrie. Er begleitete u. a. internationale Restrukturierungs- sowie M&A-Projekte und optimierte Managementprozesse im mittelständischen Maschinenbau.

Projektmanagement einer Post-Merger-Integration

Fabian Frohn und Samy Walleyo

Zusammenfassung

In jeder Transaktion sind eine Vielzahl von Beteiligten und eine noch höhere Zahl von Aktivitäten zu koordinieren. Der Zeitdruck ist hoch und die Schnittstellen vielfältig. Effizienz und zielgerichtetes Arbeiten in allen Phasen eine Transaktion ist nur über ein erfahrenes und richtig dimensioniertes Projektmanagement möglich. Diese hält alle Beteiligten zusammen und stellt den Informationsaustausch sicher. Gezielte Steuerung der Aktivitäten auf definierte Meilensteine hin und Kontrolle des Arbeitstandes, sowie Berichterstattung an ein Entscheidungsgremium schließen den Kreis, um die gemeinsamen Ziele zu erreichen.

Die Aufstellung der Projektmanagement verändert sich auch im Hinblick auf die beteiligten Arbeitsteams von der Pre-Merger zur Post Merger Phase. Während in der Pre-Merger Phase stärker Transaktionsbeteiligte zu managen sind, sind es während der Integration eher operative Bereiche des Unternehmens und Integrationsberater. Die zur Anwendung kommenden Elemente des Projektmanagements ziehen sich jedoch durch alle Phasen und je früher eine reibungslose Projektarbeit durch effizientes und vollständiges Projektmanagement ermöglicht wird, desto höher ist die Wahrscheinlichkeit einer erfolgreichen Gesamttransaktion.

F. Frohn (✉) · S. Walleyo
Ernst & Young GmbH, Friedrichstraße 140, 10117 Berlin, Deutschland
E-Mail: fabian.frohn@de.ey.com

S. Walleyo
E-Mail: samy.walleyo@de.ey.com

A. Kuckertz, N. Middelberg (Hrsg.), *Post-Merger-Integration im Mittelstand,*
DOI 10.1007/978-3-658-12370-3_12

1 Einleitung

Die vielfältigen Aufgaben, zahlreichen Beteiligten und Schnittstellen einer Post-Merger-Integration können nur durch ein strukturiertes Projektmanagement gesteuert werden. Hierfür sollte jedes Transaktionsprojekt von Beginn an im Rahmen einer ganzheitlichen Projektorganisation gesteuert werden. Denn auch in der Phase der Due Diligence, vor der Vertragsunterzeichnung (Signing), wie bereits an anderer Stelle in diesem Kompendium beschrieben, sind die verschiedensten Parteien – intern wie extern – zu koordinieren und die Erreichung von Ergebnissen zu definierten Zeitpunkten sicherzustellen. Daher hat es sich als Erfolgsfaktor herausgestellt, ein Projektmanagement mit Transaktionserfahrung bereits zu Beginn der Transaktionsphase aufzusetzen und so auch Kontinuität in einer möglichen Integrationsphase sicherzustellen.

Dabei ist zu beachten, daß beim Übergang von der M&A-Transaktion in die Integration sich die Projektstruktur und damit auch das Projektmanagement ändern muss. Die Struktur der Projektbeteiligten verändert sich von einem stärkeren Anteil Externer (Anwälte, (Investment-) Banken, Transaktionsberater, Kommunikationsberater etc.) hin zu einer stärkeren Involvierung wichtiger Fachfunktionen innerhalb der Organisation. Da die Integration vor allem in diesen Funktionen stattfindet, sollten, je nach Integrationstiefe und -vorgehen die Verantwortlichen dieser Funktionen (Finanzen, Einkauf, Produktion, Personal etc.) in die Projektorganisation eingehen. Daneben findet oft eine Stabübergabe zwischen dem M&A Bereich oder der Unternehmensentwicklung zu einem operativen Projektverantwortlichen für die Umsetzung der Transaktion, der „Post-Merger-Integration“ statt. In den meisten Fällen sind auch hier Transaktions-, Management- oder IT-Berater zur Unterstützung der Umsetzung notwendig und auch rechtliche oder steuerliche Themen bedürfen weiter der punktuellen Unterstützung.

Ohne ein Projektmanagement, das mit Erfahrung und Augenmaß ein so anspruchsvolles Projekt leitet, wird es kaum zu einer erfolgreichen Integration kommen. Dabei sind die folgender Punkte von besonderer Bedeutung:

- Projektmanagement bedeutet effiziente Koordination der notwendigen Integrationsaktivitäten mit klaren Verantwortlichkeiten und definierten Meilensteinen. Hierzu gehört auch ein Controlling des Status der Aktivitäten und ein strukturiertes Reporting an die jeweiligen Steuerungs- und Entscheidungsgremien (meistens: Lenkungsausschuss)
- In Abhängigkeit von der geografischen Struktur der Integration muss entschieden werden, ob es ein zentrales Project Management Office (PMO) oder sogar mehrere geben muss, falls die Integration bspw. mehrere sehr unterschiedliche Regionen und Zeitzonen umfasst
- Zusätzlich ist bei Investitionsentscheidungen dieser Tragweite ein Risikomanagement in jedem Fall erforderlich und bildet neben der reinen Abwicklung einen wichtigen Bestandteil der Integrationsarbeit
- Bei Transaktionen, bei denen eine Kartellfreigabe länger dauern könnte oder erst eine neutral vorbereitete Entscheidungsfindung (z. B. Synergiebetrachtung bei Joint Ven-

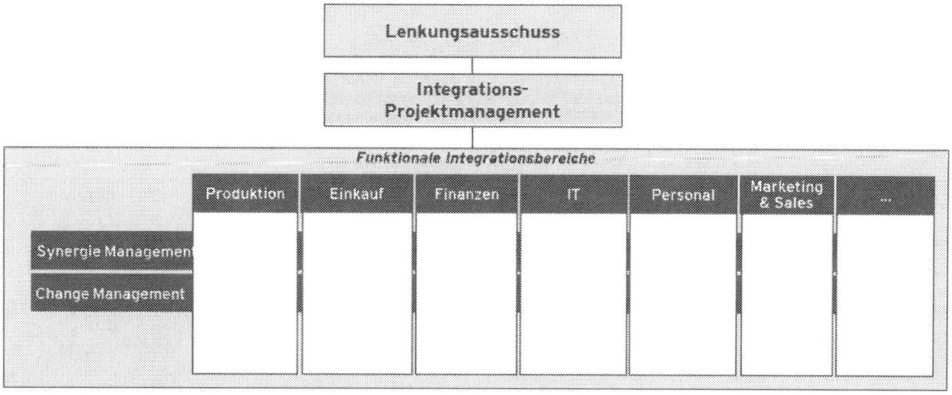

Abb. 1 Struktur Integrationsprojekt. (Quelle: EY)

tures) notwendig ist, kann der Einsatz eines „Clean Team" als Teil der Projektstruktur erhebliche Zeitvorteile realisieren

Um das Aufsetzen und Vorantreiben eines straff organisierten Projekts muss man sich heute, wo Projektmanagement bereits an der Universität gelehrt wird, nicht unbedingt Gedanken machen – sollte man meinen[1]. Aber wie Eingangs erwähnt, sind bereits während der Transaktion eine Vielzahl von Spezialisten für M&A/Finanz-/Steuer- oder operative Fragen involviert und wollen effizient koordiniert werden. In den seltensten Fällen hat das Unternehmen die Kapazitäten oder die Erfahrung für das inhaltliche Zusammenspiel der eingesetzten Parteien in einem Transaktionsprozess an Bord. Dies betrifft auch Sonderthemen, wie Synergiebetrachtungen oder sogenannte „Transitional Service Agreements", die für die Überführungsphase von Unternehmen, die Teil eines Konzerns waren, vereinbart werden und in den Kaufvertrag („Sale and Purchase Agreement – SPA") eingehen.

Das Projektmanagement der Integration sollte dann um Integrationsexpertise ergänzt werden. Wie in Abb. 1 dargestellt ist, ist zu beachten, dass bei einem Integrationsprojekt naturgemäß mehrere Dimensionen verknüpft werden müssen und sich damit eine andere Herausforderung als bei einem klassischen Projektmanagement stellt. In den meisten Fällen spielen neben den funktionalen Integrationsfeldern (Vertrieb, Supply Chain etc.) weitere Dimensionen wie Change Management/Kommunikation oder Synergie-Management eine signifikante Rolle. Daneben kann sich ein Integrationsprojekt auch noch über mehrere Länder/Regionen und damit kulturelle Unterschiede erstrecken, was die Komplexität hinsichtlich direkter Zusammenarbeit/Kommunikation und Entscheidungsprozessen zusätzlich erschwert

Ein Integrationsprojekt lebt von einem kurz getakteten Ablauf aus der Formulierung der Integrationsoptionen, der Entwicklung der entsprechenden Konzepte, der Entscheidung über das letztendliche Integrationskonzept durch den Lenkungssauschuss und der

[1] Habeck et al. (2013).

Planung seiner Umsetzung. Nur so kann die Dynamik eines Transaktionsprojektes aufrechterhalten werden, die Mitarbeiter für die aktive Teilnahme an einer Integration motiviert werden und die Realisierung von Synergien im geplanten Zeitrahmen erfolgen.

Eine Integration muss für einen längeren Zeitraum einen festen Platz auf der Agenda der Geschäftsführung oder des Vorstands haben. Daher sollten diese zumindest in Teilen auch Mitglieder des Lenkungsausschusses sein. Immer wieder werden ein PMI-erfahrenes Projektmanagement und die Aufmerksamkeit der Führungsebene oder eines Lenkungsausschusses als wichtige Elemente für das nachhaltige Gelingen einer Integration unterschätzt. Nach der Unterschrift des Kaufvertrags wird die „lästige" operative Integrationsarbeit in die Linie übergeben und muss von Managern und Mitarbeitern parallel zum Tagesgeschäft erledigt werden. Dass das strategische Rational der Transaktion und die damit verbundene Chance zur Wertschaffung sich aber nur in der erfolgreichen Integration mit ausreichender Unterstützung des Top-Management realisieren lässt, wird zu oft verdrängt.

Aus unserer Erfahrung liegt der Schlüssel zum erfolgreichen Projekt in der Beachtung mehrerer Elemente bei der Durchführung eines Transaktions- aber vor allem Integrationsprojektes. Auf diese Elemente gehen wir im Folgenden näher ein:

1.1 Das Integrationsvorgehen muss Orientierung geben

Menschen brauchen bei Veränderungsprozessen Orientierung. Eine wichtige Orientierung für Mitarbeiter, Kunden und weitere Stakeholder bei einer Transaktion und Integration ist eine klare Formulierung eines Zielbilds des gemeinsamen Unternehmens und der angestrebten Ziele im Rahmen der Integration. Die proaktive Konzentration auf ein gemeinsames Ziel schweißt Mitarbeiter, Abteilungen und auch ganze Unternehmen zusammen. Wenn also die Ziele für die Transaktion und folgende Integration formuliert und quantifiziert sind, von allen akzeptiert und dann auch kontrolliert werden, ist ein wichtiger Schritt getan, zukünftig auch weitere Hürden bewältigen zu können. Das Signal ist gesetzt: Zusammen schaffen wir mehr als allein. Für Kunden zeigt ein klares Zielbild, dass der Geschäftspartner weiß, was er will und dass sich dadurch Vorteile in der Zusammenarbeit ergeben werden. Hierdurch wird in einer Phase der Unsicherheit (die von der Konkurrenz gerne genutzt wird) Stabilität erzeugt. Für Mitarbeiter erzeugt das Zielbild Sicherheit in Bezug auf den Arbeitsplatz und die zukünftige Arbeitsumgebung und Karrieremöglichkeiten. Die Erfahrung zeigt, das gute Mitarbeiter immer einen Markt außerhalb des Unternehmens haben. Und die besten gehen zuerst. Daher muss auch nach innen gerichtet ein klares Zielbild herrschen. Weitere wichtige Punkte aus unserer Erfahrung zur Zielerreichung sind:

Starke und sichtbare Führung Im Rahmen einer Integration wird es nicht nur positive Botschaften geben. Es stehen unpopuläre Botschaften und Maßnahmen an, die Rückgrat und Durchsetzungskraft erfordern. So müssen z. B. Standorte zusammengelegt werden, Produktlinien eingestellt werden oder Vertriebsmannschaften neu strukturiert werden, um

Synergien zu realisieren und die Integration umzusetzen. Nur wenn das Management mit einer Stimme spricht und Entscheidungen zeitnah und fundiert erfolgen, wird die Mannschaft weiterhin Vertrauen haben.

Dazu gehört auch, dass die Führung sichtbar ist und Entscheidungen gegenüber den Führungskräften nachvollziehbar vertritt, anstatt diese nur top-down verkünden zu lassen. Hier sind kommunikative Charaktere gefragt, die Rückhalt in der Belegschaft haben und die Rolle als Leitfigur einnehmen.

Dabei darf nicht vergessen werden, dass die Integration vor allem zwischen Menschen stattfindet, deshalb muss das Projektmanagement beide, Käufer und Kaufobjekt berücksichtigen, damit die Arbeit nicht als zu einseitig getrieben angesehen wird. Die Berücksichtigung der beiden Seiten kann durch die gemeinsame Besetzung des Projektmanagements erfolgen. Oder die Führung von Arbeitsteams wird durch Köpfe aus beiden Unternehmen ergänzt, anstatt die Verantwortung für die Integrationsarbeit auf Funktionsebene nur beim übernehmenden Unternehmen zu belassen.

Einbeziehung von Schlüsselmitarbeitern Für ein vorwärts gerichtetes Vorhaben wie Transaktion und Integration werden vor allem die Leistungsträger der beteiligten Unternehmen benötigt. Zum einen deshalb, weil sie Zugang zum erforderlichen Detailwissen haben, zum anderen, weil sie die Akzeptanz der Kollegen und damit ihre Unterstützung haben. Dabei ist zu beachten, dass diese Mitarbeiter neben ihrem hohen Detailwissen offen für Veränderung sein müssen und einen solchen Prozess antreiben wollen, weil sie die Chancen für das Unternehmen aber auch sich selbst sehen. Dazu gehört seitens des Managements auch eine frühzeitig definierte Anreiz–Struktur, die an das Erreichen von Meilensteinen oder quantitativen Zielen (z. B. Synergien) gekoppelt sein kann und bei Schlüsselmitarbeitern Motivation erzeugt, die sie für die Zeit der hohen Beanspruchung benötigen.

Auch bei der Besetzung einer Integrationsorganisation ist es wichtig, die Schlüsselmitarbeiter des übernommenen Unternehmens einzubeziehen. Die Besten verlassen das Unternehmen zuerst (weil der Wettbewerb sie anspricht oder weil sie ohnehin andere Angebote haben), sollten sie keine klare Perspektive mehr für sich sehen. Da bei Integration in vielen Fällen Positionen zusammengelegt und damit der Positionsinhaber ggf. redundant wird, kann die Integrationsarbeit eine erste Perspektive für die neuen Mitarbeiter sein, bei der sie sich bewähren können und sich für eine Rolle im neuen, gemeinsamen Unternehmen qualifizieren. Dies ist oft bei klassischen indirekten Funktionen wie Finanzen, Einkauf oder IT der Fall. Aber auch bei der Zusammenlegung von direkten Funktionen, wie z. B. in den Vertriebs- und Produktionsbereichen ergeben sich Dopplungen bei Schlüsselpositionen und Steuerungsfunktionen.

Ausreichend Kapazität für Projekt und Tagesgeschäft Transaktions- und Integrationsarbeit ist Arbeit, die zusätzlich zum eigentlichen Tagesgeschäft anfällt. Bei der Auswahl der Mitarbeiter, die Rollen im Rahmen eines solchen Projekts übernehmen sollen, trifft es meistens die gleichen Leistungsträger, die ohnehin den Tisch bereits voll mit Arbeit haben.

Daher ist es absolut wichtig, Schlüsselressourcen des Projekts die erforderlichen Kapazitäten zur Seite zu stellen, damit die Doppelbelastung tragbar ist und sie ihren Aufgaben gerecht werden können. Da Transaktionsthemen selten länger vorab geplant werden und die Einbeziehung der Mitarbeiter oft ad hoc erfolgt, müssen auch persönliche Planungen der Kollegen (Urlaube, geplante Krankenhausaufenthalte) zeitnah transparent sein, um nicht in Kapazitäts- oder Know-how Probleme zu laufen. Idealerweise sollte für wichtige Rollen eine Vertreterlösung konzipiert werden.

Daneben sollte man in Betracht ziehen, Basisarbeiten auch durch temporäre Externe unterstützen zu lassen, damit wichtige Mitarbeiter noch ausreichend Kapazität für das Tagesgeschäft behalten.

Planungskaskade vom Grobvorgehen zum Detail Detaillierte Vorbereitung und Planung der Integrationsaktivitäten ist ein absolutes Muss für ein so wichtiges Vorhaben. Dabei kann mit den Planungsarbeiten zur Integration gar nicht früh genug begonnen werden. Spätestens mit der Unterschrift, am besten bereits in groben Zügen im Rahmen der Due Diligence, sollte ein klares Bild der Integrationsstrategie entstehen und ein grobes Integrationsvorgehens entwickelt werden.

Einzelne Verkäufer von Unternehmen wollen bereits mit der Abgabe eines Gebots einen Integrations-Blue-Print sehen, um sicher zu sein, dass der Käufer das Unternehmen und seine Mitarbeiter entsprechend einfügen kann. Sowie um sicherzustellen, das der Zeitrahmen zwischen Vertragsunterschrift und Abschluss (Closing) der Transaktion ihren Vorstellungen nahekommt. Auch wenn der Preis in vielen Fällen final entscheidend sein mag, wird es positiv gesehen, wenn ein Bieter aufzeigt, dass er sich bereits mit den nächsten Schritten und dem Umgang mit dem Unternehmen beschäftigt hat. Ein strategischer Vorteil ist es allemal.

Eine detaillierte Planung (siehe Abb. 2) der einzelnen Integrationsaktivitäten und begleitender Aspekte wie Change Management oder Synergiemanagement ermöglichen erst den richtigen Aufsatz des Projekts. Dies betrifft die Projektstruktur und erforderliche Kapazitäten zur Bearbeitung der Integration. Der Planungsprozess bildet dabei eine Kaskade, die mit dem Fortschritt der Transaktion und Integration verfeinert wird. Sie beginnt mit der genannten Integrationsstrategie und einer Meilensteinplanung und geht runter bis hin zu einer Aktivitäten-Planung der einzelnen funktionalen Integrationsteams. Idealerweise kann man die Vertiefung der Planung in einem gemeinsamen Team mit ausgewählten Mitarbeitern des zu integrierenden Unternehmens durchführen. Dies wird zwar bis zum Closing nur zu Teilen möglich sein, fördert aber in jedem Fall nicht nur das frühe Zusammenwachsen der Integrationsteams, sondern ermöglicht den Blick auf mehr Details zu einem bisher nur von außen betrachteten Unternehmen im Rahmen der Due Diligence.

Dabei ist die Definition von Meilensteinen, die erreicht werden müssen, sowie deren Vernetzung/Abhängigkeit besonders wichtig, damit nachgehalten werden kann, wo das Vorgehen im Vergleich zur Planung steht und welches der kritische Pfad der Integration ist.

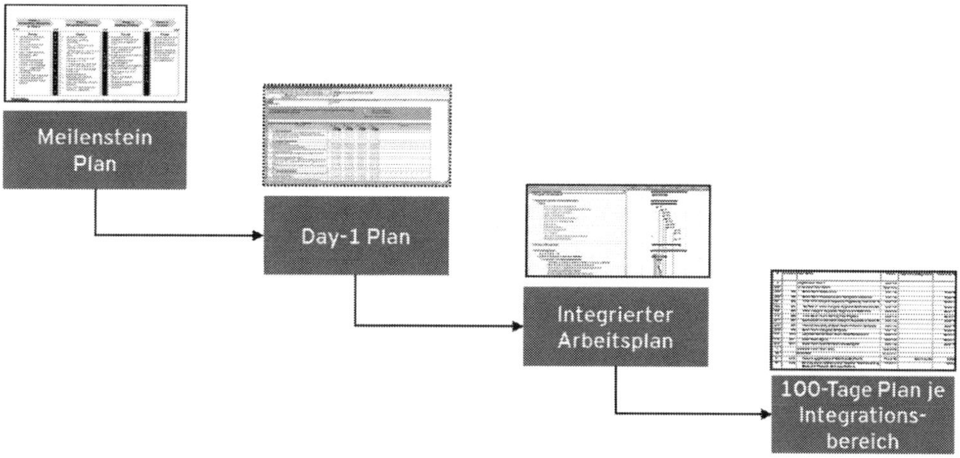

Abb. 2 Planungskaskade. (Quelle: EY)

Auch wird in den jeweiligen Planungsphasen offensichtlich, wie es mit dem Ressourcenbedarf in der Integration bestellt ist, hier kann frühzeitig auf Engpässe oder die Notwendigkeit von Umschichtungen reagiert werden.

Das laufende Geschäft nicht aus den Augen verlieren Wie bereits erwähnt sind erfahrene Mitarbeiter ein knappes Gut in Transaktionen und Integrationen. Neben dem Kapazitätsaspekt, der dazu führt, dass die Betreuung des Tagesgeschäfts leidet, ist die organisatorische Unsicherheit ein wichtiger Faktor. Jeder Mitarbeiter will wissen, wer sein Vorgesetzter sein wird, wo sein zukünftiger Arbeitsplatz ist und wer seine direkten Kollegen sind. Die Unsicherheit darüber lässt viele Mitarbeiter eine abwartende Haltung einnehmen, die sich auch in der Performance des Tagesgeschäfts niederschlägt. Kommen noch wirtschaftlich schwierige Zeiten hinzu, kann das Gesamtvorhaben schnell zu einem wirtschaftlichen Desaster werden.

Daher ist es neben der Projektarbeit für die Unternehmensleitung von essentieller Bedeutung, klar und proaktiv zu kommunizieren, die Augen weiterhin auf das operative Geschäft zu richten und bei ersten Anzeichen eines Rückgangs von Geschäftsindikatoren Ursachenforschung und geeignete Maßnahmen zu ergreifen. Hierzu trägt auch ein gezieltes Risikomanagementbei, auf das im Folgenden noch eingegangen wird. Schnelle Erfolge bei der gemeinsamen Marktbearbeitung oder der Hebung von anderen Synergien sowie eine entsprechende Kommunikation helfen ein positives Momentum im operativen Geschäft zu erzeugen.

Kulturelle Sensibilität mit Fokus auf den Menschen Nicht alles, was anders ist, muss schlechter sein. Daher sollte in einem Integrationsprojekt zunächst einmal das Auge für die übernommene Unternehmenskultur geschärft werden. Zugang zu den neuen Kollegen findet man am besten, wenn man auch ihre Unternehmenskultur versteht. Ein mittelständisches, durch den Gründer geführtes Unternehmen hat andere Verhaltensmuster als ein börsennotierter Konzern. Verstärkt wird das Ganze, wenn Ländergrenzen überschritten werden und die Kulturdifferenzen u. a. auch durch die Sprache noch verstärkt werden. Dies ist vor allem bei Entscheidungsprozessen wichtig, die je nach Unternehmenskultur oder kulturellem Umfeld der Unternehmen in unterschiedlichen Iterationen erfolgen. Der typische Deutsche, gerade im mittelständisch geprägten Umfeld, kommt gerne schnell auf den Punkt und zu einer Entscheidung, während in anderen Kulturräumen (z. B. Skandinavien) oft mehrere Entscheidungsrunden notwendig sind.

Und da eine Integration Strukturen und Prozesse zusammenführen soll, geht dies nur über die Menschen, die die Strukturen leben und die Prozesse ausführen. Sie stehen im Mittelpunkt einer Integration und ihre Verhaltens- und Entscheidungsmuster müssen beachtet werden, damit es zu einer wirklichen, konstruktiven Zusammenarbeit auch bei komplizierten und kontroversen Themenfeldern kommt.

Klar definierter Eskalationsprozess Klar definierte Eskalationsprozesse sind ein wichtiger Bestandteil eines effizienten Projektmanagements. Nicht immer kann man sich in der operativen Projektarbeit auf ein Konzept einigen. Gerade bei einem balancierten Integrationsansatz, der nach der besten Lösung aus beiden Unternehmen sucht, kann es zu Differenzen kommen, weil jeder seinen Prozess oder sein Tool als das Beste empfindet. In einem solchen Fall ist es wichtig, kurzfristig eine Entscheidung herbeizuführen, damit die Arbeit weitergehen kann. Ebenso ist bei Blockaden durch Mitarbeiter, die sich der Veränderung verweigern oder bei fehlenden Ressourcen zur Bearbeitung von Themenstellungen eine schnelle Eskalation notwendig, um den definierten Zeitplan nicht zu gefährden.

Die oberste Eskalationsinstanz bildet hierbei der Lenkungsausschuß, der entweder im Rahmen von regelmäßigen Sitzungen oder falls notwendig im Rahmen von außerplanmäßigen Sitzungen Entscheidungen treffen und Richtungsweisungen herbeiführen muss.

Projektstatuscontrolling/-reporting ermöglicht Steuerung Das Projektcontrolling/-reporting ist eine Kernaufgabe des Projektmanagements (siehe Abb. 3) in der Transaktions- und Integrationsphase. Dabei ist es wichtig, die definierte Projektstruktur und deren Arbeitsfelder abzubilden und regelmäßig – meistens wöchentlich – Statusmeetings oder -calls durchzuführen. Daraus resultierend wird der Lenkungsausschuss über ein fokussiertes Reporting über den Stand der Arbeiten, eventuelle Probleme oder Risiken und benötigte Entscheidungen informiert. Hierbei geht es im Kern um die anvisierten Meilensteine und um ihren Erreichungsgrad. Bei absehbarer Verfehlung von Meilensteinen muss das Projektmanagement in der Lage sein, Gegenmaßnahmen einzuleiten, um die Abweichungen zu kompensieren.

Auch Kostenaspekte der Projektarbeit finden Eingang in ein Projektcontrolling und Reporting, um die aufgelaufenen Aufwände im Auge zu behalten und an ggf. definierten Budgets zu messen. Dies können sowohl interne Aufwände (z. B. freigestellte Kapazität, Reiseaufwendungen) oder externer Support (z. B. Beratung, IT Support) sein.

Ein wichtiges Element des Statuscontrolling/-reporting bildet auch das Controlling/Reporting der identifizierten Synergiefelder in Bezug auf den Stand der identifizierten und

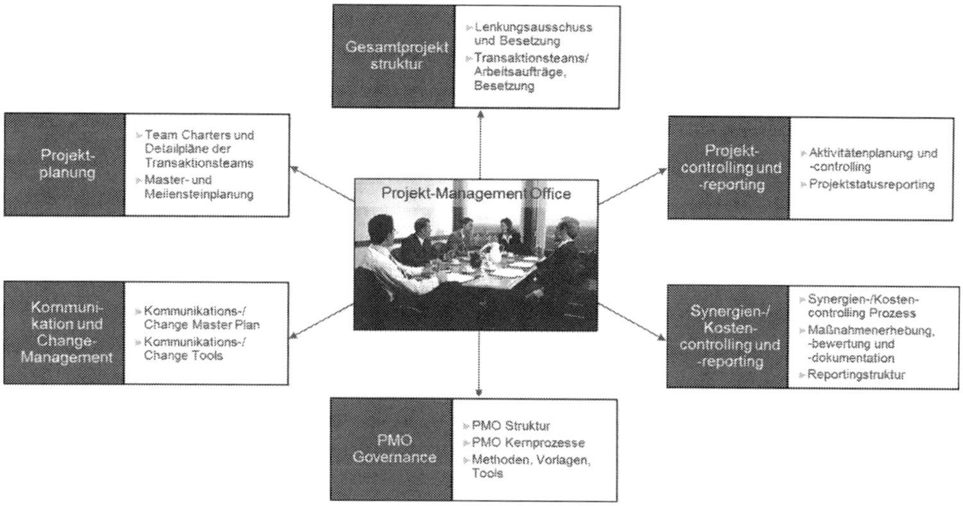

Abb. 3 Projekt-Management Office Struktur. (Quelle: EY)

realisierten Synergien. Hier kann noch unterschieden werden, ob Synergien bereits umsetzungsreif sind, sich noch in der Umsetzung befinden oder bereits wirksam umgesetzt sind. Idealerweise basiert das Synergiecontrolling auf dem zuvor definierten Business Case der Transaktion und ist mit dem Controlling des Unternehmens gemeinsam aufgesetzt, damit die passenden Finanzzahlen Eingang in die jeweiligen Bereiche des Unternehmens finden. So sollten beispielsweise Anpassungen im Personal auch zur Anpassung des Stellenplans im Personalcontrolling führen und damit die Umsetzung unterstützen.

1.2 Die richtigen Integrationsaktivitäten priorisieren

Einfach Teilprojekte festzulegen, bringt einem den Erfolg der Gesamtintegration nicht näher. Zunächst einmal muss eine strukturierte Bestandsaufnahme und ein Abgleich mit der Strategie hinter der Transaktion gemacht werden.

Die Anzahl der Projekte, die in der Integrationsphase aufgesetzt werden sollten, hängt vom strategischen Rational der Transaktion und der angestrebten Integrationsstrategie ab. In vielen Fällen werden Erkenntnisse der Pre-Merger Phase, wie z. B. aus der Financial Due Diligence oder einer Operational Due Diligence[2], die Synergiefelder oder Integrationshemmnisse beleuchtet in die Strategiefindung mit einbezogen. Daneben ist zu beachten, dass jedes Unternehmen nur einen bestimmten Grad von Veränderung in einem Zeitraum bewältigen kann. Daher ist ein klarer Blick auf die Prioritäten der Integration wichtig, um die gesteckten Ziele erreichbar in eine Projektorganisation zu übersetzen.

[2] Frohn und Arvizu (2012).

Folgende Aspekte sind dabei zu berücksichtigen[3]:

- Priorisierung der Projekte bedeutet, dass diese unter zwei für das Unternehmen wichtigen Gesichtspunkten bewertet werden müssen: „Wie erfolgskritisch ist die Durchführung eines Projektes für das Geschäft?“ und „Wie materiell ist der Effekt?“
- Für ein Projekt, das in dieser Hinsicht nicht erfolgskritisch ist, könnte das bedeuten, dass man zunächst alles so lässt wie es ist und Veränderungen erst durchführt, wenn die wirklich erfolgskritischen Projekte abgeschlossen sind. Ein erfolgskritisches Projekt würde sich zum Beispiel mit der Erhaltung und dem Ausbau eines Wettbewerbsvorteils beschäftigen.
- Neben der Relevanz für das Geschäft ist die Komplexität des Projekts zu berücksichtigen: Komplexität ist hier eine Funktion des gesammelten Know-hows sowie der entsprechenden Ressourcen auf der einen und dem Umfang der anstehenden Aufgaben auf der anderen Seite. Wenn die Komplexität gering ist, kann das Projekt mit weniger Ressourcen zu Ende geführt werden; bei hoher Komplexität muss dagegen sorgfältiger vorgegangen werden: mehr Ressourcen, schlagkräftige Team-Zusammensetzung mit Mitgliedern aus allen Bereichen. Auf diese Weise führen auch die anspruchsvollsten Projekte zum Erfolg.
- Ein kritischer Schritt in der Phase der Projektvorbereitung beschäftigt sich mit der Definition der Integrationsteilprojekte. Die eingesetzte Terminologie muss von beiden Seiten verstanden werden, und zwar von Anfang an. Wenn Bestandsaufnahmen gemacht werden, bevor die Begriffe geklärt sind, sind Projekte, die auf diesen Begriffen aufbauen, von vornherein zum Scheitern verurteilt.

Die Ergebnisse der zuvor beschriebenen Punkte geben einen Überblick über die Prioritäten der gesamten Integrationsphase. Die Betroffenen erkennen, was mit welcher Dringlichkeit ansteht. In den nächsten Schritten gilt es dann, die tatsächlichen Risiken zu identifizieren.

1.3 Risikomanagement muss sein

Die herkömmliche Regel zum Thema Risikomanagement besagt, dass ein neu fusioniertes Unternehmen auf unvorhergesehene Schwierigkeiten vorbereitet sein muss. Vieles wir nicht so verlaufen wie es geplant wurde, deshalb müssten – immer entsprechend dieser Regel – mögliche Reaktionen auf auftauchende Risiken vorbereitet werden.

In der heutigen Welt ist die Veränderungsgeschwindigkeit extrem hoch: Der Wettbewerb ändert sich permanent weit über das hinaus, was erwartet wurde und vorhersehbar war. Durch vermeintlich überraschende Entwicklungen unterschiedlicher Natur entwickeln sich bedrohliche Situationen, die ein Projekt oder auch ein ganzes Unternehmen gefährden könnten. Die Ursachen können hierbei bspw. logistischer, regulatorischer oder

[3] Habeck et al. (2013).

steuerlicher Natur sein. Oder sie haben ganz andere, nicht vorhersehbare Hintergründe, wie z. B. das Auftauchen neuer Wettbewerber, die aufgrund von neuen technologischen Möglichkeiten rasant wachsen. Wer heute fusioniert und künftige Wachstumschancen nutzen möchte, muss erkennen, dass die Schnelligkeit, mit der sich der Wandel vollzieht, exponentiell ansteigt. Mit Vorbereitung allein ist diesem Tempo und den daraus resultierenden Chancen und Risiken nicht beizukommen.

Es ist ermutigend, dass die Unternehmen die rapiden Veränderungen immer mehr als Herausforderung wahrnehmen, und nicht gleich nach finaler Remedur suchen. Ebenso wenig stürzen Sie sich Hals über Kopf in Abenteuer, deren Ende schwer absehbar ist. Stattdessen stellen Sie sich den Veränderungen – mit der Sicherheit des bestehenden Geschäfts im Rücken.

Auf diese Weise geschieht in vielen erfolgreichen Unternehmen das, was ausdrücklich im Rahmen eines Risikomanagements zu empfehlen ist:

- Risikomanagement wird von den Unternehmen tatsächlich betrieben. Wenn viele Unternehmen Tools oder Techniken einsetzen, die etwas mit Risikomanagement zu tun haben, so weist das auf ein wachsendes Bewusstsein hin, denn vor 20 Jahren war Risikomanagement, auch im Zuge einer Fusion, kein Thema.
- Eingehen eines sinnvollen Risikos kann sich positiv auswirken. Das Unternehmen, das erkannt hat, dass die beste Einstellung zum Risiko ist, es proaktiv anzugehen, gewinnt entscheidende Vorteile. Je schneller dies geschieht, desto schneller können auch erste Ergebnisse verzeichnet werden. Auch Wachstum ist bei bewusster Wahrnehmung und Kalkulation der Risiken eher möglich, als wenn man die Augen vor ihnen verschließt

Die Schaffung und Nutzung einer erfolgreichen Risikomanagement-Infrastruktur braucht Zeit, Aufmerksamkeit und den Einsatz erfahrener Personalressourcen. Hier geht es um Details und um das Herstellen einer gewissen Projektdynamik. Aber Risikomanagement ist machbar und zeigt schnell Wirkung.

Bis hierher wurden beachtliche Fortschritte dabei erzielt, die einzelnen Puzzlestücke des Integrationsprojekts zusammenzufügen. Das Team hat die Integration durchdacht, die zugrunde liegenden Fragestellungen identifiziert und einige – aufgrund von Wissen, Erfahrung und verfügbarer Fakten – sortiert und ihnen damit den richtigen Stellenwert zugewiesen. Das Integrationsteam hat sich damit implizit einen Überblick über die Risiken verschafft. Alle Mitarbeiter haben systematisch gearbeitet und die Risiken klassifiziert. Jetzt steht die abschließende Beurteilung an: Die kritischen Risiken sind zu durchleuchten und Entscheidungen sind darüber treffen, ob sie sofort gelöst werden müssen oder eventuell erst später einer Lösung zugeführt werden sollen.

Mit Lösung ist gemeint, dass Maßnahmen ergriffen und Gelegenheiten genutzt werden, die Risiken zu verringern oder gar zu vermeiden, anstatt einfach den Kopf in den Sand zu stecken. Wenn zum Beispiel an einem Standort ein logistisches Problem besteht, ist das für den Vertrieb ein erhebliches Risiko, denn Ware, die nicht ausgeliefert werden kann, wird vom Kunden nicht bezahlt. Hier kommt also ein Geschäftsrisiko auf das Unternehmen zu, das nur durch die Lösung des logistischen Problems zu eliminieren ist. Proaktive

Entscheidungen sind gefragt. Das Projekt kann aber auch weniger anfällig für Risiken gemacht werden – dann werden die Auswirkungen geringer ausfallen. Auch wenn das eher Risikominimierung als direkte Auseinandersetzung mit dem Risiko bedeutet, muss dieser Schritt bewusst und proaktiv durchgeführt werden.

Der Prozess, der zu diesen Entscheidungen führt, muss systematisch angegangen werden. Die Beteiligten müssen sich selbst immer wieder fragen, was der Hintergrund für die Risiken ist, mit denen sie sich konfrontiert sehen. Das Team muss genau erforschen, welche Auswirkungen das Risiko auf andere Bereiche des Geschäfts hat. Und es muss herausgefunden werden, welche Informationen und welche Ressourcen gebraucht werden, um eine Lösung für eine Reduktion oder besser Vermeidung des Risikos zu erreichen.

Dieser systematische Prozess stammt nicht aus dem Lehrbuch, sondern er hat sich in Transaktionen und Integrationen auf vielfältige Weise bewährt – immer dann, wenn strukturierte und objektive Risikobewertungen für den Erfolg entscheidend waren[4].

Jedes Unternehmen, sei es aus dem Mittelstand oder der Großindustrie, das eine Transaktion vollzieht, benötigt in jedem Fall irgendeine Form von Risikomanagement-Infrastruktur. Milliarden Euro-Transaktionen können Zehntausende von Kunden und Mitarbeitern, Tausende von Beschaffungsgruppen und individuellen Produktvarianten betreffen, die auch über viele Länder verteilt sind.

Hier schafft eine bewährte Methode Klarheit und setzt dort Schwerpunkte, wo in der Regel Unsicherheit, Sorge, kulturelle Unterschiede und interne wie externe politische Probleme herrschen. Sie unterstützt die Organisation im Rahmen der Integration dabei, relevante Risiken und Fragestellungen in entsprechender Form zu adressieren.

Doch der größte Vorteil besteht darin, dass sie ein Unternehmen in die Lage versetzt, den Schwerpunkt von Risikovermeidung auf proaktives Risikomanagement zu verlegen. Dadurch, dass die Risiken, mit denen ein Unternehmen im Rahmen einer Transaktion und Integration konfrontiert wird, minimiert oder gelöst werden, können die Unternehmen das strategische Rational wesentlich besser umsetzen und damit den Erfolg der Transaktion absichern.

1.4 Ohne erprobte Methoden und Tools keine Projekteffizienz

Bei den für einen Integrationsprozess notwendigen Methoden und Tools muss das Rad nicht neu erfunden werden. Entweder bedient man sich der Projektmanagement-Methoden und Tools, die bereits im Unternehmen im Rahmen früherer Projekte erfolgreich angewendet wurden und von den handelnden Personen – auch im Lenkungskreis – sofort verstanden werden, oder man nutzt das Rüstzeug externer Berater (siehe Abb. 4). Nach einem Anpassen auf das konkrete Integrationsprojekt sollte ein Status-Reporting kurzfristig einsatzbereit sein. Wie eingangs erwähnt, empfiehlt sich ein Einsatz ohnehin bereits in der frühen Transaktionsphase und dann eine entsprechende Anpassung auf die spezifischen Erfordernisse in der Integrationsphase.

[4] Frohn (2008).

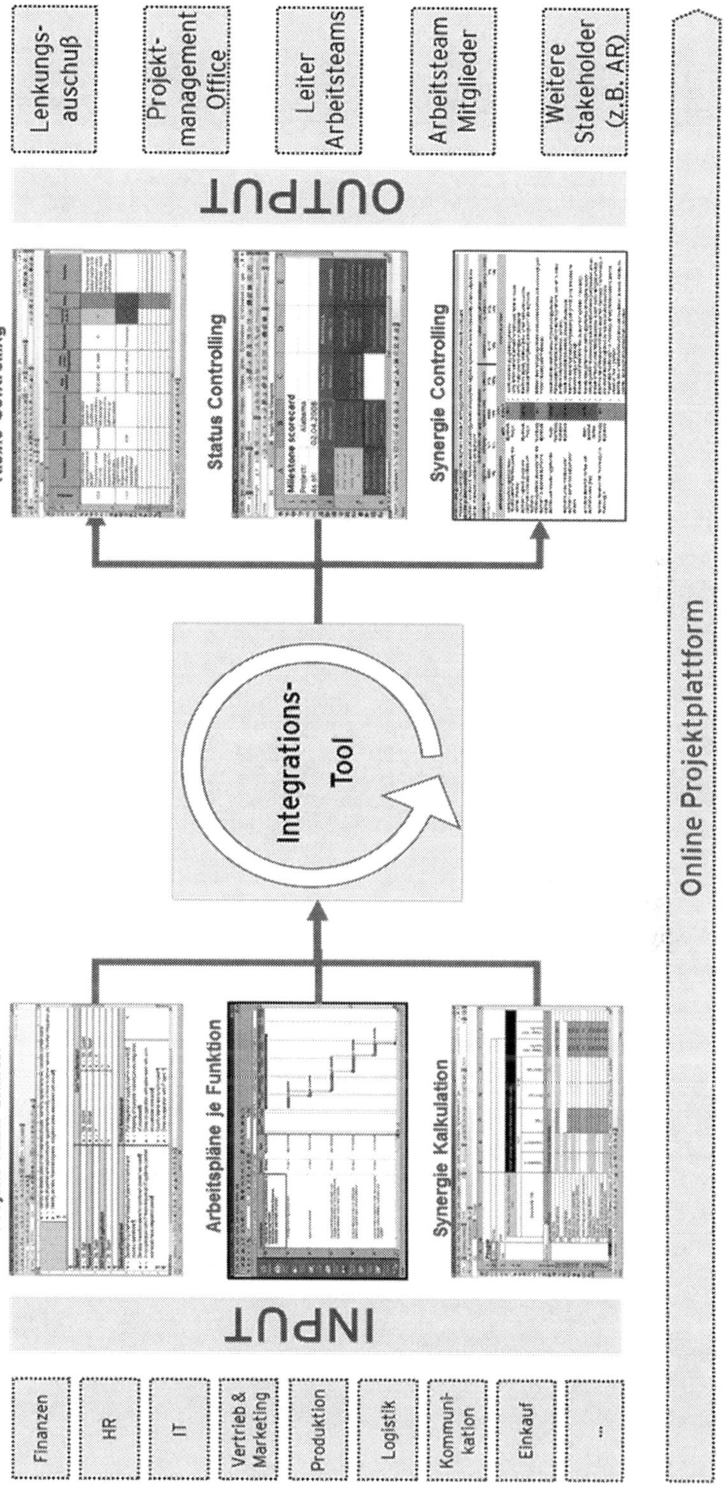

Abb. 4 Methoden und Tools in Integrationsprojekten. (Quelle: EY)

Das Synergiecontrolling basiert auf dem Business Case oder Synergie-Abschätzungen aus der Due Diligence-Phase und bildet die identifizierten Synergiefelder ab. Auch hier gibt es Standards, die eingesetzt und auf die konkrete Integration angepasst werden können.

Wichtig ist, dass die Tools und die wesentlichen Indikatoren, seien es Meilensteine, die erreicht werden müssen oder Synergien, die identifiziert wurden und deren Umsetzung nachzuverfolgen ist, abgebildet werden und idealerweise miteinander verknüpft sind. Daneben sollte eine Integration der Tools oder zu mindestens eine Verzahnung mit dem Finanzbereich des Unternehmens erfolgen. Dies hilft klare Standards und Definitionen zu setzen und im Laufe der Integration tatsächlich auch Äpfel mit Äpfeln zu vergleichen.

Bei Arbeiten über mehrere Geografien hinweg bietet sich beispielsweise auch ein Online-Projektraum an, auf den über das Internet zugegriffen werden kann und der damit allen Beteiligten, egal in welchem Land sie arbeiten, die notwendigen Informationen zur Verfügung stellt. Hierbei lässt sich auch sicherstellen, dass nur aktuelle Versionen von Dateien genutzt werden und keine veralteten Arbeitsstände in Umlauf kommen. Mit einigen Tools lässt sich auch die Terminplanung und Kommunikation innerhalb der Projektteams effizient steuern und so sicherstellen, dass alle Beteiligten unabhängig arbeiten können und doch aktuell miteinander verbunden sind.

Beim Einsatz von Tools sollte pragmatisch und mit Augenmaß in Abhängigkeit von der Größe und Komplexität einer Integration vorgegangen werden. Ohne ein strukturiertes Status-, Risiko und Synergiecontrolling geht es aber in keinem Fall.

1.5 „Clean Team"-Strukturen bei Transaktionen aufsetzen

Die meisten Transaktionen benötigen die Zustimmung verschiedener Kartellbehörden. Der Prozess der Prüfung und Erteilung einer Zustimmung kann, je nach Komplexität (dominante Marktposition, länderübergreifende Transaktion etc.) längere Zeit in Anspruch nehmen.

In anderen Fällen kann es notwendig sein, im Vorfeld einer Entscheidung für z. B. ein Joint Venture, Synergien neutral zu analysieren und zu bewerten, ohne dass die beteiligten Parteien Einsicht in detaillierte Daten (z. B. Einkaufskonditionen, Preisgestaltung etc.) erhalten.

Im ersten Fall kann die Etablierung eines Clean Team Vorbereitungs-/Planungsarbeiten zur Integration übernehmen, ohne Kartellrecht oder Datenschutz zu verletzen und damit wertvolle Zeit gewinnen. Im zweiten Fall ist es eine zwingende Voraussetzung, um überhaupt zu einer fundierten Entscheidung kommen, die auf Analyse und Bewertung realer Daten beruht. Und wichtig dabei ist auch, nach einer Entscheidung gegen ein mögliches Zusammengehen aufgrund der Ergebnisse der Analysen, ohne Wettbewerbsnachteile wie-

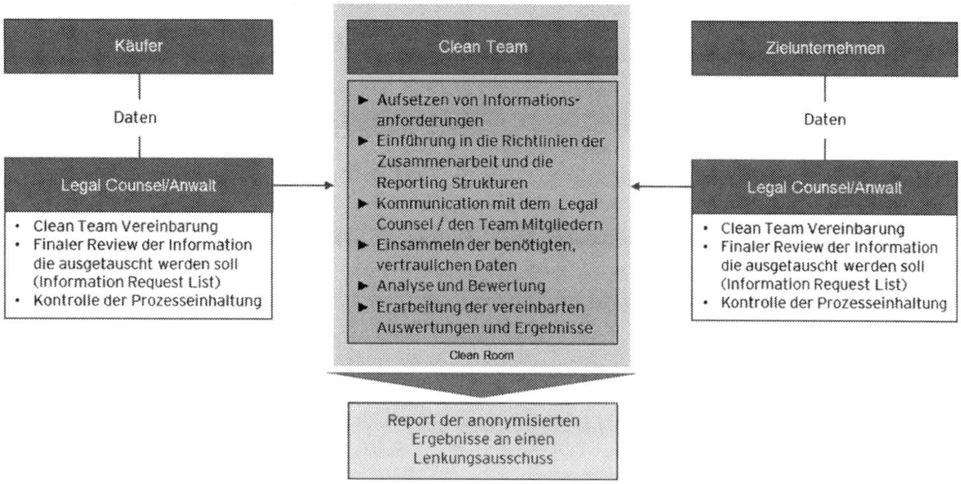

Abb. 5 Clean Team Struktur. (Quelle: EY)

der auseinander gehen zu können, da die sensiblen Daten im Clean Team verbleiben und vernichtet werden.

In den dargelegten Situationen kann entweder das gesamte Projektteam oder ein definierter Teil als Clean Team aufgesetzt werden, wie in Abb. 5 aufgezeigt. Hierfür sind, grob beschrieben, die folgenden Voraussetzungen zu schaffen[5]:

- Der Aufbau des Clean Teams, die durchzuführenden Analysen und der Prozess der Datenbeschaffung bis zur Übermittlung der Ergebnisse sind zwischen den Parteien abzustimmen und juristisch zu fixieren.
- Der externe Berater übernimmt dann in dem juristisch fixierten Rahmen die Analyse- und Auswertungsarbeiten und stellt diese neutralisiert beiden Parteien zur Verfügung
- Datenbeschaffung und Detaildatenfreigabe finden unter enger Einbindung der Rechtsabteilungen oder externer Rechtsberater statt.
- Es wird ein Steuerungskreis aus Vertretern beider Parteien gebildet, der regelmäßig über den Verlauf der Arbeiten und die finalen, neutralisierten Ergebnisse informiert wird.
- Die Daten, die dem Clean Team zur Verfügung gestellt werden, stellt man bei erfolgreichem Entscheid der Kartellbehörde oder Gründung des Joint Ventures den Parteien zur Verfügung. **Anderenfalls werden sie durch das Clean Team vernichtet.**
- Die Clean Team-Vorgehensweise und die beteiligten Personen müssen so früh wie möglich an das und im Projektteam kommuniziert werden.

[5] Habeck et al. (2013).

2 Fazit

Abschließend bleibt noch einmal zu betonen, wie wichtig eine klar definierte Projektstruktur für die Transaktions- und Integrationsphase ist. Ansonsten fährt das Projekt wie ein Schiff im Nebel ohne Kompass. Und es hilft ungemein einen erfahrenen Steuermann zu haben, der solche Projekte mehrfach durchgeführt hat und mit viel Erfahrung von Anfang an die richtigen Prioritäten setzt und mit dem knappen Gut der Mitarbeiterkapazität zielgerichtet umgeht. Aus unserer Erfahrung sind die wichtigsten, konkreten Punkte für das Projektmanagement wie folgt:

- Projektstruktur definieren und Team benennen: Hier gilt früh eine den Notwendigkeiten der Transaktion entsprechende Struktur aufzusetzen und die oben beschriebenen Faktoren zu beherzigen. Falls Sie die benötigten Kapazitäten nicht selber an Bord haben, ist es sinnvoll erfahrene Beratern frühzeitig an Bord zu nehmen, die mit ihren Erfahrungen die spezifischen Felder einer Transaktion und Integration zielgerichtet unterstützen. Das ist jedenfalls preiswerter als das Scheitern in einer frühen Phase oder das Verlieren von möglichen Synergien.
- Risikomanagement groß schreiben: Eine Transaktion erfordert Flexibilität und Kompetenz, birgt aber in hohem Maße Risiken, die ohne gezielte Risikokontrolle und -minimierung den Erfolg durchaus in Frage stellen können.
- Erprobte Methoden und Tools einsetzen: Pragmatismus und Augenmaß statt Vollautomatisierung, aber mindestens Projektstatuscontrolling und Synergiecontrolling sind ein klares Muss.
- Clean Team einsetzen: Bei den bereits beschriebenen Fällen kann Zeit und Sicherheit im Transaktionsprozess gewonnen werden, wenn frühzeitig eine neutrale Instanz notwendige Aufgaben in einem rechtlich und datentechnisch sicheren Umfeld bearbeiten kann.

Zwar kann ein erfolgreiches Projektmanagement nicht den Gesamterfolg einer Integration sicherstellen, aber egal welche Statistik zu Integrationen bemüht wird, der größte Teil führt das Scheitern zu einem erheblichen Prozentsatz auf das Fehlen oder die schlechte Ausgestaltung genau dieser Funktion zurück. Und wie die Ausführungen zeigen, ist gutes Projektmanagement im Rahmen einer Integration kein Hexenwerk. Man muss es nur systematisch einführen und mit der erforderlichen Expertise besetzen.

Literatur

Frohn. (Juni 2008). Die Strategen kommen auf den Markt zurück. *Handelsblatt*.

Frohn, & Arvizu. (April 2012). Verbesserung von Investitionsentscheidungen durch Operational DD. *M&A Review*.

Habeck, Frohn, & Walleyo. (2013). Fusionsfieber 2.0. Springer Fachmedien Wiesbaden. doi:10.1007/978-3-658-00517-7_2.

Fabian Frohn ist Partner bei Ernst & Young im Bereich der Operational Transaction Services. Er leitet den Bereich „Capital Transformation" auf EMEIA Ebene, in dem auch die Post Merger Integration und Carve-out Themen angesiedelt sind. Während seiner Zeit in der Strategieberatung unterstützte Fabian mittelständische und Großkunden im Bereich Strategiedefinition und Post Merger Integration. Bei Ernst & Young verantwortet er komplexe, internationale Carve-out und Post Merger Integrationsprojekte, neben seiner Leitungsfunktion auf europäischer Ebene. Er ist Autor mehrerer Artikel zum Themenkreis Transaktion, sowie Co-Autor eines Buchs zum Thema Post Merger Integration.

Samy Walleyo ist Partner bei Ernst & Young und Leiter der Operational Transaction Services in Deutschland, Schweiz, Österreich. Samy hat zahlreiche internationale Integrations- und Carve-out-Projekte, insbesondere für Großkonzernen geleitet. Darüber hinaus hat er eine Vielzahl an Operational Due Diligence verantwortet, auf der Buy side wie auf der Sell side.

Zusätzliche Erfahrung besitzt er in fachübergreifenden Projekten, wie z. B. in der Prozessverbesserung, der Einrichtung und Optimierung von Kontrollsystemen im Finanzbereich und der Einrichtung von Shared-Service Center. Er ist Autor mehrerer Artikel zu den Themen Post Merger Integration, und Carve-out und hält zudem Studien-Vorlesungen zu diesen Themen.

Element einer gelungenen Unternehmenstransaktion

Christian Zwirner und Corinna Boecker

Element einer gelungenen Unternehmenstransaktion

Zusammenfassung

Neben generellen Aspekten zur Einrichtung eines wirksamen Risikomanagements erläutert der Beitrag ausgewählte Maßnahmen zur Risikominimierung bzw. Risikovermeidung speziell bezogen auf typische Risikofaktoren einer Post-Merger-Integrationsphase. Hierzu gehören bspw. Fragen des handelsrechtlichen Rechnungswesens ebenso wie laufende oder einmalige steuerliche Konsequenzen einer Unternehmenstransaktion. Das zentrale Berichts- und Meldewesen muss zudem an eine geänderte Organisationsstruktur angepasst werden. Veränderungen sind regelmäßig erforderlich bei generellen Prozessabläufen in dem oder den betroffenen Unternehmen. Ein besonderes Augenmerk sollte auch auf das Personalmanagement gelegt werden, denn gerade die Personalpolitik ist ein sehr sensibles Thema. Nicht zu vernachlässigen ist der Bereich von Regelungen aus dem geschlossenen Transaktionsvertrag, die explizit auf die Phase nach dem Closing nachwirken (z. B. Earn-Out-Klauseln oder mögliche Haftungsfragen). Abschließend werden transaktionsbezogene Fragen der Corporate Governance kurz unter Risikoaspekten beleuchtet. Letztendlich muss das Thema Risikomanagement in der Post-Merger-Integrationsphase mit Blick auf Unternehmenstransaktionen vielschichtig betrachtet werden. Die Autoren stellen verschiedene Handlungsempfehlungen für die Praxis dar.

C. Zwirner (✉) · C. Boecker
Dr. Kleeberg & Partner GmbH WPG StBG, Augustenstraße 10, 80333 München, Deutschland
E-Mail: christian.zwirner@kleeberg.de

C. Boecker
E-Mail: corinna.boecker@kleeberg.de

A. Kuckertz, N. Middelberg (Hrsg.), *Post-Merger-Integration im Mittelstand,*
DOI 10.1007/978-3-658-12370-3_13

1 Bedeutung des Risikomanagements für die Phase der Post-Merger-Integration

Nach der Durchführung einer Unternehmenstransaktion (bspw. dem Erwerb eines gesamten Unternehmens oder einer bedeutenden Beteiligung durch ein anderes Unternehmen) im Sinne des rechtlichen Zusammenlegens von beiden Teilbereichen ist der gesamte Transaktionsprozess keineswegs beendet. Vielmehr stellt die sich daran anschließende Phase der Post-Merger-Integration einen weiteren wichtigen Meilenstein dar, der für das Gelingen der Unternehmenstransaktion insgesamt von entscheidender Bedeutung ist. In diesem Zusammenhang kommt es vor allem darauf an, eine *organisatorische Integration* von zwei (oder mehr) Teilen in einen neuen Gesamtkomplex voranzutreiben und erfolgreich abzuschließen. Übergeordnetes Ziel ist dabei die Sicherstellung der zukünftigen Handlungsfähigkeit der neuen Gesellschaft, damit die Unternehmensfortführung durch den Merger nicht gefährdet wird.

Ein besonderes Augenmerk ist dabei auf die *Vereinheitlichung von unterschiedlichen Prozessen und Strukturen* zu richten. Hinzu kommt ggf. die Definition und Einführung einer neuen Unternehmenskultur, um das Entstehen von Missstimmungen zu vermeiden (vgl. Sünderhauf 2010, S. 352 f.). Es treten immer wieder Fälle auf, in denen Unternehmenstransaktionen, die bereits als abgeschlossen angesehen wurden, während der Post-Merger-Integration ins Wanken geraten oder gar scheitern, weil die erforderliche Harmonisierung zweier oder mehrerer zuvor voneinander unabhängiger Organisationseinheiten zum unüberwindbaren Hindernis wird (vgl. Zwirner und Boecker 2013b, S. 2735). Um derartige Risiken bereits im Vorfeld zu vermeiden, muss im Rahmen einer Unternehmenstransaktion bereits von Beginn an auch die Entwicklung einer angemessenen Post-Merger-Strategie eingeplant und durchgeführt werden.

> Durch den Einsatz einer Ampelfunktion, die mit unterschiedlichen Farben den jeweils aktuellen Stand einzelner Umsetzungsmaßnahmen kennzeichnet und auf diese Weise bereits erzielte Fortschritte leicht verständlich veranschaulicht, kann der gesamte Post-Merger-Prozess gesteuert werden.

Neben vielen anderen Aspekten müssen während der Post-Merger-Integration das Rechnungs- ebenso wie das gesamte Berichtswesen zügig vereinheitlicht werden. Darüber hinaus sind bspw. auch Fragen der Führung und Überwachung (Corporate Governance) des „neuen" Unternehmens zu beantworten und Probleme zu lösen, die sich z. B. auf die Implementierung eines einheitlichen Controllings oder Aspekte des weitreichenden Compliance-Umfelds beziehen. Zudem muss sichergestellt werden, dass alle vereinbarten Vertragsklauseln, die sich auch auf die Zeit nach dem rechtlichen Zusammenschluss beziehen können (z. B. sog. Earn Out-Klauseln), tatsächlich erfüllt werden. Weitere charakteristische Fragen während einer Post-Merger-Phase betreffen etwa die Einführung eines einheitlichen Vertragsmanagements sowie die unbedingt notwendige Integration in den Bereichen Personal, Corporate Design, Corporate Identity und Corporate Ethics.

In diesem Zusammenhang spielt ein einheitliches, speziell auf die Bedürfnisse der Post-Merger-Integration zugeschnittenes *Risikomanagement* eine wichtige Rolle. Dieses sollte sich nicht nur mit Risiken aus der allgemeinen Geschäftstätigkeit der betroffenen Unternehmen(steile) auseinandersetzen, sondern auch speziell solche Risiken fokussieren, die aus der Durchführung der Unternehmenstransaktion selbst resultieren und damit charakteristisch für die Post-Merger-Phase sind.

► Ein adäquates Post-Merger-Risikomanagement trägt erheblich zum Gelingen des Vorhabens bei und leistet einen wichtigen Beitrag dazu, dass die Transaktion nicht durch Nach- oder Nebenwirkungen des Zusammenschlusses gefährdet wird.

Die nachfolgenden Ausführungen erläutern zunächst Aspekte eines wirksamen Risikomanagements sowie eines entsprechenden Systems im Allgemeinen und beleuchten anschließend darauf aufbauend einzelne Risikofaktoren, die typischerweise in einer Post-Merger-Phase auftreten (können). Hierbei werden ausgewählte Maßnahmen thematisiert, die zu einer Risikominimierung bzw. Risikovermeidung beitragen können. Letztendlich ist zu konstatieren, dass es nicht „das eine" Post-Merger-Risikomanagementsystem gibt. Vielmehr ist jede Unternehmenstransaktion einzigartig – folglich muss auch ein Risikomanagement stets individuell ausgestaltet werden, damit die im konkreten Fall relevanten Faktoren entsprechend berücksichtigt und gewürdigt werden können. Nur so kann die optimale Funktionsfähigkeit und Wirksamkeit eines Post-Merger-Risikomanagements erreicht werden.

2 Risikomanagement im Unternehmen

2.1 Begriffsabgrenzung und Notwendigkeit des Risikomanagements

Eine einzige und allgemein gültige Definition für ein *Risikomanagement* bzw. ein *Risikomanagementsystem* existiert weder in der Theorie noch in der Praxis. So findet sich in der Realität eine Vielzahl von Beschreibungen des Systemablaufs und Charakterisierungen der wesentlichen Elemente, wobei sich diese nicht gänzlich voneinander unterscheiden (vgl. bspw. Boecker 2010, S. 309 ff.). Insgesamt umfasst das Risikomanagement alle organisatorischen Maßnahmen und Regelungen, die zur Erkennung von und zum Umgang mit Risiken notwendig sind.

Auch für den Begriff des *Risikos* hat sich noch keine einheitliche Definition herausgebildet. Allgemein betrachtet ist ein Risiko ein mögliches Ereignis oder eine mögliche Entwicklung, das bzw. die sich (negativ) auf die Erreichung bestimmter Ziele auswirkt. Eine gesetzliche Normierung fehlt indes. Grundsätzlich ist jede unternehmerische Tätigkeit mit Risiken verbunden. Dies gilt erst recht im Zusammenhang mit Unternehmenstransaktionen. In dieser besonderen Phase einer unternehmerischen Tätigkeit treten neue Risiken hinzu, die nicht nur erkannt, sondern auch überwacht bzw. behoben werden müssen.

Aus einer Geschäftstätigkeit können nicht nur Risiken resultieren. Vielmehr können hieraus auch *Chancen* erwachsen, die gewissermaßen als „positive Risiken" betrachtet werden können. Eine einseitige Fokussierung allein auf das Negative, d. h. die Risiken, würde demnach an der Realität vorbeigehen. Deswegen sollte es zu einem ausbalancierten Risikomanagementsystem stets dazu gehören, etwaig vorhandene Chancen zu identifizieren und sie somit für das Unternehmen nutzbar zu machen. Zwar nehmen die nachfolgenden Ausführungen überwiegend auf das vorhandene Risikopotenzial in der Post-Merger-Phase und den Umgang damit Bezug. Dennoch gehört die Realisierung von Chancen zweifelsohne mit dazu. Zutreffender wäre es demzufolge, von einem *Chancen- und Risikomanagement* zu sprechen.

Das Fachschrifttum behandelt das Thema Risikomanagement häufig allein mit Blick auf die Rechnungslegung und folgt damit einer sehr engen Sichtweise. Dabei werden einem einzurichtenden Überwachungssystem organisatorische Sicherungsmaßnahmen, interne Kontrollen sowie ggf. eine Interne Revision subsumiert und ihm damit sowohl eine Präventiv- als auch eine Korrekturfunktion zugeschrieben. Als *Präventivfunktion* wird die Aufgabe bezeichnet, den Eintritt von Risiken bestenfalls gänzlich zu vermeiden oder zumindest die Eintrittswahrscheinlichkeit bestmöglich zu mindern. Die *Korrekturfunktion* dient der Feststellung der Funktionsfähigkeit der Maßnahmen des Risikomanagementsystems; bei Bedarf sind diese ggf. zu korrigieren.

Das Risikomanagement umfasst alle organisatorischen Regelungen und Maßnahmen zur Risikoerkennung und zum Umgang mit den aus der unternehmerischen Tätigkeit allgemein bzw. einer Unternehmenstransaktion im Besonderen resultierenden Risiken. Bedeutende Determinante für den Erfolg eines Risikomanagementsystems ist die Entwicklung einer in die gesamte Unternehmensstrategie integrierten Risikostrategie – dies umfasst auch die mit der Unternehmenstransaktion verfolgte Strategie. Da die herrschende Risikokultur die Effektivität des Risikomanagements erheblich beeinflusst, kommt es entscheidend darauf an, dass in der Phase nach dem rechtlichen Abschluss einer Transaktion (Closing) eine einheitlich für das „neue" Unternehmen geltende Risikokultur sowie Risikostrategie entwickelt werden.

► In diesem Zusammenhang ist die Einrichtung eines Integrationsausschusses zu überlegen, zu dessen Aufgaben auch die Umsetzung einer neuen, einheitlichen Risikokultur bzw. Risikostrategie zählt.

In allen Phasen der stattfindenden Unternehmenstransaktion müssen die risikobezogenen Informationen jeweils gefiltert und systematisch geordnet werden. Weiterhin gilt es sicherzustellen, dass jedes Risiko an den hierfür zuständigen Entscheidungsträger weitergeleitet wird. Unter Anwendung eines *Eskalationsmodells* müssen bedeutsame Risiken, die die Unternehmenstransaktion gefährden oder sogar Auswirkungen auf den Fortbestand

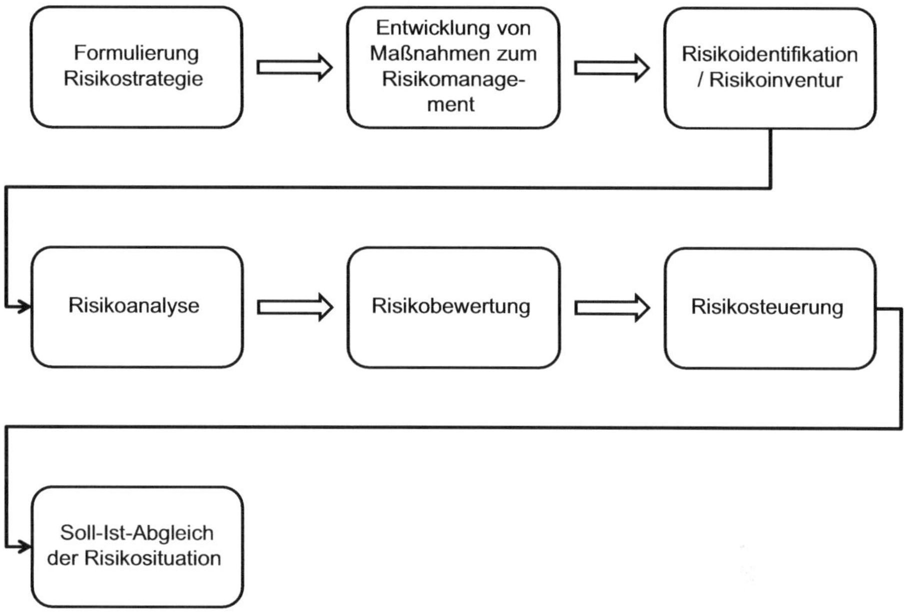

Abb. 1 Prozessablauf im Risikomanagementsystem

des neuen Unternehmens haben können, unmittelbar der Unternehmensleitung als oberster Hierarchieebene in der Verantwortungsstruktur kommuniziert werden.

2.2 Prozessablauf des Risikomanagementsystems

Ein *Risikomanagementsystem* strukturiert das Risikomanagement und bildet folglich die organisatorische Basis für den Umgang mit Risiken im Unternehmen. Der Prozessablauf setzt sich dabei aus mehreren, nacheinander ablaufenden und aufeinander aufbauenden Einzelschritten zusammen. Abbildung 1 zeigt die einzelnen Prozessschritte und ihre Zusammenhänge (entnommen aus Zwirner und Boecker 2013a, Rn. 16).

Abbildung 1 Prozessablauf im Risikomanagementsystem

Der Prozess des Risikomanagements beginnt mit der Formulierung einer *Risikostrategie*. Zu den Konsequenzen einer Unternehmenstransaktion gehört es, die bisher gültige Strategie kritisch zu hinterfragen und sie bei Bedarf an die neuen Gegebenheiten anzupassen. Die Risikostrategie beinhaltet die Vorgaben der Unternehmensführung dahingehend, welche Risiken zu vermeiden sind, welche eingegangen werden können und in welchem Verhältnis Chancen und Risiken zueinander stehen sollten. Häufig wird zudem festgelegt, ab welcher potenziellen Schadenshöhe entsprechende Gegenmaßnahmen einzuleiten sind und welcher Verlust durch den Eintritt eines Risikos maximal erzielt werden darf.

Basierend hierauf werden im nachfolgenden Prozessschritt geeignete *Maßnahmen zum Risikomanagement* entwickelt, welche die im Rahmen der Risikostrategie formulierten

Vorgaben berücksichtigen. Die betreffenden Maßnahmen müssen dabei neben den Risiken der allgemeinen Geschäftstätigkeit auch auf die speziell aus der durchgeführten Unternehmenstransaktion entstehenden Risiken und ihre möglichen Auswirkungen abstellen. Die zu entwickelnden Maßnahmen sollten auch Vorgaben zur Identifikation, Analyse und Bewertung von Risiken enthalten.

Als nächster Prozessschritt ist die *Risikoidentifikation* durch eine *Risikoinventur* abzugrenzen. Deren Aufgabe ist das Herausfiltern der betrieblichen Prozesse oder Konsequenzen aus der Unternehmenstransaktion, die risikobehaftet sind. In der Praxis geschieht eine solche Risikoerhebung regelmäßig durch Befragungen, Dokumentenanalysen oder auch in Risiko-Workshops. Alle identifizierten Risiken sollten in einer zentralen Risikodatenbank, nach bestimmten Kategorien (z. B. nach Herkunft oder Ursache der Risiken) gegliedert, erfasst werden. Ein wichtiges Element stellen in diesem Zusammenhang die so genannten Frühwarnsysteme dar: durch Beobachtung entsprechender Frühwarnindikatoren sollen vorhandene, aber noch nicht erkannte Risiken möglichst frühzeitig identifiziert werden, um unvorhergesehene Überraschungen zu vermeiden.

Während der *Risikoanalyse* werden die Ergebnisse der zuvor stattgefundenen Risikoinventur verfeinert. Hier gelangt der Wesentlichkeitsgrundsatz zur Anwendung, um bedeutsame Risiken von vernachlässigbaren Gefahren zu differenzieren. Zudem wird untersucht, inwieweit die Unternehmensleitung Einfluss auf Ursachen von Risiken nehmen kann oder nicht. Auch eine Analyse dahingehend, ob Einzelrisiken, denen allein keine große Bedeutung beizumessen ist, zusammen mit anderen Risiken bedeutend oder gar bestandsgefährdend werden können, ist durchzuführen.

Nachfolgend müssen die identifizierten *Risiken bewertet* werden, d. h. das Ausmaß einzelner Risiken ist zu ermitteln. Regelmäßig geschieht dies anhand der in der Praxis üblichen Unterteilung in die drei Risikoklassen gering, mittel und hoch. Typischerweise wird für diese Zwecke eine Risikomatrix erstellt, in der sich verschiedene Schadenshöhen mit unterschiedlichen Eintrittswahrscheinlichkeiten kombinieren und anschaulich darstellen lassen.

Im Zuge der *Risikosteuerung* werden schließlich die zuvor identifizierten, analysierten und bewerteten Risiken unter Beachtung der gewählten Risikostrategie beeinflusst. Im besten Fall gelingt es, Risiken gänzlich zu vermeiden. Alternativ kann die Eintrittswahrscheinlichkeit von Risiken wenigstens reduziert werden. Zu differenzieren ist zwischen der Risikovermeidung (d. h. dem Verzicht auf risikobehaftete Geschäfte), der Risikoüberwälzung (z. B. auf Versicherungen) sowie der Risikokompensation (etwa durch Abschluss gegenläufiger Geschäfte). Als weitere Option kann sich ein Unternehmen auch bewusst für die Inkaufnahme eines bestimmten Risikos entscheiden.

Im letzten Schritt des Risikomanagementsystems wird die tatsächlich gegebene Risikosituation betrachtet. Nach einer *Ist-Aufnahme* bestehender und potenzieller Risiken werden diese im Wege eines *Soll-Vergleichs* den in der Risikostrategie verankerten Vorgaben gegenüber gestellt. Dies lässt eine Beurteilung dahingehend zu, ob die gewünschten Ziele erreicht wurden oder Veränderungen an der Strategie oder den Maßnahmen des Managements und der Steuerung der Risiken erforderlich sind.

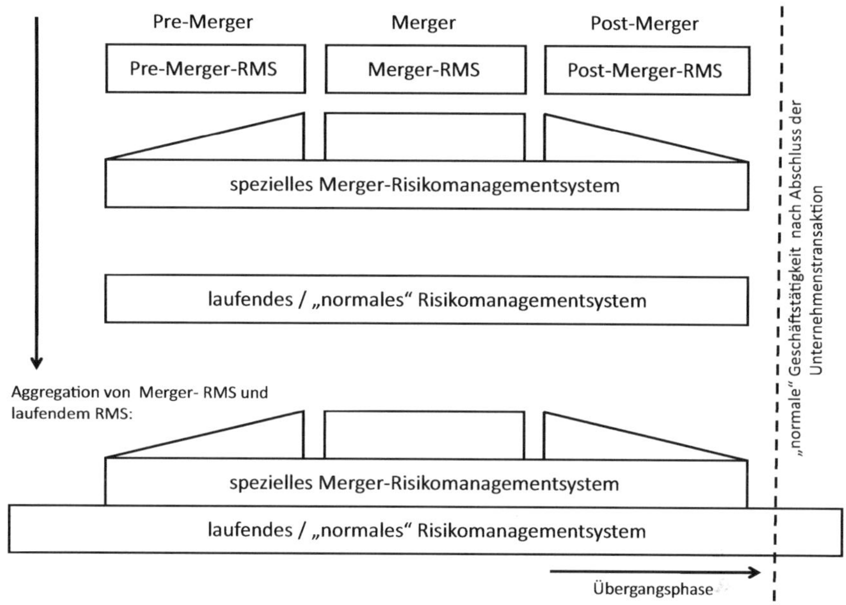

Abb. 2 Umfang der Risikomanagementaktivitäten im Zeitablauf

Die Funktionsfähigkeit eines Risikomanagementsystems hängt – selbst wenn es theoretisch gut ausgestaltet ist – zu einem großen Teil von dem bei den Mitarbeitern vorhandenen *Risikobewusstsein* ab. Dieses wiederum ist letztendlich Ausfluss der im Unternehmen herrschenden Risikokultur.

▶ Für die dauerhafte Wirksamkeit eines Risikomanagementsystems ist es wichtig, dass seine personenungebundene Funktionsfähigkeit sichergestellt ist. Hierzu gehört eine umfassende Dokumentation aller Prozessschritte und eingerichteten Kontrollen. Der Weggang eines Mitarbeiters darf sich nicht negativ auf die Funktion des Risikomanagementsystems auswirken.

Insbesondere bei Unternehmenstransaktionen, die zu größeren Umstrukturierungen in der Unternehmensorganisation allgemein sowie auch im Personalbereich geführt haben, muss das auf Basis der geänderten Situation neu entwickelte System ebenfalls zeitnah dokumentiert werden. Eine solche Dokumentation stellt zugleich für die Unternehmensleitung einen Nachweis dafür dar, dass der Sorgfaltspflicht mit Blick auf Risikoaspekte entsprochen wurde.

Im Zusammenhang mit Unternehmenstransaktionen sind hinsichtlich der Bedeutung von Risikomanagementsystemen verschiedene Phasen zu unterscheiden. Wie in Abb. 2 (entnommen aus Zwirner und Boecker 2013a, Rn. 27) dargestellt, findet dabei ein Übergang von einem Risikomanagement während des Mergers über ein Post-Merger-Risikomanagement bis hin zum laufenden Risikomanagementsystem nach Beendigung der Phase der Post-Merger-Integration statt. Der Umfang der Risikomanagementaktivitäten ist je nach Phase unterschiedlich.

Abbildung 2 Umfang der Risikomanagementaktivitäten im Zeitablauf

Die Bedeutung eines angemessenen Risikomanagements auch während der Post-Merger-Phase wird in der Praxis häufig unterschätzt. Gleichwohl ist eine gelungene Post-Merger-Integration die Voraussetzung für einen erfolgreichen Abschluss der Unternehmenstransaktion.

3 Besonderheiten des Risikomanagements in der Phase der Post-Merger-Integration

3.1 Vorbemerkungen

Üblicherweise hat schon im Vorfeld der tatsächlichen Durchführung einer Unternehmenstransaktion bei einer umfangreichen *Due Diligence* auch eine umfassende Analyse der Risiken ebenso wie der Chancen, die mit dem Merger verbunden sein können, stattgefunden. Nichtsdestotrotz ist darüber hinaus ein eigenes Risikomanagementsystem während der Phase der Post-Merger-Integration notwendig, um sowohl die zuvor identifizierten Chancen und Risiken zu überwachen als auch ggf. noch weitere Chancen und Risiken identifizieren zu können.

3.2 Rechnungswesen

Richtet man seinen Blick auf das Rechnungswesen, so resultieren aus einer Unternehmenstransaktion gleich mehrere Herausforderungen. An erster Stelle steht die *Integration der Buchhaltung* des erworbenen Unternehmens in die Buchhaltung der bisherigen Gesellschaft (vgl. bspw. Wagner und Merkle 2013, S. 223 f.). In technischer Hinsicht gehört hierzu vor allem die Übernahme von End- bzw. Anfangssalden in den Datenbestand. Schwierigkeiten bzw. Risiken werden u. a. davon beeinflusst, ob beide Gesellschaften dieselbe Software verwenden bzw. inwieweit die Kontenpläne übereinstimmen. Rechtzeitig zu hinterfragen ist auch, ob eine Vereinheitlichung von Bilanzierungsrichtlinien erforderlich ist, damit die Rechnungslegung zukünftig einheitlichen Regelungen folgen kann (vgl. Hannich et al. 2010, S. 415 ff.). Besonders wichtig ist in jedem Fall eine Kontrolle der Richtigkeit der zusammengeführten Daten. Der gesamte Datenbestand bildet die Grundlage für die zukünftige Buchführung der neuen, zusammengewachsenen Gesellschaft, so dass Fehler im Anfangsbestand somit die gesamte Buchhaltung der Folgezeit negativ beeinflussen und zu Korrekturaufwand führen würden. Üblicherweise ist es nicht ausreichend, die Richtigkeit des Datenbestands bis zum nächsten Abschlussstichtag sicherzustellen. Häufig müssen nämlich bereits unterjährig Monats- oder Quartalsabschlüsse erstellt werden, für die verlässliches und zutreffendes Zahlenmaterial vorliegen muss.

Nicht unterschätzt werden darf der Faktor *Personal*. Deswegen muss bei der Post-Merger-Integration sichergestellt werden, dass – sofern die Buchhaltung aus Kollegen des „alten“ und des „neuen“ Unternehmens besteht – bei allen Mitarbeitern ein einheitliches Verständnis über die Rechnungslegungsstrategie der Gesellschaft herrscht und dass ggf. auch eine teilweise noch unbekannte Buchhaltungssoftware beherrscht wird. Besteht Unerfahrenheit in der Buchhaltung, stellt diese ein großes Risiko für die Verlässlichkeit der verarbeiteten Daten bzw. generierten Informationen dar. Für das Personal des Rechnungswesens müssen deswegen geeignete Schulungsmaßnahmen initiiert werden. Insbesondere bei erfolgten personellen Umstrukturierungen sind eindeutige Verantwortlichkeiten festzulegen und diese Strukturen auch mit Leben zu füllen.

Die *Verantwortung* für die Erstellung und Publikation ordnungsmäßiger Rechnungslegungsdaten liegt bei den gesetzlichen Vertretern einer Gesellschaft. Aus diesem Grund haben diese zwingend für die systemische Gewährleistung der Ordnungsmäßigkeit und Verlässlichkeit der entsprechenden Daten zu sorgen. Falls sich im Zuge der Unternehmenstransaktion auch auf Ebene des Managements geänderte Verantwortlichkeiten ergeben haben, könnte ein zusätzliches Risiko daraus resultieren, dass einzelne Personen aufgrund ihrer neuen Zugehörigkeit zum Unternehmen bzw. ihrer geänderten Aufgaben zunächst erst ein Gefühl für die Zahlen der neuen Gesellschaft entwickeln müssen. Unter Risikogesichtspunkten dürfen deswegen nur solche Personen mit der Überwachung der Zusammenführung von zwei Rechnungswesen betraut werden, die über den notwendigen Sachverstand ebenso wie über die erforderlichen Kenntnisse verfügen.

Rechnungslegungsdaten spiegeln sich nicht nur in der Bilanz oder der Gewinn- und Verlustrechnung wider. Vielmehr bilden sie die Basis für *Finanzkennzahlen*, die sowohl für externe Zwecke (bspw. im Zusammenhang mit Financial Covenants in Kreditverträgen mit Banken) als auch für interne Steuerungszwecke Verwendung finden. Ein Unternehmenszusammenschluss kann dazu führen, dass sich einzelne Relationen erheblich verändern und folglich im Zeitablauf nicht mehr vergleichbar sind. Aufgabe der neuen Gesellschaft ist es hier nicht zuletzt, die veränderte Situation und damit einhergehend die Entwicklung der Finanzkennziffern durch eine sachgerechte Kommunikation – insbesondere gegenüber Unternehmensexternen – zu erläutern. Für eine erfolgreiche Integration kann es deswegen erforderlich sein, gerade mit Blick auf das Rechnungswesen auch ein gewisses Maß an Transparenz zuzulassen.

- Letztendlich muss das Fehlerpotenzial in der Rechnungslegung nach der Unternehmenstransaktion so gering wie möglich gehalten werden. Die Verlässlichkeit der Unternehmensdaten ist ein wertvolles Gut. Geht Vertrauen im Zuge der Veröffentlichung fehlerhafter Daten verloren, kann dies einen Reputationsverlust zur Folge haben, der unter Risikogesichtspunkten nicht verharmlost werden darf.

Nicht nur in der Finanzbuchhaltung, sondern auch im Bereich der *Kostenrechnung* stellen sich als Konsequenzen einer Unternehmenstransaktion besondere Fragestellungen.

Oberstes Ziel sollte es hier sein, zeitnah über Informationen zu verfügen, die zum einen belastbar sind und zum anderen die tatsächliche – neue – Kostensituation widerspiegeln. Ein „Blindflug“ dahingehend, dass die Ist-Situation und etwaige Planabweichungen nicht festgestellt bzw. erkannt werden können, muss unter allen Umständen vermieden werden. Betrachtet man den Risiko-Aspekt, ist die Bedeutung von verlässlichen Kostenrechnungsdaten offensichtlich: Sofern bspw. die Kalkulation bzgl. der Herstellung von Produkten auf fehlerhaften internen Daten beruht und für die hergestellten Erzeugnisse deswegen ein zu geringer Verkaufspreis angesetzt wird, resultiert hieraus unmittelbar eine wirtschaftliche Belastung. Eine solche verlustbringende Produktion kann im schlimmsten Fall sogar den Fortbestand der Gesellschaft gefährden. Deswegen müssen die für die Kostenrechnung relevanten Wertgrößen so zusammengeführt werden, dass in der neuen Organisationsstruktur zeitnah verlässlich damit gearbeitet werden kann.

Als zentrale Aufgabe des transaktionsbezogenen Risikomanagements bezüglich finanzieller Daten ist damit die möglichst zeitnahe Integration aller relevanten Daten und sonstigen Informationen in ein einheitliches, an die veränderte Organisationsstruktur angepasstes System zu sehen, so dass hieraus verlässliche Einschätzungen und Entscheidungen zur erfolgreichen Unternehmenssteuerung getroffen werden können. Sollte dies nicht gelingen, muss das Risikomanagementsystem entsprechende Maßnahmen beinhalten, die nicht nur eine Behebung der Fehlerquelle, sondern darüber hinaus auch eine unmittelbare Berichterstattung an alle relevanten Stellen innerhalb der Unternehmensorganisation sicherstellen.

3.3 Steuern

Eine Unternehmenstransaktion bleibt nicht ohne Auswirkungen auf steuerliche Sachverhalte. Zu unterscheiden ist dabei zwischen lediglich *organisatorischen* und darüber hinausgehenden *materiellen Auswirkungen*. In organisatorischer Hinsicht kann es passieren, dass die Zuständigkeit des Finanzamts wechselt oder ein anderer Steuerberater ausgewählt und beauftragt werden muss. Materielle, d. h. quantitative Effekte können sowohl die Ertragsteuern (z. B. Körperschaftsteuer, Gewerbesteuer) als auch die Umsatzsteuer tangieren. Betroffen hiervon ist jedoch nicht nur die laufende steuerliche Gewinnermittlung. Vielmehr muss auch hinterfragt und beachtet werden, welche steuerlichen Effekte aus der Transaktion an sich resultieren und wie mit diesen umzugehen ist.

Ein typisches Beispiel von steuerlichen Konsequenzen einer Unternehmenstransaktion ist der (vollständige oder teilweise) *Untergang von steuerlichen Verlustvorträgen nach § 8c KStG* aufgrund von Änderungen in der Struktur der Anteilseigner. Weitere steuerliche Themen können im Zusammenhang mit ausländischen Sachverhalten auftreten, wenn etwa neue Betriebsstätten hinzukommen oder wegfallen. Darüber hinaus ist auch auf die *Verrechnungspreise*, mit denen Leistungen zwischen einzelnen in- und ausländischen Gesellschaften einer Unternehmensgruppe abgerechnet werden, ein besonderes Augenmerk zu legen. Die Erfahrungen zeigen, dass diese und die zugehörige Dokumentation derselben regelmäßig Gegenstand von Diskussionen zwischen einem Steuerpflichtigen und seinem Finanzamt sind. Der Anpassungsbedarf im Sinne von Vereinheitlichung zuvor unterschiedlicher Regelungen darf nicht unterschätzt werden.

3.4 Berichts- und Meldewesen

Wer muss was wann an wen berichten? Diese zentrale Frage des Berichts- und Meldewesens muss jederzeit beantwortet werden können. Gleichzeitig müssen die entsprechenden Berichtspflichten auch erfüllt werden. Diese Anforderungen betreffen nicht nur das Rechnungswesen, sondern die gesamte Unternehmensorganisation. So können zu den berichtspflichtigen Daten bspw. auch Informationen über Produktionskapazitäten, Maschinenauslastungen, Auftragsvolumen oder Kundenzufriedenheit o.Ä. gehören.

Basierend auf der gegebenen Organisationsstruktur eines Unternehmens müssen themenabhängig einzelne *Berichtswege* festgelegt werden – am besten geschieht dies mittels einer dokumentierten Informations- bzw. Berichtsordnung (vgl. Zwirner und Boecker 2013a, Rn. 41 ff.). Zwangsläufig entstehen in der Folge von Unternehmenstransaktionen aufgrund von sich gleichzeitig ergebenden personellen Veränderungen (vor allem auf den verschiedenen Managementebenen als Informationsempfängern) entsprechende Anpassungsnotwendigkeiten bei diesen Berichtslinien sowie den zugehörigen *Verantwortlichkeiten.*

Ein funktionierendes Berichts- und Meldewesen gilt als ein bedeutender Erfolgsfaktor für eine gelungene Durchführung der Unternehmenstransaktion sowie eine erfolgreiche Unternehmensfortführung. Deswegen müssen die Berichtswege frühzeitig überprüft und bei Bedarf modifiziert werden. Mit Blick auf das Finanz- und Rechnungswesen umfasst das Berichtswesen auch die Bereitstellung aller für den Anhang sowie den Lagebericht erforderlichen Informationen. Aufgabe des Risikomanagements ist es in diesem Zusammenhang sicherzustellen, dass – sofern erforderlich – die Informationsanforderung an die veränderten Rahmenbedingungen angepasst wird und somit zeitnah für die Steuerung relevante und verlässliche Informationen an den notwendigen Stellen im Unternehmen „vorhanden" sind.

► Gerade auch während der Post-Merger-Integration, die ohnehin alle Beteiligten vor besondere Herausforderungen stellt, sollten keinerlei für die Unternehmenssteuerung relevante (quantitative oder qualitative) Informationen „verloren" gehen.

Neben den regelmäßig zu kommunizierenden Daten sind Gegenstand des Informationsflusses auch speziell aus der Unternehmenstransaktion resultierende Risiken oder Schwachstellen, die sich während der Phase der Post-Merger-Integration offenbaren. Je frühzeitiger diese den verantwortlichen Personen bekannt sind, desto eher lassen sich Lösungsmöglichkeiten entwickeln und die Probleme beseitigen. Aufgrund der mitunter großen Brisanz derartiger Themen bietet sich in dieser Sondersituation auch die Festlegung einer speziellen transaktionsbezogenen Berichtsordnung an.

Ein besonderes Augenmerk ist auf den Bereich „*nahe stehende Personen und Unternehmen*" zu richten, denn sowohl national als auch international nehmen Rechnungslegungs- und Berichtsvorschriften hierauf Bezug und verlangen die Angabe bestimmter Daten (bspw. betreffend die Marktüblichkeit der mit diesen Gruppen getätigten Geschäfte). Zwangsläufig verändert sich der Kreis nahe stehender Personen bzw. Unternehmen durch eine Unternehmenstransaktion. Deswegen ist es unerlässlich, dass an den entsprechenden Stellen jederzeit bekannt ist, wer zu diesem Kreis gehört. Nur dann kann dem Risiko einer fehlerhaften Informationsbereitstellung entgegengewirkt werden.

Das Post-Merger-Risikomanagement muss sicherstellen, dass die Berichtsordnung den Anforderungen einer geänderten Unternehmensorganisation Rechnung trägt. Hierzu gehört auch die Kommunikation der jeweiligen Berichtspflichten (in inhaltlicher und in zeitlicher Hinsicht) an die hierfür verantwortlichen Personen. Ein sachgerechter Informationsfluss setzt voraus, dass den Verantwortlichen bekannt ist, wer was wann an wen berichten muss.

3.5 Prozessmanagement

Die Organisation jeder Geschäftstätigkeit ist mit einer Vielzahl von Prozessabläufen verbunden, die bestenfalls alle entsprechend dokumentiert sind. Kommt es im Zuge der Durchführung einer Unternehmenstransaktion zu der Situation, dass zuvor unterschiedliche Organisationsstrukturen von zwei oder mehr Gesellschaften vereinheitlicht werden müssen, führt dies in organisatorischer Hinsicht dazu, dass auch *Prozessabläufe verändert* werden müssen, um sie an neue Gegebenheiten anzupassen (vgl. Zwirner und Boecker 2013a, Rn. 46). Neben dem Ablauf an sich kann es zudem mit Blick auf die Mitarbeiter vorkommen, dass Verantwortlichkeiten neu definiert und Aufgaben neu verteilt sowie erlernt werden müssen. Bestandteil eines erfolgreichen Integrationsmanagements ist es dann, bestehende Prozessabläufe zügig auf ihre weitere Anwendbarkeit hin zu untersuchen. Erforderliche Anpassungen müssen identifiziert, aber auch kommuniziert, dokumentiert und vor allem umgesetzt werden. So kann die Entstehung von Risiken aus einem geänderte Prozessmanagement verhindert werden.

- Aus Risikogesichtspunkten muss auch darauf geachtet werden, dass bestimmte EDV- oder Zeichnungsberechtigungen entzogen werden, sofern ein Mitarbeiter aufgrund der Reorganisation der Prozesse bestimmte Aufgaben nicht mehr ausführt (z. B. Entzug von Unterschriftsberechtigungen gegenüber der Bank im Bereich Finanzbuchhaltung).

Schließlich ist der *Integrationsprozess* als solcher *gesondert* zu betrachten, damit die Post-Merger-Integration als wichtiger Baustein zum Gesamterfolg der durchgeführten Unternehmenstransaktion beitragen kann. Die einzelnen Prozessschritte in der Post-Merger-Phase müssen sorgfältig definiert und voneinander abgegrenzt werden. Für jeden Mitarbeiter sollen Aufgabenbeschreibungen vorhanden sein, damit Missverständnisse bei den jeweiligen Tätigkeiten vermieden werden. Regelmäßig wird das Management einzelne Maßnahmen an ausgewählte Personen delegieren, statt diese selbst auszuführen. Dies ändert allerdings nichts daran, dass ihm letztlich die Verantwortung für den gesamten Prozess, d. h. auch für die Post-Merger-Integration, obliegt. Einzelne Risiken, die speziell aus der Unternehmenstransaktion resultieren, müssen identifiziert und in den Prozessablauf des allgemeinen Risikomanagementsystems integriert werden. Dabei betrifft das Prozessmanagement alle Prozesse des Unternehmens, unabhängig davon, ob es sich um administrative oder operative Abläufe handelt.

3.6 Personalmanagement

Für das Personal der an einem Merger beteiligten Unternehmen stellt die Transaktion jeweils ein *heikles Thema* dar. Die ist nicht zuletzt auf die generelle Angst vor Veränderungen zurückzuführen. Zunächst sind die persönlichen Konsequenzen ggf. unklar, es kann insbesondere Angst um den eigenen Arbeitsplatz entstehen. Deswegen sollten die Mitarbeiter soweit möglich in den gesamten Prozess der Unternehmenstransaktion durch eine offene und transparente Kommunikation eingebunden werden (vgl. Zwirner und Boecker 2013a, Rn. 48 ff.). Nicht selten sehen sich „alte" und „neue" Mitarbeiter als Konkurrenten, was ihre Arbeit beeinflussen kann, weil bspw. wichtige Informationen vorenthalten oder Erklärungen verweigert werden. Sofern in der Folge im Unternehmen Tätigkeiten oder Entscheidungen auf Basis von unvollständigen oder falschen Informationen ausgeübt werden, kann dies zu Fehlern und damit zu negativen Konsequenzen führen. Risiken aus derartigem *Konfliktpotenzial* müssen folglich unbedingt erkannt werden, damit geeignete Gegenmaßnahmen eingeleitet werden können.

Die eigentliche *Personalpolitik* der beteiligten Unternehmen kann ebenfalls von der Umstrukturierung betroffen sein. Dies ist z. B. der Fall, wenn zwei zuvor getrennte Vergütungssysteme nun entweder vereinheitlicht werden müssen oder weiterhin parallel unter einer gemeinsamen Führung zur Anwendung kommen. Probleme treten etwa auf, wenn Betriebsvereinbarungen – bspw. zum Umgang mit Urlaub oder Überstunden – nur für einen Teil der Mitarbeiter gelten oder wenn die Berechnung variabler Vergütungsbestandteile nicht auf einheitlichen Grundlagen erfolgt. Nicht immer lassen sich wegen rechtlicher Besonderheiten Vereinbarungen und Verträge aus der Vergangenheit so einfach anpassen. Resultiert hieraus das Gefühl bzw. der Eindruck von Ungleichbehandlung, kann dies unter den Mitarbeitern Unzufriedenheit hervorrufen, die sich wiederum in der Arbeitsausführung niederschlagen kann. Hier muss sichergestellt werden, dass soweit möglich eine Vereinheitlichung vorgenommen wird. Dies kann bspw. auch einheitliche Arbeitsverträge, Gehälter oder Pensionsvereinbarungen betreffen.

Darüber hinaus können mit Blick auf das Personal *weitere organisatorische Anpassungen* erforderlich sein. So müssen ggf. bestimmte Dokumente wie etwa Verschwiegenheitserklärungen an die neue Organisationsstruktur angepasst werden bzw. es muss sichergestellt werden, dass auch alle Mitarbeiter, neu hinzukommen, entsprechende Erklärungen unterzeichnet haben. Gleiches kann z. B. für einen unternehmensspezifischen Code of Ethics oder sonstige einheitlich geltende Verpflichtungserklärungen (etwa Mitarbeiterrichtlinien) relevant sein. Hier sollte in Zusammenarbeit mit der Personalabteilung ein eigener Prozess entwickelt werden, der die erforderlichen Vereinheitlichungen sicherstellt und möglichen Risiken wie etwa fehlenden Unterschriften o. Ä. vorbeugt.

3.7 Nachwirkungen aus dem Transaktionsvertrag

Die im Zusammenhang mit Unternehmenstransaktionen abgeschlossenen Verträge sind zumeist sehr umfangreich. Häufig finden sich dort auch *Regelungen, die auf die Zeit nach der tatsächlichen Durchführung der Transaktion (nach dem Closing) nachwirken*. Hier ist es im Nachgang deswegen in besonderem Maße erforderlich, die entsprechenden Faktoren zu überwachen. Regelmäßig geht es darum, ob bestimmte Situationen eingetreten sind oder nicht. Damit es nicht zu Unstimmigkeiten bei der Definition des betreffenden Zustands als solchem kommt, muss innerhalb des Transaktionsvertrags – bspw. für einen Unternehmensverkauf – klar und im Detail definiert werden, von welcher Situation beide Vertragspartner ausgehen.

An erster Stelle sind in diesem Zusammenhang die sog. *Earn-Out-Klauseln* zu nennen. Dabei handelt es sich um variable Kaufpreisklauseln, mit denen der Verkäufer noch am künftigen Erfolg des verkauften Unternehmens beteiligt werden soll (vgl. Hörtnagl et al. 2013, Rn. 53 ff.). Earn Outs sind die bekannteste Form von nachwirkenden Vertragsinhalten: Der zunächst gezahlte Kaufpreis erhöht sich in Abhängigkeit des Unternehmenserfolgs. Hierfür müssen vertraglich bspw. sowohl der Zeitraum, in welchem die Erhöhung eingetreten sein muss, um einen entsprechenden Anspruch zu begründen, als auch die Erfolgsgröße, die zur Gewährung der nachträglichen Kaufpreiserhöhung erreicht werden muss, genau festgelegt werden. Zudem muss deutlich sein, was genau unter „Erfolg“ zu verstehen ist, d. h. wie die betreffende Größe berechnet werden soll.

> Derartige Vereinbarungen müssen zudem zukunftssicher abgefasst werden, so dass z. B. eine Rechnungslegungsreform wie das BilMoG oder das BilRUG nicht dazu führt, dass die für die Earn Outs relevanten Kennzahlen allein wegen geänderter Rechnungslegungsnormen andere Werte annehmen können.

Nicht vergessen werden darf hierbei die Einrichtung eines Controllings, mit dem das Management stets darüber informiert ist, wie sich die tatsächliche Unternehmensentwicklung zu den vertraglich festgeschriebenen Kriterien verhält. Nur so kann die mögliche Verpflichtung zur Leistung nachträglicher Kaufpreiszahlungen angemessen bei der Erstellung von Planungsrechnungen berücksichtigt werden. Zur Aufgabe des Risikomanagements gehört es in diesem Zusammenhang, die Entwicklung der relevanten Kriterien zu verfolgen, um unmittelbar reagieren zu können, sofern die Gefahr besteht, dass Planwerte nicht erreicht werden und damit relevante Schwellenwerte über - oder unterschriften werden.

Auch weitere mögliche Regelungen bedürfen ggf. in der Folgezeit einer Überwachung (vgl. zu typischen Vertragsinhalten Picot 2012, S. 298). Hierzu zählen bspw. Vereinbarungen hinsichtlich der *Haftungsübernahme* für Altverbindlichkeiten ebenso wie betreffend Gewährleistungsverpflichtungen, die aus der Zeit vor der Unternehmenstransaktion resultieren. Für Letztere kommt es bezüglich der Rechte, die einem Käufer zustehen, nach § 442 BGB u. a. darauf an, wann der Käufer Kenntnis von einem Mangel erhalten hat. Die Höhe und die Wahrscheinlichkeit des Risikos, dem sich das neue Unternehmen durch die Übernahme der Verpflichtungen ausgesetzt sieht, müssen jederzeit bekannt sein und die Entwicklung muss überwacht werden.

Regelmäßig enthalten Transaktionsverträge auch Klauseln, die dem Verkäufer ein *Wettbewerbsverbot* auferlegen. Er darf dann – meist für eine festgelegte Zeitdauer – keine Tätigkeit aufnehmen, mit der er in Wettbewerb zur betreffenden Gesellschaft tritt. Hier sollten im Transaktionsvertrag die Bestandteile des Wettbewerbsverbots (z. B. Kundenbeziehungen, Verwertung des Know-how) detailliert festgeschrieben werden, damit in der Folgezeit eine bessere Überwachung der Einhaltung dieser Verpflichtung seitens des neuen Unternehmens erfolgen kann und Streitigkeiten aufgrund unterschiedlicher Auslegung der Vereinbarungen vermieden werden. Gleiches gilt für unterzeichnete *Geheimhaltungsvereinbarungen*. Aufgabe des Risikomanagements ist es in diesem Zusammenhang, auf Verstöße gegen derartige Vereinbarungen zu achten und ggf. mit einer zeitnahen Berichterstattung an das Management die Einleitung rechtlicher Schritte zu ermöglichen.

In der Praxis kommt es vor, dass die Durchführung einer Unternehmenstransaktion an die *Zustimmung Dritter* geknüpft wird. Häufig beinhalten Verträge bspw. einen *Gremienvorbehalt* (z. B. durch die Hauptversammlung). Die gesamte Transaktion wird damit erst endgültig wirksam, wenn die erforderliche Zustimmung erteilt wurde. Offensichtlich kommt daher der Überwachung dieser aufschiebenden Bedingung eine große Bedeutung zu, auf die ein besonderes Augenmerk zu legen ist. Sollten sich in irgendeiner Weise Erkenntnisse abzeichnen, dass das erforderliche Einverständnis nicht oder erst später als ursprünglich erwartet erteilt wird, muss über Kontrollmaßnahmen sichergestellt sein, dass alle verantwortlichen Stellen hierüber unverzüglich Kenntnis erhalten. Zudem muss eine Einschätzung darüber vorliegen, wie wahrscheinlich die Verweigerung der Zustimmung und damit die Gefährdung der Transaktion insgesamt sind.

Mit Banken vereinbarte *Financial Covenants* können ebenfalls durch eine Unternehmenstransaktion beeinflusst werden (vgl. bspw. Zwirner 2011, S. 59 ff.). In diesem Zusammenhang ist es wichtig, sich von vornherein mit den betreffenden Kreditinstituten darüber abzustimmen, wie mit den Veränderungen – etwa der Eigenkapitalquote oder anderer Kennzahlen – umgegangen werden soll. Ggf. muss eine Anpassung des Finanzierungsvertrags erfolgen, damit das ursprünglich von den Vertragsparteien gewünschte Ziel auch tatsächlich noch erreicht wird.

Grundsätzlich muss ein Unternehmen immer dann, wenn es durch Financial Covenants gesicherte Kreditbeziehungen unterhält, eine laufende Überwachung der Beziehung allgemein sowie der relevanten Kennzahlen im Besonderen durch ein Risikomanagementsystem sicherstellen. Infolge einer Unternehmenstransaktion müssen die Financial Covenants deswegen Bestandteil des spezifischen Post-Merger-Risikomanagementsystems sein. Ein eigenständiges Financial Covenants Forecasting System (vgl. Zwirner 2010, S. 283) dient dazu, den Kreditnehmer zu jedem Zeitpunkt mittels Planungsrechnungen und Planbilanzen über einen drohenden Covenants-Bruch zu informieren. In ein solches System sind unbedingt die Auswirkungen der Unternehmenstransaktion zu integrieren und sowohl zeitnah als auch angemessen abzubilden. Mittels eines für den Überwachenden schnell zu erfassenden Monitorings sollten einzelne Maßnahmen, Transaktionen oder Bilanzierungsänderungen bspw. hinsichtlich ihrer Auswirkungen auf die Einhaltung der Financial Covenants untersucht und dargestellt werden.

► Da eine Verletzung von Financial Covenants im schlimmsten Fall die Kündigung der betreffenden Finanzierung durch die Bank zur Folge haben kann, darf ihre Bedeutung und die damit möglicherweise einhergehende Gefahr für den Fortbestand des Unternehmens keinesfalls unterschätzt werden.

Alle beispielhaft genannten und vorstehend angesprochenen ausgewählten Vertragsklauseln, die sich auch noch auf die Zeit nach Durchführung der Transaktion erstrecken, müssen während der Post-Merger-Phase gesondert unter regelmäßiger Beobachtung stehen. Ihre Auswirkungen auf den Gesamterfolg der Transaktion können im Einzelfall erheblich sein, so dass dem Risikomanagementsystem diesbezüglich eine große Bedeutung beizumessen ist. Die Kooperation und die Abstimmung zwischen den für die Risikoüberwachung verantwortlichen Personen und dem Management selbst sollten sehr eng erfolgen. Bei drohender Gefahr kann unverzügliches Handeln von entscheidender Bedeutung sein. Ggf. bietet es sich an, je nach Wahrscheinlichkeit einzelner Risiken bereits im Vorfeld genau festzulegen, welche Handlungsschritte bei tatsächlichem Eintritt der jeweiligen Situation abzuarbeiten sind (*Eskalationsmodell*).

3.8 Fragen der Corporate Governance

Nicht selten haben Unternehmenstransaktionen Auswirkungen auf die Zusammensetzung der Unternehmensleitung (z. B. Vorstand, Geschäftsführung) oder der Gremien zur Unternehmensüberwachung (z. B. Aufsichtsrat) und damit auf die Corporate Governance. Eine *geänderte Besetzung der Gremien* kann unter Berücksichtigung der besonderen Situation nach einer Unternehmenstransaktion und damit während der Post-Merger-Integration aus verschiedenen Gründen zu Risiken führen (vgl. Zwirner und Boecker 2013a, Rn. 59 ff.). Hinzuweisen ist zunächst auf die fehlende Erfahrung der betroffenen Personen in der Zusammenarbeit. Dies kann sich bspw. in der jeweiligen fehlenden Verlässlichkeit bzw. im fehlenden Vertrauen untereinander niederschlagen. Außerdem besteht die Gefahr, dass sich schädliche Konkurrenzverhältnisse entwickeln, wenn einzelne Personen durch die Unternehmenstransaktion eine Beschränkung ihrer (Entscheidungs-) Freiheit erfahren haben und deswegen der Umstrukturierung insgesamt negativ gegenüber eingestellt sind.

Darüber hinaus muss sich die Tätigkeit der Unternehmensleitung bzw. des Überwachungsgremiums insgesamt an das veränderte Unternehmen anpassen. Diese Notwendigkeit ist umso größer, je weit reichender und tief greifender sich die Auswirkungen des Mergers darstellen. Durch ein eng aufeinander abgestimmtes Vorgehen sollte sichergestellt werden, dass aus Versäumnissen bei der Aufgabenwahrnehmung keine Risiken entstehen. Ein Umdenken aller beteiligten Personen ist gefordert.

Unabhängig von einer Aufgabendelegation bündelt sich letztendlich die *Verantwortung für das Risikomanagement* bei der *Unternehmensführung*. Für das Post-Merger-Risikomanagement gilt hierbei nichts anderes. Die Überwachung und Sicherstellung der Wirksamkeit des gesamten Systems gehört zu den originären Managementaufgaben. Im Rahmen der Delegation von einzelnen Aufgaben muss die Unternehmensleitung ihre *Sorgfaltspflichten* beachten.

Erlangen die Corporate-Governance-Gremien Kenntnis von bestimmten Risiken, die ein sofortiges Handeln erfordern, muss möglichst zeitnah hierauf reagiert werden, um die konkrete Gefahrensituation rasch zu beenden. Dies gilt für Risiken im Allgemeinen, aber auch im Besonderen für spezielle, transaktionsbezogene Risiken während der Phase der Post-Merger-Integration.

3.9 Zwischenfazit

Im *Nachgang zu einer Unternehmenstransaktion* können während der Phase der Post-Merger-Integration *verschiedene Risiken* auftreten, deren Entstehung speziell in Verbindung mit dem Merger zu sehen ist. Die Identifikation der jeweils spezifischen Risiken hängt in jedem Einzelfall individuell von der Ausgestaltung des Transaktionsvertrags ab. Deswegen können die vorherigen Ausführungen auch nicht abschließend sein, sondern sollen dazu beitragen, in jedem Einzelfall mögliche, in diesem Zusammenhang relevante und zu beachtende Aspekte zu identifizieren.

Insgesamt ist eine *aktive Risikosteuerung* für einen positiven Abschluss der Unternehmenstransaktion und eine erfolgreiche Unternehmensfortführung unerlässlich. Auch die speziell transaktionsbezogenen Risiken müssen in Einklang mit der Risikostrategie und damit gemäß dem allgemeinen Risikomanagementprozessablauf behandelt werden. Dies bedeutet, dass sie nach ihrer Identifikation analysiert, bewertet und gesteuert werden müssen, so dass sich letztendlich die Risikosituation bei einem Soll-Ist-Vergleich angemessen widerspiegelt.

Schließlich muss das *Ende der Post-Merger-Phase* klar definiert sein. Daraus ergibt sich unmittelbar der auch in Abb. 2 enthaltene Übergang vom Post-Merger-spezifischen Risikomanagement hin zu einem laufenden Risikomanagementsystem, das dann einheitlich das gesamte „neue" Unternehmen abbildet.

4 Empfehlungen für die Praxis

Mit Blick auf eine Unternehmenstransaktion muss das Thema Risikomanagement unter *zwei Aspekten* betrachtet werden:

- Das ohnehin im Unternehmen erforderliche Risikomanagementsystem muss selbst an die veränderte Organisationsstruktur angepasst werden.
- Darüber hinaus ergeben sich nach Abschluss der Transaktion (Closing), d. h. während der Phase der Post-Merger-Integration, spezielle Risikofaktoren, denen in besonderer Weise begegnet werden muss.

Die *Gesamtverantwortung* hierfür liegt jeweils beim *obersten Management* der neuen Gesellschaft. Auch wenn das Post-Merger-Risikomanagementsystem eine besondere Bedeutung einnimmt an der Schnittstelle zwischen alter und neuer Unternehmensstruktur, folgt der Umgang mit den transaktionsspezifischen Risiken dem üblichen Risikomanagementprozess von der Risikoanalyse über deren Bewertung und Steuerung bis hin zur Soll-Ist-Analyse.

Für die Praxis lassen sich aus den obigen Ausführungen verschiedene *Empfehlungen* ableiten (vgl. Zwirner und Boecker 2013a, Rn. 64; Zwirner und Boecker 2013b, S. 2738):

- Zu jeder Unternehmensführung sollte die Risikovorsorge als essenzieller Bestandteil dazugehören. Das Management muss sich stets seiner diesbezüglichen Gesamtverantwortung bewusst sein, der es sich auch nicht durch Aufgabendelegation entziehen kann.
- Im Sinne eines Chancen- und Risikomanagements sollte der gesamte Prozess neben dem Erkennen von Risiken auch auf die Identifikation und Wahrnehmung von Chancen, die sich bspw. aus einer Unternehmenstransaktion ergeben können, ausgerichtet sein.
- Die im Unternehmen vorhandene individuelle Risikostrategie ist nach einer Transaktion kritisch zu überprüfen. Sofern eine Anpassung an neue Gegebenheiten erforderlich ist, sollte dies zeitnah geschehen, um die Effektivität des Risikomanagementsystems nicht zu gefährden.
- Risikobezogene Verantwortlichkeiten müssen klar strukturiert und organisiert werden.
- Zugleich muss das Management dafür Sorge tragen, dass bei allen Mitarbeitern ein angemessenes Risikobewusstsein vorhanden ist.
- Schwachstellen im Risikomanagementsystem müssen zeitnah behoben werden.

- Mit Blick auf die Post-Merger-Integration sollte nach einer Unternehmenstransaktion eine gesonderte Risikoinventur erfolgen. Dabei sind u. a. folgende Bereiche einzubeziehen: das Rechnungswesen, das Berichts- und Meldewesen, das Prozessmanagement, das Personalmanagement, der Transaktionsvertrag und Konsequenzen hieraus sowie Fragen der Corporate Governance.
- Um einen möglichst standardisierten Überwachungsprozess über alle Unternehmensabteilungen hinweg zu gewährleisten, sollten Checklisten zum Einsatz kommen, soweit dies möglich ist.
- Beginn und Ende der Post-Merger-Phase müssen klar definiert sein.

Literatur

Boecker, C. (2010). *Accounting Fraud aufdecken und vorbeugen*. Berlin: Erich Schmidt Verlag.

Hannich, M., Sailer, P., & Thörner, H. (2010). 12 Folgeberichterstattung. In M. Schramm & E. Hansmeyer (Hrsg.), *Transaktionen erfolgreich managen* (S. 415–440). München: C.H. Beck/Vahlen.

Hörtnagl, R., Zwirner, C., & Busch, J. (2013). § 5 Kaufpreis – Bestimmung, Festlegung und Bilanzierung. In S. Hettler, C. Stratz, & R. Hörtnagl (Hrsg.), *Beck'sches Mandats Handbuch Unternehmenskauf* (S. 233–292). München: C.H. Beck.

Picot, G. (2012). *Handbuch Mergers & Acquisitions*. Stuttgart: Schäffer-Poeschel.

Sünderhauf, H. (2010). 10.3 Integrationsaktivitäten nach dem Signing. In M. Schramm & E. Hansmeyer (Hrsg.), *Transaktionen erfolgreich managen* (S. 347–362). München: Verlag C.H. Beck/ Vahlen.

Wagner, C., & Merkle, M. (2013). Post-Merger-Integration. In N. Klamar, U. Sommer, & I. Weber (Hrsg.), *Der effiziente M&A Prozess* (S. 217–226). Freiburg: Haufe.

Zwirner, C. (2010). Financial Covenants: (mögliche) Auswirkungen des BilMoG. *Zeitschrift für Bilanzierung, Rechnungswesen und Controlling, 6,* 278–284.

Zwirner, C. (2011). Financial Covenants im IFRS-Abschluss. *Zeitschrift für Internationale Rechnungslegung, 2,* 59–62.

Zwirner, C., & Boecker, C. (2013a). § 12 Post Merger Risikomanagement. In S. Hettler, C. Stratz, & R. Hörtnagl (Hrsg.), *Beck'sches Mandats Handbuch Unternehmenskauf* (S. 623–637). München: Verlag C.H. Beck.

Zwirner, C., & Boecker, C. (2013b). Risikomanagement in der Phase der Post-Merger-Integration. *Betriebs-Berater, 45,* 2735–2738.

WP/StB Prof. Dr. Christian Zwirner ist Geschäftsführer der Dr. Kleeberg & Partner GmbH WPG StBG in München. Nach dem Studium der Betriebswirtschaftslehre an der Universität des Saarlandes in Saarbrücken war er dort ab 1999 als wissenschaftlicher Mitarbeiter am Institut für Wirtschaftsprüfung (Prof. Dr. Karlheinz Küting) tätig, bevor er 2007 zu Kleeberg kam. Er beschäftigt sich schwerpunktmäßig mit Grundsatzfragen der nationalen sowie internationalen Rechnungslegung, der Konzernrechnungslegung nach HGB und IFRS sowie Umstellungen auf IFRS und Unternehmensbewertungen. Prof. Dr. Christian Zwirner hat zahlreiche Fachveröffentlichungen zur nationalen und internationalen Rechnungslegung, insbesondere zu IFRS, sowie zu Fragen des Risikomanagements, der Internen Revision und Accounting Compliance publiziert und an verschiedenen Rechnungslegungs- und Kapitalmarkt-Studien mitgearbeitet. Zudem veröffentlicht er regelmäßig zu Fragen der Unternehmensbewertung. Darüber hinaus ist er Herausgeber von Sammelwerken und Kommentaren zum deutschen Bilanzrecht, zur Unternehmensbewertung sowie zur internationalen Rechnungslegung, bspw. des Systematischen Praxiskommentars Bilanzrecht, des Handbuchs Bilanzrecht, des Praxiskommentars Public Corporate Governance Kodex des Bundes und des Handbuchs Unternehmensbewertung. Zudem hat Prof. Dr. Christian Zwirner bereits zahlreiche Seminare und Vorträge zu verschiedenen Themen aus dem Bereich der Rechnungslegung sowie zur Unternehmensbewertung gehalten. Seine Fachkompetenz bringt er außerdem in seine Tätigkeit als Mitglied in verschiedenen fachlichen Gremien ein.

WP/StB Dr. Corinna Boecker ist Prokuristin der Dr. Kleeberg & Partner GmbH WPG StBG in München. Nach dem Studium der Betriebswirtschaftslehre an der Universität des Saarlandes in Saarbrücken war sie dort ab 2002 als wissenschaftliche Mitarbeiterin am Institut für Wirtschaftsprüfung (Prof. Dr. Karlheinz Küting) tätig, bevor sie 2008 zu Kleeberg kam. Sie ist an nationalen und internationalen Jahresabschluss- und Konzernabschlussprüfungen von Gesellschaften unterschiedlicher Größen und Branchen beteiligt. Außerdem wirkt sie bei der Erstellung von Gutachten zu bilanzrechtlichen Fragestellungen mit. Bei Kleeberg ist sie darüber hinaus tätig in den Bereichen Interne Revision, Risikomanagement, Corporate Governance und Compliance. Hier betreut sie Unternehmen bei unterschiedlichen spezifischen Fragestellungen. Frau Dr. Corinna Boecker tritt als Autorin von Beiträgen zu verschiedenen Themen in Fachzeitschriften und Kommentierungen betreffend Fragen der Rechnungslegung sowie aus ihren weiteren Tätigkeitsbereichen auf. Ihre Dissertation ist im Jahr 2010 unter dem Titel „Accounting Fraud aufdecken und vorbeugen" erschienen.

Der Faktor Mensch

Mit der richtigen HR-Strategie den Erfolg von PMI sicherstellen

Michael Güttes

Zusammenfassung

In einer globalisierten Welt ist die Akquisition von Unternehmen für den deutschen Mittelstand oft eine notwendige Strategie, um erfolgreich im Wettbewerb mit größeren Konkurrenten aus dem Ausland bestehen zu können. Die Erfahrung zeigt jedoch, dass viele Unternehmensübernahmen nicht den gewünschten Erfolg bringen, weil sie den Faktor Mensch zu wenig berücksichtigen. Das Beispiel einer deutschen mittelständischen Asset Management Gesellschaft zeigt, dass die Post-Merger-Integration selbst zweier sehr unterschiedlich geprägter Gesellschaften gelingen kann. Dafür muss das Management richtig kommunizieren und die Führungskräfte und Mitarbeiter vom Sinn und der Erfolgsaussicht einer Fusion oder Übernahme überzeugen. Das gilt umso mehr für Transaktionen über Länder- oder gar Kontinentalgrenzen hinweg. Wichtiger als bestimmte Prozesse sind die Menschen, denn sie entscheiden über den Erfolg oder Misserfolg von Unternehmen.

1 Einleitung

Viele mittelständische Unternehmen agieren heute in einem globalen wirtschaftlichen Umfeld, das von hoher Dynamik geprägt ist. Es reicht nicht mehr, nur die Entwicklungen in Deutschland oder Europa im Auge zu behalten, sondern auch die wachsende Konkurrenz aus den wirtschaftlich dynamischen Schwellenländern wie Brasilien, Russland, Indien oder China zu berücksichtigen. Damit steht der deutsche Mittelstand vor der Heraus-

M. Güttes (✉)
Mercuri Urval GmbH, Peter-Müller-Str. 26, 40468 Düsseldorf, Deutschland
E-Mail: michael.guttes@mercuriurval.com

A. Kuckertz, N. Middelberg (Hrsg.), *Post-Merger-Integration im Mittelstand,*
DOI 10.1007/978-3-658-12370-3_14

forderung, Veränderungen frühzeitig zu erkennen und mit den richtigen Strategien darauf zu antworten. Für viele Unternehmen sind Akquisitionen deshalb keine Wahlmöglichkeit mehr, sondern ein notwendiger Bestandteil, um erfolgreich im Wettbewerb mit größeren Konkurrenten, deren Potenzialen und Kostenvorteilen bestehen zu können. Schon bei Übernahmen von Unternehmen aus demselben Land können regionale Unterschiede und verschiedene Unternehmenskulturen den Prozess zum Hürdenlauf machen. Noch schwieriger gestalten sich Prozesse, bei denen Unternehmen aus zwei Ländern mit unterschiedlichen Sprachen und Kulturen miteinander verschmelzen sollen. Die größte Herausforderung für die Unternehmensführung besteht in diesen Fällen darin, die Führungskräfte und Mitarbeiter vom Sinn und der Erfolgsaussicht einer Fusion oder Übernahme zu überzeugen. Sonst wächst nicht zusammen, was nach den Vorstellungen des Managements zusammengehört.

1.1 Ein Beispiel aus der Praxis

Vor genau dieser Aufgabe stand vor einiger Zeit auch das Management einer deutschen mittelständischen Asset Management Gesellschaft bei der Post-Merger-Integration zweier sehr unterschiedlich geprägter Gesellschaften. Die größte und für den Erfolg entscheidende Herausforderung bestand darin, die völlig unterschiedlichen Management-Ansätze und Firmenkulturen in Einklang zu bringen. Daher wurde großer Wert auf die Etablierung eines konsequenten, einheitlichen und auf Performance ausgerichteten Corporate-Management-Konzeptes gelegt. Darin enthalten war auch die Umsetzung eines einheitlichen Corporate-Culture-Konzeptes. Dahinter stand die grundlegende Überzeugung des Managements, dass Menschen Prozesse machen und nicht umgekehrt. Die nachhaltige Sicherung und Entwicklung von Performance, Stabilität und Qualität erfolgte nach Auffassung des Managements in erster Linie auf der Ebene der angemessenen Abstimmung der Mitarbeiter auf die geschäftspolitischen Ziele.

1.2 Menschen, nicht Prozesse entscheiden über den Erfolg

Dieser Ansatz, den Menschen in den Mittelpunkt der Überlegungen zu stellen, ist in Deutschland alles andere als selbstverständlich: Viele Unternehmen achten bei Merger & Acquisitions sowie Change Management vor allem auf die Prozessabläufe und stellen die rechtliche und finanzielle Absicherung der Transaktion in den Mittelpunkt ihrer Überlegungen. Dabei verlieren sie leicht das wichtigste Investitionsgut aus den Augen: die eigenen und neuen Führungskräfte und Mitarbeiter. Das liegt zum Teil auch daran, dass selbst Führungskräfte mit Erfahrung bei M&A-Transaktionen die Auffassung vertreten, dass der menschliche Faktor nicht messbar sei. Und was nicht gemessen werden kann, muss auch nicht bewertet werden – folglich richtet man das Augenmerk lieber auf messbare Werte wie Marktanteile. Das Beispiel aus der Asset Management Gesellschaft zeigt, wie sich solche Fehleinschätzungen durch die richtige HR-Strategie vermeiden lassen. Wer die Führungskräfte und Mitarbeiter eines Unternehmens als wertvolles Gut betrachtet, verwandelt sie von einem Risikofaktor in einen Erfolgsfaktor. Wenn die Belegschaft richtig eingesetzt wird und jeder an der für ihn passenden Stelle arbeitet, werden die Ergebnisse stimmen.

2 Gefahren für M&A-Transaktionen

Merger & Acquisitions gelten nicht nur bei Konzernen, sondern immer öfter auch im Mittelstand als eine Strategie für vermeintlich sicheres Wachstum. Denn nur wer selbst wächst und Kostenvorteile generiert, kann im Wettbewerb mithalten. Doch zahlreiche Beispiele für gescheiterte M&A-Transaktionen lehren, dass es sich dabei nicht um eine risikolose Strategie handelt. Größe allein ist kein Garant für dauerhaften Erfolg. Zahlreiche Studien belegen, dass bis zu 75 % der Transaktionen und 60 % der Change Management Projekte scheitern. Das heißt nicht unbedingt, dass sie absolut betrachtet schlechte Ergebnisse erzielten, aber sie erfüllten nicht die vom Management ursprünglich gesetzten Vorgaben (Abb. 1).

2.1 Falsche Annahmen

Eine Untersuchung von M&A-Prozessen zeigt, dass die Entscheidung für eine Übernahme oft auf falschen Annahmen und Informationen beruht. Zwischen 64 bis 94 % der Über-

Abb. 1 Zielerreichung bei M&A Transaktionen. (Quelle: McKinsey Research)

nahmen und Fusionen wird aus Gründen getätigt, die mit den sogenannten immateriellen Assets eines Unternehmens in Verbindung stehen. Das ist durchaus sinnvoll, denn diese machen oft mehr als die Hälfte des Unternehmenswertes aus. So stellen die Managementfähigkeiten der Führungsriege den wichtigsten immateriellen Wert eines Unternehmens dar. Betrachtet man jedoch die Due-Diligence-Prozesse und die Sondierungen der Targets im Vorfeld der Transaktionen, dann drehen sich diese meist um materielle Werte, reine EBIT-Betrachtungen oder einfache Multiple-Bewertungen. Immaterielle Werte wie Organisationsgrad, Netzwerke und Humankapital bleiben dagegen unberücksichtigt.

Neben unzureichenden Analysen gefährden auch überbewertete Synergieerwartungen oder fehlende Post-Merger-Integration-Projekte sowie fehlende HR-Strategien den Erfolg. In einer Studie konnte Mercuri Urval herausfinden, dass bei 67 % der Finanzinvestoren ein systematisches HR-Management im Rahmen der Transaktionen fehlt. Vor diesem Hintergrund wundert es nicht, dass so viele M&A-Projekte scheitern.

2.2 Vergleichbare Situationen, ähnliche Risiken

M&A-Transaktionen sind aber nicht die einzigen Situationen, die das gesamte Unternehmen nachhaltig beeinflussen und eine vernünftige HR-Strategie erfordern. Auch die Ausweitung des Geschäfts auf neue Länder und Regionen oder ein von innen heraus initiierter Change Management-Prozess haben Einfluss auf Führungskräfte und Mitarbeiter, die frühzeitig ins Kalkül gezogen werden sollten. Für die Unternehmenseigner sind all diese Schritte immer mit einem gewissen Risiko behaftet, weshalb für sie vor allem die Sicherung des Unternehmenswertes im Vordergrund steht. Grundsätzlich gibt es vier unterschiedliche Arten von Veränderungsszenarien, die kurz beleuchtet werden sollen:

- Akquisition
- Merger
- Greenfield Start
- Change Management

2.2.1 Akquisition

Bei der Akquisition etabliert sich ein Unternehmen als neuer Eigentümer über das Target-Unternehmen, welches entweder integriert werden kann oder als rechtlich selbstständige Einheit bestehen bleibt und theoretisch später weiterveräußert werden kann. Die Akquisition erfolgt wahlweise durch den Kauf der Gesellschaftsanteile (Share Deal) oder durch den Kauf seiner Wertbestände (Asset Deal). Betrachtet man die Führungsebene der Unternehmen, so sind die Rollen klar verteilt. Der Käufer bestimmt den Kurs des übernommenen Unternehmens – sei es durch klare Vorgaben an das Management oder durch einen Austausch der Führungsriege. Um zu prüfen, ob die neuen Ziele mit den vorhandenen Managern und Mitarbeitern erreicht werden können, sind strategische HR-Maßnahmen erforderlich.

2.2.2 Merger

Beim Merger hingegen verschmelzen mindestens zwei rechtlich selbstständige Unternehmen, wobei eine davon ihre wirtschaftliche und rechtliche Selbstständigkeit verliert. Für die Führungskräfte spielt hierbei vor allem der Umstand eine Rolle, ob es sich tatsächlich um eine Fusion unter Gleichen handelt oder nicht. Für die Investoren ist darüber hinaus von Bedeutung, ob die Fusion zwei Unternehmen einer Branche betrifft oder ob zwei Unternehmen verschiedener Branchen verschmolzen werden. Dann ist es wichtig, die Fachkompetenz beider Branchen in der Unternehmensführung zu halten und fehlende Kompetenzen zu entwickeln oder zu rekrutieren.

2.2.3 Greenfield Start

Eine Besonderheit im Rahmen von Veränderungsprozessen stellt für Unternehmen der sogenannte Greenfield Start dar. Hierbei werden entweder neue Geschäftsfelder oder neue Länder und Regionen für das eigene Business erschlossen. Oft wird dabei die Organisation auf dem Reißbrett entworfen und dann das entsprechende Führungspersonal neu rekrutiert, um die Ziele zu erreichen. Gerade bei der Erschließung von ausländischen Märkten sind HR-Strategien wichtig, damit unterschiedliche kulturelle und gesellschaftliche Gepflogenheiten in den neuen Märkten sowie mit den neuen Managern und Mitarbeitern frühzeitig berücksichtigt werden können.

2.2.4 Change Management

Wann immer ein Unternehmen zu dem Schluss kommt, mit den bisherigen Strategien nicht mehr erfolgreich sein zu können, setzt ein Change Management-Prozess ein. Dabei geht es darum, neue Strategien, Strukturen, Systeme oder Verhaltensweisen in einem Unternehmen zu etablieren. Da dies nur von Führungskräften und Mitarbeitern gemeinsam umgesetzt werden kann, sind auch hier flankierende HR-Maßnahmen unerlässlich.

2.3 Folgen einer mangelnden HR-Strategie

Bislang schenken viele Unternehmen in M&A-Prozessen dem Bereich Human Resources zu wenig Beachtung und nehmen damit unnötige Risiken in Kauf. Die Folgen dieser Vernachlässigung von Führungskräften und Mitarbeitern bekommen sie unmittelbar zu spüren.

2.3.1 Verlust wertvoller Mitarbeiter

Aktuell muss jedes zweite Unternehmen in den ersten vier bis acht Monaten nach der Transaktion einen erheblichen Rückgang bei der Produktivität verzeichnen. Das liegt nicht zuletzt daran, dass innerhalb eines Jahres in manchen Unternehmen fast die Hälfte der Führungskräfte aus den Targetunternehmen abwandern. Mit den Topleuten verliert ein Unternehmen sehr viel Wissen und Erfahrung, die im schlimmsten Fall nun bei der direkten Konkurrenz zum Einsatz kommen. Zudem lässt sich dieses Know-how nur mittelfristig und mit viel Geld für adäquaten Ersatz wieder aufbauen. Die Kosten liegen je verlorener Führungskraft bei mindestens dem zweifachen Jahresgehalt der Position.

2.3.2 Verlust von Kunden

Zu den weiteren negativen Folgen dieses Brain Drains gehört auch der Verlust von Kunden, die sich durch den Verlust an Kompetenz oder aufgrund persönlicher Bindungen an eine verloren gegangene Führungskraft vom Unternehmen abwenden. Durch den Weggang wichtiger Führungspersonen sowie Konflikte mit dem Management des übernehmenden Unternehmens kann aber auch eine Abwärtsspirale ausgelöst werden, die bei den verbleibenden Mitarbeitern des Targetunternehmens zu sinkender Motivation sowie dem Gefühl, auf einem „sinkenden Schiff" zu sitzen, führen können.

3 HR-Strategie bei der Post-Merger-Integration

Die vielen negativen Entwicklungen können jedoch weitgehend vermieden werden, wenn gleichrangig neben finanziellen, rechtlichen und technischen Aspekten bei Transaktionen und Veränderungsprozessen künftig diejenigen in den Mittelpunkt der Überlegungen rücken, die wesentlich über den Erfolg von M&A-Projekten entscheiden: die Menschen, seien es Führungskräfte oder Mitarbeiter. Unternehmen werden erfolgreich, wenn Leistungsträger in Schlüsselpositionen bessere Leistungen und Ergebnisse ermöglichen als Wettbewerber. Die Aufgabe des Personalmanagements ist daher, Menschen für Schlüsselpositionen auszuwählen, einzusetzen und zu entwickeln.

Deshalb sollte bei M&A-Projekten mit der Planung von Integrationsmaßnahmen am besten schon in der Due Diligence-Phase begonnen werden. Da die Geschäftsführung bei Transaktionen mit vielen Dingen beschäftigt ist, sollte ein Integrationsmanager installiert werden, der für alle PMI-Prozesse verantwortlich ist. Nur er ist in der Lage, das gesamte Unternehmen mit allen seinen Geschäftsbereichen im Blick zu behalten. Integrationsmaßnahmen sollten zügig umgesetzt werden, um der Abwanderung von Topleuten vorzubeugen. Dabei sollte auch die Fusion unterschiedlicher Unternehmenskulturen und Arbeitsweisen zu einer neuen Unternehmenskultur aktiv gemanagt werden. Kommunikation ist bei Transaktionen und Veränderungsprozessen der entscheidende Faktor. Das gilt sowohl für die Kommunikation nach innen als auch für die Information wichtiger Kunden. In beiden Fällen dient die Kommunikation dazu, Vertrauen in das Unternehmen zu schaffen und Führungskräften, Mitarbeitern und Kunden Gewissheit über ihre eigene Stellung zu geben. Es geht immer um Menschen, und diese fühlen sich nur dann wertgeschätzt, wenn mit ihnen geredet und nicht nur über sie entschieden wird.

In der Praxis wird dagegen oft die Führungsspitze großzügig kompensiert, um sie vom Verlassen des Unternehmens abzuhalten. Doch das ist nicht immer zielführend, denn ein durch Fehlentscheidungen in wichtigen Personalfragen ausgelöster Frust lässt sich nicht mit Geld abbauen, sondern führt mittelfristig nur zu weiteren Problemen.

3.1 Die Strategie

Aus der Sicht eines Personalberatungsunternehmens sollte sich der Blick der Unternehmensführung immer auf die sogenannten Hot Spots einer Transaktion richten. Das sind die Weichenstellungen, die über den Erfolg oder Misserfolg entscheiden. Diese können je nach übergeordneter Zielsetzung und dem individuellen Verlauf der Transaktion variieren. Wichtig ist, die Positionen und Entscheidungsträger zu identifizieren, die für den Erfolg einer Transaktion ausschlaggebend sind. Diese Einschätzung erfolgt anhand eines Risiko-Assessments: Es untersucht, ob die richtigen Personen an der richtigen Stelle und zur richtigen Zeit eingesetzt werden.

Für diese Einschätzung muss allerdings klar definiert sein, welche strategischen Ziele mit einer M&A-Transaktion erreicht werden sollen. Ausgehend vom definierten Unternehmensleitbild und der Vision für die Zukunft werden die Perspektiven für den Markt, die Kunden, die Finanzen, die Prozesse und die Mitarbeiter entwickelt. Die strategischen Ziele für diese Bereiche müssen in einem zweiten Schritt sinngemäß und sachgerecht in operative Ziele der einzelnen Organisationseinheiten heruntergebrochen und verantwortlichen Personen zugeordnet werden. Sowohl die Schlüsselfaktoren für den Erfolg, als auch die entscheidenden Indikatoren zur Messung von Fortschritten bei der jeweiligen Zielerreichung müssen festgelegt werden. Das können Marktanteile, die Ausschöpfung bestimmter Kundengruppen, Finanzindikatoren oder Mitarbeiterqualifikationen sein. Daraus ergibt sich ein konsistentes Zielsystem von der Geschäftsleitung bis hinunter zur Sachbearbeitung.

3.2 Der Entwurf eines Kompetenzmodells

Für die optimale Besetzung von Führungspositionen – auch im Rahmen von M&A – hat sich das Kompetenzmodell als wertvolles Tool erwiesen. Es sollte für jede Führungskraft ein den Aufgaben und Zielen angemessenes Kompetenzprofil entwickelt werden. Es umfasst kommunikative und analytische Fähigkeiten, Flexibilität, Entschlossenheit, Zielorientierung und weitere Faktoren, die eine gute Führungskraft ausmachen. Diese Profile bilden den optimalen Soll-Zustand ab und werden mit den Ist-Kompetenzprofilen der bestehenden beziehungsweise potenziellen Führungskräfte abgeglichen. Ziel dieser Analyse ist es, sicher zu stellen, dass alle Führungskräfte eine möglichst hohe Deckungsquote zwischen Ist- und Soll-Skills vorweisen.

Für den Soll-Ist-Abgleich kommt eine Reihe von Maßnahmen in Betracht. Neben einer Selbst- und einer Fremdeinschätzung durch Vorgesetzte und Kollegen sind Assessment Center ein wichtiges Instrument, um die Soll-Ist-Abweichung und die erforderlichen Entwicklungsfelder zur Schließung der Kompetenzlücken herauszufinden. Jede Führungskraft muss sich einem entsprechenden Verfahren unterziehen. Das Ergebnis ist ein detailliertes Kompetenz- und Entwicklungsprofil pro Führungskraft, das die Grundlage für die weiteren Personalbesetzungs- und Personalentwicklungsentscheidungen darstellt. Auf dieser Grundlage ist ein zielgerichteter und optimaler Einsatz der Führungskräfte des Unternehmens möglich. So können Talente im eigenen Unternehmen identifiziert und weiterentwickelt sowie gezielte Maßnahmen zur Förderung von Führungskräften ergriffen werden, um vorhandene Lücken zu schließen. Der Vorteil dieses objektiven Verfahrens ist unter anderem eine hohe Akzeptanz unter den Beteiligten. Es sollte daher über den eigentlichen Transaktionsprozess in jedem Unternehmen zur Personalentwicklung eingesetzt werden.

3.3 Entwicklung eines operativen Personalmanagementkonzepts

Im weiteren Verlauf einer Post-Merger-Integration kann zweigleisig vorgegangen werden. Auf der Grundlage der bereits umgesetzten Ergebnisse können die alten und neuen Führungskräfte das Prozessmanagement selbst in die Hand nehmen. Parallel dazu kann mit der Entwicklung eines auf die Ziele und Bedürfnisse des Unternehmens abgestellten Personalmanagements- und Personalentwicklungskonzeptes begonnen werden. Dabei werden die grundlegenden Ziele, Inhalte, Strukturen und Abläufe der Teildisziplinen Personaladministration, Personalbeschaffung, Personalsteuerung und Personalentwicklung entwickelt und implementiert.

Wichtig ist in dieser Phase, dass alle Teildisziplinen auf die konkreten Zielsetzungen und Kompetenzerfordernisse des Unternehmens abgestellt werden und somit ein hoher Konsistenzgrad untereinander besteht. Das Unternehmen als System sollte auf dem Grundgedanken der Kernkompetenz in der Lage sein, optimale Stellenbesetzungen zu ermöglichen und bestehende Stelleninhaber in die richtige Richtung zu entwickeln. Durch dieses Grundprinzip der Personalentwicklung kann eine hohe Nachhaltigkeit in der Besetzung und der Entwicklung von Stelleninhabern erreicht werden. Das hat in der Regel eine nachweisbare Performancesteigerung des Unternehmens und eine höhere Zufriedenheit der Mitarbeiter am Arbeitsplatz zur Folge.

3.4 Strategiedokumentation

Wer das Unternehmen als einen lebendigen und lernfähigen Organismus begreift, sollte sicherstellen, dass wertvolles Wissen durch den Wechsel oder das altersbedingte Ausscheiden von Mitarbeitern und Führungskräften nicht verloren geht. Das gilt auch für in einem M&A-Prozess gewonnenes Wissen, das zu einem späteren Zeitpunkt bei einem weiteren Prozess dieser Art wieder relevant werden kann.

Deshalb sollte der gesamte M&A-Prozess – schon während er im Gang ist – von einer ausführlichen Dokumentation der Strategie begleitet werden. Das reicht von der Detaillierung der Produktions- und Ablaufprozesse einschließlich der Methodenoptimierung bis zum Prozesscontrolling.

4 Praxisbeispiel für eine gelungene PMI

Wie ein solcher Ansatz in der Praxis umgesetzt werden kann und welche kritischen Punkte dabei besonders berücksichtigt werden müssen, zeigt das Beispiel der bereits erwähnten Asset Management Gesellschaft. Die wesentliche Herausforderung bestand in diesem Fall darin, zwei unterschiedliche Unternehmenskulturen aus verschiedenen Standorten an einem Standort zusammenzuführen und zu einer Leistungseinheit zu verschmelzen. Beide Unternehmen verfügten jeweils über eigene zentrale Kompetenzeinheiten für das Management der Kapitalanlagen (Asset Management = AM). Die Analyse beider Kompetenzeinheiten während der Pre-Merger-Phase ergab, dass beide AM-Organisationen sehr ähnliche Gesellschaftsstrukturen, Geschäftsaufträge, Produktprogramme und Mitarbeiterkapazitäten hatten. Doch der scheinbar einfache „Merger unter Gleichen" erwies sich in der Praxis schwieriger als vom Management zunächst angenommen: Die Detailanalyse zeigte, dass sich beide Organisationen erheblich in der Ablauforganisation und im Corporate Management sowie damit verbunden auch in ihrer Corporate Culture unterschieden. Im Personalbereich waren viele Prozesse nicht oder nicht eindeutig definiert. Daraus ergab sich die Zielsetzung, die Prozesse und Systeme im HR-Bereich strategiekonform umzubauen und ein funktionierendes Personalmanagementsystem zu implementieren.

4.1 Vereinheitlichung der Vergütungssysteme

Während eines der beteiligten Unternehmen sich wenige Jahre nach der Gründung immer noch in der Phase der organisatorischen Festigung und Optimierung nach Abschluss der Start Up Phase befand, handelte es sich bei dem zweiten um ein historisch gewachsenes Unternehmen. Das machte sich auch bei den Strukturen sowie dem Corporate Management bemerkbar. Ein besonders kritischer Punkt betraf das Vergütungssystem: In dem jungen Unternehmen wurde die Belegschaft auf der Basis eines einheitlichen Zielvereinbarungssystems leistungsbezogen und außertariflich vergütet und arbeitete auf der Grundlage von Vertrauensarbeitszeit. Auf dieser Grundlage wurde der arbeitsrechtliche Rahmen des neuen gemeinsamen Betriebes konzipiert. Daher wurden in der ersten PMI-Stufe auf der Basis eines Interessenausgleichs sämtliche arbeitsvertraglichen Regelungen – auch für das ältere der beiden Unternehmen – in die Strukturen überführt. Erstes Ergebnis der PMI war somit, dass alle Mitarbeiter und Führungskräfte auf der Basis eines einheitlichen Zielvereinbarungs- und leistungsorientierten Vergütungssystems arbeiteten. Darüber hinaus folgte die Umstellung auf das modernere IT-System sowie die grobe Vereinheitlichung sämtlicher Verarbeitungsprozesse, insbesondere des operativen Bereichs.

4.2 Standortverlegung und IT-Systemwechsel

Mit der Merger-Entscheidung der beiden Unternehmen ging die Festlegung auf einen zentralen und einzigen Standort für das Kompetenzzentrum AM einher. Dafür ausschlaggebend war die Analyse des branchenspezifischen Arbeitsmarktes, die angesichts der erwartet hohen Mitarbeiterfluktuation einen wesentlichen Erfolgsfaktor für das Management darstellte. Zudem wurde entschieden, die wesentlichen Merkmale der Aufbau- und Ablauforganisation inklusive der IT-Systeme sowie die wesentlichen Strukturen des Corporate Managements insbesondere des Personalmanagements und des Corporate Performance Managements vom jüngeren Unternehmen als Grundlage zu übernehmen.

Diese Entscheidung stellte die Mitarbeiter des älteren Unternehmens vor die Herausforderung, sich in die neuen Strukturen und das Corporate Management zu integrieren. Für den Standortwechsel wurde ihnen eine befristete Arbeitsplatzgarantie sowie ein komfortables Re-Location-Programm zugesagt. Dennoch war die Fluktuationsrate mit rund 35 % der Gesamtbelegschaft während der ersten zwei Jahre nach Beginn der Integration erwartungsgemäß hoch. Der daraus resultierende Stellenbesetzungsbedarf konnte aufgrund der vorausschauend geplanten Standortentscheidung zeitnah weitgehend aus dem externen Arbeitsmarkt gedeckt werden. In einzelnen Fällen konnte er durch vertikale und horizontale Stellenbesetzungen aus den eigenen Reihen entwickelt werden.

4.3 Kritische Personalfragen

Im Rahmen der zweiten PMI-Stufe, die von der Strategieanalyse bis zur Entwicklung eines Personalmanagementsystems reichte, ging es darum, fundierte Antworten auf folgende drei Fragen zu finden:

1. Welche Menschen werden an welcher Stelle mit welcher Verantwortung idealerweise eingesetzt?
2. Wie kann die Interaktion der Menschen untereinander insbesondere an erfolgskritischen Nahtstellen verschiedener Prozesskettenglieder sichergestellt und optimiert werden?
3. Wie kann eine zielkonforme Leistungssteuerung und -entwicklung der Mitarbeiter nachhaltig gesichert werden?

Die Asset Management Gesellschaft ging dabei geradezu lehrbuchhaft vor: Einerseits erstellte sie Kompetenzmodelle für sämtliche Führungspositionen und definierte so die für den Erfolg erforderlichen Skills als Soll-Wert. Andererseits erfasste sie über Interviews mit den Stelleninhabern und deren Vorgesetzten und Kollegen sowie intensive Assessments die tatsächlich vorhandenen Kompetenzen auf den einzelnen Positionen. Durch den Soll-Ist-Abgleich konnten der Handlungsbedarf schnell erkannt und die entsprechenden Besetzungs- und Personalentwicklungsmaßnahmen getroffen werden.

4.4 Fazit

Wesentlich für den Erfolg jeder Post-Merger-Integration ist die Einsicht, dass der Mensch der entscheidende Erfolgsfaktor in jedem Unternehmen ist. Darauf aufbauend sollte die Unternehmensführung ein pragmatisches System zur Steuerung und Entwicklung des Unternehmens und der Belegschaft konzipieren und implementieren. Von besonderer Bedeutung ist dabei, jedes Unternehmen als einzigartig zu betrachten und entsprechend seine spezifischen Ziele und Strukturen zu verstehen und darauf aufbauend adäquate Konzepte, Systeme und Methoden zu entwickeln und umzusetzen.

Im Falle der Asset Management Gesellschaft gelang es, die beiden unterschiedlichen Unternehmensphilosophien nach der Fusion erfolgreich in ein neues Unternehmensleitbild zu überführen und die Mitarbeiter auf diesem Weg mitzunehmen. Dazu gehörte der richtige Einsatz der richtigen Menschen an der passenden Stelle im Unternehmen. Unter dieser Voraussetzung stellten sich die gewünschten Ergebnisse fast automatisch ein. Rückblickend erwies es sich als richtig, sich zuerst auf die Strategie, die Unternehmensstrukturen und die erforderlichen Kompetenzen von Führungskräften und Mitarbeitern zu konzentrieren und erst dann die Prozesse daran auszurichten.

5 HR-Maßnahmen bei internationalen PMI

Die Übernahme eines Unternehmens kann schon innerhalb eines Landes aufgrund regionaler Unterschiede und verschiedener Unternehmenskulturen problematisch sein. Diese Probleme werden noch vergrößert, wenn durch sprachliche und kulturelle Unterschiede zusätzliche Hürden für ein erfolgreiches Miteinander im Unternehmen genommen werden müssen. Das gilt sogar für scheinbar so ähnliche Länder wie Deutschland und England. „The Germans are too honest to be polite while the English are too polite to be honest" – dieses Bonmot beschreibt ein häufig anzutreffendes Problem bei der Kommunikation zwischen Deutschen und Engländern. Überhaupt ist die manchmal sehr direkte Art von Deutschen, Probleme offen anzusprechen, vielen Kulturen fremd. Das gilt für den Austausch mit unseren europäischen Nachbarn, aber erst Recht für die Kommunikation in Asien, wo Konflikte selten offen thematisiert werden.

5.1 Interkulturelle Kompetenz wichtig

Grundsätzlich spielt es keine Rolle, ob die M&A-Transaktion in erster Linie Wachstumszielen gilt oder ob der Know-how-Transfer im Vordergrund steht. In beiden Fällen ist gegenseitiges Verständnis und gute Kommunikation zwischen den Führungsebenen und Mitarbeitern der beteiligten Unternehmen unerlässlich. Dafür sind neben den fachlichen auch soziale und vor allem interkulturelle Kompetenzen erforderlich, die es im Rahmen der M&A-Transaktion zu überprüfen und durch entsprechende Schulungen sicherzustellen gilt. Die richtige Vorgehensweise liegt auch hier darin, die entscheidenden Führungspositionen mithilfe von Kompetenzmodellen möglichst genau zu definieren. Der Soll-Ist-Vergleich der benötigten und vorhandenen Kompetenzen im Unternehmen führt dann zu den entsprechenden Lösungen auf Personalebene.

Eine große Herausforderung für die Unternehmensführung besteht bei jeder Transaktion darin, die Führungskräfte und Mitarbeiter von den Vorteilen einer Fusion oder Übernahme zu überzeugen, um ein Abwandern zu verhindern. Bei internationalen Transaktionen sollte sich die Unternehmensführung allerdings davor hüten, die eigenen Vorstellungen 1:1 auf die fremde Kultur zu übertragen. Bei der Übernahme eines chinesischen Unternehmens besteht eine kulturelle Hürde beispielsweise darin, dass deutsche Unternehmen es von ihren Mitarbeitern gewöhnt sind, Probleme eigenständig anzugehen und zu lösen. In chinesischen Unternehmen herrscht dagegen oft noch ein sehr hierarchisches Denken und auch der Führungsstil ist eher autokratisch geprägt. Das bedeutet für Führungskräfte, lieber einmal mehr zu hinterfragen, ob eine Aufgabenstellung im Sinne des Unternehmens verstanden wurde oder ob Unterstützung zur Lösung einer Aufgabe erforderlich ist.

5.2 Beispiel: Deutschland und China

Weil die Märkte in Europa und den USA kaum noch wachsen, richten deutsche Unternehmen immer öfter ihren Blick auf das Reich der Mitte mit seiner enormen Größe und Bevölkerungszahl. Aufgrund der großen kulturellen Unterschiede gilt die Übernahme eines chinesischen Unternehmens als Königsweg, um wertvolles Know-how für die erfolgreiche Etablierung auf diesem gigantischen Markt zu gewinnen. Dieses Ziel lässt sich aber nur erreichen, wenn die entscheidenden Personen im Unternehmen gehalten werden können. Deutsche Unternehmen profitieren dabei von dem guten Ruf, den sie sich im Lauf der letzten Jahre in China erarbeitet haben. Das zeigt, dass eine andere Kultur sogar einen Wettbewerbsvorteil darstellen kann: So wird der Führungsansatz in deutschen Unternehmen, der von Respekt gegenüber den Mitarbeitern geprägt ist, von chinesischen Mitarbeitern sehr geschätzt. Das gilt nicht nur im Vergleich mit chinesischen, sondern auch anderen Unternehmen aus Europa oder den USA. Das hat den positiven Effekt, dass die in China sonst vergleichsweise hohe Fluktuation in deutschen Unternehmen dort niedriger ist.

Umgekehrt hat der wirtschaftliche Aufstieg Chinas dazu geführt, dass immer mehr chinesische Unternehmen sich in Europa nach passenden Partnern umsehen. Bei der Übernahme durch ein chinesisches Unternehmen kommen bei Führungskräften und Mitarbeitern neben dem Unbehagen, das jede Veränderung begleitet, oft irrationale Ängste vor Bevormundung und Stellenabbau hinzu. Die jüngsten Übernahmen deutscher Unternehmen durch chinesische Firmen haben jedoch gezeigt, dass sich chinesische Manager in der Regel nicht so stark in die Belange der deutschen Führung einmischen, wie man das erwarten könnte. Statt einer Bevormundung werden die übernommenen Unternehmen an der langen Leine geführt. Das liegt weniger an den rund 8000 km Entfernung zwischen China und Deutschland, sondern an der Überzeugung chinesischer Unternehmen, dass die deutsche Führung vor Ort die Verhältnisse besser einschätzen kann. Gerade bei deutsch-chinesischen Transaktionen ändert sich personell daher gar nicht so viel. Natürlich besteht eine Berichtspflicht gegenüber dem neuen Eigner in China, der die Ziele vorgibt. Über den Weg dorthin entscheiden aber die Führungskräfte in Deutschland.

6 Fazit: Wer Menschen in den Mittelpunkt stellt, hat Erfolg

So wie bei gutem Design die Form der Funktion folgt, so sollten bei M&A-Transaktionen die Prozesse dem Menschen folgen und nicht umgekehrt. Der Faktor Mensch entscheidet über den Erfolg oder Misserfolg einer Transaktion. Deshalb sollten spätestens bei Beginn der Verhandlungen über eine Fusion oder eine Unternehmensübernahme HR-Maßnahmen ergriffen werden. Denn mit einem Unternehmen übernimmt man nicht nur Gebäude und einen Maschinenpark, sondern vor allem das Lebenswerk eines Gründers oder eine stolze Tradition, mit der sich Führungskräfte und Mitarbeiter identifizieren.

Im Fokus jeder M&A-Transaktion – ob national oder länderübergreifend – sollten zuerst die strategischen Ziele und die dafür erforderlichen Kompetenzen auf der Führungs- und Mitarbeiterebene stehen. Dieser auf den Menschen fokussierte Ansatz erhöht erfahrungsgemäß die Akzeptanz der Führungskräfte, des Betriebsrates und der Belegschaft. Veränderungsprozesse sind niemals eine Einbahnstraße, sondern Vorgänge, bei denen sich die Beteiligten aktiv einbringen können und müssen. Der Ansatz beinhaltet zudem ein großes Element der Wertschätzung des Unternehmens gegenüber dem einzelnen Mitarbeiter, der als wichtige Ressource dem Unternehmen erhalten bleiben soll. Notwendige Personalentwicklungsmaßnahmen stellen – bei entsprechender Kommunikation – auch für die Betroffenen die Chance zu einer persönlichen Weiterentwicklung und damit eine Win-Win-Situation dar.

Die während des Transaktionsprozesses gewonnenen Erfahrungen sollten zudem zur Kontrolle und zur Verbesserung der HR-Arbeit im Unternehmen genutzt werden. Die Identifizierung von Kompetenzprofilen von Führungskräften und Talenten, die gezielte Entwicklung von Mitarbeitern zur internen Besetzung von Führungspositionen und das regelmäßige Coaching des Managements sollten eigentlich in jedem mittelständischen Unternehmen zu den festen Säulen der Personalpolitik gehören.

Michael Güttes ist Vice President und Head of Board & Executive Services bei dem 1967 in Schweden gegründeten und heute weltweit agierenden Personalberatungsunternehmen Mercuri Urval in Düsseldorf. Nach mehrjähriger unternehmerischer Tätigkeit, Aufgaben mit Führungsverantwortung in der Steuerberatung und im Bankensektor, fungiert Michael Güttes als Mitglied der Geschäftsleitung von Mercuri Urval. Er fokussiert sich auf Board & Executive Search, Post-Merger-Integration, Cross Border Transaktionen (u. a. China Desk) sowie Nachfolgeplanung für Unternehmer.

Die Macht strategischer Kommunikation

Henryk Deter

Zusammenfassung

Professionelle Kommunikation ist ein Muss für das Gelingen von M&A-Projekten. Sie entscheidet mit darüber, ob Transaktionen gelingen oder nicht. Dieses Kapitel geht genauer auf Kommunikationsstrategien ein. Unternehmer können sie bei M&A-Deals gezielt einsetzen, um die Transaktion in ihrem Interesse zu beeinflussen. Der Autor erklärt, worauf Unternehmen in welcher Kommunikationsphase achten sollten und warum die M&A-Kommunikation als Königsdisziplin gilt. Außerdem zeigt das Kapitel anhand eines Praxisbeispiels wie Kommunikationsexperten mit gezielten Maßnahmen einen Übernahmeplan zum Scheitern bringen.

1 Einleitung

Erfolgreiche Manager müssen vor allem eine Sache können: richtig kommunizieren. Denn Denn den Großteil ihrer Zeit verbringen sie allein damit. Das Erstaunliche ist, dass gerade bei M&A-Projekten, die für die Zukunft des Unternehmens entscheidend sind, die Kommunikation sehr oft versagt.

Dabei kann die richtige Kommunikation Mitarbeitern die Angst vor Kündigungen nehmen, die Kapitalmärkte beeinflussen, feindliche Übernahmen ausbremsen und freundliche zu einem erfolgreichen Abschluss bringen. Kurz und knapp gesagt: Die Kommunikation spielt eine Schlüsselrolle für den Erfolg von M&A-Projekten.

H. Deter (✉)
cometis AG, Unter den Eichen 7, 65195 Wiesbaden, Deutschland
E-Mail: deter@cometis.de

A. Kuckertz, N. Middelberg (Hrsg.), *Post-Merger-Integration im Mittelstand,*
DOI 10.1007/978-3-658-12370-3_15

Neun von zehn Managern, die mit M&A-Projekten vertraut sind, ist diese Schlüsselrolle bewusst. Aber trotzdem sagen zwei Drittel der Befragten auch, dass die Kommunikation bei M&A-Projekten bislang noch zu kurz kommt. Als wesentlichen Grund dafür nennen sie die Komplexität (BM&A e. V. 2012). Manager wissen also in der Regel schlichtweg einfach nicht, was, wie, wann, wo an wen kommuniziert werden muss. Um Klarheit zu schaffen, widmet sich dieses Kapitel allein der Kommunikation bei Unternehmenskäufen und -verkäufen.

2 M&A-Kommunikation als Königsdisziplin

Unter Kommunikationsberatern gilt es als eine der größten Herausforderungen, Firmenübernahmen nach außen richtig zu verkaufen. Deswegen kann man M&A-Deals auch als Königsdisziplin der Unternehmenskommunikation bezeichnen.

Das liegt auch daran, dass das Wort „Übernahme" bei vielen Betroffenen sofort Angst und Ablehnung erzeugt. Bei Fusionen ist das weniger stark der Fall. Allein das Wort Fusion spricht ja bereits für ein beiderseitiges Einverständnis.

Bei dem Wort „Übernahme" schwingt allerdings schon grundsätzlich ein Hauch von Aggressivität mit und die erzeugt bei vielen Angst und Ablehnung. Diese Ablehnung muss nicht unbedingt vom Vorstand kommen. Sie kann auch bei Mitarbeitern und Investoren entstehen.

Insbesondere bei Mitarbeitern schrillen bei dem Wort „Übernahme" häufig sofort die Alarmglocken. In Gedanken sehen viele von ihnen schon die neuen Manager am Tisch sitzen, mit einem Rotstift in der Hand, die eigene Stelle kürzen. Emotionen kochen hoch, Gerüchte entstehen und Feindbilder werden kreiert.

Aber auch Investoren können abgeneigt sein. Sie fürchten weniger um die Arbeitsplätze, dafür aber beispielweise um den Aktienkurs. Oft haben die betroffenen Gruppen völlig unterschiedliche Interessen, die im schlimmsten Fall auch noch öffentlich ausgetragen werden. Zu sehen war das am Beispiel des Übernahmepokers zwischen Volkswagen und Porsche beim Thema Standortschließungen. So etwas gilt es zu vermeiden. Das Unbehagen muss abgefangen werden, vermeintliche Nachteile müssen in Vorteile umgemünzt werden.

In der Regel sehen die Betroffenen verschiedene Nachteile. Ein Investor hat andere Interessen als ein Mitarbeiter. Das Unternehmen muss sie also auf unterschiedliche Weise ansprechen und mit persönlichen Argumenten von dem Deal überzeugen. Aber trotzdem muss nach außen hin eine einheitliche M&A-Story vermittelt werden (Bruhn 2005). Das ist die Herausforderung.

3 Die Phasen der M&A-Kommunikation

Die Kommunikation des M&A-Deals beginnt nicht erst mit dem Paukenschlag, also der Mitteilung der Übernahme. Sie setzt schon viel früher an. Wochen vorher startet die Planung und Wochen später muss immer noch nachjustiert werden. Die Phasen der M&A-Kommunikation lassen sich wie folgt unterteilen:

- Planung und Vorbereitung
- Ankündigung der Transaktion
- Post-Merger-Kommunikation

3.1 Planung und Vorbereitung

In der Planungs- und Vorbereitungsphase entwickelt das Unternehmen eine Kommunikationsstrategie. Dazu muss es erst einmal die Zielpersonen ausfindig machen. Es muss also herausfinden, wer angesprochen werden soll. Zum anderen muss sich die Firma auch auf zukünftige Szenarien vorbereiten.

Eine professionelle Vorbereitung zielt immer darauf ab, die Meinungshoheit zu behalten. Das Unternehmen entwickelt in dieser Phase einen Aktionsplan. Sollten ungewollt Details zu dem M&A-Deal nach außen dringen, plant das Unternehmen wie es darauf reagieren wird.

In der Planung und Vorbereitung fallen folgende Aufgaben an:

- **M&A-Story:**

Sie beinhaltet die verschiedenen Argumente, warum das Unternehmen den M&A-Deal befürwortet oder ablehnt. Für die diversen Betroffenen des Deals werden unterschiedliche Argumente erarbeitet.

Um gute Gründe zu entwickeln kann es hilfreich sein, folgende Fragen zu beantworten:

- Welche Vorteile werden aus dem Zusammenschluss erwartet?
- Welche Konsequenzen und Veränderungen ergeben sich aus Sicht des übernehmenden beziehungsweise übernommenen Unternehmens?
- Bei börsennotierten Unternehmen: Worin besteht speziell der Mehrwert für die Investoren?

- **Zeitplan:**

Er bestimmt die Tage der Veröffentlichungen: Dabei müssen rechtliche und strategische Vorgaben eingehalten werden. Es ist beispielweise beim Kampf gegen einen feindlichen Bieter empfehlenswert, das Pulver nicht auf einmal zu verschießen, sprich nicht zu Beginn alle Kommunikationstricks auszupacken, sondern sie dem feindlichen Bieter häppchenweise zu präsentieren. Der Zeitplan wird im Projektablauf kontinuierlich verfeinert.

- **Factsheet:**

Das Factsheet ist ein kompaktes, meist zweiseitiges Informationsblatt (gedruckt und/oder digital). Es enthält alle wesentlichen Informationen zu dem Unternehmen und der Transaktion. Es dient zur Weitergabe an Medienvertreter und andere externe Anspruchsgruppen (bspw. im Rahmen einer Pressekonferenz). Die erste Seite beinhaltet folgende Fakten: Informationen zum Unternehmen, wichtige Kennzahlen, Vorstellung des Managements (inkl. Bilder), Geschäftsmodell, Markt und Strategie. Die zweite Seite enthält Angaben zur Transaktionsstruktur und zu den wesentlichen Highlights der M&A-Story.

- **Pressemappe:**

Die Pressemappe kann in gedruckter und/oder digitaler Form erstellt werden. In der Pressemappe werden alle wichtigen Dokumente zusammengetragen wie Pressemitteilungen, Factsheet, Lebensläufe des Managements, Informationen zu den Produkten und Dienstleistungen des Unternehmens.

- **Management Coaching:**

Journalisten fragen in der Regel kritische Fragen. Darauf muss sich das Management einstellen und vorbereiten. Auch TV-Interviews können vorab geübt werden. Manager müssen schließlich einiges beachten, um dann live souverän zu wirken. Beispielsweise sollten sie nie direkt in die Kamera blicken, sondern immer den Journalisten anschauen – außer es handelt sich um eine so genannte Schalte in einer Nachrichtensendung, bei der Ihr Gesprächspartner Ihnen nicht gegenüber steht, sondern im Studio ebenfalls in seine Kamera schaut. Die Antworten sollten zwanzig bis maximal dreißig Sekunden lang sein. Wichtig ist es auch, dass Manager die M&A-Story verinnerlichen. Sie muss sitzen, wenn später Journalisten danach fragen.

- **Leakage Szenario:**

Für den Fall, dass vor der geplanten Veröffentlichung Details nach außen dringen, muss ein Aktionsplan erstellt werden. Er legt unter anderem fest, wer auf ungeplante Anfragen antwortet. Es muss eine Sprachregelung getroffen werden. Das bedeutet die Ansprechpartner müssen bei ihren Aussagen einer einheitlichen Linie folgen. Das Leakage Szenario beinhaltet auch eine mögliche Anpassung des Zeitplans.

- **Q&A-Katalog:**

Er bildet die Basis für das Management-Coaching. Der Q&A-Katalog enthält alle wesentlichen Fragen, die im Zuge der M&A-Transaktion von Medien, Analysten oder Investoren gestellt werden könnten und die dazu vorüberlegten Antworten. Auch hier kommt wieder die M&A-Story ins Spiel. Sie bildet die Grundlage für alle Antworten und Argumente. Die Fragen und Antworten werden üblicherweise in Kategorien wic Geschäftsmodell, Strategie, Finanzen, Management, Markt und M&A-spezifische Fragen unterteilt.

- **Pressemitteilungen:**

Die Pressemitteilungen können ebenfalls vorgeschrieben werden. Innerhalb eines M&A-Projekts gibt es verschiedene Gründe zur Veröffentlichung wie die Ankündigung des Deals, Details zur Transaktion oder der erfolgreiche Abschluss. Dabei gilt es je nach Rechtsform des Unternehmens die Publizitätspflichten (z. B. Ad-hoc-Pflicht, WpÜG-Meldungen) zu beachten. Zusätzlich können auch unvorhergesehene Anlässe eintreten wie eine feindliche Übernahme. Auf diesen Fall kann man sich ebenfalls vorbereiten und Rohentwürfe von Pressemitteilungen erstellen.

- **Pressekonferenzen:**

Je nachdem wie groß das öffentliche Interesse an dem M&A-Deal ist können auch Pressekonferenzen veranstaltet werden. Sie sind insbesondere dann empfehlenswert, wenn die Transaktion viele Fragen aufwirft. Bei den Konferenzen stellt sich das Management des Bieter- oder Zielunternehmens direkt den Fragen der Journalisten. Eine Pressekonferenz hat den Vorteil, dass sie in der Regel viel Aufmerksamkeit erzeugt.

- **Conference Calls:**

Je nach Grad der Integration beziehungsweise Differenzierung innerhalb der M&A-Kommunikation können zielgruppenspezifische Conference Calls veranstaltet werden. Dabei können sich bestimmte Anspruchsgruppen wie Investoren oder Analysten einwählen. Häufig finden diese Conference Calls nach dem Versenden einer Pressemitteilung statt. Das hat den Vorteil, dass das Management dann direkt auf Nachfragen zu den Pressemitteilungen antworten kann. Außerdem hat das Management so die Chance, noch einmal die M&A-Story zu bekräftigen.

- **Mitarbeiterversammlungen:**

In der Regel haben die Mitarbeiter die größte Skepsis gegenüber einer M&A-Transaktion. Das gilt sowohl für die Belegschaft des Bieter- wie auch des Zielunternehmens. Deswegen sollten sie gesondert über den bevorstehenden Deal informiert werden. Eine gute Gelegenheit dafür ist eine Mitarbeiterversammlung. Auf dieser kann das Management dann gezielt Argumente erläutern, die aus Belegschaftssicht für die Transaktion sprechen. Ablauf, Ort und Zeitpunkt der Mitarbeiterversammlung können bereits in der Planungsphase festgelegt werden.

- **Sprachregelungen:**

Die Sprachregelungen werden gemeinsam mit dem Management auf Basis der M&A-Story und des Q&A-Katalogs erarbeitet. Ein Beispiel einer Sprachregelung wäre, dass „Probleme" immer als „Herausforderung" bezeichnet werden. Alle relevanten Stellen innerhalb der M&A-Arbeitsgruppe (Unternehmensvertreter, Anwälte, Berater etc.) werden über diese Sprachregelungen informiert. Sie helfen auch dabei, dass die Mitarbeiter ein geschlossenes Bild nach außen präsentieren. Insbesondere bei einer unbeabsichtigten, vorzeitigen Informationsweitergabe an externe Stellen sind spontane Sprachregelungen (siehe Leakage Szenario) sehr wichtig.

- **Medienbeobachtung/Pressespiegel:**

Bereits vor dem offiziellen Start des M&A-Projekts sollte das Unternehmen bzw. die Kommunikationsberater Medienberichte analysieren. Dazu werden die jüngsten Veröffentlichungen zu den beteiligten Unternehmen oder der Branche gesammelt und ausgewertet. Diese Auswertung kann auch helfen, um eine glaubwürdige M&A-Story zu erarbeiten. Nach Bekanntgabe des M&A-Deals werden erneut die Veröffentlichungen analysiert. Zu diesem Zeitpunkt muss geprüft werden, ob die Message, die man mitteilen wollte auch so in den Artikeln rüberkommt. Ist das nicht der Fall, muss das Unternehmen nachbessern. Weitere Details können veröffentlicht oder in Interviews platziert werden. Dazu empfiehlt es sich zu beobachten, welche Medien in welcher Tonalität über die Transaktion berichten. So kann das Unternehmen geeignete Journalisten finden und ihnen dann gezielt Interviews anbieten.

Zusammenfassend lässt sich sagen: Die erste Phase der Kommunikation bildet das Fundament für alle weiteren wichtigen Kommunikationsschritte.

Das Unternehmen bereitet zum einen die Arbeit mit den Journalisten und weiteren Stakeholdern vor. Es erarbeitet Sprachregelungen, bündelt Informationen und überlegt sich vorab Antworten auf mögliche Fragen.

Wichtig in dieser Phase ist auch die M&A-Story. Sie legt fest, wie der Deal an die Öffentlichkeit, die Mitarbeiter und die Investoren verkauft wird. Damit die M&A-Story glaubhaft und überzeugend ist, muss das Unternehmen die verschiedenen Zielgruppen unterschiedlich ansprechen.

3.2 Ankündigung der Transaktion und Vollzugsmeldung

Bei der Ankündigung der Übernahme müssen börsennotierte Firmen zunächst die Ad-hoc-Pflicht prüfen. Sie sind nach Paragraf 15 des Wertpapierhandelsgesetzes dazu verpflichtet, Nachrichten unverzüglich zu veröffentlichen, die den Aktienkurs erheblich beeinflussen können. Nach der gängigen Praxis wird eine Ad-hoc-Mitteilung zur Übernahme dann notwendig, wenn der beidseitige Wille zur Transaktion in einem Letter of Intent (LOI) oder Memorandum of Understanding (MOU) formuliert wird.

Sofern berechtigte Interessen vorliegen kann ein Unternehmen aber auch von der Möglichkeit der Selbstbefreiung Gebrauch machen. Voraussetzungen dafür sind: Die Öffentlichkeit darf nicht irregeführt werden und das Unternehmen muss die Vertraulichkeit der Insiderinformation gewährleisten. Außerdem muss die Firma die Veröffentlichung unverzüglich nachholen, sofern die Umstände, die zur Selbstbefreiung veranlassen, wegfallen (Wertpapierhandelsgesetz, § 15 Abs. 3).

Bei der Bekanntmachung der Übernahme und allen weiteren Informationen ist es wichtig, dass die Manager Zuversicht nach innen und außen ausstrahlen und Vertrauen aufbauen. Die Mitarbeiter des übernehmenden Unternehmens können beispielsweise durch interne Rundschreiben persönlich informiert werden. Bis zu einer möglichen Pressekonferenz beziehungsweise eines Conference Calls halten Presse- und Investor Relations-Abteilungen dem Vorstand den Rücken frei und beantworten Fragen. Gerade für die Phase zwischen der Ankündigung der Transaktion und der Vollzugsmeldung kommen die Sprachregelungen zum Einsatz. Alle Mitarbeiter des Unternehmens, die mit Medien im Austausch sind, sollten diese Sprachregelungen bis dato verinnerlicht haben.

3.3 Post-Merger-Kommunikation

Mit der Veröffentlichung des M&A-Deals ist die Arbeit der Kommunikationsexperten allerdings noch nicht beendet. Von nun an vermitteln sie zwischen den verschiedenen Gruppen wie der Unternehmensführung, den Mitarbeitern und Geschäftspartnern.

Insbesondere die Belegschaft hat in der Regel viele Fragen. Einige häufen sich wie beispielsweise: Wird es Entlassungen geben? Werden Gehälter oder Sonderleistungen gekürzt? Wie sieht die zukünftige Organisationsstruktur oder Produktpolitik aus? In Ländern, in denen kein gesetzlicher Versicherungsschutz besteht, könnte zudem die Krankenversicherung betroffen sein. Diese wird etwa in den USA von Unternehmen häufig als Zusatzleistung angeboten. Auch scheinbar nebensächliche Dinge wie Email-Adressen oder Visitenkarten können sich ändern. Hier müssen die Kommunikationsexperten mit dem Management schnell Klarheit schaffen.

Bei einer freundlichen Übernahme oder einer Fusion lassen sich viele Kommunikationsmaßnahmen besser vorbereiten. Auch fällt die Argumentation gegenüber den Mitarbeitern und Kunden leichter. Ein wesentlicher Grund dafür ist, dass freundliche Übernahmen weniger emotional ablaufen als feindliche.

Als der Baukonzern Hochtief ungewollt von der spanischen ACS übernommen wurde, begrüßten die Mitarbeiter in der Essener Hochtief-Zentrale die Verhandlungsdelegation der ACS mit Pfiffen und Buhrufen. Doch auch in solchen Fällen kann eine gute Kommunikation Vertrauen wiederherstellen. Dabei helfen kann es, wenn die Manager offene und verbindliche Aussagen machen.

Der Erfolg der Kommunikation hängt auch von der Zeitplanung ab. Es sollten Meilensteine definiert werden, zu denen Details kommuniziert werden.

Sinnvoll ist es auch, die Führungsebene unterhalb des Vorstandes früh in das Übernahmeprojekt miteinzubinden. Es kann beispielsweise mit diesen Mitarbeitern in der Premerger- und Merger-Phase an einem neuen „Wir-Gefühl" gearbeitet werden. Im Anschluss an die Veröffentlichung des Deals können dann die Führungskräfte dieses Gefühl an die Mitarbeiter weitergeben.

Das Management sollte den Mitarbeitern zudem das Gefühl vermitteln, dass ihre Anliegen erst genommen werden. Dafür ist es wichtig, dass die Anfragen der Mitarbeiter zeitnah beantwortet werden. Sofern es organisatorisch möglich ist, sollte für Rückfragen auch die Unternehmensleitung zur Verfügung stehen.

Um die Mitarbeiter stärker in den Post-Merger-Prozess einzubinden, ist die Möglichkeit zu anonymem Feedback ein gutes Instrument. Eine weitere Strategie kann sein, dass die Führungskräfte gemeinsam mit den Mitarbeitern ein neues Leitbild des Unternehmens kreieren. Die Beteiligungsquote für solche Vorhaben kann auch zeitgleich als Erfolgsmessung dienen. Je mehr Mitarbeiter sich an solchen Maßnahmen beteiligen, desto erfolgreicher war auch die Kommunikationsarbeit.

Hierbei stellt sich die generelle Frage, wie sich der Kommunikationserfolg messen lässt. Die University of Cooperative Education Karlsruhe und die Private Fachhochschule St. Pölten haben genau zu diesem Thema verschiedene Messinstrumente veröffentlicht. Sie unterscheiden dabei zwischen den Mitarbeitern und der Financial Community. Zu letzterem zählen Aktionäre bzw. Investoren, Analysten und Finanzmedien. Demnach lässt sich der Erfolg der Mitarbeiterkommunikation durch folgende Werte messen:

1. Medienresonanzanalyse (62,5 %)
2. Mitarbeiterzufriedenheit (50 %)
3. Nutzung der angebotenen Kommunikationsmedien (50 %)

Der Erfolg der Kommunikation mit der Financial Community hingegen kann durch folgende Kriterien gemessen werden:

1. Zufriedenheit der institutionellen Investoren (62,1 %)
2. Medienresonanzanalyse (51,7 %)
3. Reputation unter den Aktionären oder Investoren (41,4 %)

Gerade beim Einsatz der Instrumente Mitarbeiterzufriedenheit bzw. Zufriedenheit der institutionellen Investoren sowie Reputation unter den Aktionären oder Investoren gilt zu beachten, dass hier eine Längsschnitterhebung notwendig ist, um die Ergebnisse entsprechend einordnen zu können. Demnach sollten zumindest unmittelbar vor dem M&A-Projekt Erhebungen vorgenommen werden, um sie später mit den Ergebnissen nach Abschluss des Projektes vergleichen zu können.

Zur Erfolgsmessung der Kapitalmarkt gerichteten Kommunikation können auch „harte" ökonomische Erfolgsmaßstäbe herangezogen werden. Diese können quantitative Maßstäbe wie den Aktienkurs, die Liquidität der Aktie, die Kapitalkosten oder die

Aktionärsstruktur beinhalten. Allerdings stehen derlei Größen in der Literatur oftmals in der Kritik, da ein kausaler Zusammenhang zwischen Investor Relations-Maßnahmen und der Auswirkung auf diese Größen nur schwer oder kaum herstellbar ist (Porák 2005).

Sinnvoll erscheint zumindest der Maßstab der Volatilität des Aktienkurses (Bushee und Noe 2000). Hintergedanke ist dabei folgender: Zu den Schlüsselaufgaben der Investor Relations Manager zählt die schnelle und qualitativ hochwertige Bereitstellung von Informationen zu der Transaktion. Dadurch soll die Financial Community die Übernahme zügig beurteilen können, um dann entsprechend zu handeln. Dieses Handeln wird in der Bewegung des Aktienkurses widergespiegelt. Die Volatilität sollte demnach nur für einen kurzen Zeitraum zunehmen. Anschließend sollte das Papier wieder in der „normalen" Schwankungsbreite handeln.

4 Die richtige Kommunikationsstrategie für den richtigen Anlass

Die vorangegangenen Kapitel haben gezeigt, dass es wichtig ist, Mitarbeiter und Investoren mit unterschiedlichen Argumenten zu überzeugen. Allerdings muss die Kommunikation noch weiter zugeschnitten werden, je nachdem um welche Form der Übernahme es sich handelt.

Gerade bei börsennotierten Unternehmen richtet sich der Fokus der Kommunikation stark auf die Investoren. Daher müssen sie gezielt angesprochen und umworben werden. Besonders herausfordernd ist diese Aufgabe bei einer „feindlichen" Übernahme.

Bei nicht börsennotierten Unternehmen ist eine gute Kommunikationsstrategie ebenfalls sehr wichtig. Die Zielgruppe ist aber meist eine andere. Im Fokus stehen in der Regel die Mitarbeiter und die lokale oder regionale Öffentlichkeit. Oft geht es darum, dass ein Unternehmenschef eine Übernahme vor den Mitarbeitern und dem Umfeld rechtfertigen und gut verkaufen will. Das Ziel ist also Akzeptanz und Imagepflege. Die Mitarbeiter müssen davon überzeugt werden, dass die Übernahme für sie von Vorteil ist und das Management richtig gehandelt hat.

Auf einer höheren Ebene müssen also erst einmal drei wesentliche Fragen beantwortet werden.

- Soll eine Kommunikationsstrategie für das Bieter- oder Zielunternehmen entwickelt werden?
- Handelt es sich um eine „freundliche" oder „feindliche" Übernahme?
- Ist die Transaktion ein „Public M&A" oder ein „Private M&A"?

4.1 Abwehrkommunikation

Ein unerwünschtes Übernahmeangebot stellt das Zielunternehmen auf eine harte Probe. In der Regel verfolgen Manager mit Übernahmen nämlich folgende Ziele: Synergien heben,

Kosten sparen und so den Wert des zusammengeschlossenen Unternehmens steigern. Häufig werden Doppelstrukturen abgebaut, sprich Arbeitsplätze fallen weg und Standorte werden geschlossen. Das Management des Zielunternehmens hat mit Bekanntwerden der Übernahmepläne vor allem eine Aufgabe: Es muss Investoren, Medien und die Öffentlichkeit davon überzeugen, dass der eigenständige Fortbestand zukunftsfähiger ist als die Übernahme durch ein fremdes Unternehmen.

Häufig kommen „feindliche" Offerten überraschend und unangekündigt. Medienberichten zufolge erfuhr das Hochtief-Management im Jahr 2010 erst aus der Presse von den Übernahmeplänen des spanischen Baukonzerns ACS. Es ist daher ratsam, sich auf feindliche Übernahmen vorzubereiten, um gewappnet zu sein. Im Vorfeld kann das Unternehmen also einen Aktionsplan erarbeiten. Dieser wird in der Praxis auch Defense Manual genannt.

Das Dokument sollte verschiedene Informationen festhalten, beispielsweise sollte es das Defense-Team bestimmen, also die Mitarbeiter, die zur Abwehr der feindlichen Übernahme eingesetzt werden. Eine Marktanalyse kann zudem Hinweise liefern auf mögliche Bieter und deren Motivation.

Außerdem stehen im Defense Manual auch strategische Investoren, also potentielle „weiße Ritter". Als „weiße Ritter" werden mögliche Käufer bezeichnet, die für eine freundliche Übernahme in Frage kommen. Hierfür sollten Unternehmen fortlaufend detaillierte Analysen der eigenen Investoren sowie der Investoren von Wettbewerbsunternehmen durchführen. Sogenannte Perception Studies können dabei helfen. Sie geben Aufschluss darüber, wie Investoren die Firma wahrnehmen und was sie insgesamt für Erwartungen haben.

Es ist zudem empfehlenswert, wenn die Kommunikationsabteilung Presse- und Adhoc-Mitteilungen vorschreibt, um im Ernstfall wertvolle Zeit zu sparen.

Wic aber kann man Kommunikation gezielt dazu einsetzen, um feindliche Übernahmen abzuwenden? Regel Nummer eins: Das Unternehmen muss so attraktiv wie möglich dargestellt werden. Ziel dabei ist es, die Übernahmekosten des feindlichen Bieters durch einen gestiegenen Aktienkurs zu erhöhen. Zudem sollten Kontra-Argumente gegen den oder die Bieter verbreitet werden: Warum bringt eine Übernahme durch den Bieter den Investoren Nachteile? Warum ist das Unternehmen in Eigenregie profitabler? Auf diese Fragen müssen die ersten Mitteilungen eine klare Antwort geben.

Wichtig ist, dass vorab auch die Zeitpunkte der Veröffentlichungen festgelegt werden. Es muss berücksichtigt werden, dass sich ein feindlicher Übernahmekampf oft über Monate hinzieht. Daher darf das Unternehmen die Argumente nicht alle in der ersten Pressemitteilung veröffentlichen, sondern muss sie nach und nach in die Öffentlichkeit streuen.

Im Falle einer feindlichen Übernahme sollte sich das Unternehmen auch direkt an verschiedene Zielgruppen wenden wie an Analysten, Journalisten, Mitarbeiter, Politiker, Kunden und Geschäftspartner. Insbesondere Finanz- und Lokaljournalisten sind in dieser Phase wichtig, schließlich haben sie einen Einfluss auf die Meinungen der Öffentlichkeit.

Nicht zu unterschätzen ist auch der Einfluss von Politikern. Im Falle einer feindlichen Übernahme kann das Unternehmen den Kontakt zu ihnen suchen. Politiker können durch

Stellungnahmen in den Medien ebenfalls Meinungen mitbeeinflussen. Generell gilt für Unternehmen in dieser Zeit: Schnell und glaubwürdig informieren, um als verlässlicher Partner angesehen zu werden.

Damit es gar nicht erst zu einer feindlichen Übernahme kommt, können auch gezielt interne Informationen („leaks“) gestreut werden. So gelangten im April 2012 Details aus dem Daimler-Konzern an Branchenmedien. Darin hieß es, das Unternehmen habe Maßnahmen getroffen, die eine „feindliche“ Übernahme sehr schwer machen würden, also so genannte „Giftpillen“ („poison pills“) wurden verteilt. So seien Vereinbarungen mit Banken getroffen worden, nach denen im Falle einer feindlichen Übernahme Kreditlinien einseitig gekündigt werden dürften. Ähnliche Klauseln bestünden mit Kooperationspartnern aus der Automobilindustrie. Zuvor waren Spekulationen aufgekommen, dass ein Großaktionär den Ausstieg plane, was den Aktienkurs in Bedrängnis brachte und generell eine Übernahme wahrscheinlicher machte.

Ein gutes Beispiel für eine gelungene Abwehrreaktion ist die Geschichte des deutschen Fahrradherstellers Derby Cycle. Das Unternehmen ging im Februar 2011 an die Börse. Derby Cycle hatte sich bewusst für einen Börsengang entschieden und nicht für den Unternehmensverkauf an einen Großinvestor. Bereits in der Phase der Vorbereitung des Börsengangs entstanden kommunikative Herausforderungen: Der damalige Mehrheitseigner strebte einen Komplettausstieg an – ein Fall, den es in dieser Form in Deutschland bis dahin noch nicht gegeben hatte. Kurz vor dem Börsengang entschied sich der Mehrheitseigner dann aber doch für die Aufrechterhaltung eines zehn Prozent Anteils an Derby Cycle, auch nach dem IPO (Abb. 1).

Mit der Veröffentlichung des starken ersten Quartalsberichts war dann schnell klar, dass die Emissionsbewertung der Aktie – in Höhe von 12,50 € – weiteres Kurspotenzial bot. Untermauert wurde dies durch die Veröffentlichung einer starken Jahresguidance im März, die einen Monat später noch einmal erhöht wurde. Kurz darauf erhielt die Gesellschaft eine Stimmrechtsmitteilung, wonach sich der Hauptwettbewerber, die niederländische Accell Group, einen 5,7 % Anteil an Derby Cycle gesichert hatte – deklariert als Finanzinvestition. Durch einen engen Kontakt zu Brokern und Investoren erhielt Derby Cycle kurze Zeit später Informationen, dass noch mehr Aktienpakete im Markt gesucht werden. Ein weiterer Hinweis darauf, dass die Accell Group eine „feindliche“ Übernahme plant. Das zuvor erarbeitete Defense Manual musste aus der Schublade geholt werden. Das Derby Cycle-Management vertrat die klare Überzeugung, dass eine Übernahme durch die Accell Group nicht im Interesse der Aktionäre sein konnte. Vor diesem Hintergrund lautete die Strategie:

- Investoren von der Vorteilhaftigkeit der Derby Cycle-Wachstumsstrategie überzeugen
- Gespräche mit potenziellen „weißen Rittern“ führen

Nun galt es, an allen (Stakeholder-)Fronten aktiv zu werden. Hinter den Kulissen nahm das Management Gespräche mit verschiedenen Interessenten auf, die als „weißer Ritter“ in Frage kamen. Kommunikationsberater kümmerten sich zudem um Investoren, um sie

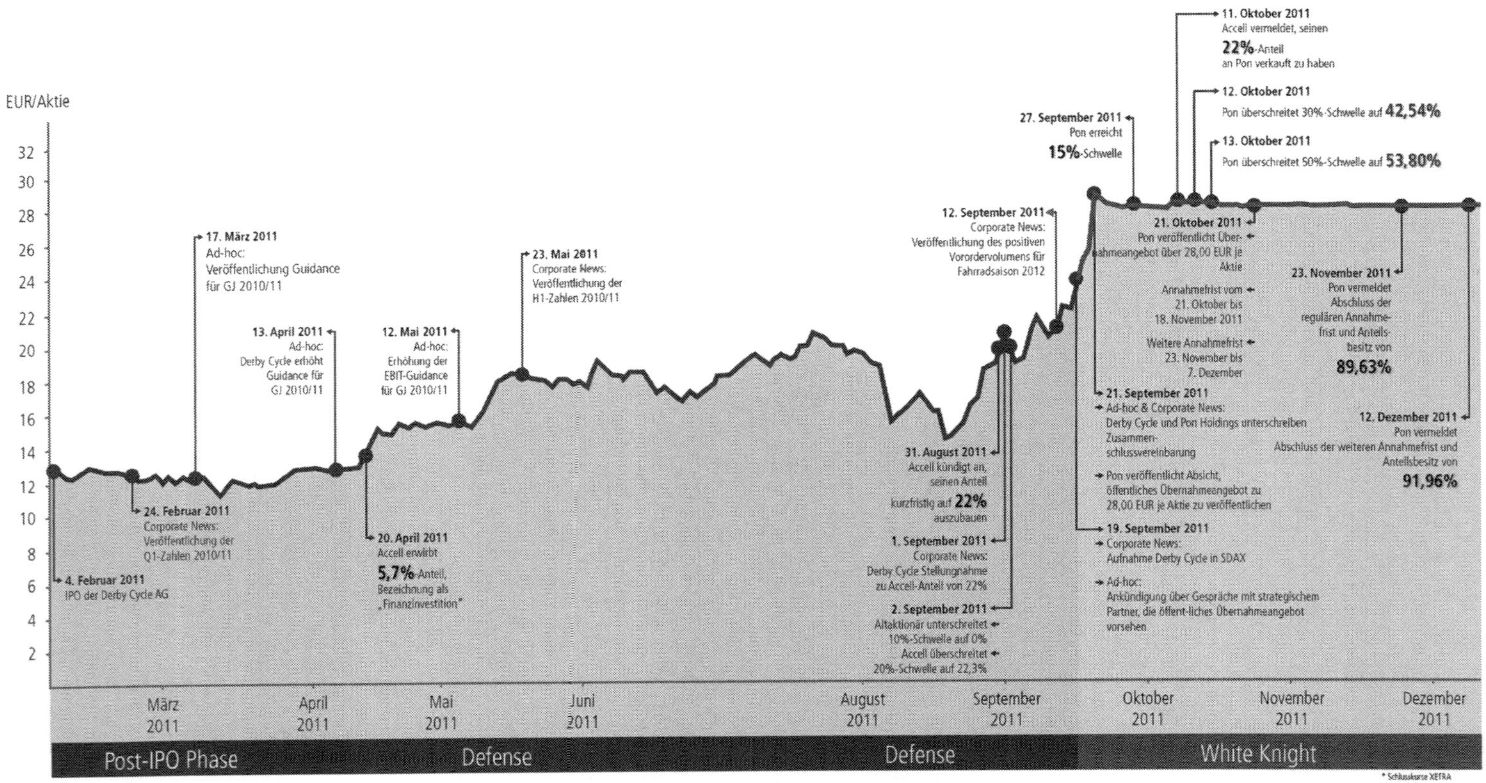

Abb. 1 Phasen der Abwehrkommunikation am Beispiel von Derby Cycle. (Quelle: cometis AG)

davon zu überzeugen, dass die Derby Cycle-Wachstumsstrategie vorteilhafter sei als ein möglicher Zusammenschluss mit dem Wettbewerber Accell Group. Um das noch einmal deutlicher zu machen, trafen Kommunikationsberater und das Management die Entscheidung, bereits am 12. Mai per Ad-hoc-Mitteilung eine Erhöhung der EBIT-Guidance für das Geschäftsjahr 2010/2011 zu veröffentlichen. Als Reaktion darauf setzte der Aktienkurs seinen begonnenen Aufschwung weiter fort.

Anfang Juni wurden starke Zahlen für das erste Halbjahr hinterhergeschickt. Die Aktie kratzte an der 20 Euro-Marke. Somit hatte man schon ein wesentliches Ziel erreicht: Die Übernahmekosten für den möglichen feindlichen Bieter Accell Group waren deutlich gestiegen.

Die Erfahrung zeigt, dass Übernahmephantasien weiterer Treibstoff für den Aktienkurs sind, so auch in diesem Fall. Der CEO von Derby Cycle äußerte in einem Interview mit der Financial Times Deutschland die Vermutung, dass ein „feindlicher" Übernahmeversuch bevorsteht. Zeitgleich schob er Argumente gegen eine Übernahme und für die Eigenständigkeit von Derby Cycle hinterher. Nach Erscheinen des Artikels rückte der mögliche Übernahmeversuch mehr und mehr in den medialen Fokus.

Die Strategie der Accell Group, eine Übernahme „durch die Hintertür" anzusteuern, wurde somit erfolgreich torpediert. Das Management der Accell Group sah sich von diesem Zeitpunkt an seinerseits Medienanfragen ausgesetzt und musste die Rahmenbedingungen des mutmaßlich geplanten Übernahmeversuchs gänzlich neu austarieren.

Mit Hilfe eines im August organisierten Investorentages wurde den wichtigsten Investoren noch einmal persönlich erklärt, warum die „Stand-Alone-Strategie" von Derby Cycle Erfolg haben wird. In dieser Phase kam allerdings erschwerend hinzu, dass die Beteiligungsgesellschaft, die nach dem Börsengang noch einen 10 % Anteil an Derby Cycle hielt, diesen Anteil an die Accell Group verkaufte. Im September hielt die Accell Group schließlich 22 % an dem Fahrradhersteller. Als die Beteiligung bekannt wurde schoss der Aktienkurs erneut in die Höhe. Die begleitenden positiven Unternehmensmeldungen durch Derby Cycle taten ihr Übriges. Stimulierend für den Kurs wirkte auch die Tatsache, dass die Aktie von Derby Cycle in den SDAX aufgenommen wurde.

Der Durchbruch gelang schließlich mit Hilfe eines „weißen Ritters", der niederländischen PON Holding. Das Unternehmen war daran interessiert, die eigenständige Strategie der Derby Cycle zu unterstützten. Folglich waren die nächsten Schritte:

- Business Combination Agreement mit öffentlichem Übernahmeangebot durch PON
- Klare Stellungnahme des Derby Cycle Managements für PON und gegen Accell
- Aktive Streuung dieser Stellungnahme an Medien und institutionelle Investoren im Rahmen der rechtlichen Vorgaben
- Ausweitung des kommunikativen Aktionsradius auf Gewerkschaften und Politik durch die Thematisierung eines drohenden Arbeitsplatzverlustes am Derby Cycle-Standort in Cloppenburg, Niedersachsen

Da ein Journalist vor der offiziellen Ankündigung der Einigung mit PON Holding Informationen hatte und diese veröffentlichte, musste eine schnelle Reaktion erfolgen. Derby Cycle publizierte also eine bereits vorgeschriebene Ad-hoc-Mitteilung. Diese kündigte Gespräche mit einem strategischen Partner über ein öffentliches Übernahmeangebot an. Nur zwei Tage später wurde eine Ad-hoc-Mitteilung zur Unterzeichnung einer Zusammenschlussvereinbarung zwischen Derby Cycle und PON Holding kommuniziert. Demnach hatte PON Holding die Absicht, ein öffentliches Übernahmeangebot von 28 € je Aktie anzubieten. Accell entschied sich noch vor der Angebotsfrist für den Rückzug und gegen ein öffentliches Übernahmeangebot, da die Kursgewinne aus der Derby Cycle-Aktie für Accell enorm waren.

Im Ergebnis bedeutete der Angebotspreis von 28 € für die Investoren, die beim IPO gezeichnet hatten, ein Plus von 130 % in acht Monaten. Derby Cycle war damit der erfolgreichste Börsengang in Europa im Jahr 2011. Außerdem ist Derby Cycle eines der wenigen Unternehmen überhaupt, das sich erfolgreich in die Arme eines „weißen Ritters" retten konnte.

4.2 Angriffskommunikation

Bei dem Versuch einer feindlichen Übernahme versucht das Bieterunternehmen in der Regel sein Vorhaben so lange wie möglich geheim zu halten. Der Hintergrund: Die erwartete Abwehrreaktion des Übernahmeziels soll so lange wie möglich hinausgezögert werden, um die Transaktion nicht zu gefährden. Viele Konzepte zielen daher darauf ab, das Zielunternehmen vor vollendete Tatsachen zu stellen. Beispielsweise wollte Porsche im Stillen über Optionsgeschäfte die Mehrheit am VW-Konzern erlangen. Letztlich scheiterte das Vorhaben aber an Finanzierungsproblemen von Porsche.

Bis zum Bekanntwerden des Übernahmevorhabens bleiben die Kommunikationsverantwortlichen des „Angreifers" im Hintergrund. Dennoch müssen sie sich vorbereiten. Es gilt insbesondere, die Reaktion des Übernahmeziels nach Bekanntwerden des Vorhabens vorherzusagen und entsprechend zu kontern. Denn das Übernahmeziel wird versuchen, den Deal zu verhindern oder für den Käufer zumindest so teuer wie möglich zu machen. Mit einer gewissenhaften Vorbereitung kann das übernehmende Unternehmen die Argumentation jedoch ins Leere laufen lassen.

Auch sollten im Vorfeld Argumente gesammelt werden, die Investoren den Verkauf ihrer Anteile schmackhaft machen. Wichtige Etappenziele, etwa das Erreichen der 30 %- und 50 %-Schwelle, sollten gesondert kommentiert werden. Die Kernbotschaft lautet: Der Übernahmeprozess schreitet planmäßig voran und wird zu Ende gebracht.

Der Übernahmeplan kann durch unerwartete Informationslecks, so genannte „leaks", allerdings empfindlich gestört werden. Insbesondere dann, wenn die Übernahmeabsicht noch nicht hätte öffentlich gemacht werden sollen. Auf diesen Fall muss sich das Unternehmen vorbereiten. Die Übernahmestory muss schnell an die wichtigsten Stakeholder kommuniziert werden. Dazu gehören neben den eigenen Investoren und den Investoren des Übernahmeziels auch die Mitarbeiter und Medien. Die vorausschauende Definition von Projektverantwortlichen sowie die Vorbereitung von Ablaufplänen und Kontaktlisten erleichtern den Umgang mit dieser Situation.

Wichtig ist, neben den Investoren des Übernahmeziels auch die eigenen Investoren hinter sich zu bringen. Sie werden nach Bekanntwerden der Übernahmeabsicht Erklärungen erwarten. Gleichermaßen gilt es, die öffentliche Meinung im eigenen sowie im Umfeld des Übernahmeziels zum eigenen Nutzen zu beeinflussen. Ein wichtiger Schauplatz der Angriffsstrategie sind die Medien und die Politik. Daher sollte das Käuferunternehmen am Heimatmarkt auf Rückendeckung in beiden Bereichen achten. Im Umfeld des Zielunternehmens wird diese Rückendeckung gar nicht oder nur schwer zu erlangen sein. Dennoch sollte proaktiv der Kontakt sowohl zu den Medien als auch zur Politik gesucht werden. Beide Gruppen haben potenziell genug Einfluss, um den Deal scheitern zu lassen. Bei internationalen Transaktionen sollte zudem Rücksicht auf die lokalen Befindlichkeiten genommen werden, um einen „clash of cultures" zu vermeiden.

4.3 Private M&A

Bei Private M&A-Deals rückt vor allem die interne Kommunikation in den Fokus. Je nachdem, ob die Kommunikationsarbeit für das Bieter- oder Zielunternehmen erfolgt, müssen mögliche Sorgen und Ängste der Mitarbeiter ausgeräumt werden, beispielsweise über Betriebsversammlungen, Rundmails oder Aushänge. Hierbei ist nicht nur der Inhalt, sondern auch die Tonalität entscheidend.

Bei privaten Unternehmen kommt hinzu, dass sie am Kapitalmarkt kaum bekannt sind. Vor allem die finanzielle Situation des Unternehmens ist für Stakeholder undurchsichtiger. Oft reagieren Betroffene daher umso empfindlicher, wenn plötzlich Details oder gar Probleme bekannt werden.

Lieferanten möchten auf Vorkasse umstellen, Kreditversicherer wollen die Verträge nicht mehr absichern, wichtige Mitarbeiter kündigen und Gewerkschaftsvertreter prangern Missstände an. Dies zeigt, dass auch bei „Private M&A-Deals" eine professionelle Kommunikation wichtig ist, insbesondere um Imageschäden vom Eigentümer abzuwenden (Frick und Weyand 2009).

Deutlich wird das an einem Beispiel aus der Praxis. Die Firma kann aus Geheimhaltungsgründen nicht beim Namen genannt werden, so viel aber, sie war in der Nahrungsmittelbranche tätig. Der Inhaber wollte das Unternehmen an einen Private Equity-Investor verkaufen.

Der Deal wurde von den Medien kaum aufgegriffen. So war es auch nicht das vordergründige Anliegen des Unternehmers, den wesentlichen Stakeholdern die Transaktionsstruktur näher zu bringen oder sich die Unterstützung der Investoren zu sichern. Sein Anliegen kam so trivial wie auch herausfordernd daher: Er wollte sich auch nach dem Verkauf noch in seinem Heimatort „blicken lassen" können, wollte die Akzeptanz dieser unternehmerischen Entscheidung in seinem lokalen Umfeld erreichen. Sein persönliches

Anliegen war es eine Antwort auf folgende Frage zu haben: „Warum verkaufst Du Dein Unternehmen?"

Im Zuge einer Stakeholderanalyse wurden also die Mitarbeiter sowie die Lokalpresse als wichtigste Zielgruppe identifiziert. Anschließend ging es darum, eine stimmige M&A-Story zu erarbeiten. Sie musste Argumente beinhalten, die der Unternehmer überzeugend vertreten konnte. Denn klar ist, die beste M&A-Story hat keine Wirkung, wenn der Unternehmer nicht in der Lage ist, die Gründe authentisch zu erklären.

Hieran wird deutlich, dass die M&A-Story dem Vorstand auf den Leib geschneidert sein muss. In dem Praxisbeispiel lautete sie folgendermaßen: Der Manager hatte mit seiner Firma die Marktführerschaft in Deutschland erreicht. Die zukünftige Herausforderung bestand darin, diese Markstellung zu verteidigen. Dazu waren allerdings hohe Ersatz- und Erweiterungsinvestitionen notwendig. Dieser Investitionsbedarf war für den Eigentümer der Gesellschaft nicht mehr zu stemmen. Die Argumentationskette zielte auf den Arbeitsplatzerhalt ab. Die logische Schlussfolgerung lautete: Der Private Equity Investor sei eher in der Lage Investition zu tätigen, die Marktposition zu verteidigen und so Arbeitsplätze zu sichern.

Bei einer Mitarbeiterversammlung wurden die Nachricht und die M&A-Story schließlich kommuniziert. Zeitgleich zur Mitarbeiterversammlung wurde eine Pressemitteilung an die lokalen Medien verschickt mit derselben Kernbotschaft. In diesem Fall war eine gesonderte Ansprache der Mitarbeiter und der Medien sehr wichtig. Es war zu erwarten, dass die Vertreter der lokalen Medien den Zugang zu den Mitarbeitern suchten. Demnach musste gewährleistet werden, dass die Mitarbeiter vorab schon informiert waren.

Wegen der gezielten Vorbereitung der kommunikativen Maßnahmen und eines ausgiebigen persönlichen Coachings gelang es dem Unternehmer, seine im Vorfeld ausgearbeitete Argumentationskette überzeugend und nachvollziehbar zu kommunizieren. Vor allem gelang cs ihm seine wirtschaftliche Entscheidung unter Beibehaltung seiner Authentizität zu platzieren.

5 Zusammenfassung

Insbesondere an den beiden aufgeführten Praxisbeispielen des Fahrradherstellers Derby Cycle und des mittelständischen Privatunternehmens wird deutlich, dass gute Kommunikation vor allem eines sein muss: flexibel und individuell.

Sie muss dem Unternehmen bzw. dem Unternehmer auf den Leib geschneidert sein. Dem Management muss klar sein, wen es wie ansprechen will. Für die wichtigsten Zielgruppen müssen starke Argumente erarbeitet werden. Diese können dabei helfen, aus Betroffenen Unterstützer zu machen.

Die Erfahrung zeigt: Es ist absolut sinnvoll, dass M&A-Deals immer auch von einer professionellen Kommunikationsstrategie begleitet werden. Das gilt sowohl für börsennotierte als auch für private Unternehmen.

Es ist daher fahrlässig, die Kommunikation stiefmütterlich zu behandeln. Die Umfrage zu Beginn des Kapitels hat gezeigt, dass ein Grund für die Vernachlässigung einer professionellen Kommunikation bei M&A-Deals das fehlende Wissen ist. Um diese Wissenslücke zu schließen, sollten fortlaufend Praxisbeispiele veröffentlicht werden. Der Fall von Derby Cycle zeigt, mit welchen Kommunikationsstrategien feindliche Übernahmen verhindert werden können. Der Unternehmer kann aus diesen Erfahrungen lernen und Teile davon selber für eine erfolgreiche M&A-Kommunikation anwenden.

Ein Unternehmen kann aber auch Expertise von außen einkaufen. Investor Relations Berater begleiten Unternehmen nicht nur in der Vorbereitungs- und Durchführungsphase von M&A-Deals, sondern auch lange danach. Eine gute Kommunikationsarbeit besteht nicht aus einem einzigen Paukenschlag, sondern aus vielen kleinen Puzzleteilen, die zusammen ein Gesamtbild des Unternehmens erzeugen.

Literatur

Bruhn, M. (2005). Unternehmens- und Marketingkommunikation. Handbuch für ein integriertes Kommunikationsmanagement. München: Vahlen.

Bundesverband Mergers & Acqui sitions e. V. (2012). Benchmark-Studie M&A-Kommunikation.

Bushee, B., & Noe, C. (2000). Corporate disclosure practices, institutional investors, and stock return volatility. *Journal of Accounting Research, 38,* 171–202 (Supplement).

Frick & Weyand. (2009). Warum M&A ohne Kommunikationsstrategie im aktuellen Marktumfeld scheitert. M&A-forum Chancen und Risiken für M&A. Deloitte Merger & Acquisition Forums Newsletter, 3. Ausgabe, S. 6.

Nölting, A. (2000). M&A-Preis: Handschlag der Gewinner. *Manager Magazin, 30*(8), 106.

Porák, V. (2005). Erfolgsmessung von Investor Relations. Praxishandbuch Investor Relations (S. 185–205). Wiesbaden: Gabler.

Henryk Deter ist Mitinhaber und Vorstand der cometis AG, einer in Wiesbaden ansässigen inhabergeführten Investor Relations-Beratung. Neben der unterjährigen IR- und PR-Arbeit betreute er bislang weit mehr als 100 Kapitalmarktprojekte, darunter Börsengänge, Kapitalerhöhungen oder – herabsetzungen, Anleiheemissionen, Unternehmenskrisen sowie zahlreiche M&A-Projekte (u. a. Pon/Derby Cycle, Varian/Mevis, NTT Data/itelligence).

Kulturelle Integrationsrisiken pragmatisch erfassen

Annette Blöcher

„Of course the merger was a success. Neither company could have lost that much money on its own." (Steve Case, Former Chairman of the board AOL/Time Warner)
(Zitiert nach Panda 2013 S. 1)

Zusammenfassung

Im Rahmen der Due Diligence bestehen vielfach Berührungsängste, die Unternehmenskultur in die Analyse mit einzubeziehen. Der vorliegende Beitrag löst diese Verunsicherung auf und definiert die Unternehmenskultur als wichtigen Treiber für den Erfolg einer Transaktion. Es werden pragmatische Möglichkeiten gezeigt, wie die Unternehmenskultur anhand von formulierten Risikofiltern mit gezielten Fragestellungen in der Pre- und Post-Merger-Phase einer Transaktion untersucht werden kann. Der Zweck der Erfassung unternehmenskultureller Merkmale liegt in der endgültigen Festlegung der Integrationsstrategie und in der Beeinflussung der Unternehmenskultur durch geeignete Management-Instrumente. Dabei ist nicht zwangsläufig eine breit angelegte Cultural Due Diligence erforderlich – viele Danger Signs können auch i. R. der anderen Due Diligence-Untersuchungen mit erhoben werden. Die abgeleiteten Handlungsempfehlungen können den Verantwortlichen dabei helfen, eine erfolgreiche (nicht nur kulturelle) Integration zu gestalten.

A. Blöcher (✉)
Fakultät für Wirtschafts- und Rechtswissenschaften, Technische Hochschule Köln,
Gustav-Heinemann-Ufer 54, 50968 Köln, Deutschland
E-Mail: annette.bloecher@th-koeln.de

A. Kuckertz, N. Middelberg (Hrsg.), *Post-Merger-Integration im Mittelstand,*
DOI 10.1007/978-3-658-12370-3_16

1 Einführung

Die Erfordernisse für die Durchführung einer Financial oder Legal Due Diligence sind den meisten M&A-Verantwortlichen wohl bekannt. Mit dem Thema Unternehmenskultur gibt es allerdings vielfach Berührungsängste, die im Wesentlichen auf einem vermeidbar unsicheren Verständnis von Kultur und Kulturanalyse bestehen. Diese im Vorfeld von M&A-Transaktionen existierenden Mythen der Unternehmenskultur werden im Folgenden beschrieben und entkräftet. Insbesondere in der Pre-Merger-Phase werden den Beteiligten oft schon kulturelle Unterschiede und Gemeinsamkeiten offenbart. Diese gilt es als Gefahren aber auch als Chancen wahrzunehmen und zu analysieren, um die Ergebnisse dann für die sich anschließende Integration zu nutzen. Dabei kommt es nicht darauf an, dass die Unternehmenskulturen beider Partner sich möglichst ähnlich sind. Es kommt darauf an, die Gemeinsamkeiten und Unterschiede zu kennen und adäquat darauf zu reagieren – und das möglichst früh im M&A-Prozess. Denn mit Beginn der Post-Merger-Integration beginnt die Zusammenarbeit weiter Teile der Mitarbeiter der Transaktionspartner. Zum ersten Mal besteht die Chance eine gemeinsame Kultur zu erleben und ein Wir-Gefühl zu erzeugen, um so den Integrationserfolg von Anfang an positiv zu beeinflussen.

2 Unternehmenskultur – notwendige oder entbehrliche Variable im M&A-Prozess?

2.1 Unternehmenskultur und M&A-Transaktionen im Mittelstand

Der deutsche Mittelstand wird vielfach als Ideenschmiede, als Unternehmen mit besonderer Innovationskultur hervorgehoben. Diese Innovationsstärke ist ein besonderer Erfolgsfaktor mittelständischer Unternehmen. Nicht zuletzt resultiert dieser aus bestimmten, mit der Unternehmenskultur in Zusammenhang stehenden Merkmalen des Mittelstands:

- Die Unternehmenskulturen im Mittelstand sind vielfach geprägt von innovativen Unternehmerpersönlichkeiten und deren Familien – oft mit langer Tradition.
- Auf interaktive Mitarbeiterbeziehungen und enge Mitarbeiterbindungen wird Wert gelegt. Dazu kommt, dass das Personal oftmals die wichtigste Unternehmensressource darstellt.
- Es herrscht vielfach eine sehr enge und interaktive Kundenbeziehung, die im besonderen Maße durch Verlässlichkeit, Vertrauen, Dauerhaftigkeit und gute Kommunikation geprägt ist.
- Es existiert vielfach ein hohes Qualitätsstreben.

- Oft gibt es eine hohe Fluktuation bei den Führungskräften auch aufgrund der engen Verbindung zwischen den Führungskräften und den Inhabern und dem daraus resultierendem Konfliktpotential.[1]
- Gerade im Mittelstand besteht ein hoher Fach- und Führungskräftemangel.

Für M&A-Transaktionen ergeben sich für den Mittelstand ebenfalls bestimmte Besonderheiten:

- Der Erfolgsdruck i. R. von M&A-Transaktionen ist im Vergleich zu Großkonzernen erheblich höher, da die Investitionen im Vergleich zur gesamten Bilanzsumme i. d. R. höher ausfallen.
- Die mit M&A-Transaktionen verbundenen Ziele sind neben Umsatz- und Marktanteilswachstum, vor allem auch ressourcenorientierte Ziele wie der Zugang und der Erhalt von Know-how, Technologien und Leistungsträgern, die Treiber für Innovationen sind.
- Oft werden direkte Konkurrenten akquiriert, was ein besonderes Umdenken im Umgang mit den Mitarbeitern des Akquisitionsobjektes erfordert und die Entstehung eines Wir-Gefühls deutlich erschwert.
- Die kulturelle Integration wird zwar als wichtig erachtet, steht aber häufig zugunsten der operativen Integration zurück und beansprucht insbes. die erste und zweite Führungsebene (vgl. Deloitte 2009, S. 25).
- Häufig werden inhabergeführte Unternehmen akquiriert, was eine besondere Führungsproblematik in der Integration aufwirft: Der ehemalige Chef muss entweder gehen, um die Integration nicht zu gefährden oder aber er muss aufgrund von engen Bindungen zum Schlüsselpersonal und/oder engen Kundenbeziehungen im Unternehmen gehalten werden.

Daraus ergibt sich zum einen, dass die Unternehmenskultur ein wichtiger Erfolgsfaktor mittelständischer Unternehmen ist. Zum anderen sind die Akquisitionsrisiken im Allgemeinen und im speziellen das kulturelle Akquisitionsrisiko deutlich höher als bei Großkonzernen. Die Unterschätzung, Nichtbeachtung oder Vereinfachung von kulturellen Risiken kann zu einer falschen Berechnung der Synergiepotenziale in Verbindung mit einer nicht adäquaten Integrationsplanung zu unerwartet hohen Integrationskosten und einer Abwanderung von Schlüsselpersonal führen: In der Folge sinkt das Produktivitätsniveau des Unternehmens erheblich.

Um dies zu vermeiden, sollte in den Katalog möglicher Akquisitionskriterien, nach denen potentielle Targets ausgesucht werden, neben Kriterien wie Branchenfokus und Geschäftsfeld, Wachstums- und Entwicklungspotenzial, Unternehmenswert, Möglichkeit der

[1] Haufe Online Redaktion (2014): „Ein Drittel aller Topmanager im Mittelstand sucht laut einer Studie aktiv nach einem neuen Job – und das, obwohl der Arbeitgeber meist bewusst gewählt wurde. Die Studienautoren sehen die Unternehmenskultur als Knackpunkt.“

Mehrheitsübernahme, Rentabilität und sonstige Finanzkenngrößen auch das Kriterium des **Cultural Fit** aufgenommen werden.

Der Begriff Cultural Fit bezeichnet die Kompatibilität der Unternehmenskulturen der an einer M&A-Transaktion beteiligten Partnern im Gegensatz zur kulturellen Distanz, welches das Ausmaß an kulturellen Unterschieden beschreibt. Die in Punkt 3.2. aufgezeigten Kriterien können zur Messung des Cultural Fits dienen.

2.2 Mythos Unternehmenskultur

In der Literatur findet sich keine eindeutige Definition davon, was Kultur ist. Es ist ein Phänomen, welches schwer greifbar ist und unter dem fast jeder etwas anderes versteht. Ein fehlendes einheitliches Verständnis und unterschiedliche Erfahrungen von M&A-Verantwortlichen verhindern vielfach, dass sich dem Thema Kultur adäquat und mit der gebührenden Sorgfalt genähert wird. Zudem besteht vielfach ein falsches Verständnis dafür, wie mit Kultur i. R. eines M&A-Prozesses umgegangen werden kann. Im Folgenden werden sechs Mythen rund um die Unternehmenskultur aufgegriffen und entkräftet.

Mythos Nr. 1: „Kultur ist nicht messbar"
Kultur lässt sich nicht quantitativ ausdrücken, ist aber dennoch messbar. Wichtiger jedoch als die exakte Messung von Kultur, ist der Vergleich der an der Transaktion beteiligten Kulturen, um die Gemeinsamkeiten und Unterschiede zu erkennen und angemessen auf die eventuell analysierte kultureller Distanz reagieren zu können. Zudem gibt es standardisierte und wissenschaftlich fundierte Methoden, die in der Lage sind Kultur anhand von Kulturmerkmalen auf einer Skala zu messen, z. B. der Organisational Culture Inventory von Human Synergistics.

Mythos Nr. 2: „Ein guter „Cultural Fit" ist die Voraussetzung für das Gelingen einer Transaktion"
Kulturelle Ähnlichkeit ist kein Garant für eine erfolgreiche Transaktion und kulturelle Distanz ist kein Garant für einen Misserfolg. Kulturelle Unterschiede sind Chance und Risiko zugleich! Wichtig für die M&A-Verantwortlichen ist, die kulturellen Unterschiede der Transaktionspartner zu kennen und die richtigen Maßnahmen für die zukünftige Zusammenarbeit abzuleiten. Das wird umso wichtiger, je tiefer der gewählte Integrationsgrad ist, da der Grad der Zusammenarbeit mit zunehmender Integrationstiefe steigt. Kulturdifferenzen können auch eine Chance darstellen, weil sie z. B. der Ausgangspunkt für eine neue gemeinsame Best Practice oder einem Know-how-Transfer sein können. Auch kann das Problemlösungspotenzial und die Kreativität der Mitarbeiter durch kulturelle Unterschiede erhöht werden. Negative Synergiepotenziale können hingegen aus einer höheren Komplexität und einer schwierigeren Konsensfindung resultieren.

Zu beachten ist auch, dass die Kultur des Post Merger Managements die erste gemeinsam erlebte Kultur ist und als wichtiger Startschuss der weiteren Zusammenarbeit gilt.

Mythos Nr. 3: „Kultur berücksichtigen wir implizit – das haben wir im Gefühl!" Kultur ist kein Thema, dass nebenbei bearbeitet werden kann. Kultur steht vor und während der Integration als Querschnittsthema in ständiger Konkurrenz zu funktionalen Integrations- und Verbesserungsprojekten. Die Schwierigkeit ist, genügend Aufmerksamkeit und Zeit bei den Führungskräften für kulturelle Themen zu erhalten und zu behalten! Zu beobachten ist, dass Zusammenschlüsse, bei denen Menschen und Kulturen Aufmerksamkeit geschenkt wurde, wertschaffende Transaktionen sind (z. B. die Fusion von Veba und Viag zu E.ON oder die Fusion von Deutsche Bank und Bankers Trust). Diese Aufmerksamkeit ist umso wichtiger, je höher der Integrationsgrad gewählt werden muss, um die gesetzten Transaktionsziele zu erreichen.

Mythos Nr. 4: „Cash is King! – Die richtige Strategie ist entscheidend!" Erfolge werden von Menschen erzielt: Damit quantitative Ziele erreicht werden können, müssen Strategie, Struktur, Prozesse und Kultur ineinandergreifen. Nur so kann eine Akquisitions- oder Fusionsstrategie erfolgreich umgesetzt werden und nur durch diesen Vierklang lassen sich ambitionierte monetäre Ziele erreichen!

Mythos Nr. 5: „Kultur ist unveränderbar!" Kultur ist ein Phänomen, welches von der Führung ausgeht und langfristig veränderbar ist. Kultur muss sichtbar sein, bevor man Hebel der Veränderung ansetzen kann. Dabei sind das Involvement und das Commitment der Führungskräfte entscheidend!

Mythos Nr. 6: „Ziel der Due Diligence ist es, Haftungsansprüche zu vereinbaren – das ist bei Kultur unmöglich!" Für einige Entscheidungsträger ist die Untersuchung der Unternehmenskultur zu unsicher, zu wenig konkret und zu unberechenbar – damit unterbleibt die Cultural Due Diligence. Das zentrale Ziel aller Arten von Due Diligence Untersuchungen ist es, nicht Haftungsansprüche zu generieren, sondern Informationsasymmetrien zwischen Käufer und Verkäufer zu identifizieren, zu evaluieren und Handlungsempfehlungen daraus abzuleiten! Sicher ist, dass die Interpretation und Bewertung kultureller Informationen schwieriger ist, als bei quantitativen Daten. Dennoch lassen sich konkrete Integrationsmaßnahmen mit Hilfe von strategischen, führungsspezifischen, kommunikativen, physischen und personalpolitischen Instrumenten daraus ableiten.

Ein gutes Verständnis dafür, was Unternehmenskultur ist, wie sie in Unternehmen in Erscheinung tritt und welche Auswirkungen sie haben kann, ist für die Erfassung von unternehmenskulturellen Risiken und Chancen unabdingbar.

2.3 Unternehmenskultur: Ein harter weicher Faktor

Unternehmenskultur im Sinne dieses Beitrags wird definiert als der kollektive „Charakter" eines Unternehmens, ähnlich der Persönlichkeit eines Individuums mit typischen und

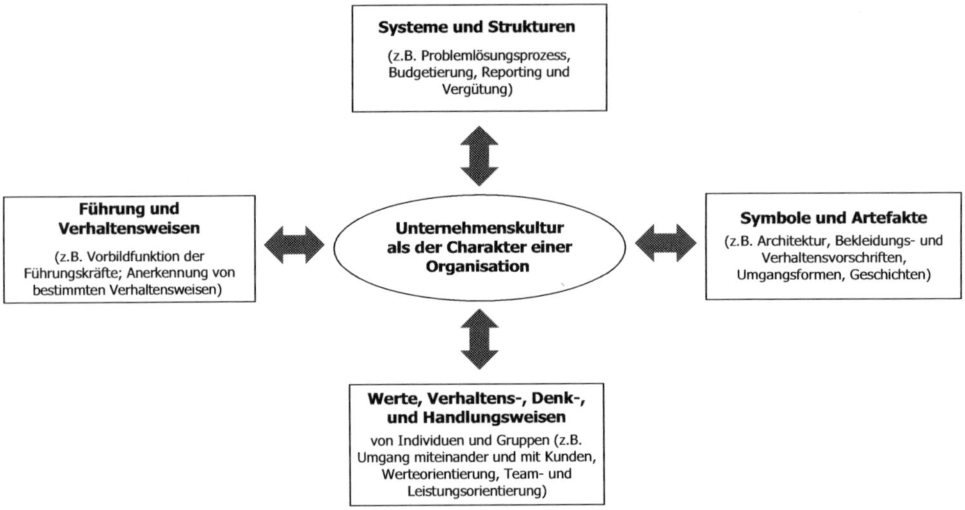

Abb 1 Die Unternehmenskultur als Charakter einer Organisation. (Quelle: Eigene Darstellung)

unverwechselbaren Merkmalen und umfasst alles, was als selbstverständlich und erfolgsbringend betrachtet wird (vgl. Goffee/Jones 1998). Wie in Abb. 1 dargestellt, wirkt die Unternehmenskultur auf und ist gleichzeitig beeinflusst von

- den Führungskräften und deren Verhaltensweisen, da insbesondere sie für den Aufbau und die langfristige erfolgreiche Weiterentwicklung des Unternehmens verantwortlich sind,
- den herrschenden und sich im Zeitablauf entwickelnden Werten, Verhaltens-, Denk- und Handlungsweisen der Führungskräfte und Mitarbeiter, aber auch von Teams und organisatorischen Einheiten,
- Systemen und Strukturen, die in einem Unternehmen strategisch und operativ zum Einsatz kommen sowie von
- Symbolen und Artefakten, die die äußeren, sichtbaren Merkmale eines Unternehmens darstellen.

Beeinflusst wird die Unternehmenskultur von der Branchen- und Landeskultur und spiegelt Elemente dieser wider.

Unternehmenskultur wirkt explizit und implizit: Sie wirkt explizit in Form von Unternehmensgrundsätzen, Leitbildern, Strategien, Verhaltensvorschriften und ist damit transparent für die Mitarbeiter und teilweise auch für Externe. Sie wirkt aber auch implizit, da viele Erwartungen an die Mitarbeiter, die auf einem gemeinsamen Verständnis basieren, nicht formuliert werden. Sie gelten als selbstverständlich und wirken wie ein Filter durch den Situationen und Aktionen beurteilt werden.

Unternehmenskultur integriert und differenziert zugleich: Sie integriert, da sie Komplexität reduziert und Verhaltensweisen als selbstverständlich erachtet werden. Und Unternehmenskultur differenziert, da sie Unterschiede zu anderen Organisationen deutlich werden lässt. Diese Differenzierung kann gerade durch Unternehmensexterne deutlich wahrgenommen werden.

2.4 Das Produktivitätsniveau der Transaktionspartner im M&A-Prozess

Das Ziel des idealerweise schon in der Pre-Merger-Phase beginnenden Integrationsmanagements ist die Erreichung einer hohen Akzeptanz für die Veränderungsprozesse, d. h. durch die frühzeitige Berücksichtigung und Bearbeitung kultureller Themen wird die für Change-Projekte typische Innenorientierung wieder um eine Markt- und Kundenorientierung erweitert. So kann das sogenannte Merger-Syndrom geglättet werden. Es gilt die Mitarbeiter auf ein Produktivitätsniveau zu bringen, welches auf bzw. über dem Produktionsniveau liegt, welches vor der Akquisition für das Unternehmen typisch war. Hier ist der enge Zusammenhang zwischen Unternehmenskultur und Commitment zu betonen: Kultur ist einer der wichtigsten Treiber für Commitment! Es besteht ein hoher Steuerungs- und Kommunikationsbedarf. Abbildung 2 zeigt schematisch den emotionalen Verlauf einer M&A-Transaktion sowie das damit verbundene Niveau des Commitments und stellt diesem Verlauf die angestrebte Stimmungs- und Leistungskurve gegenüber.

I. d. R befinden sich die Mitarbeiter vor Bekanntgabe der Transaktion in einem Zustand der Zufriedenheit, denn es werden zu dieser Zeit keinerlei Veränderungen von ihnen erwartet – die Geschäftsprozesse folgen gewissen Routinen. Mit Bekanntgabe des Deals

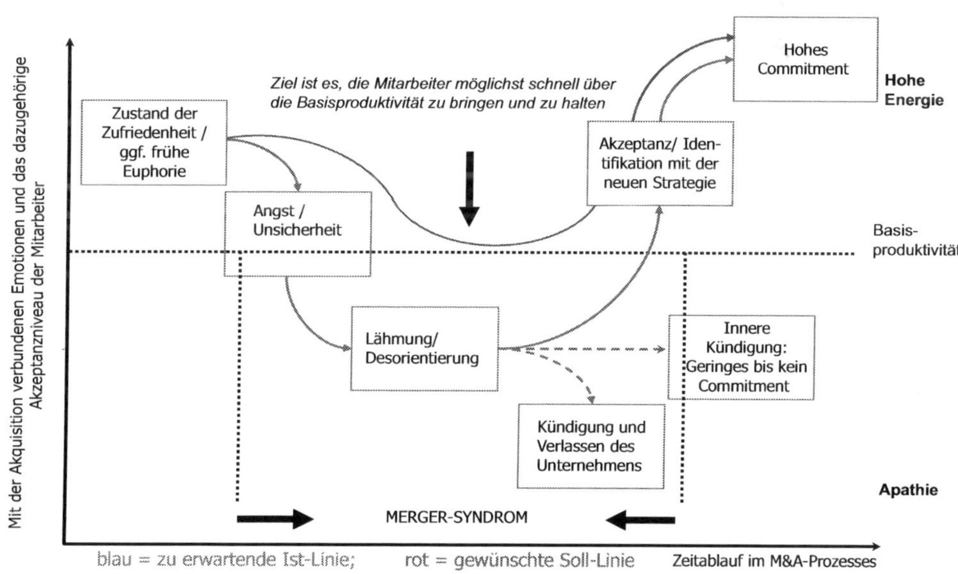

Abb. 2 Der emotionale Verlauf einer M&A-Transaktion. (Quelle: Eigene Darstellung)

wird sich bei einem kleinen Teil der Belegschaft ggf. sogar eine gewisse Euphorie einstellen, wenn sie die Vorteile des Zusammenschlusses erkennen. Bei den meisten Mitarbeitern wird sich aber eine Phase der Angst und Verunsicherung bis hin zur Passivität und Desorientierung ausbreiten, in der eine Menge an Sachfragen zu klären sind. Sie sind primär mit den Folgen des Zusammenschlusses für ihre ganz persönliche Situation beschäftigt: Fragen der Arbeitsplatzsicherheit, der Teamzugehörigkeit, der räumlichen Veränderung, der vertraglichen Gestaltung ihrer Arbeitsverhältnisse bis hin zur Angst vor Kündigung lassen die Produktivität des Unternehmens möglicherweise erheblich unter die Basisproduktivität sinken. Dieser Zustand lässt drei mögliche Lösungswege für jeden Einzelnen offen: Der Mitarbeiter verlässt das Unternehmen, da er mehr persönliche Vorteile außerhalb als innerhalb des Unternehmens ausmacht, er verweilt im Unternehmen mit einem nur geringen bis keinem Commitment, d. h. er arbeitet nicht aktiv an der Weiterentwicklung des Unternehmens mit, oder aber das Management schafft es, den Mitarbeiter von der Sinnhaftigkeit des Zusammenschlusses zu überzeugen, dem Mitarbeiter seinen Platz im Unternehmen zu zeigen, ihn wirklich mitzunehmen. So kann eine Identifikation mit und Commitment zu dem neuen Unternehmen erreicht werden.

Die kulturelle Integration ist wichtig, um ein Wir-Gefühl zu erzeugen und aus zwei Unternehmen ein neues entstehen zu lassen – erst dann ist eine erfolgreiche Integration beider Partner gegeben. Dieser Umstand wird zwar in Theorie und Praxis bejaht, es ist aber gleichzeitig die Integration, die am schwierigsten und am problembehaftetsten empfunden wird. Es stellt sich die Frage, wann und wie die Unternehmenskultur als mergerrelevantes Kriterium untersucht werden kann bzw. untersucht werden sollte.

3 Cultural Due Diligence in der Pre- und Post-Merger-Phase einer Transaktion

3.1 Wann ist der richtige Zeitpunkt für eine Kulturanalyse?

Wird Kultur als Erfolgsfaktor und somit auch als Risikopotenzial erkannt, lohnt sich die Auseinandersetzung mit diesem Phänomen, denn in ihr liegt ein hohes produktiv nutzbares Potenzial.

Eine Cultural Due Diligence „gilt als Instrument zur sorgfältigen Untersuchung der Unternehmenskulturen zweier oder mehrerer an einem Zusammenschluss beteiligten Unternehmen. Dabei steht die Analyse und Identifizierung von Risikopotenzialen sowie die Ableitung von Handlungsempfehlungen für die Integration im Vordergrund." (Blöcher 2004, S. 148). Durchgeführt werden diese Analysen von internen und/oder externen Unternehmensberatern, die Erfahrung mit unternehmenskulturellen Analysen und mit denen dabei zum Einsatz kommenden Instrumenten haben.

Der Zweck der Erfassung unternehmenskultureller Merkmale liegt in der endgültigen Festlegung der Integrationsstrategie und in der Beeinflussung der Unternehmenskultur

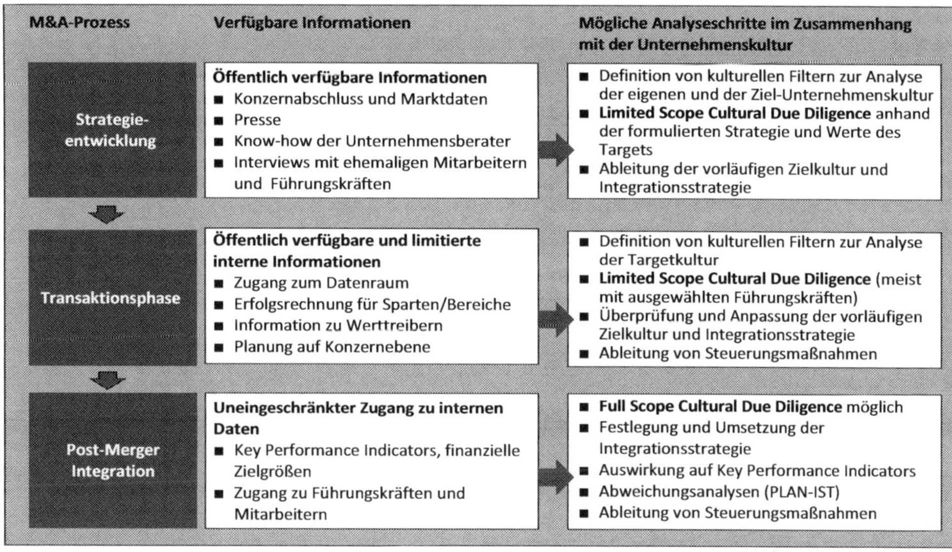

Abb. 3 Möglichkeiten einer limited scope und full scope durchgeführten Cultural Due Diligence. (Quelle: Eigene Abbildung)

durch geeignete Management-Instrumente z. B. Mitarbeitergespräche, Zielvereinbarungen, erfolgsabhängige Vergütung, Etablierung von Qualitätszirkeln etc. (zu den Instrumenten vgl. Baetge 2006, S. 26 ff. Eine Zuordnung von kulturbeeinflussenden Management-Instrumenten zu den Funktionen der Unternehmenskultur findet sich auf S. 28). Diese sollen die Steigerung des bereits dargestellten Produktivitätsniveaus der Mitarbeiter und des Unternehmenserfolges bewirken. Ein strategisch wichtiger Teil der Integrationsstrategie ist die kulturelle Integration. Kulturelle Integration meint, Aktionen zu identifizieren und durchzuführen, die erfolgskritisch und messbar sind. Sie verhindert, dass kulturelle Differenzen diese Aktionen unterlaufen. Diese Akkulturation wird mit steigendem Integrationsgrad, der sich i. d. R. nach den strategischen Interdependenzen der Transaktionspartner und der Notwendigkeit der organisatorischen Autonomie der Partner bestimmt, (Vgl. Haspeslagh und Jemison 1991, S. 145) zunehmend wichtiger. Gerade bei der Zusammenlegung von Ressourcen und der Übertragung von Know-how, d.h. wenn es starke Interaktionen zwischen den Partnern gibt, kann die Unternehmenskultur merklich zum Integrationserfolg beitragen.

Eine Cultural Due Diligence kann, wie Abb. 3 zeigt, in der Pre-Merger-Phase, der Transaktionsphase oder in der Integrationsphase durchgeführt werden. In Abhängigkeit von den verfügbaren Informationen, dem Zugang zu Führungskräften und Mitarbeitern können die möglichen Analyseschritte der Cultural Due Diligence von einer limited scope bis hin zu einer full scope Cultural Due Diligence variiert werden.

Als Informationsbasis steht, in Abhängigkeit vom Zeitpunkt der Untersuchung, eine Reihe von Möglichkeiten zur Verfügung:

- Desk Research in Form von öffentlich verfügbaren Informationen, wie Konzernabschlüsse, Auswertungen von Umfragen, Untersuchungen, Analysen, Wirtschaftspresse etc.,
- Beobachtungen, die insbesondere die Kommunikation, die Arbeitsumgebung, den Umgang mit Zeit, die persönlichen Freiheiten der Mitarbeiter etc. im Fokus haben,
- Interne Interviews mit der Geschäftsführung und ausgewählten Mitarbeitern (Kulturrepräsentanten),
- Auswertungen von Due Diligence-Berichten hinsichtlich der unternehmenskulturell relevanten Merkmale,
- Interne Informationen in Form von Plandaten, Erfolgsrechnungen, Geschäftsführungsprotokollen etc.,
- Interne Interviews mit der gesamten Belegschaft beider Transaktionspartner,
- Interviews mit externen Beobachtern (typischerweise Unternehmensberatern, die für die Partner bereits tätig waren bzw. i. R. der anderen Due Diligence Untersuchungen tätig sind, Gespräche mit ehemaligen Mitarbeitern, die jetzt bei der übernehmenden Gesellschaft tätig sind).

Eine Cultural Due Diligence wird üblicherweise erst nach dem Signing in der Phase der Post-Merger-Integration durchgeführt. I. R. einer oft umfangreichen Kulturanalyse wird dann die Ist-Kultur beider Transaktionspartner erhoben sowie auf Basis der Unternehmensstrategie eine Zielkultur formuliert. Sie basiert auf einer gesicherteren Informationsbasis, da i. d. R. der Zugang zu weiten Teilen der Mitarbeiter und Führungskräfte sowie internen Unternehmensinformationen gegeben ist. Hier wird eine full scope Cultural Due Diligence möglich, d. h. das gesamte Unternehmen ist detailliert auf die formulierten kulturellen Themenfelder hin analysierbar. Fundierte Ergebnisse lassen dann eine Festlegung der Integrationsstrategie zu, die auf die kulturelle Distanz beider Partner abgestimmt ist, sowie deren Umsetzung mithilfe von abgeleiteten Steuerungsmaßnahmen.

Dem entgegen steht, dass die Phase der Post-Merger-Integration geprägt ist von einem sehr engen Zeitplan und einem Umfeld indem eine Vielzahl von Entscheidungen schnell getroffen werden müssen, um interne Abläufe zu gestalten und die Marktorientierung nicht zu gefährden. Zudem ist mit dem Signing die Entscheidung für oder gegen den Deal bereits gefallen und eine mögliche Berücksichtigung kultureller Einflüsse auf die auf der Transaktionsentscheidung basierenden Bewertung der Synergieeffekte unmöglich. Das lässt ein Nachdenken über eine Cultural Due Diligence bereits vor dem Closing als sinnvoll erscheinen.

Die Zielsetzung einer **pre-merger durchgeführten Cultural Due Diligence** ist es, kulturelle Risiken bereits vor Vertragsunterzeichnung zu identifizieren und zu adressieren. Dabei soll die sich anschießende Integrationsarbeit unterstützt werden. Die Besonderheit der pre-merger durchgeführten Cultural Due Diligence liegt darin, dass der Zugang zu den Mitarbeitern i. d. R. nur limitiert möglich ist, d. h. die Informationsbasis ist eingeschränkt und der scope der Untersuchung wird damit eingeschränkt. Die (vorwiegend) externen

Quellen nutzen jedoch die Vorteile eines außenstehenden Beobachters und können erste Unterschiede zwischen dem Käufer und dem Verkäufer ausmachen. In dieser Phase werden kulturelle Filter des eigenen Unternehmens definiert und öffentlich verfügbare Informationen in Bezug auf diese Filter ausgewertet. Es erfolgt eine Bewertung von strukturellen Komponenten, die die Unternehmenskultur beeinflussen: Führungsstil, Aufbauorganisation, Kommunikationswege und Systeme. Daneben können mitarbeiterbezogene kulturelle Aspekten definiert werden: Kernkompetenzen, Schlüsselarbeitsbereiche, Talent Retention, Arbeitsklima etc.

Das Ergebnis einer pre-merger durchgeführten Cultural Due Diligence ist dann die Identifizierung und mögliche Adressierung von kulturellen Risiken, die Formulierung einer Zielkultur sowie die Anpassung der Integrationsplanung und die Ableitung der (vorläufigen) Integrationstiefe, die von einer reinen Holding-Struktur bis hin zu einer vollständigen Integration (Absorption) reichen kann.

3.2 Pragmatische Kulturanalyse anhand von Danger Signs

Die möglichst früh im M&A-Prozess stattfindende Cultural Due Diligence anhand einer pragmatischen Vorgehensweise ist gerade für den Mittelstand besonders relevant, da das kulturelle Gefahrenpotenzial (ggf. schon frühzeitig im Prozess) abgeschätzt und eine hohe Kosten-Nutzen-Relation erreicht werden kann. Dabei kommt es darauf an, sich auf Zielkriterien zur Erfassung der Unternehmenskultur an den Stellen des Transaktionsprozesses zu konzentrieren, an denen die Unternehmenskultur der Transaktionspartner zum Risikofaktor werden kann. Es gilt sogenannte Danger Signs frühzeitig wahrzunehmen und so Anzeichen für den Cultural Fit zu erhalten. Wichtig ist dabei, diese an harten, untersuchbaren Kriterien festzumachen. Dazu zählen u. a. der Führungsstil, die Organisation von Planungs-, Entscheidungs- und Innovationsprozessen, die Ausgestaltung der Incentive Systeme sowie die Organisationsstruktur und die Handhabung von Controllingprozessen. Daraus ergeben sich individuell ableitbare Fragen in Abhängigkeit von der Akquisitionsstrategie, den Transaktionspartnern sowie den anderen Akquisitionskriterien. Exemplarisch können die folgenden möglichen Fragestellungen Hinweise bezüglich des Cultural Fits der Transaktionspartner geben:

In Bezug auf den **Führungsstil** ist zu identifizieren, wie das Spannungsverhältnis zwischen Mitarbeiter- und Aufgabenorientierung gelebt wird, wie mit Konflikten, Veränderungen und Fehlern umgegangen wird und ob die Machtstrukturen und die Wege zum persönlichen Erfolg für jedes Organsiationsmitglied transparent sind (vgl. Tab. 1).

Die Analyse der **Planungs- und Entscheidungsprozesse** gibt Aufschluss darüber, wie zentral oder dezentral die Macht im Unternehmen verteilt ist, welche Risikoneigung, Ziel- und Leistungsorientierung im Unternehmen herrschen. Auch die Flexibilität und Eigenverantwortlichkeit der Mitarbeiter werden deutlich (vgl. Tab. 2).

Tab. 1 Risikofilter Führungsstil im Rahmen einer Cultural Due Diligence

Risikofilter I: Führungsstil	
Mögliche Fragestellung	Cultural Fit im Spannungsfeld zwischen
Wie hoch ist die (ungewollte) Fluktuation beim Schlüsselpersonal?	Mitarbeiterorientierung versus Aufgabenorientierung
Wie wird mit Konflikten umgegangen? Wie zeitnah wird eine Konfliktlösung gesucht?	Konfliktfähigkeit, Wille zur Veränderung versus Konvention, Tradition
Haben Mitarbeiter die Möglichkeit Kritik zu äußern ohne Angst vor Benachteiligungen zu haben?	Hohe versus geringe Fehlertoleranz; hohe versus geringe Lernbereitschaft
Haben die Mitarbeiter alle für ihre Aufgaben notwendigen Informationen? Wie sehen die Kommunikationsprozesse aus?	Transparenz, Rolle der Informationsmacht versus Sicherung von Machtstrukturen
Sind Aufgaben, Verantwortungen und Kompetenzen kongruent verteilt und für die Mitarbeiter nachvollziehbar?	Klarheit der Organisation; Wege zum persönlichen Erfolg

Tab. 2 Risikofilter Planungs- und Entscheidungsprozesse im Rahmen einer Cultural Due Diligence

Risikofilter II: Planungs- und Entscheidungsprozesse	
Mögliche Fragestellung	Cultural Fit im Spannungsfeld zwischen
Wie sind die Planungsprozesse organisiert?	Hierarchische Zentralisierung versus Dezentralisierung
Wie ist die Risikoneigung des Unternehmens?	Konvention/Tradition; hohe versus geringe Risikoneigung Entwicklungstreben versus
Wie werden Entscheidungen im Normalfall getroffen? Wer wird beteiligt?	Art der Entscheidungsfindung: Hierarchische Zentralisierung versus Dezentralisierung
Wie werden Entscheidungen unter Zeitdruck getroffen?	Flexibilität, Eigenverantwortung der Mitarbeiter; geringe versus hohe Risikobereitschaft
Werden Entscheidungen mit einer hohen Zielorientierung getroffen?	Ziel- und Leistungsorientierung versus Personenorientierung

Gerade die **Innovationsfähigkeit** eines Unternehmens ist häufig ein ausschlaggebendes Kriterium für oder gegen eine Transaktion. Deren Analyse kann Aufschluss darüber geben, ob das Kreativitätspotential der Mitarbeiter voll ausgeschöpft und durch organisierte Prozesse gefördert oder eher behindert wird (vgl. Tab. 3).

Die Analyse der **Incentive Systeme gibt** darüber Aufschluss, ob Erfolge des Einzelnen oder des Teams erwartet und honoriert werden, welche Freiheitsgrade bei der Aufgabenerfüllung gewährt werden, wie das Wettbewerbsverhalten und die Marktorientierung gefördert oder behindert werden (vgl. Tab. 4).

Tab. 3 Risikofilter Innovationsprozesse im Rahmen einer Cultural Due Diligence

Risikofilter III: Innovationsfähigkeit	
Mögliche Fragestellung	Cultural Fit im Spannungsfeld zwischen
Wie ist die Zusammenarbeit zwischen Vertrieb und F&E organisiert?	Hohe versus geringe Innovationsorientierung
Wie wird Kreativität gefördert?	Volle oder teilweise Ausschöpfung des Kreativitätspotentials der Mitarbeiter
Wie sieht das betriebliche Vorschlagswesen aus? Wer entscheidet über förderungswürdige Ideen? Wie werden Ideen anerkannt und belohnt?	Offenheit; Meinungsvielfalt; hohe versus geringe Innovationsorientierung
Findet ein organisierter abteilungsübergreifender Austausch statt?	Hohe versus geringe Innovationsorientierung
Wie werden die Kunden und andere Unternehmensexterne in die Innovationsprozesse eingebunden?	Kunden- und Marktorientierung versus Innenorientierung

Tab. 4 Risikofilter Incentive Systeme im Rahmen einer Cultural Due Diligence

Risikofilter IV: Incentive Systeme	
Mögliche Fragestellung	Cultural Fit im Spannungsfeld zwischen
Wie erfolgt die Zielvereinbarung zwischen Unternehmensleitung und Mitarbeitern? Wie transparent sind die Incentive Systeme?	Hohe versus geringe Leistungsorientierung; Möglichkeiten der Selbstverwirklichung; Wege zum persönlichen Erfolg; Machtverhalten
Welche Beurteilungskriterien werden zugrunde gelegt?	Hohe versus geringe Teamorientierung; hohe versus geringe Veränderungskompetenz
Werden Ergebnisse oder Handlungsanweisungen vorgegeben?	Hierarchische Zentralisierung versus Dezentralisation; Gestaltung von Freiheitsräumen
Wie hoch ist der Anteil von fixer und variabler Vergütung auf der 1. und 2. Führungsebene?	Hohes versus geringes Wettbewerbsverhalten
Wie und welche Talente werden gefördert? Welche Karriere- und Aufstiegschancen werden angeboten? Wie sehen Retentionprogramme aus?	Marktorientierung versus Mitarbeiterorientierung; Diversitätsdenken

Die **Organisationsstruktur** als wesentliches Element der Strategieumsetzung zeigt den Fokus der Geschäftstätigkeit, die Markt-, Innovations- und Kundenorientierung sowie die Effizienz von Arbeits- und Kommunikationsprozessen (vgl. Tab. 5).

Die Analyse der **Controllingprozesse** kann wesentliche Hinweise darauf liefern, wie mit Fehlern umgegangen wird und welche Lernprozesse durch sie in Gang gesetzt werden, d. h. wie Lern- und Risikobereitschaft gefördert werden und welche Veränderungsbereitschaft im Unternehmen herrscht (vgl. Tab. 6).

Tab. 5 Risikofilter Organisationsstruktur im Rahmen einer Cultural Due Diligence

Risikofilter V: Organisationsstruktur	
Mögliche Fragestellung	Cultural Fit im Spannungsfeld zwischen
Welche besonderen Geschäftsführungs-/Vorstandspositionen sind besetzt? Gibt es einen CTO (Chief Technology Officer), einen CCO (Chief Culture Officer), einen CIO (Chief Innovation Officer) etc.?	Fokus der Geschäftstätigkeit und Unternehmensführung, Werteorientierung
Wie ist die Innovationstätigkeit im Unternehmen verankert (Projekte, Netzwerke, Abteilung etc.)?	Hohe versus geringe Innovationsorientierung; hohe versus geringe Kostenorientierung
Wie viele Mitarbeiter arbeiten in Cost Centern, wie viele in Profit oder Investment Centern? Wie viel Eigenverantwortung wird von den Mitarbeitern eingefordert?	Hohe versus geringe Eigenverantwortung der Mitarbeiter
Sind die unternehmensinternen Prozesse und die damit verbundenen Schnittstellen effektiv und effizient organisiert?	Hohe versus geringe Prozessorientierung; Art und Effizienz der Zusammenarbeit
Leitungstiefe und Leitungsbreite	Hohe versus geringe Markt- und Kundenorientierung; hohe versus geringe Kostenorientierung

Tab. 6 Risikofilter Controllingprozesse im Rahmen einer Cultural Due Diligence

Risikofilter VI: Controllingprozesse	
Mögliche Fragestellung	Cultural Fit im Spannungsfeld zwischen
Wie konsequent werden Fehler analysiert?	Fehlerkultur: Perfektionismus versus Lernbereitschaft
Wie konstruktiv wird mit Fehlern und Rückschlägen umgegangen?	Hohe versus geringe Lernbereitschaft und Lernfähigkeit
Wie werden Lernprozesse in Gang gesetzt?	Hohe versus geringe Veränderungsfähigkeit und Veränderungsbereitschaft
Anhand welcher Kriterien werden Investitionsvorhaben geprüft?	Hohe versus geringe Veränderungs- und Risikobereitschaft, Visionäres Denken
Wie konsequent werden Prämissen in Frage gestellt?	Hohe versus geringe Lernbereitschaft und Lernfähigkeit

Bei all diesen Kriterien und Fragestellungen handelt es sich keinesfalls um rein weiche und nicht klar formulier- und analysierbare Faktoren. Vielmehr sind es Kriterien und Fragestellungen, die messbar sind und auch im Rahmen von anderen Due Diligence Untersuchungen mit erhoben werden und in Bezug auf den Cultural Fit ausgewertet werden können. Im Ergebnis liefern Sie wertvolle Hinweise darauf, ob und in welchen Bereichen wesentliche Unterschiede zwischen den Transaktionspartnern bestehen und ob diese so groß sind, dass sie Integrationshemmnisse darstellen.

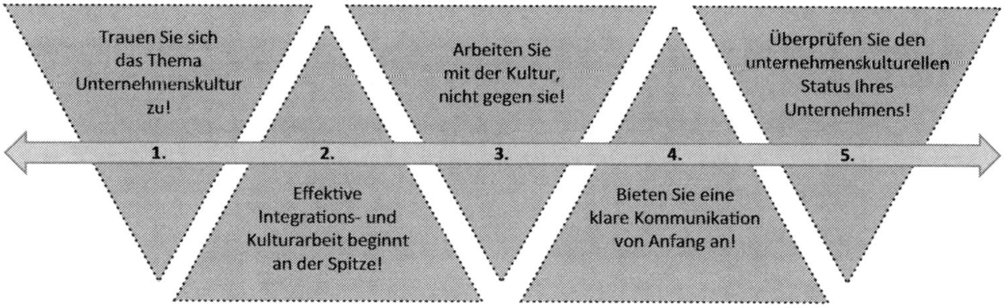

Abb. 4 Handlungsempfehlungen zur erfolgreichen kulturellen Integration. (Quelle: Eigene Darstellung)

Die genannten kulturellen Aspekte sind teilweise bereits vor dem Closing sichtbar und können als Filter zur Ermittlung des Bedarfs an einer tiefer gehenden Cultural Due Diligence dienen bzw. den Bedarf an aktivem Kulturmanagement aufzeigen. Es handelt sich dabei um unternehmensimmanente Faktoren, d. h. sie sind vom Unternehmen beeinflussbar, hat man sie erst einmal als Gefahrenpotential erkannt.

Die kulturellen Aspekte sind exemplarisch zu verstehen. Auch zu anderen kulturbestimmenden Merkmalen lassen sich solche Beobachtungen schon relativ früh im Transaktionsprozess machen. Wichtig ist es, solche Filter zu definieren und sie gezielt in die Analyse mit einzubeziehen. Die Anzahl der Filter sollte begrenzt sein, um sich inhaltlich nur auf die erfolgskritischen Aspekte zu konzentrieren.

4 Handlungsempfehlungen zur erfolgreichen kulturellen Integration

Die Ausführungen haben deutlich gemacht, dass die Unternehmenskultur gerade i. R. von M&A-Transaktionen im Mittelstand besonderer Aufmerksamkeit bedarf und die Aufnahme des Cultural Fits als Akquisitionskriterium sinnvoll ist. Dabei ist die Untersuchung der Unternehmenskultur keine Frage von Alles-oder-Nichts, vielmehr kann die Untersuchungstiefe und -breite den jeweiligen Gegebenheiten der Transaktion angepasst werden. Der Wirkungsgrad der Cultural Due Diligence ist optimal, wenn sie auf die Besonderheiten der Transaktion und den an ihr beteiligten Transaktionspartnern abgestimmt ist.

Die in Abb. 4 gezeigten Handlungsempfehlungen können dabei helfen, eine erfolgreiche kulturelle Integration zu gestalten:

1. Trauen Sie sich das Thema Unternehmenskultur zu!
Es muss nicht immer eine volle Cultural Due Diligence sein. Die aufgeführten Kriterien zeigen, dass Informationen über die Unternehmenskultur auch i. R. anderer Untersuchungen und auch schon sehr früh im M&A-Prozess gewonnen werden können. Entwickeln Sie möglichst früh kulturelle Filter, die für das zukünftige Unternehmen wichtig, d. h. erfolgskritisch sind. Achten Sie auf eine transparente und überprüfbare Vorgehensweise.
2. Effektive Integrations- und Kulturarbeit beginnt an der Spitze!
Der Führungsmannschaft muss bewusst sein, dass das Kriterium Cultural Fit als Akquisitionskriterium neben anderen Kriterien steht und für den Transaktionserfolg relevant ist. Zudem muss relativ früh im Prozess die erste und zweite Führungsebene benannt werden, um Unsicherheit en seitens der Mitarbeiter zu minimieren und das Merger-Syndrom abzuschwächen. Seien Sie sich der Tatsache bewusst, dass die Führungskräfte eine wichtige Rolle bei der Beantwortung der Frage spielen, ob ein Mitarbeiter i. R. einer M&A-Transaktion im Unternehmen bleibt oder nicht.
3. Arbeiten Sie mit der Kultur, nicht gegen sie!
Kulturelle Unterschiede und Gemeinsamkeiten können nur aufgezeigt werden, wenn die Unternehmenskultur aller Transaktionspartner untersucht wird. Dann gilt es diese zu bearbeiten, nicht sie zu bewerten. Es darf keine Besser-/Schlechter- und auch keine Gewinner-/Verlierer- Sichtweise entstehen oder gefördert werden. Kulturelle Unterschiede können auch zu einem innovativen Klima führen. Ermutigen Sie die Mitarbeiter im Sinne der Zielkultur zu neuen Verhaltensweisen, unterstützt durch unternehmensinterne Systeme. Bedenken Sie auch die Option, die Integrationsstrategie aufgrund des Ausmaßes an Cultural Fits anzupassen.
4. Bieten Sie eine klare Kommunikation von Anfang an!
Passen Sie Ihre Kommunikationsstrategie dem emotionalen Verlauf der Veränderung an. Gerade zu Beginn der Integration besteht eine hohe Desorientierung und damit ein hoher Informationsbedarf bei den Mitarbeitern. Zudem ist die Veränderungserwartung besonders hoch. Auch unangenehme Meldungen oder Gerüchte sollten kommentiert werden, sonst lähmen sie die Produktivität.

Commitment kann bei den Mitarbeitern nur durch eine klare Kommunikation der Akquisitionsstrategie sowie durch den Einbezug der Mitarbeiter entstehen. Dann gelingt auch die externe Kommunikation zu Kunden und Lieferanten gelingen, die i. d. R große Unsicherheiten bezüglich veränderten/-er Ansprechpartnern, Auswahl, Qualität, Lieferungssicherheit und Preise der Leistungen haben.
5. Überprüfen Sie regelmäßig den unternehmenskulturellen Status Ihres Unternehmens!
Die umfassende Beteiligung der Bereiche bei der Integrationsplanung, bezüglich Problemanalyse und Handlungsplan, um den Kulturstatus zu bestimmen ist wichtig. Darüber hinaus muss aber auch eine Ergebnisprüfung stattfinden, die die Entwick-

lung der Unternehmenskultur im Zeitablauf aufzeigt und geeignete Maßnahmen entwickelt, die ggf. gegensteuern. Dabei ist darauf zu achten, dass Unternehmenskulturen nur langsam veränderbar sind.

Bestehen Sie darauf, dass sich die Kulturarbeit auf konkrete und messbare Elemente konzentriert. Definieren Sie kulturelle Themen, die von besonderer Bedeutung für die Integrationsarbeit sein werden und machen Sie Fortschritte sichtbar, indem Meilensteine mit messbaren Ergebnissen dokumentiert werden. Vermeiden Sie zu vage und zu weiche Formulierungen.

Literatur

Bäetge, J. (2006). *Messung der Korrelation zwischen Unternehmenskultur und Untemehmeoserfolg*. Gütersloh: Bertelsmann Stiftung. http://www.fundacionbertelsmann.org/cps/rde/xbcr/SID-F41E2456-37625449/bst/xcms_bst_dms_18942__2.pdf. Zugegriffen: 4. März 2015.

Blöcher, A. (2004). *Cultural Due Diligence: Möglichkeiten und Grenzen der Erfassung und Bewertung von Unternehmenskulturen bei Unternehmenszusammenschlüssen*. Aachen: Shaker Verlag.

Deloitte. (2009). Cultural Issues in mergers and acquistions. http://www2.deloitte.com/content/dam/Deloitte/us/Documents/mergers-acqisitions/us-ma-consulting-cultural-issues-in-ma-010710.pdf. Zugegriffen: 17. März 2015.

Goffee, R., & Jones, G. (1998). *The character of a corporation*. London: Harper Collins Publisher.

Haspeslagh, P. C., & Jemison, D. B. (1991). *Managing acquisitions. Creating value through corporate renewal* (S. 145). New York: Free Press.

Haufe Online Redaktion. (2014). Unternehmenskultur im Mittelstand – Wenn Inhaber und Topmanager nicht miteinander können. http://www.haufe.de/personal/hr-management/unternehmenskultur-mittelstand-inhaber-und-topmanager_80_256612.html. Zugegriffen: 11. Mai 2015.

Panda, A. (2013). Do you know you are dealing with? Cultural due diligence: What, why and how. *VIKALPA, 38*(2), 1–20.

Prof. Dr. Annette Blöcher ist Professorin an der Technischen Hochschule Köln und Expertin auf den Gebieten Mergers & Acquisitions, Unternehmensführung und Entrepreneurship. Nach langjähriger Beratungspraxis im Bereich Due Diligence, Unternehmensbewertung und Post-Merger-Integration bei Deloitte und PricewaterhouseCoopers widmet sie sich nun der Lehre und Forschung in den genannten Gebieten. Frau Blöcher hat zum Thema Cultural Due Diligence promoviert und forscht weiterhin zu den „menschlichen Aspekten" von M&A-Transaktionen. Sie berät Unternehmen zu Themen in den Bereichen M&A, Change Management und Unternehmensführung.

Zur Bedeutung des Kunden im Rahmen der Post-Merger-Integration am Beispiel des Logistiksektors

Christopher W. Stoller

Zusammenfassung

Fusionen sind auch in der Logistik ein Mittel zur Erweiterung des Geschäftsfeldes oder zum Zugang zu neuen Märkten. Im Logistiksektor scheitert ebenso eine Reihe von Zusammenschlüssen, jedoch nicht immer so publikumswirksam wie im Rest der Wirtschaft. Eine Besonderheit der Logistikdienstleistung ist das Mitwirken des Kunden an der Erbringung eben dieser. Dies ist bedingt durch das Auslagern von Tätigkeiten an Logistikdienstleister, die dann für einen vereinbarten Zeitraum eine Vielzahl von Dienstleistungen für deren Kunden erbringen. Das Verhältnis Kunde-Dienstleister ist meistens persönlich geprägt. Auch wenn es oft um millionenschwere Verlagerungen geht, steht der Kontakt zwischen Verlader und Logistik immer mit im Vordergrund. Kommt es nun zu einer Unternehmensveräußerung, geht der persönliche Kontakt verloren. Aufgrund der Vielzahl und der Natur der Kontakte kann das kaufende Unternehmen nicht schnell genau die Brisanz erkennen. Kunden haben keinen Ansprechpartner mehr für ihre oft sensiblen Angelegenheiten. Die Folge ist, dass der Kunde abwandert und so mitunter das Scheitern des Zusammenschlusses vorprogrammiert ist.

C. W. Stoller (✉)
Duale Hochschule Baden-Württemberg, Hangstr. 46-50, 79536 Lörrach, Deutschland
E-Mail: stoller@dhbw-loerrach.de

A. Kuckertz, N. Middelberg (Hrsg.), *Post-Merger-Integration im Mittelstand,*
DOI 10.1007/978-3-658-12370-3_17

1 Unternehmenszusammenschlüsse in der Logistik

Durch eine Vielzahl von Unternehmensfusionen in den 1990er und 2000er Jahren fanden sich die heutigen Supply Chain-Konzerne zusammen (vgl. Doll et al. 2014, S. 31). Einerseits sind die staatseigenen Postunternehmen Deutschlands und der Niederlande zu nennen, welche durch massive Zukäufe aus dem Mittelstand in Logistikunternehmen wie DHL und CEVA aufgingen. Auch sind hier, wiederum staatseigene, Bahngesellschaften zu erwähnen. So akquirierte die Deutsche Bahn Logistikspezialisten, wie Schenker und Bax Global; die französische Societé Nationale du Chemin de Fer (SNCF) beteiligte sich bei Calberson und Geodis. Auf diese Weise konnten diese beiden sich als globale Logistikgrößen dem Wettbewerb nicht nur auf der Schiene stellen. Daneben haben aber auch inhabergeführte Logistikdienstleister vermehrt aus der Branche zugekauft. Zu erinnern sei an den Erwerb von ACR durch Kühne & Nagel, die Übernahme der französischen Graveleau durch den deutschen Mittelständler Dachser, oder die –gescheiterte- Übernahme von TTS durch die Fiege-Gruppe (vgl. Kümmerlen 2014). Andererseits gab es eine Reihe von Outsourcing-Aktivitäten, also Übernahmen logistischer Tätigkeiten, die in der klassischen Verladerschaft ihren Ursprung hatten. Hier sei etwa an den Verkauf der Unternehmenslogistik von KarstadtQuelle an DHL erinnert (vgl. Heintze 2005, S. 12–15). Beiden Fusionsarten ist die Kundengewinnung gemein gewesen (vgl. Öberg und Holtström 2006, S. 1267–1275). Im ersten Fall geht es um die Verbreiterung der Kundenbasis durch den Zukauf weiterer Kunden und damit Schaffung externen Wachstums (vgl. Wagner und Kemmerling 2008, S. 30–31). Im zweiten Fall ist das übernommene Logistikgeschäft gleichbedeutend mit dem Zugewinn von Sektoren- oder Branchenkompetenz, die wiederum als Mittel zum Gewinn von Neukunden führen sollte. Erstaunlich ist, dass trotz dieser vielversprechenden Ansätze mehr als die Hälfte der Unternehmensfusionen mit einem Fehlstart, verpassten Chancen und mit teilweise persönlichen Enttäuschungen für die beteiligten Akteure einhergehen (vgl. Gleißner 2008, S. 5; vgl. Homburg und Bucerius 2005, S. 95–113).

1.1 Merger & Acquisitions in der Logistik

Bis in die 1980er Jahre lassen sich die Ursprünge der Akquisitionstätigkeiten verfolgen, als man begann, bestimmte Elemente des „Supply Chain Thinking" zu adaptieren (vgl. Persson und Virum 2001, S. 53–64). Handel und Industrie waren auf die Reduktion von Bestandskosten bedacht. Just-in-Time-Produktion ist seitdem der Schlüssel zum Erfolg. Die Zentralisierung der Warenbestände konnte einhergehen mit dem Fortschreiten der regionalen Wirtschaftszonen der Europäischen Union und der Nordamerikanischen Freihandelszone und der daraus resultierenden Liberalisierung von Güterbewegungen. Im Anschluss an die Übernahme von TNT durch KPN entstand in den 1990er Jahren die Idee eines weltweiten „one-stop-shopping" Logistikanbieters – ein hochgestecktes Ziel, mit dem man sich vom Dienstleistungsangebot anderer Marktteilnehmer differenzieren wollte. Durch das Geschäftsmodell des Outsourcing befanden sich Logistikdienstleister und Logistikkunden in gegenseitiger Abhängigkeit, da der Kunde sich zwar auf seine Kernkompetenz beschränkte, doch im Rahmen der Wertschöpfung auch Dienstleistungen seines Dienstleisters, zumindest mittelbar, anbieten konnte (vgl. Gereffi und Lee 2012, S. 24–32). Ein weiterer Meilenstein war die „Dotcom"-Zeit. Einige Logistikdienstleister konnten sich speziell in diesem neuen Segment etablieren. Diejenigen, die nicht organisch gewachsen waren, mussten sich durch spezielle Unternehmenszukäufe aus den Reihen der „Fulfillment-Dienstleister" auf die nunmehr folgende Welle des Distanzhandels vorbereiten. Die Euphorie führte einerseits zu überteuerten Akquisitionen, andererseits zu einem Fokus auf die KurierExpressPaket-Branche, die gerade die New Economy mit ihrer schnelllebigen Eigenart besser bedienen konnte. Es wurde mit dem Aufbau der heutigen Netzwerkstrukturen begonnen (vgl. Hesse und Rodrigue 2004, S. 1–14). Die schon anfänglich genannten Unternehmensfusionen waren der Beginn, weltweit operierende Netzwerke in den Bereichen Luft- und Seefracht zusammenzuführen bzw. neu zu strukturieren. Gerade diese Netzwerke ermöglichten erst ein weiteres Erstarken der internationalen Luft- und Seefracht. Manche Operateure hatten sich auf anti-zyklische Geschäftsmodelle eingerichtet: Gewinnzuwächse im Frachtratenabschwung und Umsatzzuwächse im Frachtratenaufschwung. Dieses reine Management von Netzwerken ohne eigene Betriebsmittel („asset-light") hielt Einzug und machte den Logistiksektor auch für Finanzinvestoren interessant (vgl. Aertsen 1993, S. 23–29). Jedoch hinterließ die Finanzkrise 2008/2009 ihre Spuren. So ist seitdem ein gewisses Maß an Zurückhaltung in der Investment Community zu verzeichnen. Der vermeintliche Lohnanstieg in China führte zu einer Relokalisierung in andere Regionen, wie Mexiko, Brasilien. In diesem Teil der Welt haben die Zulieferer und ihre Hauptkunden sich geographisch angenähert. Der Trend der Regionalisierung ist verstärkt worden durch Naturkatastrophen (Vulkanwolke, Fukushima etc.), die sich in den letzten Jahren ereigneten. Kunden und die ihnen folgenden Dienstleister haben erkannt, dass nur durch Regionalisierung eine Risikodiversifikation für die Beschaffung und Produktion zu erreichen ist. Man wird noch abwarten müssen, wie stark dieser Trend sich auf die klassische Mittelstandsstruktur auswirken wird.

Rückblickend lässt sich die hier skizzierte Entwicklung vereinfacht zusammenfassen: Die großen Marktteilnehmer sind größer und internationaler geworden. Die hier aufgezeigten Entwicklungsschritte beschreiben die Logistik jedoch auch als einen jungen, sich stetig weiterentwickelnden Wirtschaftszweig, dessen Entwicklungsende noch nicht in Sicht ist. Die Verlagerung des wirtschaftlichen Gleichgewichts nach und von Asien, die Zunahme von Risiken innerhalb der Lieferkette oder weitere Unternehmensübernahmen sind einige Aspekte, die in der Zukunft auf die Logistik zukommen werden und zum Teil heute schon sichtbar sind.

1.2 Post-Merger-Integration als Mittel der Kundenbindung im Fokus

Die Post-Merger-Integration ist essentieller Bestandteil, doch nicht alleine Garant einer erfolgreichen Fusion. Oft werden zwei Logistikunternehmen fusioniert oder Betriebsteile übernommen, ohne einen wichtigen Zweck, nämlich die Kundenzufriedenheit, in die eigentliche Unternehmensintegration mitaufzunehmen. Geradezu erstaunlich ist, dass Literatur zu diesem Thema rar ist. Studien zum Zusammenschluss von Technologieunternehmen lassen Rückschlüsse darauf ziehen, dass die Kundenzufriedenheit gerade der Hauptfaktor einer geglückten Fusion ist (vgl. Dalziel 2007, S. 157–170). Andere weisen auf die Kundenanpassung als strategischen Vorteil bei der Weiterentwicklung eines Logistikunternehmens hin (vgl. Bowersox et al. 2000, S. 1–15; vgl. Hertz und Alfredsson 2003, S. 139–149).

1.3 Vorgehensweise

Die Rolle und die Bedeutung des Kunden sind schwer empirisch nachweis- und darstellbar. Sie sind erst nicht in den üblichen Due Diligence-Unterlagen zu finden. Es kommt hinzu, dass es nicht „den" Kunden gibt, weil sich hinter „dem" Kunden in aller Konsequenz ein Unternehmen oder Konzern verbirgt, der in unterschiedlichster Ausprägung Kontakt mit den fusionierenden Unternehmen hat. Folge dessen liegen diesem Beitrag persönliche Erfahrungen aus mehreren Unternehmensfusionen, sowohl im Rahmen der Zusammenlegung von zwei und mehr Logistikunternehmen, als auch im Rahmen der Übernahme von logistischen Tätigkeiten im Rahmen eines Outsourcings, zugrunde. Ziel ist es, Empfehlungen und Hinweise für einen geplanten oder unmittelbar durchzuführenden Integrationsprozess zu erarbeiten. Ausgegangen wird hierbei von einer Fallstudie aus der jüngsten Fusionsvergangenheit. Es kann keine verallgemeinerbare Lösung geben, sondern vielmehr ist situationsgebunden zu handeln.

2 Hintergrund

2.1 Unternehmensintegrationen in der Logistik

Gemeinhin wird aufgrund der Wertschöpfungsstufen zwischen horizontalen und vertikalen Unternehmensintegrationen unterschieden (vgl. Häkkinen et al. 2004, S. 27–42). Ein horizontaler Zusammenschluss setzt gleichwertige Beteiligte voraus, die derselben Branche angehören. So sind etwa die bereits genannten Fusionen zwischen den Großen der Logistikbranche hierzu zu zählen. Ein vertikaler Zusammenschluss erfolgt zwischen zwei Unternehmen, die im Rahmen der Wertschöpfungskette in einem Über-/Unterordnungsverhältnis stehen. Etwa die Übertragung von Betriebsmitteln mit entsprechendem Personalübergang nach § 613a BGB ist hierunter zu verstehen. Eine Besonderheit ergibt sich im Logistikumfeld (vgl. Stoller 2007, S. 125–136). Eine Reihe von Logistikunternehmen integrieren zwar Logistikabteilungen ihrer Kunden, jedoch nur für einen bestimmten Zeitraum (vgl. Müller-Dauppert 2009, S. 79 f.). Der Umfang und Dauer hängen vom zwischen Verlader und Dienstleister abgeschlossenen Logistikvertrag ab. Die Integration kann auf zwei verschiedene Weisen geschehen. Entweder Verlader und Dienstleister gründen ein Gemeinschaftsunternehmen, an denen sie zu gleichen oder unterschiedlichen Teilen beteiligt sind. Dann ist das integrierende Unternehmen sowohl Kunde als auch Dienstleister. Oder der Verlader fremdvergibt, ggf. unter Übergabe von Betriebsmitteln und Personal, die logistischen Tätigkeiten komplett an einen Logistikdienstleister. Dann ist das integrierende Unternehmen Kunde. Beide Konstellationen sind in der Logistikbranche üblich.

2.2 Gründe für die Unternehmensintegration

Die Gründe für den Zusammenschluss in der Logistik haben verschieden Ursachen. Grundsätzlich sind sie ökonomisch motiviert Art, da sie der Steigerung des Unternehmenswertes dienen sollten (vgl. Grube und Töpfer 2002, S. 4 ff.). Hierzu zählen etwa die Ausweitung und Stärkung des Kerngeschäfts sowie die Optimierung der Wettbewerbschancen. Ferner werden der Transfer von Know-how oder die Erhöhung der Wettbewerbsfähigkeit mittels neuer Managementstrategien genannt. Ein oft vorgefundenes Muster ist auch die Unternehmenszerteilung und Nutzung von ausgewählten Vermögensteilen, z. B.: die Erlangung strategisch gelegener Grundstücke für die Errichtung von Umschlagspunkten und oder die Ermöglichung von Netzwerkzugänge im Speditonsbereich. Darüber hinaus gibt es persönliche Motive (vgl. Wirtz 2003, S. 69 f.). Gerade in einer durch immer noch mangelnde Professionalierung gekennzeichneten Branche finden sich Selbstüberschätzung des Managements oder das Bestreben nach Erhöhung des Außenumsatzes zwecks Eigenprofilierung („Managerialismus“) als Beweggründe. Allgemein gilt, dass mit steigendem Umfang der geplanten Veränderungen die folgende Unternehmensintegration vor zunehmende Herausforderungen gestellt wird. Ein Zusammenschluss zwecks Konsolidierung, Effizienzsteigerung und begleitender Kostenreduktion wird ein hohes Maß an Integrationsbemühungen nach sich ziehen müssen. Soll jedoch lediglich Risikodiversifikation das Ziel sein, wird man von einem geringen Veränderungsumfang ausgehen können. In der Logistikbranche sind Fusionen getrieben von Strategien zum Ausbau von Marktanteilen, zur Verbreiterung der Dienstleistungs- und Produktangebots oder als Möglichkeit, Netzwerke flächendeckend zu etablieren.

2.3 Ablauf einer Fusion

Der Ablauf eines Unternehmenszusammenschlusses unterliegt grundsätzlich einer dreiteiligen Phasenplanung: der Planung (Strategieentwicklung, Zielidentifikation); der Durchführung (Due Diligence, Vertragsabschluss); sowie der Implementierung (Post-Merger-Integration). Besondere wichtig ist die Implementierungsphase (vgl. Bachmann und Stölzle 2008, S. 37 ff.). Hier müssen die Strategie und die Strukturen der beteiligten Unternehmen zusammengeführt werden. Im Rahmen der Strategie gleicht man Markt-

und Wettbewerbsstrategien ab. Produkte und Dienstleistungen bedürfen der gegenseitigen Anpassung. Ebenso kann es einer gemeinsamen Dachmarke oder nur einer Einzelmarke bedürfen, mit der das fusionierte Unternehmen zukünftig am Markt auftreten wird. Für die Organisationen kann es zur Reorganisierung der Zuständigkeiten, Wegfall oder Neuschaffung von Hierarchieebenen, Stellen etc. kommen. Hinsichtlich der Vermögensbestandteile ist speziell auf die Zusammenlegung von Produktionsstandorten oder eine bessere Auslastung der Transportkapazitäten zu achten. So können beispielsweise Distributionszentren strategischer ausgerichtet werden. Bei der Unternehmenskultur steht die Schaffung eines gemeinsamen Unternehmensverständnisses und gemeinsamer Spielregeln im Vordergrund.

Auswirkung
Die Bedeutung und Wichtigkeit des Kunden und des Vertriebs im Rahmen der Unternehmensintegration ist bisher nur tangiert worden. Es wirkt sich positiv auf die Mitarbeiter-/Kundenbindung und Mitarbeiter-/Kundenloyalität aus, wenn in Folge einer Unternehmensfusion ein gewisses Maß an Offenheit, Proaktivität, Differenziertheit und Kontinuität gepflegt wird (vgl. Seider 2006, S. 8). Je mehr also Mitarbeiter und Kunden in den Integrationsprozess eingebunden werden, desto loyaler sind sie. Dies wiederum findet Anerkennung im Gesamterfolg des Zusammenschlusses (vgl. Capron und Hulland 1999, S. 41–54; Homburg und Bucerius 2005, S. 95–113). Besonders hervorzuheben ist, wenn die Vertriebskompetenzen der fusionierenden Unternehmen zwischen den Unternehmen ausgetauscht werden. Die Kundenbindung wird erhöht, wenn auf der integrierten Unternehmensseite die Vertriebsmitarbeiter ihre Aufgaben behalten (vgl. Bekier und Shelton 2002, S. 106–115). Kundenbindung ist somit ein Teil des Fusionserfolges (vgl. Zollo und Meier 2008, S. 55–77). Nicht zuletzt sollte das Unternehmen als soziale Größe gesehen werden mit einer Fülle von internen und externen Verbindungen, welche den weiteren Fusionserfolg ermöglichen (vgl. Dalziel 2007, S. 157–170).

3 Fallstudie[1]

3.1 Entstehungsgeschichte

CEVA Logistics ist ein Zusammenschluss aus zwei Logistikunternehmen: EGL und TNT Logistics (vgl. „CEVA Logistics" o. J.). Das Luftfrachtunternehmen EGL ist die Erfolgsgeschichte eines unternehmerisch geprägten Individualisten. Es wurde 1984 in Texas, unter der Firma Eagle USA Airfreight von John Robert Crane mit einem Familiendarlehen in Höhe von $10.000 gegründet. Nach starkem und schnellem Wachstum zu Beginn der

[1] Die Fallstudie statt einer Umfrage als empirische Analysemethode ist vom Verfasser gewählt worden, da sie das „Wie" und „Warum" klären kann und das Untersuchungsobjekt in der Gegenwart liegt.

1990er Jahre verkauft Crane einen Großteil seiner Anteile und wagte den Börsengang an die US-amerikanischen NASDAQ. 1997 begann das Unternehmen seinen Fokus auf das internationale Geschäft zu setzen und galt bereits im Jahr 2000 als ein globaler Marktteilnehmer mit Niederlassungen in mehr als 100 Ländern. Aufgrund der Erweiterung der Transport- und Logistikdienstleistungen beschlossen die Aktionäre den Firmenwechsel des Unternehmens in EGL Eagle Global Logistics.

1996 wurde TNT von dem holländischen Post- und Telekommunikationsunternehmen KPN erworben. Zwei Jahre später wurden die Telekommunikations- und die Postsparte voneinander getrennt. Das neue Unternehmen mit der Bezeichnung TNT N.V. wurde in drei Divisionen aufgeteilt: in TNT Logistics, TNT Express und TNT Post. Aufgrund der geänderten Unternehmensstrategie kündigte TNT Ende 2005 an, die Division Kontraktlogistik veräußern zu wollen. Im Herbst 2006 wurde TNT Logistics an den Finanzinvestor Apollo Management L.P. verkauft. Anschließend folgte im Dezember 2006 die Umfirmierung in CEVA Logistics. Nachdem Apollo Management L.P. im August 2007 EGL übernommen hatte und die Fusion mit CEVA Logistics vollzogen war, wurde das Unternehmen vom NASDAQ genommen und tritt nun unter der Marke CEVA auf.

3.2 Träger der Unternehmensintegration

Im Rahmen seiner unternehmensinternen Ausrichtung verfolgt CEVA eine mittelfristig formulierte Fusionsstrategie. Die Unternehmensintegration von CEVA beruht auf drei Eckpfeilern, die sowohl in Richtung Kunden als auch Mitarbeiter gerichtet sind (vgl. CEVA Group PLC 2008, S. 9): „Unity" beschreibt die Zusammenfassung der Geschäftsfelder Kontraktlogistik sowie Luft- und Seefrachtmanagement unter einem gemeinsamen Dach sowie das kollegiale Miteinander der CEVA-Mitarbeiter. Hierzu zählt auch die Bestandskundenbetreuung. „Growth" bezeichnet die Umsetzung interner Verbesserungsprojekte sowie die Neukundengewinnung. „Excellence" meint das operative Tagesgeschäft und Neuprojekte, welche kompetent und ergebnissicher umzusetzen sind. Die jeweiligen Eckpfeiler sollen sowohl extern als intern ihre Wirkung entfalten. In Richtung Kunden wird ein einheitliches und geordnetes Kundenmanagement avisiert. Man möchte dem Kunden bei seiner Expansion folgen und die Anzahl der Berührungspunkte vergrößern. Im Hinblick auf die eigenen Vertriebsmitarbeiter werden Geschlossenheit und eine solide Ausbildung als Voraussetzung für eine erfolgreiche Tätigkeit verlangt. Generell wird eine starke Ausrichtung auf den Kunden und die Mitarbeiter deutlich.[2]

[2] Im Rahmen eines Mitarbeiterbeteiligung-Programms ermöglichte man der Führungsmannschaft, sich mit insgesamt € 30 m am wirtschaftlichen Erfolg des fusionierten Unternehmens zu beteiligen (vgl. Nelson und Boepple 2008).

3.3 Kundenbindung im Rahmen der Unternehmensintegration

Mehr als hundert ausgewählte Schlüsselkunden werden global im Rahmen des sogenannten „CEVA Century Programs“ betreut (vgl. Stoller 2011, S. 22). Bei ihnen handelt es sich in der Regel um große, weltweite Produktions- und Handelsunternehmen. Anfänglich machten sie mehr als die Hälfte des weltweiten CEVA-Umsatzes aus und verfügten über Länder- und Produktgrenzen hinweg über ein Wachstumspotenzial. Die Hauptelemente des „Century Account Program“ sind neben einem integrierten Ansatz für die Bereiche Kontraktlogistik und Frachtmanagement international aufgestellte Kundenteams. Gemeinsam mit den operativen Einheiten in den Ländern und Regionen sind sie für den Service sowie die Umsetzung von Mehrwertlösungen und des CEVA-eigenen LEAN-Ansatzes verantwortlich. Dedizierte Key Account Manager mit globaler Verantwortlichkeit sind für die Schlüsselkunden abgestellt, um durch flache Hierarchien Kundennähe zu vermitteln. Quartalsbesprechungen gehören zur Aufgabe, um sicherzustellen, dass CEVA die Kundenerwartungen kontinuierlich erfüllt oder übertrifft. Sponsoren aus dem Top-Management fungieren auf höchster Ebene als Ratgeber und unterstützen das Key Account Management.Infolge der Umsetzung seines „Century Account Programs“ konnte CEVA eine Reihe von Akklamationen als „Logistics Services Supplier oft the Year“ seiner Bestandskunden entgegennehmen. Mit der Einführung einer speziellen Schlüsselkundenbetreuung durch eine geeignete Vertriebsmannschaft hat CEVA den allgemeinen Anforderungen an einen, auch vom Wettbewerb gelebten, Kundenbindungsgedanken in die Praxis umgesetzt.

3.4 Wirtschaftliche Entwicklung

Betrachtet man die Finanzkennzahlen von CEVA in den Jahren 2008 bis 2014 kommt man jedoch zu einem weniger positiven Ergebnis. Die Abbildung ist eine Übersicht der Finanzkennzahlen der Jahre 2008 bis 2014 (Abb. 1).

Sowohl der Gesamtumsatz als auch die EBITDA-Marge unterliegen erheblichen Schwankungen.[3] Im Vergleich der Geschäftsfelder Kontraktlogistik und Frachtmanagement wird ersichtlich, dass die Fracht nicht nur beim Umsatz, sondern auch auf der EBITDA-Ebene signifikante Einbußen verzeichnet. Ein Blick auf die geographische Verteilung der Umsätze zeigt einen Umsatzrückgang in Asien, jedoch Wachstum in Amerika und Europa. Aufschlussreich ist die Analyse der Entwicklung der Sektorenanteile Automobil, Technologie, Konsumgüter & Handel, Industrie, Energie und Sonstige. So hat sich die aus der Fusion rührende Lastigkeit in Richtung Automobil und Technologie von 55 auf 44 % des Kundenumsatzes reduziert. Im Gegenzug konnten die Sektoren Konsumgüter &

[3] CEVA weist in der Außendarstellung die EBITDA-Marge aus. Hintergrund ist, dass es ein durch Fremdkapital finanziertes Unternehmen ist und deshalb weder Abschreibungen auf (möglicherweise überteuerte) Vermögensgegenstände noch die Kapitalkosten für die Finanzierung berücksichtigt.

Gesamt in €							
	2008	2009	2010	2011	2012	2013	2014
Umsatz	6329.00 m	5494.00 m	6847.00 m	6895.00 m	7224.00 m	6190.13 m	6466.02 m
EBITDA	326.00 m	233.00 m	292.00 m	321.00 m	251.00 m	159.17 m	198.98 m
Gewinn	5.15 %	4.24 %	4.26 %	4.66 %	3.47 %	2.57 %	3.08 %

Kontraktlogistik in €							
	2008	2009	2010	2011	2012	2013	2014
Umsatz	3465.00 m	3139.00 m	3535.00 m	3743.00 m	3882.00 m	3466.82 m	3466.52 m
EBITDA	227.00 m	177.00 m	190.00 m	197.00 m	149.00 m	170.8 m	180.89 m
Gewinn	6.55 %	5.64 %	5.37 %	5.26 %	3.84 %	4.93 %	5.10 %

Frachtmanagement in €							
	2008	2009	2010	2011	2012	2013	2014
Umsatz	2864.00 m	2355.00 m	3312.00 m	3152.00 m	3342.00 m	2743.66 m	2999.50 m
EBITDA	165.00 m	108.00 m	102.00 m	124.00 m	102.00 m	30.53 m	18.09 m
Gewinn	5.76 %	4.59 %	3.08 %	3.93 %	3.05 %	1.11 %	0.60 %

Regionen in €							
	2008	2009	2010	2011	2012	2013	2014
Nord- u. Südamerika	1908.00 m	1608.00 m	2076.00 m	2061.00 m	2179.00 m	1919.47 m	2204.40 m
Nordeuropa	1626.00 m	1388.00 m	1548.00 m	1644.00 m	1699.00 m		
Südeuropa, Mittlerer Osten	1355.00 m	1259.00 m	1257.00 m	1264.00 m	1237.00 m	2575.77 m	2770.09 m
Asien-Pazifik	1440.00 m	1239.00 m	1966.00 m	1926.00 m	2109.00 m	1694.89 m	1543.36 m

Sektoren in %							
	2008	2009	2010	2011	2012	2013	2014
Automobil	32.00 %	28.00 %	25.00 %	28.00 %	28.00 %	28.00 %	24.00 %
Technologie	23.00 %	24.00 %	24.00 %	22.00 %	20.00 %	19.00 %	20.00 %
Konsumgüter	15.00 %	17.00 %	20.00 %	23.00 %	23.00 %	22.00 %	23.00 %
Industrie	13.00 %	14.00 %	15.00 %	16.00 %	17.00 %	19.00 %	20.00 %
Energie	3.00 %	5.00 %	6.00 %	6.00 %	7.00 %	6.00 %	6.00 %
Andere	14.00 %	12.00 %	10.00 %	5.00 %	5.00 %	6.00 %	7.00 %

Abb. 1 CEVA Finanzkennzahlen 2008–2014. (Quelle: vgl. „Transport Intelligence" 2015; CEVA Holdings LLC 2014)

Handel und Industrie mit 43 % einen Anstieg um 15 % verzeichnen. Der Energie-Bereich entwickelte sich ebenfalls positiv. Lediglich die Kunden, die keinem der vorgenannten Bereiche zugeordnet werden können, haben prozentual erheblich abgenommen.

4 Deutungsversuch

Diese Fakten belegen, dass CEVA nicht eindeutig in den letzten fünf Jahren eine Entwickelung gezeigt hat. Umsatzstagnation, Margen-Rückgang und eine Umschichtung in den Kundensegmenten lassen vermuten, dass die Herausforderung noch auf sich wartet. CEVA hat im Rahmen seiner für die Unternehmensintegration erforderlichen, Eckpfeiler-Strategie bestimmende Richtungen vorgeben. Die geforderte Konzentration auf Kunden und Mitarbeiter scheint jedoch nicht den gewünschten Erfolg erzielt zu haben. So ist in einer Umfrage zum Image der Logistikdienstleister aus dem Jahre 2007 CEVA mit Abstand der größte Imageverlust (minus 11,6 % gegenüber 2006) zu attestieren. Zum einen sind Gründe für den einsetzenden Imageverlust sicherlich im Fremdkapitalgetriebenen Geschäftsmodell zu suchen (vgl. van Marle und Lennane 2013). Die Finanzierungsform des „private equity" ist für viele Logistikkunden nicht nachvollziehbar gewesen und hat die Eckpfeiler-Strategie letztlich konterkariert. Zum anderen hat die Eckpfeiler-Strategie *in puncto* Mitarbeiter erhebliche Defizite aufgezeigt. Eine, wenn auch nicht repräsentative, Mitarbeiterbefragung unter mehr als 200 CEVA-Mitarbeitern ergab einen Durchschnittswert in Höhe von 2,4 von 5 (o. V. 2015a). Im Vergleich hierzu ist der Logistikkonzern DHL mit 3,8/5 im Vergleich wesentlich attraktiver (o. V. 2015b). Mit Mitarbeitern, die unterdurchschnittlich motiviert sind, kann eine Kundenbindung nur schwerlich gelingen. Auch wenn das von CEVA ins Leben gerufene Key Account Management seine positiven Seiten hat, so kann es nicht über die Tatsachen hinwegtäuschen, dass der gesamte Wettbewerb über ein vergleichbares Instrumentarium verfügt. Somit entfällt jedoch das für die Kundenbindung erforderliche Alleinstellungsmerkmal.

5 Fazit

Zusammenfassend lässt sich feststellen, dass Unternehmensfusionen grundsätzlich nicht unbedingt den gewünschten Erfolg zu bringen scheinen. Viele missglücken oder verheißen nicht den gewünschten Erfolg. So wird man wohl auch den Zusammenschluss des US-amerikanischen einstigen Vorzeigelogistikers EGL mit der niederländischen TNT bewerten müssen. Das Geschäftsmodell einer schuldenfinanzierten Übernahme der beiden Logistikriesen durch einen branchenfremden Finanzinvestor mündete in den Versuch, einen neuen Logistikgiganten, wie er zuvor mit DHL, DB Schenker oder Kühne & Nagel entstanden war, zu kopieren. Einer der entscheidenden Punkte, die Unternehmensintegration mit dem Ziel der Kundenbindung und dem weiteren Ausbau der Kundenbasis, hat zwar in der Unternehmensstrategie Eingang gefunden. Die ökonomische Realität zeigt aber etwas anderes. Der Zusammenschluss ist mit erheblichen finanziellen Einbußen und Kundenumschichtungen einhergegangen. Damit ist jedoch ein Teil der Grundlage, auf der das neue Unternehmen bauen sollte, nicht mehr vorhanden. Die Zukunft wird zeigen, wie es weitergeht. Von einem geplanten Börsengang ist nun nicht mehr die Rede. Der Ankerinvestor hat mittlerweile Teile seiner Anteile an andere „private equity"-Investoren weitergereicht.

Literatur

Aertsen, F. (1993). Contracting out the physical distribution function: a trade-off between asset specificity and performance measurement. *International Journal of Physical Distribution & Logistics Management, 23*(1), 23–29.

Bachmann, H., & Stölzle, P. D. W. (2008). *Post Merger Integration von Logistikdienstleistern: Konzeptionelle und empirische Analyse branchenspezifischer Integrationskompetenzen* (2008. Aufl.). Wiesbaden: Gabler Verlag.

Bekier, M. M., & Shelton, M. J. (2002). Keeping your sales force after the merger: Merging companies should look to their revenues, not just their costs. *The McKinsey Quarterly, 4,* 106.

Bowersox, D. J., Closs, D. J., & Stank, T. P. (2000). Ten mega trends that will revolutionize supply chain logistics. *Journal of Business Logistics, 21*(2), 1–15.

Capron, L., & Hulland, J. (1999). Redeployment of brands, sales forces, and general marketing management expertise following horizontal acquisitions: A resource-based view. *The Journal of Marketing, 63,* 41–54.

CEVA Group PLC. (2008). *CEVA Logistics Annual Report.*

CEVA Holdings LLC. (2014). *CEVA Holdings LLC Annual Report.*

CEVA Logistics. (o. J.). www.cevalogistics.com/de-DE/aboutus/History/Pages/default.aspx. Zugegriffen: 25. Mai 2015.

Dalziel, M. (2007). The importance of target firm customers in acquisitions of technology-based firms. *Advances in Mergers and Acquisitions, 6*(157), 157–170.

Doll, A., Friebel, D., Rückriegel, M., & Schwarzmüller, C. (2014). Global logistics markets. www.rolandberger.at/media/pdf/Roland_Berger_Studie_Global_Logistics_Markets_fin_20140820.pdf. Zugegriffen: 25. Mai 2015.

Gereffi, G., & Lee, J. (2012). Why the world suddenly cares about global supply chains. *Journal of supply chain management, 48*(3), 24–32.

Gleißner, H. A. (2008). Post-Merger Integration in der Logistik: Vom Erfolg und Misserfolg bei der Zusammenführung von Logistikeinheiten in der Praxis. *Working Papers FHW Berlin,* (03), Paper No. 34.

Grube, R., & Töpfer, A. (2002). *Post Merger Integration: Erfolgsfaktoren für das Zusammenwachsen von Unternehmen*. Stuttgart: Schäffer-Poeschel. http://www.consultingbay.de/.download/115989/hdu_3630.pdf.

Häkkinen, L., Norrman, A., Hilmola, O.-P., & Ojala, L. (2004). Logistics integration in horizontal mergers and acquisitions. *The International Journal of Logistics Management, 15*(1), 27–42.

Heintze, A. (2005). Der große Logistik-Deal. *LOGISTIK inside, 3,* 12–15.

Hertz, S., & Alfredsson, M. (2003). Strategic development of third party logistics providers. *Industrial Marketing Management, 32*(2), 139–149.

Hesse, M., & Rodrigue, J.-P. (2004). The transport geography of logistics and freight distribution. *Journal of Transport Geography, 12*(3), 171–184.

Homburg, C., & Bucerius, M. (2005). A marketing perspective on mergers and acquisitions: How marketing integration affects postmerger performance. *Journal of Marketing, 69*(1), 95–113.

Kümmerlen, R. (30. Juni 2014). Das große Tuscheln. http://www.dvz.de/rubriken/logistik-verlader/single-view/nachricht/das-grosse-tuscheln.html. Zugegriffen: 25. Mai 2015.

van Marle, G., & Lennane, A. (30. April 2013). CEVA set to secure its financial future but sustains a blow to reputation. Zugegriffen: 25. Mai 2015.

Müller-Dauppert, B. (2009). *Logistik-outsourcing: Ausschreibung, vergabe, controlling*. Verlag Heinrich Vogel. https://books.google.de/books?hl=de&lr=&id=2UFDY512AOkC&oi=fnd&pg=PA11&dq=M%C3%BCller-Dauppert,+Bernd+(Hrsg.):+Logistik-Outsourcing&ots=_NSDdak90G&sig=KDQQKY6wzQfbf_XU0LwpT_C9yxg.

Nelson, P., & Boepple, P. (2008). CEVA Winners of the GEO 2008 Award „Best Plan Effectiveness". http://www.globalequity.org/NonMemberPages/Chapters/EventArchive/eu/061908/pdf/CaseStudy-CEVA.pdf. Zugegriffen: 25. Mai 2015.

Öberg, C., & Holtström, J. (2006). Are mergers and acquisitions contagious? *Journal of Business Research, 59*(12), 1267–1275.

o. V. (2015a). www.glassdoor.de/%C3%9Cberblick/Arbeit-bei-CEVA-Logistics-EI_IE38403.11,25.htm. Zugegriffen: 25. Mai 2015.
o. V. (2015b). www.glassdoor.de/%C3%9Cberblick/Arbeit-bei-Deutsche-Post-DHL-EI_IE658188.11,28.htm. Zugegriffen: 25. Mai 2015.
Persson, G., & Virum, H. (2001). Growth strategies for logistics service providers: A case study. *The International Journal of Logistics Management, 12*(1), 53–64.
Seider, U. (2006). *Vertriebsintegration: Erfolgreiche Zusammenschlüsse von Unternehmen im Industriegütergeschäft*. Erich Schmidt Verlag GmbH & Co.
Stoller, C. (2007). Outsourcing aus der Sicht des Logistikdienstleisters (Vortrag zum 16. Deutscher Materialfluss-Kongress, 29.03.2007). *VDI BERICHTE, 1978*, 125–136.
Stoller, C. (2011). Zweistelliges Wachstum zusammen mit unseren Global Players. *CEVA Triangle – Hrsg. CEVA Logistics CE, Frankfurt*, (1), 22.
Transport Intelligence. (2015). www.gscintell.com/providers/provider_details.php?providerID=545. Zugegriffen: 25. Mai 2015.
Wagner, S. M., & Kemmerling, R. (2008). Forwarding & Logistics: Mergers and Acquisitions are Not Always Successful. *International Transport Journal, 70*(3/4), 30–31.
Wirtz, B. W. (2003). *Mergers & Acquisitions Management*. Wiesbaden: Springer-Verlag. https://books.google.de/books?hl=de&lr=&id=F1ws-AYACPAC&oi=fnd&pg=PR5&dq=Wirtz,+Bernd+W.:+Merger+%26+Acquisitions+Management&ots=a3Y2oF5TCF&sig=LkeUEGu_XiY3Nwp5IwLccnoyGqM.
Zollo, M., & Meier, D. (2008). What is M&A performance? *The Academy of Management Perspectives, 22*(3), 55–77.

Prof. Dr. Christopher W. Stoller geboren 1968 in Münster/Westfalen, studierte Rechtswissenschaften und Politik in Münster, Aberystwyth sowie Würzburg und schloss dort mit dem Ersten Juristischen Staatsexamen im Jahre 1994 ab. Sodann studierte er zwei Jahre am Queen Mary College der University of London, wo er zum Bachelor of Laws (Honours) graduierte. Danach folgte Rechtsreferendariat am OLG Düsseldorf sowie im Jahre 1999 Promotion an der Ruhr-Universität in Bochum. Nach Lehraufträgen (VWA Sachsen, Ruhr-Universität) und Tätigkeit als Rechtsanwalt wechselte Stoller in die Wirtschaft und begann als Assistent der Geschäftsführung bei Fiege. Er durchlief in mehreren Stationen das Unternehmen und wurde schließlich zentraler Leiter des Vertragswesen und Verwaltungsratsvorsitzender der italienischen Tochtergesellschaft. Im Jahre 2006 übernahm er die Verantwortung für den Vertrieb, Marketing und Kommunikation bei SNCF Geodis für die DACH-Region. Es schloss sich eine Geschäftsführertätigkeit bei GO! General Overnight an. Zu Beginn 2010 wechselte er zu Cevalogistics, wo er u. a. die Key Accounts in Zentral- und Osteuropa betreute. Seit 2013 ist Stoller Professor im Studiengang Spedition, Transport und Logistik an der DHBW. Dort hält er Vorlesungen in der Beschaffungs- Distributions- und Produktionslogistik sowie in den Fächern Logistische Netzwerke und Supply Chain Management. Seine Interessenschwerpunkte liegen in den Bereichen Business Development/Sales, Strategie und interkulturelles Management. Stoller ist verheiratet und hat drei Kinder.

IT-Integration bei Unternehmens-Mergern

Stefan Schaaf und Margarete Kowoll

Zusammenfassung

Die richtige IT-Integrationsstrategie ist ein kritischer Erfolgsfaktor im Rahmen einer Integration von zugekauften Unternehmen. Denn die IT ist für einen Großteil der Synergien verantwortlich, die mit einer Unternehmenszusammenführung erreicht werden können. Insgesamt hängen bis zu 60 % der Gesamtsynergien von der IT ab. Darüber hinaus bestehen im Rahmen einer IT-Integration verschiedene Risiken. Hierzu zählen unter anderem die Aufrechterhaltung des Geschäftsbetriebes und der Schutz von sensiblen Unternehmensdaten vor dem Zugriff von außen. Der Artikel beschreibt die Bereiche der IT-Integration und insbesondere auf welche Themen und Risiken während einer Due Diligence und einer Integrationsplanung und -durchführung geachtet werden sollte. Neben der IT-Synergieplanung und -nachverfolgung werden auch Ansätze zur effizienten und kostenoptimierten Durchführung eines IT-Integrationsprojektes dargestellt.

S. Schaaf (✉) · M. Kowoll
Ernst & Young GmbH Wirtschaftsprüfungsgesellschaft, Graf-Adolf-Platz 15, 40213 Düsseldorf, Deutschland
E-Mail: Stefan.Schaaf@de.ey.com

M. Kowoll
E-Mail: Margarete.Kowoll@de.ey.com

A. Kuckertz, N. Middelberg (Hrsg.), *Post-Merger-Integration im Mittelstand,*
DOI 10.1007/978-3-658-12370-3_18

1 Einleitung

Bei einem Zusammenschluss zweier Unternehmen spielt die Integration der IT Systeme eine wesentliche Rolle. Die IT ist für einen Großteil der Synergien verantwortlich, die bei der Unternehmensfusion erreicht werden können. Bis zu 60 % der zu erzielenden Gesamtsynergien hängen von der IT ab. Diese sind der IT entweder direkt oder indirekt zuzuschreiben. Neben der Erzielung von Synergien ist die IT ebenfalls dafür verantwortlich den Geschäftsablauf eines Unternehmens während einer Integration aufrecht zu erhalten. Bekanntlich ist in den meisten Unternehmen ein funktionierendes IT-System Grundvoraussetzung für den reibungslosen Ablauf der Geschäftsprozesse. Die Abhängigkeit zum Beispiel von der E-Mail-Kommunikation ist enorm – man stelle sich vor, Mitarbeiter wären mehrere Tage lang nicht per E-Mail erreichbar. Für Unternehmen, für die eine schnelle und regelmäßige Kommunikation entscheidend ist, wie zum Beispiel in der Kommunikationsbranche, kann ein Ausfall der Systeme geschäftsschädigend sein.

Bedingt durch ihre stark integrierte Funktion innerhalb einer Organisation, nimmt die IT eine Schlüsselrolle in jeder Integration ein. Zwar hat die Integration der IT-Systeme auch ihren Preis, da in der Regel etwa 30 % der Gesamtintegrationskosten allein auf die IT-Integration entfallen; allerdings ist die Investition angesichts der erreichten Synergien jedoch mehr als sinnvoll. Wie hoch die Kosten – und der Zeitaufwand – tatsächlich sind, hängt vom konkreten Fall und der gewählten Integrationstiefe und damit einhergehenden Integrationskomplexität ab. Tendenziell aber gilt: Oft wenden Unternehmen für die IT-Integration bei Unternehmensfusionen deutlich mehr Geld und Zeit als nötig auf, da es ihnen an Erfahrung und/oder Ressourcen mangelt, den Prozess ausreichend vorzubereiten und effizient umzusetzen. Dabei gibt es klassische Schwachstellen, die in verschiedenen Bereichen des Unternehmens während der Transaktion entstehen können. Laut einer aktuellen Studie von EY ist neben dem Deal Management und dem Corporate Development Prozess der Integrationsprozess einer der drei häufigsten Ursachen für gescheiterte Transkationen (EY, Global Corporate Development Study, 2015). Schwachstellen, die im Fokus der IT stehen und eine geplante Integration erschweren können betreffen beispielsweise eine unvollständige Übersicht zu Lizenzen und Verträgen und deren Leistungsspektrum, parallel laufende IT Projekte ohne integrierte ‚Roadmap' und ohne entsprechende Business Case Evlauiierung, sowie fehlende Transparenz zum gesamten IT Sicherheitskonzept. Eine dezentrale und heterogene IT Infrastruktur und IT Applikationslandschaft (ERP/Nicht-ERP) fügen der Integration einen weiteren Komplexitätsgrad hinzu. Weiterer Aufwand entsteht hier, um die Infrastruktur und Applikationslandschaft zu harmonisieren. Weiterhin stellt eine fehlende IT Sourcing-Strategie, die als Grundlage für eine fundierte ‚Make- or Buy'-Entscheidung dient, ebenfalls eine typische Schwachstelle dar.

Diese Schwachstellen können dazu führen, dass IT M&A Projekte nicht erfolgreich abgeschlossen werden. Daher sollten diese frühzeitig in der Integrationsplanung adressiert werden. Folglich verwundert es nicht, dass üblicherweise das IT Budget im Rahmen der Integrationsplanung und -ausführung ca. 30 % des gesamten Integrationsbudgets ausmacht.

2 Bereiche der IT-Integration

Die IT-Integration betrifft drei Komponenten: 1) IT-Organisation und -Prozesse, 2) Applikationen und System sowie 3) IT-Infrastruktur und -Sicherheit. Sie bergen jeweils unterschiedliche Risiken als auch Synergiepotenziale.

IT-Prozesse und die IT-Organisation bezeichnen die Art und Weise, wie die Prozesse und Leistungen der IT innerhalb eines Unternehmens organisiert sind. Wie dieser organisatorische Aufbau konkret aussieht, hängt von dem Geschäftsfeld und den Geschäftsabläufen des Unternehmens sowie den Ansprüchen der Fachbereiche an die IT ab. Die IT-Organisation sollte sich deswegen immer stark an der Unternehmensstruktur ausrichten. Die größte Herausforderung liegt dabei darin, die IT-Struktur einerseits kostenoptimiert aufzubauen, was häufig mit einer Zentralisierung einhergeht. Hierbei spricht man von direkten Synergiepotenzialen, die sich unter anderem durch die Konsolidierung von IT Systemen, Dienstleistungen und Unterstützungsprozessen (wie zum Beispiel bei einer zentralisierten IT Beschaffung) ergeben. Indirekte Synergien entstehen beispielsweise in der Einführung durch Shared Service Center, und einer vereinheitlichten Datenbasis für das operative und strategische Reporting. Anderseits muss neben einer kostenoptimierten Zentralisierung von IT-Strukturen jedoch auch sichergestellt sein, dass alle Fachbereiche jederzeit die erforderlichen Leistungen erhalten. In diesem Spannungsfeld schlummert auch das größte Synergiepotenzial.

Daneben sollte überprüft werden, welche IT-Services intern bereitgestellt werden sollten und wo eine optimierte Fremdvergabe sinnvoller ist – auf diese Weise können zusätzliche Effizienzen gehoben und darüber hinaus Kosten eingespart werden. Dies ist jedoch mit zusätzlichen Risiken verbunden, die beachtet und minimiert werden müssen. Denn auch bei hohen Einsparzielen muss trotzdem gewährleistet sein, dass alle Anforderungen an die Organisation erfüllt werden.

Das zweite Themenfeld, das von der IT-Integration betroffen ist, sind Applikationen und Systeme. Applikationen sind im Wesentlichen Anwendungssoftware. Das bedeutet im weitesten Sinne, dass es sich dabei um ein Programm zur Unterstützung des Computer-Nutzers handelt, darunter fallen zum Beispiel Textverarbeitungsprogramme. Davon abzugrenzen ist der Begriff Systemsoftware: Sie bildet die Basis für die Anwendungssoftware. Sie ist für die Steuerung aller Abläufe beim Betrieb eines Computers verantwortlich und „vermittelt" zwischen Anwendungssoftware und Hardware. Betriebssysteme, wie zum Beispiel Windows, gehören zur Systemsoftware.

Bei der Integration von Applikationen und Systeme ist zu beachten, dass die zukünftige gemeinsame Applikations- und Systemlandschaft nicht nur vom technischen Standard der bis dahin genutzten Applikationen und Systeme abhängig ist. Sie muss auf die Geschäftsmodelle und Geschäftsprozessanforderungen des Käufers zugeschnitten sein. Synergiepotenziale bieten sich hier insbesondere in den Bereichen IT-Hosting, IT-Lizenz und IT-Support.

Das Integrationsteam legt pro Applikation und System der übernommenen Unternehmen oder Unternehmensteile einzeln fest, wie damit zukünftig verfahren wird: Sie können entweder weiter genutzt oder in eine Applikation oder ein System des Käufers integriert werden. Alternativ wird die Nutzung ganz eingestellt, sofern kein Bedarf mehr besteht. In den meisten Fällen werden die Applikationen und Systeme des Käufers auf jene der gekauften Einheiten übertragen. Hier kann sich jedoch ein Blick über den Tellerrand lohnen: Auch die Applikationen und Systeme der übernommenen Einheiten können unter Umständen für die Käuferseite sinnvoll sein. Ein „Best Practice"-Ansatz ermöglicht es hier, zusätzliche Potenziale zu heben. Bei der Integration von Applikationen sollten stets auch die Geschäftsprozesse überprüft werden, gegebenenfalls kann eine Anpassung erforderlich sein.

Das dritte Themenfeld ist die IT-Infrastruktur und -Sicherheit. Der Begriff IT-Infrastruktur steht für die komplette IT-Landschaft eines Unternehmens. Dazu gehören unter anderem Data-Center, IT-Anlagen, Netzwerke, das Internet und Intranet sowie E-Mail-Systeme. IT-Sicherheit bedeutet in erster Linie, den Schutz von Programmen, Systemen und Daten vor Ausfällen oder Zugriff Dritter zu gewährleisten. Letzteres hat bei Integrationen zuletzt zunehmend an Bedeutung gewonnen. Fälle von Datendiebstahl und Internet-Kriminalität sind Themen von großer aktueller Brisanz. Bei IT-Integrationen ist die Gefahr besonders groß, dass sensible Unternehmensdaten nicht ausreichend geschützt sind, weil alles im Umbruch ist. IT-Sicherheit muss deswegen bei jeder Fusion einen hohen Stellenwert einnehmen. Jedes Unternehmen sollte umfangreiche Maßnahmen zur IT-Sicherheit ergreifen – nicht nur, aber insbesondere während einer Integration.

Daneben ist ebenfalls sehr wichtig, Ausfälle der IT-Systeme zu vermeiden beziehungsweise Notfallpläne bereitzuhalten. Vorfälle wie zum Beispiel ein Brand in den Serverräumen können zu langen Ausfällen der Systeme führen und den Ablauf der Geschäftsprozesse beeinträchtigen. Maßnahmen zur IT-Sicherheit sind zum Beispiel Speicherung der Daten als Back-up, Firewall-Regeln, User-ID-Management oder Richtlinien zur mobilen Datennutzung.

3 Due Diligence

Vor dem Beginn jeder Unternehmensfusion steht zunächst einmal ein Due-Diligence-Prozess, der sinnvollerweise eine spezielle IT-Due-Diligence beinhalten sollte. Dabei geht es zunächst darum, sich einen Überblick über die IT-Landschaft zu verschaffen und umfassende Informationen über die Infrastruktur, Applikationen, Verträge, Investitionen, Projekte, Vermögensgegenstände und Finanzen zu sammeln. In diesem Zusammenhang sollte die Käuferseite bereits auch eine IT-Integrationsstrategie festlegen, die sich aus der Gesamtintegrationsstrategie des Unternehmens ableiten lässt. Erfolgreiche IT-Integrationen zeigen, dass während der Due Diligence Phase der verantwortliche Chief Information Officer (CIO) bereits früh involviert ist und dabei mitwirkt die IT-Fähigkeiten der eigenen Organisation einzuschätzen.

Bei der IT-Integration unterscheidet man verschiedene Integrationstiefen, die für die jeweilige Integration im Zuge der Strategiefindung festzulegen sind: Werden die IT-Organisationen, -Prozesse und -Systeme separat gehalten, spricht man von einem „Stand-Alone"-Szenario. Ein solches Szenario empfiehlt sich zum Beispiel, wenn ein Unternehmen oder ein Unternehmenteil als temporäre Finanzanlage erworben wird. In diesem Fall findet im Grunde keine Integration statt. Beide Unternehmen behalten ihre eigene Identität und auch den organisatorischen Aufbau.

Daneben können IT-Systeme, -Organisationen und -Prozesse teilweise („Partial Integration") oder vollständig („Complete Integration") integriert werden. Solche tiefer greifenden Strategien werden in der Regel dann gewählt, wenn das erworbene Unternehmen oder der Unternehmensteil mittel- oder langfristig in das operative Geschäft des Käufers eingebunden werden soll. Abhängig von der Integrationstiefe werden Prozesse, Unterstützungsfunktionen, Organisationsprinzipien und IT Systeme absorbiert und in die Organisation des Käufers integriert. Vor allem im Bereich der Unternehmensfunktionen ist es auch möglich diese zu kombinieren. Dies birgt auch weiteres Potenzial für Synergien. Die Funktionen Sales und Operations werden in der Regel nicht ‚kombiniert'. Es zeigt sich, dass die IT nicht nur für die Integration der eigenen IT-Landschaft verantwortlich ist, sondern auch die Integration anderer Funktionen unterstützt. Dies betrifft vor allem die Unterstützungsfunktionen Management, Accounting und Controlling, Personalwesen, Vertriebs- und Marketingfunktion als auch die Funktionen Einkauf und Supply Chain. Neben der Unterstützung bei der Integration ist die IT maßgeblich verantwortlich für die Gewährleistung der Kontinuität von Geschäftsabläufen und erbrachten Servicedienstleistungen der integrierten Funktionen.

Wichtig bei der Wahl der Integrationstiefe ist: Je höher der Integrationsgrad, desto größer sind die Synergiepotenziale sowohl in der IT selbst als auch in anderen Bereichen des Unternehmens, die durch die IT unterstützt werden. Allerdings steigt analog zum Integrationsgrad auch der Integrationsaufwand. Damit die Integration effizient ablaufen kann, müssen Aufwand und Nutzen für jeden Fall sorgfältig abgewogen werden.

Sobald die IT-Integrationsstrategie definiert ist und dem Integrationsteam die IT-Kostenstrukturen der gekauften Einheiten vorliegen, lassen sich daraus Synergiepotenziale und -kosten bestimmen. Dabei handelt sich es sich sowohl um die Synergien in der IT als auch in den Fachbereichen. Neben der Analyse von Synergiepotenzialen beim zu integrierenden Unternehmen sind auch Interimslösungen zu identifizieren, die gegebenenfalls in einer Übergangsphase benötigt werden könnten. Auch sollte eine sogenannte IT Integrations-Roadmap entwickelt werden, in der Leitplanken zu führenden Systemen, einer kombinierten IT-Landschaft, und der langfristigen Integrationstiefe festgelegt werden. Ebenfalls gilt es im Rahmen der Integrations-Roadmap Voraussetzungen zu definieren, die zum Tag 1 der vollzogenen Integration funktionieren müssen. Generell, fließen verschiedene Konzepte und Inhalte in den Gestaltungs- und Planungsprozess der IT ein. Diese sind vor allem eine IT- und Gesamtintegrationsstrategie, definierte Synergieziele, die Zielorganisation (Target Operating Model) in der die Zielstruktur des Unternehmens definiert wird, als auch rechtliche und vertragliche Regelungen, die die Rahmenbedingungen beleuchten und mögliche Stolpersteine frühzeitig aufweisen.

Im Zuge der Synergieplanung werden dann mögliche Synergietreiber identifiziert und ihre Effekte auf die jeweiligen Gewinn- und Verlustpositionen beziehungsweise auf den EBIT für einen bestimmten Zeithorizont ermittelt. Dabei sollte berücksichtigt werden, ob Investitionen notwendig sind, um Synergien zu realisieren. Wenn auf Käufer- oder Verkäuferseite noch Investitionen im IT-Bereich im Gange sind, müssen diese gegebenenfalls angepasst werden. Die korrekte Priorisierung der Investitionen im Zusammenhang mit den Transaktionsprioritäten ist unabdingbar. Auch ist die Schaffung von Transparenz und entsprechende Kontrolle von IT-Ausgaben in diesem Schritt wichtig, um möglichen Fehlallokationen von Kapital und operativen Ausgaben im Rahmen der Transaktionsprioritäten vorzubeugen. Die Schätzung der Höhe der IT-Integrationskosten und der möglichen Synergien kann auf Basis geeigneter Industrie-Benchmarks erfolgen. Die Ergebnisse der Synergieberechnungen, der geplante Kaufpreis und die geplanten Integrationskosten ermöglichen dem Käufer eine Wirtschaftlichkeitsbetrachtung der geplanten Investition.

Erfahrungswerte zeigen, dass innerhalb der IT bis zu 30 % der möglichen Gesamtsynergien erzielt werden können (s. Abb. 1). Insbesondere bei den Personal-, Hardware- und Hosting- sowie Lizenzkosten ergeben sich Synergien: Durch die Konsolidierung und Zentralisierung von Systemen und Services besteht hier erhebliches Einsparpotenzial. Für die Personalkosten, die in der IT anfallen, kann unter Umständen auch Outsourcing sinnvoll sein, wenn durch die IT-Integration eine kritische Größe erreicht wird. Bei den Lizenzkosten können Skaleneffekte bei der Beschaffung ebenfalls Kosten senken.

In den Fachbereichen ermöglicht die IT ebenfalls bis zu 30 % der potenziellen Gesamtsynergien (s. Abb. 1). So können zum Beispiel Shared Service Center in den Fachbereichen effektiver betrieben werden, wenn die IT einheitliche Applikationen und Systeme

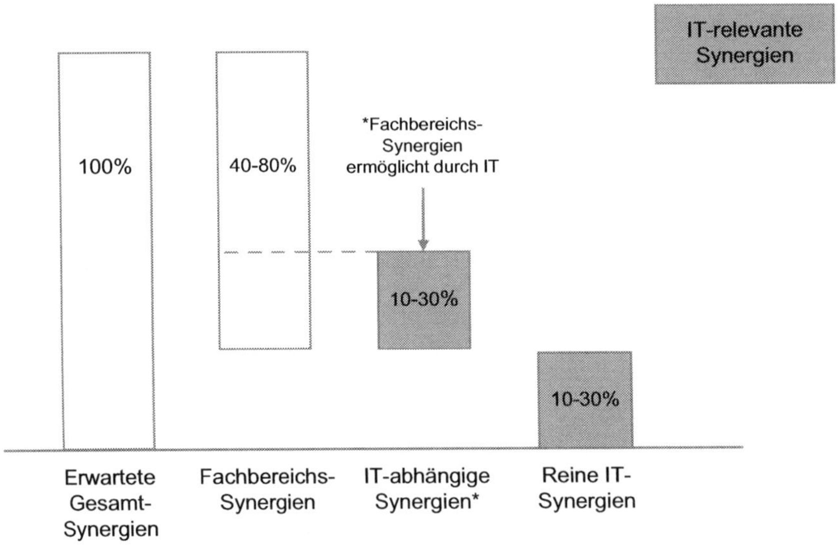

Abb. 1 Synergien der IT-Integration. (Quelle: EY.)

zur Verfügung stellt. Auch einheitliche Datenbasen können Synergien ermöglichen. In der Beschaffung ist zum Beispiel die Bündelung von Einkaufsvolumen bei gemeinsam genutzten Lieferanten oder im Vertrieb Cross-Selling an Kunden möglich.

4 Vorbereitung ab Signing

Mit dem Signing beginnt die Vorbereitung für Tag 1 nach dem Closing (s. Abb. 2). Wenn die zukünftigen IT-Standards sowie deren Kosten und Risiken feststehen, wird in einem nächsten Schritt für jeden Bereich und jede Komponente zunächst der Status quo überprüft. Im Anschluss werden alle notwendigen Maßnahmen festgelegt, um die Zielstandards zu erreichen. In der Regel ist es jedoch nicht möglich, alle Integrationsschritte bis zum Tag 1 umzusetzen. Aus diesem Grund gilt es, für einige Bereiche Interimsperioden abzustecken und Maßnahmen festzulegen, wie das Unternehmen die Übergangsfrist überbrücken kann. Dabei ist es wichtig, nicht nur das angestrebte Ziel, sondern auch alle in diesem Zusammenhang umzusetzenden Schritte detailliert zu dokumentieren, denn nur so kann der Fortschritt der Integration effektiv überprüft werden.

Neben einer umfassenden Planung und Dokumentation kann es auch entscheidend zum Erfolg der Integration beitragen, wenn alle Ebenen des Unternehmens in die Planung und später auch in der Umsetzung eingebunden werden. Regelmäßige Termine zur Abstimmung der vereinbarten Aktivitäten, des erreichten Fortschritts und eine kontinuierliche Kommunikation weiterer Schritte mit allen relevanten Parteien sind essenzielle Bestandteile in dieser Transaktionsphase. Dabei sollte auch vor dem Chief Information Officer (CIO) nicht Halt gemacht werden.

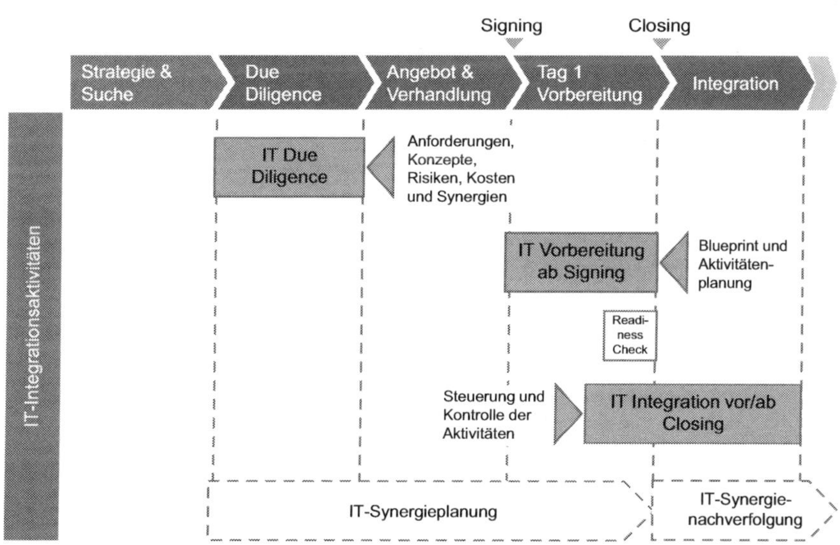

Abb. 2 Phasen der IT-Integration. (Quelle: EY.)

Im Zuge der Vorbereitung des Closing bzw. von Tag 1 und der damit verbundenen Überprüfung des Status Quo werden im Bereich der IT-Organisation und -Prozesse dazu zunächst die gegenwärtig genutzten IT-Organisationen und deren Aufgabenverteilungen analysiert. Diese Analyse schließt auch die Subunternehmer und IT-Ressourcen in den Fachbereichen mit ein. Anschließend wird eine Ziel-Organisation festgelegt, die eine genaue Beschreibung der Rollen und Verantwortlichkeiten der Akteure enthält. Daraus werden dann die erforderlichen Schritte zur Zielerreichung abgeleitet und die begleitenden Kommunikations- und Change-Management-Aktivitäten bestimmt. Zukünftige Standards und Maßnahmen werden ebenfalls für die IT-Prozesse und -Dokumentationen definiert, mit deren Hilfe die Ziele erreicht werden sollen. Industrie-Standards wie Cobit, ITIL oder PMI dienen dabei häufig als Maßstab.

Auch im Bereich der Applikationen und Systeme müssen die Aktivitäten der Integration detailliert geplant werden. In der Integrationsstrategie ist bereits festgelegt, wie mit den Applikationen und Systemen verfahren werden soll, die das übernommene Unternehmen bislang genutzt hat. Wie bereits erwähnt, ist es hier zum Beispiel möglich, die Applikationen und Systeme in eine vergleichbare Applikation oder ein vergleichbares System des Käufers zu integrieren, sie eigenständig weiter zu nutzen oder ihren Betrieb ersatzlos einzustellen.

Neben der IT-Applikationslandschaft werden auch die zugrundeliegenden IT-Lizenzen und Serviceverträge im Zuge der Integrationsplanung gesichtet und eventuelle Kündigungs- und Anpassungstermine bestimmt. Um Transferperioden bei der Integration von Applikationen und Systemen zu überbrücken, kann es zum Beispiel sinnvoll sein, dass die Verkäuferseite Applikationen und Systeme vorübergehend weiter zur Verfügung stellt (zum Beispiel Hosting & Support). Dies geschieht auf Basis von sogenannten Transitional Service Agreements (TSAs), die ebenfalls während der IT-Integrationsplanung abgeschlossen werden und die Dauer und den Umfang von ‚Überbrückungsdienstleistungen' bestimmen.

Für die einzelnen Bereiche der IT-Infrastruktur und -Sicherheit wird ebenfalls zunächst jeweils der Status quo der Einheiten festgelegt, bevor der zukünftige Standard definiert wird. Bei der Integration von Data-Centern hat das Integrationsteam in der Regel zwei Möglichkeiten: Entweder betreibt das erworbene Unternehmen weiterhin seine Data-Center – gegebenenfalls unter Berücksichtigung der Betriebsstandards des Käufers – oder die Data-Center der Verkäuferseite werden in diejenigen des Käufers integriert. Auch die Netzwerke bilden einen wichtigen Teil der IT-Infrastruktur. Hier ist es besonders wichtig, Konzepte für die Interimsperiode bis zum Abschluss der Integration zu entwerfen. Häufig werden den Mitarbeitern der übernommenen Unternehmen oder Unternehmensteile separate User-IDs und VPN-Tunnel eingerichtet, damit sie bereits am Tag 1 nach dem Closing auf Applikationen und Systeme des Käufers zugreifen können. Für die Kommunikationssysteme gilt: Damit die Mitarbeiter der übernommenen Firma ab dem Closing ihre neue E-Mail-Adressen nutzen können, unter den alten aber noch erreichbar sind, müssen neue E-mail-Accounts und Weiterleitfunktionen eingerichtet werden.

Wie bereits erwähnt, birgt eine IT-Integration nicht nur Synergiepotenziale, sondern auch Risiken. Das ist insbesondere bei der Vorbereitung zur Integration der Applikationen und Systeme zu beachten – denn diese kann den Geschäftsablauf des Unternehmens gefährden. Gegenmaßnahmen, die im Notfall ergriffen werden können, um Risiken aufzufangen, sollten unbedingt Teil der Integrationsplanung vor Closing sein und frühzeitig adressiert werden. Die meisten Risiken lassen sich zwar mit vertretbarem Aufwand reduzieren, in einer IT-intensiven Branche wie dem Online-Handel aber kann das Gefahrenpotenzial einer IT-Integration gar die Entscheidung über den Kauf eines Unternehmens beeinflussen und Zünglein an der Waage sein.

Sobald die geplanten Integrationsaktivitäten aller drei Bereiche festgelegt sind, wird ein Zeitplan erstellt. Wichtiger Bestandteil des Integrationszeitplans ist die Definition des kritischen Pfades, der potenzielle Engpässe mit entsprechendem Puffer aufweist. Die zeitgerechte Einhaltung der Aktivitäten innerhalb des kritischen Pfades beeinflusst den Erfolg der Integrationsplanung und –umsetzung. Im Rahmen der Integrationszeitplanung, werden Aktivitäten definiert, die bereits vor Closing durchgeführt werden müssen. Für die restlichen Aktivitäten werden jeweils Fristen festgelegt, die idealerweise in einen 30-Tages-Rhythmus ab Closing unterteilt sind. Das bedeutet, dass einige Aufgaben bereits mit dem Closing abgeschlossen sein müssen, andere jedoch erst nach 30, 60 oder 90 Tagen. Wichtige Abhängigkeiten werden mit dem Integrationsplan ebenfalls definiert und im kritischen Projektpfad dargestellt.

Alle vorgesehenen Schritte inklusive ihrer Deadlines werden im Aktivitätenplan sowie im Blueprint detailliert festgehalten. Wie bereits erwähnt helfen diese später dem Projektmanagement, den Fortschritt der Integration zu überwachen und die Zielerreichung hinsichtlich Zeit, Qualität und Kosten zu kontrollieren. Kurz vor dem Closing findet ein IT-Readiness-Check statt: Hier wird überprüft, ob alle Vorbereitungen für den Beginn der Integration abgeschlossen sind. Viele Konzerne, die häufiger Integrationen von Unternehmen oder Unternehmensteilen durchführen, haben Methoden und Tools zur Planung und Durchführung von Integrationen in sogenannten „Playbooks" festgehalten, auf die sie bei Bedarf zurückgreifen können.

5 Integration ab Closing

Mit dem Closing und dem Tag 1 beginnt schließlich die Umsetzung der Maßnahmen und Aktivitäten aus dem zuvor definierten IT-Integrationsplan. Bereits zu diesem Zeitpunkt sollte das Unternehmen mit der Nachverfolgung der Synergien beginnen, die auch über die Zeit der Integration hinaus fortgeführt werden sollte. Je nach Größe der Unternehmen kann die Integrationsdauer mehrere Wochen oder auch mehrere Jahre in Anspruch nehmen, zumal Synergien teilweise durchaus auch erst nach einigen Jahren sichtbar werden. Aus diesem Grund sollten die Verantwortlichkeiten in diesem Bereich klar geregelt sein. Bei der Überprüfung und Nachverfolgung der Synergien darf jedoch nicht unterschätzt werden, dass unvorhergesehene Ereignisse die geplanten Ergebnisse beeinflussen können. Diese Effekte müssen bei der Nachverfolgung separiert werden. Es ist empfehlenswert, zur Planung und besonders zur Nachverfolgung der Synergien entsprechende Tools zu nutzen.

Im Bereich „Applikationen und Systeme" ist auch nach dem Closing zu beachten: Wenn es sich um ERP-Systeme handelt, bestehen bis zur vollständigen Integration der Systeme Berichtsanforderungen der übernommenen Unternehmen an die Käuferseite. Diese Anforderungen lassen sich unter Umständen nicht direkt aus den Applikationen der gekauften Einheiten ableiten. Dabei handelt es sich unter anderem um Finanzberichte wie die Gewinn- und Verlustrechnung, Bilanzberichte für Monats- oder Jahresabschlüsse oder um Berichte mit Einkaufs- und Verkaufsdaten. Abhängig von den Berichtsanforderungen und dem zugrunde liegenden Datenvolumen können für eine Interimsperiode technische Anpassungen notwendig werden, zum Beispiel Extrakt- und Konversationsprogramme aus den Applikationen der gekauften Einheiten. Die zugrunde liegenden Stammdaten werden dabei auf die Strukturen des Käufers übersetzt. Dazu kann gegebenenfalls ein zentrales Stammdatensystem behilflich sein, das der Käufer nutzt.

6 Fazit

Eine IT-Integration ist ein komplexer und vielschichtiger Prozess – eine umfassende und vor allem frühzeitige Planung in Abstimmung mit allen involvierten Personen ist aus diesem Grund essentiell. Daneben sind ein konsequentes Projekt- und Kostenmanagement unabdingbar. Innerhalb der gesamten Integration ist die IT-Integration zwar nur ein Teilaspekt – es sind jedoch insgesamt bis zu 60 % der Synergien – jeweils bis zu 30 % in der IT und in den Fachbereichen – von ihr abhängig.

Die IT-Integration erstreckt sich auf die Bereiche IT-Organisation und -Prozesse, Applikationen und Systeme sowie IT-Infrastruktur und IT-Sicherheit. Im Hinblick auf die Integration bergen sie, neben dem Synergiepotenzial, jedoch auch unterschiedliche Risiken und Gefahrenpotenziale, denen das Integrationsteam mit unterschiedlichen Maßnahmen begegnen muss. Insbesondere die IT-Sicherheit ist hier von großer Bedeutung. Denn während einer Integration ist die Gefahr besonders hoch, dass zum Beispiel sensible Daten nicht ausreichend vor dem Zugriff von außen geschützt sind. Unternehmen sollten der IT-Sicherheit also einen hohen Stellenwert beimessen – sowohl während der Integration als auch darüber hinaus.

Stefan Schaaf ist Executive Director bei EY im Bereich Transaction Advisory Service. Schwerpunkt seiner mehr als 16-jährigen Tätigkeit in der Beratung ist die Unterstützung von Unternehmen und Private Equity-Häusern zu IT-Themen in den Bereichen Post Merger-Integration, IT Due Diligence und Carve-Out.

Margarete Kowoll ist Senior Consultant bei EY im Bereich Transaction Advisory Service. Schwerpunkt ihrer Tätigkeit in der Beratung ist die Unterstützung von Unternehmen und Private Equity-Häusern zu operativen Themen in den Bereichen Post-Merger-Integration und Carve-Out.

Internationalisierung per Cross-Border-Transaktionen und deren Besonderheiten im Post-Merger-Integration-Prozess

Lars Härle

Zusammenfassung

Die Mergers & Acquisitions-Aktivitäten deutscher Unternehmen im Ausland haben in den letzten Jahren kontinuierlich über alle Branchen hinweg zugenommen. Dabei reichen die Motive vom einfacheren Zugang zu internationalen Wachstumsmärkten, der Internationalisierung der Kundenstruktur, über den Zugang zu Rohstoffen und Technologien, bis hin zur Sicherung der Wettbewerbsfähigkeit durch die Verlagerung von Produktionsprozessen und lokaler Wertschöpfung vor Ort. Die Entscheidungsträger stehen bei der Durchführung vor komplexen Herausforderungen hinsichtlich der unterschiedlichen Sprache, Kultur, Länder spezifischen Risiken und Entscheidungsprozesse sowie Besonderheiten in der Due Diligence.Im Rahmen der Post-Merger-Integration einer Cross-Border Transaktion ist ein ganzheitliches Projekt- und begleitendes offenes Kommunikations- und Change Management vor Ort erforderlich. Mit den Vorbereitungen hierfür sollte bereits mit Beginn der Due Diligence angefangen werden. Eine kontinuierlich ggf. auch über mehrere Jahre hinweg enge Begleitung der Integrationsprozesse ist sinnvoll. Transparenz der Prozesse und Erfahrung im jeweiligen Land helfen den Unternehmen, die Risiken von Cross-Border-Transaktionen besser einschätzen und die Transaktion letztendlich erfolgreich gestalten zu können.

L. Härle (✉)
IEG Investment Banking Group, Knesebeckstraße 59–61, 10719 Berlin, Deutschland
E-Mail: lh@ieg-banking.com

A. Kuckertz, N. Middelberg (Hrsg.), *Post-Merger-Integration im Mittelstand,*
DOI 10.1007/978-3-658-12370-3_19

1 Einleitung

In einer weiter sich vernetzenden und globalisierenden Welt, in denen Beschaffungs-, Produktions-, Absatz- aber auch Arbeits- und Kapitalmärkte kontinuierlich zusammenwachsen, stehen grenzüberschreitende Unternehmensübernahmen zunehmend im Interesse von deutschen Unternehmen. Wurde die Internationalisierung noch vor Jahren über den Aufbau von eigenen Werken und Gründung von ausländischen Tochterunternehmen und Niederlassungen in den jeweiligen Ländern vorangetrieben, so bietet sich dem mittelständischen Unternehmer heute auch die Möglichkeit, durch den Kauf eines geeigneten Unternehmens sich international aufzustellen und neue Märkte zu erobern, ohne viel Zeit zu verlieren.

Dabei steht eine grenzüberschreitendende („Cross-Border") Akquisition im Vergleich zu einer inländischen Akquisition vor ganz besonderen Herausforderungen und bedarf einer umfangreichen Vorbereitung, wenn diese den gewünschten Erfolg haben soll. Die Anforderungen an den sich anschließenden Post-Merger-Integration-Prozess sind deutlich komplexer und bedürfen frühzeitiger Planung und intensiver Betreuung. Aufgrund der höheren Komplexität und fehlenden internationalen Transaktionserfahrung tun sich mittelständische Unternehmen im Vergleich zu internationalen Konzernen mit Cross-Border-Transaktionen schwerer.

Wer die Herausforderungen und Fallstricke einer Cross-Border-Transaktion und der Post-Merger-Integration kennt und hierzu Transparenz schafft, wer die Post-Merger-Integration als integralen Bestandteil des internationalen Unternehmensmanagements versteht und auch die interkulturellen Unterschiede achtsam zusammenführt, der wird die Internationalisierungsstrategie mittels Akquisitionen erfolgreich umsetzen können.

2 Entwicklungen und Trends von Cross-Border-Transaktionen deutscher Unternehmen

Die Anzahl der von deutschen Unternehmen getätigten Unternehmensübernahmen ist in den letzten 10 Jahren kontinuierlich gestiegen. Wurden in 2004 nur 138 internationale Transaktionen durch deutsche Unternehmen gemeldet, so ist die Anzahl 10 Jahre später auf über 350 Transaktionen gestiegen (Abb. 1). Dabei ist heute der Anteil der nationalen Transaktionen, also der Erwerb eines Unternehmens im Inland durch ein deutsches Unternehmen, gegenüber dem Anteil der Cross-Border-Transaktionen, dem Erwerb eines Unternehmens im Ausland durch ein deutsches Unternehmen, noch nach wie vor höher. Etwa 35–40 % aller durch deutsche Unternehmen getätigten Transaktionen sind bis heute grenzüberschreitend, jedoch mit steigender Tendenz zugunsten der Cross-Border Transaktionen. Dieser Trend dürfte sich weiter fortsetzen und in den nächsten 5–10 Jahren werden voraussichtlich mehr Cross-Border-Transaktionen getätigt als inländische Transaktionen.

Eine genauere Analyse der getätigten Transkationen gibt weitere Aufschlüsse, wo deutsche Unternehmen besonders akquisitorisch aktiv sind.

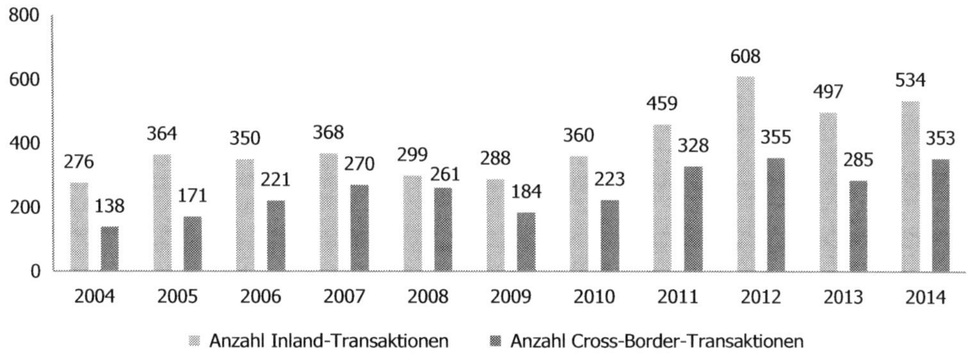

Abb. 1 Anzahl der Unternehmenskäufe deutscher Unternehmen zwischen 2004–2014. (Quelle: Mergermarket)

Welche Länder sind aus deutscher Perspektive interessant In den letzten 2 Jahren lag der Schwerpunkt der internationalen Akquisitionen der deutschen Unternehmen in den USA. Nach Überwindung der Wirtschaftskrise ist die USA mit dem größten Binnenmarkt der Welt für deutsche Unternehmen wieder besonders interessant. Auch wurden in vertraute, geographisch nahe Märkten Zukäufe weit häufiger getätigt als in geographisch weit entfernte Ländern. Nicht überraschend standen aufgrund ihrer Nähe, der ähnlichen wirtschaftlichen und rechtlichen Rahmenbedingungen und insbesondere aufgrund der gleichen Sprache und des Kulturverständnisses Übernahmeziele in der Schweiz und Österreich besonders im Fokus. Aber auch Italien, die Niederlande, Frankreich, Vereinigtes Königreich und Schweden spielten in den Überlegungen deutscher Unternehmen aufgrund ihrer Größe, der überschaubaren räumlichen Entfernung in einem gemeinsamen Wirtschafts- und teilweise auch Währungsraum eine wichtige Rolle (Abb. 2).

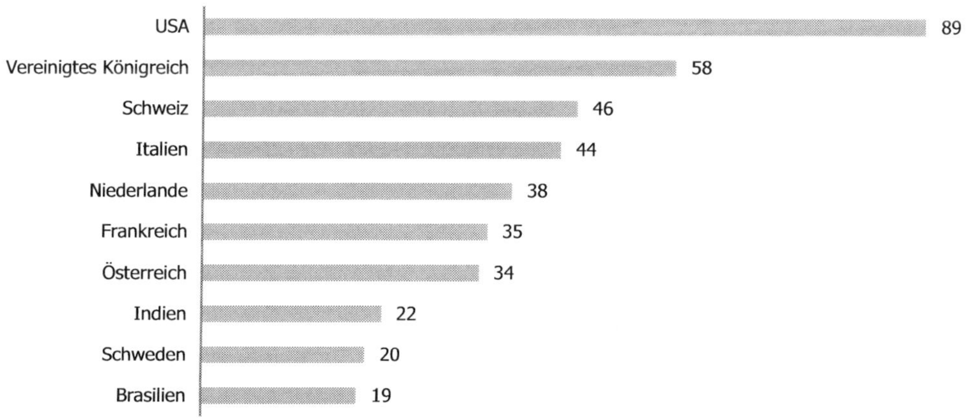

Abb. 2 Die Top 10 Cross-Border-Transaktionsländer in 2013 & 2014 deutscher Unternehmen. (Quelle: Mergermarket)

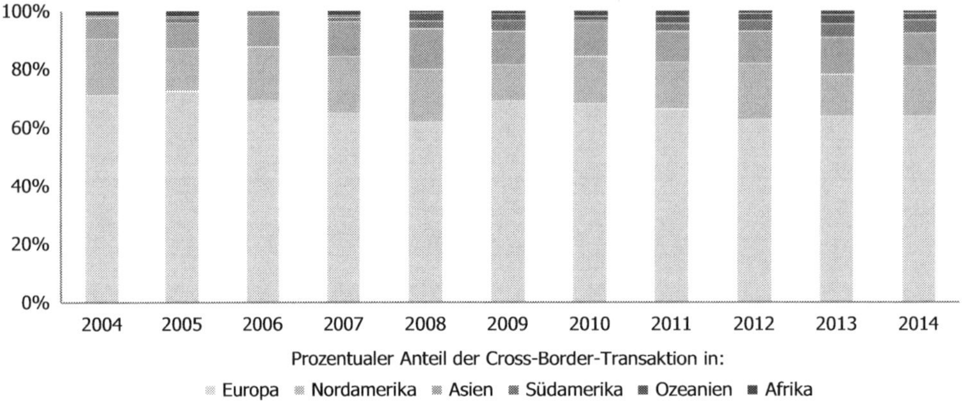

Abb. 3 Prozentualer Anteil der Cross-Border-Transaktionen deutscher Unternehmen in 2004–2014 nach Regionen. (Quelle: Mergermarket)

Insgesamt finden heute 60–70 % aller Cross-Border Transaktionen deutscher Unternehmen in Europa statt, allerdings mit fallender Tendenz (Abb. 3), denn die BRIC-Staaten bieten deutlich bessere Wachstumsperspektiven und entwickeln sich folglich zu einem interessanten Akquisitionsland für deutsche Unternehmen.

Welche Branchen sind besonders akquisitionsfreudig Eine Analyse der Cross-Border-Akquisitionen deutscher Unternehmen nach Sektoren zeigt, dass in allen Branchen zahlreiche Transaktionen getätigt wurden (Abb. 4). Seit Jahren dominiert der Investitionsgüterbereich mit einem Anteil von ca. 30 %, allerdings hat die Akquisitionstätigkeit im Technologie- und im Servicesektor signifikant zugenommen. Über die Zeit und mit zunehmender Erfahrung haben sich die Akquisitionsstrategien deutscher Unternehmen zudem deutlich

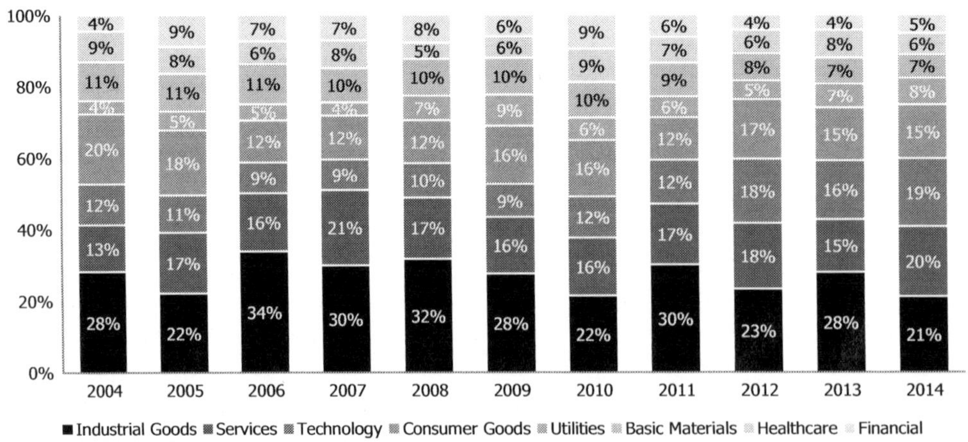

Abb. 4 Prozentuale Aufteilung der Cross-Border- Transaktionen deutscher Unternehmen nach Sektoren zwischen 2004–2014. (Quelle: Mergermarket)

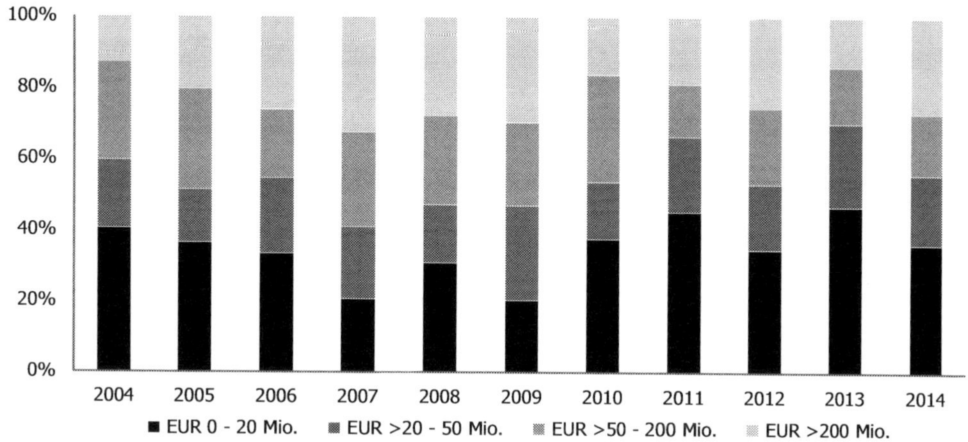

Abb. 5 Prozentuale Aufteilung der M&A Transaktionen nach Transaktionsgröße zwischen 2004–2014. (Quelle: Mergermarket)

professionalisiert, nicht selten arbeiten sie zeitgleich an mehreren internationalen Transaktionen. Dabei werden sie zunehmend von eigenen Inhouse-M&A-Teams unterstützt.

Welche Größenklassen sind von Interesse Bei mehr als der Hälfte aller Zukäufe mit veröffentlichtem Deal Volumen lag der Transaktionswert unterhalb EUR 50 Mio. Er war sogar bei 30–40 % aller Transaktionen unterhalb von EUR 20 Mio. (Abb. 5). Die Ursache für diese hohe Konzentration auf kleinere Transaktionen liegt in einer eher Risiko aversen oder zumindest Risiko sensiblen Akquisitionsstrategie insbesondere mittelständischer Unternehmen. Es geht vermehrt um Markt- und Technologierschließung und weniger um Marktbeherrschung. Es werden Risiko optimiert Ergänzungen gesucht, die in das Unternehmen integriert werden können ohne die Existenz der Mutter zu gefährden. Größere Transaktionen trauen sich aufgrund des höheren Risikos und Kapitalbedarfs in der Regel nur größere Konzerne zu. Sie treiben die Marktkonsolidierung global voran.

Die Analysen zeigen insgesamt, dass Cross-Border Transaktionen deutscher Unternehmen als Mittel der Internationalisierung weiter an Bedeutung gewinnen werden. In den nächsten Jahren ist eine zunehmende Marktkonsolidierung zu erwarten, wobei sowohl die Anzahl der Cross-Border-Akquisitionen insgesamt, als auch die durchschnittlichen Transaktionsgrößen weiter ansteigen und der geographische Schwerpunkt aus Europa nach Nordamerika und Asien wandern werden.

3 Motive der Cross-Border-Transaktionen für den Mittelstand

Die Motive für Cross-Border-Transaktionen sind vielfältig. Unternehmenszukäufe im Ausland können das Ergebnis einer aktiven Akquisitionsstrategie (Push-Strategie) sein, aber durchaus auch aufgrund einer unternehmerischen Notwendigkeit (Pull-Situation) sich entwickeln. Kleinere mittelständische Unternehmen stehen vor der Herausforderung,

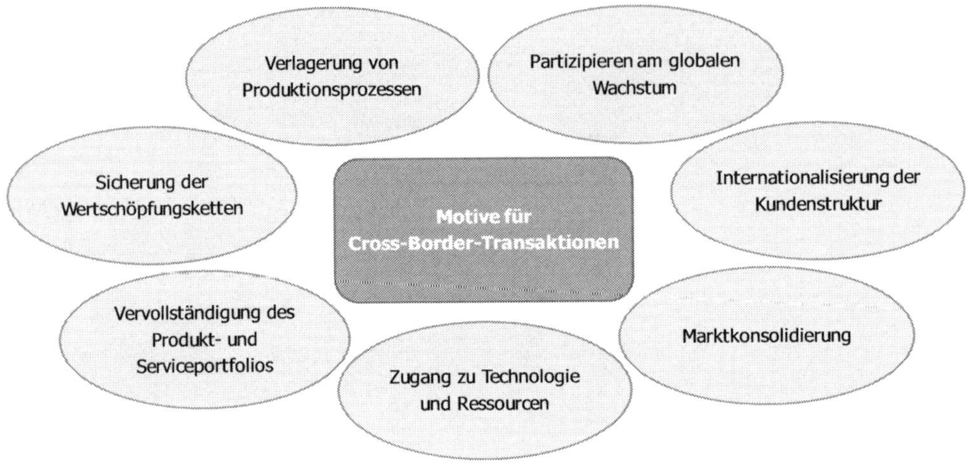

Abb. 6 Motive für Cross-Border-Transaktionen

sich international aufstellen zu müssen, obwohl die Finanzkraft, interne Organisation und Managementstrukturen diesen Schritt kaum verkraften können. Sie dienen sowohl der Sicherung des eigenen Geschäfts als auch der Öffnung zu neuen Geschäftsaktivitäten bis hin zur Entwicklung neuer Industriemodelle. Dabei können im Einzelnen folgende Interessen im Fokus einer Cross-Border-Akquisition stehen (Abb. 6).

Partizipieren am globalen Wachstum Als wichtigstes Motiv einer Cross-Border-Akquisition für deutsche Unternehmen ist die Erschließung neuer Absatzmärkte mit Hilfe eines Unternehmens im lokalen Markt. Oftmals sind die Wachstumsmöglichkeiten im eigenen Heimatmarkt erschöpft oder begrenzt, sodass die Unternehmen sich anderen Ländern mit höheren Wachstumsraten zuwenden. Durch den Erwerb eines Unternehmens ist der Käufer unmittelbar in der Lage, Zugang zu den internationalen Märkten zu bekommen, ohne diesen selbst über eigene Standorte und Vertriebswege erst langsam aufbauen zu müssen, verbunden mit der Gefahr eines Scheiterns. Dabei wiegen der hohe Zeitgewinn und das überschaubare Risiko beim Erwerb eines bestehenden, funktionierenden Unternehmens bei den Akquisitionsüberlegungen eines Unternehmens höher, als eine augenscheinlich zuerst günstigere Eintrittsstrategie mittels organischen Wachstums eigener Büros oder Produktionsstätten.

Internationalisierung der Kundenstruktur Unter dem Motto „Follow your Customer" stehen mittelständische Unternehmen in Deutschland vor der Wahl, ihren global aufgestellten Kunden entweder durch den Aufbau von lokalen Produktionskapazitäten ins Ausland zu folgen oder entsprechend die Lieferfähigkeit mittels einer Akquisition vor Ort sicherzustellen. Große Konzerne verfolgen eine konsequente Verschlankung der Einkaufsprozesse und fokussieren sich auf immer weniger, global aufgestellte Zulieferer. Will das mittelständische Unternehmen seinen Kunden nicht verlieren und sogar Wettbewerb im eigenen

Heimatmarkt langfristig verhindern, so muss es das globale Sourcing für diesen Kunden durch lokale Entwicklungs- und Produktionsstandorte auch gewährleisten. Dabei gehen mittelständische Unternehmen angesichts der immer schneller agierenden Weltkonzerne vermehrt über Unternehmenszukäufe in den jeweiligen Ländern vor.

Marktkonsolidierung Im Rahmen einer sehr aktiven Akquisitionsstrategie steht das Ziel der globalen Marktkonsolidierung an oberster Stelle. Aufgrund der dafür erforderlichen Finanzierungskraft und Unternehmensgröße, ist diese Strategie in der Regel den größeren Unternehmen vorbehalten. Aber auch einige Mittelständler, welche sich in einer technologischen Nische positioniert haben und ihre Wettbewerbsposition durch die Übernahme eines der wenigen Wettbewerber verteidigen möchten, sind zum Zwecke der Marktkonsolidierung auf der Käuferseite international aktiv.

Zugang zu Technologie und Ressourcen In Deutschland ist seit Jahren der Zukauf von deutschen Technologieunternehmen aus Asien und den USA zu beobachten. Hintergrund ist das Interesse an dem Zugang zu Technologien und Entwicklungsressourcen, um diese für den eigenen Heimatmarkt nutzen zu können. Dieses Motiv gilt inzwischen auch für Zukäufe deutscher Unternehmen im Ausland wie z. B. im Software- oder Elektronikbereich. Ist das Verhältnis der Technologiezukäufe Inbound (also der Kauf von deutschen Technologieunternehmen) im Vergleich zum Outbound (also dem Kauf von ausländischen Technologieunternehmen) heute noch zugunsten der Inbound-Zukäufe gekennzeichnet, so wird sich dies im Rahmen der weiteren Globalisierung der Forschungs- und Entwicklungsaktivitäten weiter annähern.

Vervollständigung des Produkt- und Serviceportfolios Als weiteren wichtigen Grund für globale Zukäufe gilt die Vervollständigung des Produkt- und Serviceportfolios. Dabei entwickeln sich die Unternehmen zu globalen Lösungsanbietern mit einem „One-Stop-Shop", um den Kunden langfristig und umfassend an sich binden zu können. Anbieter von einzelnen Bauteilen können z. B. ihre Wettbewerbsfähigkeit alleine über den Preis nicht mehr aufrechterhalten und treten vermehrt als Systemanbieter mit globaler Problemlösungskompetenz auf. Die Wandlung der Geschäftsmodelle in den letzten Jahren vom Produktspezialisten hin zum kundenfokussierten Servicepartner erfordert ganzheitliche Lösungen, die über geeignete Akquisitionen sichergestellt werden sollen.

Sicherung der Wertschöpfungsketten Eine Akquisition eines Unternehmens im Ausland kann auch der Sicherung wichtiger Lieferbeziehungen bzgl. kritischer Komponenten und Basismaterialen dienen. Die kontinuierliche globale Konsolidierung bringt auf der Kundenseite neue Abhängigkeiten bzgl. Preis und Verfügbarkeit. Um die eigene Lieferfähigkeit zu gewährleisten, sichern sich Unternehmen durch den Zukauf von Rohstoffproduzenten oder Lieferanten den Zugriff auf kritische Kernmaterialien oder Bauteile für den Produktionsprozess.

Verlagerung von Produktionsprozessen Letztlich kann der Zukauf eines Unternehmens unter Produktionskostengesichtspunkten in einem sogenannten Niedriglohnland auch ein Akquisitionsmotiv sein. Durch die Verlagerung der Produktion ins Ausland mit Hilfe eines dort bestehenden Unternehmens können unmittelbar Produktionskostenvorteile für den europäischen Markt und ein entsprechender Marktzugang realisiert werden. Mit zunehmender Automatisierung und dem Einzug von Industrie 4.0 macht jedoch heute eine Verlagerung der Produktion und damit ein Zukauf eines günstigen Produktionsstandortes aus reinen Lohnkostengründen heute keinen Sinn mehr. Dennoch bleibt die Verlagerung der Produktion und damit Wertschöpfung ins Ausland aktuell. Beispielsweise verlangt China zunehmend, dass eine höhere Wertschöpfung der Automobilindustrie im Inland stattfindet, sodass insbesondere die Zulieferindustrie gedrängt wird, sich lokale Produktionspartner, meistens als Joint –Venture-Partner, zu suchen.

4 Besonderheiten der Cross-Border-Transaktionen

Obwohl Cross-Border-Transaktionen im Vergleich zu inländischen Transaktionen aus strategischer Sicht nicht minder relevant für die Entwicklung eines Unternehmens sind, ist ihre Anzahl nach wie vor geringer. Es liegt sicher nicht an den fehlenden Opportunitäten als vielmehr an der Tatsache, dass die Akquisition eines Unternehmens im Ausland deutlich komplizierter abläuft und mit mehr Risiko behaftet ist. Je nach Land sind die Risiken und Hindernisse kleiner oder größer und machen eine fallweise, sorgfältige Vorbereitung der Transaktion erforderlich. Die Analyse der Cross-Border-Transaktionen aus Abschn. 1 hat verdeutlicht, dass der Anteil der Nichteuropäischen Transkationen mit 30–40 % noch unterrepräsentiert ist, gemessen am Anteil der Wirtschaftsleistung der jeweiligen Regionen. Nachfolgend die wichtigsten Besonderheiten im Überblick (Abb. 7).

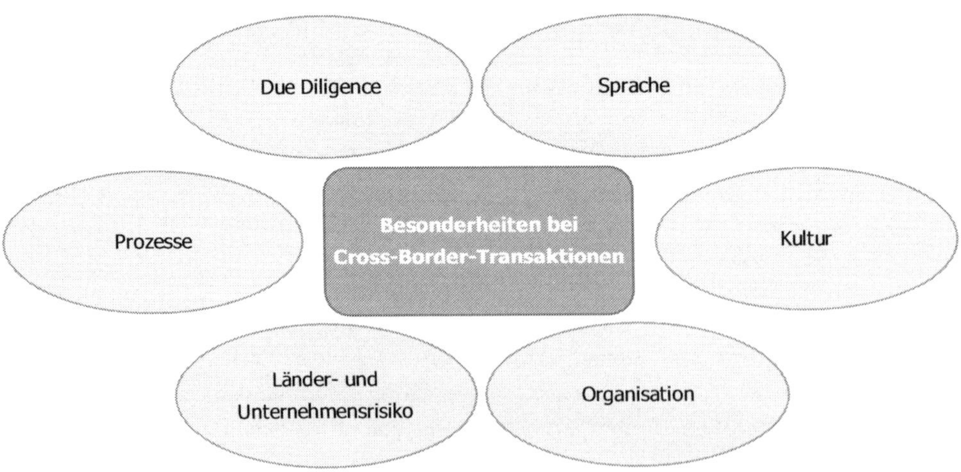

Abb. 7 Besonderheiten bei Cross-Border-Transaktionen

Fremde Sprachen erschweren die Kommunikation Nahezu alle mittelständischen Unternehmen sind heute international aktiv. Die englische Sprache ist heute der Standard im internationalen Waren- und Dienstleistungsverkehr. Allerdings werden oftmals auch lokale Sprachkenntnisse erforderlich. Viele Chinesen oder Japaner sprechen heute noch kein Englisch, so dass immer ein Übersetzer eingeschaltet werden muss. Und trotz Übersetzer fühlen sich die Verhandlungspartner „lost in Translation", weil nicht alle Botschaften sinngemäß übersetzt werden können. Diese indirekte Kommunikation erschwert die Möglichkeit, Vertrauen auf beiden Seiten aufbauen zu können. Dynamische Verhandlungssituationen können sich nicht entwickeln. Ist im Sales-Bereich durch die internationalen Handelskonventionen und -usancen der Themenbereich noch überschaubar, so ist ein Unternehmenskaufvertrag in all seinen Facetten und der Beleuchtung des kompletten Unternehmens und seiner Rahmenbedingungen wie Steuern, Recht etc. umfassender und dadurch in einer fremden Sprache noch schwerer zu begreifen.

Andere Kulturen können zu Missverständnissen führen Die jeweilige Kultur eines Landes hat entsprechenden Einfluss auf die Kommunikation und Verhandlungsführung im Rahmen einer Cross-Border-Transaktion. Obwohl jede Transaktion für sich einzigartig ist und immer unterschiedliche Individuen gegenüber sitzen, haben sich doch gewisse Verhandlungsstile auf Basis des kulturellen Grundverständnisses eines jeden Landes herausentwickelt. Diese unterschiedlichen Herangehensweisen und Grundverständnisse können zu erheblichen Irritationen im Verhandlungsprozess führen. Während in Europa ein eher konsensorientierten Verhandlungs- und Managementstil gepflegt wird, ist das „Hard-Selling" der US-Amerikaner ebenso bekannt, wie der „Chinese Way" sich nicht in die Karten schauen zu lassen, als auch die Besonderheiten mit einem indischen Verhandlungspartner, der selbst bei der Beurkundung eines Kaufvertrages beim Notar für Überraschungen gut sein kann. Diese vielleicht etwas verallgemeinernden Beobachtungen sind mehr oder weniger ausgeprägt. Mit zunehmender Internationalisierung der Unternehmen haben sich die Gesellschafter und Manager von Unternehmen auf diese Situationen eingestellt, sodass von einem internationalen Kultur- und Kommunikationsverständnis diesbezüglich gesprochen werden kann. Hierfür gibt es ist allerdings keine Garantie, dass deshalb die Verhandlungen einfach verlaufen. Die mittelständischen Unternehmen sollten sich durchaus der Verschiedenheit bewusst sein, wollen sie erfolgreich mit dem anderen Verhandlungspartner einen für sie erfolgreichen Abschluss erzielen. Hilfreich ist daher die Einbindung eines aus dem Heimatland des Zielunternehmens kommenden Mitarbeiters oder Beraters, der mit den jeweiligen Landesgepflogenheiten vertraut ist.

Organisatorische Herausforderungen sind nicht zu unterschätzen Der Erwerb eines Unternehmens ist für die meisten Unternehmen nicht alltäglich. Zu den täglichen Managementaufgaben kommen zusätzliche Aufgaben im Rahmen der Vorbereitung, der Due Diligence Prüfung und den Verhandlungen hinzu, die nicht selten nochmals das tägliche Arbeitspensum für einen längeren Zeitraum verdoppeln können. Eine Cross-Border-Transaktion wird dann ein weiteres Mal schwieriger, je weiter sie vom Heimatland des

Käufers entfernt ist. Für eine Akquisition in Asien oder Südamerika sind kurzfristig angesetzte Meetings für einen Tag allein aufgrund der räumlichen Entfernung und der damit verbundenen Reisezeit von jeweils zwei Tagen schwer kurzfristig organisierbar bzw. auch sinnvoll. Der Zeitunterschied zwischen den einzelnen Parteien erfordert von beiden Seiten hohe Flexibilität in den Morgen-, Abend- oder sogar Nachtstunden. Wer hier zügig vorankommen will, muss Telefonkonferenzen, die bereits um 6 Uhr oder erst gegen 22 Uhr beginnen mit einplanen. Hier hilft ein sehr gutes Prozess- und Projektmanagement mit einer entsprechenden Teamgröße.

Länderrisiko und Unternehmensrisiko sind immanent „Kein Volk gibt es, mag es noch so fein und gebildet, noch so roh und unwissend sein, das nicht der Ansicht wäre, die Zukunft könne von gewissen Leuten erkannt und vorhergesagt werden" so sagte einmal Cicero. Dies trifft umso mehr auch für die Cross-Border-Transaktionen in anderen Ländern zu. Wer hätte voraussagen können, dass der Turbo-Kapitalismus einmal aus China kommen wird, dass die Vereinigten Arabischen Emirate zu einem Investitionsland werden oder dass die arabische Revolution die ökonomischen Rahmenbedingungen für Unternehmen verändern werden.

Eine Einschätzung des Länderrisikos für eine Akquisition in dem jeweiligen Land ist unerlässlich, aber wie die Geschichte zeigt auch nicht hundertprozentig zuverlässig. Die politischen Systeme verändern sich im Laufe der Zeit und so können sich attraktive Standorte zu unattraktiven Standorte oder risikoreiche und bisher verschlossene Regionen nach ihrer Öffnung wirtschaftlich interessant werden. Es bedarf hier einer Balance zwischen unternehmerischem Mut und kalkulierbarem Wagnis eines Unternehmers, eine Akquisition in einem anderen Land zu tätigen. Wie immer stehen Chance bzw. Ertrag und Risiko im Verhältnis. Wer frühzeitig in Nordafrika investiert, wird der Erste sein, der am wirtschaftlichen Aufschwung dieser Region profitieren wird. Aber das Risiko, dass dieses Investment verloren geht, ist am Anfang unter noch unsicheren politischen Rahmenbedingungen auch am höchsten.

Länderrisiko und Unternehmensrisiko sind unmittelbar miteinander verbunden. Es können der Kapitalverkehr beschränkt werden, Importe und Exporte, das Steuersystem, Subventionsgrundlagen, die Praxis der öffentlichen Auftragsvergabe sich ändern oder neue Regelungen bzgl. der Unternehmensführung erlassen werden. Beispielsweise wurden nach der Einführung des Black Economic Empowerment Act in Südafrika diejenigen Unternehmen benachteiligt, die nicht genügend farbige Mitarbeiter in der Geschäftsführung beschäftigten, unabhängig von ihrer Qualifikation. Das grundsätzlich politisch gut gemeinte Gesetz hatte aber zum Teil zu unökonomischen Entscheidungen geführt, standen zu Anfang nur eine begrenzt ausgebildete Anzahl von farbig, qualifizierten Managern in Südafrika überhaupt zur Verfügung. Ein anderes Beispiel aus China zeigt, dass Investitionen in Internetfirmen in China grundsätzlich nicht erlaubt sind.

Themen wie Stabilität der Regierung und Währung, Wachstumsaussichten des Landes oder aber augenscheinlich einfachere Sachverhalte wie die Zuverlässigkeit der Stromversorgung können für eine Transaktion eine wichtige Rolle spielen.

Das Länderrisiko und die Attraktivität und Stabilität der wirtschaftlichen Rahmenbedingungen in einem andern Land sind stets im Wandel und die Entscheidung für eine Akquisition in dem jeweiligen Land basiert auf dem Wissen und Analyse der heutigen Situation und einer Einschätzung über die zukünftige Entwicklung, die immer mit Unsicherheit behaftet ist. Dies wird so bleiben und lässt sich auch in keinem Unternehmenskaufvertrag über Gewährleistungen ausschließen. Es ist eine unternehmerische Entscheidung.

Entscheidungsprozesse unterscheiden sich und sind weniger transparent Die Verhandlungen einer Cross-Border Transaktion verlaufen je nach Land anders als man dies im eigenen Land erwarten würde. Die Entscheidungsprozesse unterscheiden sich zum Teil erheblich und daher ist es sehr wichtig, dass der mittelständische Unternehmer eine Vorstellung hat, wie Entscheidungen im jeweiligen Land getroffen werden. Wer einmal mit japanischen Verkäufern oder Käufern verhandelt hat, weiß, dass sehr konsensorientiert entschieden wird und dies einen längeren Zeitraum in Anspruch nehmen kann. Eine offene Konfrontation sollte vermieden werden.

Eine Akquisition in China verläuft ebenfalls sehr hierarchisch und bereits verhandelte Themenbereiche können trotz vorheriger Einigung wieder neu betrachtet werden, sodass der Käufer sich auf einen längeren Prozess einstellen sollte. Eine Transaktion gilt selbst nach Unterzeichnung eines Kaufvertrages (Signing) mit dem chinesischen Eigentümer erst dann als gesichert, wenn mehrere staatliche Gremien ihre Zustimmung zum Closing einer Transaktion gegeben haben. Diese Gremien regeln Sachverhalte bzgl. Fusionskontrolle, Devisenausfuhren und der Erlaubnis einer Investition eines Ausländers in ein chinesisches Unternehmen. Es bedarf der Zustimmung der MOFCOM (Fusionskontrolle), der NDRC (Nationale Development Reform Commission), der SAFE (State Administration of Foreign Exchange) und der CSRC (China Securities Regulatory Commission), was insgesamt über 6 Monate bis zu einem Jahr dauern kann.

Vor diesem Hintergrund tut sich ein Unternehmer mit einer Cross-Border-Transaktion leichter, wenn er all diese Erfordernisse von Anfang an kennt und die Prozesse für ihn transparent sind.

Besonderheiten im Rahmen der Due Diligence Im Rahmen einer Cross-Border-Transaktion werden besondere Anforderungen an die Due Diligence gestellt. Da in der Regel der Käufer mit den länderspezifischen Gegebenheiten weniger vertraut ist, bedarf es einer sehr genauen Darstellung der Ergebnisse der Due Diligence durch die jeweiligen Fachgebiets-Spezialisten.

Die Financial Due Diligence hat die Aufgabe, möglichst nach internationalen Rechnungslegungsstandards (in der Regel IFRS) aufbereitete Finanzinformationen zu liefern, die oftmals nicht in geeigneter Form beim Zielunternehmen vorliegen. Die unterschiedliche Behandlungen bzgl. der Realisierung von Umsätzen, Aktivierung von Kosten, Bildung von Rückstellungen, Bewertung von Vorräten, Abschreibung von Forderungen oder bilanzielle Bewertung von Pensionsverbindlichkeiten, können zu sehr unterschiedlichen

Ergebnissen führen, die unmittelbar Einfluss auf die Kaufpreisberechnung des Käufers haben. Sollte der Verkäufer nicht mit diesen internationalen Rechnungslegungsstandards vertraut sein, so können größere Anpassungen unmittelbar zum Deal-Breaker (alle Tatsachen, die unmittelbar zum Abbruch der Transaktion führen) werden.

Die Tax Due Diligence versucht alle möglichen steuerlichen Risiken zu erfassen und zu bewerten. Nicht immer ist es aufgrund der länderspezifischen Steuergesetzgebung selbst den Steuerexperten möglich eine genaue Einschätzung des Steuerrisikos zu geben, sondern nur eine Klassifizierung in niedriges, mittleres und hohes Steuerrisiko.

Die Legal Due Diligence erfasst mögliche rechtliche Risiken aus Verträgen. Auch hier kann das lokale Vertragsrecht sich vom deutschen oder internationalen Vertragsrecht deutlich unterscheiden. Risiken aus Gewährleistungen, aus Arbeitsverträgen oder Lieferverträgen etc. sind zu durchleuchten und zu bewerten. Zusätzlich kommt noch eine unterschiedliche Rechtssprechungspraxis im jeweiligen Land ins Spiel. Viele mittelständische Unternehmen haben zum Beispiel von einer Akquisition in den USA Abstand genommen, weil die rechtlichen Risiken aus Gewährleistung und die dort übliche Rechtsprechung für sie nicht kalkulierbare Risiken beinhalten. Weiterhin könnte durch den Change of Control, das heißt Eigentumswechsel eines Unternehmens, das Zielunternehmen von staatlichen Aufträgen zukünftig ausgeschlossen werden oder sogar die Geschäftserlaubnis verlieren.

In dem Commercial & Operational Due Diligence wird versucht, die geschäftlichen und operativen Risiken zu erfassen. Wie werden die Kunden des Zielunternehmens die Akquisition durch ein deutsches Unternehmen bewerten? Wie sind Produktions- und Beschaffungsprozesse organisiert? Dies sind wichtige Fragen, die sich wesentlich von den Prozessen im eigenen Unternehmen unterscheiden können.

Im Rahmen der Human Ressources Due Diligence wird die Qualität und die Motivation des Managements und der Schlüsselmitarbeiter untersucht. Diese sind für den zukünftigen Erfolg des Zielunternehmens weiter entscheidend und sollten deshalb frühzeitig mit in den Prozess eingebunden werden. Unterschiedliche Führungsstile, Corporate Governance, Entlohnungs- und Incentivierungssysteme sollten berücksichtigt werden. Zum Beispiel sind heute ein Großteil der Unternehmen in Asien börsennotiert und das Management über Aktienoptionen am Unternehmen beteiligt. Bei der Übernahme eines solchen börsennotierten Unternehmens durch ein mittelständisches Unternehmen aus Deutschland sind hier geeignete alternative Entlohnungs- und Anreizmodelle zu erarbeiten.

Letztlich ist auch immer eine Environmental Due Diligence, also Umwelt Due Diligence für ein produzierendes Unternehmen zu empfehlen. Oftmals sind die Umweltgesetze auch im Ausland mehrfach über die Jahre verschärft worden oder sie wurden nicht konsequent nachverfolgt. Auch kann ein neuer Eigentümer aus dem Ausland für die jeweiligen Behörden ein Anlass sein, das Unternehmen bzgl. der Umweltverstöße anders zu behandeln als die vorherigen Eigentümer, sodass der Käufer sich durch eine eigene Umwelt Due Diligence, z. B. Entnahme von Bodenproben, Klarheit über umweltrechtliche Risiken verschaffen sollte.

5 Besonderheiten der Cross-Border-Transaktionen für den Post-Merger-Integration-Prozess

Der Erfolg einer Unternehmenstransaktion hängt im Wesentlichen auch vom Erfolg der Integration des Unternehmens in den Unternehmensverbund des Käufers ab. Gemeinsame Umsatzpotentiale und Synergien können nur dann gehoben werden, wenn diese rechtzeitig identifiziert und die Maßnahmen für eine effiziente Integration getroffen wurden. Dabei spielt der Zeitfaktor eine überaus wichtige Rolle.

Bereits während der Akquisitionsphase, idealerweise bereits während der Due Diligence, sollten die Überlegungen und Vorbereitungen bzgl. der Post-Merger-Integration (PMI) begonnen werden, damit unmittelbar nach dem Closing mit der Umsetzung begonnen werden kann. Eine Umfrage von PWC in 2009 ergab, dass eine zeitnahe Umsetzung der Integration zu einem deutlich höheren Zielerreichungsgrad einer Transaktion geführt hätte, da Kosten minimiert und die Unsicherheit unter den Mitarbeitern reduziert hätten werden können.[1] Wer sich mit der Integration 1 Jahr Zeit lässt, wird danach nicht mehr glaubhaft eine Veränderung der Prozesse des akquirierten Unternehmens erreichen können. Vielmehr sind das Management und die Mitarbeiter davon überzeugt, den bereits eingeschlagenen Weg ohne Änderungen fortsetzten zu können. Und diese Gefahr ist umso größer, je weiter das akquirierte Unternehmen vom Käufer entfernt ist, da der tägliche Zugriff deutlich schwerer ist. Insofern ist die klassische 100-Tage-Zielmarke auch für den PMI-Prozess von überragender Bedeutung.

Der PMI-Prozess kann wie folgt gegliedert werden (Abb. 8):

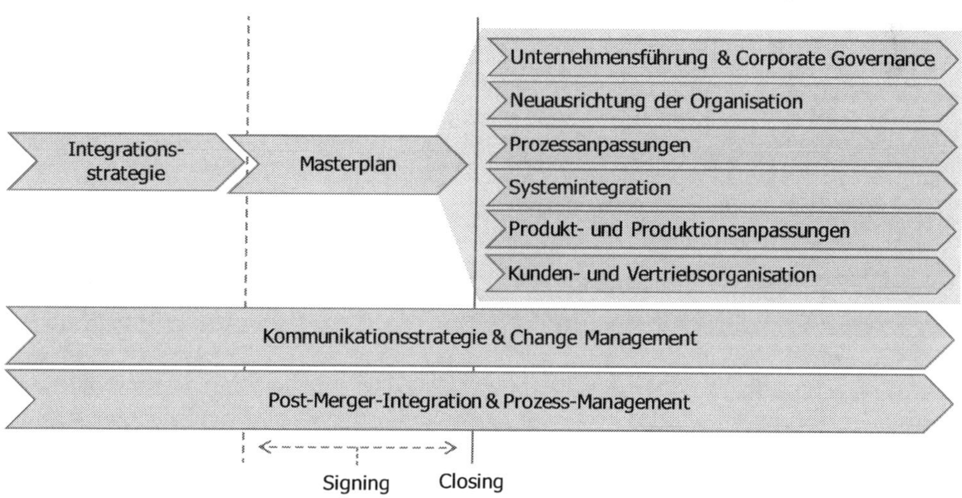

Abb. 8 Elemente des PMI-Prozesses

[1] PWC, Post Merger Integration Study 2009.

Ganzheitliches Projektmanagement des PMI-Prozesses Als wesentlicher Erfolgsfaktor gilt ein konsistentes, ganzheitliches Projektmanagement des Post-Merger-Integration-Prozesses. Hierfür müssen die Projektverantwortlichen auf Seiten des Käufers als auch des Verkäufers benannt werden, welchen den Integrationsprozess von der Planung bis zur Umsetzung entsprechend steuern und kontrollieren. Vor dem Signing werden aus Vertraulichkeitsgründen nur wenige Mitarbeiter auf Seiten des Verkäufers eingebunden. Nach Bekanntgabe der Transaktion, in der Regel nach dem Signing spätestens ab dem Closing, werden auch die Fachabteilungsverantwortlichen des Zielunternehmens aktiv an der Vorbereitung und Umsetzung des Integrationsprozesses beteiligt. Als besondere Herausforderung für eine Cross-Border-Transaktion ist die noch fehlende Transparenz im Zielunternehmen, insbesondere bzgl. der etablierten Prozesse. Aufgrund der unterschiedlichen Landes- und Unternehmenskulturen und Sprache, als auch der Gepflogenheiten und des noch fehlenden Vertrauens auf der Gegenseite dauert diese Phase der Unsicherheit deutlich länger als bei einer Transaktion im Inland. Die Kenntnis aller Ist-Daten und Prozesse im Zielunternehmen ist aber eine Voraussetzung, damit der PMI-Prozess erfolgreich durchgeführt werden kann.

Kommunikationsstrategie & Change Management Werden die PMI-Verantwortlichen nach den aus ihrer Sicht 3 wichtigsten Dingen gefragt, welche die Schlüssel zum Erfolg sind, so antwortet die Mehrheit „Kommunikation, Kommunikation und Kommunikation". Es gilt die Unsicherheit auf Seiten des Zielunternehmens zu reduzieren und die Spekulation zu unterbinden. Dies gelingt nur mit einer ausgearbeiteten, transparenten Kommunikationsstrategie, welche für Vertrauen und Verlässlichkeit auf beiden Seiten sorgt. Wann werden welche Aufgaben kommen, wann wird zu welchem Sachverhalt eine Entscheidung fallen etc. Die frühzeitige Einbindung, das „Abholen" der Mitarbeiter, der Respekt und die Wertschätzung, sind die Grundlagen, damit Change Management überhaupt funktionieren kann. Diese Vorgehensweise kann bei ausländischen Unternehmen, welche ggf. sehr stark autokratisch durch den Unternehmensinhaber geführt werden, zu Irritationen führen, ist aber gerade dort unabdingbar, wenn der zukünftige Einfluss durch den Käufer auf das Management und die Mitarbeiter des Zielunternehmens gewährleistet werden soll.

Integrationsstrategie & Masterplan Nach der ersten Analyse der Unternehmensdaten des Zielunternehmens und Auswertung der Ergebnisse der Due Diligence wird die Integrationsstrategie ausgearbeitet und die einzelnen Maßnahmen in einem Masterplan mit Zeitplan, Meilensteine und Verantwortlichkeiten festgehalten. Dieser sollte spätestens zum Closing verabschiedet worden sein und den Verantwortlichen aus dem Zielunternehmen kommuniziert werden, damit die Umsetzung zügig begonnen werden kann. Der Masterplan sieht nicht nur die einzelnen Integrationsschritte vor, wie Systeme und Prozesse harmonisiert werden können, sondern hat idealerweise auch die Maßnahmen definiert, die sich aus den Ergebnissen aus den Workshops bzgl. der Identifizierung der Synergiepotentiale hinsichtlich Umsatzsteigerung, Kosten- und Cash Flow-Optimierungen und Anpassungen der Strategie ergeben. Im Rahmen einer Cross-Border-Transaktion sind die ausländischen „neuen" Kollegen in die Ausarbeitung des Masterplans mit einzubeziehen, damit realistische Pläne und Meilensteine aufgestellt werden können.

Unternehmensführung und Corporate Governance Nach der Akquisition des Zielunternehmens muss die Unternehmensführung und Corporate Governance neu geregelt werden. Der neue Eigentümer wird neue Reportingstrukturen einführen, die das vielleicht unabhängige, örtliche Management so bisher nicht kennt. Hierzu ist es erforderlich, dass das Management weiß, welche Rolle es künftig in einem gemeinsamen Unternehmensverbund spielen soll, was der neue Eigentümer von ihm erwartet und wie geeignete Motivations- und Incentivierungsstrukturen geschaffen werden können. Daneben sollte auch beachtet werden, welche Rolle die örtlichen Gewerkschaften oder der Betriebsrat spielen, wie die Öffentlichkeit auf die Transaktion und auch die finanzierenden Banken reagieren, die aufgrund eines Change of Controls in der Regel außerordentliche Kündigungsrechte haben können.

Um weiteres Vertrauen in die angestrebte Transaktion gewinnen zu können, ist die dauerhafte Entsendung von eigenem Personal in die Unternehmensführung des Zielunternehmens oftmals sinnvoll. Diese Mitarbeiter müssen im eigenen Unternehmen erstmals gefunden werden, da dies ein Umzug mit der Familie in ein fremdes und ggf. weit entferntes Land bedeutet. Dies ist eine sehr schwierige Aufgabe und nicht zuletzt sind einige Transaktionen deshalb nicht zustande gekommen, da die vertrauensvolle Fortführung der Unternehmensleitung aus Sicht des Käufers nicht gewährleistet werden konnte.

Neuausrichtung der Organisation Je nachdem wie weit das neue Unternehmen integriert werden soll, hat dies unmittelbare Auswirkungen auf die bestehende Unternehmensorganisation zur Folge. Dies kann z. B. bei der Neudefinition von Verantwortlichkeiten geschehen oder der Einführung neuer Reporting-Lines, was nur möglich ist, wenn entsprechende Ressourcen und Befugnisse auch neu geordnet werden. Gerade größere Unternehmen haben eine Matrix-Struktur, die sich nicht unbedingt sofort für ein kleineres Unternehmen in Asien eignet. Gegebenenfalls muss überprüft werden, ob die Neuorganisation angemessen ist oder ob sich diese erst mit weiterem Wachstum in der Zukunft entwickeln soll.

Prozessanpassungen Um ein akquiriertes Unternehmen erfolgreich steuern zu können, müssen die Prozesse transparent sein. Sind bestimmte Fortschritte bzgl. Effektivität und Qualität im eigenen Unternehmen erzielt worden (z. B. Six-Sigma, Kaizen, 360 Grad-Evaluierung etc.), so ist es sinnvoll, dass diese Erfahrungen auch für die neue Organisation gewinnbringend eingesetzt werden können. Dies können Produktions-, Beschaffungs- aber auch Personalentwicklungs-, Controlling- und Marketing-Prozesse umfassen. Je fremder die Kultur und Sprache des Zielunternehmens gegenüber dem Käufer ist, desto schwieriger sind diese Anpassungsprozesse. Vielleicht haben sich die anderen, lokalen Prozesse tatsächlich als effizienter erwiesen und eine Integration und Prozessharmonisierung bringt mehr Nachteile, da die Rahmenbedingungen mit denen im Heimatland so nicht vergleichbar sind. Hier gilt es sorgfältig abzuwägen, ob lokale Besonderheiten akzeptiert werden können, um die Integration nicht zu gefährden, oder aber auch nicht, wenn dadurch die Komplexität bei gerade größeren internationalen Unternehmen mit mehreren Tochterunternehmen weiter steigt und diese dann nicht mehr steuerbar sind.

Systemintegration Bei der Systemintegration geht es in erster Linie um die Harmonisierung der IT-Landschaft von Zielunternehmen mit dem Käufer. Soll Cash-Pooling zwischen den Unternehmen vereinbart werden, die gleichen KPIs (Key Performance Indicators) zur Vertriebs-, Markt- und weiteren Steuerung der unternehmerischen Aktivitäten in den Unternehmen gelten, ein gemeinsames, integriertes Finanzcontrolling aufgebaut werden, so ist eine einheitliche IT-Umgebung sehr zu empfehlen. Mit zunehmender Verbreitung von Cloud-basierten IT-Systemen, ist die Integration leichter geworden. Es haben sich Cloud-basierte CRM Software, Internet-basierte Sync & Share-Plattformen für den Austausch von Unternehmensdaten, Kommunikationstools etc. entwickelt, die erhebliche Kosteneinsparungs- und Effizienzgewinne mit sich bringen. Noch sind diese IT-Tools nicht in allen Ländern problemlos einsetzbar, so dürften US-Internet-basierte Kommunikationstools nicht in allen asiatischen Ländern unterstützt werden, sodass hier andere Zwischenlösungen gefunden werden müssen. Insgesamt werden bei der IT-Integration Synergien auf der Kostenseite erwartet und teure Insellösungen sollte es dann nicht mehr geben.

Produkt- und Produktionsanpassungen Nach der Akquisition sollte das Produkt-Portfolio beider Unternehmen aufeinander abgestimmt werden. Es gilt der direkte Wettbewerb mit ähnlichen Produkten zu vermeiden. Vielmehr sollte gemeinsam abgestimmt werden, wo welche Produkte produziert werden, wie die Forschungs- und Entwicklungsabteilungen sich die zukünftigen Aufgaben teilen bzw. wo sie Schwerpunkte setzen, wie die gemeinsame Logistik funktioniert, wo entsprechende Kapazitäten vorhanden sind oder noch verlagert werden müssen.

Hat ein Unternehmen zum Beispiel ein Unternehmen in China erworben, weil die Produktion in China weiter lokalisiert werden soll und nur so der Marktzugang gewährleistet ist, so sind sogar Personalkürzungen beim Käufer zu erwarten, welche vorher für den Export gearbeitet hatten. Diese Umstrukturierung und Unsicherheit trifft dann mehr die Belegschaft beim Käufer als beim Zielunternehmen. Eine neue Entwicklung im Rahmen der Cross-Border-Transaktionen.

Kunden- und Vertriebsintegration Eine der wohl heikelsten Integrationsaufgaben ist die der Kunden- und Vertriebsorganisation, sollte die Akquisition doch auch für den Kunden vorteilhaft sein bzw. wenigstens erscheinen, ohne hier Friktionen herbeizuführen. Es können durchaus Überschneidungen bei den gleichen Kunden geben. Dieser ist zuerst einmal interessiert, dass die Lieferbedingungen zu den gleichen Konditionen bestehen bleiben. Allerdings weiß er auch, dass ein gegenseitiges „Ausspielen" der neuen Einheit bei der Auftragsvergabe nun im Vergleich zur Vergangenheit nicht mehr möglich ist. Die gegenseitigen Abhängigkeiten erhöhen sich und der Kunde wird ggf. versuchen, einen anderen

Lieferanten aufzubauen, damit das alte Gleichweicht aus seiner Sicht wieder hergestellt werden kann. Insofern, wäre ggf. ein primäres Ziel der Transaktion, den Wettbewerb zu reduzieren, nur kurzfristig durchzusetzen. Im Rahmen einer internationalen Transaktion bedarf es einer sehr sorgfältigen Abstimmung der Key Account Definition, der Marktabgrenzung und Gewichtung der Absatzkanäle zwischen den Unternehmen im Rahmen der neuen Unternehmensstrategie bzgl. Produkt, Service und Preis.

6 Case Study – Akquisition und Post-Merger-Integration eines europäischen Elektronikunternehmens

Ausgangssituation und strategische Überlegungen für die Akquisition Der Käufer, ein deutscher, mittelständischer Hersteller von elektronischen Komponenten hatte zur Vervollständigung seines Produktportfolios den Zukauf eines kleineren, ebenfalls mittelständisch geprägten Unternehmens in Italien geplant. Der Käufer kannte das italienische Zielunternehmen bereits seit mehreren Jahren von Besuchen auf Fachmessen und ersten Kontakten auf der Vertriebsebene. Aufgrund der komplementären Produkte verfolgte man die gleiche Kundenzielgruppe, stand aber nicht im direkten Wettbewerb zueinander. Von Kundenseite stiegen die Anforderungen nach Systemlösungen bzw. nach individuellen Kundenspezifikationen, so dass der Käufer mit einem noch attraktiveren Lösungsangebot seine Marktposition sichern und ausbauen wollte. Zudem war keiner der Familienangehörigen des italienischen Zielunternehmens mehr aktiv im Unternehmen tätig, so dass das Timing für eine Transaktion grundsätzlich günstig war. Mit Hilfe eines M&A-Beratungsunternehmens wurde die Transaktion dann initiiert und durchgeführt.

Herausforderungen der Akquisition Als einer der schwierigsten Herausforderungen beim Kauf eines Unternehmens allgemein ist die Verhandlung mit einer Gruppe von unterschiedlichen Verkäufern. Würde ein Abschluss mit dem Verkäufer A noch möglich sein, so hat Verkäufer B doch andere Vorstellungen bzgl. Kaufpreis, Kaufpreisstruktur, Zeitvorstellungen, Verfügbarkeiten und Kaufvertrag. In diesem Fall gab es mehrere italienische Gesellschafter, von denen einige einmal im Unternehmen in der Geschäftsführung aktiv waren, andere aber nicht und folglich mit dem Geschäftsmodell des Unternehmens nicht so vertraut waren. Die Aufgabe war es, einen Sprecher aller Gesellschafter zu bestimmen, der die Kaufvertragsverhandlungen im Namen aller führte, da ansonsten ein Abschluss vermutlich nicht zustande gekommen wäre. Familienmitglieder, die nicht bzw. schon längere Zeit nicht mehr im Unternehmen waren, tendieren dazu, die wahren Marktgegebenheiten zu idealisieren und sind zu einer objektiven Wertfindung oftmals nicht mehr in der Lage. Es spielen emotionale Bindungen zu dem Traditionsunternehmen, Versprechen gegenüber den Gründern, das Unternehmen niemals zu verkaufen, Gesichtswahrung bzgl. Kaufpreisvorstellung und objektivem Unternehmenswert und ähnliches eine äußerst wichtige Rolle, die es zu meistern gilt.

Zudem war die Vergangenheit geprägt durch intensive Diskussionen hinsichtlich der jeweiligen Gewinnverwendung eines Geschäftsjahres. Das Management präferierte Investitionen im Unternehmen, dem Mindestdividendenüberlegungen der Gesellschafter gegenüber standen. Oftmals behielten die Gesellschafter die Oberhand und Investitionen in Automatisierung und Modernisierung mussten zurücktreten.

Mit der anhaltenden Wirtschaftskrise in Italien geriet die wirtschaftliche Entwicklung des Unternehmens in eine Seitwärtsbewegung, was sicherlich die Verkaufsbereitschaft der Altgesellschafter erhöhte, jedoch wenig Auswirkungen auf die anspruchsvollen Kaufpreisvorstellungen hatte.

Eine andere Herausforderung war, die Motivation des Managements nach der Übernahme hoch zu halten. War das Management in der Vergangenheit gewohnt sehr selbständig zu arbeiten und Entscheidungen bzgl. Art der Investitionen, Finanzierung, Produkte, Vertrieb und Märkte in hoher Eigenständigkeit zu treffen, so Bestand durch die Übernahme und das engere Korsett des Käufers die Gefahr, dass die Geschäftsführung und wichtige Schlüsselmitarbeiter das Unternehmen verlassen würden.

Auch galt es die Unterschiede in der Bilanzierung nach „Italian GAAP" auf Verkäuferseite und IFRS auf Käuferseite zu überwinden. Hierzu zählten unter anderem Bewertungsunterschiede hinsichtlich Vorratsbewertung, Rückstellungen für lokale und länderspezifische Pensionszusagen, Urlaubsansprüche, Abschreibungen, Abfindungskosten für Handelsvertreter oder die Aktivierung von Entwicklungskosten etc.

Eine weitere wichtige Besonderheit war, dass das Zielunternehmen in der Vergangenheit im Rahmen eines Zukaufs einige Randaktivitäten dazu erworben hatte, die nicht zum Kerngeschäft gehörten und die der Käufer nicht erwerben wollte. Hieraus ergaben sich insbesondere Fragestellungen wie mit den „Non-Core-Assets" bzgl. der angedachten Transaktion umgegangen und wie diese bewertet werden sollten, damit diese sich nicht zum Deal-Breaker entwickeln würden.

Zuletzt waren die Sales-Organisationen im Ausland zwischen Käufer und Verkäufer nicht überschneidungsfrei, so dass hier im Vorfeld eine Lösung bzgl. der „überflüssigen" Handelsvertretern und anderen Vertriebsmitarbeitern gefunden werden musste.

Wesentliche Meilensteine der Akquisition Zu Anfang einer Transaktion wurde eine gegenseitige Vertraulichkeitserklärung zwischen Käufer und Verkäufer unterzeichnet, damit die Gespräche und Unternehmensunterlagen nur für einen kleinen Kreis bekannt waren. Im Anschluss stellte das Zielunternehmen alle wesentlichen Informationen dem Käufer zur Verfügung, die es ihm ermöglichten, einen umfassenden und möglichst vollständigen Überblick zu bekommen. Ein wichtiger Meilenstein in jeder Akquisition ist die Einigung auf einen Letter of Intent, in dem die wesentlichen Eckpunkte für einen späteren Kaufvertrag, z. B. Kaufpreis, Kaufpreisstruktur sowie wichtige Annahmen, z. B. Plausibilität der Planung, Finanzierung aber auch Exklusivität, festgehalten wurden. Dabei war es vorteilhaft, dass sich beide Parteien auf diese noch unverbindliche Absichtserklärung zu einem möglichst frühen Zeitpunkt einigen konnten und nicht erst nach der Due Diligence. Dies gab die Grundlage für die Beauftragung von externen Due Diligence-Beratern, die erhebliche Kosten in diesem Prozess mit sich bringen würden.

Als weiteren Meilenstein folgte nach 2 Monaten intensiver Verhandlungen des Letter of Intent die Durchführung der Due Diligence, die grundsätzlich dann einen „Confirmatory Due Diligence“ –Charakter hatte, sollten sich die Ergebnisse aus der Vorprüfung der ersten Unterlagen dann in der Detailprüfung bestätigen.

Ein anderer Schwerpunkt lag in der Strukturierung der Carve-Out Themen der Non-Core-Assets, die nicht Teil der Transaktion werden sollten als auch die Vorbereitung des „Ready for Post-Merger-Integration-Fahrplans“. Dabei wurden sowohl die Carve-Out-Aktionen als auch weitere Umstrukturierungen im Rahmen der Post-Merger-Integration als Closing-Bedingungen in den Kaufvertrag mit aufgenommen.

Eine wichtige Rolle bei der Kaufpreisfindung war die wirtschaftliche Entwicklung des Unternehmens im laufenden Geschäftsjahr (Current Year Trading), da für die Berechnung des Kaufpreises eine Earn-Out-Komponente mit aufgenommen wurde, die sich am Zielerreichungsgrad des Umsatzes und EBITDA des laufenden Jahres richtete.

Als letzten Meilenstein galt es im Kaufvertrag mögliche Risiken und daraus resultierende Gewährleistungsansprüche aus der Transaktion mit aufzunehmen. Diese Absicherung wurde mittels einer Bankgarantie umgesetzt.

PMI-Strategie und PMI-Struktur des Käufers Der Käufer hatte einen PMI-Verantwortlichen im Unternehmen Vollzeit beschäftigt, welcher mit der Integration aller Zukäufe beauftragt war. Damit die Post-Merger-Integration effizient und ohne große Reibungsverluste durchgeführt werden konnte, folgte diese einem detaillierten Post-Merger-Integration-Plan, welcher allen Parteien zur Verfügung gestellt und systematisch nachgehalten wurde. Damit war ein wichtiges Grundziel, Kommunikation mit den Beteiligten, Motivation der Beteiligten und Transparenz der Prozesse von Anfang an erreicht. Der PMI-Verantwortliche war regelmäßig vor Ort und führte die Gespräche mit allen Mitarbeitern, vom Management bis zum einfachen Sachbearbeiter oder Blue-Collar-Worker in der Produktion.

Der Post-Merger-Integrationsprozess beruhte auf 2 wesentlichen Grundgedanken: des Forderns und des Förderns. Auf der einen Seite zählte zum Fordern die Anforderungen an das Management und die Mitarbeiter des Zielunternehmens, Verantwortung zu übernehmen, abgestimmte Vorgaben nachzugehen und das Integrationsmanagement als Teil des täglichen Unternehmensmanagement mit einzubeziehen. Auf der anderen Seite stand das Fördern insbesondere im Hinblick auf Unterstützungen im Konfliktmanagement, der klaren Vorgaben von Zielrichtungen, der Organisation von notwendigen Qualifizierungen der Mitarbeiter und der Entwicklung der Teams bestmöglich zusammenzuarbeiten zur Optimierung des Business Plans.

Projektcontrolling im PMI-Prozess Im Laufe des PMI-Prozesses wurde die Geeignetheit der Maßnahmen überprüft, ob die Maßnahmen zur Sicherung des Business des Zielunternehmens dienten, ob diese Zukunftsperspektiven aufzeigten, ob hierfür Regeln und Prozesse notwendig wurden, ob sie Vertrauen beim Zielunternehmen schaffen konnten, ob Synergien und gemeinsame Ziele geschaffen wurden, wie die Integration in bestehende Geschäftsfelder funktionieren sollte, ob genügend Ressourcen für diese Maßnahme bereit standen, ob der Wissenstransfer und Transparenz sichergestellt war und ob diese Maßnahme neben dem Projektcontrolling auch in das Unternehmenscontrolling langfristig nachgehalten werden sollte.

Phasen des Post-Merger-Integrationsprozesses Der Post-Merger-Integrations-Prozess gliederte sich in 4 Phasen: die Vorbereitungsphase, die kurzfristige Integrationsphase, die langfristige Integrationsphase und die anschließende Betreuung. Dabei waren die Integrationsphasen auch durch Reflexionsphasen (100-Tage, Status Quo etc.) gekennzeichnet. Die einzelnen Maßnahmen wurden dabei ständig bzgl. des Zielerreichungsgrad der Integration einer kritischen Überprüfung unterzogen.

Die Vorbereitungsphase Die Vorbereitungsphase begann bereits während der Due Diligence und endete wenige Tage nach dem Closing. In dieser Phase wurde die Integration vorbereitet, das Integrationsteam zusammengestellt, die Integrationsstrategie erarbeitet, ein Masterplan erstellt, die Ergebnisse aus der Due Diligence für die Integration analysiert und bewertet, die zukünftige rechtliche Struktur des Unternehmens abgestimmt und die Kommunikation an die Mitarbeiter und die Presse erarbeitet. Des Weiteren stand bereits die Mitarbeiterintegration im Vordergrund, es wurden Interviews mit Mitarbeitern geführt, die Schlüsselmitarbeiter und Know How Träger identifiziert und Überlegungen angestellt, wie diese mittels Informations- und Perspektivgespräche gebunden werden konnten.

Die kurzfristige Integrationsphase In der kurzfristigen Integrationsphase wurden Maßnahmen definiert, die in erster Linie der Fortführung des Business dienten. Diese Phase begann kurz nach dem Closing und endete mit der 100-Tage Reflexion. Wesentliche Schwerpunkte lagen in der Integration der Systeme insbesondere bzgl. Finanz- und Rechnungswesen, der IT-Systeme, des Außenauftritts bzgl. Marke und rechtlicher Struktur, der HR-Struktur, der Anpassung der gemeinsamen Markt- und Vertriebsstrategie als auch der Anpassung der wesentlichen Verträge. Begleitet wurde diese Phase durch eine aktive Einbindung des Managements und der Mitarbeiter bzgl. der neuen Führungsstruktur und des Culture Change, der Entwicklung von Mitarbeiterentwicklungsprogrammen inklusive der notwendigen Fortbildungsmaßnahmen und Schulungen, mit dem Ziel, die Schlüsselmitarbeiter zu motivieren und langfristig an das neue Unternehmen zu binden. Am Ende dieser Phase, nach 100 Tage nach dem Closing, wurden die erzielten Ergebnisse der getroffenen Maßnahmen überprüft. Wie zufrieden waren alle Beteiligten mit dem Erreichten, war die Integrationsstrategie die richtige und musste ggf. der Integrationsmasterplan angepasst werden? Die Ergebnisse aus dieser Reflexion wurden wiederum den Mitarbeitern mitgeteilt.

Die langfristige Integrationsphase In der langfristigen Integrationsphase wurde sichergestellt, dass die Integrationsziele nachhaltig umgesetzt wurden und die strategische Ausrichtung des Zielunternehmens angepasst war. Diese Phase begann nach 100 Tagen nach dem Closing und dauerte ca. ein weiteres Jahr. Unterstützt wurde dieser Prozess mit einem Changeprojekt bzgl. Unternehmenskultur, -werte und -prozesse. Die Systeme waren zu diesem Zeitpunkt angepasst, die Geschäftsprozesse entsprechend der neuen Unternehmensstrategie neu ausgerichtet, die Synergiepotentiale durch konkrete Maßnahmen identifiziert und auf den Weg gebracht. Die ausländische Unternehmensführung wurde in das internationale Leadership Training-Programm mit aufgenommen und für alle Mitarbeiter neue Anreizsysteme geschaffen. Nach dieser Phase wurden die Ergebnisse mit den Verantwortlichen der Schnittstellenfunktionen des Käufers, dem Management des Zielunternehmens und den PMI-Verantwortlichen diskutiert und der erfolgreiche Abschluss der Integration allen Mitarbeitern kommuniziert.

Die anschließende Betreuung Nach eineinhalb Jahren konnte man von einem integrierten Tochterunternehmen im Ausland sprechen. Die Betreuung dieses Unternehmens erfolgte im gleichen Umfang wie bei den anderen Tochterunternehmen. Die wesentlichen Integrationsziele wurden erreicht, das ausländische Unternehmen ist heute Teil der Käuferorganisation, mit einem gemeinsamen Marktauftritt und abgestimmter Markt- und Produktstrategie als auch integrierten Prozessen. Die Mitarbeiter des Zielunternehmens haben nach anfänglicher Unsicherheit heute eine deutlich höhere Motivation und Bindung an das Unternehmen durch die aktive Einbindung in den Integrationsprozess und durch die neuen Geschäftsmöglichkeiten aus dem größeren Unternehmensverbund, welche ihnen auf einer Stand-Alone-Basis verwehrt geblieben wären. Wie die Erfahrung zeigte, war Kommunikation der Schlüssel zum Erfolg.

7 Fazit und Grundregeln für Cross-Border-Transaktionen und den PMI-Prozess

Für die mittelständischen Unternehmen in Deutschland sind Cross-Border-Transaktionen ein wichtiger Bestandteil ihrer Internationalisierungsstrategie geworden. Die globale Konsolidierung hat in vielen Branchen begonnen und viele Unternehmen stehen heute vor der Herausforderung, ob es als Konsolidierer oder als zu konsolidierendes Unternehmen in die Zukunft blickt. Dabei sind sowohl die grenzüberschreitende Transaktion an sich als auch die Integration des Unternehmens die Basis für eine erfolgreiche Internationalisierungsstrategie.

Damit die Cross-Border Transaktion kein unkalkulierbares Risiko wird, sollte der Käufer folgende Punkte beachten:

1. Die Transaktion und die Post-Merger-Integration sorgfältig nach einem detaillierten Akquisitions- und Integrationsplan vorbereiten
2. Das zu akquirierende Unternehmen, die geopolitische Lage und mögliche Länderrisiken im Rahmen der Due Diligence detailliert analysieren
3. Lokale Netzwerke nutzen und Kontakte zu Industriekammern, Wirtschaftsförderungsinstituten oder anderen mittelständische Unternehmen mit bereits gesammelter Transaktionserfahrung knüpfen

4. Die richtige Transaktionsstruktur bzgl. der Markteintrittsstrategie wählen, von der strategischen Kooperation, einer Minderheitsbeteiligung, über Joint Venture bis hin zur 100%igen Übernahme
5. Die Motive und kulturellen Unterschiede des Verkäufers im Rahmen der Kaufverhandlungen kennen
6. Im Kaufvertrag risikomindernde Klauseln mit aufnehmen wie z. B. eine risikoverteilende Kaufpreisstruktur mit Earn-Out-Komponente, eine Übernahme von umfangreichen Gewährleistungen des Verkäufers für Risiken aus Steuer, Umwelt, Recht, einen Kaufpreiseinbehalt für Garantieverletzungen
7. Die Post-Merger-Integration als internationale und interkulturelle Managementaufgabe verstehen und bereits während der Akquisitionsphase mit der Vorbereitung beginnen
8. Aktiv die strategischen Ziele der Transaktion gegenüber den Schlüsselmitarbeitern des zu akquirierenden Unternehmens kommunizieren und diese in den Prozess mit einbinden
9. Den Integrationsprozess laufend nachhalten und die erzielten Ergebnisse überprüfen
10. Ausreichend Ressourcen bereitstellen und professionelle Unterstützung durch einen erfahrenen Transaktionsberater vor Ort in Anspruch nehmen

Lars Härle ist Geschäftsführer der IEG – Investment Banking Group mit Hauptsitz in Berlin sowie weiteren Büros in Amsterdam, Istanbul, Johannesburg, Mailand, Neu-Delhi, New York, Shanghai, Stuttgart und Tunis. Die IEG – Investment Banking Group begleitet internationale Unternehmenstransaktionen, Mergers & Acquisitions, Joint Ventures und Wachstumsfinanzierungen für Unternehmen im digitalen Umfeld. Lars Härle ist Leiter des Technology Desks der IEG – Investment Banking Group und hat in den letzten 20 Jahren zahlreiche, internationale Unternehmenstransaktionen erfolgreich durchgeführt. Nach seinem Studium der Wirtschaftswissenschaften an der Universität Hohenheim arbeitete er zuerst im Mergers & Acquisitions bei Delbrück & Co Privatbankiers, bevor er nach Paris zur Crédit Agricole Indosuez ins Investmentbanking wechselte. Im Anschluss folgten Stationen im Mergers & Acquisitions bei Arthur Andersen Corporate Finance Beratung und Ernst & Young Corporate Finance Beratung bevor er als Managing Director und Geschäftsführer zur IEG – Investment Banking Group wechselte.

Lars Härle betreut heute renommierte Kunden u. a. aus der Elektronik-, Software-, Automotiv- und Technologiebranche bei der Umsetzung ihrer internationalen Akquisitionsstrategien und Unternehmensverkäufen.

Finanzwirtschaftliche Erfolgsmessung von M&A: Ergebnisse vom österreichischen Markt

Thomas M. Brunner-Kirchmair und Helmut Pernsteiner

Zusammenfassung

Betrachtet man Mergers & Acquisitions aus einer finanzwirtschaftlichen Perspektive, so ist eine Kernfrage, ob Fusionen und Akquisitionen in der Lage sind unternehmerischen Erfolg im Sinne einer Wachstums- und Wertsteigerung zu ermöglichen. Es zeigt sich, dass es eine Vielzahl an Methoden zur Erfolgsmessung gibt, zu den wesentlichsten gehören Befragungen von Führungskräften, Analysen von Wiederverkaufsraten, Tiefenanalysen, Ereignisstudien sowie jahresabschlussbasierte Studien. Die Ergebnisse bestehender Arbeiten sind jedoch inkonsistent und können keine klare Antwort auf die gestellte Frage geben. Es zeigt sich dabei unter anderem, dass sich Transaktionen in unterschiedlichen Ländern voneinander unterscheiden. Betrachtet man den österreichischen Markt für M&A, so ist dieser durch einen hohen Anteil an Cross-Border-Transaktionen, insbesondere mit osteuropäischem Konnex, sowie durch einen hohen Anteil an kleinen und mittleren Unternehmen als Kauf- oder Zielobjekt gekennzeichnet. Eine für diesen Markt durchgeführte Studie wirft allerdings kein gutes Licht auf den Erfolg österreichischer M&A-Transaktionen auf Basis der jahresabschlussbasierten Methode. Die Performancekennzahlen sinken bei den betrachteten Unternehmen nach

T. M. Brunner-Kirchmair (✉) · H. Pernsteiner
Johannes Kepler Universität Linz, Altenberger Straße 69, 4040 Linz, Österreich
E-Mail: thomas.brunner-kirchmair@jku.at

H. Pernsteiner
E-Mail: helmut.pernsteiner@jku.at

A. Kuckertz, N. Middelberg (Hrsg.), *Post-Merger-Integration im Mittelstand,*
DOI 10.1007/978-3-658-12370-3_20

Stattfinden der Transaktion, wobei Mittelstandsunternehmen sogar noch schlechter abschneiden als Großunternehmen. Mögliche Ursachen werden im Folgenden diskutiert.

1 Einleitung

Zur Erreichung eines unternehmerischen Wachstums und einer Wertsteigerung steht eine Bandbreite an Instrumenten zur Verfügung. Eine der wesentlichsten Strategien ist dabei das Investment in Fusionen und Akquisitionen, häufiger in Diskussionen zu finden unter dem Anglizismus „Mergers & Acquisitions". Bis zum Ende der 1980er Jahre beschäftigten sich WissenschafterInnen nur am Rande mit dieser Thematik. Mit der steigenden Bedeutung von M&A in der Praxis (welches sich durch zunehmende Anzahl an Transaktionen und Volumina ausdrückte), rückte das Thema auch in der Forschung immer häufiger in den Fokus, weshalb heute eine große Anzahl an Publikationen zum Thema zu finden ist.[1]

Heute beschäftigen sich verschiedenste Forschungsdisziplinen, beispielsweise die Volkswirtschaftslehre, die Rechtswissenschaften, die Soziologie, das Human Resource Management, das strategische Management, das Marketing, die Organisationstheorie und auch die Finanzwirtschaft mit diesbezüglichen Fragestellungen. M&A stellen dahingehend ein interdisziplinäres (Forschungs-)Thema dar, wobei jede Disziplin ihren Beitrag leisten kann um das „Phänomen M&A" zu erklären und einen Beitrag für die Praxis zu liefern. Eine der Kernfragen aus finanzwirtschaftlicher Perspektive ist dabei, ob M&A in der Lage ist Erfolg im Sinne einer Wachstums- und Wertsteigerung zu ermöglichen.

Der hier vorliegende Beitrag soll auf eben diese Frage eingehen und insbesondere Ergebnisse aus Österreich vorstellen. In einem ersten Schritt wird der österreichische Markt für M&A thematisiert. Anschließend werden die verschiedenen Methoden der Erfolgsmessung sowie deren Vor- und Nachteile erklärt. Es werden bestehende Studien vorgestellt, welche den deutschsprachigen Raum, insbesondere Mittelstandsunternehmen, im Fokus haben. Beobachtungen zum österreichischen Markt werden in einer eigenen jahresabschlussbasierten Studie gewonnen. Abschließend werden die wesentlichen Erkenntnisse daraus kurz diskutiert.

2 M&A in Österreich

Bis zum Ende der 1980er Jahre hatten M&A-Aktivitäten in Österreich keine nennenswerte Bedeutung. Wirtschaftsliberale politische Maßnahmen zu Beginn der 1990er Jahre, ausgelöst durch die ersten Anzeichen eines gemeinsamen europäischen Marktes, einem ersten

[1] Ein Blick in die Literatur-Datenbank EBSCOhost offenbart die Menge an Veröffentlichungen. Unter den Stichworten „Mergers" oder „Acquisitions" werden zum Zeitpunkt der Abfrage mehr als 133.000 Artikel in wissenschaftlichen Fachzeitschriften (Peer Reviewed) gefunden.

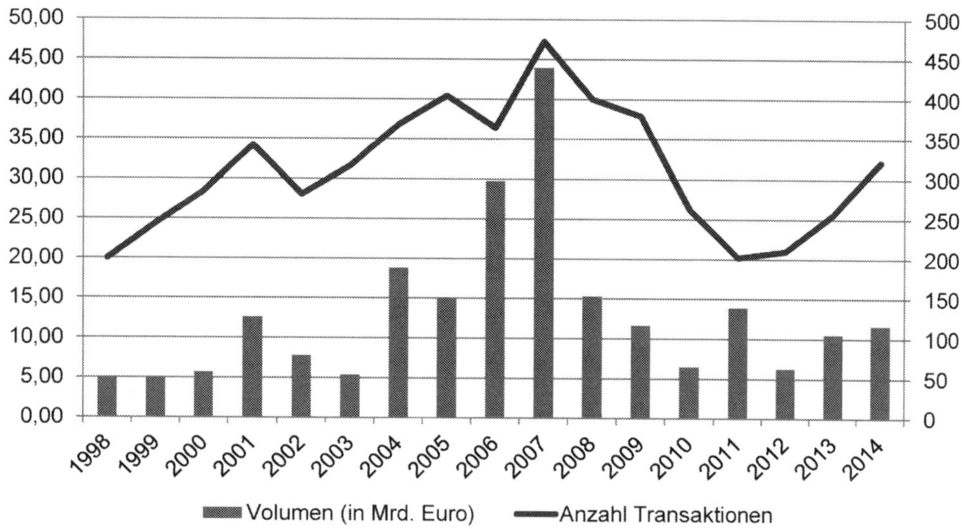

Abb. 1 Abgeschlossene M&A-Deals mit österreichischer Beteiligung. (Quelle: Eigene Darstellung, basierend auf Daten von Zephyr 2015)

„Osteuropa-Überoptimismus" – nicht zuletzt aufgrund des Falles des Eisernen Vorhangs – sowie einer ersten Privatisierungswelle führten hier eine Wende herbei und belebten auch den Markt für Fusionen und Akquisitionen in Österreich (Lang et al. 2010).[2] Einen weiteren Auftrieb erhielt der M&A-Markt durch die Einführung des Übernahmegesetzes 1999, welches ausländischen InvestorInnen höhere Rechtssicherheit und Transparenz garantierte und damit den Kapitalmarkt stärkte (Lang et al. 2015). Daraufhin erreichte die Anzahl/das Volumen von M&A-Deals in den Jahren 2000/2001 einen bisherigen Höchststand, welcher allerdings durch das Platzen der Internetblase wieder abflaute. Ein kontinuierlicher Anstieg bis zum Jahr 2007 wurde durch die Finanz- und Wirtschaftskrise beendet, wovon sich der Markt, wie in Abb. 1 ersichtlich, noch nicht ganz erholen konnte.

Der österreichische Markt für M&A ist dabei durch einige Charakteristika gekennzeichnet, die ihn von anderen Märkten unterscheiden:

- Die österreichische Wirtschaft im Allgemeinen ist durch einen **hohen Anteil von Klein- und mittleren Unternehmen**[3] gekennzeichnet. Sie stellen mehr als 99 % aller Unternehmen dar und beschäftigen rund zwei Drittel der österreichischen ArbeitnehmerInnen

[2] In genannter Literatur findet sich eine ausführliche geschichtliche Darstellung von M&A in Österreich bis zum Jahr 2009/2010.

[3] Die Kommission der Europäischen Gemeinschaft definiert dahingehend Unternehmen mit weniger als 250 MitarbeiterInnen, welche entweder einen Jahresumsatz kleiner 50 Mio. EUR erwirtschaften oder eine Jahresbilanzsumme von maximal 43. Mio. EUR aufweisen (Amtsblatt der Europäischen Union 2003). Es sei allerdings darauf hingewiesen, dass die Begriffe in den verschiedenen Sprachräumen unterschiedlich wahrgenommen werden. Aufgrund des kleineren Marktes werden KMU in Österreich tendenziell kleiner verstanden als Mittelstandsunternehmen in Deutschland.

(Statistik Austria 2012). In Folge ist der Anteil kleiner und mittelgroßer M&A-Transaktionen in Österreich besonders hoch. Es wird erwartet, dass dieser Anteil künftig noch steigen wird; insbesondere die Zahl an Deals mit Beteiligung von innovativen Unternehmen in den Branchen Energie und Handel (Lang et al. 2011).

- Österreich ist ein vergleichsweise kleiner Binnenmarkt, wodurch für heimische Unternehmen ungleich häufiger die Notwendigkeit besteht ihre Güter und Dienstleistungen auch international abzusetzen. Dieser **hohe internationale Verflechtungsgrad**[4] ist auch in den durchgeführten M&A-Deals österreichischer Unternehmen in Form eines **hohen Anteils an Cross-Border Transaktionen** sichtbar. So beobachtet Moschner (2015) in seiner Analyse des österreichischen Marktes für das Jahr 2014, dass es in 65,1 % aller Transaktionen einen „grenzüberschreitenden Konnex" gibt. Als wichtigstes Partnerland nennt er Deutschland, welches in rund einem Drittel aller Cross-Border-Transaktionen eingebunden ist. Lang et al. (2015) erkennen in ihrer Analyse des österreichischen Marktes 2014 einen Anteil von 68 % der Transaktionen, in denen ausländische Unternehmen eingebunden sind. Ähnliche Ergebnisse liefert auch die in Abschn. 1.3.3 dargelegte Erfolgsanalyse österreichischer Unternehmen, wo rund 76 % aller Transaktionen Cross-Border waren. Es stellt sich allerdings berechtigterweise die Frage, ob dieser Anteil künftig weiterhin dieses hohe Niveau beibehalten wird. Moschner (2014) weist in diesem Zusammenhang darauf hin, dass in Österreich der Anteil grenzüberschreitender Transaktionen in den letzten Jahren gesunken ist. Selbiger Autor führt das im Wesentlichen darauf zurück, dass gleichzeitig die Zahl von M&A-Transaktionen im Rahmen von Insolvenzen/Sanierungen gestiegen ist und sich Unternehmen bei Umstrukturierungen stärker auf den Heimmarkt konzentrieren.
- Österreich hat aufgrund seiner Geschichte und geografischen Lage traditionell gute Handelsbeziehungen nach Osteuropa. Folglich hat der mittel- und osteuropäische Raum eine große Bedeutung für den österreichischen Außenhandel.[5] Auch diesem Charakteristikum werden die M&A-Deals der Vergangenheit gerecht, und so zeigt sich ein proportional **großer Anteil an Transaktionen mit osteuropäischer Beteiligung.**[6]

[4] Der internationale Verflechtungsgrad kann beispielsweise anhand des Anteils der Exporte am Bruttoinlandsprodukt gemessen werden. Österreich weist hier 2014 (2013) einen Anteil von 40,5 % (40,9 %) auf und liegt damit auf hohem Niveau (OECD 2015).

[5] Eine Darstellung der Bedeutung Mittel- und Osteuropas für den österreichischen Außenhandel erfolgt beispielsweise bei Sieber (2010).

[6] Lang et al. (2010) analysieren, aus welchen Ländern die Zielunternehmen österreichischer Käufer stammen. Sie kommen zum Ergebnis, dass zwischen 2000 und 2009 jährlich zwischen 33 und 43 % aller Zielunternehmen in Osteuropa zu finden sind. Moschner (2015) berücksichtigt auch die akquirierenden Unternehmen und beobachtet, dass Unternehmen aus dem CEE-Raum in jeder fünften Cross-Border-Transaktion involviert sind.

3 Erfolgsmessung von M&A aus finanzwirtschaftlicher Perspektive

3.1 Charakteristika von Transaktionen im Mittelstand

M&A-Transaktionen von Unternehmen im Mittelstand sind aus finanzwirtschaftlicher Perspektive durch einige Charakteristika gekennzeichnet, die sie von Großunternehmen unterscheiden. Diese gilt es vor der Darstellung der Studien zum Erfolg kurz zu betrachten.

Mittelstandsunternehmen sind, per Definition, durch eine geringere Größe als Großunternehmen gekennzeichnet. In Folge haben Transaktionen, in denen Mittelstandsunternehmen als Käufer oder Verkäufer involviert sind, tendenziell geringere Volumina. Das bedeutet aber auch, dass diese Fusionen und Akquisitionen geringere Konsequenzen implizieren, weil bspw. eine geringere Anzahl an MitarbeiterInnen und/oder EigentümerInnen (als bei Großunternehmen) betroffen ist. Zwangsläufig verbunden ist damit ein **geringeres Interesse der Öffentlichkeit,** verbunden mit weniger medialer Berichterstattung bzw. Aufmerksamkeit sowie einer geringeren Dokumentation bzw. statistischen Erfassung in relevanten Datenbanken.

Verstärkt wird diese Gegebenheit zusätzlich dadurch, dass Mittelstandsunternehmen eine **geringere externe Unternehmenskommunikation** aufweisen. Sie neigen dazu (insbesondere wenn sie sich im Besitz von Familien befinden) diese auf ein Mindestmaß zu beschränken und haben ein geringeres Interesse an einer Öffentlichkeitswirksamkeit. Gründe finden sich in der geringeren Notwendigkeit, aufgrund der selteneren Börsennotiz (vgl. bspw. Schmidt 2000)[7], aber auch aufgrund der längerfristigen Orientierung der EigentümerInnen, welche somit weniger Wert auf kurzfristige Informationen legen (vgl. bspw. Felden und Hack 2014).

Förderlich für eine ausgeprägte Unternehmenskommunikation ist üblicherweise die Agentenproblematik. Sie beschreibt ein opportunistisches Verhalten sowie Informationsasymmetrien zwischen Prinzipalen und Agenten (Guserl und Pernsteiner 2015). Diese Differenzen gilt es zu verringern (bspw. durch Unternehmenskommunikation), da sie auch Einfluss auf den Ablauf bzw. das Ergebnis von M&A-Transaktionen haben. Mittelstandsunternehmen sind jedoch häufiger dadurch gekennzeichnet, dass EntscheidungsträgerInnen und EigentümerInnen ident sind oder sich besonders nahe stehen, womit das **Agentenproblem hier weniger Relevanz hat.**

Infolge der geringeren Kommunikationsintensität sind Transaktionen, bei denen das Ziel ein Mittelstandsunternehmen ist, durch eine **höhere Informationsasymmetrie zwischen Käufer und Verkäufer** gekennzeichnet. Diese Differenz stellt eine Barriere dar, die im Allgemeinen für Transaktionen im Mittelstand hinderlich ist, im Speziellen sogar einen Deal-Breaker darstellen kann.

---

[7] Börsennotierte Unternehmen müssen ein Mindestmaß an Investor Relations betreiben. Hinsichtlich der Pflichtmaßnahmen und freiwilligen Instrumente im Bereich Investor Relations vgl. bspw. Schmidt (2000).

Ein weiteres Charakteristikum von Transaktionen, in denen Mittelstandsunternehmen als Käufer agieren, stellt **eine höhere Risikoaversion** und damit eine geringere Bereitschaft für M&A dar. Unabhängigkeit und die Zielsetzung des „Überlebens" haben bei Mittelstandsunternehmen (insbesondere bei Familienunternehmen) oftmals Vorrang vor Rentabilität, womit unternehmensexterne Kapitalquellen tendenziell abgelehnt werden. Dies kann zu einem Kapitalmangel führen, da eine (weitere) Verschuldung des Unternehmens von den EigentümerInnen nicht erwünscht ist und Eigenkapital nur durch die bestehenden EigentümerInnen zufließen kann. Die Ablehnung eines Kaufes zugunsten der Unabhängigkeit kann die Folge sein.

Gefördert wird die geringere Bereitschaft für M&A durch die zumeist **geringere Erfahrung**. Mittelstandsunternehmen können oftmals auf kein oder nur wenig Know-How aufgrund früherer Transaktionen zurückgreifen. Aufgrund der geringeren Unternehmensgröße sind außerdem mehr GeneralistInnen als SpezialistInnen anzutreffen – eigene M&A-ExpertInnen oder -Abteilungen existieren nur in wenigen Fällen.

Positiv auf M&A-Transaktionen wirkt die **Struktur von Mittelstandsunternehmen.** Während insbesondere (große) Aktiengesellschaften deutlich formalisierter und bürokratisierter organisiert sind, profitieren Mittelstandsunternehmen von einer flacheren Aufbauorganisation, einer stärkeren Personenzentrierung und der Nähe zum Kunden/zur Kundin. Das führt zu kürzeren Entscheidungs- und Informationswegen und macht den Mittelstand schneller handlungsfähig.

Zu diskutieren ist allerdings, ob die dargelegten Charakteristika auch in **Zukunft** so erhalten bleiben. So zeigt sich beispielsweise, dass Post-M&A-Streitigkeiten zunehmen (Kästle 2014), also Unternehmen jeder Größe häufiger zum Instrument der Geltendmachung von rechtlichen Ansprüchen greifen und damit auch bewusst an die Öffentlichkeit treten.

Auch die **Risikoaversion** kann sich mit einer neuen Generation an UnternehmerInnen ändern. Diesbezüglich sei beispielhaft an die Risikohaltung gegenüber Osteuropa hingewiesen. Während nach dem Fall des Eisernen Vorhangs eine überoptimistische Haltung österreichischer bzw. kontinentaleuropäischer Unternehmen hinsichtlich der Risiken im Osten artikuliert wurde (das Risiko wurde unterschätzt), ist die Haltung heute eher vorsichtig. Dahingehend ist es also durchaus notwendig zu betonen, dass dieser IST-Stand kontinuierlichen Änderungen unterworfen ist.

3.2 Studien zur Erfolgsmessung

Eine der wesentlichsten Fragen zum Thema M&A aus betriebswirtschaftlicher Sicht ist zu beantworten, ob M&A „Erfolg" bringen bzw. wie man ihn erreichen kann. Neben möglichen Definitionsschwierigkeiten beim Begriff „Erfolg"[8] stellt sich allerdings insbesondere

[8] Vogel (2002) definiert Erfolg als „den Grad der Zielerreichung […], der mit der gewählten Handlungsalternative (im hier betrachteten Fall einer Fusion oder Akquisition) während eines bestimmten Zeitraums erreicht wurde" (S. 273).

die Frage, wessen Erfolg gemessen werden soll[9] bzw. wie man den Erfolg sinnvoll messen kann. In der Forschung haben sich verschiedenste Methoden bzw. Messansätze entwickelt, welche folgendermaßen kategorisiert werden können:[10]

- **Befragung der Führungskräfte (Survey of Executives):** Diese qualitative Untersuchungsmethode setzt bei den Führungskräften (seltener bei sonstigen MitarbeiterInnen oder unternehmensexternen ExpertInnen) an und versucht in Interviews zu analysieren, ob die Transaktion nach Meinung der Befragten erfolgreich war bzw. welche Gründe zum (Miss-)Erfolg führten. Diese Form der Erfolgsmessung spielt allerdings eine untergeordnete Rolle, einerseits aufgrund des damit verbundenen Aufwands, andererseits aufgrund von Problemen bei den Gütekriterien empirischer Forschung.[11]
- **Analyse von Wiederverkaufsraten (Divestitures):** Eine weitere Möglichkeit den Erfolg von M&A zu beurteilen liegt in der Annahme, dass erfolgreiche Akquisitionen länger im Portfolio des Mutterkonzerns bleiben und erfolglose schneller wiederverkauft werden. Problematisch an diesem Modell ist, dass Annahmen zu erfolgreichen Transaktionen (also dem idealen Mindesthaltezeitraum) willkürlich sind. Zusätzlich ist es denkbar, dass Objekte aus strategischen oder Imagegründen gekauft bzw. nicht verkauft werden und folglich die Mindesthaltedauer nichts über den wahren Erfolg der Transaktion aussagt.[12]
- **Tiefenanalysen (Clinical Studies):** Detailanalysen einzelner Transaktionen geben WissenschafterInnen die Möglichkeit einzelne Deals in allen Facetten zu analysieren

---

[9] Es erscheint logisch, dass die an einer M&A-Transaktion involvierten Personen unterschiedliche Ziel- und damit Erfolgsvorstellungen haben. So beurteilen bspw. Top-ManagerInnen eine Transaktion tendenziell als erfolgreich, wenn sich die jahresabschlussbasierten Zahlen positiv verändern, MitarbeiterInnen sehen eine Arbeitsplatzsicherheit als Erfolg, kurzfristige Minderheitsaktionäre werden eine kurzfristig positive Aktienkursveränderung positiv bewerten und strategische InvestorInnen einen langfristigen Shareholder Value.

[10] Es gibt Studiendesigns, welche nicht in besagtes Kategorienschema eingeordnet werden können. Dazu zählt beispielsweise die Studie von Hopkins (1987), welche die Auswirkungen einer M&A-Transaktion auf den Marktanteil der beobachteten Unternehmen untersucht. Aufgrund der untergeordneten Bedeutung dieser Messansätze werden diese hier allerdings nicht näher beleuchtet.

[11] Bruner (2002) beschreibt die Probleme mit dieser Messmethode treffend mit den Worten „Facts and opinion differ" (S. 62). Glaum et al. (2006) kommen zum Schluss, dass „die Befragung von Managern […] als ein wenig geeignetes Instrument zur Beurteilung des Erfolgs von M&A Transaktionen" eingestuft werden kann (S. 298). Beispielhafte Studien mit dieser Messmethode sind die Analysen durch Ingham et al. (1992), Chaudhuri und Tabrizi (1999) oder Furtner (2005). Letztere untersucht den österreichischen Markt und erkennt, dass 77 % der befragten Führungskräfte österreichischer Unternehmen sehr zufrieden mit der durchgeführten Transaktion sind. Eine mit dieser Methode durchgeführte Studie zum deutschen Mittelstand wurde durch das Beratungsunternehmen Deloitte (2012) realisiert. Hier sehen 48 % der Befragten überwiegend Vorteile aus M&A-Transaktionen.

[12] Empirische Untersuchungen von Wiederverkaufsraten sind relativ selten. Beispiele dafür sind die Analysen durch Porter (1987), Ravenscraft und Scherer (1987) und Kaplan und Weisbach (1992).

und Einzelheiten zu betrachten, die in anderen Methoden unberücksichtigt bleiben. Allerdings weisen sie eine geringe externe Validität auf, dh eine Generalisierung vom Einzelfall zur Allgemeinheit ist damit nicht bzw. nur äußerst eingeschränkt möglich.[13]

- **Ereignisstudien (Event Studies):** Sehr häufig werden kapitalmarktorientierte Studien durchgeführt, um den Erfolg einer Transaktion aus Sicht der Shareholder zu messen. Dabei werden die Aktienkursänderungen der beteiligten Unternehmen innerhalb eines gewissen Zeitraums rund um das beobachtete Ereignis (bspw. der Ankündigung eines M&A-Deals) abzüglich eines vorab definierten Benchmarks gemessen und verglichen. Diese unerwartete (abnormale) Rendite entscheidet über Erfolg und Misserfolg eines Ereignisses. Der größte Vorteil dieser Methode liegt in ihrer Objektivität, der leichten Verfügbarkeit der Daten sowie ihrer Bezogenheit auf die Zukunft (unter der Annahme, dass der Aktienpreis den Barwert der künftigen Cashflows des Unternehmens repräsentiert). Als größte Schwäche dieses Ansatzes werden die getroffenen Annahmen bezeichnet. So wird ein Kapitalmarkt vorausgesetzt, welcher vollkommen, effizient und rational ist und in welchem alle TeilnehmerInnen über alle Informationen verfügen. Ein weiteres Problem ist, dass Kursschwankungen nicht immer vollständig auf das Ereignis alleine zurück zu führen sind. Problematisch ist außerdem, dass nur börsennotierte Unternehmen in die Stichproben gelangen, wodurch der Mittelstand praktisch unberücksichtigt bleibt. Die größten Unterschiede zwischen den verschiedenen Studiendesigns liegen neben der länder- und branchenspezifischen Komponente im definierten Ereigniszeitraum,[14] dem verwendeten Benchmark sowie den methodischen Grundlagen. Überdies beschränken sich manche Studien auf ausgewählte Transaktionen, bspw. hinsichtlich der gewählten Zahlungsart oder der Diversifikationsrichtung.
- **Jahresabschlussorientierte Studien (Accounting/Outcome Studies):** Die Analyse von verfügbaren Unternehmensdaten aus dem externen Rechnungswesen ist eine weitere Variante der Erfolgsmessung. Dazu werden die betrachteten Kennzahlen entweder im Vergleich zu einem Benchmark (komparative Objektanalyse)[15] oder im Vorher-Nachher-Vergleich[16] analysiert. Dieser vergangenheitsorientierte Ansatz hat Vor- und Nachteile. Positiv betont werden kann die hohe Glaubwürdigkeit und Verfügbarkeit von (geprüften) Jahresabschlusszahlen sowie der hohe Detailierungsgrad der verwendeten Daten. Als Nachteil kann der Einfluss von unterschiedlichen Bilanzierungsmethoden

[13] Transaktionen die solcherart untersucht wurden sind bspw. der Merger von Exxon & Mobil (Weston 2002), am österreichischen Markt der Zusammenschluss von Böhler & Uddeholm (Raidl et al. 2001) oder der Kauf des Mobilfunkbetreibers Tele.ring durch T-Mobile Austria (Pineda und Kummer 2007).

[14] Während kurzfristige Ereignisstudien die Börsenkurse einige Tage oder Wochen rund um den Ankündigungstag der M&A-Transaktion analysieren, beobachten langfristige Event-Studies die Kurse über einen Zeitraum von mehreren Monaten oder sogar Jahren.

[15] Bühner (1990b) weist hier auf drei mögliche Benchmarks hin: Kontrollgruppen von Unternehmen, Branchendurchschnittswerte und Durchschnittswerte des gesamten industriellen Sektors.

[16] Vogel (2002) ergänzt, dass auch eine Analyse im Rahmen eines Plan-Ist-Vergleichs möglich wäre, indem die Ist-Daten mit den vor der Transaktion aufgestellten Plan-Daten verglichen werden.

und -spielräumen gesehen werden[17] sowie die willkürliche Auswahl des Beobachtungszeitraumes. Hinsichtlich letzterem besteht in Folge die Gefahr, dass Änderungen in den jahresabschlussbasierten Kennzahlen auch auf (unkontrollierte) Drittvariablen zurück zu führen sind und die eigentliche Wirkung der Transaktion unberücksichtigt bleibt.

Diese Methodenvielfalt zeigt, dass in der Wissenschaft keine Einigkeit dahingehend herrscht, wie der Erfolg von Fusionen und Akquisitionen am besten gemessen werden kann.[18] Im Folgenden sollen einige wesentliche Ergebnisse der zwei gängigsten Methoden, der jahresabschlussbasierten Studien sowie der Ereignisstudien, vorgestellt werden.

3.2.1 Ereignisstudien

Die beobachteten Ergebnisse der bestehenden Studien sind unterschiedlicher Natur. Langfristige Ereignisstudien deuten auf einen negativen Effekt auf das Vermögen der Shareholder hin (vgl. Agrawal und Jaffe 2000; Tichy 2001; Tuch und O'Sullivan 2007). Kurzfristige Studien hingegen beobachten im Durchschnitt weder positive noch negative abnormale Renditen (vgl. King et al. 2004; Tuch und O'Sullivan 2007). Ein weiterer interessanter Aspekt dieser Analysen ist, dass die EigentümerInnen der Zielunternehmen signifikant höhere Renditen erreichen als die Shareholder der akquirierenden Unternehmen (vgl. Weidenbaum und Vogt 1987; Datta et al. 1992; Chatterjee und Meeks 1996; Bruner 2002).

Auch bei besonderer Betrachtung des Mittelstands können keine eindeutigen Aussagen getätigt werden. Ben-Amar und André (2006) kommen in ihrer Studie zum Schluss, dass Familienunternehmen besser abschneiden als Nicht-Familienunternehmen. Wilcox et al. (2001) analysieren die Telekommunikationsindustrie und erkennen keine Unterschiede zwischen dem Erfolg von M&A-Aktivitäten kleiner und großer Unternehmen. Moeller et al. (2004) wiederum beobachten, dass kleine Unternehmen am Kapitalmarkt nach Ankündigung einer M&A-Transaktion besser performen als große. Alle drei Studien untersuchen allerdings den angelsächsischen Markt und sind damit nur eingeschränkt mit kontinentaleuropäischen Transaktionen vergleichbar. Die Anzahl an Studien zum Mittelstand hält sich im Allgemeinen in Grenzen, was sich insbesondere dadurch erklären lässt, dass nur börsennotierte Unternehmen in die Stichprobe von Ereignisstudien gelangen können.

Generell ist eine starke Dominanz der angelsächsischen Literatur zu konstatieren. Studien zum europäischen, besser noch deutschen oder österreichischen Markt existieren nur in geringer Anzahl. Ein Beispiel dafür ist die bereits etwas ältere Ereignisstudie von Bühner (1990a). Er untersucht 90 Zusammenschlüsse deutscher Unternehmen in einem Zeitraum von 2 Jahren vor und nach der Transaktion und erkennt einen negativen Effekt auf den Shareholder Value der akquirierenden Unternehmen. Aktueller sind Studien über den gesamteuropäischen Raum, bspw. jene von Campa und Hernando (2004) bzw. Goergen

[17] Wobei dieses Problem nur bei der komparativen Objektanalyse schlagend wird, da Unternehmen ihre Bewertungsregeln im Regelfall im Zeitablauf nicht allzu rasch/stark ändern.

[18] „Despite the massive amount of research done, there is little or no agreement both across and within the disciplines on how to measure acquisition performance" (Zollo und Meier 2008, S. 55).

und Renneboog (2004). Beide können allerdings keine eindeutige Verbesserung oder Verschlechterung der Performance der Käuferunternehmen feststellen.

3.2.2 Jahresabschlussbasierte Studien

Die zahlreichen jahresabschlussbasierten Studien zeigen ebenfalls eine große Bandbreite an Ergebnissen. So gibt es viele Untersuchungen, die einen positiven Effekt von M&A-Transaktionen auf den jahresabschlussbasierten Erfolg beobachten (vgl. bspw. die Ergebnisse von Healy et al. (1992), Rahman und Limmack (2004) oder Bild et al. (2005)), andere, die klar negative Auswirkungen erkennen (vgl. bspw. die Ergebnisse von Hoshino (1982), Dickerson et al. (1997) oder Sharma und Ho (2002)), und einige, die nicht signifikante, neutrale oder sowohl positive als auch negative Veränderungen feststellen (vgl. bspw. Tichy (2001), Bruner (2002) oder Tuch und O'Sullivan (2007)). Versucht man einen Trend in den vorhandenen Studien zu erkennen, so sind tendenziell negative Auswirkungen auf den Jahresabschluss der akquirierenden Unternehmen zu beobachten (vgl. hierzu beispielsweise die Analysen von Bühner (1990b) und Tichy (2001)).

Die Unterschiede zwischen den Ergebnissen der genannten Studien können auf mehrere Faktoren zurückgeführt werden. So werden unterschiedliche jahresabschlussbasierte Kennzahlen und Benchmarks verwendet oder sind die beobachteten Zeithorizonte unterschiedlich lang. Dazu kommt, dass die Studien Unternehmen in verschiedenen Branchen, geografischen Regionen und Größen analysieren und dabei verschiedenartige Datenzeiträume wählen, welche jeweils von anderen wirtschaftlichen Rahmenbedingungen gekennzeichnet sind.

So erkennt bspw. Vogel (2002), dass aktuelle Studien tendenziell von einer Verschlechterung der Performance berichten, während ältere Studien noch großteils positive Effekte aus M&A-Transaktionen beobachten. Sharma und Ho (2002) wiederum resümieren, dass Cashflow-basierte Kennzahlen tendenziell einen Erfolg bescheinigen, während sich GuV-basierte Kennzahlen (z. B. ROE oder ROA) eher verschlechtern. Beobachtet man die vorhandenen Studien genauer, erkennt man außerdem, dass US-amerikanische Unternehmen tendenziell erfolgreicher sind (aus jahresabschlussbasierter Sicht) als Unternehmen aus anderen Regionen dieser Welt.

Studien zum europäischen bzw. deutschsprachigen Raum sind selten. Bühner (1990a) analysiert 110 Deals zwischen 1973 und 1985 und beobachtet eine Verschlechterung der Gesamtkapitalrentabilität. Kleinert und Klodt (2000) untersuchen den M&A-Markt für Megafusionen in Europa und erkennen eine Verbesserung der Rentabilitäten infolge der Transaktion. Ooghe et al. (2006) sowie Papadakis und Thanos (2010) analysieren ebenfalls europäische Märkte (konkret den belgischen sowie den griechischen Markt), beobachten beide allerdings eine Verschlechterung der Performance-Kennzahlen nach Stattfinden der Transaktion. Der österreichische Banken-Sektor wird von Egger und Hahn (2010) untersucht; sie kommen zum Schluss, dass Zusammenschlüsse in diesem Sektor erfolgreich sind.

Die Frage nach dem Einfluss der Unternehmensgröße (also ob Mittelstandsunternehmen besser oder schlechter performen als ihre größeren Pendants) wurde bisweilen in den

Studien kaum thematisiert bzw. nur angeschnitten. Eine (allerdings bereits ältere) Studie untersucht die japanische Industrie und kommt zum Schluss, dass „big merger", welche anhand der absoluten Größe der fusionierten Unternehmen definiert werden, besser performen als kleine Fusionen (Ikeda und Doi 1983).

3.3 Ergebnisse einer jahresabschlussbasierten Studie zu M&A-Aktivitäten in Österreich

Wie in den bisherigen Abschnitten dargelegt wurde, ist die Frage nach dem Erfolg von M&A noch nicht vollends geklärt. Inkonsistente Ergebnisse, verursacht durch unterschiedliche Messmethoden, divergente Stichproben sowie andere Einflussfaktoren, erzeugen Bedarf nach weiterer wissenschaftlicher Forschung zur Thematik. Der deutschsprachige Raum, insbesondere Österreich, ist dabei traditionell unterrepräsentiert.[19] Vorhandene Studien, wie beispielsweise jene von Bühner (1990a), geben einen Einblick in die Materie, sind allerdings nicht mehr aktuell. Aus diesem Grund wird eine empirische Studie durchgeführt, welche den Erfolg österreichischer Transaktionen aus einer jahresabschlussorientierten Perspektive untersucht.

3.3.1 Stichprobe und Methodik

Ziel dieser Analyse ist, herauszufinden ob Fusionen und Übernahmen einen Einfluss auf den jahresabschlussorientierten Erfolg der akquirierenden Unternehmen im Zeitablauf haben. Dafür werden den Datenbanken Thomson One und Mergermarket **alle Transaktionen der Jahre 1998 bis 2010** entnommen. Die untersuchten Transaktionen müssen dabei verschiedensten Kriterien genügen, um in die Stichprobe zu gelangen. So ist es beispielsweise notwendig, dass zumindest ein am Wiener „Prime Market" notierendes Unternehmen als Käufer oder Kaufobjekt beteiligt ist und der Deal abgeschlossen ist (vgl. Brunner et al. 2014).

Anschließend werden der Datenbank Datastream Advance 4.0 die jahresabschlussbasierten Daten der akquirierenden Unternehmen in einem **Zeitraum von drei Jahren vor und drei Jahren nach dem Transaktionsjahr entnommen.** Die finale Stichprobe besteht aus 107 Transaktionen. Die Analyse erfolgt unter Anwendung eines Vorher-Nachher-Vergleichs. Je Unternehmen werden der Return on Equity, der Return on Assets und

[19] Gründe können einerseits darin gesehen werden, dass M&A hier deutlich später praktische Relevanz erhielt, andererseits im kleinen (und damit weniger bedeutenden) österreichischen Markt. Zusätzlich dazu ist die Forschung, wie bereits erwähnt, sehr stark von der Analyse börsennotierter Unternehmen geprägt. Ein Markt wie Österreich, der von einer kleinstrukturierten Wirtschaft geprägt ist, bietet hier weniger Daten.

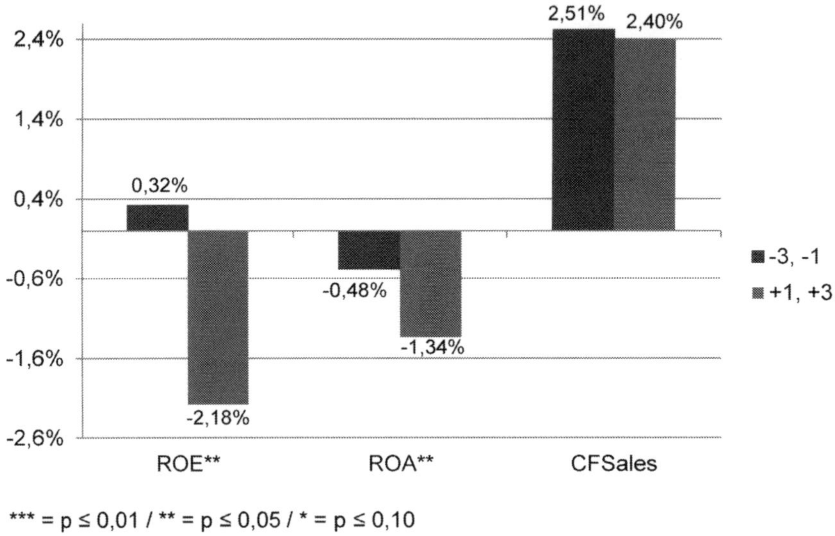

Abb. 2 Vorher-Nachher-Analyse der industriebereinigten Kennzahlen. (Eigene Darstellung)

die Cashflow-Umsatzrate im siebenjährigen Beobachtungszeitraum ermittelt.[20] Aus den Jahren 3, 2 und 1 vor dem Transaktionsjahr (Jahr 0) wird je Kennzahl ein Mittelwert gebildet, gleiches passiert für die Jahre 1, 2 und 3 nach dem Transaktionsjahr. Das Jahr 0 (Konsolidierungsjahr) selbst wird, aufgrund einer nur sehr geringen Aussagekraft, nicht in die Analyse mit einbezogen.

Ein T-Test (Hypothesentest mit t-verteilter Testprüfgröße) für abhängige Stichproben stellt fest, ob bei den untersuchten Kennzahlen signifikante Mittelwertsunterschiede im Zeitablauf vorliegen. Eine Varianzanalyse mit Messwiederholung analysiert anschließend, ob es Einflussvariablen gibt, die den jahresabschlussbasierten Erfolg beeinflussen.[21] Um den Effekt des M&A-Deals unabhängig von allgemeinen Veränderungen und Entwicklungen darzustellen, wird auf industriebereinigte Kennzahlen zurückgegriffen.[22]

3.3.2 Resultate

Im Rahmen des Vorher-Nachher Vergleichs zeigt sich, dass die beobachteten Kennzahlen nach Stattfinden der Transaktion absinken. Dieser Effekt ist in Abb. 2 ersichtlich. Die Analyse zeigt eine signifikante Reduktion der sektorenbereinigten Mittelwerte der Eigen-

[20] In Anlehnung an andere Studien (bspw. Sharma und Ho 2002) werden sowohl Cashflow-, als auch gewinnbasierte Kennzahlen verwendet.

[21] Dahingehend wird der Sektor des akquirierenden Unternehmens, der absolute Wert der Transaktion, der relative Wert der Transaktion, die Anzahl der MitarbeiterInnen, das Transaktionsjahr sowie Cross-Border-Transaktionen erhoben.

[22] Hinsichtlich der Ermittlung der industriebereinigten Mittelwerte („adjustierte Performance") sei wiederum auf Brunner et al. (2014) verwiesen.

Tab. 1 Eigene Darstellung

F-Wert	ROE	ROA	CFSales
Branche	F=4,463**	F=3,722**	F=0,198
Absoluter Wert der Transaktion	F=0,654	F=0,385	F=0,755
Relativer Wert der Transaktion	F=5,535***	F=0,144	F=0,372
MitarbeiterInnenzahl	F=12,121***	F=0,239	F=0,052
Transaktionsjahr	F=0,609	F=0,497	F=1,376
Cross-Border	F=0,080	F=1,156	F=0,270

***$p \leq 0{,}01$; **$p \leq 0{,}05$; *$p \leq 0{,}10$

und Gesamtkapitalrentabilität. Bei der Cashflow-Umsatzrate ist dieser Abfall nicht signifikant.

Die Varianzanalyse versucht festzustellen, ob es Einflussfaktoren gibt, die den Erfolg beeinflussen. Bei Verwendung der industrieadjustierten Mittelwerte zeigt sich, dass folgende Faktoren einen signifikanten Einfluss haben:

- **Branche:**[23] Die Analyse zeigt, dass die Eigen- und Gesamtkapitalrentabilität bei akquirierenden Unternehmen im Finanzsektor weniger stark sinken als bei Unternehmen des Industrie- und Versorgungssektors. Die Änderungen bei der Cashflow-Marge sind nicht signifikant.
- **Relativer Wert der Transaktion:** Um zu messen, ob der Wert der Transaktion einen Einfluss auf den Erfolg selbiger hat, wird das Verhältnis Bilanzsumme zu Transaktionsvolumina berücksichtigt. Dabei zeigen sich signifikante Unterschiede bei der Eigenkapitalrentabilität. Demzufolge sind relativ kleinere Transaktionen leichter bzw. besser zu bewältigen (die damit verbundenen Anstrengungen der Durchführung und Integration geringer) als bei relativ großen Transaktionen.
- **MitarbeiterInnenzahl:** Die MitarbeiterInnenzahlen der beobachteten Unternehmen wurden identifiziert und die Unternehmen kategorisiert.[24] Es zeigen sich signifikante Unterschiede bei der Kennzahl Eigenkapitalrentabilität (bei den anderen beiden Kennzahlen sind die Veränderungen nicht signifikant). Es wird ersichtlich, dass kleinere Unternehmen nach der Transaktion geringere Werte aufweisen, während größere Unternehmen höhere durchschnittliche Eigenkapitalrenditen erreichen. Die detaillierten Ergebnisse sind in Tab. 1 dargestellt.

[23] Die Unternehmen in der Stichprobe werden hinsichtlich der Sektoren „Industrie", „Versorgungsunternehmen" und „Finanzsektor" unterschieden.

[24] Es bestehen drei Kategorien: 1–25.000 MitarbeiterInnen; 25.001–50.000 MitarbeiterInnen und größer 50.000 MitarbeiterInnen.

4 Diskussion und Fazit

Die vorliegenden Ergebnisse werfen kein gutes Licht auf den jahresabschlussbasierten Erfolg österreichischer M&A-Transaktionen. Die Performancekennzahlen sinken bei den betrachteten Unternehmen nach Stattfinden der Transaktion und bestätigen damit die bereits diskutierten Ergebnisse der wenigen vorhandenen Studien zum kontinentaleuropäischen Markt.[25] In einer genaueren Betrachtung fällt auf, dass M&A-Transaktionen im Finanzsektor weniger schlecht performen, als in den anderen Branchen.[26] Dies deutet darauf hin, dass eine Integration und das Schaffen von Synergien im Finanzsektor besser möglich sind.

Nimmt man die MitarbeiterInnenzahl als ein Attribut für den Mittelstand, so zeigt sich für diese ein noch schlechteres Bild. Es stellt sich berechtigterweise die Frage, wo die Ursachen dafür zu finden und wie diese Ergebnisse zu interpretieren sind.

Eine Begründung kann darin liegen, dass der Kauf eines Unternehmens für Mittelstandsunternehmen **in Relation mehr Aufwand und Umstellung** bedarf als für ein Großunternehmen. Dies zeigt sich auch in der hier vorliegenden Studie anhand der Analyse des Einflussfaktors „Relative Größe der Transaktion". Die Durchführung und Integration von relativ kleinen Transaktionen scheint leichter zu bewerkstelligen zu sein als jene von relativ großen. Bestätigt werden diese Ergebnisse beispielsweise durch die Studie von Bühner (1990a). Auch er erkennt in seiner Studie (Ereignis- und jahresabschlussorientiert) zu Unternehmenszusammenschlüssen in Deutschland, dass Unternehmen die relativ größere Transaktionen („Großfusionen") durchführen, weniger erfolgreich sind als solche mit „Kleinfusionen".

Es besteht demnach bei M&A-Transaktionen von Mittelstandsunternehmen die Gefahr, dass die Deals außerordentlich viele Ressourcen, bspw. Managementkapazitäten in Anspruch nehmen und in Folge das Tagesgeschäft vernachlässigt wird. Dahingehend sei auch wiederum auf die Charakteristika von Mittelstandsunternehmen hingewiesen, welche **seltener eigene M&A-SpezialistInnen bzw. M&A-Teams beschäftigen.** Demnach fehlt hier häufiger das notwendige Wissen um eine M&A-Transaktion erfolgreich zu gestalten. Es geschehen mehr Fehler, nicht nur vor und während der Transaktion, sondern insbesondere auch in der so wesentlichen Post-Merger-Integrationsphase.

Unternehmen können sich diese Expertise im Unternehmen aneignen, indem sie Transaktionen durchführen und Erkenntnisse daraus gewinnen. Mittelstandsunternehmen zeichnen sich allerdings durch eine **tendenziell geringere Erfahrung** aus, was ebenfalls wieder in einer höheren Fehlerquote resultiert. Dass es eine Lernkurve gibt, dass sich also angeeignete Kompetenzen aus einer vorigen Transaktion positiv auf den Erfolg einer aktuellen Transaktion auswirken, wurde bereits mehrfach empirisch nachgewiesen (vgl. Bruton et al. 1994; Bühner 1990a).

---

[25] Beispielsweise jene von Bühner (1990a) oder Ooghe et al. (2006).

[26] Diese Ergebnisse sind konsistent mit jenen von Egger und Hahn (2010).

Mangelnde Erfahrung zum hochkomplexen Themenbereich M&A könnte dahingehend ausgeglichen werden, dass die Dienste von darauf spezialisierten Beratungsunternehmen in Anspruch genommen werden. Die Praxis zeigt allerdings, dass Beratungsleistungen von mittelständischen Unternehmen seltener genutzt werden (Brink 2010). Kleine und mittlere Unternehmen zeichnen sich demnach durch eine **Beratungsresistenz** aus, was sich einerseits durch das höhere Streben nach Unabhängigkeit, andererseits durch die hohen Kosten der Beratung erklären lässt.

Aus finanzwirtschaftlicher Sicht nicht zu vernachlässigen ist außerdem der bereits erläuterte schwierigere Kapitalzugang von mittelständischen Unternehmen. Dadurch kann es in Folge, insbesondere in der PMI, dazu kommen, dass weniger Mittel für die erfolgreiche **Integration** zur Verfügung stehen und demnach das neu gekaufte Unternehmen „krank gespart" wird.

All die genannten Erklärungsversuche sollen nicht darüber hinweg täuschen, dass M&A-Transaktionen komplex und individuell sind, ein Patentrezept also nicht existiert. Aus Perspektive der Finanzwirtschaft zeigt sich allerdings, dass sich M&A-Transaktionen allzu häufig negativ in den analysierten jahresabschlussbasierten Kennzahlen auswirken.

Literatur

Agrawal, A., & Jaffe, J. F. (2000). The Post-merger performance puzzle. In C. Cooper & A. Gregory (Hrsg.), *Advances in mergers & acquisitions* (Bd. 1, S. 7–41). Bingley: Emerald.

Amtsblatt der Europäischen Union. (2003). Empfehlung der Kommission vom 6. Mai 2003 betreffend die Definition der Kleinstunternehmen sowie der kleinen und mittleren Unternehmen. L124/36–41.

Ben-Amar, W., & André, P. (2006). Separation of ownership from control and acquiring firm performance: The case of family ownership in Canada. *Journal of Business Finance & Accounting, 33*(3/4), 517–543.

Bild, M., Guest, P., & Runsten, M. (2005). *The effect of takeover on the fundamental value of acquirers*. Working Paper.

Brink, S. (Oktober-Dezember 2010). Ist der Mittelstand beratungsresistent? *Junior Consultant,* 56–57.

Bruner, R. F. (2002). Does M&A Pay? A survey of evidence for the decision maker. *Journal of Applied Finance, 12*(1), 48–68.

Brunner, T. M., Pernsteiner, H., & Wagner, E. (2014). Performance von M&A-Transaktionen österreichischer Unternehmen. *M&A-Review, 25*(1), 17–24.

Bruton, G. D., Oviatt, B. M., & White, M. A. (1994). Performance of acquisitions of distressed firms. *Academy of Management Journal, 37*(4), 972–989.

Bühner, R. (1990a). *Erfolg von Unternehmenszusammenschlüssen in der Bundesrepublik Deutschland.* Stuttgart: Poeschel.

Bühner, R. (1990b). *Unternehmenszusammenschlüsse*. Stuttgart: Poeschel.

Campa, J. M., & Hernando, I. (2004). Shareholder value creation in European M&As. *European Financial Management, 10*(1), 47–81.

Chatterjee, R., & Meeks, G. (1996). The financial effects of takeover: Accounting rates of return and accounting regulation. *Journal of Business Finance & Accounting, 23*(5/6), 851–868.

Chaudhuri, S., & Tabrizi, B. (1999). Capturing the real value in high-tech acquisitions. *Harvard Business Review, 77*(5), 123–130.

Datta, D. K., Pinches, G. E., & Narayanan, V. K. (1992). Factors influencing wealth creation from mergers & acquisitions: A meta-analysis. *Strategic Management Journal, 13*(1), 67–84.

Deloitte. (2012). Mergers & Acquisitions im Mittelstand. http://www2.deloitte.com/content/dam/Deloitte/de/Documents/Mittelstand/MandA-im-Mittelstand.pdf. Zugegriffen: 24. April 2015.

Dickerson, A. P., Gibson, H. D., & Tsakalotos, E. (1997). The impact of acquisitions on company performance: Evidence from a large panel of UK firms. *Oxford Economic Papers, 49,* 344–361.

Egger, P., & Hahn, F. R. (2010). Endogenous bank mergers and their impact on banking performance: Some evidence from Austria. *International Journal of Industrial Organization, 28,* 155–166.

Felden, B., & Hack, A. (2014). *Management von Familienunternehmen: Besonderheiten – Handlungsfelder – Instrumente.* Wiesbaden: Springer.

Furtner, S. (2005). Auszug aus der Studie: Management von Unternehmensübernahmen & Fusionen 2005. http://www.furtner-bc.at/images/Auszug%20Studie%20MA%202005.pdf. Zugegriffen: 14. April 2015.

Glaum, M., Lindemann, J., & Friedrich, N. (2006). Erfolg von Mergers & Acquisitions: Ergebnisse empirischer Forschung. In B. W. Wirtz (Hrsg.), *Handbuch Mergers & Acquisitions Management* (S. 287–316). Wiesbaden: Gabler Fachverlage.

Goergen, M., & Renneboog, L. (2004). Shareholder wealth effects of European domestic and cross-border takeover bids. *European Financial Management, 10,* 9–45.

Guserl, R., & Pernsteiner, H. (2015). *Finanzmanagement: Grundlagen – Konzepte – Umsetzung* (2. Aufl.). Wiesbaden: Springer.

Healy, P. M., Palepu, K. G., & Ruback, R. S. (1992). Does corporate performance improve after mergers? *Journal of Financial Economics, 31*(2), 135–175.

Hopkins, H. D. (1987). Acquisition strategy and the market position of acquiring firms. *Strategic Management Journal, 8*(6), 535–547.

Hoshino, Y. (1982). The performance of corporate mergers in Japan. *Journal of Business Finance & Accounting, 9*(2), 153–165.

Ikeda, K., & Doi, N. (1983). The performances of merging firms in Japanese manufacturing industry: 1964–1975. *The Journal of Industrial Economics, 31*(3), 257–266.

Ingham, H., Kran, I., & Lovestam, A. (1992). Mergers and profitability: A managerial success. *Journal of Management Studies, 29*(2), 195–208.

Kaplan, S. N., & Weisbach, M. S. (1992). The success of acquisitions: Evidence from divestitures. *The Journal of Finance, 47*(1), 107–138.

Kästle, F. (2014). Post-M&A-Streitigkeiten nehmen zu – ist die M&A-Praxis darauf vorbereitet? *M&A-Review, 25*(2), 71–75.

King, D. R., et al. (2004). Meta-Analyses of post-acquisition performance: Indications of unidentified moderators. *Strategic Management Journal, 25,* 187–200.

Kleinert, J., & Klodt, H. (2000). *Megafusionen: Trends, Ursachen und Implikationen.* Tübingen: Mohr Siebeck.

Lang, N. S., Plankensteiner, M., & Klemmer, D. C. (2010). M&A in Österreich: Das Ende des zentraleuropäischen M&A-Powerhouse? In G. Müller-Stewens, S. Kunisch, & A. Binder (Hrsg.), *Mergers & Acquisitions: Analysen, Trends und Best Practices* (S. 85–100). Stuttgart: Schäffer-Poeschel.

Lang, N. S., Plankensteiner, M., & Ladler, M. P. (2011). Kleinere bis mittlere Transaktionen auf dem Vormarsch. *M&A Review, 22*(11), 499–504.

Lang, N. S., Ladler, M. P., & von Mérey, T. (2015). Österreichischer M&A-Markt 2014 in leichtem Aufwärtstrend. *M&A Review, 26*(3), 123–127.

Moeller, S. B., Schlingemann, F. P., & Stulz, R. M. (2004). Firm size and the gains from acquisitions. *Journal of Financial Economics, 73,* 201–228.

Moschner, M. (2014). Österreichs M&A-Markt 2013. *Bank-Archiv, 62,* 320–329.

Moschner, M. (2015). Österreichs M&A-Markt 2014. *Bank-Archiv, 63,* 360–368.

OECD. (2015). *Main economic indicators* (Bd. 2015, Heft 3). Paris: OECD Publishing.

Ooghe, H., Van Laere, E., & De Langhe, T. (2006). Are acquisitions worthwhile? An empirical study of the post-acquisition performance of privately held Belgian companies. *Small Business Economics, 27,* 223–243.

Papadakis, V. M., & Thanos, I. C. (2010). Measuring the performance of acquisitions: An empirical investigation using multiple criteria. *British Journal of Management, 21,* 859–873.

Pineda, A., & Kummer, C. (2007). Conflict-free integration at T-Mobile. *Strategic HR Review, 6*(3), 16–19.

Porter, M. E. (1987). From competitive advantage to corporate strategy. *Harvard Business Review, 65*(3), 43–59.

Rahman, R. A., & Limmack, R. J. (2004). Corporate acquisitions and the operating performance of Malaysian companies. *Journal of Business Finance & Accounting, 31*(3&4), 359–400.

Raidl, C. J., Belada, H., & Emmerich, W. (2001). Der Merger von Böhler und Uddeholm. In W. Girkinger & H. Stiegler (Hrsg.), *Mergers & Acquisitions: Konzeption – Instrumentarium – Fallstudien* (S. 597–630). Linz: Trauner.

Ravenscraft, D. J., & Scherer, F. M. (1987). *Mergers, sell-offs, and economic efficiency*. Washington D. C.: The Brookings Institution.

Schmidt, H. (2000). Die IR-Instrumente. In Deutscher Investor-Relations-Kreis e. V. (Hrsg.), *Investor Relations: professionelle Kapitalmarktkommunikation* (S. 45–58). Wiesbaden: Springer.

Sharma, D. S., & Ho, J. (2002). The impact of acquisitions on operating performance: Some Australian evidence. *Journal of Business Finance & Accounting, 29*(1&2), 155–200.

Sieber, S. (2010). Bedeutung Mittel- und Osteuropas für den österreichischen Handel. *WIFO-Monatsberichte, 83*(2), 149–161.

Statistik Austria. (2012). *Leistungs- und Strukturstatistik 2012: Produktion und Dienstleistungen.* Wien: Eigenverlag.

Tichy, G. (2001). What do we know about success and failure of mergers? *Journal of Industry, Competition and Trade, 1*(4), 347–394.

Tuch, C., & O'Sullivan, N. (2007). The impact of acquisitions on firm performance: A review of the evidence. *International Journal of Management Reviews, 9*(2), 141–170.

Vogel, D. H. (2002). *M&A: Ideal und Wirklichkeit.* Wiesbaden: Gabler.

Weidenbaum, M., & Vogt, S. (1987). Takeovers and stockholders: Winners and losers. *California Management Review, 29*(4), 157–168.

Weston, J. F. (2002). The Exxon-Mobil merger: An archetype. *Journal of Applied Finance, 12*(1), 69–88.

Wilcox, H. D., Chang, K.-C., & Grover, V. (2001). Valuation of mergers and acquisitions in the telecommunications industry: A study on diversification and firm size. *Information & Management, 38,* 459–471.

Zephyr. (2015). Datenbank von Bureau van Dijk. Daten abgerufen am 16. April 2015.

Zollo, M., & Meier, D. (2008). What is M&A performance? *Academy of Management Perspectives, 22*(3), 55–77.

Mag. Thomas M. Brunner-Kirchmair (*1986) studierte Wirtschaftswissenschaften mit Schwerpunkten in den Disziplinen betriebliche Finanzwirtschaft, Marketing, internationales Management und Volkswirtschaftslehre an der Johannes Kepler Universität in Linz bzw. im Rahmen eines Auslandsaufenthaltes an der European Business School in London. Nach Erfahrungen in der Privatwirtschaft, bspw. im Risikomanagement einer oberösterreichischen Bank, ist er seit 2015 als Universitätsassistent am Institut für betriebliche Finanzwirtschaft der Johannes Kepler Universität Linz in Lehre und Forschung tätig. Dabei beschäftigt er sich insbesondere mit dem Themenbereich Mergers & Acquisitions.

Mag., Dr., o. Univ. Prof. Helmut Pernsteiner (*1962) studierte Betriebswirtschaftslehre in Linz und promovierte 1989. Nach einer einjährigen Tätigkeit in einer Wiener Investmentbank und einem Aufenthalt an der Universität Fribourg/CH erfolgte 1995 die Habilitation für Betriebswirtschaftslehre. Er ist seit 1998 Professor und Vorstand des Instituts für betriebliche Finanzwirtschaft an der Johannes Kepler Universität Linz (JKU). Ferner ist er Vorstand-Stv. des Forschungsinstituts für Bankwesen der JKU und Mitglied des Instituts für Versicherungswirtschaft. Derzeit übt er die Funktion des Senatsvorsitzenden der JKU aus. Er ist Leiter einiger Masterlehrgänge. Zu seinen Forschungsschwerpunkten zählen Mergers & Acquisitions, Finanzierung von Familienunternehmen und von Unternehmen in Emerging Markets.

Erfolgskontrolle von M&A-Transaktionen

Ralf Kesten

Konzept für eine Abweichungsanalyse des M&A-Mehrwertes auf Basis eines Discounted Cashflow-Approaches

Zusammenfassung

M&A-Transaktionen stellen strategische Investitionen dar, die insbesondere für die Investoren des Erwerbers einen finanziellen Mehrwert generieren sollen. Nach Abschluss des Erwerbs- und Eingliederungsvorgangs gewinnt die lebenszyklusbegleitende Performancekontrolle an Bedeutung. Diese soll auf Basis aktualisierter Informationen aufzeigen, ob der gezahlte Kaufpreis für die Transaktion gerechtfertigt erscheint und sich aktuell bzw. zukünftig tatsächlich ein Mehrwert abzeichnet. Für diese Zwecke bietet sich der Aufbau einer speziellen Abweichungsanalyse an, welche das Konzept der Kapitalwert- bzw. DCF-Methode inkludiert und so zu jedem Kontrolltermin informative Abweichungen zwischen dem aktuellen und dem geplanten M&A-Mehrwert festgestellt werden können. Die praktische Umsetzung dieser Analyse wird auf Basis eines fiktiven Beispiels Schritt für Schritt verdeutlicht.

1 Problemstellung

Die Praxis von M&A-Transaktionen belegt, dass die in der vorvertraglichen Transaktionsphase identifizierten M&A-Mehrwerte aus Sicht der erwerbenden Investoren, zu interpretieren als Kapitalwerte (Net Present Values), in der späteren Nutzungs- bzw. Betriebsphase

R. Kesten (✉)
NORDAKADEMIE gemeinnützige AG, Köllner Chaussee 11, 25337 Elmshorn, Deutschland
E-Mail: ralf.kesten@nordakademie.de

A. Kuckertz, N. Middelberg (Hrsg.), *Post-Merger-Integration im Mittelstand*,
DOI 10.1007/978-3-658-12370-3_21

des Transaktionsobjektes überwiegend nicht (ganz) realisiert werden können (Gerds und Schewe 2011, S. 5). Im Rahmen einer Managerbefragung ergab sich, dass 53 % der Befragten dies auf die bestehenden Risiken in der Integrationsphase zurückführen (Träm 2000, S. 289–309; Wöginger 2006, S. 205; Vogel 2002, S. 41–42; Müller-Stewens 2012, S. 82–83; Jansen 2008, S. 336–342). Nach einer Untersuchung von Gerds/Schewe lassen sich vier große Schwachstellen bei der Integration ausmachen, die das Heben des geplanten M&A-Mehrwerts stark beeinträchtigen (Gerds und Schewe 2011, S. 5, 76–131):

- mangelnde Planung oder Planbarkeit der Synergieumsetzung (nicht plausible Zahlenbasis, übertriebene Synergiephantasie, lückenhaftes Umsetzungskonzept),
- fehlende Kompatibilität der Firmenstrukturen (hinsichtlich Hierarchie und Geschäftsmodelle),
- Widerstände in der Belegschaft (sog. „Merger-Syndrom") sowie
- suboptimales Projektmanagement der Integration (fehlendes Know-how und eingeschränkte Manpower).

Da die Integrationsarbeit für das Heben des geplanten M&A-Mehrwertes entscheidend ist, benötigt man für ein wirkungsvolles Integrationsmanagement unter anderem ein Instrument, mit dem sich die Zielgröße „M&A-Mehrwert" jederzeit beurteilen lässt. Die M&A-Manager müssen bereits während der Integrationsphase möglichst frühzeitig auf Basis „mitlaufender" Kontrollrechnungen über ungeplante beziehungsweise unliebsame Entwicklungen umfassend informiert werden. Denn nur dann besteht die Chance, möglichst überlegt gegenzusteuern. Nach Ansicht von Vogel bestehen hier sowohl in der Praxis als auch in der Theorie Defizite: In der Praxis finden interne Erfolgsanalysen keineswegs regelmäßig statt. Noch unüblicher seien laufende Zwischenberichterstattungen „über Soll-Ist-Abweichungen gegenüber dem Aufsichtsrat oder gar den Anteilseignern" (Vogel 2002, S. 272). Die am weitest verbreiteten Instrumente zur Erfolgsmessung bestehen im Beobachten von Kursreaktionen am Kapitalmarkt sowie im Verfolgen der Entwicklung von Jahresabschlusskennzahlen (Vogel 2002, S. 277–288.)[1].

Eine Erfolgsmessung, die sich auf beobachtbare Kursveränderungen vor und nach der Transaktionsankündigung stützt, mag im Einzelfall als ersten Meinungstrend der Investorengemeinschaft die Existenz von Synergien und damit auch von Mehrwert signalisieren. Ein Herunterbrechen auf einzelne Bestandteile des M&A-Mehrwertes ist aber nicht möglich, da der Kapitalmarkt nur eine Gesamtaussage trifft. Für das Integrationsmanagement fehlt der Hinweis, welche Mehrwertkomponenten besonders erfolgskritisch sind. Zudem besteht kein direkter Zusammenhang zum analytisch geplanten M&A-Mehrwert, so dass keine aussagekräftige Abweichungsanalyse aufgebaut werden kann. Des Weiteren ist zu bedenken, dass sich nur für die wenigen börsennotierten Firmen Aktienkurse auswerten lassen. Bei Vergleichen auf Basis von realisierten Jahresabschlusskennzahlen vor und

[1] Als weitere Verfahren nennt Vogel das Befragen von Insidern sowie die Wiederverkaufsrate von Transaktionsobjekten innerhalb der nächsten Dekade.

nach der Transaktion mangelt es insbesondere am weiteren Zukunftsbezug, so dass wertrelevante Entwicklungstrends unbeachtet bleiben. Daher sollte eine als Abweichungsanalyse ausgebaute Performancekontrolle den geplanten Werten die bislang erreichten und auf Basis aktueller Informationen der internen Mittelfristplanung weiter zu erwartenden Werte gegenüberstellen und nach den M&A-Mehrwertkomponenten aufteilen, damit die einzelnen Integrationsarbeiten an den richtigen Stellhebeln ansetzen.

Der Beitrag zeigt in Teil 3 allgemein sowie auf Basis eines Zahlenbeispiels, wie eine für die praktische Integrationsarbeit geeignete Kontrollrechnung aufzubauen ist, um aussagekräftige Abweichungen zwischen dem aktuellen und dem geplanten Mehrwert zu generieren. Zunächst ist allerdings in Teil 2 der investitionstheoretische Begriff „M&A-Mehrwert" zu klären und mit einem geeignet erscheinenden Bewertungsmodell zu verknüpfen, das hier im Discounted Cashflow-Approach gesehen wird.

2 Der M&A-Mehrwert

Unter M&A-Mehrwert ist der aus der Transaktion entstehende und auf den Bewertungs- bzw. Entscheidungszeitpunkt $t=0$ bezogene Geldvermögenszuwachs für die Eigentümer im Vergleich zu einer risiko- und laufzeitvergleichbaren alternativen Geldanlage (Opportunität) zu verstehen. Im Rahmen eines Investitionsprojektes würde man vom Kapitalwert bzw. vom Net Present Value sprechen. Besonderes Merkmal dieser Kennzahl ist, dass sie Lebenszykluscharakter aufweist, da sie alle künftigen finanziellen Konsequenzen, die aus einer Investition erwartet werden, beinhaltet und dabei (über die Diskontier-Technik) die sog. Zeitpräferenz des Geldes (Kruschwitz 2009, S. 63–68 sowie S. 85–92; Götze 2008, S. 71–93; Kesten 2014, S. 55–58.) berücksichtigt.[2] Wird im Rahmen einer M&A-Transaktion ein Mehrwert von Null erzielt, so haben die Anteilseigner des Erwerberunternehmens ihre Renditeziele, abgeleitet aus einer Opportunität, genau erreicht. Ein besonders guter Grund für die Transaktion ist das aber noch nicht: Denn die meisten Eigentümer sind selbst in der Lage, ihre Renditeziele zu realisieren, indem sie standardisiert ablaufende Wertpapiertransaktionen (bspw. Kauf und Verkauf von Aktien und Anleihen an den Börsen) durchführen. Daher sollte ein individueller und in mehrfacher Hinsicht aufwendiger Firmendirektkauf den Shareholdern auch einen positiven Mehrwert liefern.

2.1 Erste Berechnungsvariante des M&A-Mehrwertes

Eine in der M&A-Praxis weit verbreitete Berechnungsweise des M&A-Mehrwertes zeigt Abb. 1.

[2] Unter Zeitpräferenz des Geldes versteht man den Tatbestand, dass zeitlich später (früher) anfallende Zahlungsüberschüsse den Investoren einen geringeren (höheren) Nutzen stiften.

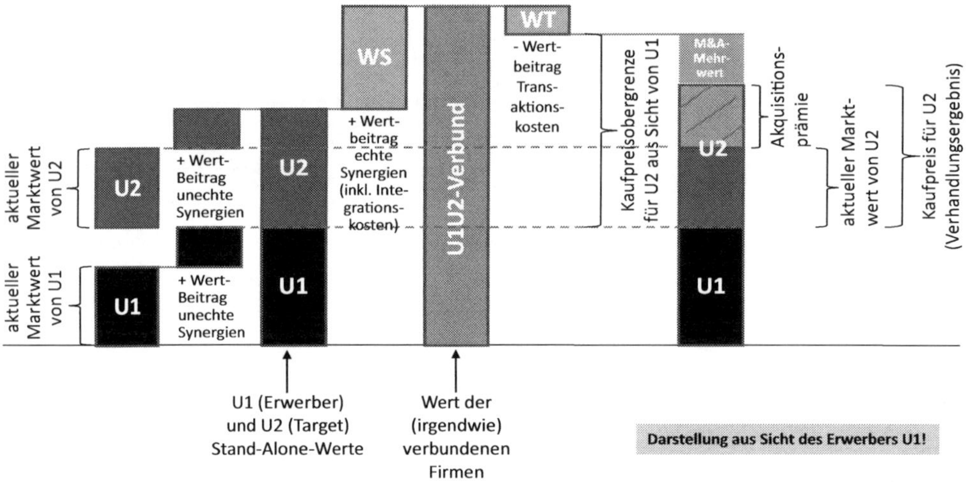

Abb. 1 M&A-Mehrwert und seine Komponenten aus Erwerbersicht. (Quelle: Eigene Darstellung, zu einer ähnlichen Darstellung vgl. Wöginger (2006, S. 207))

Dem Kapitalwertkalkül folgend wird investiert, wenn der Present Value (PV_0) mindestens das Niveau der in t=0 zu leistenden Investitionsauszahlung (I_0) erreicht oder darüber liegt. Entsprechend gilt für den anzustrebenden eigentümerorientierten Mehrwert einer M&A-Transaktion (MW_0), die exemplarisch einen Firmenkauf darstellt (so auch Hommel et al. 2012, S. 151):

$$MW_0 = -I_0 + PV_0 = -I_0 + SAW_0^T + WS_0 - WT_0 \geq 0. \tag{1}$$

Der Mehrwert setzt sich entsprechend (1) zusammen aus dem zu entrichtenden Kaufpreis I_0 (bspw. im Rahmen der Außenfinanzierung organisiert), dem Stand-Alone-Wert $\left(SAW_0^T\right)$ des Zielunternehmens (Target T), dem Wertbeitrag aller echten Synergien WS_0 (inklusive Integrationsauszahlungen) und dem stets negativen Wertbeitrag aller Transaktionszahlungen WT_0 (einschließlich Honorare für externe Beratung). In Formel (1) sind alle Wertkomponenten auf den Entscheidungs- bzw. Erwerbszeitpunkt (t=0) als Gegenwartswerte im Sinne einer dynamischen Investitionsrechnung berechnet.

Näher zu erläutern ist der prognostizierte Wertbeitrag aus allen echten Synergien (WS_0) : Echte Synergien entstehen nur durch das Zusammengehen der Firmen (Fusion) bzw. nur durch Erwerb und Eingliederung des Targets in die Firmenstruktur des Erwerbers (Akquisition) (Rockholtz 2011, S. 182; Vogel 2002, S. 34–37; Jansen 2008, S. 169). Dieser Wertbeitrag wird idealerweise ermittelt, indem man den Erwerber $\left(SAW_0^E\right)$ und das Target $\left(SAW_0^T\right)$ auf Basis „stand alone" bewertet und abschließend die Summe dieser Werte mit dem zu prognostizierenden Verbundwert (VW_0) beider Firmen saldiert:

$$WS_0 = VW_0 - \left(SAW_0^T + SAW_0^E\right). \tag{2}$$

M&A-Mehrwert nach Formel (1) und (3)

Kaufpreis bzw. Investitionsauszahlung	130
Stand-Alone-Wert Target	160
Stand-Alone-Wert Erwerber	350
Verbundwert	550
Wertbeitrag Transaktionsauszahlungen	20

Abb. 2 Zahlenbeispiel zur Verdeutlichung von Formel (1) und (3). (Quelle: Eigene Darstellung)

In den Stand-Alone-Werten von Formel (2) sind bereits alle sog. unechten Synergien mit eingepreist (vgl. auch Abb. 1). Unter unechten Synergien versteht der deutsche Wirtschaftsprüferstandard IDW S1 alle wertverbessernden Maßnahmen, die jedes Unternehmen für sich, also ohne die geplante M&A-Transaktion, realisieren könnte (IDW S1 2008, S. 74). Ferner ist anzumerken, dass die Höhe des Verbundwertes auch unter der Summe beider Stand-Alone-Werte liegen kann. In einem solchen Fall würden negative Synergien vorliegen (bspw. Abwanderung unzufriedener Kunden, Aufkündigung der Zusammenarbeit durch Zulieferer, Mehrauszahlungen durch Anpassung der Vergütungssysteme). Negative Synergien lassen sich alternativ als antizipierte Integrationsauszahlungen begreifen.

2.2 Zweite Berechnungsvariante des M&A-Mehrwertes

Wenn wir nun den Inhalt von Formel (2) in Formel (1) einsetzen, erhalten wir eine zweite Definition von M&A-Mehrwert (MW_0), die weniger weit in der Praxis verbreitet scheint:

$$MW_0 = -I_0 + VW_0 - SAW_0^E - WT_0 \geq 0. \tag{3}$$

Entsprechend (3) ergibt sich der Mehrwert aus einer Transaktion alternativ als Saldo von zu entrichtendem Kaufpreis für das Target (I_0), dem zu prognostizierenden Verbundwert aus beiden Firmen (VW_0) abzüglich des Stand-Alone-Werts des Erwerbers $\left(SAW_0^E\right)$ sowie dem Wertbeitrag der Transaktionsauszahlungen (WT_0).

Mit Hilfe des folgenden fiktiven Zahlenbeispiels (Abb. 2) wird die Richtigkeit von Formel (1) und (3) bestätigt.

Setzen wir die Beispieldaten in (1) ein, erhalten wir unter Beachtung von (2) den Mehrwert für Variante 1:

$$MW_0 = -130 + 160 + 40 - 20 = +50. \tag{4}$$

Nochmaliges Einsetzen der Daten aus Abb. 2 in (3) ergibt den Mehrwert nach Variante 2:

$$MW_0 = -130 + 550 - 350 - 20 = +50. \tag{5}$$

Die in (3) bzw. (5) enthaltene Alternativdefinition des M&A-Mehrwertes weist im Rahmen von Performancekontrollen, die in der Integrations- bzw. in der gemeinsamen Betriebsphase durchgeführt werden, einen Vorteil gegenüber Formel (1) auf: Nach Vollzug der M&A-Transaktion fehlt es aus Sicht des Erwerbers ganz oder zumindest teilweise an Ist- bzw. Wird-Daten zur weiteren Wertentwicklung des Targets im Stand-Alone-Modus.[3] Entsprechend ist auch das Beurteilen des geplanten Wertbeitrages an echten Synergien nicht mehr zuverlässig in späteren Nach-Transaktionsphasen möglich. Dies ist sicherlich einer von mehreren Gründen, warum investitionstheoretische Kontrollrechnungen vielfach auf Basis einer vereinfachten Zahlenbasis basieren oder sogar unterbleiben (Vogel 2002, S. 272).

2.3 Integration des M&A-Mehrwertes in einen Discounted Cashflow-Approach

Für die praktische Berechnung von geplanten und aktuell realisierten bzw. erwarteten M&A-Mehrwerten benötigt man ein Bewertungsverfahren. Die in der Praxis bedeutendste Verfahrensgruppe stellt der Discounted Cashflow-Ansatz dar. Zu den wichtigsten Ausprägungen zählen der Flow To Equity (FTE)-, der Weighted Average Cost of Capital (WACC)- sowie der Adjusted Present Value (APV)-Approach.[4] Mit allen drei Varianten kann der eigentümerbezogene M&A-Mehrwert berechnet werden. Für die konkrete Verfahrensauswahl könnten die hinter den Ansätzen stehenden Fremdfinanzierungs- und Besteuerungsannahmen den Ausschlag geben sowie die damit teils verknüpfte rechentechnische Umsetzbarkeit im Rahmen der anstehenden Abweichungsanalyse. So ist bspw. im Rahmen des FTE- und WACC-Approaches auf die wertorientierte Fremdkapital- bzw. Verschuldungsquote und ihr Zusammenhang zur Renditeforderung der Eigentümer zu achten. Ihre theoretisch stringente Umsetzung kann zu sog. Mischeffekten (Abweichungen höheren Grades) im Rahmen der Abweichungsanalyse des M&A-Mehrwertes führen, die in der Praxis eher als störend empfunden werden, da eine eindeutige Zuordnung zu Abweichungsteilbeträgen schlicht unmöglich wird.[5] Bedenkt man, dass das eigentliche Ziel in einer M&A-Erfolgskontrolle besteht, erscheint eine Fokussierung der Abweichungsanalyse auf allein operative Cashflows und deren Wertbeitrag für die Eigentümer als völlig ausreichend. Nachhaltige Transaktionserfolge erzielt man bekanntlich mit operativ gesunden Firmen. Und für die Beurteilung der operativen Fitness benötigt man lediglich M&A-Mehrwerte, die auf der Annahme von Schuldenfreiheit basieren, wie es der erste Schritt des APV-Ansatzes erfordert. Die Analyse von steuerinduzierten Wertbeiträgen aus der Fremdfinanzierung (zweiter Schritt im APV-Approach) und die daraus resultierenden

[3] Zu einem Konzept, dass eine Erfolgskontrolle über eine Stand-Alone-Planung des Akquisitionsprojektes versucht, vgl. Ahlemeyer und Burger (2012, S. 1012–1023).

[4] Zu den DCF-Verfahren mit umfangreichem Beispiel sei Baetge et al. (2012, S. 349–498), empfohlen. Einen knappen Überblick über die grundsätzliche Arbeitsweise der Verfahren mit Beispiel im Rentenmodell geben Drukarczyk und Schüler (2009, S. 125–134).

[5] Ein Beispiel für Abweichungen höheren Grades, das auf die Analyse von Kostenstellen referenziert, bieten bspw. Ewert und Wagenhofer (2005, S. 330–340).

Effekte auf die Renditeforderung der Shareholder treten dagegen deutlich in den Hintergrund. Abschließend gilt es zu bedenken, dass die in Teil 3 skizzierte „mitlaufende Kontrollrechnung" nicht nur die operative Vergangenheit im Sinne eines Soll/Ist-Vergleichs beurteilt, sondern auch eine Steuerungsfunktion hinsichtlich der Zukunft (Soll/Wird-Vergleich) entfaltet. Dies hat zur Folge, dass identifizierte Teilabweichungen an die operativ verantwortlichen Manager kommuniziert werden und insbesondere im Falle einer negativen M&A-Mehrwertabweichung von diesen entsprechend zu beeinflussen sind. Im operativen Tagesgeschäft agierende Manager könnten aber kaum die Abweichungen von bspw. Tax Shield-Wertbeiträgen gestalten oder gar verantworten.

3 Aufbau einer Kontrollrechnung für den M&A-Mehrwert

In diesem Abschnitt wird gezeigt, wie sich eine Abweichungsanalyse auf Basis der Zielgröße „M&A-Mehrwert" erstellen lässt. Als Referenzsystem bzw. Normgröße der Abweichungsanalyse fungiert der im Rahmen der Ex-ante-Transaktionsanalyse bestimmte Mehrwert, der den vertraglich vereinbarten Kaufpreis inkludiert sowie sämtliche prognostizierten und diskontierten Erwartungswerte der Cashflow-Folgen über den festgelegten Planungshorizont aus Sicht der Kapitalgeber des erwerbenden Unternehmens. Dieser zum originären Erwerbs- bzw. Entscheidungszeitpunkt (t = 0) berechnete M&A-Mehrwert wird im Folgenden „Plan-Mehrwert" $\left(MW_0^P\right)$ genannt, da er bezüglich der künftigen Perioden (t = 1 ff.) ausschließlich aus Planungsdaten generiert wird.

Für eine lebenszyklusbegleitende bzw. mitlaufende Kontrolle der M&A-Zielgröße ist die Durchführung folgender Schritte zu empfehlen:

(1) Bestimmung einer Mehrwertabweichung zum aktuellen Kontrolltermin t*,
(2) Zerlegung der Mehrwertabweichung aus (1) in zeitliche Teilabweichungen über den gesamten Planungs- bzw. Betrachtungszeitraum t = T,
(3) Aufspaltung der Mehrwertabweichung aus (1) in sachliche Teilabweichungen über den gesamten Planungs- bzw. Betrachtungszeitraum t = T,
(4) Zusammenstellung der unter (2) und (3) ermittelten Teilabweichungen in einer Kontrollmatrix,
(5) Auswertung der Kontrollmatrix, Präsentation der Kontrollergebnisse und ggf. Entwicklung von Gegensteuerungsmaßnahmen für die künftigen Nutzungsperioden nach t*.

3.1 Bestimmung der aktuellen Mehrwertabweichung

Im ersten Schritt (1) wird eine Gesamtabweichung der M&A-Zielgröße bestimmt. Hierzu werden, neben den originären Plandaten, Ist- und Wird-Daten benötigt. Während die Ist-Daten die bisherigen Ausprägungen der Eingabedaten bis einschließlich zum Kontrollter-

	Istdaten - Plandaten				Wirddaten - Plandaten		
Planungs- bzw. Nutzungszeitpunkte t	**0**	**1**	**2**	**3**	**...**	**T-1**	**T**
Kontrolltermin (t*)				t*=3	...		
Plandaten (P)	P	P	P	P	...	P	P
Istdaten (I)	I	I	I	I	...	-	-
Wirddaten (W)	-	-	-	-	...	W	W
Gesamtabweichung	**(I-P)**	**(I-P)**	**(I-P)**	**(I-P)**	**...**	**(W-P)**	**(W-P)**

Abb. 3 Datenstruktur im Rahmen der M&A-Mehrwertabweichung. (Quelle: Eigene Darstellung)

min t* darstellen und Vergangenheitscharakter haben, stellen Wird-Daten künftig nach t* erwartete Daten unter Beibehaltung des aktuellen Aktivitätsniveaus bei den verbundenen Unternehmen dar. Wird-Daten sind also Prognosedaten beim erwerbenden sowie erworbenen Unternehmen, die aufgrund aktueller Informationslage zum Kontrolltermin neue Erkenntnisse über die weitere Firmenzukunft abbilden und die voraussichtlich eintreten werden, falls man nicht aktiv steuernd auf den weiteren Geschäftsverlauf einwirkt. Für die Berechnung der gesamten Mehrwertabweichung (ΔMW_0) ist der Normgröße „Plan-Mehrwert" $\left(MW_0^P\right)$ die Prüfgröße „Kontroll-Mehrwert" $\left(MW_0^K\right)$ gegenüberzustellen:

$$\Delta MW_0 = MW_0^K - MW_0^P. \tag{6}$$

Befindet man sich mitten in der gemeinsamen Lebenszyklusphase, fließen bisherige Ist-Daten als auch Wird-Daten in den Kontroll-Mehrwert ein. Er informiert daher über die erwartete Zielerreichung bzw. -verfehlung für den gesamten M&A-Lebenszyklus. Entsprechend setzt sich die Abweichung nach Gl. (6) aus eingetretenen als auch aus erwarteten Abweichungsbeträgen der den Mehrwert bestimmenden Eingabedaten zusammen. Die grundsätzliche Struktur der Eingabedaten, die sich hinter Formel (6) verbirgt, verdeutlicht Abb. 3 schematisch.

Um die Arbeitsweise der Abweichungsanalyse zu verdeutlichen, greife ich auf ein Zahlenbeispiel zurück. In Abb. 4 sind die originären Planungsdaten einer M&A-Transaktion wiedergegeben, die für die Alternativdefinition des M&A-Mehrwertes (Formel (3) in Abschn. 2) zu erheben sind. Als risikoadjustierter Kalkulationszinssatz sind durchgängig 10 % angesetzt. Auf die Einbeziehung von Steuereffekten wird verzichtet und ab t = 5 ff. wird eine einfache ewige Rente ohne Wachstum in diesem vereinfachten Zwei-Phasen-Modell angenommen.

Werden alle Zahlungsfolgen mit 10 % auf t = 0 diskontiert, ergibt sich ein Plan-Mehrwert von rund + 47.337 GE. Die Zusammensetzung im Sinne von Formel (3) zeigt Abb. 5. Die Rechentechnik sei anhand der Position „geplanter Verbundwert" $\left(VW_0^P\right)$ verdeutlicht:

$$\begin{aligned} VW_0^P &= 12.000 \cdot 1{,}1^{-1} + 14.000 \cdot 1{,}1^{-2} + 16.000 \cdot 1{,}1^{-3} \\ &+ \left(20.000 + \frac{30.000}{0{,}1}\right) \cdot 1{,}1^{-4} \approx 253.065 \text{ GE}. \end{aligned} \tag{7}$$

Zeitpunkte t **PLANUNG**	0	1	2	3	4	5 ff.
Kaufpreis	-120.000					
Cashflows (CF) für Verbundwert	0	12.000	14.000	16.000	20.000	30.000
CF für Stand-Alone-Value Erwerber	0	6.000	7.000	8.000	9.000	9.000
CF für Wertbeitrag Transaktionsauszahlungen	0	-400	-600	0	0	0

Abb. 4 Planungsdaten zum M&A-Transaktionsbeispiel. (Quelle: Eigene Darstellung)

Abb. 5 Der geplante M&A-Mehrwert und seine einzelnen Wertkomponenten. (Quelle: Eigene Darstellung)

Zeitpunkt t **PLANUNG: Gegenwartswerte**	0
- Kaufpreis	-120.000
+ Verbundwert	253.065
- Stand-Alone-Value Erwerber	-84.869
- Wertbeitrag Transaktionsauszahlungen	-860
= M&A-Mehrwert	**47.337**

Für die mitlaufende Performancekontrolle benötigt man Ist-Daten der abgelaufenen Perioden sowie Wird-Daten über die künftige Entwicklung im Lichte aktueller Erkenntnisse zum Kontrolltermin t*. In Abb. 6 werden solche Daten angeboten. Der Kontrolltermin liegt am Ende der dritten Periode nach Durchführung der Transaktion (t* = 3).

Werden alle Daten in Abb. 6 analog zum Planungsszenario mit 10 % auf t = 0 diskontiert, erhält man einen Kontroll-Mehrwert von rund + 51.117 GE. Die Zusammensetzung zeigt Abb. 7. Da der Kontroll-Mehrwert deutlich über dem geplanten Mehrwert liegt, scheint sich das M&A-Projekt besonders gut zu entwickeln. Die Gesamtabweichung des M&A-Mehrwertes im Sinne von Formel (6) beträgt also rund + 3.780 GE und signalisiert eine noch höhere Wertschaffung für die Kapitalgeber.

Allerdings gilt es zu bedenken, dass wir hier Werte über den gesamten Lebenszyklus der verbundenen Firmen berechnen. Bis zum aktuellen Kontrolltermin t* kann durchaus eine bislang ungünstige Firmenentwicklung eingetreten sein. Daher ist es wichtig, diese Gesamtabweichung des Mehrwertes zeitlich zu strukturieren.

Zeitpunkte t **Kontrolltermin t*** **IST und WIRD**	**0** **IST**	**1** **IST**	**2** **IST**	**3** **t*=3** **IST**	**4** **WIRD**	**5 ff.** **WIRD**
Kaufpreis	-120.000					
Cashflows (CF) für Verbundwert	0	10.000	12.000	12.000	14.000	30.000
CF für Stand-Alone-Value Erwerber	0	5.000	6.000	7.000	7.000	7.500
CF für Wertbeitrag Transaktionsauszahlungen	0	-300	-400	0	0	0

Abb. 6 Ist- und Wird-Daten zum Kontrolltermin t* für das M&A-Transaktionsbeispiel. (Quelle: Eigene Darstellung)

Abb. 7 Der aktuell erwartete M&A-Mehrwert und seine einzelnen Wertkomponenten. (Quelle: Eigene Darstellung)

Zeitpunkt t	0
IST und WIRD: Gegenwartswerte	
- Kaufpreis	-120.000
+ Verbundwert	242.490
- Stand-Alone-Value Erwerber	-70.770
- Wertbeitrag Transaktionsauszahlungen	-603
= M&A-Mehrwert	**51.117**

3.2 Identifikation zeitlicher Teilabweichungen

Schritt (2) hat daher die Zerlegung der ermittelten Gesamtabweichung des Mehrwertes in zeitliche Teilabweichungen zum Ziel. Zunächst wird eine Mehrwertabweichung ($\Delta MW_0^{P/I}$) generiert, die auf die bisherige Ist-Entwicklung bis t* zurückzuführen ist, was man auch „zeitlichen Plan/Ist-Vergleich" nennen könnte. Dadurch wird der Anteil an der Gesamtabweichung erkennbar, der nicht mehr beeinflussbar bzw. „versunken" ist. Um diese Teilabweichung zu ermitteln, ist als Prüfgröße ein spezieller „Ist-Mehrwert" $\left(MW_0^I\right)$ zu berechnen. Dabei handelt es sich nur insofern um einen Istwert, als in diesen alle bislang erzielten Ist-Daten bis t* einfließen. Nach t* werden zur Berechnung eines Mehrwertes über den gesamten Betrachtungszeitraum wieder die originären Plandaten herangezogen.[6]

$$\Delta MW_0^{P/I} = MW_0^I - MW_0^P. \tag{8}$$

Des Weiteren wird eine spezielle Mehrwertabweichung bestimmt, die die Auswirkungen durch die Wird-Entwicklung nach t* signalisiert. Entsprechend könnte man hier von einem „zeitlichen Plan/Wird-Vergleich" ($\Delta MW_0^{P/W}$) sprechen. Diese zeitliche Teilabweichung ist handlungslogisch für das Einleiten von Gegensteuerungsmaßnahmen besonders bedeutsam, da es sich hierbei um eine noch nicht definitiv eingetretene Mehrwertabweichung handelt. Zur Abweichungsberechnung ist als Prüfgröße ein spezieller „Wird-Mehrwert" $\left(MW_0^W\right)$ zu definieren. Dieser enthält bis t* alle originären Plandaten und nach t* die prognostizierten Wird-Daten, die in eine Mehrwertberechnung einzubeziehen sind.

$$\Delta MW_0^{P/W} = MW_0^W - MW_0^P. \tag{9}$$

In Abb. 8 werden diese Mehrwerte mit den Daten des Fallbeispiels wiedergegeben und um den Plan- sowie Kontroll-Mehrwert ergänzt. Die Analyse der abgelaufenen Perioden zeigt mit einer negativen Abweichung, dass die bisherigen Transaktionsziele nicht perfekt erreicht werden konnten. Der gegenüber der originären Planung höhere M&A-Mehrwert

[6] Man könnte die nach t* einzusetzenden Plandaten auch weglassen. Allerdings darf man dann nicht den Plan-Mehrwert zur Abweichungsberechnung verwenden, sondern nur einen bis t* (unvollständigen) Plan-Mehrwert. Um Missverständnisse zu vermeiden, wird dieser Ansatz nicht weiter beschrieben.

	Normgröße Plan-Mehrwert	Prüfgrößen Ist-, Wird- & Kontroll-Mehrwert	**Abweichung**
Analyse der abgelaufenen Perioden ("Plan/Ist-Vergleich)	47.337	43.603	**-3.733**
Analyse der künftigen Perioden ("Plan/Wird-Vergleich)	47.337	54.850	**7.513**
Gesamtabweichung M&A-Mehrwert über den Lebenszyklus des Firmenverbundes	47.337	51.117	**3.780**

Abb. 8 Zeitliche Aufspaltung der M&A-Mehrwertabweichung mit den Beispieldaten. (Quelle: Eigene Darstellung)

aus Abb. 7 beruht daher auf besonders guten Ergebnisprognosen für die Zukunft. Und die ist ja bekanntlich vielfach unsicher und manchmal bewusst optimistisch interpretiert. Daher ist es sinnvoll, auch die Vergangenheit bzw. bereits versunkene Zahlungen mit in einer Performancekontrolle zu analysieren: Nur so kann ex-post gefolgert werden, ob sich ehemals gute Zukunftsprognosen auch in guten Ist-Ergebnissen manifestiert haben. Handlungslogisch ist die Analyse von bereits abgelaufenen Perioden freilich uninteressant; zur „Totalerfolgsbeurteilung" und zum erfahrungsbasierten Lernen für künftig ähnliche Problemstellungen allerdings unverzichtbar.

Den zeitlichen Kontrollergebnissen kann allerdings nicht abgelesen werden, welche Wertkomponenten bzw. Inputdaten die Mehrwertabweichungen ausgelöst haben. Da hinter den Eingabedaten letztlich auch immer Organisationseinheiten bzw. Mitarbeiter des Unternehmens stehen, kann auch die Frage der Zuständigkeit bzw. Verantwortlichkeit noch nicht geklärt werden.

3.3 Identifikation sachlicher Teilabweichungen

Die zeitbezogene Mehrwertkontrolle ist deshalb durch Schritt (3) zu ergänzen. In diesem Schritt wird die gesamte Mehrwertabweichung aus (6) zusätzlich in sachliche Teilabweichungen zerlegt. Hierbei geht es um die Frage, welche Inputdaten bzw. Wertkomponenten (hier: Kaufpreis, Verbundwert, Stand-Alone-Werte und Wertbeitrag Transaktionsauszahlungen) welchen Anteil an der eingetretenen bzw. erwarteten Mehrwertabweichung haben. Dadurch werden die für den weiteren Geschäftsverlauf besonders beobachtungsbedürftigen Wirkungsbereiche erkennbar und es wird eine gezielte Suche nach Therapiemaßnahmen angestoßen. Hinsichtlich der zum Erwerbs- bzw. Entscheidungszeitpunkt angenommenen Wirkungszusammenhänge in den Geschäftsmodellen der verbundenen Firmen können Lerneffekte erzielt werden, die künftig zumindest bei ähnlich wiederkehrenden M&A-Projekten nutzbringend sein können. Entsprechend sollten dann auch die Analyseergebnisse systematisch dokumentiert und archiviert werden.

Abb. 9 Sachliche Abweichungsanalyse des M&A-Mehrwertes im Fallbeispiel. (Quelle: Eigene Darstellung)

Zeitpunkt t	**0**
Gesamtabweichung über Lebenszyklus	
- Kaufpreis	0
+ Verbundwert	-10.574
- Stand-Alone-Value Erwerber	14.098
- Wertbeitrag Transaktionsauszahlungen	256
= M&A-Mehrwert	**3.780**

Im Fallbeispiel erhalten wir die sachlichen Teilabweichungen über den Firmenlebenszyklus durch einfache Differenzbildung zwischen den geplanten und erwarteten Wertbeiträgen der M&A-Mehrwert-Komponenten aus Abb. 5 und 7. Abbildung 9 zeigt die Ergebnisse: Beim Kaufpreis haben sich keine Abweichungen gegenüber der Planung ergeben. Dies muss nicht so sein, da bspw. im Kaufvertrag Earn-Out-Klauseln und andere Regelungen (insbesondere Closing-Accounts wie z. B. die Anpassung des Working Capital an ein definiertes Niveau) vereinbart sein können, die die effektive Investitionsauszahlung bezüglich Zeitpunkt und Höhe beeinflussen.

Beim Verbundwert wird eine negative Abweichung gegenüber Planung auf Basis aktueller Kontrollinformationen erwartet. Positiv haben sich offensichtlich geringere Transaktionszahlungen und ganz besonders ein stark schrumpfender Stand-Alone-Wert des Erwerbers auf die aktuelle M&A-Mehrwertschätzung ausgewirkt. Letzteres bedeutet, dass das M&A-Management des Käufers im Falle einer Transaktionsunterlassung eine erhebliche Beeinträchtigung der operativen Erfolgslage in den abgelaufenen Perioden nachvollziehbar festgestellt hat bzw. dies für die weitere Firmenzukunft vermutet.

3.4 Entwicklung und Kommunikation einer Kontrollmatrix

Als verfeinerte Darstellung empfiehlt sich in einem vierten Schritt (4) die Konstruktion einer „Kontrollmatrix". Diese vereint die ermittelten zeitlichen sowie sachlichen Teilabweichungen. Hierdurch wird transparent, ob es sich bei den Mehrwertabweichungen je Wertkomponente um vornehmlich bereits realisierte oder erst um künftig erwartete Abweichungsbeträge handelt. Abbildung 10 zeigt die Kontrollmatrix für das Fallbeispiel.

M&A-Life Cycle-Erfolgskontrolle per t*	**zeitliche Teilabweichungen**		**Abw. je Komponente**
M&A-Mehrwert-Komponenten	P/I-Abw. bis t=3	P/W-Abw. ab t=4 ff.	
Kaufpreis	0	0	0
Verbundwert	-6.476	-4.098	-10.574
Stand-Alone-Value Erwerber in t=0	2.487	11.611	14.098
Wertbeitrag Transaktionsauszahlungen in t=0	256	0	256
M&A-Mehrwert in t=0	**-3.733**	**7.513**	**3.780**

Abb. 10 Kontrollmatrix für die Gesamtabweichung beim M&A-Mehrwert im Beispiel. (Quelle: Eigene Darstellung)

Die hinter der Abb. 10 stehende Rechentechnik sei anhand der M&A-Mehrwertkomponente „Verbundwert“ illustriert. Für die zeitliche Teilabweichung der abgelaufenen Perioden bis einschließlich t=3 ($\Delta VW_0^{P/I}$) erhalten wir unter Rückgriff auf die Beispieldaten aus den Abb. 4 und 6:

$$\begin{aligned} \Delta VW_0^{P/I} &= (10.000-12.000)\cdot 1{,}1^{-1} + (12.000-14.000)\cdot 1{,}1^{-2} \\ &\quad + (12.000-16.000)\cdot 1{,}1^{-3} \approx -6.476 \text{ GE.} \end{aligned} \tag{10}$$

Für den auf künftige Perioden entfallenden Verbundwertanteil ($\Delta VW_0^{P/W}$) ergibt sich unter der Annahme einer einfachen ewigen Rente ab t=5 ff.:

$$\begin{aligned} \Delta VW_0^{P/W} &= (14.000-20.000)\cdot 1{,}1^{-4} \\ &\quad + \left(\frac{30.000}{0{,}1} - \frac{30.000}{0{,}1}\right)\cdot 1{,}1^{-4} \approx -4.098\text{GE.} \end{aligned} \tag{11}$$

Werden die Ergebnisse aus (10) und (11) addiert, erhalten wir die lebenszyklusbezogene negative Abweichung in Höhe von rund −10.574 GE für die Komponente „Verbundwert“.

Durch die Kontrollmatrix wird unter anderem erkennbar, dass sich die erwartete Wertreduktion bei dem Stand-Alone-Wert des Erwerbers (im Beispiel bzw. in Abb. 10: 14.098 GE) zu über 80 % auf künftige Geschäftsperioden bezieht. In der Prognose wird also angenommen, dass sich bisherige operative Erfolge bzw. Cashflows für die Kapitalgeber nicht mehr so wie in der Vergangenheit erzielen lassen, wenn man ohne das erworbene Target agieren würde. Ob diese Annahme zutreffend ist, kann schwer nachgewiesen werden, da man ja faktisch nun in einer verbundenen Firmenstruktur lebt bzw. die künftige „Ohne-Target“-Situation ex-post schlicht nicht mehr erfahrbar ist. Daher sind solche Prognosen anfällig für Manipulationen. Denn für die Ist- und Wird-Entwicklung gilt: Je schwächer der Stand-Alone-Value des Käufers im Vergleich zur Planung, desto größer wird ceteris paribus der Wertbeitrag der echten Synergien im Sinne von Gl. (2) neu eingeschätzt. Das bedeutet: Sich selbst im ehemaligen Stand-Alone-Zustand „schlecht zu rechnen“ verbessert die Performancekontrollwerte der vor drei Perioden durchgeführten M&A-Transaktion! Der Erwerber kann im Rahmen einer M&A-Erfolgskontrolle also allein durch Abwerten der eigenen Firma im hypothetischen Stand-Alone-Betrieb eine Steigerung des M&A-Mehrwertes signalisieren. Allerdings zeigt die differenzierte Analyse hinsichtlich des Zeitbezugs der Abweichungen beim Verbundwert, ob man dieser Aussage vertrauen kann: Sind die Abweichungen beim Verbundwert im Sinne des „Plan/Ist-Vergleichs“ für die bisherige Dauer der Firmenehe überwiegend negativ (im Beispiel −6.476 GE), kann das „Runterrechnen“ von Stand-Alone-Werten als Indiz gewertet werden, dass ein sich abzeichnender „M&A-Flop“ bewusst „schöngerechnet“ werden soll. Entscheidend ist daher, die weitere Entwicklung des Verbundwertes gegenüber dem Planungsszenario detailliert zu verfolgen. Damit erlaubt die Kontrollmatrix eine verlässlichere Einschätzung der M&A-Transaktion und sollte zum kritischen Hinterfragen im Interesse der Investoren genutzt werden.

Die bislang erarbeiteten Kontrollinformationen sind wertlos, wenn diese im Unternehmensverbund nicht offen und zeitnah kommuniziert werden. Deshalb sind als letzter

Schritt (5) eine Präsentation und Diskussion über die generierten Kontrollergebnisse wichtige Aufgaben. Dem M&A- bzw. Beteiligungscontrolling kommt hier sowohl zwischen den betroffenen Firmenbereichen eine Moderatorenfunktion, aber auch eine Anregungsfunktion zu, Therapievorschläge zu generieren. Nicht zuletzt gilt es, das Interesse der Gesellschafter für M&A-Performancekontrollen zu wecken bzw. aufrecht zu erhalten. Wurden aufgrund der Kontrollergebnisse aktive Anpassungsmaßnahmen für die künftigen Firmenperioden erarbeitet, empfiehlt sich eine Revision der sich auf künftige Perioden beziehenden Planwerte als Startpunkt für eine erneute mitlaufende M&A-Erfolgskontrolle zu einem späteren Kontrolltermin.

Literatur

Ahlemeyer, N., & Burger, A. (2012). Akquisitionscontrolling: Integration und Nachrechnung. In V. H. Peemöller (Hrsg.), *Praxishandbuch der Unternehmensbewertung* (5. Aufl.). Herne: NWB.

Baetge, J., Niemeyer, K., Kümmel, J., & Schulz, R. (2012). Darstellung der Discounted Cashflow-Verfahren (DCF-Verfahren) mit Beispiel. In V. H. Peemöller (Hrsg.), *Praxishandbuch der Unternehmensbewertung* (5. Aufl.). Herne: NWB.

Drukarczyk, J., & Schüler, A. (2009). *Unternehmensbewertung* (6. Aufl.). München: Vahlen.

Ewert, R., & Wagenhofer, A. (2005). *Interne Unternehmensrechnung* (6. Aufl.). Berlin: Springer.

Gerds, J., & Schewe, G. (2011). *Post Merger Integration* (4. Aufl.). Berlin: Springer.

Götze, U. (2008). *Investitionsrechnung* (6. Aufl.). Berlin: Springer.

Hommel, U., Grass, G., & Prokesch, T. (2012). Methoden zur Ermittlung des Unternehmenswertes im M&A-Prozess. In G. Picot (Hrsg.), *Handbuch Mergers & Acquisitions* (5. Aufl.). Stuttgart: Schäffer-Poeschel.

IDW S1. (2008). Grundsätze zur Durchführung von Unternehmensbewertungen, Stand: 02.04.2008. In: WPg Supplement 3. Als Zeitschriftenbeitrag setzen.

Jansen, S. A. (2008). *Mergers & Acquisitions* (5. Aufl.). Wiesbaden.

Kesten, R. (2014). *Investitionsrechnung in Fällen und Lösungen* (2. Aufl.) Herne: NWB.

Kruschwitz, L. (2009). *Investitionsrechnung* (12. Aufl.). Münchenl: Oldenbourg.

Müller-Stewens, G. (2012). M&A-Wellen: Ursachen und Verlauf. In G. Picot (Hrsg.), *Handbuch Mergers & Acquisitions* (5. Aufl.). Stuttgart: Schäffer-Poeschel.

Rockholtz, C. (2011). Due Diligence-Konzeption zum synergieorientierten Akquisitionsmanagement. In W. Berens, H. U. Brauner, & J. Strauch (Hrsg.), *Due Diligence bei Unternehmensakquisitionen* (6. Aufl.). Stuttgart: Schäffer-Poeschel.

Träm, M. (2000). Post-Merger-Integration: Sieben Regeln für erfolgreiche Fusionen – ein Ansatz von A.T. Kearney. In D. Fink (Hrsg.), *Management Consulting*. München: Vahlen.

Vogel, D. H. (2002). *M&A – Ideal und Wirklichkeit*. Wiesbaden: Gabler.

Wöginger, H. (2006). Das Synergy-Value-Konzept. *M&A Review,* 5. Als Zeitschriftenbeitrag setzen.

Prof. Dr. Ralf Kesten lehrt seit 2002 an der privaten Hochschule NORDAKADEMIE gAG mit Sitz in Hamburg und Elmshorn im Fachbereich Wirtschaftswissenschaften und verantwortet die Fachgebiete Rechnungswesen, Controlling sowie Corporate Finance. Davor war er mehrere Jahre in einer börsennotierten Firmengruppe der chemischen Industrie unter anderem für Unternehmensbewertungen und Performancekontrollen von Geschäftsbereichen zuständig. Konzepte der wertorientierten Unternehmensführung stellen für Prof. Dr. Kesten seitdem auch wichtige Bausteine in Lehre und Forschung dar.

Teil IV

Best Practice Post-Merger-Integration – Case Studies für den Mittelstand

100 Tage DATAGROUP. Ein Leitfaden zur Eingliederung von Akquisitionen

Max H.-H. Schaber und Sabine Muth

Zusammenfassung

Plötzlich ist er da. Der Tag 1. Nach intensivem Prüfen und Abwägen und langen juristischen Verhandlungen ist die Tinte unter dem Kaufvertrag trocken und eine neue Firma ist Mitglied des Unternehmens. Und dann? Dann fängt die eigentliche Arbeit an. Die Eingliederung des neuen Unternehmens. Der vorliegende Beitrag zeigt, wie der mittelständische IT-Dienstleister DATAGROUP neue Firmen nachhaltig in die Unternehmensgruppe eingliedert. Auf Basis des Leitfadens „100 Tage DATAGROUP" als Vorgehensmodell und Qualitätssicherungsinstrument sowie der Erfahrung aus 17 Firmenübernahmen werden die erfolgskritischen Handlungsfelder skizziert: Im Fokus stehen Prozesse, Führung und Kommunikation nach innen und außen. Dieser Beitrag richtet sich an strategische und nicht an Finanzinvestoren.

1 Einleitung

Firmenübernahmen bergen für mittelständische Unternehmen große Wachstumschancen – aber auch Risiken. Fehlgeschlagene Firmenkäufe im Mittelstand gelangen seltener in die Presse als die prominenten Beispiele gescheiterter Großfusionen wie DaimlerChrysler. Doch auch im Mittelstand werden Übernahmen regelmäßig abgebrochen oder verfehlen die Erwartungen. Mergers & Acquisitions werden jedoch für mittelständische Unterneh-

M. H.-H. Schaber (✉) · S. Muth
DATAGROUP AG, Wilhelm-Schickard-Straße 7, 72124 Pliezhausen, Deutschland
E-Mail: max.schaber@datagroup.de

S. Muth
E-Mail: sabine.muth@datagroup.de

A. Kuckertz, N. Middelberg (Hrsg.), *Post-Merger-Integration im Mittelstand,*
DOI 10.1007/978-3-658-12370-3_22

men weiter an Bedeutung gewinnen. Nicht nur, weil der Konsolidierungsdruck in vielen Märkten wie zum Beispiel in der IT-Branche weiter steigt. Sondern auch, weil die Gelegenheiten für anorganisches Wachstum zunehmen, vor allem wegen einer ungeklärten Unternehmensnachfolge in vielen inhabergeführten Unternehmen. Damit kommt der Frage der Eingliederung akquirierter Unternehmen eine zentrale Bedeutung zu.

Seit 2006 sind Firmenübernahmen für DATAGROUP ein strategischer Wachstumshebel. 17 Unternehmen bereichern seither die Unternehmensgruppe und haben dazu beigetragen, dass DATAGROUP heute zu den führenden IT-Dienstleistern Deutschlands zählt. Im Fokus der Akquisitionsstrategie stehen deutsche IT-Unternehmen, die bestehende Geschäftsfelder der DATAGROUP verstärken oder sinnvoll ergänzen. Ziel ist, mit einem gemeinsamen Portfolio unter der Marke „DATAGROUP“ am Markt zu agieren. Die Akquisitionen folgen entweder einem buy-and-build-Ansatz, d. h. die übernommenen Unternehmen sind profitabel, oder einem buy-and-turn-around-Absatz, d. h. sie befinden sich in Umbruchsituationen, z. B. ausgelöst durch Nachfolgefragen. In beiden Fällen liegen die Schlüsselfaktoren einer erfolgreichen Akquisition sowohl in der Auswahl des „richtigen“ Unternehmens als auch in dessen Eingliederung. Letzteres ist mit unterschiedlichsten Herausforderungen verbunden, die die Wirtschaftlichkeit und den Erfolg des Deals insgesamt in Frage stellen können. So gilt es beispielsweise sicher zu stellen, dass

- Mitarbeiter schnell Klarheit über das neue gemeinsame Ganze und ihre Rolle darin erhalten,
- Kunden Sicherheit und Klarheit über die weitere Leistungserbringung, ihre Ansprechpartner und Mehrwerte in der neuen Organisationsstruktur erhalten,
- die beteiligten Organisationen sich nicht nur noch mit sich selbst beschäftigen,
- es zwischen den Unternehmen zu keinem Konflikt der Kulturen kommt und
- alle Beteiligten die gemeinsame Zukunftsvision kennen und als attraktiv und unterstützenswert bewerten.

Manche mögen es als spitzfindig erachten. Aber der IT-Dienstleister DATAGROUP vermeidet den Begriff „Integration“ ganz bewusst und spricht stattdessen von „Eingliederung“, wenn es um die Frage geht, wie übernommene Firmen zu einem Teil von DATAGROUP werden. Bereits diese Begriffsbedachtheit bringt zum Ausdruck, wie sensibel und erfolgskritisch die Phase nach der Vertragsunterzeichnung ist. Ihr widmet DATAGROUP höchstes Augenmerk – vor Beginn der anorganischen Wachstumsphase durch Erstellung des Leitfadens „100 Tage DATAGROUP“ genauso wie seither bei jeder einzelnen Akquisition.

Eingliedern bedeutet: keine Fusion. Eine sanfte Eingliederung macht Übernahmen beherrschbar – und erfolgreich. Das klassische Merger-Konzept zielt auf eine schnelle und vollständige Integration aller Strukturen, Prozesse und der Unternehmenskulturen. Das Zielunternehmen wird dafür seziert, durchgeschüttelt und in das Mutterunternehmen hineingedrückt. Widerstände sind vorprogrammiert. Besonders der Kampf der Kulturen entwickelt sich zu einer nachhaltigen Hürde für das Zusammenwachsen der beiden Unternehmensteile. DATAGROUP verfolgt einen anderen Weg, bei dem die neue Tochter zunächst ihre rechtliche Eigenständigkeit bewahrt. Mitarbeiter und Kunden erhalten die Gewissheit, dass das neue Tochterunternehmen nach der Übernahme nicht zerlegt wird, sondern als Einheit bestehen bleibt. Die Unternehmensteile bekommen Zeit, sich aneinander zu gewöhnen. Dieses Bekenntnis schafft Sicherheit in Zeiten der Unruhe.

Die erfolgreiche Eingliederung der übernommenen Unternehmen basiert vor allem auf zwei Erfolgsfaktoren: Der „konzeptionellen Klarheit des organisatorischen Zielbildes" (Wolff 2009, S. 16) und einem standardisierten und damit reproduzierbaren Eingliederungsprozess. Im Zentrum dieses Eingliederungsprozesses steht eine klare Trennung: Zentrale Steuerungs- und Unterstützungsprozesse stehen einer dezentralen Kundenansprache und -betreuung gegenüber. „Während die zentralen Prozesse wie Rechnungswesen und Marketing unternehmensübergreifend nach einer einheitlichen Logik standardisiert werden, sind Kundenansprache und -betreuung auf Basis lokaler Gepflogenheiten ausgestaltet – obwohl ein gemeinsames Portfolio am Markt vertreten wird". „Ergebnis: Synergien und eine über alle Gesellschaften konsistente Unternehmenssteuerung, ohne dass lokale Stärken in den kundennahen Prozessen zerstört bzw. unnötige Bürokratie aufgebaut wird" (ebd.). Um dies zu erreichen, hat DATAGROUP (o.J.) den Leitfaden „100 Tage DATAGROUP" entwickelt. Er ist Vorgehensmodell und zentrales Qualitätssicherungsinstrument und sichert eine möglichst hohe Effizienz und Wirksamkeit jeder Eingliederung.

2 Im Fokus: Prozesse, Führung, Kommunikation

Jedes Unternehmen ist eingebunden in ein Netzwerk aus Bezugsgruppen, d. h. Kommunikationspartner im Unternehmen (z. B. Mitarbeiter) und außerhalb des Unternehmens (z. B. Kunden). Mitarbeiter gelten im Kontext von Unternehmenswandel als zentrale und erfolgskritische Bezugsgruppe (vgl. u. a. Doppler und Lauterburg 2008; Krüger 2009). Einschlägige Beispiele aus der Wirtschaftspraxis belegen immer wieder, dass neben allen sachlich-fachlichen Aspekten eine Geringschätzung des Faktors Mensch sowie kultureller und kommunikativer Belange Unternehmenswandel letztendlich zum Scheitern bringen kann. Diesem Aspekt versucht DATAGROUP bereits in der Due-Diligence-Phase, der Auswahl- und Prüfungsphase vor einem Unternehmenskauf, vorzubeugen: Passen die Kulturen von DATAGROUP und der Akquisition nicht zusammen, kann dies ein K.O.-Kriterium für die gesamte Transaktion sein.

Der Leitfaden „100 Tage DATAGROUP" beschäftigt sich unmittelbar mit unternehmensinternen Belangen, weiß aber um die Strahlwirkung nach außen, vor allem zu Kunden, die neben Mitarbeitern als wichtigste Bezugsgruppe des Unternehmenswandels gelten (Muth 2014, S. 167). Mitarbeitern wird von Kunden eine hohe Glaubwürdigkeit beigemessen (vgl. u. a. Mast 2013, S. 226). Diese Glaubwürdigkeit und Authentizität kann gerade in Veränderungssituationen helfen, die Informationen und Botschaften des Unternehmens zu transportieren. Das setzt jedoch voraus, dass Mitarbeiter kompetent Auskunft geben können. Sind sie nicht überzeugt von der Veränderung oder der Art und Weise, mit der Veränderung umzugehen, verkehrt sich die Chance gegenüber Kunden schnell ins Gegenteil.

Nach der Vertragsunterzeichnung muss somit möglichst schnell Transparenz geschaffen werden. Wie sollen zukünftig organisatorische Prozesse ablaufen? Wie verlaufen Marktansprache und Kundenbetreuung? Welches gemeinsame Leistungsportfolio wird angeboten und produziert? Diese Fragen adressiert der Leitfaden „100 Tage DATA-GROUP" im Detail. Er ist in zwei Teile untergliedert: die Standardisierung von Prozessen sowie Führung und Kommunikation.

3 Standardisierung von Prozessen

Der Leitfaden gibt Auskunft darüber, welche Prozesse standardisiert werden und somit im gesamten Unternehmen gleich erfolgen und wie deren Implementierung von statten geht. Im Mittelpunkt stehen sieben Prozesse mit hohem Standardisierungspotenzial und zentraler Managementbarkeit: Planungs- und Steuerungstool, Rechnungswesen, Leistungsdokumentation, IT-Infrastruktur, Beschaffung, Personal, Marketing (vgl. Abb. 1).

Für die operative Einführung dieser standardisierten Prozesse bietet der Leitfaden detaillierte Beschreibungen der Basislogik und des Soll-Zustandes mitsamt der erwarteten Vorteile durch die Standardisierung sowie umfassende und prozessspezifische Arbeitsmittel zum Beispiel in Form von Checklisten. Tabelle 1 zeigt beispielhaft Auszüge aus der

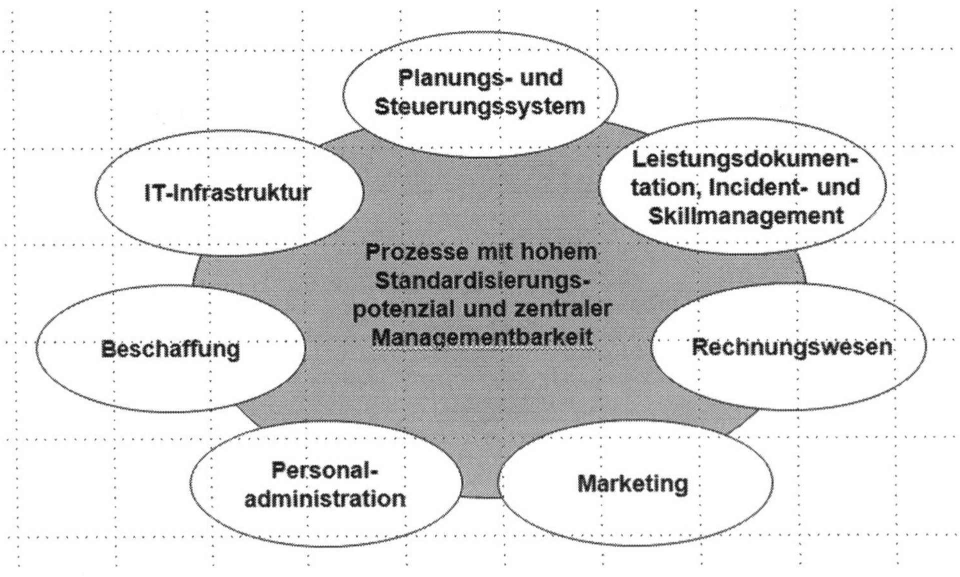

Abb. 1 Sieben Prozesse mit hohem Standardisierungspotenzial und zentraler Managementbarkeit. (Quelle: DATAGROUP)

Tab. 1 Basislogik, Vorteile und Umsetzungsschritte bei der Zentralisierung der IT-Infrastruktur. (Quelle: DATAGROUP)

Basislogik	Vorteile	Umsetzungsschritte
Vereinheitlichung wesentlicher IT-Systeme (z.B ERP-System)	Nutzung von Größenvorteilen und Senkung von Kosten	Analyse der Infrastruktur bei übernommenen Unternehmen
Zentraler IT-Support durch die DATAGROUP AG	Schaffung von technischen Voraussetzungen für einheitliche Arbeitsprozesse	Konzeptionsphase (Definition Berechtigungsstruktur, Migrationskonzept etc.)
		Umsetzung und Schulung
		Hypercare und Routinebetrieb

Basislogik, den Vorteilen und Umsetzungsschritten bei der Zentralisierung der IT-Infrastruktur.

Darüber hinaus stellt der Leitfaden speziell für das Management Informationen und Instrumente zur Steuerung der Eingliederungsprozesse bereit. So wird unter anderem für jeden zentralen Prozess ein definierter Zeitplan mit eindeutig überprüfbaren Meilensteinen aufgezeigt. Zudem werden standardisierte Berichtsformate zur Verfügung gestellt, die die Koordination und Abstimmung zwischen dem lokalen Management und der AG vereinfachen. Somit kann sowohl der Vorstand der DATAGROUP AG als auch das lokale Management stets den aktuellen Umsetzungsstand der einzelnen Sollprozesse überprüfen. Verzögerungen werden schnell sichtbar und ermöglichen entsprechende Gegenmaßnahmen.

Welche Rolle spielen individuelle Faktoren bei den neuen Tochtergesellschaften? Spielt es beispielsweise eine Rolle, ob es sich um ein buy-and-turn-around- oder ein buy-and-build-Unternehmen handelt? Ja! Der Leitfaden wird nicht scheuklappenartig angewendet, sondern in jedem Fall im Detail auf Sinnhaftigkeit überprüft. Mehr als einmal konnte die „alte" DATAGROUP so etwas von der neuen Tochter lernen – und passte ihre eigenen Prozesse und Vorgehensweisen an. Es gilt: Die besseren Prozesse werden zum Standard für alle. So sehen die neuen Mitarbeiter, dass ihre Kompetenzen und Fertigkeiten ernst genommen werden. Das stärkt das Commitment mit dem Gesamtunternehmen.

4 Zentralisierung mit Bedacht

Übernahmen versprechen Synergieeffekte durch Zentralisierung, beispielsweise im Einkauf oder in der Verwaltung. Das richtige Maß an Zentralisierung hängt aber davon ab, ob das gekaufte Unternehmen ein buy-and-turn-around-Kandidat oder wirtschaftlich erfolgreich ist. Bei finanziell angeschlagenen Firmen ist die Zentralisierung von Diensten ein wichtiger Hebel, um die neue Tochter schnell wieder in die Spur zu bringen.

Bei starken Töchtern mit entsprechender Größe hat es sich hingegen bewährt, auch vermeintlich leicht zu zentralisierende Prozesse wie die Personalverwaltung und das Rechnungswesen dezentral zu belassen. Eingespielte Strukturen und Abläufe sind dann effizienter als eine mit viel Reibung verbundene Zentralisierung. In allen Akquisitionen der DATAGROUP hat sich gezeigt, dass die kundennahen Leistungen wie zum Beispiel der Kundenservice weiterhin dezentral organisiert bleiben sollten. DATAGROUP profitiert von der gewachsenen Kundenbindung und Kundennähe ihrer Tochtergesellschaften.

5 Kommunikation und Führung

Die Bedeutung von Kommunikation in Veränderungsprozessen ist Gegenstand einer Vielzahl von Studien und Publikationen. Kotter (1996, S. 4 ff.) führt sein Buch „Leading Change“ mit dem Kapitel ein: „Transforming Organizations: Why Firms Fail“. Von acht aus seiner Sicht gängigen Fehlern in Veränderungsprozessen betreffen fünf davon ganz oder teilweise Kommunikation. Ohne kommunikatives Fundament haben Unternehmen „auf Sand gebaut“, folgern Bimboese und Leonhard (2002, S. 267). Unbestritten ist Kommunikation in Veränderungsprozessen ein entscheidender Erfolgsfaktor.

Neben seiner operativen Ausrichtung beinhaltet der Leitfaden deshalb auch kommunikative und emotionale Aspekte einer Übernahme. Um Kommunikation und Führung in Eingliederungsprozessen zu optimieren und Reibungsverluste zu vermeiden, beinhalten die ersten 100 Tage drei wesentliche Aspekte:

- Rechtzeitige, ausreichende und abgestimmte Information der Mitarbeiter
- Berücksichtigung der Besonderheiten der Firmengeschichte
- Die besondere Rolle der Führungskraft in der Eingliederungsphase

Im Fokus steht die Informationspolitik. Oberste Aufgabe ist es, Vertrauen zwischen DATAGROUP und dem übernommenem Unternehmen zu schaffen und Gerüchte und Spekulationen auf Grund von Informationsdefiziten zu vermeiden. Dies kann gelingen, indem das Engagement der Mitarbeiter auf die gemeinsame Zukunft, die gemeinsamen Ziele und die damit verbundenen Chancen ausgerichtet wird. Ein wichtiger Bestandteil ist die Achtung der Unternehmenskultur des anderen. Sie zeigt sich in Arbeitsweisen, Traditionen, gelebten Werten, Kommunikation. Sie gilt es kennenzulernen und von ihr zu lernen. Das rückt die Führungskräfte als Change Agents in den Fokus. In ihrer Verantwortung liegt letztlich die erfolgreiche Gestaltung der ersten 100 Tage.

Direkte Vorgesetzte besitzen die höchste Glaubwürdigkeit für ihre jeweiligen Mitarbeiter (vgl. Larkin und Larkin 1996, S. 101 ff.; Quirke 2008, S. 152). Sie haben somit eine Doppelfunktion: Einerseits sind sie selbst vom Wandel betroffen und müssen sich in der neuen Situation zurecht finden. Andererseits erwarten Mitarbeiter Führung von ihnen; sie sind wichtige Vorbilder im Eingliederungsprozess.

Der Leitfaden gibt für diese Kommunikations- und Führungsfragen operative Hilfestellungen. Auch hier kommen beispielsweise Beschreibungen und Checklisten zum Tragen, die in ihrem Detaillierungsgrad bis zur Vorbereitung der äußerst wichtigen Antrittsrede des DATAGROUP-Vorstands bei den Mitarbeitern der neuen Firma reichen. Hier lohnt ein Blick auf Unternehmen im Umbruch versus profitable Übernahmen: Die Inhalte der Kommunikation haben zu Beginn sehr unterschiedliche Ausrichtungen. Während es bei einem profitablen buy-and-build-Unternehmen vor allem um die Würdigung des Erreichten, des Status quo geht (schließlich der Grund für die Attraktivität der Übernahme) und die Skizze des gemeinsam fortgesetzten Erfolgs, stehen bei einem buy-and-turn-around-Unternehmen Fragen der Sicherung des Unternehmens und der Arbeitsplätze sowie die Vorgehensweise zur Restrukturierung im Vordergrund. In beiden Fällen gilt: Vertrauen schaffen, Nähe schaffen, eine gemeinsame Vision aufzeigen – das sind die Ziele der Kommunikation. Das Gefühl von Überlegenheit und Siegermentalität hat hier keinen Platz. Diese Kommunikationsziele zu erreichen, liegt vor allem in der Verantwortung der obersten Führungsebene.

Im Falle von buy-and-turn-around-Gesellschaften wird in der Regel eine neue Geschäftsführung eingesetzt. Die Ursache von Schieflagen liegt häufig in Managementfehlern der Vergangenheit oder zu hohen, nicht notwendigen Kosten. Der Austausch der obersten Führungsebene ist in solchen Fällen ein notwendiger Schritt. Sehr gute Erfahrungen hat DATAGROUP damit gemacht, Mitarbeiter aus der „zweiten Reihe" nach vorne aufrücken zu lassen. Sie begleiten das Unternehmen oft schon viele Jahre und kennen daher die Stellschrauben für Verbesserungen genau. Diese unmittelbare operative Handlungsfähigkeit geht jedoch auch mit einer großen persönlichen Veränderung durch die neue Rolle als Geschäftsführer einher. Gestern Mitarbeiter, heute Chef – auf diese kurze Formel lässt sich die Herausforderung bringen. Auch dies nimmt der Leitfaden ins Visier. Eingesetzt werden hier vorrangig Instrumente zur Rollenklärung, für kommunikative Hilfestellungen im Umgang mit Mitarbeitern sowie Teambuilding-Instrumente. Und neben all dem ein Mentoring durch erfahrene Geschäftsführer, idealerweise mit der gleichen Vita.

6 Allheilmittel Leitfaden?

Drei Faktoren sind aus Erfahrung der DATAGROUP erfolgskritisch für eine effektive und effiziente Eingliederung von neuen Unternehmen:

1. Zentrale Koordination zur Sicherstellung einer systematischen und effektiven Vorgehensweise, notwendiger Abstimmungen und der Einhaltung vorgegebener Zeitpläne. Der zentrale Koordinator ist Controller und Treiber zugleich.
2. Systematische Vorgehensweise. Definierte Eingliederungsprozesse und definierte Unterstützungstools sorgen für Klarheit sowie ein wirksames und wirtschaftliches Vorgehen.
3. Transparenz über den Eingliederungsprozess durch Nutzung von Tools zur Erfassung der verschiedenen Verantwortlichkeiten und Fortschritte im Rahmen der Eingliederungsprozesse.

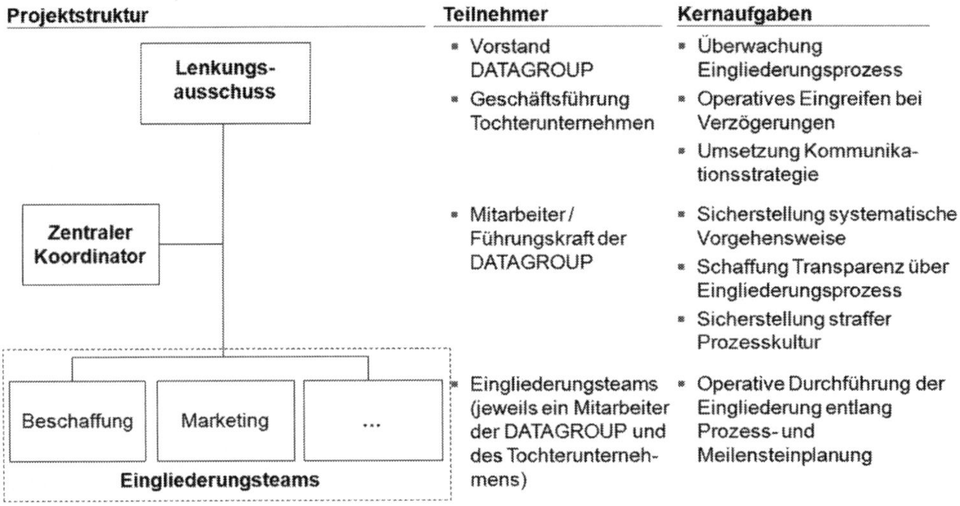

Abb. 2 Struktur des Projektes „Eingliederung". (Quelle: DATAGROUP)

Der Leitfaden trägt maßgeblich zu diesen Faktoren bei. Um eine erfolgreiche Eingliederung zu gewährleisten, sind diese projektmäßig aufgesetzt wie Abb. 2 zeigt. Auch hierzu gibt der Leitfaden Auskunft und Unterstützung.

Jedes Eingliederungsprojekt verläuft in drei Phasen:

1. Vorbereitungsphase: Definition des Eingliederungskonzepts mit Meilensteinen, Festlegung der regionalen Verantwortlichkeiten, Kick-off-Meeting
2. Durchführungsphase: Abarbeitung der Eingliederungsprozesse, Durchführung von Status-Meetings und regelmäßiges Reporting
3. Nachbereitungsphase: Review des Projektes und der Eingliederung sowie Feedback-Meeting, Überarbeitung des Leitfadens bzw. einzelner Instrumente

Lassen sich mit dem Leitfaden „100 Tage DATAGROUP" Akquisitionen nun standardisiert und fließbandartig abarbeiten? Ja und Nein. Der Leitfaden hat sich in 17 Eingliederungen in neun Jahren als sehr erfolgreiches Instrument bewährt. Mittels der klaren Richtschnur des Leitfadens wurde eine Organisation geschaffen und stetig weiterentwickelt, in der durch dezentrale Entscheidungsbefugnisse eine optimale lokale Kundenansprache und -betreuung bei gleichzeitiger Standardisierung von unternehmensübergreifenden Prozessen sichergestellt wird. Somit werden Synergien gehoben und ein Kampf der Kulturen von Anfang an verhindert. Eingliederungen lassen sich somit als standardisierter Prozess aufsetzen und durchführen. Darin liegt großes Potential für Effizienz und Erfolg von Firmenübernahmen.

Dennoch sollten zwei Aspekte nicht aus dem Blick geraten: Erstens: Jedes übernommene Unternehmen ist individuell. Jedes Unternehmen bringt seine Geschichte und Besonderheiten mit. So können beispielsweise die Erfahrungen früherer Veränderungsprozesse zu grundsätzlichen Vorbehalten oder zu spezifischen Erwartungshaltungen gegenüber dem neuen Eigentümer führen. Dies im Eingliederungsprozess zu mißachten, kann zum Gefühl mangelnder Wertschätzung auf Seiten der übernommenen Mitarbeiter führen. Und schließlich zum Besiegten-Gefühl. Zweitens: Vorsicht Scheuklappen. Unternehmen können zwar von spezifischem Wissen und Erfahrungen vergangenen Wandels profitieren, diese sind aber kein Garant für die Wiederholung vergangener Erfolge. Immer gültige Patentrezepte und Standardroutinen kann es daher nicht geben. Es gilt, sein eigenes Handeln und die eingesetzten Tools – darunter auch solche wie den Leitfaden „100 Tage DATAGROUP" – immer wieder kritisch zu hinterfragen und anzupassen.

Unternehmenswandel nimmt nach wie vor die vordersten Plätze der Agenda in deutschen Chefetagen ein und dies in sich beschleunigt verändernden Rahmenbedingungen. Keine Unternehmensstrategie und -taktik kann mehr „als fertiges Rezept abgespeichert werden", das dauerhaft Bestand hat, sondern bedarf der kontinuierlichen Überprüfung und Anpassung (Vester 2008, S. 176). Ohne Bereitschaft und Fähigkeit zum Wandel können Unternehmen nicht dauerhaft bestehen. Wandel ist somit ein inhärenter Teil jeder Unternehmensentwicklung, eine professionelle Handhabung jeder Veränderung erfolgskritisch für den Bestand eines Unternehmens. Ein Konzept wie das der Eingliederung von Unternehmen und ein Tool wie der Leitfaden „100 Tage DATAGROUP" sorgen nicht nur für Klarheit, Transparenz und Effektivität in der Vorgehensweise, sondern sie helfen operativ und ganz konkret bei der Umsetzung und dienen zugleich als Wissens- und Erfahrungsspeicher für ein wesentliches Asset jedes Unternehmens – seine Wandlungsfähigkeit.

Literatur

Bimboese, B., & Leonhard, M. (2002). 2-to-1-Communications bei Mergers & Acquisitions: Mit einer gewissenhaften „Social Diligence" Widerstände vermeiden. In B. Kirf & L. Rolke (Hrsg.), *Der Stakeholder-Kompass. Navigationsinstrument für die Unternehmens-kommunikation* (S. 267–274). (o.J.). Frankfurt a. M.: Frankfurter Allgemeine Buch.

DATAGROUP. Leitfaden „100 Tage DATAGROUP", unveröffentlichter Leitfaden.

Doppler, K., & Lauterburg, C. (2008). *Change management. Den Unternehmenswandel gestalten* (12. aktualisierte und erweiterte Auflage). Frankfurt a. M.: Campus.

Kotter, J. P. (1996). *Leading change*. Boston: Harvard Business School Press.

Krüger, W. (2009). *Excellence in change. Wege zur strategischen Erneuerung* (4. überarbeitete und erweiterte Auflage). Wiesbaden: Gabler.

Larkin, T. J., & Larkin, S. (1996). Reaching and changing frontline employees. *Harvard Business Review, 74,* 95–104.

Muth, S. (2014). *Der Blick nach außen: Kommunikation als Erfolgsfaktor im Unternehmenswandel. Eine empirische Analyse situativer Veränderungskommunikation mit externen Bezugsgruppen.* Konstanz: UVK.

Quirke, B. (2008). *Making the connections. Using internal communication to turn strategy into action* (2. Aufl.). Aldershot: Gower.

Vester, F. (2008). *Die Kunst vernetzt zu denken. Ideen und Werkzeuge für einen neuen Um-gang mit Komplexität. Ein Bericht an den Club of Rome* (7. Aufl.). München: dtv.

Wolff, M. (2009). Firmenübernahmen als Wachstumshebel. Qualitätssicherung durch Standardisierung – Erfolgsbeispiel Datagroup. In: GoingPublic, Special August 2009, S. 16 f.

Max H.-H. Schaber studierte Maschinenbau an der Universität Stuttgart sowie an den Fachhochschulen Augsburg und Reutlingen. 1981 schloss er sein Studium als Diplom Ingenieur (FH) Maschinenbau ab und war im Anschluss zunächst als System-Ingenieur, später als Assistent der Geschäftsleitung der Friedrich und Co. Gesellschaft für Software- und System-Entwicklung mbH tätig. 1983 gründete er die DATAPEC, Gesellschaft für Datenverarbeitung mbH, die spätere DATAGROUP GmbH. Seit 16. Februar 2006 ist Herr Schaber Mitglied und Vorsitzender des Vorstands (CEO) der DATAGROUP AG und für die Ressorts Finanzen, Recht, Personal und Unternehmensentwicklung verantwortlich.

Dr. Sabine Muth studierte Kommunikationswissenschaft an der Universität Hohenheim und promovierte über externe Kommunikation im Unternehmenswandel. Nach Stationen in Journalismus und Öffentlichkeitsarbeit baute sie die Unternehmenskommunikation der DATAGROUP auf. Neben deren Leitung übernimmt Frau Muth strategische Unternehmensprojekte, begleitete u. a. den Börsengang und die Eingliederungen der bisherigen Akquisitionen. Neben dieser Aufgabe ist sie Geschäftsführerin einer im Wege der Übernahme zur DATAGROUP hinzugekommenen Tochtergesellschaft.

Fallbeispiel der USU Software AG: Integration des Lizenzmanagement-Spezialisten Aspera GmbH

Bernhard Oberschmidt und Benjamin Strehl

Zusammenfassung

Der Unternehmenskauf ist eines der strategischen Wachstumsinstrumente der USU-Gruppe, einem der zehn größten eigenständigen Softwareunternehmen Deutschlands. Im dynamischen Markt für Unternehmenssoftware ergeben sich immer wieder Akquisitionsmöglichkeiten. Um ihr Wachstum nachhaltig zu gestalten, hat die USU nicht nur regelmäßig eigene Innovationen in das bestehende Portfolio integriert, sondern ihr Lösungsangebot auch anorganisch durch den Zukauf von geeigneten IT-Unternehmen erweitert. Da die Gesellschaft großen Wert auf die Mitarbeiter, die Unternehmenskultur und die Zusammenarbeit zwischen den Geschäftsbereichen legt, ist die Integration des akquirierten Unternehmens in allen seinen Facetten ein zentraler Erfolgsfaktor der USU. Speziell hierfür wurde ein Vorgehensmodell entwickelt, das den Verantwortlichen bei der Post- Merger-Integration hilft. Der Erfolg der Übernahmen seit 2002 bestätigt diese Vorgehensweise. Diese wird im Rahmen der folgenden Fallstudie am Beispiel der Übernahme des Lizenzmanagement-Spezialisten Aspera GmbH vorgestellt.

1. USU-Gruppe

Die USU Software AG ist eines der führenden deutschen IT-Unternehmen im Bereich Unternehmenssoftware. Die USU bietet Strategien, Beratung, Software-Lösungen und Services für eine umfassende Integration von Wissen und Erfahrung in die geschäftlichen

B. Oberschmidt (✉) · B. Strehl
USU Software AG, Spitalhof, 71696 Möglingen, Deutschland
E-Mail: b.oberschmidt@usu.de

B. Strehl
E-Mail: b.strehl@usu.de

A. Kuckertz, N. Middelberg (Hrsg.), *Post-Merger-Integration im Mittelstand,*
DOI 10.1007/978-3-658-12370-3_23

Abläufe und Anwendungen von Organisationen. Der Hauptsitz der Unternehmensgruppe, die 1977 gegründet wurde, ist Möglingen in der Nähe von Stuttgart. Auf Grund des jahrzehntelangen, kontinuierlichen Wachstums ist das Unternehmen inzwischen in 13 Ländern tätig, beschäftigt über 500 Mitarbeiter und zählt über 800 Unternehmen zu seinem Kundenkreis. Marktführer aus allen Teilen der internationalen Wirtschaft schaffen mit USU-Anwendungen Transparenz, steigern ihre Wettbewerbsfähigkeit, sparen Kosten und senken ihre Risiken. Mittlerweile zählt das Unternehmen zu den zehn größten selbstständigen IT-Unternehmen der Bundesrepublik.

a. Geschäftsmodell

Das Unternehmen hat sich gerade deshalb gut entwickelt, weil es exzellente Lösungen für zwei Mega-Trends anbietet, die schon seit Jahren die Unternehmen beschäftigen und in Zukunft sogar verstärkt beschäftigen werden. Diese beiden Produktivitätstreiber sind „Wissen“ und „Service“.

Wissen als unternehmerisches Kapital wird greifbar, wenn man sich das immense Datenwachstum der letzten Jahrzehnte anschaut. Mit neuen Technologien zur Datenspeicherung und Datenverteilung hat sich dieses Wachstum weiter beschleunigt. Dabei ist es für Unternehmen längst nicht mehr ausreichend, alle wichtigen Informationen zu sammeln und sicher abzulegen. Vielmehr ist es entscheidend, das richtige Wissen zur richtigen Zeit am richtigen Ort auf dem richtigen Medium und in der passenden Form zur Verfügung zu stellen. Diese Anforderung führt zu einer immensen Komplexität. Wer diese Herausforderung beherrscht, hat einen entscheidenden Wettbewerbsvorteil.

Der zweite Mega-Trend, Service, ist bereits im Alltag angekommen. Heutzutage werden viele Angebote in einem Service gebündelt, egal, ob es z. B. um eine Flugbuchung oder die Möbelbeschaffung geht. Immer werden unterschiedliche Produkte und Dienstleistungen als passgenauer Service angeboten. Dieser Trend macht auch vor den IT-Abteilungen nicht halt. Die Fachbereiche erwarten diese Services auch von ihrer internen IT. Dazu gehört die klare Abgrenzung von Leistungen ebenso wie ein fest definiertes Serviceangebot mit den entsprechenden Preisen. Das hat wiederum direkte Auswirkungen auf die Lieferanten. Und somit besteht ein enormer Bedarf nach Lösungen, die IT-Verantwortliche beim Management dieser „Servicierung“ unterstützen, insbesondere, indem sie die damit verbundene Komplexität beherrschbar machen.

Die USU hilft ihren Kunden, die Komplexität dieser beider Trends zu bewältigen und das Potential richtig zu nutzen. Konsequenterweise hat die USU-Gruppe deshalb ihre Geschäftsbereiche nach den Anwendungsfällen beim Kunden aufgestellt. Jeder Geschäftsbereich ist durch diese Fokussierung in der Lage, schnell auf sich ändernde Kundenanforderungen oder Markttrends zu reagieren und kann zeitgleich den Markt durch seine Expertise prägen. Das erfordert von den Geschäftsbereichen und deren Verantwortlichen ein stärkeres Unternehmertum und zeitgleich eine offene Kommunikation mit den anderen Geschäftsbereichen der USU-Gruppe. Denn diese Aufstellung setzt einen durchgehenden Abstimmungsprozess voraus. Diese Herausforderungen gelten auch für neue Geschäftsbereiche, die u. a. durch Akquisitionen in den Konzern aufgenommen werden.

b. Unternehmensstrategie und Bedeutung von anorganischem Wachstum

Das Hauptaugenmerk der USU-Gruppe liegt auf dem organischen Wachstum. Nur ein nachhaltig profitables, wachsendes Geschäft legt die Grundlage für den langfristigen Unternehmenserfolg. Das ist die Philosophie, die wir im Unternehmen verfolgen, und mit der wir seit fast vier Jahrzehnten gut gefahren sind.

Dabei muss berücksichtigt werden, dass der IT-Markt einer rasanten Entwicklung und einer ständigen Veränderung unterliegt. In diesem Umfeld konzentrieren wir unsere Anstrengungen auf unser Kerngeschäft und die vielversprechendsten Trends und Themen in diesem Bereich. Dadurch werden manche komplementäre Themen bewusst nicht bearbeitet. Daher wurde es in der Vergangenheit wichtig, externe Unternehmen aufzunehmen, die sich auf diese von der USU-Gruppe nicht bearbeiteten Marktsegmente fokussieren. Die Motivation dieser Akquisitions-Aktivitäten ist stets, dem Kunden das bestmögliche Angebot aus einer Hand offerieren zu können.

Folgerichtig sehen wir bei der USU ein Unternehmen dann als gute Ergänzung, wenn es das Lösungs-Portfolio sinnvoll verbreitert oder wir dadurch neue Technologien sowie Expertise ins Unternehmen mit aufnehmen können. Kriterien wie Größe oder das ausschließliche Gewinnen von Marktanteilen sind aus unserer Sicht keine ausreichenden Motive für eine Unternehmensübernahme.

Diese Herangehensweise an Firmen-Akquisitionen stellt allerdings hohe Anforderungen an eine anschließende Integration in die USU-Gruppe. Denn die Unternehmen müssen sich in die bestehenden Arbeitsabläufe einfügen, mit den anderen Bereichen verzahnen und dabei dennoch ihre individuellen Stärken beibehalten. Ansonsten verlieren sie in ihrem Themengebiet schnell an Boden, und die Übernahme wird auch wirtschaftlich zum Risiko. Daher haben wir uns bei der USU schon seit Jahren intensiv mit der Post-Merger-Integration auseinandergesetzt und unsere Erfahrungen in einem Vorgehensmodell gebündelt.

2. Der USU- Weg zur Post-Merger-Integration

Das PMI-Vorgehensmodell in der USU Gruppe besteht aus fünf Schritten (siehe Abb. 1). Bei der Integration aller Unternehmen, die in den letzten 15 Jahren durchgeführt wurde, sind diese fünf Schritte umfassend berücksichtigt worden. Bei der initialen Entwicklung des Modells wurde auf den aktuellen Stand der Forschung zurückgegriffen (Gerds und Schewe 2003). Im Verlauf der letzten Jahre konnten wir das Modell weiter verfeinern, auch im Hinblick auf neue Erkenntnisse der betriebswirtschaftlichen Lehre. Bei allen aktuellen Aktivitäten orientieren wir uns daran.

Das Modell dient uns als Orientierung und Check-Liste sowie als Entscheidungsgrundlage für Aufsichtsrat und Vorstand. Zusätzlich werden in jedem Fall die spezifischen Besonderheiten des jeweiligen Akquisitionsziels berücksichtigt, was dazu führen kann, dass weitere Aspekte betrachtet werden. In keinem Fall wird allerdings ein Aspekt dieses Vorgehensmodells ausgeklammert.

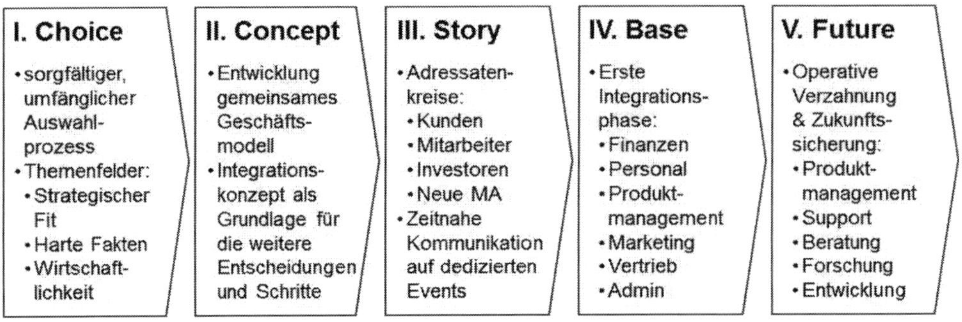

Abb. 1 PMI-Vorgehensmodell der USU Software AG. (Quelle: Rechte beim Autor)

a. Schritt 1: Umfangreicher Auswahlprozess

Ein detaillierter Auswahlprozess bildet die Grundlage unseres Ansatzes. Wir legen großen Wert darauf, bereits zu Beginn einer möglichen Transaktion ein umfassendes Bild über das Zielunternehmen zu erhalten. Je besser die USU-Gruppe das Unternehmen, das dazugehörige Geschäftsmodell sowie die Motive versteht, desto genauer kann die Eignung für die Gesellschaft eingeschätzt werden. Darüber hinaus beseitigt ein tiefgreifendes Verständnis bereits zu Beginn manche Hindernisse und Schwierigkeiten. Wir sind uns bewusst, dass bei vielen Transaktionen, die Zeit für eine ausreichende Prüfung eng bemessen ist. Allerdings darf man unserer Erfahrung nach unter keinen Umständen die Sorgfalt bei der Due Dilligence vernachlässigen.

Im Rahmen einer solchen Prüfung achten wir auf drei Themengebiete: die Stimmigkeit von Strategie des Zielobjektes mit der strategischen Ausrichtung der USU-Gruppe, die organisatorischen Mindestanforderungen und die Werthaltigkeit des finanziellen Engagements.

Hinsichtlich der Stimmigkeit der Strategie beurteilen wir, inwieweit sich das analysierte Unternehmen von seinem Geschäftsmodell und seinen Werteversprechen in die USU-Gruppe einfügt. Innerhalb der Unternehmensgruppe haben wir einen Katalog von Geschäftsprinzipien, die wir als Grundlage für unseren nachhaltigen Erfolg betrachten. Jedes neue Mitglied muss in der Lage sein, sich diese Geschäftsprinzipien anzueignen. Darüber hinaus prüfen wir die Überschneidung der Angebote, die am Markt adressiert werden. Ein wichtiges Ziel für die USU-Gruppe ist es, mit einer Akquisition das Angebotsportfolio zu erweitern und dabei möglichst geringe Überschneidungen zuzulassen. Solche Schnittmengen lassen sich zwar in der IT-Branche kaum ausschließen, aber sie müssen bewältigbar und vor allem in Richtung der Kunden kommunizierbar sein. Anschließend wird dann das aktuelle und zukünftige Marktpotential der neuen Angebotsbestandteile untersucht. Dabei ist zu bemerken, dass nicht alle in der Fachpresse diskutierten Themen auch entsprechendes Umsatzpotenzial versprechen und wir als USU-Gruppe kein Unternehmen nur aus Gründen der Außendarstellung aufnehmen.

Neben der Strategie prüfen wir einen Katalog an Mindestanforderungen. Dieser Katalog dient uns bereits in der Phase der Due Dilligence zur Beurteilung der Integrationsfähigkeit. Wichtige Kriterien sind hierbei die Eigentümerstruktur, die Führungsmannschaft, die Mitarbeiter, die Ertragssituation und der Produktbestand.

Eine komplexe, nicht transparente Eigentümerstruktur führt in der Transaktionsabwicklung zu großen Herausforderungen, die bereits in den ersten Monaten eine erfolgreiche Integration verhindern können, insbesondere, wenn sich für den Betrieb wichtige Personen benachteiligt oder nicht ausreichend berücksichtigt fühlen. Gerade als neuer Eigentümer sind wir daran interessiert, dass die Führungsmannschaft auch nach einer Übernahme an Bord bleibt. Nur dies gewährleistet aus unserer Sicht eine bestmögliche Fortführung des bestehenden Geschäfts. Wesentlich ist auch die Ertragssituation, denn wir investieren prinzipiell nur in bereits gut im Markt positionierte Organisationen. Unser Ansatz baut darauf auf, dass sich durch das operative Geschäft des akquirierten Unternehmens der Kaufpreis über die Jahre amortisiert. Entscheidend hierfür ist das Wissen im Unternehmen. Dies liegt in unserer Branche bei den Mitarbeitern und in den entwickelten Lösungen. Wichtige Themen sind daher unter anderem laufende Arbeitsverträge und Patente. Nur wenn beides in passender Form vorhanden ist, wird eine Integration positiv verlaufen können.

Fügt sich das Unternehmen sowohl von der Strategie als auch von der Organisation in die Gruppe ein, bleibt noch die finanzielle Einigung. Hierbei bewerten wir nur Zahlen und Planungen auf Basis des derzeitigen Geschäftsmodells und der aktuellen Marktsituation. Aus unserer Sicht ist es entscheidend, mit dem nötigen Realismus an die Beurteilung heranzugehen. Die USU-Gruppe ist darauf ausgerichtet, in Werte zu investieren, und ist daher nicht der passende Partner, wenn sich der Wert des Unternehmens allein auf Basis zukünftiger Erwartungen errechnet. Grundlegend für eine finanzielle Einigung ist die Transparenz bezüglich der jeweiligen Motive. Die Beweggründe von Käufer und Verkäufer müssen von beiden Seiten verstanden und akzeptiert werden. Ein solches Verständnis erleichtert viele weitere Schritte wie die Einigung auf Zahlungskonditionen. Ferner fördert eine absolute Offenheit das Vertrauensverhältnis und schafft die nötige Basis für ein gemeinsames Weitergehen.

b. Schritt 2: Durchgängiges Konzept

Im Falle einer erfolgreichen Prüfung und Einigung auf die Transaktionsparameter konzentrieren wir uns im nächsten Schritt auf die Ausarbeitung eines durchgängigen Integrationskonzepts. Vor der Erstellung des Konzepts sind allerdings zahlreiche Analysen durchzuführen. Dazu gehören die Auswirkungen eines Zusammengehens auf das Geschäftsmodell. Diese müssen sowohl für die USU-Gruppe als auch für das Zielobjekt untersucht werden. Die Auswirkungen beim potenziellen Übernahmekandidaten sind in der Regel wesentlich sichtbarer als die bei der USU, beispielsweise in Bezug auf Produktnamen oder Marktansprache. Aber auch für den USU-Konzern ergeben sich oft Veränderungen, wie z. B. neue Abstimmungsprozesse oder Kompetenzregelungen. Zu diesen Analysen gehört auch eine Bewertung der möglichen Synergien. Im Vergleich zu vielen anderen Integrationsmodellen ist die Synergiebewertung bei der USU der wirtschaftlichen Einigung nachgelagert. Für uns als Unternehmen können Synergien nie allein eine Übernahme begründen. Wir betrachten diese Potenziale als nützliche Begleiterscheinungen, nicht mehr und nicht weniger. Der Ressourcen-Einsatz für die Realisierung dieser Synergien fällt meist ausschließlich in der USU-Gruppe an, und somit können diese Synergien keinen wesentlichen Bestandteil des Kaufpreises darstellen. Dennoch wird gezielt nach den größten Potenzialen gesucht. Diese sind in den meisten Fällen ähnlich gelagert, oft liegen sie in Zentralfunktionen und Produktentwicklungsthemen.

Auf Basis der beschriebenen Analysen wird der erste Entwurf eines gemeinsamen Geschäftsmodells erarbeitet. Dieser wird mit allen wesentlichen Entscheidungsträgern abgestimmt und bildet die Grundlage für das Integrationskonzept. Letzteres beinhaltet eine Übersicht der zentralen Prozesse und Funktionen sowie eine zeitliche Planung der Reihenfolge, in der die Veränderungen vorgenommen werden. Ebenso sind eine Zuordnung der Mitarbeiter sowie die genaue Beschreibung der neuen Rollen wichtige Bestandteile des Integrationskonzepts. Bei den Transaktionen der USU-Gruppe haben sich Aufgabenbereiche meist langsam verändert. Aus unserer Sicht ist diese schrittweise Anpassung der Aufgaben und Verantwortlichkeiten eine wichtige Voraussetzung für die Akzeptanz vor allem innerhalb des akquirierten Unternehmens. Aufbauend auf diesem Konzept wird das Zielmodell für die Systemlandschaft aufgezeigt. In vielen Fällen ist es nicht ratsam, sofort alle Systeme zu vereinheitlichen. Denn in der Regel übersteigen die Kosten den Nutzen um ein Vielfaches, unter anderem bei betriebsnahen Systemen wie dem Kunden-Applikationsbetrieb oder Collaboration-Lösungen. Diese sollten erst nachgelagert vereinheitlicht werden.

Abschließend wird ein Integrations-Team installiert, das direkt an den Vorstand berichtet. Ein Vorstand ist darüber hinaus der Hauptverantwortliche für die Integration, um wichtige Entscheidungen sofort treffen zu können. Erfolgskritische Aktivitäten des Integrations-Teams sind das Controlling des Integrationsfortschritts sowie die rechtliche und steuerliche Prüfung, die selbst in kleinen Transaktionen sehr umfassend ausfallen kann. Auch die technische Integration muss mit den Kompetenzträgern auf beiden Seiten besetzt sein. In dieser Phase werden Entscheidungen getroffen und Richtungen eingeschlagen, die oft jahrelang gültig bleiben. Daher ist es gerade für die technische Integration entscheidend, alle wesentlichen Parteien zu hören und einzubinden.

c. Schritt 3: Kommunikation der Story

Sowohl die gemeinsame Geschäfts- als auch die dazugehörige Integrationsstrategie müssen rasch kommuniziert werden. Hierbei gilt: je mehr Parteien und Personen informiert und überzeugt sind, desto einfacher gestaltet sich die gesamte Integration. Als börsennotiertes Unternehmen müssen wir hierbei stets auf die unterschiedlichen Interessen unserer Stakeholder achten, auch auf die der Aktionäre. Somit ergeben sich für uns vier Zielgruppen in der Kommunikation: Außerhalb des Unternehmens sind es die Kunden und die Investoren, innerhalb die Mitarbeiter der USU-Gruppe und die Belegschaft des zu integrierenden Unternehmens. Für eine erfolgreiche Integration müssen wir mit allen vier Gruppen aktiv und zeitnah in den Dialog treten, wodurch dieser Kommunikationsphase eine besondere Bedeutung zukommt.

Die Stakeholder außerhalb der USU erwarten, dass jede Übernahme zugleich neue Chancen bietet dabei aber auch die Kontinuität und Exzellenz der USU-Gruppe erhalten bleibt. Diese Erwartungshaltung findet sich daher bereits in Schritt 1, dem Auswahlverfahren. Diese externe Motivlage ist eines der zentralen Aspekte bei der Suche nach passenden Unternehmen. Dadurch, dass wir die Erwartungshaltung der externen Stakeholder bereits in einem frühen Stadium des Akquisitionsprozesses berücksichtigen, hatten wir in der Vergangenheit keine Schwierigkeiten, diese Zielgruppe vom Mehrwert unserer Übernahmen zu überzeugen.

Allerdings wird von uns als Management auch erwartet, weiter in die Zukunft zu planen. Diese Zukunftsplanung beinhaltet weitere Themen, die unsere externen Stakeholder oftmals nicht im Blick haben. Somit müssen wir Trends oder Ideen schon beurteilen und bewerten, bevor sich der Kunde eine klare Meinung darüber gebildet hat. Daher kann es wichtig sein, das ein oder andere Argument, vor allem hinsichtlich der Zukunftspotenziale, erst in weiteren Kommunikationsrunden anzuführen. Hierdurch reduzieren wir Irritationen und wahren die Kontinuität in den jeweiligen Geschäftsmodellen.

Nach innen ist der Faktor der Kontinuität noch entscheidender als in der Außenkommunikation. Die Mitarbeiter der USU-Gruppe zeichnen sich durch eine starke Bindung zum Unternehmen aus, die sich auch in der guten Unternehmenskultur spiegelt. Das zeigt sich unter anderem in einer vergleichsweise langen Firmenzugehörigkeit der Belegschaft. Diese Kontinuität in der Kultur ist ein zentrales Geschäftsprinzip für uns. Bisher galt das auch immer für die zu integrierenden Unternehmen. Daher müssen wir mit dieser Kultur sorgsam umgehen und Veränderungen zeitnah und vor allem ausführlich vorstellen und begründen. Es mag unüblich sein, dass das Management seine Aktivitäten vor der gesamten Mannschaft präsentiert, aber wir sehen es als zentrale Aufgabe, die Mitarbeiter von der Werthaltigkeit einer Firmenübernahme zu überzeugen. Nur so können wir eine vorbehaltlose Integration gewährleisten. Denn Unsicherheit und Spekulation ist ein großes Hindernis für jeden PMI-Prozess.

Aus diesem Grund begleiten wir diese Kommunikationsphase mit zahlreichen Events und Aktionen. Dazu gehören Vor-Ort Präsentationen und Fragerunden bei allen betroffenen Standorten, inklusive einem teambildenden Begleitprogramm. Neben den Vor-Ort-Terminen legen wir Wert auf Treffen der Fachteams, u. a. von Entwicklung und Vertrieb, und auf gemeinsame Management-Veranstaltungen. Denn aus unserer Erfahrung sollte man so früh wie möglich mit dem Team-bildenden Prozess starten. Dazu gehören auch schriftliche Informationen an alle relevanten Parteien, in denen die Motive und Pläne nochmal detailliert vorgestellt werden. Hierbei wird insbesondere die gemeinsame Vision, die Grundlage für die Übernahme, im Einzelnen vorgestellt.

Bei den Übernahmen in der Vergangenheit hat sich gezeigt, dass vor allem das Management auf beiden Seiten die Zielrichtung verinnerlicht und der Belegschaft vorgeben muss. Es ist unabdingbar, dass alle Führungskräfte diese Vorbildfunktion Tag für Tag vorleben. Nur dadurch schaffen wir die Vertrauensgrundlage für unseren gemeinsamen Weg.

d. Schritt 4: Die Basis etablieren

Bei den Integrationsmaßnahmen unterscheiden wir zwei Phasen. Zunächst wird eine gemeinsame Basis etabliert: Dazu gehört die Zusammenführung von Zentralfunktionen wie Finanzen und Buchhaltung sowie zentraler IT-Systeme, beispielsweise eines ERP-Systems. Erst in einer zweiten Phase wagen wir uns an die weiterführende Integration von operativen Bereichen wie Beratung oder Entwicklung. Mit diesem Vorgehen gewährleisten wir in möglichst kurzer Zeit eine ausreichende Integration, ohne dabei das Kerngeschäft wesentlich zu beinträchtigen. Die Integrationsmaßnahmen der ersten Phase zielen darauf, Transparenz zu schaffen und die Marktansprache sowie Produktentwicklung zu synchronisieren.

Zentral für die Transparenz ist der Bereich Finanzen. Hier werden die Arbeitsabläufe des zu integrierenden Unternehmens auf die Prozesse der USU-Gruppe ausgerichtet. In vielen Fällen werden die Prozesse auch komplett übernommen. Dazu gehört auch die Integration in die bestehende Systemlandschaft, vor allem der Planungs- und Abrechnungslösungen. Dadurch erreichen wir das notwendige Maß an Transparenz sowohl für die Außenkommunikation als auch für die weiteren Entscheidungen.

Ein wichtiges, schnell zu hebendes Synergiepotential liegt in Verwaltung und Beschaffung. Dieses Potential hat den positiven Nebeneffekt, dass es sowohl rasch umsetzbar als auch direkt monetär messbar ist. Dazu gehören zum Beispiel Mitgliedschaften in Organisationen, Softwarelizenzen, Mobilfunk- oder Mietverträge. Aus diesem Grund heben wir diese Synergien bereits in den ersten Wochen und halten sie im Controlling ständig nach.

Bei den Bereichen Personal, Marketing, Produktmanagement und Vertrieb, die bei der USU ebenfalls in Schritt vier angegangen werden, erreichen wir den größten Mehrwert aus einer Übernahme, wenn wir uns in den zentralen Erfolgsfaktoren eines Software-Unternehmens abstimmen und austauschen. Dazu gehört vor allem der Bereich Personal. Hier haben wir es in der Vergangenheit immer verstanden, neue Mitarbeiter rasch in die Gruppe zu integrieren und Aufgaben in der alten und neuen Organisation flexibel anzupassen. Diese Tatsache kommt bei der eigenen Belegschaft gut an, unter anderem, weil durch neue Unternehmensbereiche neue Aufgabenfelder entstehen, in denen man sich beweisen kann. Aber auch für die neu zu integrierenden Mitarbeiter bietet die Größe der Gesellschaft eine Reihe von Entwicklungs- oder Schulungsmöglichkeiten. Des Weiteren synchronisieren wir das Personalmarketing sowie das Recruiting, um auch für Bewerber das bestmögliche Job-Portfolio anzubieten.

Darüber hinaus startet beim Marketing und im Produktmanagement unmittelbar nach der Kommunikation der Übernahme ein standardisierter Abstimmungsprozess. Alle danach ausgeführten Aktionen oder Meetings werden gemeinsam abgestimmt. Dazu gehören Mailings an Interessenten, Messeauftritte sowie neue Produktentwicklungen oder Entwicklungsstudien. Diese Abstimmung zielt nicht auf eine Vereinheitlichung des

Marktauftritts oder der Produktentwicklungskapazitäten. Vielmehr sorgen wir dadurch für Transparenz über die jeweiligen Aktivitäten und schaffen die Basis für einen konsistenten, abgestimmten Marktauftritt. Ferner werden in beiden Funktionsbereichen unnötige Doppelaufwände wie doppelte Marktstudien oder die parallele Entwicklung von Prototypen vermieden. Dazu identifizieren wir im Produktmanagement die wesentlichen Schnittstellen, die zwischen den Lösungen zu entwickeln sind. Viele dieser Schnittstellen sind bereits im Vorfeld sichtbar, aber in konkreten Kundensituationen wird häufig weiterer Bedarf an Schnittstellen erkennbar.

Darüber hinaus werden die Vertriebsverantwortlichen zu einer engen Abstimmung ihrer Aktivitäten angehalten. Diese Abstimmung erfolgt durch wöchentliche Vertriebstelefonate und regelmäßige Vertriebsmeetings. Wir legen als Unternehmen großen Wert auf eine zentrale Datenhaltung aller Kundenkontakte und Interaktionen. Nur durch diese Transparenz können wir unser starkes Kundennetzwerk nutzen und abgestimmt auftreten. Wichtiges Element für die vertriebliche Abstimmung ist eine gemeinsame Datenbasis. Dafür ist eine rasche Integration aller Daten in das USU CRM-System unerlässlich.

Unterstützt wird dies durch die Zusammenführung von Materialien und Unterlagen, um am Markt einen einheitlichen Auftritt zu gewährleisten. Dazu gehört unter anderem die Vereinheitlichung von Layouts sowie Logos. Hierbei muss allerdings erwähnt werden, dass diese Vereinheitlichung, auch wenn sie rasch angestoßen wird, oft eine gewisse Zeit in Anspruch nehmen kann. Denn Logos und Namen sind das Ergebnis einer Marktpositionierung, die nicht verloren gehen darf. Der vierte Schritt dauert somit in der Regel bis zu einem Jahr. Ein realistischer Start für eine tiefergreifende Integration liegt somit im zweiten Jahr des PMI-Prozesses.

e. Schritt 5: Die Zukunft im Blick behalten

Die zweite Phase der Integration zeichnet sich bei uns dadurch aus, dass wir auch in die konkrete Leistungserbringung eingreifen: sowohl bei der Produktentwicklung als auch bei der Implementierung der Lösungen beim Kunden. Dies erfordert eine enge Abstimmungs- und vor allem eine detaillierte Planungsphase. Daher haben wir bei der USU-Gruppe Komitees geschaffen, die Aktivitäten über die einzelnen Geschäftsbereiche hinweg abstimmen. In diese Komitees werden auch Mitarbeiter der neu integrierten Geschäftsbereiche aufgenommen. In der Praxis wird bei den ersten Komitee-Treffen in neuer Konstellation das Augenmerk auf die Abstimmung mit dem neuen Bereich gelegt. Dazu gehört, dass geplante Entwicklungen, die typischerweise in einer Roadmap verankert sind, vorgestellt und mit den Mitgliedern diskutiert werden. Häufig werden dadurch weitere Überschneidungen sichtbar. Außerdem legen wir großen Wert darauf, voneinander zu lernen. Die Komitees sind deshalb angehalten, den Dialog zu fördern. Darüber hinaus wird die Kooperationsarbeit nicht an den monetären Ergebnissen beurteilt oder an der Anzahl neuer Lösungsvorschläge gemessen.

Zur Vereinheitlichung von Aktivitäten werden vielmehr Projektteams aufgesetzt, die zur Aufgabe haben, ein bestimmtes Themengebiet ganzheitlich neu zu erarbeiten. Hierbei lassen wir den Verantwortlichen bewusst einen größeren Freiraum in der Konzeption, um die neue Konstellation in der Gruppe optimal zu nutzen und nicht nur die neuen Mitarbeiter in die alten Strukturen zu integrieren. Wir haben in der Vergangenheit oft neue Inspirationen für Produktentwicklungen oder Marktangebote bekommen, die für uns einen Wettbewerbsvorteil darstellten. Diesen Vorteil können wir nur durch einen offenen Dialog und ein Hinterfragen der bestehenden Strukturen erreichen.

Wesentliche Themen, die wir in der USU-Gruppe in dieser Phase zusammenführen, entstehen aus den Entwicklungsaktivitäten oder werden im Produktmanagement, Support, der Beratung oder der Grundlagenforschung generiert. Für alle vier Bereiche gilt: wir zielen nicht auf eine Organisationseinheit im Unternehmen, wie zum Beispiel eine zentrale Entwicklungsabteilung. Dies würde darüber hinaus unserer Organisationsstruktur der Geschäftsbereiche widersprechen. Vielmehr führen wir Aktivitäten in Projekten und Komitees zusammen. Dadurch entsteht mehr Koordinationsaufwand. Allerdings gewährleistet dies ebenso die für uns so wichtigen kurzen Entscheidungswege innerhalb der Bereiche und die Möglichkeit, unterschiedlichste Projekte parallel zu betreiben und zu testen.

Ein Bereich, in dem dies erfolgreich in den letzten Jahren praktiziert wurde, ist die Grundlagenforschung. Bei der USU-Gruppe sammeln wir in diesem Segment Ideen und Problemstellungen aus allen Bereichen und entwickeln daraus gemeinsam mit Forschungseinrichtungen und Entwicklungspartnern Lösungsansätze. Diese Lösungsansätze werden direkt bei Referenzkunden erprobt und ergänzen im Falle einer erfolgreichen Testphase direkt die bestehenden Produkte oder werden gar zu einer eigenen Produktreihe. Dieser Ansatz wurde bereits mehrfach mit Preisen ausgezeichnet, und zahlreiche dieser Innovationen finden sich in unserem aktuellen Lösungsportfolio.

Um diesen fünfstufigen Prozess noch verständlicher zu machen und die praktische Anwendbarkeit zu verdeutlichen, werden wir im Folgenden die Übernahme der Aspera GmbH von 2009 bis 2012 anhand des Prozessmodells, wie in Abb. 2 dargestellt, beschreiben.

Abb. 2 PMI-Prozess am Beispiel der Aspera-Transaktion. (Quelle: Rechte beim Autor)

3. Erläuterung anhand der Übernahme der Aspera GmbH

Das USU-Konzept zur Post-Merger-Integration lässt sich gut an der Übernahme der Aspera GmbH im Jahr 2010 darstellen. Natürlich wird sich kein Konzept der Welt auf alle Fälle identisch anwenden lassen, da gerade die unternehmerische Leistung darin liegt, in einem Merger-Prozess die Besonderheiten und Stärken der Zielunternehmen zu berücksichtigen. Vor allem die kulturellen Themen sind hier als Schwerpunkt hervorzuheben, da sich betriebswirtschaftliche und technische Rahmenbedingungen doch sehr oft gleichen.

a. Kurzbeschreibung der Aspera

Aspera gehört zu den Weltmarktführern im Bereich Software Lizenz Management. Nicht nur die zunehmende Komplexität der Lizenzierung von Software, sondern auch aufgrund des hohen Kostenanteils für Software im Verhältnis zum Gesamtbudget einer IT-Organisation ist dieser Bereich in vielen Unternehmen eine strategische Disziplin. Beschleunigt wird dies durch die zunehmende Anzahl von Audits, die große Softwarehersteller bei ihren Kunden zur Überprüfung der korrekten Lizenzierung durchführen. Aspera ist einer der ersten Firmen, die sich auf den Bereich Software Lizenz Management fokussierten, und kann heute auf eine über 15jährige Erfahrung zurückgreifen. Viele globale Konzern, aber auch Unternehmen des Mittelstands lösen Ihre Herausforderungen in diesem Bereich mit Technologien und Services der Aspera. So gehören 8 der 10 größten DAX- Unternehmen zum Kundenkreis. Der detaillierte Abgleich von lizenzierter und installierter Software in einer Lizenzbilanz, aber auch die Optimierung der Lizenzkosten sowie die Erhebung und Verarbeitung von wichtigen Informationen in einem Auditprozess gehören zu den Disziplinen eines strategischen Lizenzmanagements und werden von Aspera systemseitig und durch Services abgedeckt.

b. Schritt 1: Umfassender Auswahlprozess

Da der Bereich Lizenzmanagement als anerkanntes Wachstumsfeld galt, hatten wir in der USU Teile dieser Funktionalitäten ebenfalls in unsere IT-Management Suite Valuemation eingebettet, die daneben noch ein sehr breites Spektrum weiterer Themen rund um IT Service Management adressiert. Daher war Software-Lizenzmanagement auch auf der strategischen Themenliste für die Suche nach M&A-Kandidaten. Dazu kam, dass wir in mehreren Wettbewerbssituationen auf Aspera trafen. Eine Ansprache für die Übernahme erfolgte im Jahr 2009 über ein Beratungshaus, das für die Suche nach geeigneten Kandidaten mandatiert war.

An dieser Stelle sei erwähnt, dass wir das Wort „Übernahme" intern nur sehr selten verwenden, da der Prozess und die faktische Umsetzung eher einem partnerschaftlichen Zusammenschluss gleichen. Im Vordergrund steht der Grundsatz, sich durch die individuellen Stärken der Unternehmen zu verbessern und gemeinsam voneinander zu lernen. Im Falle der Aspera waren dies die hohe Expertise in einem Wachstumsfeld, das unternehmerische Geschick der Gründer, ein profitables und sehr schnell wachsendes Unternehmen aufzubauen sowie die intakte und positive Unternehmerkultur, die von einem hohen Zusammenhalt der Mitarbeiter geprägt ist.

Da USU und auch Aspera diese Kultur und positive Unternehmensentwicklung erhalten wollten, gab es nicht nur auf der Seite der USU, sondern auch auf der Verkäuferseite einen detaillierten Auswahlprozess, um die bestmögliche zukünftige Entwicklung für Aspera zu gewährleisten. Vertrauen spielt in dieser Phase eine wichtige Rolle. So boten wir den Gründern frühzeitig an, sich mit Führungskräften anderer Geschäftsbereiche zu unterhalten, die ein paar Jahre zuvor diesen Akquisitionsprozess durchlaufen hatten. In diesen Gesprächen konnten faktische Veränderungen und auch die Vorgehensweise der USU viel authentischer vermittelt werden, als wenn wir dies direkt getan hätten. Natürlich finden diese Gespräche ohne die am M&A-Prozess Beteiligten USU-Mitarbeiter statt, um auch vertrauliche Inhalte austauschen zu können. Dieser Schritt mag ungewöhnlich sein, verstärkt aber den Vertrauensprozess der im Zeitablauf sehr wichtig ist.

Parallel zu diesem Prozessschritt wurden auch die finanziellen Rahmendaten mit Aspera verhandelt. Es liegt in der Natur der Sache, dass der Käufer stärker auf die realisierten Erfolge abstellt und der Verkäufer die positive Zukunft in den Vordergrund stellt. Das Kaufpreismodell berücksichtigte daher beide Aspekte, da Aspera sehr schnelles und profitables Wachstum nachweisen konnte. Der erste Teil der Transaktion war der Kauf von 51 % der Anteile der Aspera und stellte mehr auf die aktuellen und vergangenen Gewinne der Gesellschaft ab. Der zweite Teil mit dem Kauf der restlichen 49 % deckte die zukünftige Gewinnentwicklung in der zweijährigen Earn-out Phase ab. Die Verbindung der Transaktionen wurde über gegenseitige Optionen abgesichert. Die Earn-out Phase sollte auf keinen Fall zu lange gewählt werden, da diese Zeit die Integrationsphase verlängert und die PMI- Prozesse verlangsamt. Ein Teil der ersten Kaufpreiszahlung wurde in Form von Aktien der USU umgesetzt. Dies hat zwei wichtige Komponenten: Zum einen beteiligt es die Verkäufer am zukünftigen gemeinsamen Erfolg der Gruppe, zu dem Aspera einen wichtigen Anteil beigetragen hat. Zum anderen symbolisiert es auch das Unternehmertum, das über den Verkauf hinaus erhalten werden muss.

Der zeitliche Rahmen für diese Phase darf nicht unterschätzt werden. Im Falle der Aspera dauerte der Prozess von der Erstansprache bis zur Unterschrift über 6 Monate.

c. Schritt 2: Durchgängiges Konzept

Oft stehen die finanziellen Aspekte bei einer Transaktion im Vordergrund, obwohl die strategischen und konzeptionellen Gesichtspunkte weit mehr über den zukünftigen Erfolg entscheiden. So kümmerten wir uns schon im Vorfeld der finanziellen Einigung intensiv um die strategische Einbindung der Aspera in die USU-Gruppe. Wissen und Erfahrung war auf beiden Seiten vorhanden, da sowohl Aspera als auch USU Technologien im Bereich Lizenzmanagement besaßen. Für USU war es wichtig, die den Kunden die beste Lösung, integriert in die Produktlinie Valuemation, anbieten zu können. Verantwortliche aus dem Bereich Entwicklung und Produktmanagement beider Firmen haben Konzepte für eine gemeinsame Lösung ausgearbeitet. Eine Begleitung durch das Management ist sehr wichtig, da das Endergebnis möglichst frei von subjektiver Motivation sein sollte. Wir entschieden uns, die Lösung der Aspera in die Valuemation-Suite einzubinden und USU-Technologien in diesem Umfeld zu ersetzen. Aber auch eine Vermarktung als hoch fokussierte Anwendung mit eigenständiger Sichtbarkeit im Markt wurde weiterhin als Ziel gesetzt. Diese Entscheidung hatte Auswirkung auf viele weitere Schritte, da neben den Kunden auch Mitarbeiter und Strukturen der Unternehmen betroffen waren. Gründe für diesen Weg waren die marktführende Stellung der Lösung, die hohe Expertise der Aspera in diesem Nischenmarkt und die exzellente technologische Umsetzung des Tools. Der Erhalt der Strukturen und auch die vertriebliche Fokussierung waren wichtig, da Aspera sehr erfolgreich im Markt positioniert war und diese Entwicklung unter keinen Umständen gefährdet werden sollte. Oft werden in M&A-Projekten Monate durch Diskussionen über ungeklärte zukünftige Strukturen oder mit der Verarbeitung von drastischen Maßnahmen verloren. Die Firmen kümmern sich in dieser Zeit mehr um interne Probleme als die strategischen und kundenzentrierten Aufgaben zu lösen. Natürlich lässt sich dies bei einem kerngesunden Unternehmen wie der Aspera leichter umsetzen als in Sanierungsfällen, aber bei USU stehen nur erstere im Fokus von M&A-Projekten. Das unterstreicht nochmals die Wichtigkeit des Selektionsprozesses.

Der eingeschlagene Weg öffnete für die Kunden der USU-Gruppe die Möglichkeit, eine gesamte Suite mit einer integrierten Aspera-Lösung zu kaufen oder direkt eine Standalone-Installation von Aspera zu erwerben. Auf dieser Basis wurden die Grundsteine für die Aufgaben im Entwicklungsbereich, Marketing und in der vertrieblichen Zusammenarbeit gelegt. Diese drei Hauptbereiche für das operative Geschäft waren die wichtigsten Projekte für die erste Phase der Zusammenarbeit. In der Vergangenheit prägten die Gründer selbst diese Schwerpunkte sehr deutlich, so dass die Festlegung der Rollen dieser Personen auch Teil der vertraglichen Vereinbarung war. Gründer sind immer Teil der kulturellen Identität ihrer Unternehmen, und so war es uns neben der Sicherung des Know-hows auch für die zukünftige positive Entwicklung wichtig, die gemeinsame Zusammenarbeit abzusichern. Zudem haben diese Unternehmer auch ein hohes Potential für zukünftige Führungsaufgaben innerhalb des Konzerns.

d. Schritt 3: Kommunikation der Story

Nachdem das strategische Konzept festgelegt wurde und auch die Vertragsverhandlungen gut voranschritten, rückte der Zeitpunkt der Veröffentlichung näher. Dies ist immer eine kritische Phase, da der Personenkreis, der über die Transaktion Bescheid weiß, ständig zunimmt, und die Interaktion der Firmen ebenfalls eine zunehmende Dynamik erfährt. In unserem Beispiel konnten viele Aktivitäten intern noch als Vertriebspartnerschaft getarnt werden, doch sollte dieser Spannungsbogen nicht zu lange ausgedehnt werden. Die Kommunikation sollte alle Beteiligten zielgruppenspezifisch erreichen und zeitlich vor der Verbreitung durch andere Marktteilnehmer erfolgen. Für die zielgruppenspezifische Ansprache wurden vier Bereiche definiert, die Kunden und Investoren sowie die Mitarbeiter der Aspera und der USU. Für alle galt es, die Unsicherheit, die bei diesen Transaktionen unvermeidlich aufkommt, möglichst erst gar nicht entstehen zu lassen. Als Basis dient die Erstellung einer umfangreichen Pressemitteilung, die den Erhalt der gesellschaftsrechtlichen Strukturen bei Aspera, die Integration der Lösung in die Valuemation-Suite, die neuen strategischen Möglichkeiten und die Weiterbeschäftigung der Gründer und der Mitarbeiter in den Vordergrund stellt. Ziel ist ein sichtbares Zeichen für hohe Kontinuität, aber auch der Anspruch, einen strategischen Sprung im Markt für Lizenzmanagement zu realisieren.

Nach der Vertragsunterschrift und der börsenrechtlichen Pflichtkommunikation ist die Verteilung dieser Nachricht der Startschuss für eine Reihe von Folgemaßnahmen. Da der Inhalt der Pressemitteilungen immer auf ein fachlich breites Publikum ausgerichtet ist, haben wir für jede Zielgruppe spezifischere Aktivitäten ausgearbeitet. Kunden haben in der Regel einen fest zugewiesenen Betreuer im Vertrieb bzw. dem Management. Aspera hat sehr zeitnah ihre Kunden persönlich kontaktiert, um die individuellen Aspekte direkt ansprechen und auch technische Details genau erläutern zu können. Für Kunden der USU und der Aspera war nun eine deutliche Erweiterung des Portfolios aus einer Hand möglich und dies bot Chancen für Cross-Selling-Initiativen, die in der Kommunikation bereits beschrieben wurde. Da Kunden das Rückgrat jeder Unternehmung darstellen, wurde dies detailliert geplant und die Umsetzung entsprechend verfolgt.

Die Investoren haben einen völlig anders gerichteten Informationsbedarf. Hier stehen Deal-Struktur, Auswirkungen auf die zukünftige Planung und die strategische Gesamtstory im Vordergrund. Auch hier wurden die Hauptinvestoren persönlich angesprochen und der Gesamtmarkt mit vertiefenden Vorstandsinterviews und Hintergrundgesprächen versorgt. Gerade eine Akquisition ist eine einmalige Chance, in der Flut von Informationen eine erhöhte Aufmerksamkeit zu erhalten. Daher sollten Gespräche, Mitteilungen und deren Verteilung im Vorfeld gut geplant werden. Die Anforderungen an die Gesamtstory nahm bei den Investoren sehr viel Platz ein und deren Vorbereitung war ebenso zeitaufwändig. Hier half die Erstellung einer umfangreichen FAQ-Liste, die alle Aspekte der Transaktion abdeckt. Diese Liste wurde schon sehr früh im Prozess erarbeitet und an zentraler Stelle für alle Prozessbeteiligten zugänglich gemacht. Dadurch hat sie sich stetig weiter gefüllt bzw. verlängert. So konnten alle Beteiligten Sicherheit in der Kommunikation gewinnen, und vor allem vereinheitlichten sich die Aussagen gegenüber den Gesprächspartnern.

Auch für die Mitarbeiter bedeutet die Pressemitteilung der Startpunkt der Kommunikation. Natürlich wäre eine Vorabkommunikation deutlich besser, aber dies ist durch die börsenrechtlichen Regularien nicht möglich. Daher muss dieser Teil noch zeitnaher geplant werden als bei den anderen Bereichen. Die erste Zielgruppe der Aspera-Mitarbeiter wurde direkt durch die Gründer im Rahmen einer Mitarbeiterversammlung persönlich informiert. Gerade das persönliche Gespräch ist hier sehr wichtig, um die hohe Kontinuität bei den handelnden Personen zu zeigen und auch aufkommende Fragen direkt beantworten zu können. Alle offenen Themen führen zu ungewollten Flurgesprächen, die im Kern nur selten die exakte Wahrheit treffen. Die hohe Unternehmenskultur der Aspera und der offene Umgang zwischen Management und Mitarbeiter halfen hier, offene Punkte zu klären und trotz aller Veränderung den Fokus auf der täglichen Arbeit zu belassen. Mit einer einmaligen Kommunikation ist es allerdings nicht getan. Mit den Schlüsselpersonen wurden Einzelgespräche durchgeführt, und wichtig war auch die handelnden Personen der USU kennenzulernen. Dies wurde sehr zeitnah umgesetzt.

Die Mitarbeiter der USU waren weit weniger von diesen Entscheidungen betroffen. Doch wurden auch diese von Beginn an in die Kommunikation eingebunden. Ein Zusammenschluss ist immer auch eine Frage der Integration und daher eine Frage der Zusammenarbeit. Im Fokus lagen hier Informationen über die Integration der Aspera-Lösung in die Valuemation-Suite und die Potenziale für eine vertriebliche Zusammenarbeit.

Alle Kommunikationslinien wurden in einem Gesamtkonzept festgehalten und zeitlich wie inhaltlich geplant. Die exakte Reihenfolge der Instrumente spielte dabei eine große Bedeutung. Daher wurde das Programm an zentraler Stelle geplant und überwacht.

e. Schritt 4: Die Basis etablieren

Nach der Vertragsunterschrift und der zeitnahen Kommunikation wurden die ersten Schritte der Integration angegangen. Im Fokus lagen dabei Aktivitäten in zwei Hauptbereichen: die Organisation und die Schaffung von Transparenz in den Bereichen Finanzen und Personal sowie den marktorientierten Bereichen Marketing, Vertrieb und Produktentwicklung.

Durch die hohen Anforderungen für börsennotierte Unternehmen wurde zuerst der Bereich Finanzen umgesetzt. Hier wurde die Einführung des einheitlichen ERP-Systems vorangestellt, um alle Finanzinformationen auf einer Plattform und die Erstellung der Daten in gemeinsamen Prozessen zu realisieren. Die jeweiligen Abteilungen beider Firmen wurden von Beginn an in das Projekt eingebunden, um eine hohe Akzeptanz für die Systeme zu erreichen. So erfolgte bereits nach drei Monaten der Abschluss vollständig im integrierten System. Die einheitliche Darstellung der Zahlen wirkte sich positiv auf das gemeinsame Verständnis für die Märkte und die jeweiligen Geschäftsmodelle aus. Durch die Erweiterung der Controlling-Instrumente über die Zeit und das kontinuierliche Reporting konnte der Wachstumsweg der Aspera aktiv begleitet werden. Im Personalbereich standen die Übernahme der Personalabrechnung und die Zusammenarbeit im Bereich Recruiting im Fokus. Die etablierten Prozesse, Tools und Vorgehensweisen der USU entlasteten Aspera, und viele Themen konnten so gemeinsam deutlich schneller verbessert oder neu aufgebaut werden.

Sehr schnell kam in den kundenorientierten Bereichen die Nachfrage nach Details zur technischen Integration oder dem gemeinsamen Vertriebsmodell. Die Erstellung eines gemeinsamen Flyers, Präsentationen durch das Marketing und die Erweiterung der jeweiligen Homepages wurden sehr kurzfristig durchgeführt. Auch die Abstimmung der Kundenlisten für koordinierte vertriebliche Aktivitäten wurde sehr zeitnah in Angriff genommen. Die Abstimmung durch gemeinsame Status-Calls half bei der Transparenz über die konzernweiten Kundensituationen. Oft werden bei Transaktionen zu hohe Erwartungen mit dem Thema Cross-Selling verbunden. Tatsächlich dauerte es 1–2 Jahre, bis ein nachhaltiger Erfolg sichtbar wurde, obwohl es immer Quick-Wins auf diesem Weg gegeben hat. Klar geregelt wurden die Provisionsmodelle im Vertrieb und zwischen den Firmen. Auch wenn der Kunde im Fokus ist, sollte die Wirkung dieser internen Rahmenbedingungen nicht unterschätzt werden.

Für die technische Integration vereinbarte man Treffen zwischen den Produktmanagern und der Entwicklung. Da Entscheidungen in diesem Umfeld nicht schnell zu korrigieren sind, setzten die Verantwortlichen auf eine mittelfristige Lösung und nahmen sich dadurch ausreichend Zeit für eine wohldurchdachte Konzeption. Die Frage von Schnittstellen und damit die Herausforderungen eines homogenen Datenaustauschs standen dabei im Mittelpunkt der Entscheidungen, um dem Kunden eine möglichst hohe Integration bieten zu können. Die fachliche Weiterentwicklung der Lizenzmanagement-Lösung wurde dadurch nicht beeinträchtigt.

Die ersten Schritte wurden von allen Beteiligten sehr genau verfolgt, da es in der Regel die erste Zusammenarbeit der Mitarbeiter beider Firmen bedeutete. Da der erste Eindruck bekanntermaßen entscheidend ist, wurden diese Aktivitäten immer durch das Management begleitet. Geholfen hat, dass sich die Mitarbeiter auch persönlich getroffen haben und nicht nur virtuelle Konferenzen durchgeführt wurden. Hier zeigte sich die Wichtigkeit des kulturellen Aspekts im Auswahlprozess. Da beide Firmen sehr gut zueinander passten, waren die Zusammenarbeitsprojekte auch sehr schnell erfolgreich.

f. Schritt 5: Die Zukunft im Blick behalten

Integration ist kein Projekt, welches ein fixiertes Ende hat. Vielmehr gehen die geplanten Aktivitäten fließend in strategische Programme über. Nachdem die erste Phase sehr stark von schnellem, gegenseitigem Austausch von Erfahrungen und von dem Schließen organisatorischer Lücken geprägt war, wurde das Gewicht in der zweiten Phase auf die gemeinsame Gestaltung der Zukunft verlagert. Hier agieren Aspera und USU als Partner auf Augenhöhe in einer gemeinsamen Gruppe. So wurde im Verlauf des Projektes eine einheitliche Datenbasis für den Vertrieb geschaffen und ein gemeinsames CRM-System eingeführt. Dies erleichterte den Forecast und Kundenakquisitionsprozess deutlich. Auch in den anderen Bereichen nahm man weitere Aktivitäten in Angriff. Die Mitarbeit in den gruppenweiten Komitees ist mittlerweile ebenso selbstverständlich wie Gespräche über die gemeinsamen Portfoliokomponenten oder die Einbindung von Technologien in die Produktplanung. Sehr positiv gestaltete sich auch der Wechsel von Mitarbeitern zwischen den Bereichen. Dies erhöhte die Identifikation in der Gruppe und beschleunigte die Zusammenarbeit. Auch die Aspera-Gründer spielen weiterhin eine wichtige Rolle in der USU-Gruppe. Bernhard Böhler verstärkt seit Oktober 2014 mit seinen vertrieblichen Erfahrungen den Konzernvorstand. Christof Beaupoil baute die US-Niederlassung der Aspera auf und ist somit die Speerspitze der Internationalisierung der USU–Gruppe. Keith Sauvant verantwortet weiterhin die strategische Entwicklung der Lizenzmanagement-Produkte. So konnten die unternehmerischen Talente nachhaltig ihre Wirkung auch in der USU-Gruppe entfalten.

4. Zusammenfassung

Über mehrere Transaktionen hinweg hat sich gezeigt, dass der fünfstufige PMI-Plan der USU erfolgreich umgesetzt werden konnte. Keine dieser Transaktionen war eine Kopie der vorherigen. Daher sollten die thematischen Blöcke nur als Rahmendaten dienen, die Ausgestaltung aber immer spezifisch neu aufgesetzt werden. Im Blick sollte man behalten, dass bei aller Diskussion über Kaufpreis und Bewertungen es immer um Menschen und die zukünftige gemeinsame Zusammenarbeit geht. Daher ist das Thema Unternehmenskultur sehr eng mit dem nachhaltigen Erfolg verbunden. Die Auswahl von erfolgreichen profitablen Unternehmen erleichtert das zukünftige Gesamtprojekt, da keine harten schnellen Schnitte notwendig sind und die Konzentration auf die positive gemeinsame Vermarktung gerichtet werden kann. Nach der Aspera wurden mit der BIG Social Media und der SecurIntegration zwei weitere Unternehmen erfolgreich in die USU-Gruppe eingebunden. So hat sich neben dem starken organischen Wachstum der Zukauf von Unternehmen als feste Säule der zukünftigen Konzern-Entwicklung etabliert.

Literatur

Gerds, J., & Schewe, G. (2003). *Post merger integration – Unternehmenserfolg durch integration excellence* (1. Aufl.). Heidelberg: Springer.

Bernhard Oberschmidt Nach dem Studium der Wirtschaftswissenschaften kam Bernhard Oberschmidt 1996 zur USU AG, der heutigen Konzerntochter der USU Software AG. Nach Tätigkeiten im Bereich Finanzen und Qualitätsmanagement übernahm er 1998 die Leitung für die Bereiche Rechnungswesen und Controlling und begleitete in 2000 verantwortlich den Börsengang der USU AG. Im Rahmen des Zusammenschlusses der Openshop Holding AG und der USU AG zur heutigen USU-Gruppe wurde Bernhard Oberschmidt im Jahr 2002 zum Chief Financial Officer ernannt. Heute agiert er als Vorstandsvorsitzender und verantwortet die Konzernstrategie sowie die Ressorts Finanzen, Investor Relations und zentrale Administration.

Dr.-Ing. Benjamin Strehl absolvierte sein Studium der Betriebswirtschaft mit den Schwerpunkten Wirtschaftsinformatik und internationales Management in Wiesbaden, Los Angeles und Singapur. Nach dem Abschluss als Diplom-Kaufmann arbeitete er zunächst bei der IBM und danach bei Roland Berger Strategy Consultants in zahlreichen Projekten für internationale Konzerne, schwerpunktmäßig in den Themen Organisation, Prozesse und IT-Strategie. 2010 wechselte er zur USU Software AG und verantwortete zunächst Akquisitionen, Strategie & Unternehmensentwicklung. Am Institut für Informatik der Universität Leipzig promovierte er 2012 erfolgreich zum Thema „Innovationsmanagement im Service Center" und ist Autor zahlreicher Fachartikel. Als Vorstand forciert Benjamin Strehl heute vor allem das akquisitorische Wachstum der USU-Gruppe sowie die Bereiche Forschung & Entwicklung und Consulting.

Hat sich der Deal gelohnt? Herausforderungen bei der Nachkalkulation von Erwerben kleiner Unternehmen am Beispiel des TÜV SÜD

Stephan Reiter, Hatto Schick und Christopher Hermann

Zusammenfassung

Die Aussage, dass „zwei Drittel aller Unternehmenserwerbe scheitern" ist eines der gängigsten Klischees im M&A Geschäft. Dabei erstaunt es, wie wenige Unternehmen überhaupt den Erfolg ihrer Erwerbe im Nachhinein systematisch überprüfen. Der Artikel gibt einen Überblick über die grundsätzlichen Fragestellungen und Fallstricke eines solchen Controllings. Hierbei wird insbesondere eingegangen auf die Problematik einer (messbaren) Erfolgsdefinition, die Trennung zwischen „strategischen" und finanziellen Erwerbszielen sowie die Notwendigkeit von PMI-spezifischen Prozessen und Kennzahlen. Ferner stellt der Artikel einen pragmatischen Ansatz vor, der von den Autoren für die TÜV SÜD Gruppe entwickelt wurde und sich dort im Einsatz befindet.

1 Grundsätzliche Überlegungen

„Der Begriff Erfolg bezeichnet das Erreichen selbst gesetzter Ziele." (Wikipedia 2015) So abstrakt und gleichzeitig elegant formuliert es der zumindest der namenlose WIKIPEDIA-Autor. Dies mag auf den ersten Blick banal klingen, eröffnet aber bereits die erste Einsicht: Es kann (auch für für Unternehmenserwerbe) zumindest a priori keine objektive

S. Reiter (✉) · H. Schick · C. Hermann
TÜV SÜD AG, Westendstraße 199, 80686 München, Deutschland
E-Mail: Stephan.Reiter@tuev-sued.de

H. Schick
E-Mail: Hatto.Schick@tuev-sued.de

C. Hermann
E-Mail: Christopher.Hermann@tuev-sued.de

A. Kuckertz, N. Middelberg (Hrsg.), *Post-Merger-Integration im Mittelstand,*
DOI 10.1007/978-3-658-12370-3_24

Erfolgsdefition geben – also auch im Nachhinein kein objektives Urteil darüber, ob ein Unternehmenserwerb erfolgreich war oder nicht. Eine Diskussion um den Erfolg eines Unternehmenserwerbs muss vielmehr bei den damit verbundenen Zielen ansetzen.

Es scheint sich in der Literatur wie in der Managementpraxis der Blick zu verfestigen, dass die Aufgabe der Unternehmensführung (innerhalb rechtlicher und moralischer Grenzen) in der Maximierung des Unternehmenswertes besteht – also der Maximierung des Zeitwertes aller zukünftigen Mittelzuflüsse „Discounted Cash Flow", DCF (Copeland et al. 1990), Grundsätzlich fallen auch Erwerbe von Unternehmen in den akzeptierten Geltungsbereich dieser Zieldefinition.

In der Praxis wird man jedoch auf Anfrage bei unternehmerischen Entscheidern häufig nicht nur solche finanziellen Erwägungen genannt bekommen sondern auch qualitative (häufig als „strategische Ziele" bezeichnet).

Eine solche Unterscheidung ist auch grundsätzlich sinnvoll – solange man im Hinterkopf behält, dass jedes Ziel, das man als „strategisch" bezeichnet, immer Mittel zur Erreichung eines späteren finanziellen Zieles sein muss. Diese Einschränkung beachtend, wollen wir im Folgenden die Akquisitionsziele auch in strategische und finanzielle Ziele gliedern.

2 Strategische Ziele

Unter „strategischen Zielen" werden meist die Ziele verstanden, von denen sich der Erwerber erhofft, sich einen nachhaltigen Wettbewerbsvorteil zu verschaffen (Porter 1985). Dies kann eine ganze Reihe von Sachverhalten betreffen. Typische **marktseitige** Themen sind insbesondere:

(1) die Erhöhung des Marktanteils, z. B. um Skaleneffekte zu nutzen,
(2) die Vervollständigung des Geschäftsportfolios um Produkte oder Regionen,
(3) die Bereinigung des Marktes bzw. Stabilisierung des Preisniveaus.

Natürlich gibt es auch **ressourcenseitige** Überlegungen, wie z. B. den Zugang zu bestimmten Mitarbeitern, Lieferanten, Anlagen, Technologien. Auch eine vertikale (Rückwärts-) Integration kann unter einer solchen Überschrift gesehen werden.

Idealerweise sind solche strategischen Einzelziele Teil eines größeren „Masterplans" des Erwerbers – oder eingebettet in eine Erwerbsstrategie (z. B. „Buy and build"), an der sich alle wesentlichen Aktivitäten im Rahmen der Transaktion (Hecker und Schick 2001) und danach orientieren.

Die finanziellen Ziele einer Akquisition stellen im weitesten Sinne auf die Erreichung von vorab definierten Messgrößen ab, die als Indikator für die Steigerung des Unternehmenswertes dienen. Die Steigerung des (Verkehrs-) Wertes der Unternehmensanteile (Shareholder Value) liegt grundsätzlich im Hauptinteresse der Anteilseigner. Hiermit ist sie oberste Leitlinie („Idealziel") unternehmerischen Handelns.

3 Finanzielle Ziele

Da der Unternehmenswert aus einer unendlichen Reihe von Mittelzuflüssen besteht, ist er nicht direkt beobachtbar. Auch hier gilt der Ausspruch des Ökonomen Keynes „In the long run we are all dead". Man ist also in der Praxis darauf angewiesen, den Beobachtungshorizont auf einen endlichen Zeitraum einzuengen. Daher sucht man sich in der Praxis häufig bestimmte Messgrößen bzw. Erfolgskennzahlen (z. B. Umsatz, Periodenergebnis, Cash-Flow, etc.), die Aufschluss über die Erreichung des Oberziels geben sollen und als Indikator für das Oberziel fungieren („Formalziele").[1]

Grundsätzlich lassen sich finanzielle Messgrößen in statische und dynamische Leistungskennzahlen unterteilen. **Statische Erfolgskennzahlen** beziehen sich auf die wirtschaftliche Leistung der abgelaufenen Berichtsperiode. Periodeninterdependenzen werden hierbei nicht berücksichtigt. **Dynamische Erfolgskennzahlen** beziehen mehrere Betrachtungsperioden mit ein; das DCF Modell sogar die Totalperiode (Schultze und Hirsch 2005).

Der Vorteil statischer Erfolgskennzahlen besteht darin, dass sie objektivierbar mit begrenztem Aufwand für einen bestimmten Zeitpunkt bestimmbar sind. Allerdings sagt der Erfolg in einer einzelnen Periode nur wenig über den Erfolg in zukünftigen Perioden aus. Es besteht also grundsätzlich die Möglichkeit, trotz Erringung mehrerer konsekutiver „Scheinerfolge" den Unternehmenswert langfristig zu untergraben.

Bei dynamischen Erfolgskennzahlen (insbesondere DCF) verhält es sich umgekehrt: Rechnerisch sind eine Reihe oder sogar alle Perioden berücksichtigt – diese Werte sind allerdings, zumindest was die Zukunft betrifft, Planzahlen und damit subjektiv und mit Unsicherheit behaftet.

(a) Dynamische Kennzahlen

Eine Steigerung des Unternehmenswertes lässt sich am Besten durch eine Unternehmensbewertung abbilden. Hierbei stehen unterschiedliche Bewertungsmodelle zur Verfügung. Grundsätzlich wird auf den subjektiven Unternehmenswert abgestellt, also den Wert *für den Erwerber* – inklusive aller spezifisch relevanten Effekte für den Erwerber (z. B. Synergien, Integrationsaufwendungen etc.).[2]

Hierbei hat sich das **Discounted-Cash Flow** Modell aufgrund seiner Entscheidungsrelevanz, Zielkongruenz und Analysefähigkeit in Theorie und Praxis durchgesetzt. Es ist als dynamisches Verfahren konzeptionell am besten geeignet um Unternehmenswertsteigerungen abzubilden (Coenenberg und Schultze 2002).

[1] Zum anderen ist die relative aufwendige Bestimmung des Unternehmenswertes regelmäßig der Kaufpreisermittlung im Rahmen des M&A- Prozesses vorbehalten. Vgl. Wirtz (2003), S. 201 ff.

[2] Siehe dazu insbesondere auch die Ausführungen zur „Kaufplanung". Im Gegensatz zum subjektiven Unternehmenswert steht der objektive Unternehmenswert, bei dem individuelle (Zukunfts-) Erwartungen außen vor bleiben.

Ziel dieses Modells ist es, den Marktwert des Eigenkapitals (Shareholder Value) zu bestimmen, indem zukünftige Cash Flows diskontiert werden. Grundsätzlich stehen mehrere Verfahren zur Verfügung[3], typischerweise kommt der WACC-Ansatz zur Anwendung.

Hierbei wird zunächst der Unternehmensgesamtwert (Enterprise Value) durch die Diskontierung zukünftiger Free Cash Flows mit den gewichteten, gemittelten Kapitalkosten („Weighted-Average Costs of Capital", WACC) errechnet. Die WACC setzen sich aus den anteiligen Renditeforderungen der Fremdkapitalgeber und Eigenkapitalgeber zusammen, wobei letztere i. d. R auf der Basis des Capital Asset Pricing Model (CAPM) ermittelt werden. Der Wert der Unternehmensanteile („Equity Value") errechnet sich dann aus der Differenz aus Enterprise Value und Nettofinanzverschuldung („Net Debt").

Zur Prognose der zukünftigen Cash Flows muss also zunächst eine integrierte (Gewinn- und Verlustrechnung, Bilanz, Cash Flow) Finanzplanung erstellt werden. Damit wird auch schon der wichtigste Nachteil einer DCF-Analyse zur Leistungsbeurteilung und Verhaltenssteuerung sichtbar: Die zukünftigen Cash Flows unterliegen immer einer Prognose und damit der subjektiven Einschätzung des Bewerters – je größer der Zeithorizont desto höher die Unsicherheit. Dies wird beispielsweise bei der Festsetzung des „Terminal Value", also den Cash Flows nach Auslaufen der Planperiode, besonders deutlich. Ferner erreicht ein komplexes Finanzmodell wie das DCF mit seinen zahlreichen Parametern und Annahmen in der Praxis schnell die Grenzen der Kommunizierbarkeit.

Für Fälle, in denen die zukünftigen Cash Flows besonders schwer vorhersehbar sind, bzw. in denen die unternehmerische Flexibilität, auf externe Entwicklungen zu reagieren eine besondere Rolle spielt, kann das DCF Modell spezifisch erweitert werden („Realoptionen"). Dies spielt aufgrund der Komplexität des Realoptionsansatzes in der Praxis allerdings nur eine untergeordnete Rolle.

Im Realoptionsansatz werden die mit einer Investition in Vermögenswerte verbundenen und zur Auswahl stehenden Optionen gesondert bewertet. Der Unternehmenswert besteht somit aus einer Kern- und einer Flexibilitätskomponente, wobei nur die letztere als die eigentliche Option zu sehen ist. Es stehen dabei Wachstumsoptionen, Umstellungsoptionen und Desinvestitionsoptionen zur Verfügung. Die Bewertung dieser Optionen erfolgt dann über die Bildung eines Duplikationsportfolios, d. h. es wird ein Portfolio konstruiert, welches die gleichen Zahlungsrückflüsse wie die zu bewertende Option erzeugt. Darüber hinaus kann der Wert einer Option auch über Eintrittswahrscheinlichkeiten simuliert werden. Hierbei kommen insbesondere das Binomialmodell und das Black-/Scholes-Modell zur Anwendung (Kasperzak 2004).

Der **EVA**[4] kann ebenfalls als dynamisches Modell ausgestaltet werden, indem dieser analog zu Cash Flows im DCF-Modell diskontiert wird. Diese Berechnungsmethode wird auch Market Value Added (MVA) genannt (Stewart 1991). Eine solche Diskontierung von Residualgewinnen führt theoretisch zum gleichen Wert wie die Diskontierung von Cash

[3] Die DCF-Verfahren unterteilen sich in Bruttoverfahren mit WACC-Ansatz und dem APV-Ansatz, sowie den Nettoverfahren mit dem Equity-Ansatz.

[4] Siehe dazu „übergewinnorientierte finanzielle Ziele" weiter unten.

Flows (Lücke 1955). Dies wird aber in der Praxis eher selten angewandt, da hier die Kongruenz von Cash Flows und Residualgewinnen (der Unterschied besteht also nur aus der Periodisierung der Zahlungen) kaum gegeben ist (Schultze und Hirsch 2005). Der Vorteil einer Diskontierung von EVAs gegenüber Cash Flows besteht darin, dass diese nicht so stark durch kurzfristige Maßnahmen beeinflusst werden können; z. B. durch Working Capital Management, Aufschub von Investitionen oder Versilberung von Tafelsilber

(b) Statische Kennzahlen

Statische Kennzahlen lassen sich grob in vier Kategorien gliedern: Accounting-orientierte Kennzahlen, Übergewinne, Kapitalrenditen sowie Amortisationsrechnungen.

Der einfachste Ansatz zur Bewertung einer Akquisition ist sicherlich die Analyse üblicher Ertragskennzahlen aus dem **allgemeinen Rechnungswesen**. Hierbei werden meist EBIT, EBITA, EBITDA und Cash Flow als Absolutgrößen oder im Verhältnis zum Umsatz betrachtet.

Das EBIT als Gewinn vor Zinsen und Steuern ist eine direkte Größe aus dem Rechnungswesen und deshalb meist ohne Probleme verfügbar. Außerdem gilt diese Kennzahl im Gegensatz zu vielen anderen Kennzahlen als leicht kommunizierbar und verständlich. Als operativer Gewinn neutralisiert das EBIT Zins- und Steuereffekte und macht so Unternehmen mit unterschiedlicher Finanzierungsstruktur und Steuerlast (beeinflusst durch rechtliche Organisation und Sitz) vergleichbar. Das EBITDA geht noch einen Schritt weiter und zeigt den operativen Gewinn vor Abschreibungen, sodass auch Effekte aus unterschiedlichen Abschreibungsplänen und –Vorschriften eliminiert werden. Der Nachteil dieser Größen als Indikator für den Unternehmenswert besteht darin, dass das EBIT (in geringerem Maße auch das EBITDA) durch Sondereffekte erheblich beeinflusst sein können (z. B. Aufbau oder Auflösung von Rückstellungen, Wertberichtigungen des Umlaufvermögens, aktivierter Eigenleistung, plan- und außerplanmäßige Abschreibungen von immateriellen Vermögensgegenständen). Außerdem lassen sich Periodenergebnisse im Sinne von Ertragsüberschüssen nicht unmittelbar diskontieren, da nicht ausgeschüttete Gewinne, die in Folgeperioden durch ihre Reinvestition zu höheren Ausschüttungen führen, doppelt gezählt werden würden (Sog. Doppelzählungsproblem, Vgl. Coenenberg und Schultze 2002).

Vorteile des Gewinns als Erfolgsgröße sind neben der leichten Verfügbarkeit aus dem Rechnungswesen, dass sie im Periodenvergleich weniger stark schwanken als Cash Flows, da Investitionen aktiviert und abgeschrieben werden, so dass es zu zeitlichen Glättung kommt. Für die Leistungserbringung und Abrechnung gilt dies analog. „Auf Basis des Gewinns ist somit eine Ermittlung des nachhaltigen Gewinnerzielungspotentials wesentlich besser möglich, als auf Basis der unterschiedlichen Zahlungsströme." (Meitner und Streitferdt 2011)

Der Cash Flow[5], lässt sich in mehrere Komponenten unterteilen: Operativer Cash Flow (OCF), Investitions-Cash Flow (ICF) und Finanzierungs-Cash Flow (FCF).

---

[5] Entspricht der Veränderung des Zahlungsmittelbestandes.

Der operative Cash Flow bezieht nur operative Zahlungsvorgänge und insbesondere die Veränderung des Working Capitals mit ein.

Der Investitions-Cash-Flow beinhaltet alle Sachverhalte, die Investitionen und Desinvestitionen betreffen.

Operativer und investiver Cash Flow ergeben zusammen den Free Cash Flow. Der Free Cash Flow einer Periode stellt also den Überschuss bzw. die Unterdeckung aus der Innenfinanzierung eines Unternehmens dar.

Die Veränderung des Netto-Zahlungsmittelbestandes („Net Change in Cash") ergibt sich aus der Summe aus Free Cash Flow (FCF) und Finanzierungs-Cash Flow.

Die Vorteile des Cash Flow als finanzielle Messgröße liegen zunächst darin, dass er frei von subjektiven Einschätzungen ist. Darüber hinaus besteht im DCF-Modell eine direkte Verbindung des Free Cash Flow zum Unternehmenswert im Zeitablauf, denn aus der Perspektive der Anteilseigner sind nur die ihm zufließenden Zahlungen relevant (Prokop 2003). Nachteilig ist zu erwähnen, dass der Perioden-Cash Flow durch kurzfristige Maßnahmen (z. B: Veräußerung von Vermögensgegenständen, Verschiebung von Investitionen oder Reduktion des Umlaufvermögens) überlagert bzw. beeinflusst sein kann, diese Größe sich daher i. d. R unstetig entwickelt und daher nur nach weiterer Analyse Aussagen zum Unternehmenserfolg erlaubt (Schultze und Hirsch 2005).

Eine weitere Gruppe der finanziellen Ziele stellen die Übergewinne dar. Der **Economic Value Added (EVA)**[6] als prominentester Vertreter dieser Gruppe versucht die Wertorientierung mit der traditionellen Gewinnorientierung zu verbinden. Allerdings ist er im Gegensatz zum dynamischen, mehrperiodigen Verfahren der Unternehmensbewertung weniger komplex und scheint daher für interne Kontrollzwecke besser geeignet.

Der EVA ergibt sich als Differenz aus dem Net Operating Profit after Taxes (NOPAT) und den kalkulatorischen Kapitalkosten. Diese ergeben sich wiederum aus der Multiplikation des durchschnittlichen gebundenen Kapitals („Capital Employed") und dem gewichteten Kapitalkostensatz (Weighted Average Costs of Capital, WACC).

In der Praxis wird ein positiver EVA häufig mit einer Unternehmenswertsteigerung gleichgesetzt. Dies ist ein schwerwiegender Verständnisfehler. Ein positiver EVA zeigt ausschließlich an, dass in der beobachteten Periode ein positiver **Beitrag** zum Unternehmenswert erwirtschaftet wurde. Eine Steigerung des Wertes würde bedeuten, das sich in dieser Periode die Summe aller (auch der zukünftigen) EVAs erhöht hätte (z. B. wegen einer genialen Idee eines Ingenieurs oder einer neu entwickelten Unternehmensstrategie) (Rademacher 2011).

Der Cash Value Added (CVA)[7] ist das liquiditätsorientierte Pendant zum EVA. Der CVA stellt dabei die Rendite eines Unternehmens dar, die über der Verzinsung des Kapitals zu den gewichteten Kapitalkosten (WACC) liegt. Dabei greift der CVA auf den

[6] Das Konzept des EVA wurde von der Unternehmensberatung Stern Stewart & Co. entwickelt (Stewart 1991).

[7] Der CVA wurde von der Unternehmensberatung Boston Consulting Group entwickelt. (Heidecker 2003).

CFROI[8] zurück und berechnet sich durch: (CFROI – WACC) x Bruttoinvestitionsbasis[9]. Der CVA als Indikator der Unternehmenswertsteigerung unterliegt den gleichen Vor- und Nachteilen wie denen des EVA, allerdings beinhaltet der der EVA zusätzlich die Vor- und Nachteile von Gewinngrößen; der CVA die von Cash Flow Größen. Insbesondere ist beim statischen CVA problematisch, dass eine relativ konstante Größe (WACC) von einer stark schwankenden Cash-orientierten Größe (CFROI) in Abzug gebracht wird.

Den **Kapitalrenditen** ist gemein, dass eine Gewinngröße in Relation zu einer Kapitalgröße gesetzt wird. Sehr häufig verwendete Größen sind ROCE und CFROI. Zur Berechnung des ROCE wird wie bei der Berechnung des EVA das EBIT oder der NOPAT als Gewinngröße herangezogen, je nachdem ob eine Vor- oder Nachsteuer- bzw. operative Rendite gewünscht ist, und in Relation zum gebundenen Kapital (Capital Employed) gesetzt. Der ROCE allein sagt allerdings nichts über den Erfolg einer Investition aus, sondern muss mit anderen Kennzahlen, entweder dem geplanten ROCE, dem ROCE anderer Unternehmen oder den WACC verglichen werden. Ähnlich wie beim EVA kann erst dann von Wertsteigerung gesprochen werden, wenn der ROCE größer als die Kapitalkosten ist (Dreher 2010). Der Vorteil des ROCE gegenüber herkömmlichen Gewinngrößen liegt darin, dass er die Kapitalbasis in die Betrachtung mit einbezieht.

Der Cash Flow Return on Investment (CFROI)[10] ist vergleichbar mit der Methode des internen Zinsfußes, wobei das Unternehmen als Aggregation von Einzelinvestitionen betrachtet wird. Eine Investition ist als wertschaffend einzustufen, wenn der aus ihr resultierende interne Zins über den Kapitalkosten liegt. In seiner ursprünglichen Konzeption berechnet sich der CFROI als interner Zinsfuß eines bestimmten Cash Flow-Profils mit den vier Komponenten Brutto Cash Flow, Bruttoinvestitionsbasis (BIB) zum Zeitpunkt t, Restwert der nicht abschreibbaren Aktiva am Ende des Betrachtungszeitraums und Nutzungsdauer des Sachanlagevermögens (BIB) (Dahlhaus 2009). Die Bruttoinvestitionsbasis bezieht sich auf das zur Realisierung der Brutto Cash Flows erforderliche Kapital abzüglich nicht verzinslicher Verbindlichkeiten (Schultze und Hirsch 2005). Der Brutto Cash Flow ergibt sich analog zum DCF-Modell, allerdings wird er über die Nutzungsdauer konstant gehalten, sodass der CRFOI trotz des zugrundeliegenden mehrperiodigen Modells des internen Zinsfußes eine statische Größe darstellt (Stelter 1999). Die Nutzungsdauer des BIB ergibt sich aus dessen Wert und dem jährlichen Abschreibungsvolumen. Die Nachteile dieses CFROI liegen vor allem in der im konstanten Brutto Cash Flow und der schweren Bestimmbarkeit und Sensitivität der Nutzungsdauer.

Daher existiert eine weitere Version des CFROI (auch „CFROI II" genannt). Dieser wird folgendermaßen berechnet: (Brutto Cash Flow – Ökonomische Abschreibung)/ Bruttoinvestitionsbasis. Hierbei stellt der Zähler einen nachhaltigen Cash Flow dar. Die

---

[8] Siehe hierzu den Abschnitt „Kapitalrenditen".

[9] Die genaue Herleitung der Bruttoinvestitionsbasis findet sich bei Schultze und Hirsch (2005), S. 83 f.

[10] Der CFROI wurde von der Unternehmensberatung HOLT entwickelt und von der Unternehmensberatung Boston Consulting Group übernommen. Vgl. Heidecker (2003), S. 82.

ökonomische Abschreibung ist definiert als der mit den Kapitalkosten (WACC) zu verzinsende Betrag, der jährlich einbehalten wird um zukünftige Ersatzinvestitionen zu finanzieren (Schultze und Hirsch 2005).

Bei einer **Amortisationsrechnung** wird die Kapitalbindungsdauer einer Investition bestimmt. Dies ist der Zeitraum, in dem sich die Anschaffungskosten aus dem jährlichen Free Cash Flow refinanzieren. In der Praxis werden dabei die zurückfließenden Free Cash Flows aus einer Akquisition kumuliert und mit dem eingesetzten Kaufpreis verglichen. Ist die vollständige Amortisation noch nicht erreicht, können hier die Cash Flows des Businessplans herangezogen werden. Bei dieser Methode bleibt allerdings die Entwicklung des Zeitwerts des Geldes außer Betracht. Für die langfristige Unternehmenswertsteigerung spielt die Amortisationsrechnung insofern eine Rolle, als dass eine kürzere IST-Amortisationszeit auf höhere Cash Flows schließen lässt.

4 Messung des Akquisitionserfolges

Mit der Definition der Erwerbsziele ergibt sich grundsätzlich auch, wie deren Erreichung gemessen werden kann.

Aufgrund der großen Spannbreite möglicher **strategischer Ziele**, muss deren Erreichung individuell gemessen werden. Hierbei ist nur zu beachten, dass die strategischen Ziele hinreichend exakt und objektivierbar definiert sind. Ist beispielsweise die Erhöhung des Marktanteils das Ziel, sollte klar festgelegt sein, um welchen Markt in welchem Land/welcher Region es sich handelt – erfahrungsgemäß führen Ungenauigkeiten in solchen Festlegungen später immer zu unproduktiven Diskussionen.

Mögliche weitere „Messpunkte“ für die Erreichung strategischer Ziele können sein: Die Erzielung eines (Mindest-)Preisniveaus, die Einführung eines neuen Produkts, die erfolgreiche Eröffnung einer bestimmten Anzahl neuer Standorte, der Transfer einer Technologie in das/aus dem Zielunternehmen. Theoretisch ließen sich eine Reihe weiterer strategischer Ziele definieren und messen. In der Praxis scheinen jedoch die Erhöhung des eigenen Marktanteils sowie der Zugang zu neuen Kunden die bei weitem dominanten Ziele von Unternehmenserwerben zu sein (Knechtel et al. 2009).

Zur direkten Bestimmung der Erreichung des **finanziellen Oberziels** „langfristige Steigerung des Unternehmenswertes“ haben sich in der wissenschaftlichen Literatur vier verschiedene Messkonzepte entwickelt, die als Anregung für die Praxis dienen können (Rademacher 2011).

Dabei kommen ebenfalls unterschiedliche statische und dynamische Erfolgskennzahlen zum Einsatz, die Aufschluss über die Erreichung des Oberziels geben sollen.

Das in der M&A Forschung am häufigsten verwendete Messkonzept ist die kapitalmarktorientierte Erfolgsmessung anhand von Börsenkursen (Ereignisstudien oder Event Studies). Im Rahmen einer Ereignisstudie werden die Aktienkurse in einem fest definierten Zeitraum um die Veröffentlichung des Ereignisses „M&A Transaktion“ analysiert. Erfolg wird hier als die Erzielung einer sog. kumulierten abnormalen Rendite (Cumulated

Abnormal Return) definiert, welche die Differenz zwischen der tatsächlichen beobachteten Rendite und der theoretischen, erwarteten Rendite darstellt. Der Erwartungswert der normalen Rendite entspricht dabei dem Wert der Rendite, den die Aktie realisiert hätte, wenn die M&A Transaktion nicht stattgefunden hätte. Um die Reaktion des Gesamtmarktes im Zeitraum um das Bekanntwerden der M&A Transaktion zu erfassen, werden die geschätzten abnormalen Renditen kumuliert. Eine positive, kumulierte abnormale Rendite bedeutet, dass die Gesamtheit der Marktteilnehmer nach Bekanntwerden der M&A Transaktion eine Steigerung der zukünftigen Cash Flows bzw. eine Reduzierung des Risikos erwartet. Ereignisstudien beurteilen den Erfolg einer Akquisition also nicht mit den tatsächlich generierten Cash Flows des Unternehmens, sondern mit der zu erwarteten Steigerung des zukünftigen Cash Flows (Hinne 2008).

Bei der jahresabschlussorientierten Erfolgsmessung (Accounting Studies oder Operative Performance Studies) werden Kennzahlen der Vermögens-, Finanz-, und Ertragslage von M&A-aktiven Unternehmen über einen bestimmten Zeitraum, meist vor und nach einer Akquisition, miteinander verglichen. Eine entsprechend höhere oder niedrigere operative Performance kann dabei als Indikator für den Erfolg oder Misserfolg von Akquisitionen dienen. Teilweise werden auch verschiedene Kennzahlen eines Unternehmens denen anderer Unternehmen der gleichen Branche und Größe gegenübergestellt, um so Aussagen zur Benchmark-Performance treffen zu können (Rapp und Wullenkord 2011). In der Praxis kommt die jahresabschlussorientierte Erfolgsmessung aufgrund der Datenverfügbarkeit vor allem bei nicht börsennotierten Unternehmen zum Einsatz. Die eingesetzten Kennzahlen beziehen sich dabei häufig auf Kapitalrenditen, wie Abschnitt „Kapitalrenditen" dargestellt, aber auch die anderen vorgestellten Kennzahlen werden herangezogen (Lommertin 2014).

Die Methode der Analyse von Desinvestitionen misst den Erfolg von M&A-Transaktionen anhand von Wiederverkaufsraten. Eine Transaktion gilt dabei als erfolgreich, wenn das erworbene Unternehmen innerhalb eines gewissen Zeitraums nicht wieder weiterverkauft wird (Hinne 2008).

Ein weiteres Vorgehen besteht in der Befragung von qualifizierten Auskunftspersonen (Managern oder M&A-Professionals), die an einer Transaktion beteiligt waren. Deren subjektive Einschätzung soll dann einen Eindruck über den Erfolg oder Misserfolg der Transaktion vermitteln. Dies ist sicherlich die unzuverlässigste Methode.

Als **Ersatzindikatoren** kommen solche Kenngrößen in Betracht, deren Veränderung einen maßgeblichen Einfluss auf den Unternehmenswert haben, deren Auswirkung auf den Unternehmenswert im Einzelnen sich aber in der Regel nicht direkt quantifizieren lassen. In diese Kategorie fallen beispielsweise die Mitarbeiterfluktuation sowie die Kundenabwanderung. In der Praxis werden in Bezug auf diese Kenngrößen Negativziele formuliert bzw. Schwellwerte definiert, die nicht unterschritten werden sollen. Das Tracking der Kundenabwanderung ist vor allem bei Unternehmen mit vielen Kleinkunden sinnvoll, damit entsprechende Tendenzen von Anfang an sichtbar werden und entsprechende Gegenmaßnahmen ergriffen werden können. Das größere Problem bei Transaktionen stellt aber regelmäßig die Mitarbeiterfluktuation dar, da für die Mitarbeiter im Gegensatz zu den Kunden die größten Veränderungen und Unsicherheiten auftreten. Es ist deshalb sehr wichtig Stimmungen und Widerstände schon frühzeitig zu erkennen zu lösen (Gerds und Schewe 2014). Der Schaden am Unternehmenswert bei Personalverlust korreliert verständlicherweise mit dem Rang des Mitarbeiters, der das Unternehmen verlässt (Cannella und Hambrick 1993), dies muss aber nicht der einzige Faktor sein. Technisches knowhow, Kundenbindung oder Akzeptanz innerhalb der Organisation können ähnlich relevant sein.

Wann genau der richtige **Zeitpunkt zur Messung des Akquisitionserfolges** gekommen ist, wird auch in der Literatur nicht abschließend geklärt. So reichen bei der kapitalmarktorientierten Erfolgsmessung die Untersuchungszeiträume von wenigen Tagen nach der Akquisition bis zu mehreren Jahren. Die jahresabschlussorientierte Erfolgsmessung erstreckt sich ebenfalls von ein paar Monaten nach Erwerb bis zu mehreren Jahren danach.

Grundsätzlich gilt, dass Synergien teilweise erst mit erheblichem Zeitabstand nach Closing realisierbar sind (z. B. die Entwicklung von Produkten auf Basis gemeinsamer Technologien etc.). Gleichzeitig nehmen jedoch mit fortschreitender Zeit Überlagerungseffekte aus dem erwerbenden Unternehmen zu, beispielsweise durch gesellschaftsrechtliche Reorganisationen oder durch Änderungen im Geschäftsauftrag oder der strategischen Ausrichtung.

Von daher erscheint es sinnvoll, die die Performance des erworbenen Unternehmens während der Integrationsphase in nicht zu großen zeitlichen Abständen zu überprüfen, um negativen oder unvorhergesehenen Entwicklung begegnen zu können. Bei TÜV SÜD wird diese Performance-Steuerung mit dem „Integration Business Review" (IBR) in Quartalsintervallen für 6 Quartale durchgeführt (siehe dazu „Ziel und Ablauf eine Integration Business Review").

Für die Beurteilung des Akquisitionserfolges per se sollte ein längerer Zeitabstand gewählt werden, nachdem die Integration abgeschlossen ist und das integrierte Unternehmen einen „eingeschwungenen" Zustand erreicht hat. Als Benchmark kann hier der im IDW S 1 genannte Zeitraum der Detailplanungsphase von 3–5 Jahren herangezogen werden.[11] Da die akquirierten Unternehmen bei TÜV SÜD etwas kleiner sind und die Integration daher in der Regel nach ca. 1–2 Jahren abgeschlossen ist, findet die Überprüfung des Akquisitionserfolges nach Ablauf des dritten Geschäftsjahres nach der Transaktion im Rahmen eines Investment Review (siehe dazu „Ziel und Ablauf eines Investment Review") statt.

5 Akquisitionsplanung im TÜV SÜD Konzern

(a) Ausgangslage

TÜV SÜD ist ein weltweit agierender Konzern (Umsatz in 2014: € 2,1 Mrd., ca. 20 Tsd. Mitarbeiter) im Markt für Test-, Inspektions- und Zertifizierungsleistungen. Fünf Divisionen verteilen sich auf die drei Segmente Industrie, Mobilität und Zertifizierung. Der

[11] IDW Standard 2007.

Markt für unsere Dienstleistungen ist vergleichsweise stabil und wenig zyklisch. Da noch immer der größte Teil unseres Umsatzes in Deutschland erwirtschaftet wird, verfolgt das Unternehmen eine konsequente Internationalisierungsstrategie. Ein Großteil des internationalen Wachstums findet über Akquisitionen statt.

Die akquirierten Unternehmen sind entsprechend der Marktstruktur typischerweise klein (€ 5–20 Mio. Umsatz, 50–200 MA), inhabergeführt und nur in einem der von TÜV SÜD bedienten Geschäftsbereiche tätig – meist auch nur oder weit überwiegend in einem Land. Ferner haben die erworbenen Unternehmen häufig eine sehr schlanke administrative Struktur und erwirtschaften stabile Erträge. In der Regel verfolgen wir daher in der Integration eher das Ziel, Wachstumssynergien zu realisieren als Kosten zu senken.

Eine mehrköpfige M&A Abteilung erzielt ca. 5–10 Closing pro Jahr. In einer Veröffentlichung wurde für dieses Vorgehen von McKinsey der Begriff „Programmatischer Käufer" geprägt (Rehm et al. 2012).

Die erworbenen Unternehmen verfügen gemessen an ihrer Größe i.d. R über eine komplexe rechtliche Struktur mit Tochtergesellschaften und/oder Betriebsstätten im Ausland. Oftmals ist das lokale Management an den Tochtergesellschaften beteiligt.

Die überwiegende Mehrheit der Transaktionen bei TÜV SÜD wird als Share Deal strukturiert. Dies ist verschiedenen steuerlichen, rechtlichen und praktischen Überlegungen geschuldet. Um die gesellschaftsrechtliche Komplexität in Grenzen zu haltenwerden viele der akquirierten Unternehmen nach Erwerb mit bestehenden TÜV SÜD Gesellschaften verschmolzen, um die Gesellschaftsstruktur zu bereinigen.

(b) Akquisitionsplanung

Ziel der Kaufplanung ist es, die voraussichtlichen finanziellen Effekte eines Unternehmenserwerbs auf den Konzern zu ermitteln, um damit eine Basis für die Unternehmensbewertung zu liefern.

Bei TÜV SÜD besteht die Kaufplanung aus einem Businessplan für das zu erwerbende Unternehmen auf stand alone-Basis (P&L, BS, Capex, Cash-flow), jeweils einer Planung für Synergien und Integrationskosten, einer vorläufigen PPA sowie ggf. einer Übersicht akquisitionsinduzierter Konzernkosten (z. B. Umlagen).

Die Zeitwerte dieser Planungen (Stand-alone, Synergien, Integrationskosten) werden separat ermittelt und anschließend addiert (s. Abb. 1: Kaufplanung und -bewertung als Basis).

Das Ziel der stand-alone Planung ist es, die Entwicklung des Unternehmens unter der Annahme einer unveränderten Fortführung („going-concern") aufzuzeigen. Das Ergebnis dieses Schritts sollte eine realistische, integrierte Finanzplanung (mit den im vorigen Abschnitt genannten Bestandteilen) für fünf Planjahre ohne Berücksichtigung von transaktionsinduzierten Einflüssen (auf „Stand alone-Basis") sein.

Hierzu werden zunächst die IST-Daten der letzten drei Jahre um Sondereffekte bereinigt bzw. normalisiert, um eine möglichst gute Vergleichsbasis zum Planszenario zu bieten.

Basis für die Ermittlung der Planwerte ist – soweit vorhanden – die Planung des Verkäufers, welche um die Erkenntnisse aus der Due Diligence ergänzt und mit der histori-

Bridge elements	
Verkäufer - planung	**5.40**
Abweichende TÜV SÜD Einschätung	-1.00
Stand Alone Bewertung	**4.40**
Synergien	2.00
Integrations-kosten	-1.00
Wertbeitrag TÜV SÜD Konzern	**2.21**

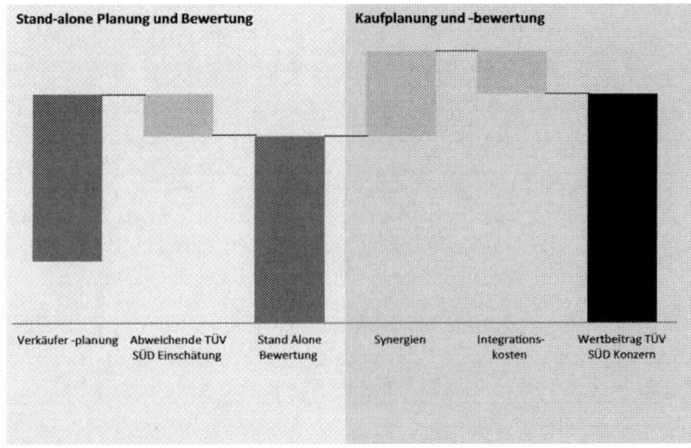

Data Bridge

	Values	Cumulative	Ends	A	B	C	D	E	F	Label Y	Y Label
Verkäufer - planung	5.4	5.4	5.4							5.4	5.4
Abweichende TÜV SÜD Einschätung	-1.0	4.4					4.4	1.0		5.4	5.4
Stand Alone Bewertung		4.4	4.4							4.4	4.4
Synergien	2.0	6.4					4.4		2.0	6.4	6.4
Integrations- kosten	-1.0	5.4					5.4	1.0		6.4	6.4
Wertbeitrag TÜV SÜD Konzern		5.4	5.4							5.4	5.4

Abb. 1 Kaufplanung und -bewertung als Basis. (Quelle: Rechte beim Autor)

schen „verprobt“ wird.[12] In diesem Zusammenhang sollten die zentralen Werttreiber des Geschäfts ermittelt und die wesentlichen Annahmen hierzu dokumentiert werden. Die Anpassung von Investitions-, Bilanz- und Liquiditätsplanung erfolgt analog hierzu.

Bei abweichendem Wirtschaftsjahr (Geschäftsjahr des zu übernehmenden Unternehmens endet unterjährig) werden die Planperioden anschließend auf das Kalenderjahr umgestellt (ggf. pro rata).

Sämtliche Annahmen, welche im Rahmen der Planung getroffen wurden, sollten durch die Ergebnisse der Due Diligence gestützt werden. Dies ergibt sich erst durch die Kombination von Commercial, Operational und Financial Due Diligence eine vollumfängliche Basis für die Planung. Daher ist die Kaufplanung mit den Leitern der einzelnen Due Diligence-Teams abzustimmen.

Synergien („Verbundeffekte“) sind entscheidend für die Generierung von Mehrwert aus der Akquisition. Kosten- und Leistungssynergien können sowohl auf Ebene des Konzerns bzw. der erwerbenden Einheit als auch auf Ebene des Targets entstehen und sind somit ggf. separat für jede legal entity auszuweisen. Für eine präzise Evaluierung von

[12] Verkäufer gehen i. d. R von zu optimistischen Annahmen zur weiteren Geschäftsentwicklung aus, um den potenziellen Investor von der finanziellen Attraktivität des Investments zu überzeugen. Aus diesem Grund ist die Verkäufer-Planung und deren zugrundeliegende Annahmen kritisch zu hinterfragen und im Hinblick auf die historische Entwicklung und die eigene Erwartung an die künftige Markt- und Geschäftsentwicklung anzupassen. Hierfür sind i. d. R umfangreiche Analysen erforderlich, um beispielsweise die Profitabilität der einzelnen Produkt-/Servicesegmente, Preis-, Mengen-, Kostenentwicklungen und deren mögliche Schwankungsbreite im Rahmen einer bottom up-Planung zu prognostizieren.

Verbundeffekten ist der erwartete Einfluss auf Umsatz- und Ergebnisebene (EBIT) sowie auf die Free Cash Flows zu ermitteln und zu dokumentieren.

Kostensynergien stellen Einsparungsmöglichkeiten nach Übernahme des Akquisitionsziels dar und sind meist kurzfristig realisierbar. Sie können zum Beispiel durch Skaleneffekte, Steigerung der Produktivität, Prozessoptimierung, Erhöhung der Auslastung, Nutzung gemeinsamer Ressourcen (shared services) oder durch andere effizienzsteigernde Maßnahmen erreicht werden.

Die Realisierung von nachhaltigen **Leistungssynergien** nimmt meist einen längeren Zeitraum in Anspruch. Sie entstehen durch Zusatz-Umsätze, die beispielsweise durch Komplementarität im Produkt- oder Kundenportfolio resultieren (cross-selling).

Erfahrungsgemäß werden diese Effekte häufig überschätzt. Die Planung des zusätzlich generierten Umsatzes sollte daher detailliert über den gesamten Planungshorizont auf Produkt- und Bereichsbasis mit den jeweils zuständigen Verantwortlichkeiten erfolgen und mit Maßnahmen hinterlegt werden.

Vermögenseffekte entstehen durch Maßnahmen aus dem Bereich des Asset Management, beispielsweise durch gezieltes Forderungsmanagement oder effizientere Steuerung des Working Capital, durch sale-and-lease-back Konstruktionen, Umfinanzierungen, die Nutzung steuerlicher Verlustvorträge oder die Veräußerung von nicht betriebsnotwendigem Vermögen.

Als gegenläufige Effekte zu den Synergien sind im Zuge der Due Diligence bzw. der PMI-Planung die **Integrationskosten** zu ermitteln.

Die Integrationskosten lassen sich in Einmaleffekte bzw. -aufwendungen („One-off") und fortlaufende Effekte bzw. Aufwendungen („Incrememtal Running Costs") unterteilen.

Zu den Einmaleffekten zählen zum Einen einmalige Kosten (z. B. zeitlich begrenzte Entsendung von Mitarbeitern im Rahmen eines Integrationsprojektes).

Zum Anderen fallen Investitionen an (z. B. Kauf neuer Hardware), welche dadurch entstehen, dass das Akquisitionsziel in den TÜV SÜD Konzern eingegliedert und den Konzernanforderungen angepasst werden muss.

Fortlaufende Integrationskosten beeinflussen die finanzielle Entwicklung des zu erwerbenden Unternehmens verglichen mit dem stand alone-Szenario negativ. Hierzu zählen insbesondere Mehrkosten, welche im Rahmen der Anbindung des Unternehmens an den Konzern entstehen und im Falle einer Fortführung des Unternehmens durch den bisherigen Anteilseigner nicht entstanden wären (z. B. Anbindung an ein Data-Warehouse-System oder Anforderungen der IT-Strukturen).

Aus Sicht des erworbenen Unternehmens stellen Konzernumlagen i.d. R ebenfalls fortlaufende Integrationskosten dar. Als bewertungsrelevante Umlage werden jedoch ausschließlich die inkrementellen Mehrkosten („Management-Fee") berücksichtigt. Weitere Umlagen wie z. B. Lizenzgebühren für die Nutzung der Marke oder Umlagen der Division und Region werden nachrichtlich ausgewiesen, sind aber nicht im bewertungsrelevanten Free Cash Flow enthalten. Einmalig anfallende Kosten werden den im Folgenden beschriebenen Integrationskosten zugeordnet.

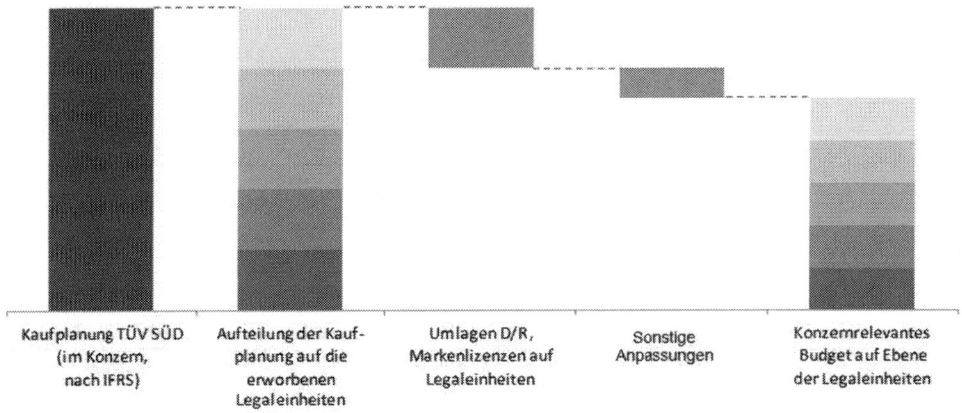

Abb. 2 Überführung der Kaufplanung in Budgets. (Quelle: Rechte beim Autor)

(c) Herausforderungen bei der Akquisitionsplanung

Wie oben ausgeführt erstellt ein Erwerber allein schon für Bewertungszwecke eine integrierte Finanzplanung. Dabei ist er vor diverse Herausforderungen gestellt. Häufig exisitiert bei vielen Kleinunternehmen eine solche Planung nicht bzw. die erste Planung, die in der Unternehmensgeschichte erstellt wird, kommt vom Verkaufsberater und ist entsprechend optimistisch und wenig detailliert.

Typischerweise wird eine solche Planung auch nicht auf IFRS basieren, sondern lokalen Buchhaltungsstandards folgen und weder Saisonalisierung, noch ein Preis-Mengengerüst aufweisen.

Die für den Käufer zur Plausibilisierung notwendigen historischen Finanzdaten werden darüber hinaus zunächst unbereinigt von Sondereffekten sein, häufig liegen sie nur für Einzelgesellschaften und nicht in konsolidierter Form vor. Ferner wird eine Unternehmenssteuerung nach internen KPIs (z. B. Auslastung, Stückkosten, etc.) vollständig fehlen, so dass eine weitere Verprobung der Planung nicht möglich ist.

Die Erstellung einer glaubwürdigen Finanzplanung bleibt damit letztlich dem Erwerber überlassen, der Businessplan weist naturgemäß entsprechende Unschärfen auf, die sich auch dadurch widerspiegeln, dass zwischen verschiedenen Planszenarien („best case", „realistic case", „worst case") hohe Spannen liegen.

(d) Überführung der Akquisitionsplanung in Budgets

Durch die Ausführungen zur Erwerbsplanung wird unmittelbar klar, dass diese nicht direkt zu Controllingzwecken in die konzerninterne Budgetplanung übernommen werden können. Es ist vielmehr eine Überleitungsrechnung notwendig (Abb. 2).

Hierzu wird innerhalb von drei Monaten nach Vollzug der Transaktion (Closing) im Rahmen der Post Merger-Integration aus der Kaufplanung das Drei-Jahresbudget des erworbenen Unternehmens (bzw. der erworbenen Unternehmensgruppe) entwickelt.

Das Drei-Jahresbudget zeigt die Entwicklung des erworbenen Unternehmens aus Konzernsicht. Für die Erstellung gelten die folgenden Grundsätze:

Die vollständige Kaufplanung ist auf Ebene der erworbenen Legaleinheiten aufzuteilen und enthält alle Sachverhalte. Dies betrifft insbesondere auch die dort angeführten

Synergien (sofern in der Zielgesellschaft anfallend) und Integrationskosten. Zusätzlich werden Umlagen von Divisionen und Regionen sowie die TÜV SÜD-Markenlizenz berücksichtigt.

Das erste Jahr nach Closing ist auf Monatsbasis auszuplanen. Das Drei-Jahresbudget ist innerhalb von drei Monaten nach Closing durch die Leiter der PMI-Workstreams Controlling und Finance in Zusammenarbeit mit dem erworbenen Unternehmen und der akquirierenden Einheit zu erstellen.

Zur Gewährleistung der Nachverfolgbarkeit werden Synergien und Integrationskosten im Drei-Jahresbudget in der Regel auf separaten Kostenstellen geplant.

Synergien auf Ebene von bestehenden TÜV SÜD Gesellschaften werden separat geplant und das Budget der betroffenen Gesellschaft entsprechend angepasst.

Das ermittelte Drei-Jahresbudget wird von der zentralen Controllingabteilung freigegeben, bevor es im konzerninternen Planungs- und Reportingsystem erfasst wird. Es dient u. a. als Basis für die Zielvereinbarung und Vergütung des verantwortlichen Managements.

Das Budget wird auf Basis dieser Planung für drei Jahre fixiert, d. h. es wird in den zwei auf das Erwerbsjahr folgenden Planungen nicht angepasst. Nur bei signifikanter Änderung der Rahmenbedingungen und mit Vorstandsgenehmigung darf das Budget innerhalb der ersten drei Jahre nach Erwerb angepasst werden. Sollte in den Folgejahren das Drei-Jahresbudget gegenüber der ursprünglichen Planung nach oben abweichen (also vorteilhafter sein), so kann auch ohne Vorstandsbeschluss das vorteilhaftere Budget erfasst werden, sobald die Controllingabteilung die Vorteilhaftigkeit des aktualisierten Budgets anhand des kumulierten EVAs der drei Planjahre dargelegt wurde und die Controllingabteilung der Aktualisierung des Budgets zugestimmt hat.

(e) Normalisierungsbedarf von Ertragskennzahlen

Auch eine so erstellte Planungsrechnung wird in der Praxis häufig das falsche Bild von der Ertragskraft liefern. Der Grund hierfür liegt hauptsächlich in einer Größe, die vor Erwerb nur mit begrenzter Genauigkeit abschätzbar ist: Die Abschreibung auf die erworbenen materiellen und immateriellen Vermögensgegenstände. Diese ergibt sich aus der PPA (Zuordnung des Kaufpreises auf diese Vermögensgegenstände (*purchase price allocation – „PPA“*) und die Abschätzung von deren wirtschaftlicher Nutzungsdauer. Naturgemäß kann die PPA erst nach Erwerb abschließend berechnet werden.

TÜV SÜD normalisiert daher die wesentlichen finanziellen Kenngrößen um diesen Betrag, um die Aussagekraft von Vergleichen zu Vorjahresperioden bzw. von Plan-/Ist Vergleichen durch die PPA bzw. durch Abweichungen der finalen PPA von der vorläufigen PPA nicht zu verzerren und damit eine Kennzahl zur „fairen“ Messung der operativen Ertragskraft der erworbenen Unternehmen zu schaffen. Zur Kennzeichnung der normalisierten Größen, werden diese mit einem „*“ versehen (z. B. EBIT*).

Desweiteren werden Konzernumlagen eliminiert, da sie den Ergebnis- bzw. Cash-Flow Beitrag einer erworbenen Gesellschaft auf den Gesamtkonzern nicht beeinflussen. Verrechnungen von Kosten, denen eine Dienstleistung gegenübersteht (z. B. Payroll, Accounting, etc.) werden allerdings nicht eliminiert.

Für den EVA* existiert ein weiterer Einflussfaktor – hier muss auch der Einfluss von der PPA und Goodwill auf das Capital Employed berücksichtigt werden.

Analog wird mit Umlagen verfahren, soweit sie keine akquisitionsbedingten, inkrementellen Mehrkosten darstellen. Dies betrifft beispielsweise Lizenzgebühren für die Nutzung der Marke oder Umlagen von Division und Region.

Ein regelmäßiger Quell der Verwirrung sind unverstandene unterjährige Effekte. Hierunter ist zunächst die Saisonalität zu sehen: Die Planung des Verkäufers ist üblicherweise auf Jahresebene (s. o.). Wenn überhaupt historische unterjährige Geschäftszahlen verfügbar sind, basieren diese häufig nicht auf IFRS (also ohne Percentage-of-Completion-Umsätze nach IAS 11). Es ist also leicht, ein Budget für die Monate des ersten Jahres zu erstellen, welches vom zu erwartenden Verlauf deutlich abweicht. Dies kann dazu führen, dass z. B. ein Marktanteilsverlust zu spät erkannt wird – weil möglicherweise das Budget nur geringe Umsätze in den ersten Monaten des Jahres unterstellt.

Weitere unterjährige Effekte sind buchhalterische Unschärfen: in einem neu erworbenen Unternehmen sind bisweilen noch nicht alle zu erwartenden Kosten für z. B. Urlaub, Boni etc. von Anfang an bekannt – oder der zuständige CFO ist infolge des Erwerbs in den ersten Monaten zu beschäftigt, als dass er sich der Bildung der korrekten Höhe der Rückstellungen für solche Positionen widmet. Es ist auch nicht immer von Tag 1 an garantierbar, dass die Erfassung der auf Projekte zu buchenden Arbeitsstunden fehlerfrei abläuft, wenn dies nicht schon vor Erwerb monatlich so geschehen ist. Das Ergebnis solcher Unschärfen sind dann unterjährige Buchungen („True-ups"), welche solche Kosten- oder Umsatzpositionen für mehrere oder alle vorhergehenden Monate zusammenfassen. Wenn diese nicht bekannt bzw. bereinigt sind, kann man schnell ein falsches Bild über die Entwicklung der Profitabilität bekommen.

Üblicherweise wird auch die Planung der Integrationsaufwände nicht auf Monatsbasis vorliegen. Im Gegenteil: Der zeitliche Verlauf der Integrationsaufwendungen weicht häufig auf Jahresbasis deutlich von der Planung ab. Auch dies muss berücksichtigt werden, wenn man den Verlauf der Erträge eines erworbenen Unternehmens mit der Planung vergleicht.

6 Akquisitionscontrolling im TÜV SÜD Konzern

In den meisten Konzernen wird für die Integration eines erworbenen Unternehmens ein Entscheidungsgremium („Lenkungskreis", „Steering Committee" o. ä.) gebildet, welches die weiteren Schritte verantwortet (Reiter und Schick 2013). Dieses Gremium sollte auch die Erreichung der Ziele des Erwerbs überwachen.

Die Auswertung der Daten sowie der Vergleich mit den Planzahlen kann Aufgabe der M&A Abteilung oder der operativen Einheiten sein.

Hierbei ist sicherzustellen, dass die Abgrenzung zum operativen Beteiligungscontrolling allen Beteiligten klar ist. Ziel des PMI Controllings ist es, eventuelle Fehlentwicklungen frühzeitig zu identifizieren um entsprechende Gegenmaßnahmen einleiten zu können. Der Fokus liegt also in der Verfolgung der finanziellen Performance – im Vergleich zur Erwerbsplanung. Bei einem solchen Vergleich stößt man unweigerlich auf eine Reihe (oft unterjähriger) Sondereffekte, die bereinigt werden müssen, um ein objektives Bild zu erlangen. Ferner sind neben etwaigen akquisitionsinduzierten Effekten die auftretenden Integrationseffekte zu berücksichtigen. Die Verschiebung von Integrationsmaßnahmen ist hierfür ein klassisches Beispiel. Wegen dieser starken Verflechtung mit der Transaktion liegt die Durchführung derartiger *Quality-of-Earnings* Analysen meist außerhalb des Scope des operativen Beteiligungscontrollings.

Ein Konzern steht als Erwerber häufig vor der Herausforderung, dass in den ersten Monaten nach Closing in den Standard-Berichtssystemen (z. B. SAP) keine Daten zum erworbenen Unternehmen vorhanden sind. Wenn dann noch das Vertrauen in Richtigkeit der ersten Berichte fehlt, besteht schnell das Risiko, dass Fehlentwicklungen über längeren Zeitraum (z. B. 6 Monate) unbemerkt bleiben. Eine zeitnahe, qualitativ gute Erhebung der finanziellen Eckdaten kann also durchaus erfolgskritisch sein.

Um dies zu gewährleisten, hat TÜV SÜD mehrere Mechanismen:

Um schon vor Einführung des ERP-Systems Zugriff auf die wesentlichen Eckdaten zu gewährleisten und Konzernkonsolidierung zu ermöglichen, verfügt TÜV SÜD über **ein Web-basiertes Berichtssystem**, mithilfe dessen neu erworbene Gesellschaften kurzfristig berichtsfähig gestellt werden können. Dies ist typischerweise binnen 4–8 Wochen nach Erwerb der Fall.

(a) Integration and Business Review (IBR)

Im Rahmen der Sitzungen des (Integrations-) Steuerkreises werden in den 18 Monaten nach Erwerb die finanzielle Entwicklung und der Fortschritt der Integrationsmaßnahmen besprochen. Dieser sog. **„Integration & Business Review" (IBR)** findet quartalsweise statt.

Im Bereich „finanzielle Entwicklung" werden GuV, Cash Flow und Umlaufvermögen diskutiert. Dies geschieht anhand eines standardisierten Dokuments, welches einige Tage vor der Sitzung zirkuliert wird.

Das Dokument besteht aus einer Übersichtsseite, die die wichtigsten Eckdaten zeigt, sowie einigen weiteren Seiten, die die dahinterliegenden Details beleuchten. Insbesondere die folgende Tabelle hat sich als wertvolles „Kondensat" der wesentlichen Finanzdaten erwiesen (Abb. 3).

(b) Investment Review (IR)

Im TÜV SÜD Konzern wird nach Ablauf von drei vollen Geschäftsjahren nach Closing ein sog. **„Investment Review" (IR)** durchgeführt. Dieses hat zum Ziel, den Erfolg oder Misserfolg einer Akquisition ex post abschließend zu bewerten. Dies ist insbesondere deshalb wichtig, weil sich ohne eine solche offizielle Rückschau regelmäßig je nach organisatorischer Zuordnung der Beteiligten im Konzern unterschiedliche Sichtweisen herausbilden. Auch hier gilt oft „Where you stand depends on where you sit"[13].

Das IR wird analog zu den IBRs von der zentralen M&A Abteilung organisiert und durchgeführt; die beteiligte Division bzw. Region nimmt als operative Verantwortliche

---

[13] Auch „Gesetz von Miles" genannt.

		Q3'13	Q4'13	Q1'14	Q2'14	Q3'14	Q4'14	cum.
Plan	Revenue	4.204	4.584	4.584	4.584	4.584	4.958	27.497
	EBIT	-521	-203	-203	-203	-203	138	-1.194
	EBIT *	124	424	424	424	424	598	2.420
Actual	Order intake							0
	Revenue	9.756	5.145	6.361	5.556			26.818
	EBIT	599	473	1.216	455			2.743
	EBIT *	983	718	1.566	602			3.869
	Operating CF	1.848	-859	323	1.675			2.987
	EVA							0
Delta	Revenue	5.553	561	1.777	972			8.863
	EBIT	1.121	675	1.419	657			3.873
	EBIT *	859	293	1.141	178			2.471

Abb. 3 Überblick Kennzahlen. (Quelle: Rechte beim Autor)

ebenfalls teil. Die aus dem Data-Warehouse erhobenen Daten fließen dabei in eine Präsentation ein, die in einem zentralen Termin (dem eigentlichen IR) diskutiert wird.

Die Bestimmung des Akquisitionserfolges wird dabei durch verschiedene leicht erhebbare, darstellbare und kommunzierbare KPIs dargestellt. Zusätzlich wird der aktuelle Unternehmenswert mit einem DCF-Modell „nachkalkuliert", und mit dem Investitionsvolumen verglichen.

Wesentliche Elemente des Basisdokuments zum IR sind:

1. Ein Deal Summary, die das erworbene Unternehmen sowie die wichtigsten Transaktionsparameter zum Zeitpunkt des Closing noch einmal überblicksartig darstellt.
2. Eine Übersicht der finanziellen Eckdaten (u. a. PLAN-IST-Vergleich für Umsatz, EBIT, Operativer Cash Flow, Free Cash Flow und EVA sowie Abweichungsanalyse.
3. Der Nachkalkulation des Kaufpreises, sowie,
4. Einem Anhang mit Detailinformationen

Im Folgenden einige beispielhafte Darstellungen (Abb. 4):

Die kumulierte, quantitative Betrachtung wird durch zwei Schaubilder für die jeweiligen PLAN- und IST-Werte unterstützt; so wird der historische Verlauf noch deutlicher (Abb. 5).

Die Vorteilhaftigkeit des Erwerbs wird anhand folgender Indikatoren bewertet:

1. Payback Periode
2. EVA
3. Barwert der Synergien in % des Kaufpreises.
4. Nachkalkulierte Unternehmensbewertung und Vergleich mit Kaufpreis

Cumulated Financial Data FY 12 – FY 14 (in Mio. EUR)				
	T-App.	ACT	Dev. (abs.)	Dev. (%)
Sales	327,5	463,8	136,3	42%
EBIT	60,4	62,1	1,7	3%
EBIT*	76,9	109,0	32,1	42%
OCF*	39,0	94,5	55,4	142%
FCF*	37,4	77,2	39,8	106%
EVA	4,3	6,5	2,2	52%

EBIT* = EBIT before PPA, license fee AG
OCF*/FCF* = Cash flow before license fee AG

Abb. 4 Finanzielle Eckdaten. (Quelle: Rechte beim Autor)

So wird trotz Verwendung statischer KPIs der Wertbeitrag bzw. Erfolg einer Periode sichtbar[14].

Die Payback Periode wird dabei im Rahmen einer statisch-dynamischen Amortisationsrechnung auf Basis der durchschnittlichen IST- und PLAN-Free Cash Flows berechnet. Die Erfassung von Synergien gestaltet sich bisweilen schwierig, da nicht immer zwischen normalem Geschäftsverlauf und Synergieeffekten unterschieden werden kann. Auch können Synergien in anderen Konzernunternehmen als dem Untersuchten anfallen. Dennoch können sie in einigen Fällen näherungsweise ermittelt werden (z. B. wenn z. B. durch projektweise Verfolgung von Cross-Selling Maßnahmen).

Im Rahmen der Nachkalkulation wird untersucht, ob eine Steigerung des Unternehmenswertes erreicht werden konnte. Die Berechnung des Unternehmenswertes erfolgt dabei über zwei unterschiedliche Verfahren: DCF und Multiples (EBIT*, EBITDA*). Bei der DCF Bewertung wird analog zur Kaufplanung eine integrierte Unternehmensplanung erstellt. Die Planungsprämissen basieren hierbei auf den gleichen Annahmen wie beim Erwerb. Bei den Multiple-Bewertungen werden die dem Kaufpreis zugrunde liegende Multiples verwendet.

Im Rahmen einer Abschlussdiskussion des IR werden aus den gewonnenen Erkenntnissen, Strategien und Maßnahmen abgeleitet. In diesem Zusammenhang werden auch die Erfolgsfaktoren, die zu einem höheren bzw. niedrigen Unternehmenswert bzw. finanziellen Zielen geführt haben, erörtert. Die so ermittelten Erfolgsfaktoren fließen dann in die zukünftige M&A- und PMI-Strategie ein.

[14] Siehe dazu Abschnitt finanzielle Ziele.

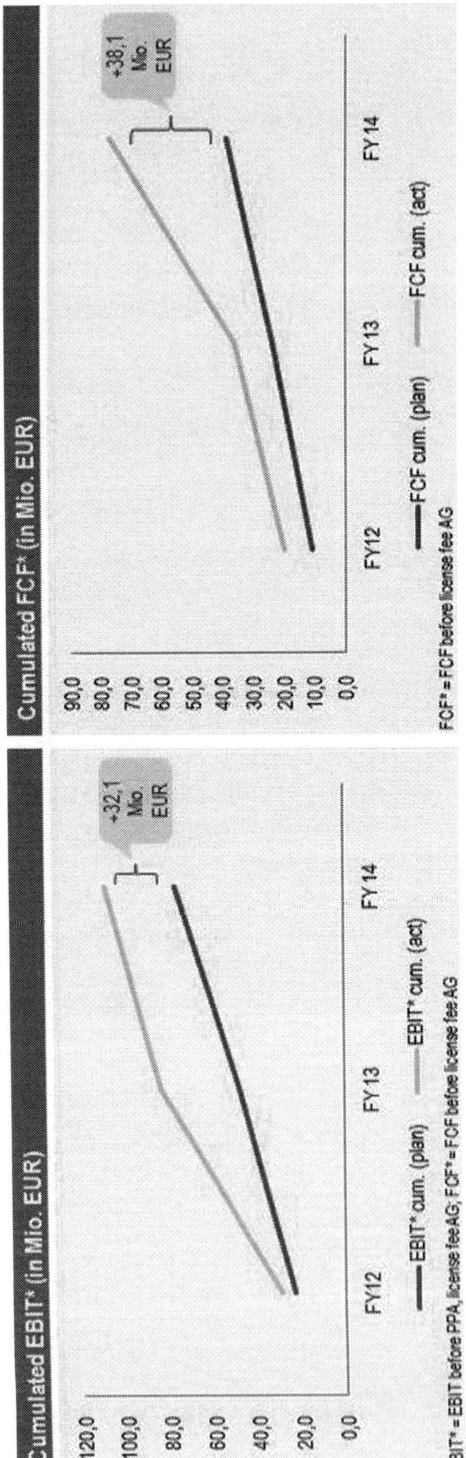

Abb. 5 Kumulierte Finanzdaten. (Quelle: Rechte beim Autor)

Literatur

Cannella, A. A., Jr., & Hambrick, D. C. (1993). Effects of executive departures on the performance of acquired firms. *Strategic Management Journal, 14,* 137–152.

Coenenberg, A. G., & Schultze, W. (2002). Unternehmensbewertung: Konzeptionen und Perspektiven. *Die Betriebswirtschaft (DBW), 2002,* 597–621.

Copeland, T., Koller, T., & Murrin, J. (1990). *Valuation: Measuring and managing the value of companies*. New York: Wiley.

Dahlhaus, C. (2009). *Investitionscontrolling in dezentralen Unternehmen: Anreizsysteme als Instrument zur Verhaltenssteuerung im Investitionsprozess*. Wiesbaden: GWV Fachverlage.

Dreher, M. (2010). *Unternehmenswertorientiertes Beteiligungscontrolling*. Lohmar-Köln: Josef Eul Verlag GmbH.

Gerds, J., & Schewe, G. (2014). *Post Merger Integration: Unternehmenserfolg durch Integration Excellence* (Aufl. 5). Berlin: Springer-Verlag.

Hecker, F., & Schick, H. (2001). *Roland Berger executive review*. München: Roland Berger Strategy Consultants GmbH.

Heidecker, M. (2003). *Wertorientiertes human capital management*. Wiesbaden: Deutscher Universitätsverlag.

Hinne, C. (2008). *Mergers & Acquisitions Management: Bedeutung und Erfolgsbeitrag unternehmensinterner M & A-Dienstleister*. Wiesbaden: Gabler.

IDW Standard: Grundsätze zur Durchführung von Unternehmensbewertungen (IDW S 1), 18.10.2005, Tz. 85; iDW ES 1 i. f. F. 2007, Tz. 77.

Kasperzak, M. (2004). Methoden der Unternehmensbewertung. In J. Littkeman & H. Zündorf (Hrsg.), *Handbuch Beteiligungscontrolling* (S. 357–379). Herne: NWB.

Knechtl, C., Menzler, T., Schick, H., & von Spee, M. (2009). *Post Merger Integration Study 2009: Zielgerade oder Achterbahn?* München: PricewaterhouseCoopers.

Lommertin, P. (2014). *Erfolgsfaktoren von M&A Transaktionen im deutschen Bankensektor*. Hamburg: Diplomica Verlag.

Lücke, W. (1955). Investitionsrechnung auf Basis von Ausgaben oder Kosten. *Zeitschrift für handelswissenschaftliche Forschung, 7,* 310–324.

Meitner, M., & Streitferdt, F. (2011). *Unternehmensbewertung*. Stuttgart. Schäffer-Poeschel.

Porter, M. E. (1985). *Competitive advantage: Creating and sustaining superior performance*. New York: Free Press.

Prokop, J. (2003). *Die Bewertung zukünftiger Unternehmenserfolge: Konzepte – Möglichkeiten – Grenzen*. Wiesbaden: Deutscher Universitäts-Verlag.

Rademacher, M. (2011). *Prozess- und wertorientiertes Controlling von M&A Projekten*. Köln: Eul.

Rapp, M. J., & Wullenkord, A. (2011). *Unternehmenssteuerung durch den Finanzvorstand*. München: Gabler Verlag.

Rehm, W., Uhlaner, R., & West, A. (2012). Taking a longer-term look at M&A value creation. *McKinsey Quarterly,* 1–7 (January 2012).

Reiter, S., & Schick, H (2013). Wie ein Konzern viele kleine inhabergeführte Unternehmen integriert. In K. Lucks (Hrsg.), *M&A Projekte erfolgreich führen* (S. 638–643). Stuttgart: Schäffer-Poeschel.

Schultze, W., & Hirsch, C. (2005). *Unternehmenswertsteigerung durch wertorientiertes Controlling: Goodwill-Bilanzierung in der Unternehmenssteuerung*. München: Verlag Franz Vahlen.

Stelter, D. (1999). Wertorientierte Anreizsysteme. In W. Bühler & T. Siegert (Hrsg.), *Unternehmenssteuerung und Anreizsysteme, 52. Deutscher Betriebswirtschaftstag 1998* (S. 207–241). Stuttgart: Schäffer-Poeschel Verlag.

Stewart, G. B. (1991). *The quest for value: The EVA TM management guide*. New York: HarperCollins Publishers.

Wikipedia. (2015). Erfolg. https://de.wikipedia.org/wiki/Erfolg. Zugegriffen: 7. April 2015.
Wirtz, B. W. (2003). *Mergers & acquisitions management*. Wiesbaden: Gabler Verlag.

Dr. Stephan Reiter leitet den Bereich Mergers & Acquisitions der TÜV SÜD AG. Dr. Reiter blickt auf langjährige Erfahrungen im Bereich M&A zurück und hat eine Vielzahl von Transaktionen mit Schwerpunkt auf mittelständischen Unternehmen im In- und Ausland abgeschlossen.

Hatto Schick verantwortet bei der **TÜV SÜD AG** in München die Integration erworbener Unternehmen. Er hat in den vergangenen 15 Jahren bei Roland Berger, Infineon und PwC eine Reihe von Transaktionen im In- und Ausland bei Due Diligence, Integration oder Carve-out begleitet sowie verschiedene Linienfunktionen wahrgenommen.

Christopher Hermann ist Projektmanager im Bereich M&A und Post Merger Integration bei der TÜV SÜD AG. Darüber hinaus hat er intensive Erfahrung bei der Restrukturierung und Sanierung von mittelständischen Unternehmen bei Dr. Wieselhuber & Partner gesammelt.

Teil V
Ausblick

Post-Merger-Integration erfolgreich gestalten – sieben Empfehlungen für den mittelständischen Unternehmer

Andreas Kuckertz und Nils Middelberg

Zusammenfassung

Mittelständische Unternehmen, die sich mit dem Thema der Post-Merger-Integration befassen wollen oder müssen, stehen vor etlichen Herausforderungen. Dieser Ausblick fasst die zentralen Punkte des vorliegenden Sammelbands zusammen und identifiziert die entscheidenden und erfolgsrelevanten Faktoren einer Post-Merger-Integration. Sieben praktische Empfehlungen für mittelständische Unternehmen geben Orientierung.

Als die Herausgeber den vorliegenden Sammelband vor einiger Zeit konzipierten, war das Ziel des Projektes schnell klar: Es galt, Orientierung insbesondere für den mittelständischen Unternehmer zu schaffen. Denn auch wenn einige mittelständische Unternehmen Unternehmenskäufe mit bemerkenswerter Professionalität zum Teil ihrer Gesamtunternehmensstrategie gemacht haben (Beispiele versammelt der vierte Teil des Bandes), so ist das M&A-Geschäft für die Mehrheit im Mittelstand ein ganz besonderer Ausnahmefall. Für viele Unternehmer ist der Verkauf ihres Unternehmens und dessen anschließende Integration in ein anderes Unternehmen krönender Abschluss ihrer beruflichen Laufbahn. Die Einmaligkeit des Ereignisses geht mit einem entsprechenden Wissens- und Erfahrungs-

A. Kuckertz (✉)
Universität Hohenheim, Stuttgart, Deutschland
E-Mail: andreas.kuckertz@uni-hohenheim.de

N. Middelberg
Universität Hohenheim, Stuttgart, Deutschland
E-Mail: nils.middelberg@uni-hohenheim.de

A. Kuckertz, N. Middelberg (Hrsg.), *Post-Merger-Integration im Mittelstand*,
DOI 10.1007/978-3-658-12370-3_25

defizit einher, das selbstredend abgebaut werden muss. Insbesondere die Phase nach der Transaktion ist mit etlichen offenen Fragen verbunden, und so wurde dieser Band mit dem ausdrücklichen Ziel aufgelegt, aus einer mittelständischen Perspektive heraus zu klären, welche Faktoren zum Gelingen einer Post-Merger-Integration beitragen.

Die in diesem Band versammelte Expertise von Managern, Unternehmern, Wissenschaftlern und Beratern gibt eine umfassende Antwort auf diese Frage. In der Gesamtschau zeigt sich, dass eben nicht jedes klassisches Instrument aus dem M&A- oder spezieller dem Post-Merger-Integration-Instrumentarium auf die besondere Situation eines mittelständischen Unternehmens anwendbar ist. Mindestens sieben entscheidende Faktoren prägen den Erfolg einer Post-Merger-Integration.

1. *Handeln Sie weitsichtig – Integration gehört von Anfang an mitgedacht.*

Die verschiedenen Beiträge im zweiten Teil des Bandes haben gezeigt, dass es außerordentlich sinnvoll und erfolgsrelevant ist, nicht allein bis zur Unterschrift unter den Kaufvertrag zu denken, sondern darüber hinaus die Machbarkeit einer Post-Merger-Integration zum essentiellen Bestandteil bereits der unterschiedlichen Due Diligences zu machen. Frühzeitiges Erkennen der möglichen Potenziale beziehungsweise der anstehenden Schwierigkeiten ist hier ein Schlüssel zum Erfolg.

2. *Handeln Sie fokussiert – nicht alles, was theoretisch im Zuge einer Post-Merger-Integration möglich ist, muss auch gemacht werden.*

Gerade die spezifischen Integrationsmodelle aus dem vierten Teil des Bandes machen klar, dass die im Vergleich zur Konzernwelt tendenziell eher begrenzten Ressourcen und Kapazitäten im Mittelstand zielführend eingesetzt werden müssen. Ein Integrationsmodell „Mittelstand light" muss aber nicht schlechter sein – gerade die Fokussierung sichert den späteren Erfolg.

3. *Nehmen Sie die Menschen mit – Integration heißt Kommunikation.*

In der Post-Merger-Phase geht es vor allem um den Abbau von Unsicherheiten. Jegliche Veränderung sorgt für Verunsicherung und ein Unternehmensverkauf bzw. eine Unternehmensübernahme gehört mit zu den dramatischsten Veränderungen in der Geschichte eines mittelständischen Unternehmens. Eine im Führungskreis eng abgestimmte Kommunikationsstrategie ist daher unabdingbar. Wichtig ist nachzuhalten, dass die betroffenen Mitarbeiter über Ziele und geplante Vorgehensweisen zügig informiert werden, damit sich falsche Eindrücke und Missverständnisse nicht festsetzen. Mitarbeiter müssen eingebunden werden – sei es über anonymisiertes Feedback, sei es durch direkten Einbezug in die Entwicklung einer gemeinsamen Vorgehensweise.

4. *Handeln Sie schnell – je zügiger die Integration vorangetrieben wird, desto erfolgreicher ist das gesamte Projekt.*

Wenn die Ziele einer Post-Merger-Integration klar sind, so müssen diese schnellstmöglich erreicht werden. Je länger sich der Prozess hinzieht, desto länger verbleiben die beteiligten Unternehmen in Unsicherheit und die Mitarbeiter in Unklarheit. Kosten laufen auf, Redundanzen verbleiben im System und potenzielle Synergien werden nicht gehoben. Dies ist unbedingt zu vermeiden.

5. *Werden Sie sich über Ihre Ziele klar – das Ausmaß der Integrationsbemühungen in der Nachkaufphase wird durch den Zweck bestimmt.*

Schnell und zügig integrieren meint nicht zwangsläufig umfassend integrieren. Besteht das Ziel der Integration in der Erreichung von Skaleneffekten, so werden die Integrationsbemühungen geringer ausfallen dürfen. Umfassendere Integrationsbemühungen werden beispielsweise beim Eintritt in neue Märkte notwendig. Der Zweck bestimmt das Ausmaß der Integration.

6. *Konzentrieren Sie sich auf IT-Integration – hier liegen die meisten Potenziale verborgen.*

Der Transaktionsanlass wird nur in den seltensten Fällen IT-getrieben sein. Eher geht es aus Käufersicht um anorganisches Wachstum in neue Märkte hinein oder um Marktdurchdringung. Dennoch: Es hat sich gezeigt, dass annähernd zwei Drittel der potenziellen Synergien in der gekonnten Integration von IT-Systemen liegen. Hierauf sollte folglich ein besonderes Augenmerk gerichtet werden.

7. *Handeln Sie nicht alleine – externe Expertise ist erfolgsrelevant.*

Außerhalb des Unternehmens existiert reichlich Kompetenz und Erfahrung, um den M&A-Prozess als Ganzes erfolgreich zu gestalten. Gerade inhabergeführte, mittelständische Unternehmen scheuen hier oftmals vor dem Einbinden externer Parteien zurück – dies gefährdet den Erfolg, denn leicht abrufbares externes Wissen kann nur unter großen Mühen selbst aufgebaut werden. Post-Merger-Integration im Mittelstand ist oftmals ein singuläres Ereignis. Das führt nicht nur zu Wettbewerbsnachteilen am Verhandlungstisch, sondern gerade auch zu Problemen im Zuge der anschließenden Integration. Externe Expertise ist daher in diesem Prozess ein Muss. Bei der Auswahl dieser Expertise bietet es sich an, darauf zu achten, dass externe Parteien den Prozess als Ganzes sehen und nicht nur ein Interesse daran haben, ein Unternehmen bis zum Kaufvertrag zu begleiten.

Zusammenfassend lässt sich festhalten, dass das Management einer Post-Merger-Integration gerade den Mittelstand vor eine besondere Herausforderung stellt. Dabei zu helfen, diese Herausforderung zu meistern, war das Ziel der Herausgeber – die Autoren des Bandes haben dazu in exzeptioneller Weise beigetragen.

Univ.-Prof. Dr. Andreas Kuckertz leitet das Fachgebiet Unternehmensgründungen und Unternehmertum (Entrepreneurship) an der Universität Hohenheim und ist stellvertretender geschäftsführender Direktor des Instituts für Marketing & Management. Er ist Mitglied des Präsidiums des Förderkreis Gründungsforschung e. V. (FGF), der größten wissenschaftlichen Vereinigung im DACH-Raum zu den Themen Entrepreneurship, Innovation und Mittelstand. Weiterhin engagiert er sich als Mitglied der Editorial Boards des International Journal of Entrepreneurial Behaviour and Research, des Journal of Small Business Management, des Journal of Small Business and Entrepreneurship und der Zeitschrift für KMU und Entrepreneurship. Nach dem Studium der Kommunikations- und Medienwissenschaft, der Betriebswirtschaftslehre und der Philosophie an den Universitäten Marburg und Leipzig (2001 Abschluss als M.A.) wurde er 2005 an der Universität Duisburg-Essen mit einer Arbeit über Venture-Capital-Finanzierung summa cum laude promoviert. 2011 habilitierte er sich an der Fakultät für Wirtschaftswissenschaften der Universität Duisburg-Essen im Fach Betriebswirtschaftslehre mit einer kumulativen Arbeit über den Gründungsprozess innovativer Unternehmen. 2012 folgte er einem Ruf an die Universität Hohenheim, nachdem er zuvor den Lehrstuhl für Innovations- und Gründungsmanagement an der TU Dortmund vertrat. Internationale Forschungsaufenthalte führten ihn u. a. an die Queensland University of Technology, die Turku School of Economics, die Universität Vaasa und die Cass Business School. Im European Council for Small Business and Entrepreneurship (ECSB) engagierte er sich von 2009 bis 2015 als Country Vice President Germany. Seine Forschungsarbeiten zu den verschiedensten Aspekten von Entrepreneurship, Strategie und Innovation sind in Zeitschriften wie dem Journal of Business Venturing, dem Journal of Business Research, der Zeitschrift für Betriebswirtschaft, Entrepreneurship & Regional Development, dem Strategic Entrepreneurship Journal oder auch Schmalenbachs Zeitschrift für betriebswirtschaftliche Forschung erschienen. Publikumsmedien wie Handelsblatt, Wirtschaftswoche, Zeit oder FAZ nahmen seine Forschungsergebnisse auf. Drittmittelprojekte wurden bislang mit einem Fördervolumen von rund € 1 Mio. unterstützt.

Dr. Nils Middelberg ist Leiter Strategie & Marketing bei der top itservices AG, einem Unternehmen der ABLE Group (Gummersbach). Seit 2013 ist er ferner Lehrbeauftragter am Fachgebiet Unternehmensgründungen und Unternehmertum (Entrepreneurship) des Instituts für Marketing & Management der Universität Hohenheim. Seine Erkenntnisse in den Bereichen Strategie und Marketing veröffentlicht er regelmäßig in Publikationen und als Vortragsredner. Zuvor arbeitete er als wissenschaftlicher Mitarbeiter an der Universität Duisburg-Essen und betreute alle Tätigkeiten des netSTART-Projekts mit Bezug zu Consulting & Investitionen und absolvierte ein Trainee Programm im Commerzbank Konzern. Dr. Nils Middelberg studierte Betriebswirtschaftslehre an der Universität Duisburg-Essen und an der Griffith University in Brisbane (Australien). 2012 promovierte Nils Middelberg mit einer international durchgeführten, quantitativ-empirischen Studie zum Fundraising von Venture-Capital-Gesellschaften.

16708104R00239

Printed in Poland
by Amazon Fulfillment
Poland Sp. z o.o., Wrocław